eXamen.press

eXamen.press ist eine Reihe, die Theorie und Praxis aus allen Bereichen der Informatik für die Hochschulausbildung vermittelt.

Wilhelm Burger · Mark James Burge

Digitale Bildverarbeitung

Eine Einführung mit Java und ImageJ

Mit 245 Abbildungen und 16 Tabellen

 Springer

Wilhelm Burger
Medientechnik und -design/Digitale Medien
Fachhochschule Hagenberg
Hauptstr. 117
A-4232 Hagenberg, Österreich
e-mail: wilbur@ieee.org

Mark James Burge
School of Computing /Department of Computer Science
Armstrong Atlantic State University
11935 Abercorn Street
Savannah, Georgia, 31419 USA
e-mail: mburge@acm.org

Bibliografische Information der Deutschen Bibliothek
Die Deutsche Bibliothek verzeichnet diese Publikation in der Deutschen
Nationalbibliografie; detaillierte bibliografische Daten sind im Internet über
http://dnb.ddb.de abrufbar.

ISSN 1614-5216
ISBN-10 3-540-21465-8 Springer Berlin Heidelberg New York
ISBN-13 978-3-540-21465-6 Springer Berlin Heidelberg New York

Springer ist ein Unternehmen von Springer Science+Business Media

springer.de

© Springer-Verlag Berlin Heidelberg 2005
Printed in Germany

Satz: Druckfertige Daten der Autoren
Herstellung: LE-TeX Jelonek, Schmidt & Vöckler GbR, Leipzig
Umschlaggestaltung: KünkelLopka Werbeagentur, Heidelberg
Gedruckt auf säurefreiem Papier 33/3142/YL - 5 4 3 2 1 0

Vorwort

Dieses Buch ist eine Einführung in die digitale Bildverarbeitung, die sowohl für die Ausbildung wie auch als Referenz für den Praktiker gedacht ist. Es bietet eine Übersicht über die wichtigsten klassischen Techniken in moderner Form und damit einen grundlegenden „Werkzeugkasten" für dieses spannende Fachgebiet. Das Buch sollte daher insbesondere für folgende drei Einsatzbereiche gut geeignet sein:

- Als einführendes Lehrbuch für eine ein- bis zweisemestrige Lehrveranstaltung im ersten Studienabschnitt, etwa ab dem 3. Semester. Die meisten Kapitel sind auf das Format einer wöchentlichen Vorlesung ausgelegt, zusätzliche Einzelaufgaben und Kurzprojekte unterstützen die begleitenden Übungen.
- Als umfassende Grundlage zum Selbststudium für ausgebildete IT-Experten, die sich erste Kenntnisse im Bereich der digitalen Bildverarbeitung und der zugehörigen Programmiertechnik aneignen oder eine bestehende Grundausbildung vertiefen möchten.
- Für Wissenschaftler und Techniker, die digitale Bildverarbeitung als Hilfsmittel für die eigene Arbeit einsetzen oder künftig einsetzen möchten und Interesse an der Realisierung eigener, maßgeschneiderter Verfahren haben.

Inhaltlich steht die praktische Anwendbarkeit und konkrete Umsetzung im Vordergrund, ohne dass dabei auf die notwendigen formalen Details verzichtet wird. Allerdings ist dies kein Rezeptbuch, sondern Lösungsansätze werden schrittweise in drei unterschiedlichen Formen entwickelt: (a) in mathematischer Schreibweise, (b) als abstrakte Algorithmen und (c) als konkrete Java-Programme. Die drei Formen ergänzen sich und sollen in Summe ein Maximum an Verständlichkeit sicherstellen.

Voraussetzungen: Wir betrachten digitale Bildverarbeitung nicht vorrangig als mathematische Disziplin und haben daher die formalen Anforderungen in diesem Buch auf das Notwendigste reduziert – sie gehen über die im ersten Studienabschnitt üblichen Kenntnisse nicht hinaus. Als Einsteiger sollte man daher auch nicht beunruhigt sein, dass einige Kapitel auf den ersten Blick etwas mathematisch aussehen. Die durchgehende, einheitliche Notation und ergänzenden Informationen im Anhang tragen dazu bei, eventuell bestehende Schwierigkeiten leicht zu überwinden. Bezüglich der *Programmierung* setzt das Buch gewisse Grundkenntnisse voraus, idealerweise (aber nicht notwendigerweise) in **Java**. Elementare Datenstrukturen, prozedurale Konstrukte und die Grundkonzepte der objektorientierten Programmierung sollten dem Leser vertraut sein. Da Java mittlerweile in vielen Studienplänen als erste Programmiersprache unterrichtet wird, sollte der Einstieg in diesen Fällen problemlos sein. Aber auch Java-Neulinge mit etwas Programmiererfahrung in ähnlichen Sprachen (insbesondere C/C++) dürften sich rasch zurechtfinden.

Softwareseitig basiert dieses Buch auf **ImageJ**, einer komfortablen, frei verfügbaren Programmierumgebung, die von Wayne Rasband am U.S. National Institute of Health (NIH) entwickelt wird.[1] ImageJ ist vollständig in Java implementiert, läuft damit auf vielen Plattformen und kann durch eigene, kleine „Plugin"-Module leicht erweitert werden. Die meisten Programmbeispiele sind jedoch so gestaltet, dass sie problemlos in andere Umgebungen oder Programmiersprachen portiert werden können.

Einsatz in der Ausbildung: An vielen Ausbildungseinrichtungen ist der Themenbereich digitale Signal- und Bildverarbeitung seit Langem in die Studienpläne integriert, speziell im Bereich der Informatik und Kommunikationstechnik, aber auch in anderen technischen Studienrichtungen mit entsprechenden formalen Grundlagen und oft auch erst in höheren („graduate") Studiensemestern.

Immer häufiger finden sich jedoch auch bereits in der Grundausbildung einführende Lehrveranstaltungen zu diesem Thema, vor allem in neueren Studienrichtungen der Informatik und Softwaretechnik, Mechatronik oder Medientechnik. Ein Problem dabei ist das weitgehende Fehlen von geeigneter Literatur, die bezüglich der Voraussetzungen und der Inhalte diesen Anforderungen entspricht. Die klassische Fachliteratur ist häufig zu formal für Anfänger, während oft gleichzeitig manche populäre, praktische Methode nicht ausreichend genau beschrieben ist. So ist es auch für die Lektoren schwierig, für eine solche Lehrveranstaltung ein einzelnes Textbuch oder zumindest eine kompakte Sammlung von Literatur zu finden und den Studierenden empfehlen zu können. Das Buch soll dazu beitragen, diese Lücke zu schließen.

Die Inhalte der nachfolgenden Kapitel sind für eine Lehrveranstaltung von 1–2 Semestern in einer Folge aufgebaut, die sich in der praktischen Ausbildung gut bewährt hat. Die Kapitel sind meist in sich so abgeschlossen, dass ihre Abfolge relativ flexibel gestaltet werden kann. Der inhaltliche Schwerpunkt liegt dabei auf den klassischen Techniken im Bildraum, wie sie in der heutigen Praxis im Vordergrund stehen. Die Kapitel 13–15 zum Thema Spektraltechniken sind hingegen als grundlegende Einführung gedacht und bewusst im hinteren Teil des Buchs platziert. Sie können bei Bedarf leicht reduziert oder überhaupt

---

[1] http://rsb.info.nih.gov/ij/

„Road Map" für 1- und 2-Semester-Kurse	Bildverarb.	Bildanalyse	Grundlagen	Vertiefung
1. Crunching Pixels	⊠	⊠	⊠	□
2. Digitale Bilder	⊠	⊠	⊠	□
3. ImageJ	⊠	⊠	⊠	□
4. Histogramme	⊠	□	⊠	□
5. Punktoperationen	⊠	□	⊠	□
6. Filter	⊠	⊠	⊠	□
7. Kanten und Konturen	⊠	⊠	⊠	□
8. Auffinden von Eckpunkten	□	⊠	□	⊠
9. Detektion einfacher Kurven	□	⊠	□	⊠
10. Morphologische Filter	⊠	□	⊠	□
11. Regionen in Binärbildern	□	⊠	⊠	□
12. Farbbilder	⊠	□	□	⊠
13. Einführung in Spektraltechniken	□	⊠	□	⊠
14. Die diskrete Fouriertransformation in 2D	□	⊠	□	⊠
15. Die diskrete Kosinustransformation	□	□	□	⊠
16. Geometrische Bildoperationen	⊠	□	□	⊠
17. Bildvergleich	□	⊠	□	⊠
	1 Sem.		2 Sem.	

weggelassen werden. Die obenstehende Übersicht zeigt mehrere Varianten zur Gliederung von Lehrveranstaltungen über ein oder zwei Semester.

1 Semester: Für einen Kurs über *ein* Semester könnte man je nach Zielsetzung zwischen den Themenschwerpunkten

- Bildverarbeitung
- Bildanalyse

wählen. Beide Lehrveranstaltungen passen gut in den ersten Abschnitt moderner Studienpläne im Bereich der Informatik oder Informationstechnik. Der zweite Kurs eignet sich etwa auch als Grundlage für eine einführende Lehrveranstaltung in der medizinischen Ausbildung.

2 Semester: Stehen *zwei* Semester zur Vermittlung der Inhalte zur Verfügung, wäre eine Aufteilung in zwei aufbauende Kurse

- Grundlagen
- Vertiefung

möglich, wobei die Themen nach ihrem Schwierigkeitsgrad gruppiert sind.

Einsatz in Forschung und Entwicklung: Dieses Buch ist zwar vorwiegend für den Einsatz in der Lehre konzipiert, bietet jedoch an vielen Stellen Grundlagen und Details, die anderswo nur schwer zu finden sind, und sollte daher auch für den interessierten Praktiker eine Hilfe sein. Es ist aber nicht als umfassender Ausgangspunkt zur Forschung gedacht und erhebt vor allem auch keinen Anspruch auf wissenschaftliche Vollständigkeit. Im Gegenteil, es wurde versucht, die Fülle der möglichen Literaturangaben auf die wichtigsten und (für Studierende) zugreifbaren Quellen zu beschränken. Darüber hinaus konnten einige weiterführende Techniken, wie etwa hierarchische Methoden, Wavelets, Eigenimages oder Bewegungsanalyse, aus Platzgründen nicht berücksichtigt werden. Auch Themenbereiche, die mit „Intelligenz" zu tun haben, wie Objekterkennung oder Bildverstehen, wurden bewusst ausgespart, und Gleiches gilt für alle dreidimensionalen Problemstellungen aus dem Bereich „Computer Vision". Die in diesem Buch gezeigten Verfahren sind durchweg „blind und dumm", wobei wir aber glauben, dass gerade die technisch saubere Umsetzung dieser scheinbar einfachen Dinge eine essentielle Grundlage für den Erfolg aller weiterführenden (vielleicht sogar „intelligenteren") Ansätze ist.

Man wird auch enttäuscht sein, falls man sich ein Programmierhandbuch für ImageJ oder Java erwartet – dafür gibt es wesentlich bessere Quellen. Die Programmiersprache selbst steht auch nie im Mittelpunkt, sondern dient uns vorrangig als Instrument zur Verdeutlichung, Präzisierung und – praktischerweise – auch zur Umsetzung der gezeigten Verfahren.

Ergänzende Materialien: Auf der Website zu diesem Buch

www.imagingbook.com

stehen zusätzliche Materialien in elektronischer Form frei zur Verfügung, u. a. Testbilder in Originalgröße und Farbe, Java-Quellcode für die angeführten Beispiele, aktuelle Ergänzungen und etwaige Korrekturen. Für Lehrende gibt es außerdem den vollständigen Satz von Abbildungen als Präsentationsgrafiken, Lösungen zu ausgewählten Übungen und eine Sammlung von Vorschlägen für mögliche Semesterprojekte. Kommentare, Fragen, Anregungen und Korrekturen sind willkommen und sollten adressiert werden an:

imagingbook@gmail.com

Dieses Buch wäre nicht entstanden ohne das Verständnis und die Unterstützung unsere Familien, die uns dankenswerterweise erlaubten, über mehr als ein Jahr hinweg ziemlich schlechte Väter und Ehepartner zu sein. Unser Dank geht auch an Wayne Rasband am NIH für die Entwicklung von ImageJ und sein hervorragendes Engagement innerhalb der Community sowie an die Kollegen Axel Pinz (TU Graz) und Vaclav Hlavac (TU Prag) für ihre sachkundigen Kommentare. Respekt gebührt nicht zuletzt Ursula Zimpfer für ihr professionelles Copy-Editing sowie dem Springer-Verlag für die unendliche Geduld und die gute Zusammenarbeit.

Hagenberg / Savannah
März 2005

Inhaltsverzeichnis

1

Crunching Pixels

Lange Zeit war die digitale Verarbeitung von Bildern einer relativ kleinen Gruppe von Spezialisten mit teurer Ausstattung und einschlägigen Kenntnissen vorbehalten. Spätestens durch das Auftauchen von digitalen Kameras, Scannern und Multi-Media-PCs auf den Schreibtischen vieler Zeitgenossen wurde jedoch die Beschäftigung mit digitalen Bildern, bewusst oder unbewusst, zu einer Alltäglichkeit für viele Computerbenutzer. War es vor wenigen Jahren noch mit großem Aufwand verbunden, Bilder überhaupt zu digitalisieren und im Computer zu speichern, erlauben uns heute üppig dimensionierte Hauptspeicher, riesige Festplatten und Prozessoren mit Taktraten von mehreren Gigahertz digitale Bilder und Videos mühelos und schnell zu manipulieren. Dazu gibt es Tausende von Programmen, die dem Amateur genauso wie dem Fachmann die Bearbeitung von Bildern in bequemer Weise ermöglichen.

So gibt es heute eine riesige „Community" von Personen, für die das Arbeiten mit digitalen Bildern auf dem Computer zur alltäglichen Selbstverständlichkeit geworden ist. Dabei überrascht es nicht, dass im Verhältnis dazu das Verständnis für die zugrunde liegenden Mechanismen meist über ein oberflächliches Niveau nicht hinausgeht. Für den typischen Konsumenten, der lediglich seine Urlaubsfotos digital archivieren möchte, ist das auch kein Problem, ähnlich wie ein tieferes Verständnis eines Verbrennungsmotors für das Fahren eines Autos weitgehend entbehrlich ist.

Immer häufiger stehen aber auch IT-Fachleute vor der Aufgabe, mit diesem Thema professionell umzugehen, schon allein deshalb, weil Bilder (und zunehmend auch andere Mediendaten) heute ein fester Bestandteil des digitalen Workflows in vielen Unternehmen und Institutionen sind, nicht nur in der Medizin oder in der Medienbranche. Genauso sind auch „gewöhnliche" Softwaretechniker heute oft mit digitalen Bildern auf Programm-, Datei- oder Datenbankebene konfrontiert und Programmierumgebungen in sämtlichen modernen Betriebssystemen bieten dazu umfassende Möglichkeiten. Der einfache praktische Umgang mit dieser Materie führt jedoch, verbunden mit einem oft unklaren Verständnis der grundlegenden Zusammenhänge, häufig zur Unterschätzung der Probleme und nicht selten zu ineffizienten Lösungen, teuren Fehlern und persönlicher Frustration.

1.1 Programmieren mit Bildern

Bildverarbeitung wird im heutigen Sprachgebrauch häufig mit Bild*bearbeitung* verwechselt, also der Manipulation von Bildern mit fertiger Software, wie beispielsweise *Adobe Photoshop, Corel Paint* etc. In der Bild*ver*arbeitung geht es im Unterschied dazu um die Konzeption und Erstellung von Software, also um die Entwicklung (oder Erweiterung) dieser Programme selbst.

Moderne Programmierumgebungen machen auch dem Nicht-Spezialisten durch umfassende APIs (Application Programming Interfaces) praktisch jeden Bereich der Informationstechnik zugänglich: Netzwerke und Datenbanken, Computerspiele, Sound, Musik und natürlich auch Bilder. Die Möglichkeit, in eigenen Programmen auf die einzelnen Elemente eines Bilds zugreifen und diese beliebig manipulieren zu können, ist faszinierend und verführerisch zugleich. In der Programmierung sind Bilder nichts weiter als simple Zahlenfelder, also Arrays, deren Zellen man nach Belieben lesen und verändern kann. Alles, was man mit Bildern tun kann, ist somit grundsätzlich machbar und der Phantasie sind keine Grenzen gesetzt.

Im Unterschied zur digitalen Bildverarbeitung beschäftigt man sich in der *Computergrafik* mit der *Synthese* von Bildern aus geometrischen Beschreibungen bzw. dreidimensionalen Objektmodellen [22, 27, 81]. Realismus und Geschwindigkeit stehen – heute vor allem für Computerspiele – dabei im Vordergrund. Dennoch bestehen zahlreiche Berührungspunkte zur Bildverarbeitung, etwa die Transformation von Texturbildern, die Rekonstruktion von 3D-Modellen aus Bilddaten, oder spezielle Techniken wie „Image-Based Rendering" und „Non-Photorealistic Rendering" [61,82]. In der Bildverarbeitung finden sich wiederum Methoden, die ursprünglich aus der Computergrafik stammen, wie volumetrische Modelle in der medizinischen Bildverarbeitung, Techniken der Farbdarstellung oder Computational-Geometry-Verfahren. Extrem eng ist das Zusammenspiel zwischen Bildverarbeitung und Grafik natürlich in der digitalen Post-Produktion für Film und Video, etwa zur Generierung von Spezialeffekten [83]. Die grundlegenden Verfahren in diesem Buch sind daher nicht nur für Einzelbilder, sondern auch für die Bearbeitung von Bildfolgen, d. h. Video- und Filmsequenzen, durchaus relevant.

1.2 Bildanalyse und „intelligente" Verfahren

Viele Aufgaben in der Bildverarbeitung, die auf den ersten Blick einfach und vor allem dem menschlichen Auge so spielerisch leicht zu fallen scheinen, entpuppen sich in der Praxis als schwierig, unzuverlässig, zu langsam, oder gänzlich unmachbar. Besonders gilt dies für den Bereich der Bild*analyse*, bei der es darum geht, sinnvolle Informationen aus Bildern zu extrahieren, sei es etwa, um ein Objekt vom Hintergrund zu trennen, einer Straße auf einer Landkarte zu folgen oder den Strichcode auf einer Milchpackung zu finden – meistens ist das schwieriger, als es uns die eigenen Fähigkeiten erwarten lassen.

Dass die technische Realität heute von der beinahe unglaublichen Leistungsfähigkeit biologischer Systeme (und den Phantasien Hollywoods) noch weit entfernt ist, sollte uns zwar Respekt machen, aber nicht davon abhalten, diese Herausforderung unvoreingenommen und kreativ in Angriff zu nehmen. Vieles ist auch mit unseren heutigen Mitteln durchaus lösbar, erfordert aber – wie in jeder technischen Disziplin – sorgfältiges und rationales Vorgehen. Bildverarbeitung funktioniert nämlich in vielen, meist unspektakulären Anwendungen seit langem und sehr erfolgreich, zuverlässig und schnell, nicht zuletzt als Ergebnis fundierter Kenntnisse, präziser Planung und sauberer Umsetzung.

Die Analyse von Bildern ist in diesem Buch nur ein Randthema, mit dem wir aber doch an mehreren Stellen in Berührung kommen, etwa bei der Segmentierung von Bildregionen (Kap. 11), beim Auffinden von einfachen Kurven (Kap. 9) oder beim Vergleichen von Bildern (Kap. 17). Alle hier beschriebenen Verfahren arbeiten jedoch ausschließlich auf Basis der Pixeldaten, also „blind" und „bottom-up" und ohne zusätzliches Wissen oder „Intelligenz". Darin liegt ein wesentlicher Unterschied zwischen digitaler Bildverarbeitung einerseits und „Mustererkennung" (*Pattern Recognition*) bzw. *Computer Vision* andererseits. Diese Disziplinen greifen zwar häufig auf die Methoden der Bildverarbeitung zurück, ihre Zielsetzungen gehen aber weit über diese hinaus:

Pattern Recognition ist eine vorwiegend mathematische Disziplin, die sich allgemein mit dem Auffinden von „Mustern" in Daten und Signalen beschäftigt. Typische Beispiele aus dem Bereich der Bildanalyse sind etwa die Unterscheidung von Texturen oder die optische Zeichenerkennung (OCR). Diese Methoden betreffen aber nicht nur Bilddaten, sondern auch Sprach- und Audiosignale, Texte, Börsenkurse, Verkehrsdaten, die Inhalte großer Datenbanken u.v.m. Statistische und syntaktische Methoden spielen in der Mustererkennung eine zentrale Rolle (s. beispielsweise [20, 60, 79]).

Computer Vision beschäftigt sich mit dem Problem, Sehvorgänge in der realen, dreidimensionalen Welt zu mechanisieren. Dazu gehört die räumliche Erfassung von Gegenständen und Szenen, das Erkennen von Objekten, die Interpretation von Bewegungen, autonome Navigation, das mechanische Aufgreifen von Dingen (durch Roboter) usw. Computer Vision entwickelte sich ursprünglich als Teilgebiet der „Künstlichen Intelligenz" (*Artificial Intelligence*, kurz „AI") und die Entwicklung zahlreicher AI-Methoden wurde von visuellen Problemstellungen motiviert (s. beispielsweise [17, Kap. 13]). Auch heute bestehen viele Berührungspunkte, besonders aktuell im Zusammenhang mit adaptivem Verhalten und maschinellem Lernen. Einführende und vertiefende Literatur zum Thema Computer Vision findet man z. B. in [4, 35, 72, 76].

Interessant ist der Umstand, dass trotz der langjährigen Entwicklung in diesen Bereichen viele der ursprünglich als relativ einfach betrachteten Aufgaben weiterhin nicht oder nur unzureichend gelöst sind. Das macht die Arbeit an diesen Themen – trotz aller Schwierigkeiten – spannend. Wunderbares darf man sich von der digitalen Bildverarbeitung allein nicht erwarten, sie könnte aber durchaus die „Einstiegsdroge" zu weiterführenden Unternehmungen sein.

2

Digitale Bilder

Zentrales Thema in diesem Buch sind digitale Bilder, und wir können davon ausgehen, dass man heute kaum einem Leser erklären muss, worum es sich dabei handelt. Genauer gesagt geht es um Rasterbilder, also Bilder, die aus regelmäßig angeordneten Elementen (*picture elements* oder *pixel*) bestehen, im Unterschied etwa zu Vektorgrafiken.

2.1 Arten von digitalen Bildern

In der Praxis haben wir mit vielen Arten von digitalen Rasterbildern zu tun, wie Fotos von Personen oder Landschaften, Farb- und Grautonbilder, gescannte Druckvorlagen, Baupläne, Fax-Dokumente, Screenshots, Mikroskopaufnahmen, Röntgen- und Ultraschallbilder, Radaraufnahmen u. v. m. (Abb. 2.1). Auf welchem Weg diese Bilder auch entstehen, sie bestehen (fast) immer aus rechteckig angeordneten Bildelementen und unterscheiden sich – je nach Ursprung und Anwendungsbereich – vor allem durch die darin abgelegten Werte.

2.2 Bildaufnahme

Der eigentliche Prozess der Entstehung von Bildern ist oft kompliziert und meistens für die Bildverarbeitung auch unwesentlich. Dennoch wollen wir uns kurz ein Aufnahmeverfahren etwas genauer ansehen, mit dem die meisten von uns vertraut sind: eine optische Kamera.

2.2.1 Das Modell der Lochkamera

Das einfachste Prinzip einer Kamera, das wir uns überhaupt vorstellen können, ist die so genannte Lochkamera, die bereits im 13. Jahrhundert als „Camera

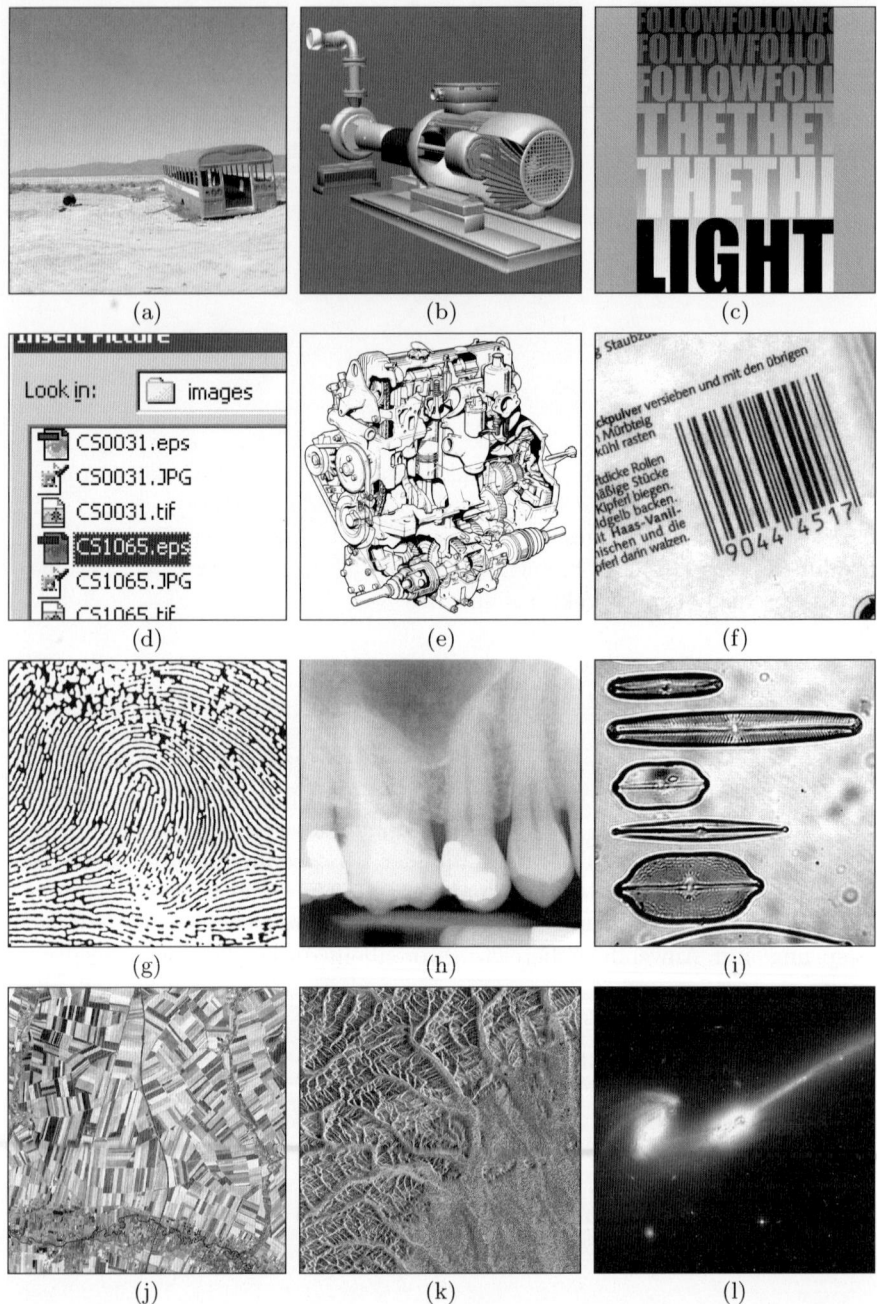

Abb. 2.1. Digitale Bilder: natürliche Landschaftsszene (a), synthetisch generierte Szene (b), Poster-Grafik (c), Screenshot (d), Schwarz-Weiß-Illustration (e), Strichcode (f), Fingerabdruck (g), Röntgenaufnahme (h), Mikroskopbild (i), Satellitenbild (j), Radarbild (k), astronomische Aufnahme (l).

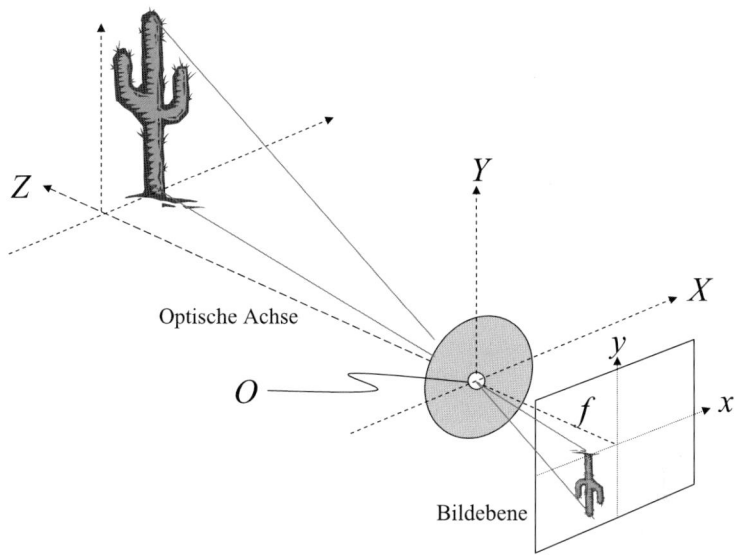

Abb. 2.2. Geometrie der Lochkamera. Die Lochöffnung bildet den Ursprung des dreidimensionalen Koordinatensystems (X, Y, Z), in dem die Positionen der Objektpunkte in der Szene beschrieben werden. Die optische Achse, die durch die Lochöffnung verläuft, bildet die Z-Achse dieses Koordinatensystems. Ein eigenes, zweidimensionales Koordinatensystem (x, y) beschreibt die Projektionspunkte auf der Bildebene. Der Abstand f („Brennweite") zwischen der Öffnung und der Bildebene bestimmt den Abbildungsmaßstab der Projektion.

obscura" bekannt war. Sie hat zwar heute keinerlei praktische Bedeutung mehr (eventuell als Spielzeug), aber sie dient als brauchbares Modell, um die für uns wesentlichen Elemente der optischen Abbildung ausreichend zu beschreiben, zumindest soweit wir es im Rahmen dieses Buchs überhaupt benötigen.

Die Lochkamera besteht aus einer geschlossenen Box mit einer winzigen Öffnung an der Vorderseite und der Bildebene an der gegenüberliegenden Rückseite. Lichtstrahlen, die von einem Objektpunkt vor der Kamera ausgehend durch die Öffnung einfallen, werden geradlinig auf die Bildebene projiziert, wodurch ein verkleinertes und seitenverkehrtes Abbild der sichtbaren Szene entsteht (Abb. 2.2).

Perspektivische Abbildung

Die geometrischen Verhältnisse der Lochkamera sind extrem einfach. Die so genannte „optische Achse" läuft gerade durch die Lochöffnung und rechtwinkelig zur Bildebene. Nehmen wir an, ein sichtbarer Objektpunkt (in unserem Fall die Spitze des Kaktus) befindet sich in einer Distanz Z von der Lochebene und im vertikalen Abstand Y über der optischen Achse. Die Höhe der zugehörigen

Projektion y wird durch zwei Parameter bestimmt: die (fixe) Tiefe der Kamerabox f und den Abstand Z des Objekts vom Koordinatenursprung. Durch Vergleich der ähnlichen Dreiecke ergibt sich der einfache Zusammenhang

$$y = -f\frac{Y}{Z} \quad \text{und genauso} \quad x = -f\frac{X}{Z}. \tag{2.1}$$

Proportional zur Tiefe der Box, also dem Abstand f, ändert sich auch der Maßstab der gewonnenen Abbildung analog zur Änderung der Brennweite in einer herkömmlichen Fotokamera. Ein kleines f (= kurze Brennweite) erzeugt eine kleine Abbildung bzw. – bei fixer Bildgröße – einen größeren Blickwinkel, genau wie bei einem Weitwinkelobjektiv. Verlängern wir die „Brennweite" f, dann ergibt sich – wie bei einem Teleobjektiv – eine vergrößerte Abbildung verbunden mit einem entsprechend kleineren Blickwinkel. Das negative Vorzeichen in Gl. 2.1 zeigt lediglich an, dass die Projektion horizontal und vertikal gespiegelt, also um 180° gedreht, erscheint.

Gl. 2.1 beschreibt nichts anderes als die perspektivische Abbildung, wie wir sie heute als selbstverständlich kennen.[1] Wichtige Eigenschaften dieses theoretischen Modells sind u. a., dass Geraden im 3D-Raum immer auch als Geraden in der 2D-Projektion erscheinen und dass Kreise als Ellipsen abgebildet werden.

2.2.2 Die „dünne" Linse

Während die einfache Geometrie der Lochkamera sehr anschaulich ist, hat die Kamera selbst in der Praxis keine Bedeutung. Um eine scharfe Projektion zu erzielen, benötigt man eine möglichst kleine Lochblende, die wiederum wenig Licht durchlässt und damit zu sehr langen Belichtungszeiten führt. In der Realität verwendet man optische Linsen und Linsensysteme, deren Abbildungsverhalten in vieler Hinsicht besser, aber auch wesentlich komplizierter ist. Häufig bedient man sich aber auch in diesem Fall zunächst eines einfachen Modells, das mit dem der Lochkamera praktisch identisch ist. Im Modell der „dünnen Linse" ist lediglich die Lochblende durch eine Linse ersetzt (Abb. 2.3). Die Linse wird dabei als symmetrisch und unendlich dünn angenommen, d. h., jeder Lichtstrahl, der in die Linse fällt, wird an einer virtuellen Ebene in der Linsenmitte gebrochen. Daraus ergibt sich die gleiche Abbildungsgeometrie wie bei einer Lochkamera. Für die Beschreibung echter Linsen und Linsensysteme ist dieses Modell natürlich völlig unzureichend, denn Details wie Schärfe, Blenden, geometrische Verzerrungen, unterschiedliche Brechung verschiedener Farben und andere reale Effekte sind darin überhaupt nicht berücksichtigt. Für unsere Zwecke reicht dieses primitive Modell zunächst aber

---

[1] Es ist heute schwer vorstellbar, dass die Regeln der perspektivischen Geometrie zwar in der Antike bekannt waren, danach aber in Vergessenheit gerieten und erst in der Renaissance (um 1430 durch den Florentiner Maler Brunoleschi) wiederentdeckt wurden.

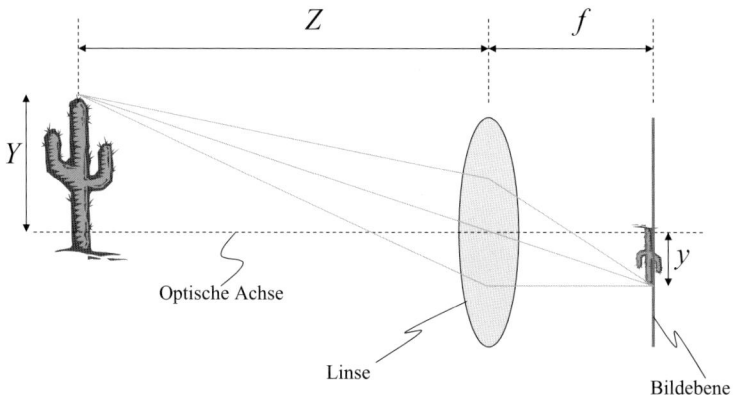

Abb. 2.3. Modell der „dünnen Linse".

aus und für Interessierte findet sich dazu eine Fülle an einführender Literatur
(z. B. [46]).

2.2.3 Übergang zum Digitalbild

Das auf die Bildebene unserer Kamera projizierte Bild ist zunächst nichts weiter als eine zweidimensionale, zeitabhängige, kontinuierliche Verteilung von
Lichtenergie. Um diesen kontinuierlichen „Lichtfilm" als Schnappschuss in digitaler Form in unseren Computer zu bekommen, sind drei wesentliche Schritte
erforderlich:

1. Die kontinuierliche Lichtverteilung muss räumlich abgetastet werden.
2. Die daraus resultierende Funktion muss zeitlich abgetastet werden, um
   ein einzelnes Bild zu erhalten.
3. Die einzelnen Werte müssen quantisiert werden in eine endliche Anzahl
   möglicher Zahlenwerte, damit sie am Computer darstellbar sind.

Schritt 1: Räumliche Abtastung (spatial sampling)

Die räumliche Abtastung, d. h. der Übergang von einer kontinuierlichen zu einer diskreten Lichtverteilung, erfolgt in der Regel direkt durch die Geometrie
des Aufnahmesensors, z. B. in einer Digital- oder Viodeokamera. Die einzelnen
Sensorelemente sind dabei fast immer regelmäßig und rechtwinklig zueinander
auf der Sensorfläche angeordnet (Abb. 2.4). Es gibt allerdings auch Bildsen-
soren mit hexagonalen Elementen oder auch ringförmige Sensorstrukturen für
spezielle Anwendungen.

Schritt 2: Zeitliche Abtastung (temporal sampling)

Die zeitliche Abtastung geschieht durch Steuerung der Zeit, über die die Messung der Lichtmenge durch die einzelnen Sensorelemente erfolgt. Auf dem

einfallendes Licht

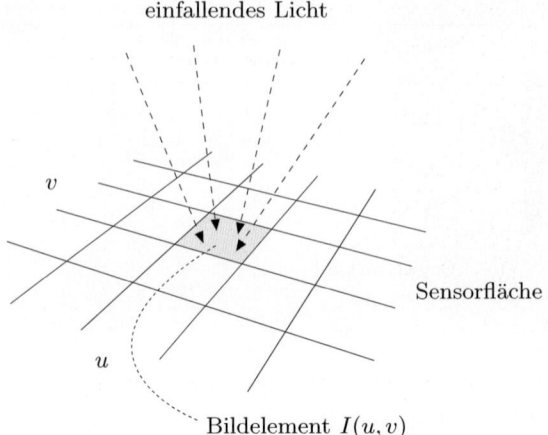

Sensorfläche

Bildelement $I(u,v)$

Abb. 2.4. Räumliche Abtastung. Die räumliche Abtastung der kontinuierlichen Lichtverteilung erfolgt normalerweise direkt durch die Sensorgeometrie, im einfachsten Fall durch eine ebene, regelmäßige Anordnung rechteckiger Sensorelemente, die jeweils die auf sie einfallende Lichtmenge messen.

CCD[2]-Chip einer Digitalkamera wird dies durch das Auslösen eines Ladevorgangs und die Messung der elektrischen Ladung nach einer vorgegebenen Belichtungszeit gesteuert.

Schritt 3: Quantisierung der Pixelwerte

Um die Bildwerte im Computer verarbeiten zu können, müssen diese abschließend auf eine endliche Menge von Zahlenwerten abgebildet werden, typischerweise auf ganzzahlige Werte (z. B. $256 = 2^8$ oder $4096 = 2^{12}$) oder auch auf Gleitkommawerte. Diese Quantisierung erfolgt durch Analog-Digital-Wandlung, entweder in der Sensorelektronik selbst oder durch eine spezielle Interface-Hardware.

Bilder als diskrete Funktionen

Das Endergebnis dieser drei Schritte ist eine Beschreibung des aufgenommenen Bilds als zweidimensionale, regelmäßige Matrix von Zahlen (Abb. 2.5). Etwas formaler ausgedrückt, ist ein digitales Bild I damit eine zweidimensionale Funktion von den ganzzahligen Koordinaten $\mathbb{N} \times \mathbb{N}$ auf eine Menge (bzw. ein Intervall) von Bildwerten $\mathbb{P}$, also

$$I(u,v) \in \mathbb{P} \quad \text{und} \quad u,v \in \mathbb{N}.$$

---

[2] Charge-Coupled Device

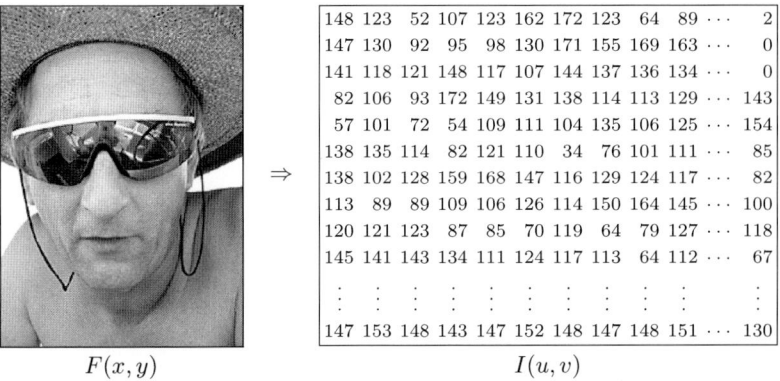

$$F(x,y) \qquad\qquad I(u,v)$$

Abb. 2.5. Übergang von einer kontinuierlichen Lichtverteilung $F(x,y)$ zum diskreten Digitalbild $I(u,v)$.

Damit sind wir bereits so weit, Bilder in unserem Computer darzustellen, sie zu übertragen, zu speichern, zu komprimieren oder in beliebiger Form zu bearbeiten. Ab diesem Punkt ist es uns zunächst egal, auf welchem Weg unsere Bilder entstanden sind, wir behandeln sie einfach nur als zweidimensionale, numerische Daten. Bevor wir aber mit der Verarbeitung von Bildern beginnen, noch einige wichtige Definitionen.

2.2.4 Bildgröße und Auflösung

Im Folgenden gehen wir davon aus, dass wir mit rechteckigen Bildern zu tun haben. Das ist zwar eine relativ sichere Annahme, es gibt aber auch Ausnahmen. Die *Größe* eines Bilds wird daher direkt bestimmt durch die *Breite M* (Anzahl der Spalten) und die *Höhe N* (Anzahl der Zeilen) der zugehörigen Bildmatrix I.

Die *Auflösung* (*resolution*) eines Bilds spezifiziert seine räumliche Ausdehnung in der realen Welt und wird in der Anzahl der Bildelemente pro Längeneinheit angegeben, z. B. in „dots per inch" (dpi) oder „lines per inch" (lpi) bei Druckvorlagen oder etwa in Pixel pro Kilometer bei Satellitenfotos. Meistens geht man davon aus, dass die Auflösung eines Bilds in horizontaler und vertikaler Richtung identisch ist, die Bildelemente also quadratisch sind. Das ist aber nicht notwendigerweise so, z. B. weisen die meisten Videokameras nichtquadratische Bildelemente auf.

Die räumliche Auflösung eines Bilds ist in vielen Bildverarbeitungsschritten unwesentlich, solange es nicht um geometrische Operationen geht. Wenn aber etwa ein Bild gedreht werden muss, Distanzen zu messen sind oder ein präziser Kreis darin zu zeichnen ist, dann sind genaue Informationen über die Auflösung wichtig. Die meisten professionellen Bildformate und Softwaresysteme berücksichtigen daher diese Angaben sehr genau.

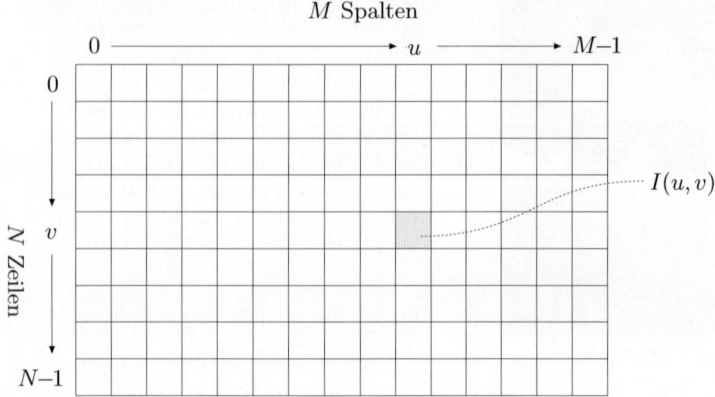

Abb. 2.6. Bildkoordinaten. In der digitalen Bildverarbeitung wird traditionell ein Koordinatensystem verwendet, dessen Ursprung ($u = 0$, $v = 0$) links oben liegt. Die Koordinaten u, v bezeichnen die *Spalten* bzw. die *Zeilen* des Bilds. Für ein Bild der Größe $M \times N$ ist der maximale Spaltenindex $u_{\max} = M{-}1$, der maximale Zeilenindex $v_{\max} = N{-}1$.

2.2.5 Bildkoordinaten

Um zu wissen, welche Bildposition zu welchem Bildelement gehört, benötigen wir ein Koordinatensystem. Entgegen der in der Mathematik üblichen Konvention ist das in der Bildverarbeitung übliche Koordinatensystem in der vertikalen Richtung umgedreht, die y-Koordinate läuft also von oben nach unten und der Koordinatenursprung liegt links oben (Abb. 2.6). Obwohl dieses System keinerlei praktische oder theoretische Vorteile hat (im Gegenteil, bei geometrischen Aufgaben häufig zu Verwirrung führt), wird es mit wenigen Ausnahmen in praktisch allen Softwaresystemen verwendet. Es dürfte ein Erbe der Fernsehtechnik sein, in der Bildzeilen traditionell entlang der Abtastrichtung des Elektronenstrahls, also von oben nach unten nummeriert werden. Aus praktischen Gründen starten wir die Nummerierung von Spalten und Zeilen bei 0, da auch Java-Arrays mit dem Index 0 beginnen.

2.2.6 Pixelwerte

Die Information innerhalb eines Bildelements ist von seinem Typ abhängig. Pixelwerte sind praktisch immer binäre Wörter der Länge k, sodass ein Pixel grundsätzlich 2^k unterschiedliche Werte annehmen kann. k wird auch häufig als die Bit-Tiefe (oder schlicht „Tiefe") eines Bilds bezeichnet. Wie genau die einzelnen Pixelwerte in zugehörige Bitmuster kodiert sind, ist vor allem abhängig vom Bildtyp wie Binärbild, Grauwertbild, RGB-Farbbild und speziellen Bildtypen, die im Folgenden kurz zusammengefasst sind (s. auch Tabelle 2.1):

Tabelle 2.1. Wertebereiche von Bildelementen und Einsatzbereiche.

Grauwertbilder (Intensitätsbilder):

Kanäle	Bit/Pixel	Wertebereich	Anwendungen
1	1	$[0\dots1]$	Binärbilder: Dokumente, Illustration, Fax
1	8	$[0\dots255]$	Universell: Foto, Scan, Druck
1	12	$[0\dots4095]$	Hochwertig: Foto, Scan, Druck
1	14	$[0\dots16383]$	Professionell: Foto, Scan, Druck
1	16	$[0\dots65535]$	Höchste Qualität: Medizin, Astronomie

Farbbilder:

Kanäle	Bits/Pixel	Wertebereich	Anwendungen
3	24	$[0\dots255]^3$	RGB, universell: Foto, Scan, Druck
3	36	$[0\dots4095]^3$	RGB, hochwertig: Foto, Scan, Druck
3	42	$[0\dots16383]^3$	RGB, professionell: Foto, Scan, Druck
4	32	$[0\dots255]^4$	CMYK, digitale Druckvorstufe

Spezialbilder:

Kanäle	Bits/Pixel	Wertebereich	Anwendungen
1	16	$-32768\dots32767$	Pos./neg. short integers, interne Verarbeitung
1	32	$\pm3.4 \cdot 10^{38}$	Gleitkomma: Medizin, Astronomie
1	64	$\pm1.8 \cdot 10^{308}$	Gleitkomma: interne Verarbeitung

Grauwertbilder (Intensitätsbilder)

Die Bilddaten von Grauwertbildern bestehen aus nur einem Kanal, der die Intensität, Helligkeit oder Dichte des Bilds beschreibt. Da in den meisten Fällen nur positive Werte sinnvoll sind (schließlich entspricht Intensität der Lichtenergie, die nicht negativ sein kann), werden üblicherweise positive ganze Zahlen im Bereich $[0 \dots 2^k - 1]$ zur Darstellung benutzt. Ein typisches Grauwertbild verwendet z. B. $k = 8$ Bits (1 Byte) pro Pixel und deckt damit die Intensitätswerte $[0 \dots 255]$ ab, wobei der Wert 0 der minimalen Helligkeit (schwarz) und 255 der maximalen Helligkeit (weiß) entspricht.

Bei vielen professionellen Anwendungen für Fotografie und Druck, sowie in der Medizin und Astronomie reicht der mit 8 Bits/Pixel verfügbare Wertebereich allerdings nicht aus. Bildtiefen von 12, 14 und sogar 16 Bits sind daher nicht ungewöhnlich.

Binärbilder

Binärbilder sind spezielle Intensitätsbilder, die nur zwei Pixelwerte vorsehen – schwarz und weiß –, die mit einem einzigen Bit (0/1) pro Pixel kodiert werden. Binärbilder werden häufig verwendet zur Darstellung von Strichgrafiken, zur Archivierung von Dokumenten, für die Kodierung von Fax-Dokumenten, und natürlich im Druck.

Farbbilder

Die meisten Farbbilder sind mit jeweils einer Komponente für die Primärfarben Rot, Grün und Blau (RGB) kodiert, typischerweise mit 8 Bits pro Komponente. Jedes Pixel eines solchen Farbbilds besteht daher aus $3 \times 8 = 24$ Bits und der Wertebereich jeder Farbkomponente ist wiederum [0 ... 255]. Ähnlich wie bei Intensitätsbildern sind Farbbilder mit Tiefen von 30, 36 und 42 Bits für professionelle Anwendungen durchaus üblich. Heute verfügen oft auch digitale Amateurkameras bereits über die Möglichkeit, z. B. 36 Bit tiefe Bilder aufzunehmen, allerdings fehlt dafür oft die Unterstützung in der zugehörigen Bildbearbeitungssoftware. In der digitalen Druckvorstufe werden üblicherweise subtraktive Farbmodelle mit 4 und mehr Farbkomponenten verwendet, z. B. das CMYK-(*Cyan-Magenta-Yellow-Black-*)Modell (s. auch Kap. 12).

Bei *Index-* oder *Palettenbildern* ist im Unterschied zu *Vollfarbenbildern* die Anzahl der unterschiedlichen Farben innerhalb eines Bilds auf eine Palette von Farb- oder Grauwerten beschränkt. Die Bildwerte selbst sind in diesem Fall nur Indizes (mit maximal 8 Bits) auf die Tabelle von Farbwerten (s. auch Abschn. 12.1.1).

Spezialbilder

Spezielle Bilddaten sind dann erforderlich, wenn die oben beschriebenen Standardformate für die Darstellung der Bildwerte nicht ausreichen. Unter anderem werden häufig Bilder mit negativen Werten benötigt, die etwa als Zwischenergebnisse einzelner Verarbeitungsschritte (z. B. bei der Detektion von Kanten) auftreten. Des Weiteren werden auch Bilder mit Gleitkomma-Elementen (meist mit 32 oder 64 Bits/Pixel) verwendet, wenn ein großer Wertebereich bei gleichzeitig hoher Genauigkeit dargestellt werden muss, z. B. in der Medizin oder in der Astronomie. Die zugehörigen Dateiformate sind allerdings ausnahmslos anwendungsspezifisch und werden daher von üblicher Standardsoftware nicht unterstützt.

2.3 Dateiformate für Bilder

Während wir in diesem Buch fast immer davon ausgehen, dass Bilddaten bereits als zweidimensionale Arrays in einem Programm vorliegen, sind Bilder in der Praxis zunächst meist in Dateien gespeichert. Dateien sind daher eine essentielle Grundlage für die Speicherung, Archivierung und für den Austausch von Bilddaten, und die Wahl des richtigen Dateiformats ist eine wichtige Entscheidung. In der Frühzeit der digitalen Bildverarbeitung (bis etwa 1985) ging mit fast jeder neuen Softwareentwicklung auch die Entwicklung eines neuen Dateiformats einher, was zu einer Myriade verschiedenster Dateiformate und einer kombinatorischen Vielfalt an notwendigen Konvertierungsprogrammen führte.[3] Heute steht glücklicherweise eine Reihe standardisierter und für die meisten Einsatzzwecke passender Dateiformate zur Verfügung, was vor allem den Austausch von Bilddaten erleichtert und auch die langfristige Lesbarkeit

---

[3] Dieser historische Umstand behinderte lange Zeit nicht nur den konkreten Austausch von Bildern, sondern beanspruchte vielerorts auch wertvolle Entwicklungsressourcen.

fördert. Dennoch ist, vor allem bei umfangreichen Projekten, die Auswahl des
richtigen Dateiformats nicht immer einfach und manchmal mit Kompromissen
verbunden, wobei einige typische Kriterien etwa folgende sind:

- **Art der Bilder:** Schwarzweißbilder, Grauwertbilder, Scans von Dokumenten, Farbfotos, farbige Grafiken oder Spezialbilder (z. B. mit Gleit-
  kommadaten). In manchen Anwendungen (z. B. bei Luft- oder Satellitenaufnahmen) ist auch die maximale Bildgröße wichtig.
- **Speicherbedarf und Kompression:** Ist die Dateigröße ein Problem
  und ist eine (insbesondere *verlustbehaftete*) Kompression der Bilddaten
  zulässig?
- **Kompatibilität:** Wie wichtig ist der Austausch von Bilddaten und eine
  langfristige Lesbarkeit (Archivierung) der Bilddaten?
- **Anwendungsbereich:** In welchem Bereich werden die Bilddaten hauptsächlich verwendet, etwa für den Druck, im Web, im Film, in der Computergrafik, Medizin oder Astronomie?

2.3.1 Raster- vs. Vektordaten

Im Folgenden beschäftigen wir uns ausschließlich mit Dateiformaten zur Speicherung von *Rastbildern*, also Bildern, die durch eine regelmäßige Matrix (mit
diskreten Koordinaten) von Pixelwerten beschrieben werden. Im Unterschied
dazu wird bei *Vektorgrafiken* der Bildinhalt in Form von geometrischen Objekten mit kontinuierlichen Koordinaten repräsentiert und die Rasterung erfolgt
erst bei der Darstellung auf einem konkreten Endgerät (z. B. einem Display
oder Drucker).

Für Vektorbilder sind übrigens standardisierte Austauschformate kaum
vorhanden bzw. wenig verbreitet, wie beispielsweise das ANSI/ISO-Standard-
format CGM („Computer Graphics Metafile"), SVG (Scalable Vector Graphics[4]) und einige proprietäre Formate wie DXF („Drawing Exchange Format" von AutoDesk), AI („Adobe Illustrator"), PICT („QuickDraw Graphics
Metafile" von Apple) oder WMF/ EMF („Windows Metafile" bzw. „Enhan-
ced Metafile" von Microsoft). Die meisten dieser Formate können Vektordaten
und Rasterbilder *zusammen* in einer Datei kombinieren. Auch die Dateiformate PS („PostScript") bzw. EPS („Encapsulated PostScript") von Adobe
und das daraus abgeleitete PDF („Portable Document Format") bieten diese
Möglichkeit, werden allerdings vorwiegend zur Druckausgabe und Archivierung verwendet.[5]

---

[4] www.w3.org/TR/SVG/

[5] Spezielle Varianten von PS-, EPS- und PDF-Dateien werden allerdings auch als
(editierbare) Austauschformate für Raster- und Vektordaten verwendet, z. B. für
Adobe *Photoshop* (Photoshop-EPS) oder *Illustrator* (AI).

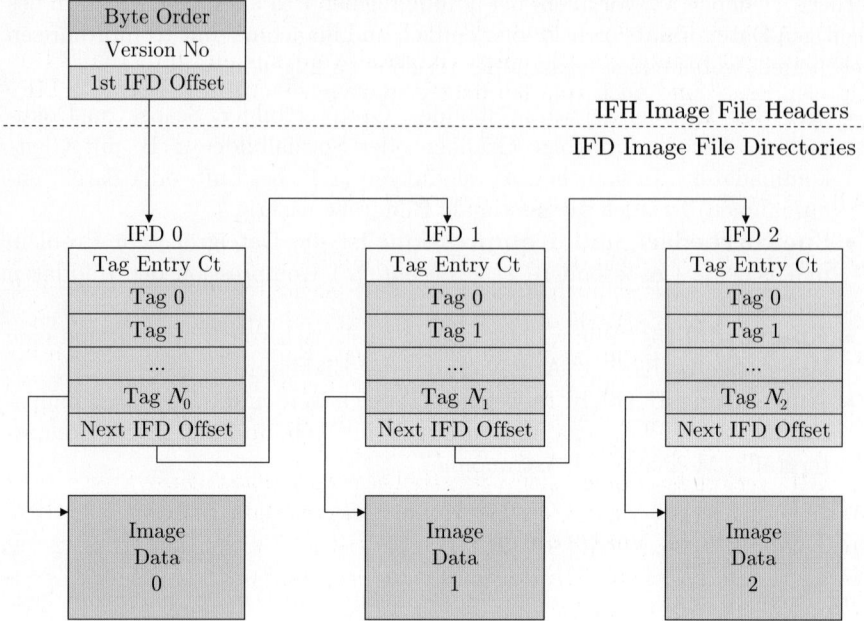

Abb. 2.7. Struktur einer TIFF-Datei (Beispiel). Eine TIFF-Datei besteht aus dem Header und einer verketteten Folge von (in diesem Fall 3) Bildobjekten, die durch „Tags" und zugehörige Parameter gekennzeichnet sind und wiederum Verweise auf die eigentlichen Bilddaten (Image Data) enthalten.

2.3.2 Tagged Image File Format (TIFF)

TIFF ist ein universelles und flexibles Dateiformat, das professionellen Ansprüchen in vielen Anwendungsbereichen gerecht wird. Es wurde ursprünglich von Aldus konzipiert, später von Microsoft und (derzeit) Adobe weiterentwickelt. Das Format unterstützt Grauwertbilder, Indexbilder und Vollfarbenbilder. TIFF-Dateien können mehrere Bilder mit unterschiedlichen Eigenschaften enthalten. TIFF spezifiziert zudem eine Reihe unterschiedlicher Kompressionsverfahren (u. a. LZW, ZIP, CCITT und JPEG) und Farbräume, sodass es beispielsweise möglich ist, mehrere Varianten eines Bilds in verschiedenen Größen und Darstellungsformen gemeinsam in einer TIFF-Datei abzulegen. TIFF findet eine breite Verwendung als universelles Austauschformat, zur Archivierung von Dokumenten, in wissenschaftlichen Anwendungen, in der Digitalfotografie oder in der digitalen Film- und Videoproduktion.

Die Stärke dieses Bildformats liegt in seiner Architektur (Abb. 2.7), die es erlaubt, neue Bildmodalitäten und Informationsblöcke durch Definition neuer „Tags" zu definieren. So können etwa in ImageJ Bilder mit Gleitkommawerten (`float`) problemlos als TIFF-Bilder gespeichert und (allerdings nur mit ImageJ) wieder gelesen werden. In dieser Flexibilität liegt aber auch ein Problem, nämlich dass proprietäre Tags nur vereinzelt unterstützt werden und daher „Unsupported Tag"-Fehler beim Öffnen von TIFF-Dateien nicht selten sind. Auch ImageJ kann nur eine wenige Varianten von (unkomprimierten) TIFF-Dateien lesen[6] und auch von den derzeit gängigen Web-Browsern wird TIFF nicht unterstützt.

2.3.3 Graphics Interchange Format (GIF)

GIF wurde ursprünglich (ca. 1986) von CompuServe für Internet-Anwendungen entwickelt und ist auch heute noch weit verbreitet. GIF ist ausschließlich für Indexbilder (Farb- und Grauwertbilder mit maximal 8-Bit-Indizes) konzipiert und ist damit kein Vollfarbenformat. Es werden Farbtabellen unterschiedlicher Größe mit $2 \ldots 256$ Einträgen unterstützt, wobei ein Farbwert als transparent markiert werden kann. Dateien können als „Animated GIFs" auch mehrere Bilder gleicher Größe enthalten.

GIF verwendet (neben der verlustbehafteten Farbquantisierung – siehe Abschn. 12.5) das verlustfreie LZW-Kompressionsverfahren für die Bild- bzw. Indexdaten. Wegen offener Lizenzfragen bzgl. des LZW-Verfahrens stand die Weiterverwendung von GIF längere Zeit in Frage und es wurde deshalb sogar mit PNG (s. unten) ein Ersatzformat entwickelt. Mittlerweile sind die entsprechenden Patente jedoch abgelaufen und damit dürfte auch die Zukunft von GIF gesichert sein.

Das GIF-Format eignet sich gut für „flache" Farbgrafiken mit nur wenigen Farbwerten (z. B. typische Firmenlogos), Illustrationen und 8-Bit-Grauwertbilder. Bei neueren Entwicklungen sollte allerdings PNG als das modernere Format bevorzugt werden, zumal es GIF in jeder Hinsicht ersetzt bzw. übertrifft.

2.3.4 Portable Network Graphics (PNG)

PNG (ausgesprochen „ping") wurde ursprünglich entwickelt, um (wegen der erwähnten Lizenzprobleme mit der LZW-Kompression) GIF zu ersetzen und gleichzeitig ein universelles Bildformat für Internet-Anwendungen zu schaffen. PNG unterstützt grundsätzlich drei Arten von Bildern:

- Vollfarbbilder (mit bis zu 3×16 Bits/Pixel)
- Grauwertbilder (mit bis zu 16 Bits/Pixel)
- Indexbilder (mit bis zu 256 Farben)

Ferner stellt PNG einen Alphakanal (Transparenzwert) mit maximal 16 Bit (im Unterschied zu GIF mit nur 1 Bit) zur Verfügung. Es wird nur ein Bild pro Datei gespeichert, dessen Größe allerdings Ausmaße bis $2^{30} \times 2^{30}$ Pixel annehmen kann. Als (verlustfreies) Kompressionsverfahren wird eine Variante

---

[6] Das ImageIO-Plugin bietet allerdings eine erweiterte Unterstützung für TIFF-Dateien (http://ij-plugins.sourceforge.net/plugins/imageio/).

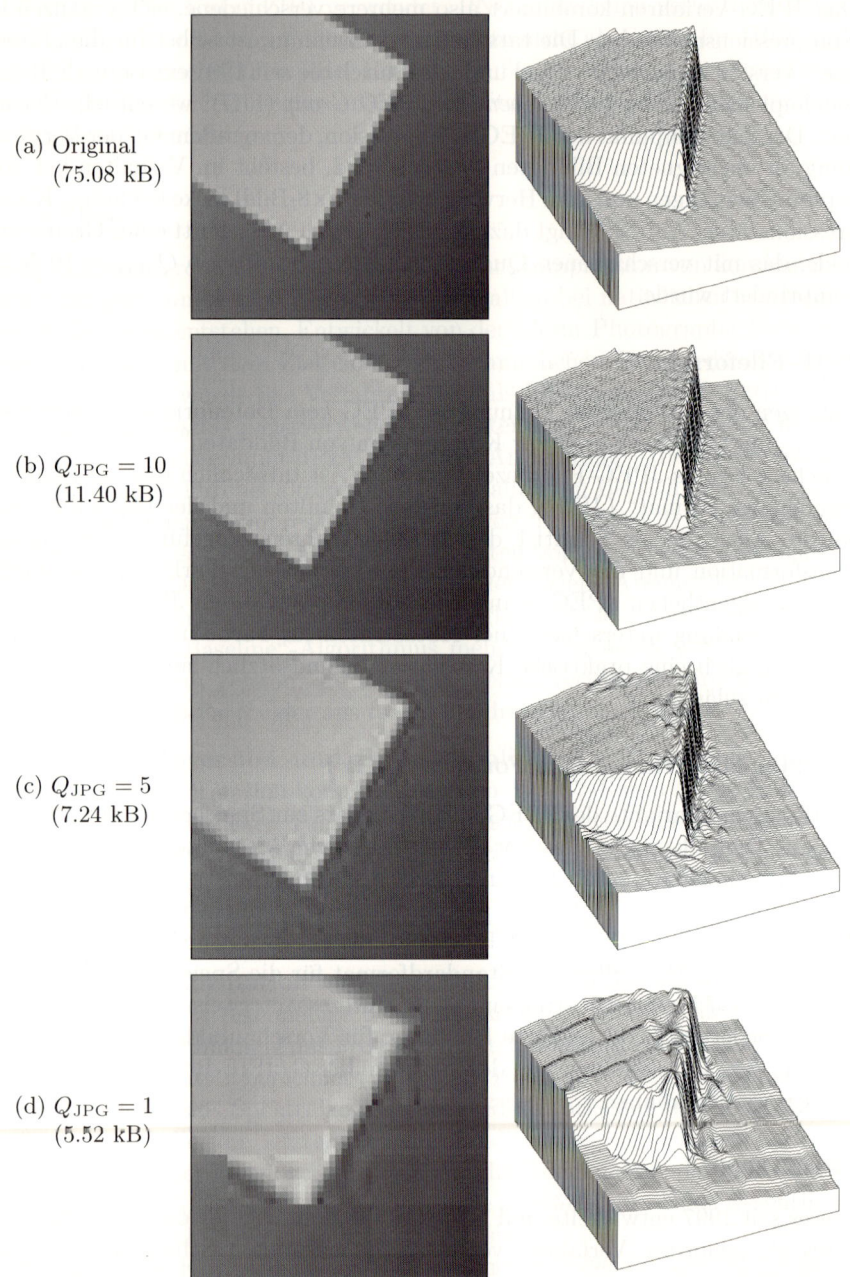

Abb. 2.8. Artefakte durch JPEG-Kompression. Ausschnitt aus dem Originalbild (a) und JPEG-komprimierte Varianten mit Qualitätsfaktor $Q_{\mathrm{JPG}} = 10$ (b), $Q_{\mathrm{JPG}} = 5$ (c) und $Q_{\mathrm{JPG}} = 1$ (d). In Klammern angegeben sind die resultierenden Dateigrößen für das Gesamtbild (Größe 274×274).

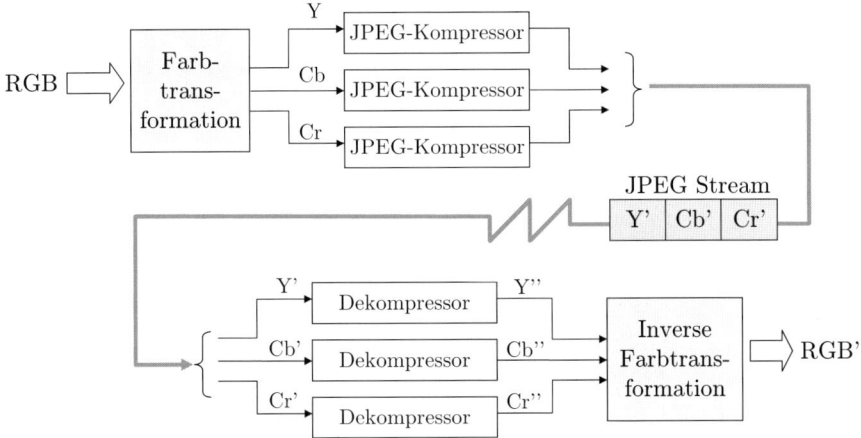

Abb. 2.9. JPEG-Kompression eines RGB-Bilds. Zunächst werden durch die Farbraumtransformation die Farbkomponenten C_b, C_r von der Luminanzkomponente Y getrennt, wobei die Farbkomponenten gröber abgetastet werden als die Y-Komponente. Alle drei Komponenten laufen unabhängig durch einen JPEG-Kompressor, die Ergebnisse werden in einen gemeinsamen Datenstrom (JPEG Stream) zusammengefügt. Bei der Dekompression erfolgt derselbe Vorgang in umgekehrter Reihenfolge. Der eigentliche JPEG-Standard spezifiziert nur den JPEG-Kompressor und Dekompressor, alle übrigen Elemente sind durch JFIF definiert oder frei wählbar.

ditionellen JPEG-Verfahrens zu beseitigen. Zum einen werden mit 64×64 deutlich größere Bildblöcke verwendet, zum anderen wird die Kosinustransformation durch eine diskrete *Wavelet*-Transformation ersetzt, die durch ihre lokale Begrenztheit vor allem bei raschen Bildübergängen Vorteile bietet. Das Verfahren erlaubt gegenüber JPEG deutlich höhere Kompressionsraten von bis zu 0.25 Bit/Pixel bei RGB-Farbbildern. Bedauerlicherweise wird jedoch JPEG-2000 derzeit trotz seiner überlegenen Eigenschaften nur von wenigen Bildbearbeitungsprogrammen und Web-Browsern unterstützt.[12]

2.3.6 Windows Bitmap (BMP)

BMP ist ein einfaches und vor allem unter Windows weit verbreitetes Dateiformat für Grauwert-, Index- und Vollfarbenbilder. Auch Binärbilder werden unterstützt, wobei allerdings in weniger effizienter Weise jedes Pixel als ein ganzes Byte gespeichert wird. Zur Kompression wird optional eine einfache (und verlustfreie) Lauflängenkodierung verwendet. BMP ist bzgl. seiner Möglichkeiten ähnlich zu TIFF, allerdings deutlich weniger flexibel.

---

[12] Auch in ImageJ wird JPEG-2000 derzeit nicht unterstützt.

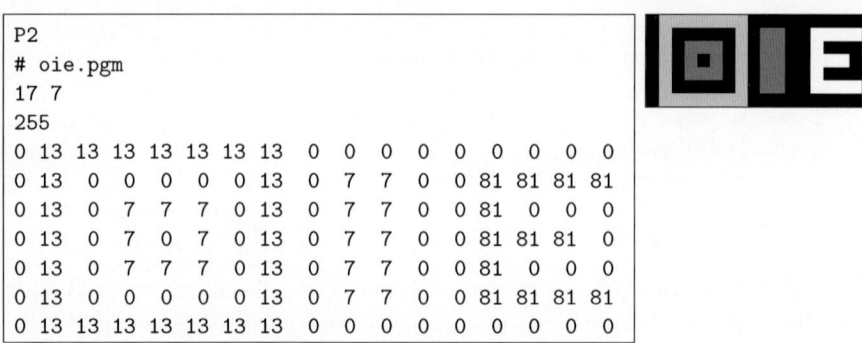

```
P2
# oie.pgm
17 7
255
0 13 13 13 13 13 13 13  0  0  0  0  0  0  0  0  0
0 13  0  0  0  0  0 13  0  7  7  0  0 81 81 81 81
0 13  0  7  7  7  0 13  0  7  7  0  0 81  0  0  0
0 13  0  7  0  7  0 13  0  7  7  0  0 81 81 81  0
0 13  0  7  7  7  0 13  0  7  7  0  0 81  0  0  0
0 13  0  0  0  0  0 13  0  7  7  0  0 81 81 81 81
0 13 13 13 13 13 13 13  0  0  0  0  0  0  0  0  0
```

Abb. 2.10. Beispiel für eine PGM-Datei im Textformat. Die Zeichen **p2** in der ersten Zeile markieren die Datei als PGM im („plain") Textformat, anschließend folgt eine Kommentarzeile (**#**). In Zeile 3 ist die Bildgröße (Breite 17, Höhe 7) angegeben, Zeile 4 definiert den maximalen Pixelwert (255). Die übrigen Zeilen enthalten die tatsächlichen Pixelwerte. Rechts das entsprechende Grauwertbild.

2.3.7 Portable Bitmap Format (PBM)

Die PBM-Familie[13] besteht aus einer Reihe sehr einfacher Dateiformate mit der Besonderheit, dass die Bildwerte optional in Textform gespeichert werden können, damit direkt lesbar und sehr leicht aus einem Programm oder mit einem Texteditor zu erzeugen sind (s. Beispiel in Abb. 2.10). Zusätzlich gibt es jeweils einen „RAW"-Modus, in dem die Pixelwerte als Binärdaten (Bytes) gespeichert sind. PBM ist vor allem unter Unix gebräuchlich und stellt folgende Formate zur Verfügung: PBM (*portable bit map*) für Binär- bzw. *Bitmap*-Bilder, PGM (*portable gray map*) für Grauwertbilder und PNM (*portable any map*) für Farbbilder. PGM-Bilder können auch mit ImageJ geöffnet werden.

2.3.8 Weitere Dateiformate

Für die meisten praktischen Anwendungen sind zwei Dateiformate ausreichend: TIFF als universelles Format für beliebige Arten von unkomprimierten Bildern und JPEG/JFIF für digitale Farbfotos, wenn der Speicherbedarf eine Rolle spielt. Für Web-Anwendungen ist zusätzlich noch PNG oder GIF erforderlich. Darüber hinaus existieren zahlreiche weitere Dateiformate, die zum Teil nur mehr in älteren Datenbeständen vorkommen oder aber in einzelnen Anwendungsbereichen traditionell in Verwendung sind:

- **RGB** ist ein einfaches Bildformat von Silicon Graphics.
- **RAS** (Sun Raster Format) ist ein einfaches Bildformat von Sun Microsystems.

---

[13] http://netpbm.sourceforge.net

- **TGA** (Truevision Targa File Format) war das erste 24-Bit-Dateiformat für PCs, bietet zahlreiche Bildformate mit 8–32 Bit und wird u. a. in der Medizin und Biologie immer noch häufig verwendet.
- **XBM/XPM** (X-Windows Bitmap/Pixmap) ist eine Familie von ASCII-kodierten Bildformaten unter X-Windows, ähnlich PBM/PGM (s. oben).

2.3.9 Bits und Bytes

Das Öffnen von Bilddateien sowie das Lesen und Schreiben von Bilddaten wird heute glücklicherweise meistens von fertigen Softwarebibliotheken erledigt. Dennoch kann es vorkommen, dass man sich mit der Struktur und dem Inhalt von Bilddateien bis hinunter auf die Byte-Ebene befassen muss, etwa wenn ein nicht unterstütztes Dateiformat zu lesen ist oder wenn die Art einer vorliegenden Datei unbekannt ist.

Big-Endian und *Little-Endian*

Das in der Computertechnik übliche Modell einer Datei besteht aus einer einfachen Folge von Bytes (= 8 Bits), wobei ein Byte auch die kleinste Einheit ist, die man aus einer Datei lesen oder in sie schreiben kann. Im Unterschied dazu sind die den Bildelementen entsprechenden Datenobjekte im Speicher meist größer als ein Byte, beispielsweise eine 32 Bit große int-Zahl (= 4 Bytes) für ein RGB-Farbpixel. Das Problem dabei ist, dass es für die *Anordnung* der 4 einzelnen Bytes in der zugehörigen Bilddatei verschiedene Möglichkeiten gibt. Um aber die ursprünglichen Farbpixel wieder korrekt herstellen zu können, muss natürlich bekannt sein, in welcher Reihenfolge die zugehörigen Bytes in der Datei gespeichert sind.

Angenommen wir hätten beispielsweise eine 32-Bit-int-Zahl z mit dem Binär- bzw. Hexadezimalwert[14]

$$z = \underbrace{00010010}_{\substack{12_H \\ (\text{MSB})}} 00110100 \; 01010110 \; \underbrace{01111000}_{\substack{78_H \\ (\text{LSB})}} {}_B = 12345678_H,$$

dann ist $00010010_B = 12_H$ der Wert des *Most Significant Byte* (MSB) und $01111000_B = 78_H$ der Wert des *Least Significant Byte* (LSB). Sind die einzelnen Bytes innerhalb der Datei in der Reihenfolge von MSB nach LSB gespeichert, dann nennt man die Anordnung „Big Endian", im umgekehrten Fall „Little Endian". Für die obige Zahl z heißt das konkret:

	Bytefolge:	1	2	3	4
Big Endian:	MSB → LSB	12_H	34_H	56_H	78_H
Little Endian:	LSB → MSB	78_H	56_H	34_H	12_H

---

[14] Der Dezimalwert von z ist 305419896.

Tabelle 2.2. Signaturen von Bilddateien (Beispiele). Die meisten Bildformate können durch Inspektion der ersten Bytes der Datei identifiziert werden. Die Zeichenfolge ist jeweils hexadezimal (0x..) und als ASCII-Text dargestellt (□ sind nicht druckbare Zeichen). Beispielsweise beginnt eine PNG-Datei immer mit einer Folge aus den vier Byte-Werten 0x89, 0x50, 0x4e, 0x47, bestehend aus der „magic number" 0x89 und der ASCII-Zeichenfolge „PNG". Beim TIFF-Format geben die ersten beiden Zeichen (MM für „Motorola" bzw. II für „Intel") Auskunft über die Byte-Reihenfolge (*little-endian* bzw. *big-endian*) der nachfolgenden Daten.

Format	Signatur		Format	Signatur	
PNG	0x89504e47	□PNG	BMP	0x424d	BM
JPEG/JFIF	0xffd8ffe0	□□□□	GIF	0x4749463839	GIF89
TIFF$_{little}$	0x49492a00	II*□	Photoshop	0x38425053	8BPS
TIFF$_{big}$	0x4d4d002a	MM□*	PS/EPS	0x25215053	%!PS

Obwohl die richtige Anordnung der Bytes eigentlich eine Aufgabe des Betriebssystems (bzw. des Filesystems) sein sollte, ist sie in der Praxis hauptsächlich von der Prozessorarchitektur abhängig![15] So sind etwa Prozessoren aus der Intel-Familie (x86, Pentium) traditionell *little-endian* und Prozessoren anderer Hersteller (wie IBM, MIPS, Motorola, Sun) *big-endian*, was meistens auch für die zugeordneten Betriebs- und Filesysteme gilt.[16] *big-endian* wird auch als *Network Byte Order* bezeichnet, da im IP-Protokoll die Datenbytes in der Reihenfolge MSB nach LSB übertragen werden.

Zur richtigen Interpretation einer Bilddatei ist daher die Kenntnis der für größere Speicherworte verwendeten Byte-Anordnung erforderlich. Diese ist meistens fix, bei einzelnen Dateiformaten (wie beispielsweise TIFF) jedoch variabel und als Parameter im Dateiheader angegeben (siehe Tabelle 2.2).

Dateiheader und Signaturen

Praktisch alle Bildformate sehen einen Dateiheader vor, der die wichtigsten Informationen über die nachfolgenden Bilddaten enthält, wie etwa den Elementtyp, die Bildgröße usw. Die Länge und Struktur dieses Headers ist meistens fix, in einer TIFF-Datei beispielsweise kann der Header aber wieder Verweise auf weitere Subheader enthalten.

Um die Information im Header überhaupt interpretieren zu können, muss zunächst der Dateityp festgestellt werden. In manchen Fällen ist dies auf Basis der *file name extension* (z. B. .jpg oder .tif) möglich, jedoch sind diese Abkürzungen nicht standardisiert, können vom Benutzer jederzeit geändert

---

[15] Das hat vermutlich historische Gründe. Wenigstens ist aber die Reihenfolge der *Bits* innerhalb eines Byte weitgehend einheitlich.

[16] In *Java* ist dies übrigens kein Problem, da intern in allen Implementierungen (der *Java Virtual Machine*) und auf allen Plattformen *big-endian* als einheitliche Anordnung verwendet wird.

werden und sind in manchen Betriebssystemen (z. B. MacOS) überhaupt nicht üblich. Stattdessen identifizieren sich viele Dateiformate durch eine eingebettete „Signatur", die meist aus zwei Bytes am Beginn der Datei gebildet wird. Einige Beispiele für gängige Bildformate und zugehörige Signaturen sind in Tabelle 2.2 angeführt.

2.4 Aufgaben

Aufg. 2.1. Ermitteln Sie die wirklichen Ausmaße (in mm) eines Bilds mit 1400×1050 quadratischen Pixel und einer Auflösung von 72 dpi.

Aufg. 2.2. Eine Kamera mit einer Brennweite von $f = 50$ mm macht eine Aufnahme eines senkrechten Mastes, der 12 m hoch ist und sich im Abstand von 95 m vor der Kamera befindet. Ermitteln Sie die Höhe der dabei entstehenden Abbildung (a) in mm und (b) in der Anzahl der Pixel unter der Annahme, dass der Kamerasensor eine Auflösung von 4000 dpi aufweist.

Aufg. 2.3. Der Bildsensor einer Digitalkamera besitzt 2016×3024 Pixel. Die Geometrie dieses Sensors ist identisch zu der einer herkömmlichen Kleinbildkamera (mit einer Bildgröße von 24×36 mm), allerdings um den Faktor 1.6 kleiner. Berechnen Sie die Auflösung dieses Sensors in dpi.

Aufg. 2.4. Überlegen Sie unter Annahme der Kamerageometrie aus Aufg. 2.3 und einer Objektivbrennweite von $f = 50$ mm, welche Verwischung (in Pixel) eine gleichförmige, horizontale Kameradrehung um 0.1 Grad innerhalb einer Belichtungszeit von $\frac{1}{30}$ s bewirkt. Berechnen Sie das Gleiche auch für $f = 300$ mm. Überlegen Sie, ob das Ausmaß der Verwischung auch von der Entfernung der Objekte abhängig ist.

Aufg. 2.5. Ermitteln Sie die Anzahl von Bytes, die erforderlich ist, um ein unkomprimiertes Binärbild mit 4000×3000 Pixel zu speichern.

Aufg. 2.6. Ermitteln Sie die Anzahl von Bytes, die erforderlich ist, um ein unkomprimiertes RGB-Farbbild der Größe 640×480 mit 8, 10, 12 bzw. 14 Bit pro Farbkanal zu speichern.

Aufg. 2.7. Nehmen wir an, ein Schwarz-Weiß-Fernseher hat eine Bildgröße von 625×512 Pixel mit jeweils 8 Bits und zeigt 25 Bilder pro Sekunde. (a) Wie viele verschiedene Bilder kann dieses Gerät grundsätzlich anzeigen und wie lange müsste man (ohne Schlafpausen) davor sitzen, um alle diese Bilder mindestens einmal gesehen zu haben? (b) Erstellen Sie dieselbe Berechnung für einen Farbfernseher mit jeweils 3×8 Bit pro Pixel.

Aufg. 2.8. Zeigen Sie, dass eine Gerade im dreidimensionalen Raum von einer Lochkamera (d. h. bei einer perspektivischen Projektion, Gl. 2.1) tatsächlich immer als Gerade abgebildet wird.

3.1.1 Software zur Bildbearbeitung

Softwareanwendungen für die Manipulation von Bildern, wie z. B. Adobe Photoshop, Corel Paint u. v. a., bieten ein meist sehr komfortables User Interface und eine große Anzahl fertiger Funktionen und Werkzeuge, um Bilder interaktiv zu bearbeiten. Die Erweiterung der bestehenden Funktionalität durch *eigene* Programmkomponenten wird zwar teilweise unterstützt, z. B. können „Plugins" für Photoshop[1] in C++ programmiert werden, doch ist dies eine meist aufwendige und jedenfalls für Programmieranfänger zu komplexe Aufgabe.

3.1.2 Software zur Bildverarbeitung

Im Gegensatz dazu unterstützt „echte" Software für die digitale Bildverarbeitung primär die Erfordernisse von Algorithmenentwicklern und Programmierern und bietet dafür normalerweise weniger Komfort und interaktive Möglichkeiten für die Bildbearbeitung. Stattdessen bieten diese Umgebungen meist umfassende und gut dokumentierte Programmbibliotheken, aus denen relativ einfach und rasch neue Prototypen und Anwendungen erstellt werden können. Beispiele dafür sind etwa *Khoros / VisiQuest*[2], *IDL*[3], *MatLab*[4] und *ImageMagick*[5]. Neben der Möglichkeit zur konventionellen Programmierung (üblicherweise mit C/C++) werden häufig einfache Scriptsprachen und visuelle Programmierhilfen angeboten, mit denen auch komplizierte Abläufe auf einfache und sichere Weise konstruiert werden können.

3.2 Eigenschaften von ImageJ

ImageJ, das wir für dieses Buch verwenden, ist eine Mischung beider Welten. Es bietet einerseits bereits fertige Werkzeuge zur Darstellung und interaktiven Manipulation von Bildern, andererseits lässt es sich extrem einfach durch eigene Softwarekomponenten erweitern. ImageJ ist vollständig in Java implementiert, ist damit weitgehend plattformunabhängig und läuft unverändert u. a. unter Windows, MacOS und Linux. Die dynamische Struktur von Java ermöglicht es, eigene Module – so genannte „Plugins" – in Form eigenständiger Java-Codestücke zu erstellen und „on-the-fly" im laufenden System zu übersetzen und auch sofort auszuführen, ohne ImageJ neu starten zu müssen. Dieser schnelle Ablauf macht ImageJ zu einer idealen Basis, um neue Bildverarbeitungsalgorithmen zu entwickeln und mit ihnen zu experimentieren. Da

---

[1] www.adobe.com/products/photoshop/
[2] www.accusoft.com/imaging/visiquest/
[3] www.rsinc.com/idl/
[4] www.mathworks.com
[5] www.imagemagick.org

Java an vielen Ausbildungseinrichtungen immer häufiger als erste Programmiersprache unterrichtet wird, ist das Erlernen einer zusätzlichen Programmiersprache oft nicht notwendig und der Einstieg für viele Studierende sehr einfach. ImageJ ist zudem frei verfügbar, sodass Studierende und Lehrende die Software legal und ohne Lizenzkosten auf allen ihren Computern verwenden können. ImageJ ist daher eine ideale Basis für die Ausbildung in der digitalen Bildverarbeitung, es wird aber auch in vielen Labors, speziell in der Biologie und Medizin, für die tägliche Arbeit eingesetzt.

Entwickelt wurde (und wird) ImageJ von Rasband am U.S. *National Institute of Health* (NIH) als Nachfolgeprojekt der älteren Software *NIH-Image*, die allerdings nur auf MacIntosh verfügbar war. Die aktuelle Version von ImageJ, Updates, Dokumentation, Testbilder und eine ständig wachsende Sammlung beigestellter Plugins finden sich auf der ImageJ-Homepage.[6] Praktisch ist auch, dass der gesamte Quellcode von ImageJ online zur Verfügung steht. Die Installation von ImageJ ist einfach, Details dazu finden sich in der Online-Installationsanleitung, im IJ-Tutorial [3] und auch in Anhang C.

ImageJ ist allerdings nicht perfekt und weist softwaretechnisch sogar erhebliche Mängel auf, wohl aufgrund seiner Entstehungsgeschichte. Die Architektur ist unübersichtlich und speziell die Unterscheidung zwischen den häufig verwendeten ImageProcessor- und ImagePlus-Objekten bereitet nicht nur Anfängern erhebliche Schwierigkeiten. Die Implementierung einzelner Komponenten ist zum Teil nicht konsistent und unterschiedliche Funktionalitäten sind oft nicht sauber voneinander getrennt. Auch die fehlende Orthogonalität ist ein Problem, d. h., ein und dieselbe Funktionalität kann oft auf mehrfache Weise realisiert werden. Die Zusammenstellung im Anhang ist daher vorrangig nach Funktionen gruppiert, um die Übersicht zu erleichtern.

3.2.1 Features

Als reine Java-Anwendung läuft ImageJ auf praktisch jedem Computer, für den eine aktuelle Java-Laufzeitumgebung (Java *runtime environment*, „jre") existiert. Bei der Installation von ImageJ wird ein eigenes Java-Runtime mitgeliefert, sodass Java selbst nicht separat installiert sein muss. ImageJ kann, unter den üblichen Einschränkungen, auch als Java-*Applet* innerhalb eines Web-Browsers betrieben werden, meistens wird es jedoch als selbstständige Java-Applikation verwendet. ImageJ kann sogar serverseitig, z. B. für Bildverarbeitungsoperationen in Online-Anwendungen eingesetzt werden [3].

Zusammengefasst sind die wichtigsten Eigenschaften von ImageJ:

- Ein Satz von fertigen Werkzeugen zum Erzeugen, Visualisieren, Editieren, Verarbeiten, Analysieren, Öffnen und Speichern von Bildern in mehreren Dateiformaten. ImageJ unterstützt auch „tiefe" Integer-Bilder mit 16 und 32 Bits sowie Gleitkommabilder und Bildfolgen (sog. „stacks").

---

[6] http://rsb.info.nih.gov/ij/. Die für dieses Buch verwendete Version ist 1.33h.

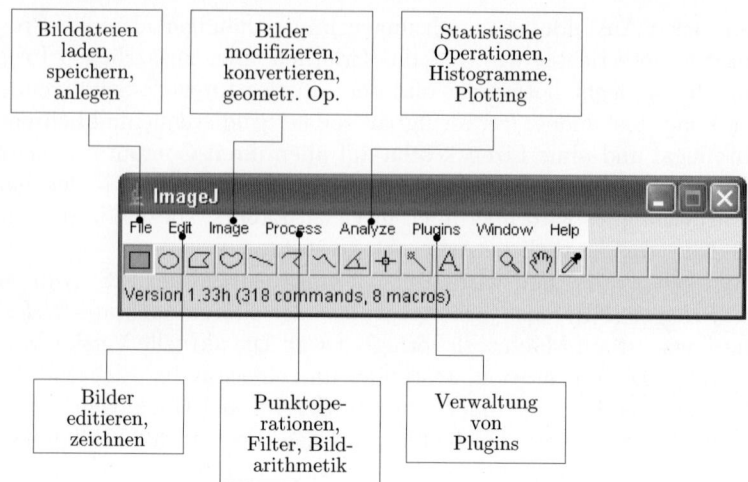

Abb. 3.1. Hauptfenster von ImageJ (unter Windows-XP).

- Ein einfacher Plugin-Mechanismus zur Erweiterung der Basisfunktionalität durch kleine Java-Codesegmente. Dieser ist die Grundlage aller Beispiele in diesem Buch.
- Eine Makro-Sprache und ein zugehöriger Interpreter, die es erlauben, ohne Java-Kenntnisse bestehende Funktionen zu größeren Verarbeitungsfolgen zu verbinden. ImageJ-Makros werden in diesem Buch nicht verwendet.

3.2.2 Fertige Werkzeuge

Nach dem Start öffnet ImageJ zunächst sein Hauptfenster (Abb. 3.1), das mit folgenden Menü-Einträgen die eingebauten Werkzeuge zur Verfügung stellt:

- File: Zum Laden und Speichern von Bildern sowie zum Erzeugen neuer Bilder.
- Edit: Zum Editieren und Zeichnen in Bildern.
- Image: Zur Modifikation und Umwandlung von Bildern sowie für geometrische Operationen.
- Process: Für typische Bildverarbeitungsoperationen, wie Punktoperationen, Filter und arithmetische Operationen auf Bilder.
- Analyze: Für die statistische Auswertung von Bilddaten, Anzeige von Histogrammen und spezielle Darstellungsformen.
- Plugin: Zum Bearbeiten, Übersetzen, Ausführen und Ordnen eigener Plugins.

ImageJ kann derzeit Bilddateien in mehreren Formaten öffnen, u. a. TIFF (nur unkomprimiert), JPEG, GIF, PNG und BMP, sowie die in der Medizin

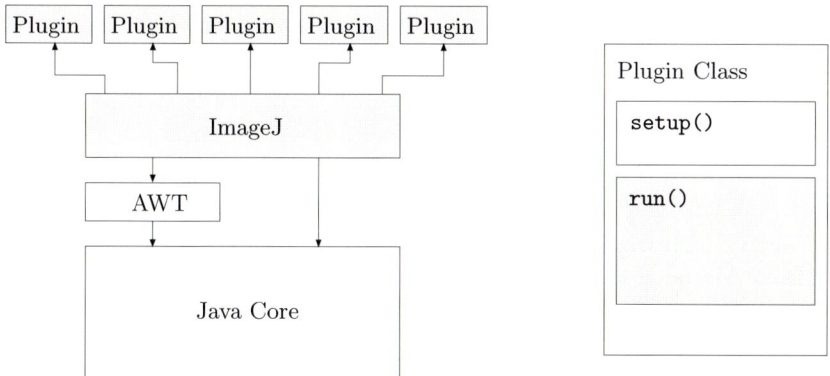

Abb. 3.2. Software-Struktur von ImageJ (vereinfacht). ImageJ basiert auf dem Java-Kernsystem und verwendet insbesondere Javas AWT (Advanced Windowing Toolkit) als Grundlage für das User Interface und die Darstellung von Bilddaten. Plugins sind kleine Java-Klassen mit einer einfachen Schnittstelle zu ImageJ, mit denen sich die Funktionalität des Systems leicht erweitern lässt.

bzw. Astronomie gängigen Formate DICOM (Digital Imaging and Communications in Medicine) und FITS (Flexible Image Transport System). Wie in ähnlichen Programmen üblich, werden auch in ImageJ alle Operationen auf das aktuell selektierte Bild (current image) angewandt. ImageJ verfügt für die meisten eingebauten Operationen einen „Undo"-Mechanismus, der (auf einen Arbeitsschritt beschränkt) auch die selbst erzeugten Plugins unterstützt.

3.2.3 ImageJ-Plugins

Plugins sind kleine, in Java definierte Softwaremodule, die in einfacher, standardisierter Form in ImageJ eingebunden werden und damit seine Funktionalität erweitern (Abb. 3.2). Zur Verwaltung und Benutzung der Plugins stellt ImageJ über das Hauptfenster (Abb. 3.1) ein eigenes Plugin-Menü zur Verfügung. ImageJ ist modular aufgebaut und tatsächlich sind zahlreiche eingebaute Funktionen wiederum selbst als Plugins implementiert. Als Plugins realisierte Funktionen können auch beliebig in einem der Hauptmenüs von ImageJ platziert werden.

Programmstruktur

Technisch betrachtet sind Plugins Java-Klassen, die eine durch ImageJ vorgegebene Interface-Spezifikation implementieren. Es gibt zwei verschiedene Arten von Plugins:

- PlugIn benötigt keinerlei Argumente, kann daher auch ohne Beteiligung eines Bilds ausgeführt werden.

- **PlugInFilter** wird beim Start immer ein Bild (das aktuelle Bild) übergeben.

Wir verwenden in diesem Buch fast ausschließlich den zweiten Typ – **PlugIn-Filter** – zur Realisierung von Bildverarbeitungsoperationen. Ein Plugin vom Typ **PlugInFilter** muss mindestens die folgenden zwei Methoden implementieren (Abb. 3.2) – **setup()** und **run()**:

int setup (String *arg*, ImagePlus *img*)
    Diese Methode wird bei der Ausführung eines Plugin von ImageJ als erste aufgerufen, vor allem um zu überprüfen, ob die Spezifikationen des Plugin mit dem übergebenen Bild zusammenpassen. Die Methode liefert einen Bitvektor (als **int**-Wert), der die Eigenschaften des Plugin beschreibt.

void run (ImageProcessor *ip*)
    Diese Methode erledigt die tatsächliche Arbeit des Plugin. Der einzige Parameter *ip* (ein Objekt vom Typ **ImageProcessor**) enthält das zu bearbeitende Bild und alle relevanten Informationen dazu. Die **run**-Methode liefert keinen Rückgabewert (**void**), kann aber das übergebene Bild verändern und auch neue Bilder erzeugen.

3.2.4 Beispiel-Plugin: „inverter"

Am besten wir sehen uns diese Sache an einem konkreten Beispiel an. Wir versuchen uns an einem einfachen Plugin, das ein 8-Bit-Grauwertbild invertieren, also ein Positiv in ein Negativ verwandeln soll. Das Invertieren der Intensität ist eine typische Punktoperation, wie wir sie in Kap. 5 im Detail behandeln. Unser Bild hat 8-Bit-Grauwerte im Bereich von 0 bis zum Maximalwert 255 sowie eine Breite und Höhe von M bzw. N Pixel. Die Operation ist sehr einfach: Der Wert jedes einzelnen Bildpixels $I(u, v)$ wird umgerechnet in einen neuen Pixelwert

$$I'(u, v) \;\leftarrow\; 255 - I(u, v),$$

der den ursprünglichen Pixelwert ersetzt, und das für alle Bildkoordinaten $u = 0 \ldots M-1$ und $v = 0 \ldots N-1$.

Plugin-Klasse MyInverter_

Die vollständige Auflistung des Java-Codes für dieses Plugin findet sich in Prog. 3.1. Das Programm enthält nach den Import-Anweisungen für die notwendigen Java-Packages die Definition einer einzigen Klasse **MyInverter_** in einer Datei mit (wie in Java üblich) demselben Namen (**MyInverter_.java**). Das Unterstreichungszeichen „_" am Ende des Namens ist wichtig, da ImageJ nur so diese Klasse als Plugin akzeptiert.

```
 1 import ij.ImagePlus;
 2 import ij.plugin.filter.PlugInFilter;
 3 import ij.process.ImageProcessor;
 4
 5 public class MyInverter_ implements PlugInFilter {
 6
 7   public int setup(String arg, ImagePlus img) {
 8     return DOES_8G; // this plugin accepts 8−bit grayscale images
 9   }
10
11   public void run(ImageProcessor ip) {
12     int w = ip.getWidth();
13     int h = ip.getHeight();
14
15     for (int u = 0; u < w; u++) {
16       for (int v = 0; v < h; v++) {
17         int p = ip.getPixel(u,v);
18         ip.putPixel(u,v,255-p);
19       }
20     }
21   }
22
23 }
```

Programm 3.1. ImageJ-Plugin zum Invertieren von 8-Bit-Grauwertbildern (File MyInverter_.java).

Die setup()-Methode

Vor der eigentlichen Ausführung des Plugin, also vor dem Aufruf der run()-Methode, wird die setup()-Methode vom ImageJ-Kernsystem aufgerufen, um Informationen über das Plugin zu erhalten. In unserem Beispiel wird nur der Wert DOES_8G (eine statische int-Konstante in der Klasse PluginFilter) zurückgegeben, was anzeigt, dass dieses Plugin 8-Bit-Grauwertbilder (8G) verarbeiten kann. Die Parameter der Methode setup() werden in diesem Fall nicht benutzt.

Die run()-Methode

Wie bereits erwähnt, wird der run()-Methode ein Objekt ip vom Typ Image-Processor übergeben, in dem das zu bearbeitende Bild und zugehörige Informationen enthalten sind. Zunächst werden durch Anwendung der Methoden getWidth() und getHeight() auf ip die Dimensionen des Bilds abgefragt. Dann werden alle Bildkoordinaten in zwei geschachtelten for-Schleifen mit den Zählvariablen u und v horizontal bzw. vertikal durchlaufen. Für den eigentlichen Zugriff auf die Bilddaten werden zwei weitere Methoden der Klasse `ImageProcessor` verwendet:

`int getPixel (int x, int y)`
   Liefert den Wert des Bildelements an der Position (x, y).
`void putPixel (int x, int y, int p)`
   Setzt das Bildelement an der Position (x, y) auf den neuen Wert p.

Editieren, Übersetzen und Ausführen des Plugins

Der Java-Quellcode des Plugins muss in einer Datei `MyInverter_.java` innerhalb des Verzeichnisses `<ij>/plugins/`[7] von ImageJ oder in einem Unterverzeichnis davon abgelegt werden. Neue Plugin-Dateien können über das Plugins→New... von ImageJ angelegt werden. Zum Editieren verfügt ImageJ über einen eingebauten Editor unter Plugins→Edit..., der jedoch für das ernsthafte Programmieren kaum Unterstützung bietet und daher wenig geeignet ist. Besser ist es, dafür einen modernen Editor oder gleich eine komplette Java-Programmierumgebung zu verwenden (unter Windows z. B. Eclipse[8] oder JBuilder[9]).

Für die Übersetzung von Plugins (in Java-Bytecode) ist in ImageJ ein eigener Java-Compiler als Teil des Runtime Environments verfügbar.[10] Zur Übersetzung und nachfolgenden Ausführung verwendet man einfach das Menü Plugins→Compile and Run..., wobei etwaige Fehlermeldungen über ein eigenes Textfenster angezeigt werden. Sobald das Plugin in den entsprechenden `.class`-File übersetzt ist, wird es auf das aktuelle Bild angewandt. Eine Fehlermeldung zeigt an, falls keine Bilder geöffnet sind oder das aktuelle Bild nicht den Möglichkeiten des Plugins entspricht.

Im Verzeichnis `<ij>/plugins/` angelegte, korrekt benannte Plugins werden beim Starten von ImageJ automatisch als Eintrag im Plugins-Menü installiert und brauchen dann vor der Ausführung natürlich nicht mehr übersetzt zu werden. Plugin-Einträge können manuell mit Plugins→Shortcuts→Install Plugin.. auch an anderen Stellen des Menübaums platziert werden. Folgen von Plugin-Aufrufen und anderen ImageJ-Kommandos können über Plugins→Macros→Record auch automatisch als nachfolgend abrufbare Makros aufgezeichnet werden.

Anzeigen der Ergebnisse und „undo"

Unser Plugin erzeugt kein neues Bild, sondern verändert das ihm übergebene Bild in „destruktiver" Weise. Das muss nicht immer so sein, denn Plugins

---

[7] `<ij>` ist das Verzeichnis, in dem ImageJ selbst installiert ist.
[8] www.eclipse.org
[9] www.borland.com
[10] Derzeit nur unter Windows. Angaben zu MacOS und Linux finden sich im ImageJ Installation Manual.

können auch neue Bilder erzeugen oder nur z. B. Statistiken berechnen, ohne das übergebene Bild dabei zu modifizieren. Es mag überraschen, dass unser Plugin keinerlei Anweisungen für das neuerliche Anzeigen des Bilds enthält – das erledigt ImageJ automatisch, sobald es annehmen muss, dass ein Plugin das übergebene Bild verändert hat. Außerdem legt ImageJ vor jedem Aufruf der run()-Methode eines Plugins automatisch eine Kopie („Snapshot") des übergebenen Bilds an. Dadurch ist es nachfolgend möglich, über Edit→Undo den ursprünglichen Zustand wieder herzustellen, ohne dass wir in unserem Programm dafür explizite Vorkehrungen treffen müssen.

3.3 Weitere Informationen zu ImageJ und Java

In den nachfolgenden Kapiteln verwenden wir in Beispielen meist konkrete Plugins und Java-Code zur Erläuterung von Algorithmen und Verfahren. Dadurch sind die Beispiele nicht nur direkt anwendbar, sondern sie sollen auch schrittweise zusätzliche Techniken in der Umsetzung mit ImageJ vermitteln. Aus Platzgründen wird allerdings oft nur die run()-Methode eines Plugins angegeben und eventuell zusätzliche Klassen- und Methodendefinitionen, sofern sie im Kontext wichtig sind. Der vollständige Quellcode zu den Beispielen ist natürlich auch auf der Website zu diesem Buch[11] zu finden.

3.3.1 Ressourcen für ImageJ

Anhang C enthält eine Übersicht der wichtigsten Möglichkeiten des ImageJ-API. Die vollständige und aktuellste API-Referenz einschließlich Quellcode, Tutorials und vielen Beispielen in Form konkreter Plugins sind auf der offiziellen ImageJ-Homepage verfügbar. Zu empfehlen ist auch das Tutorial von W. Bailer [3], das besonders für das Programmieren von ImageJ-Plugins nützlich ist.

3.3.2 Programmieren mit Java

Die Anforderungen dieses Buchs an die Java-Kenntnisse der Leser sind nicht hoch, jedoch sind elementare Grundlagen erforderlich, um die Beispiele zu verstehen und erweitern zu können. Einführende Bücher sind in großer Zahl auf dem Markt verfügbar, empfehlenswert ist z. B. [58]. Lesern, die bereits Programmiererfahrung besitzen, aber bisher nicht mit Java gearbeitet haben, empfehlen wir u. a. die einführenden Tutorials auf der Java-Homepage von Sun Microsystems.[12] Zusätzlich sind in Anhang B einige spezifische Java-Themen zusammengestellt, die in der Praxis häufig Fragen oder Probleme aufwerfen.

---

[11] www.imagingbook.com
[12] http://java.sun.com

3.4 Aufgaben

Aufg. 3.1. Installieren Sie die aktuelle Version von ImageJ auf Ihrem Computer und machen Sie sich mit den eingebauten Funktionen vertraut.

Aufg. 3.2. Verwenden Sie `MyInverter_.java` (Prog. 3.1) als Vorlage, um ein eigenes Plugin zu programmieren, das ein Grauwertbild horizontal (oder vertikal) spiegelt. Testen Sie das neue Plugin anhand geeigneter (auch sehr kleiner) Bilder und überprüfen Sie die Ergebnisse genau.

Aufg. 3.3. Erstellen Sie ein neues Plugin für 8-Bit-Grauwertbilder, das um (d. h. *in*) das übergebene Bild (beliebiger Größe) einen weißen Rahmen (Pixelwert = 255) mit 10 Pixel Breite malt.

Aufg. 3.4. Erstellen Sie ein Plugin, das ein 8-Bit-Grauwertbild horizontal und zyklisch verschiebt, bis der ursprüngliche Zustand wiederhergestellt ist. Um das modifizierte Bild nach jeder Verschiebung am Bildschirm anzeigen zu können, benötigt man eine Referenz auf das zugehörige Bild (`ImagePlus`, nicht `ImageProcessor`), die nur über die `setup()`-Methode zugänglich ist (`setup()` wird immer vor der **run**-Methode aufgerufen). Dazu können wir die Plugin-Definition aus Prog. 3.1 folgendermaßen ändern:

```
 1 public class XY_ implements PlugInFilter {
 2
 3   ImagePlus myimage;    // new instance variable
 4
 5   public int setup(String arg, ImagePlus img) {
 6     myimage = img;    // keep reference to image (img)
 7     return DOES_8G;
 8   }
 9
10   public void run(ImageProcessor ip) {
11     ...
12     myimage.updateAndDraw();   // redraw image
13     ...
14   }
15
16 }
```

Aufg. 3.5. Erstellen Sie ein ImageJ-Plugin, das ein Grauwertbild als PGM-Datei („raw", d. h. in Textform) abspeichert (siehe auch Abb. 2.10). Überprüfen Sie das Resultat mit einem Texteditor und versuchen Sie, Ihre Datei mit ImageJ auch wieder zu öffnen.

4

Histogramme

Histogramme sind Bildstatistiken und ein häufig verwendetes Hilfsmittel, um wichtige Eigenschaften von Bildern rasch zu beurteilen. Insbesondere sind Belichtungsfehler, die bei der Aufnahme von Bildern entstehen, im Histogramm sehr leicht zu erkennen. Moderne Digitalkameras bieten oft die Möglichkeit, das Histogramm eines gerade aufgenommenen Bilds sofort anzuzeigen (Abb. 4.1), da eventuelle Belichtungsfehler durch nachfolgende Bearbeitungsschritte nicht mehr korrigiert werden können. Neben Aufnahmefehlern können aus Histogrammen aber auch viele Rückschlüsse auf einzelne Verarbeitungsschritte gezogen werden, denen ein Digitalbild im Laufe seines „Lebens" unterzogen wurde.

4.1 Was ist ein Histogramm?

Histogramme sind Häufigkeitsverteilungen und Histogramme von Bildern beschreiben die Häufigkeit der einzelnen Intensitätswerte. Am einfachsten ist dies anhand altmodischer Grauwertbilder zu verstehen, ein Beispiel dazu zeigt

Abb. 4.1. Digitalkamera mit Histogrammanzeige für das aktuelle Bild.

 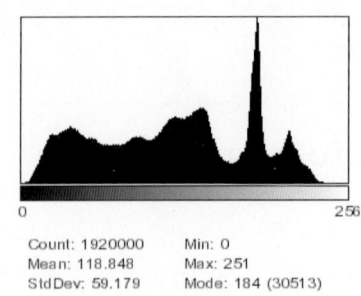

Abb. 4.2. 8-Bit-Grauwertbild mit Histogramm, das die Häufigkeitsverteilung der 256 Intensitätswerte anzeigt.

Abb. 4.2. Für ein Grauwertbild $I(u, v)$ mit möglichen Intensitätswerten im Bereich $p = 0 \dots K - 1$ enthält das zugehörige Histogramm $H(p)$ genau K Einträge, wobei für ein typisches 8-Bit-Grauwertbild $K = 2^8 = 256$ ist. Jeder Histogrammeintrag $H(p)$ ist definiert als

$$H(p) = \text{die } \textit{Anzahl} \text{ der Pixel von } I \text{ mit dem Intensitätswert } p$$

für alle $0 \leq p < K$. $H(0)$ ist also die Anzahl der Pixel mit dem Wert 0, $H(1)$ die Anzahl der Pixel mit Wert 1 usw. $H(255)$ ist schließlich die Anzahl aller weißen Pixel mit dem maximalen Intensitätswert 255. Das Ergebnis der Histogrammberechnung $H(p)$ ist ein eindimensionaler Vektor der Länge K, wie Abb. 4.3 für ein Bild mit $K = 16$ möglichen Intensitätswerten zeigt.

Offensichtlich enthält ein Histogramm keinerlei Informationen darüber, *woher* die einzelnen Einträge ursprünglich stammen, d. h., jede räumliche In-

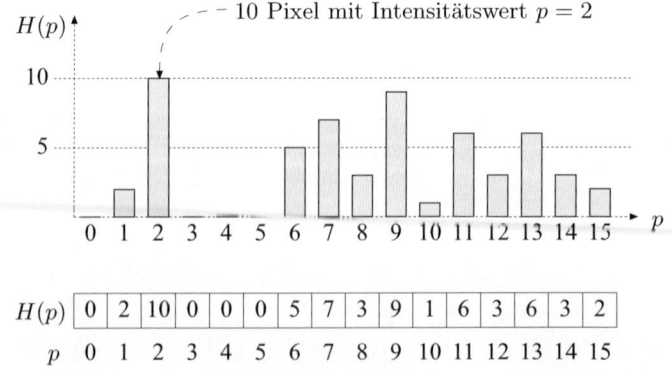

Abb. 4.3. Histogrammvektor für ein Bild mit $K = 16$ möglichen Intensitätswerten. Der Index der Vektorelemente $p = 0 \dots 15$ ist der Intensitätswert. Ein Wert von 10 in Zelle 2 bedeutet, dass das zugehörige Bild 10 Pixel mit dem Intensitätswert 2 aufweist.

Abb. 4.4. Drei recht unterschiedliche Bilder mit identischen Histogrammen.

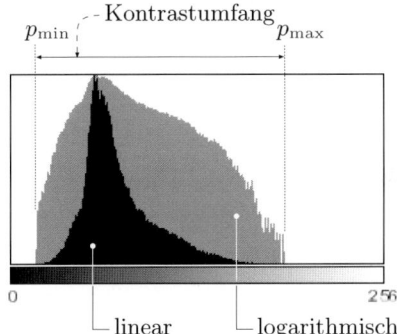

Abb. 4.5. Effektiv genutzter Bereich von Intensitätswerten. Die Grafik zeigt die Häufigkeiten der Pixelwerte in linearer Darstellung (schwarze Balken) und logarithmischer Darstellung (graue Balken). In der logarithmischen Form werden auch relativ kleine Häufigkeiten, die im Bild sehr bedeutend sein können, deutlich sichtbar.

formation über das zugehörige Bild geht im Histogramm verloren. Das ist durchaus beabsichtigt, denn die Hauptaufgabe eines Histogramms ist es, bestimmte Informationen über ein Bild in kompakter Weise sichtbar zu machen. Gibt es also irgendeine Möglichkeit, das Originalbild aus dem Histogramm allein zu rekonstruieren, d. h., kann man ein Histogramm irgendwie „invertieren"? Natürlich (im Allgemeinen) nicht, schon allein deshalb, weil viele unterschiedliche Bilder – jede unterschiedliche Anordnung einer bestimmten Pixelmenge – genau dasselbe Histogramm aufweisen (Abb. 4.4).

4.2 Was ist aus Histogrammen abzulesen?

Das Histogramm zeigt wichtige Eigenschaften eines Bilds, wie z. B. den Kontrast und die Dynamik, Probleme bei der Bildaufnahme und eventuelle Folgen von anschließenden Verarbeitungsschritten. Das Hauptaugenmerk gilt dabei der Größe des effektiv genutzten Intensitätsbereichs (Abb. 4.5) und der Gleichmäßigkeit der Häufigkeitsverteilung.

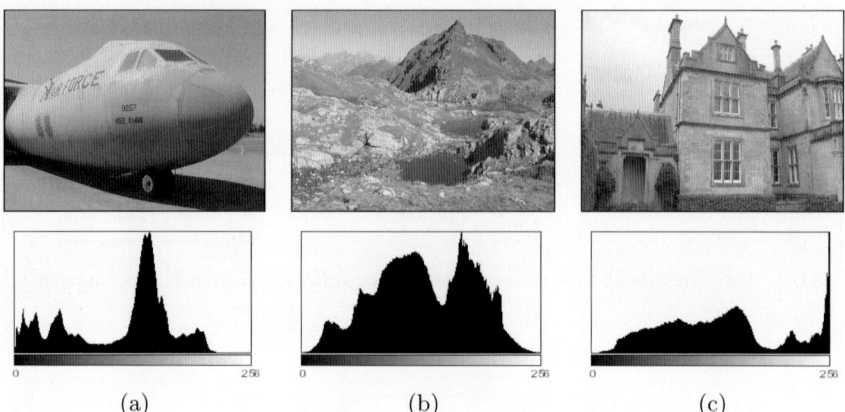

(a)   (b)   (c)

Abb. 4.6. Belichtungsfehler sind am Histogramm leicht ablesbar. Unterbelichtete Aufnahme (a), korrekte Belichtung (b), überbelichtete Aufnahme (c).

4.2.1 Belichtung, Kontrast und Dynamik

Belichtung

Belichtungsfehler sind im Histogramm daran zu erkennen, dass größere Intensitätsbereiche an einem Ende der Intensitätsskala ungenutzt sind, während am gegenüberliegenden Ende eine Häufung von Pixelwerten auftritt (Abb. 4.6).

Kontrast

Als Kontrast bezeichnet man den Bereich von Intensitätsstufen, die in einem konkreten Bild effektiv genutzt werden, also die Differenz zwischen dem maximalen und minimalen Pixelwert. Ein Bild mit vollem Kontrast nützt den gesamten Bereich von Intensitätswerten von 0 (schwarz) bis $K-1$ (weiß). Der Bildkontrast ist daher aus dem Histogramm leicht abzulesen. Abb. 4.7 zeigt ein Beispiel mit unterschiedlichen Kontrasteinstellungen und die Auswirkungen auf das Histogramm.

Dynamik

Unter Dynamik versteht man die Anzahl *verschiedener* Pixelwerte in einem Bild. Im Idealfall entspricht die Dynamik der insgesamt verfügbaren Anzahl von Pixelwerten K – in diesem Fall wird der Wertebereich voll ausgeschöpft. Bei einem Bild mit eingeschränktem Kontrastumfang $p = p_{min} \dots p_{max}$ wird die maximal mögliche Dynamik dann erreicht, wenn alle dazwischen liegenden Intensitätswerte ebenfalls im Bild vorkommen (Abb. 4.8).

Während der Kontrast eines Bilds immer erhöht werden kann, solange der maximale Wertebereich nicht ausgeschöpft ist, kann die Dynamik eines Bilds nicht erhöht werden (außer durch Interpolation von Pixelwerten, siehe Abschn. 16.3). Eine hohe Dynamik ist immer ein Vorteil, denn sie verringert

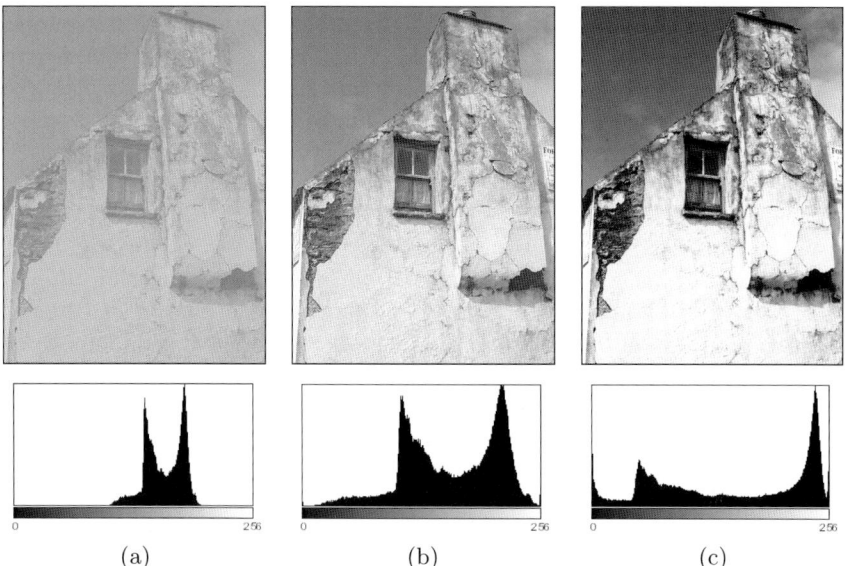

Abb. 4.7. Unterschiedlicher Kontrast und Auswirkungen im Histogramm: niedriger Kontrast (a), normaler Kontrast (b), hoher Kontrast (c).

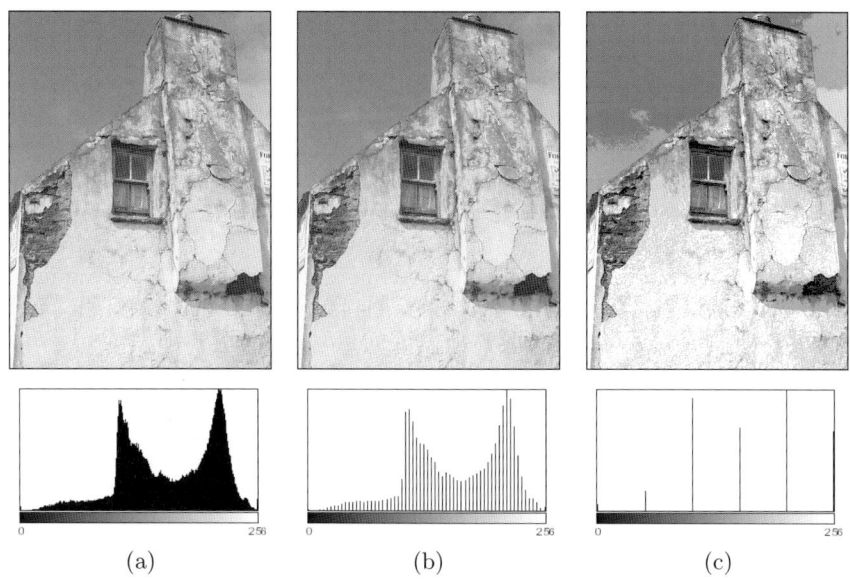

Abb. 4.8. Unterschiedliche Dynamik und Auswirkungen im Histogramm. Hohe Dynamik (a), niedrige Dynamik mit 64 Intensitätswerten (b), extrem niedrige Dynamik mit nur 6 Intensitätswerten (c).

die Gefahr von Qualitätsverlusten durch nachfolgende Verarbeitungsschritte. Aus genau diesem Grund arbeiten professionelle Kameras und Scanner mit Tiefen von mehr als 8 Bits, meist 12–14 Bits pro Kanal (Grauwert oder Farbe), obwohl die meisten Ausgabegeräte wie Monitore und Drucker nicht mehr als 256 Abstufungen differenzieren können.

4.2.2 Bildfehler

Histogramme können verschiedene Arten von Bildfehlern anzeigen, die entweder auf die Bildaufnahme oder nachfolgende Bearbeitungsschritte zurückzuführen sind. Da ein Histogramm aber immer von der abgebildeten Szene abhängt, gibt es grundsätzlich kein „ideales" Histogramm. Ein Histogramm kann für eine bestimmte Szene perfekt sein, aber unakzeptabel für eine andere. So wird man von astronomischen Aufnahmen grundsätzlich andere Histogramme erwarten als von guten Landschaftsaufnahmen oder Portraitfotos. Dennoch gibt es einige universelle Regeln. Zum Beispiel kann man bei Aufnahmen von natürlichen Szenen, etwa mit einer Digitalkamera, mit einer weitgehend glatten Verteilung der Intensitätswerte ohne einzelne, isolierte Spitzen rechnen.

Sättigung

Idealerweise sollte der Kontrastbereich eines Sensorsystems (z. B. einer Kamera) größer sein als der Umfang der Lichtintensität, die von einer Szene empfangen wird. In diesem Fall würde das Histogramm nach der Aufnahme an beiden Seiten glatt auslaufen, da sowohl sehr helle als auch sehr dunkle Intensitätswerte zunehmend seltener werden und alle vorkommenden Lichtintensitäten entsprechenden Bildwerten zugeordnet werden. In der Realität ist dies oft nicht der Fall, und Helligkeitswerte außerhalb des vom Sensor abgedeckten Kontrastbereichs, wie Glanzlichter oder besonders dunkle Bildpartien, werden abgeschnitten. Die Folge ist eine Sättigung des Histogramms an einem Ende oder an beiden Enden des Wertebereichs, da die außerhalb liegenden Intensitäten auf den Minimal- bzw. den Maximalwert abgebildet werden, was im Histogramm durch markante Spitzen an den Enden des Intensitätsbereichs deutlich wird. Typisch ist dieser Effekt bei Über- oder Unterbelichtung während der Bildaufnahme und generell dann nicht vermeidbar, wenn der Kontrastumfang der Szene den des Sensors übersteigt (Abb. 4.9 (a)).

Spitzen und Löcher

Wie bereits erwähnt ist die Verteilung der Helligkeitswerte in einer unbearbeiteten Aufnahme in der Regel glatt, d. h., es ist wenig wahrscheinlich, dass im Histogramm (abgesehen von Sättigungseffekten an den Rändern) isolierte Spitzen auftreten oder einzelne Löcher, die lokale Häufigkeit eines Intensitätswerts sich also sehr stark von seinen Nachbarn unterscheidet. Beide Effekte

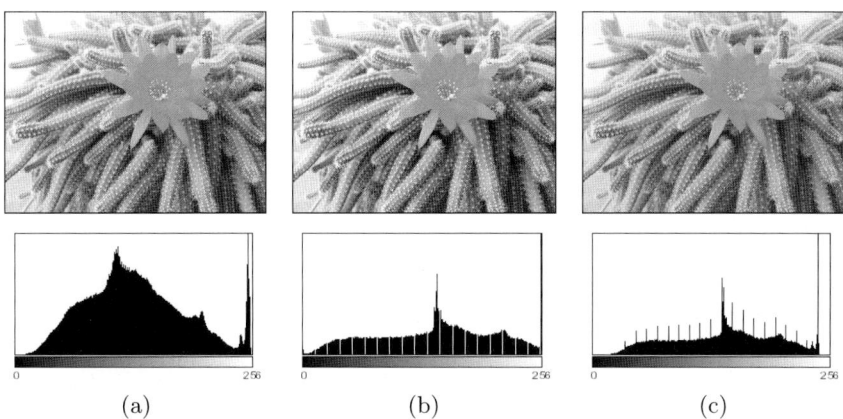

(a) (b) (c)

Abb. 4.9. Auswirkungen von Bildfehlern im Histogramm: Sättigungseffekt im Bereich der hohen Intensitäten (a), Histogrammlöcher verursacht durch eine geringfügige Kontrasterhöhung (b) und Histogrammspitzen aufgrund einer Kontrastreduktion (c).

sind jedoch häufig als Folge von Bildmanipulationen zu beobachten, etwa nach Kontraständerungen. Insbesondere führt eine Erhöhung des Kontrasts (s. Kap. 5) dazu, dass Histogrammlinien auseinander gezogen werden und – aufgrund des diskreten Wertebereichs – Fehlstellen (Löcher) im Histogramm entstehen (Abb. 4.9 (b)). Umgekehrt können durch eine Kontrasterhöhung aufgrund des diskreten Wertebereichs bisher unterschiedliche Pixelwerte zusammenfallen und die zugehörigen Histogrammeinträge erhöhen, was wiederum zu deutlich sichtbaren Spitzen im Histogramm führt (Abb. 4.9 (c)).[1]

Auswirkungen von Bildkompression

Bildveränderungen aufgrund von Bildkompression hinterlassen ebenfalls oft deutliche Spuren im Histogramm. Deutlich wird das z. B. bei der GIF-Kompression, bei der der Wertebereich des Bilds auf nur wenige Intensitäten oder Farben reduziert wird. Der Effekt ist im Histogramm als Linienstruktur deutlich sichtbar und kann durch nachfolgende Verarbeitung im Allgemeinen nicht mehr eliminiert werden (Abb. 4.10). Es ist also über das Histogramm relativ leicht festzustellen, ob ein Bild jemals einer Farbquantisierung (wie etwa bei Umwandlung in eine GIF-Datei) unterzogen wurde, auch wenn das Bild (z. B. als TIFF- oder JPEG-Datei) vorgibt, ein echtes Vollfarbenbild zu sein.

Einen anderen Fall zeigt Abb. 4.11, wo eine einfache, „flache" Grafik mit nur zwei Grauwerten (128, 255) einer JPEG-Kompression unterzogen wird, die

---

[1] Leider erzeugen auch manche Aufnahmegeräte (vor allem einfache Scanner) derartige Fehler durch interne Kontrastanpassung („Optimierung") der Bildqualität.

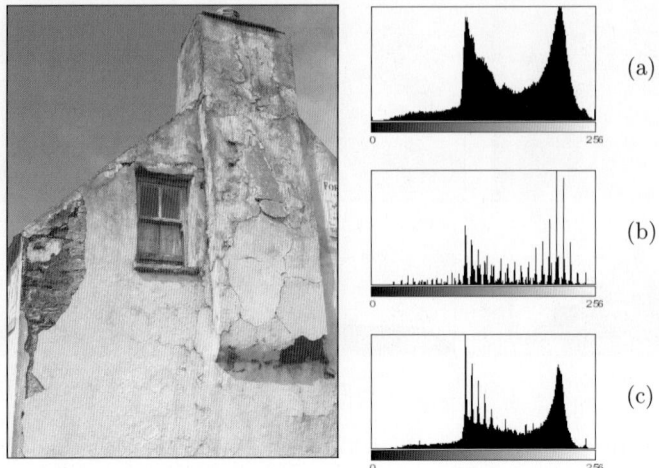

(a)

(b)

(c)

Abb. 4.10. Auswirkungen einer Farbquantisierung durch GIF-Konvertierung. Das Originalbild wurde auf ein GIF-Bild mit 256 Farben konvertiert (links). Original-Histogramm (a) und Histogramm nach der GIF-Konvertierung (b). Bei der nachfolgenden Skalierung des RGB-Farbbilds auf 50% seiner Größe entstehen durch Interpolation wieder Zwischenwerte, doch bleiben die Folgen der ursprünglichen Konvertierung deutlich sichtbar (c).

für diesen Zweck eigentlich nicht geeignet ist.[2] Das resultierende Bild ist durch eine große Anzahl neuer, bisher nicht enthaltener Grauwerte „verschmutzt", wie man vor allem im Histogramm deutlich feststellen kann.

4.3 Berechnung von Histogrammen

Die Berechnung eines Histogramms für ein 8-Bit-Grauwertbild (mit Intensitätswerten zwischen 0 und 255) ist eine einfache Angelegenheit. Alles, was wir dazu brauchen, sind 256 einzelne Zähler, einer für jeden möglichen Intensitätswert. Zunächst setzen wir alle diese Zähler auf Null. Dann durchlaufen wir alle Bildelemente $I(u,v)$, ermitteln den zugehörigen Pixelwert p und erhöhen den entsprechenden Zähler um eins. An Ende sollte jeder Zähler die Anzahl der gefundenen Pixel des zugehörigen Intensitätswerts beinhalten.

Wir benötigen also für K mögliche Intensitätswerte genauso viele verschiedene Zählervariablen, z.B. 256 für ein 8-Bit-Grauwertbild. Natürlich realisieren wir diese Zähler nicht als einzelne Variablen, sondern als Array mit K

---

[2] Der undifferenzierte Einsatz der JPEG-Kompression für solche Arten von Bildern ist ein häufiger Fehler. JPEG ist für natürliche Bilder mit weichen Übergängen konzipiert und verursacht bei Grafiken u. Ä. starke Artefakte (siehe beispielsweise Abb. 2.8 auf S. 20).

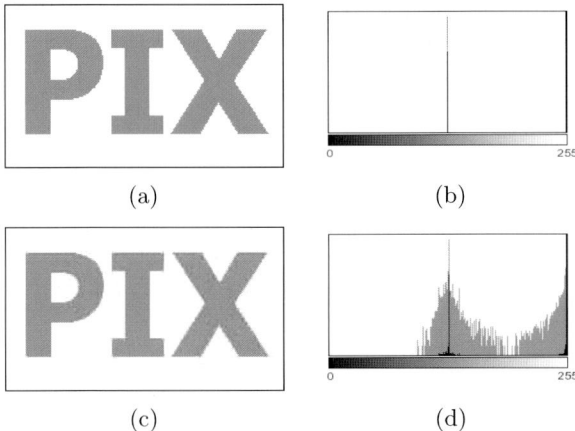

(a)   (b)

(c)   (d)

Abb. 4.11. Auswirkungen einer JPEG-Kompression. Das Originalbild (a) enthält nur zwei verschiedene Grauwerte, wie im zugehörigen Histogramm (b) leicht zu erkennen ist. Durch die JPEG-Kompression entstehen zahlreiche zusätzliche Grauwerte, die im resultierenden Bild (c) genauso wie im Histogramm (d) sichtbar sind. In beiden Histogrammen sind die Häufigkeiten linear (schwarze Balken) bzw. logarithmisch (graue Balken) dargestellt.

ganzen Zahlen (`int[]` in Java). Angenehmerweise sind in diesem Fall die Intensitätswerte alle positiv und beginnen bei 0, sodass wir sie in Java direkt als Indizes $p \in [0, N-1]$ für das Histogramm-Array verwenden können. Prog. 4.1 zeigt den fertigen Java-Quellcode für die Berechnung des Histogramms, eingebaut in die `run()`-Methode eines entsprechenden ImageJ-Plugins.

Das Histogramm-Array `H` vom Typ `int[]` wird in Prog. 4.1 gleich zu Beginn (Zeile 8) angelegt und automatisch auf Null initialisiert, anschließend werden alle Bildelemente durchlaufen. Dabei ist es grundsätzlich nicht relevant, in welcher Reihenfolge Zeilen und Spalten durchlaufen werden, solange alle Bildpunkte genau einmal besucht werden. In diesem Beispiel haben wir (im Unterschied zu Prog. 3.1) die Standard-Reihenfolge gewählt, in der die äußere `for`-Schleife über die vertikale Koordinate v und die innere Schleife über die horizontale Koordinate u iteriert.[3] Am Ende ist das Histogramm berechnet und steht für weitere Schritte (z. B. zur Anzeige) zur Verfügung.

Die Histogrammberechnung gibt es in ImageJ allerdings auch bereits fertig, und zwar in Form der Methode `getHistogram()` für Objekte der Klasse `ImageProcessor`. Damit lässt sich die `run()`-Methode in Prog. 4.1 natürlich deutlich einfacher gestalten (Prog. 4.2).

---

[3] In dieser Form werden die Bildelemente in genau der Reihenfolge gelesen, in der sie auch hintereinander im Hauptspeicher liegen, was zumindest bei großen Bildern wegen des effizienteren Speicherzugriffs einen gewissen Geschwindigkeitsvorteil verspricht (siehe auch Anhang B.2).

```
 1 public class ComputeHistogram_ implements PlugInFilter {
 2
 3     public int setup(String arg, ImagePlus img) {
 4         return DOES_8G + NO_CHANGES;
 5     }
 6
 7     public void run(ImageProcessor ip) {
 8         int[] H = new int[256]; // histogram array
 9         int w = ip.getWidth();
10         int h = ip.getHeight();
11
12         for (int v=0; v<h; v++) {
13             for (int u=0; u<w; u++) {
14                 int p = ip.getPixel(u,v);
15                 H[p] = H[p]+1;
16             }
17         }
18         ... //histogram H[] can now be used
19     }
20 }
```

Programm 4.1. ImageJ-Plugin zur Berechnung des Histogramms für 8-Bit-Grauwertbilder. Die setup()-Methode liefert DOES_8G + NO_CHANGES und zeigt damit an, dass das Plugin auf 8-Bit-Grauwertbilder angewandt werden kann und diese nicht verändert werden (Zeile 4). Man beachte, dass Java im neu angelegten Histogramm-Array (Zeile 8) automatisch alle Elemente auf Null initialisiert.

```
1     public void run(ImageProcessor ip) {
2         int[] H = ip.getHistogram();
3         ... //histogram H[] can now be used
4     }
```

Programm 4.2. Verwendung der ImageJ-Methode getHistogram() in der run()-Methode eines Plugin.

4.4 Histogramme für Bilder mit mehr als 8 Bit

Meistens werden Histogramme berechnet, um die zugehörige Verteilung auf dem Bildschirm zu visualisieren. Das ist zwar bei Histogrammen für Bilder mit $2^8 = 256$ Einträgen problemlos, für Bilder mit größeren Wertebereichen, wie 16 und 32 Bit oder Gleitkommawerten (s. Tabelle 2.1), ist die Darstellung in dieser Form aber nicht ohne weiteres möglich.

4.4.1 Binning

Die Lösung dafür besteht darin, jeweils mehrere Intensitätswerte bzw. ein *Intervall* von Intensitätswerten zu einem Eintrag zusammenzufassen, anstatt für jeden möglichen Wert eine eigene Zählerzelle vorzusehen. Man kann sich diese Zählerzelle als Eimer („bin") vorstellen, in dem Pixelwerte gesammelt werden, daher wird die Methode häufig auch „Binning" genannt.

In einem solchen Histogramm der Größe K enthält jede Zelle $H(i)$ die Anzahl aller Bildelemente mit Werten aus einem zugeordneten Intensitätsintervall $p_i \leq p < p_{i+1}$, d. h.

$$H(i) = |\{I(u,v) \mid p_i \leq I(u,v) < p_{i+1}\}| \tag{4.1}$$

für $0 \leq i < K$. Üblicherweise wird der verfügbare Wertebereich in K gleich große Intervalle geteilt.

4.4.2 Beispiel

Um für ein 14-Bit-Bild ein Histogramm mit $K = 256$ Einträgen zu erhalten, teilen wir den verfügbaren Wertebereich von $p = 0 \ldots 2^{14}-1$ in 256 gleiche Intervalle der Länge $k = 2^{14}/256 = 64$, sodass $p_0 = 0$, $p_1 = 64$, $p_2 = 128$, ... $p_{255} = 16320$ und $p_{256} = 2^{14} = 16384 = P$. Damit ergibt sich folgende Zuordnung zu den Histogrammzellen $H(0) \ldots H(255)$:

$$
\begin{aligned}
H(0) &\leftarrow & 0 \leq p < & \quad 64 \\
H(1) &\leftarrow & 64 \leq p < & \quad 128 \\
H(2) &\leftarrow & 128 \leq p < & \quad 192 \\
&\vdots \\
H(i) &\leftarrow & p_i \leq p < & \quad p_{i+1} \\
&\vdots \\
H(255) &\leftarrow & 16320 \leq p < & \quad 16384
\end{aligned}
$$

4.4.3 Implementierung

Falls, wie im diesem Beispiel, der Wertebereich $0 \ldots P-1$ in gleiche Intervalle der Länge $k = P/K$ aufgeteilt ist, benötigt man natürlich keine Tabelle der Werte p_i, um für einen gegebenen Pixelwert $p = I(u,v)$ das zugehörige Histogrammelement b zu bestimmen. Es genügt, den Pixelwert p durch die Intervallgröße k zu dividieren, d. h.

$$b = \frac{p}{k} = \frac{p}{P/K} = \frac{p\,K}{P}. \tag{4.2}$$

Wir benötigen allerdings den ganzzahligen Teil von b als eigentlichen Index der Histogrammzelle $H(i)$, also

```
1     public void run(ImageProcessor ip) {
2         int P = 256;   //number of intensity values
3         int K = 32;    //size of histogram, must be defined
4         int[] H = new int[K];
5         int w = ip.getWidth();
6         int h = ip.getHeight();
7
8         for (int v=0; v<h; v++) {
9             for (int u=0; u<w; u++) {
10                int i = ip.getPixel(u,v) * K / P;
11                H[i] = H[i] + 1;
12            }
13        }
14        ...
15    }
```

Programm 4.3. Histogrammberechnung durch „Binning". Beispiel für ein 8-Bit-Grauwertbild mit $P = 256$ Intensitätsstufen und ein Histogramm der Größe $K = 32$.

$$i \leftarrow \lfloor b \rfloor = \left\lfloor \frac{I(u,v) \cdot K}{P} \right\rfloor, \tag{4.3}$$

wobei $\lfloor \ \rfloor$ die *floor*-Funktion[4] ist.

Der Java-Quellcode für die Histogrammberechnung mit „linearem Binning" ist in Prog. 4.3 gezeigt. Man beachte, dass die gesamte Berechnung des Ausdrucks in Gl. 4.3 ganzzahlig durchgeführt wird, ohne den Einsatz von Gleitkomma-Operationen (Zeile 10). Auch ist keine explizite Anwendung der *floor*-Funktion notwendig, weil das Ergebnis der int-Division K/P (Zeile 10 in Prog. 4.3) ohnehin einen ganzzahligen Wert liefert.[5] Die Methode ist in gleicher Weise natürlich auch für Bilder mit Gleitkommawerten anwendbar.

4.5 Histogramme von Farbbildern

Mit Histogrammen von Farbbildern sind meistens Histogramme der zugehörigen Bildintensität (Luminanz) gemeint oder die Histogramme der einzelnen Farbkanäle. Beide Varianten werden von praktisch jeder gängigen Bildbearbeitungssoftware unterstützt und dienen genauso wie bei Grauwertbildern zur objektiven Beurteilung der Bildqualität, insbesondere nach der Aufnahme.

---

[4] $\lfloor x \rfloor$ rundet x auf die nächstliegende ganze Zahl ab (siehe Anhang A.1).
[5] Siehe auch die Anmerkungen zur Integer-Division in Java in Anhang B.1.1.

4.5.1 Luminanzhistogramm

Das Luminanzhistogramm $H_L(i)$ eines Farbbilds ist nichts anderes als das Histogramm des entsprechenden Grauwertbilds, für das natürlich alle bereits oben angeführten Aspekte ohne Einschränkung gelten. Das einem Farbbild entsprechende Grauwertbild erhält man durch die Berechnung der zugehörigen Luminanz aus den einzelnen Farbkomponenten. Dazu werden allerdings die Werte der Farbkomponenten nicht einfach addiert, sondern üblicherweise in Form einer gewichteten Summe verknüpft (s. auch Kap. 12).

4.5.2 Histogramme der Farbkomponenten

Obwohl das Luminanzhistogramm alle Farbkomponenten berücksichtigt, können darin einzelne Bildfehler dennoch unentdeckt bleiben. Zum Beispiel ist es möglich, dass das Luminanzhistogramm durchaus sauber aussieht, obwohl einer der Farbkanäle bereits gesättigt ist. In RGB-Bildern trägt insbesondere der Blau-Kanal nur wenig zur Gesamthelligkeit bei und ist damit besonders anfällig für dieses Problem.

Komponentenhistogramme geben zusätzliche Aufschlüsse über die Intensitätsverteilung innerhalb der einzelnen Farbkanäle. Jede Farbkomponente wird als unabhängiges Intensitätsbild betrachtet und die zugehörigen Einzelhistogramme werden getrennt berechnet und angezeigt. Abb. 4.12 zeigt das Luminanzhistogramm und die drei Komponentenhistogramme für ein typisches RGB-Farbbild. Man beachte, dass in diesem Beispiel die Sättigung aller drei Farbkanäle (rot im oberen Intensitätsbereich, grün und blau im unteren Bereich) nur in den Komponentenhistogrammen, nicht aber im Luminanzhistogramm deutlich wird.

4.5.3 Kombinierte Farbhistogramme

Luminanzhistogramme und Komponentenhistogramme liefern nützliche Informationen über Belichtung, Kontrast, Dynamik und Sättigungseffekte bezogen auf die einzelnen Farbkomponenten. Sie geben jedoch keine Informationen über die tatsächliche *Verteilung* der Farben in einem Bild, denn das räumliche Zusammentreffen der Farbkomponenten innerhalb eines Bildelements wird dabei nicht berücksichtigt. Wenn z. B. H_R, das Komponentenhistogramm für den Rot-Kanal, einen Eintrag

$$H_R(200) = 24$$

hat, dann wissen wir nur, dass das Bild 24 Pixel mit einer Rot-Intensität von 200 aufweist, aber mit beliebigen ($*$) Grün- und Blauwerten:

$$I(u, v) = (r, g, b) = (200, *, *).$$

Nehmen wir weiter an, die drei Komponentenhistogramme hätten die Einträge

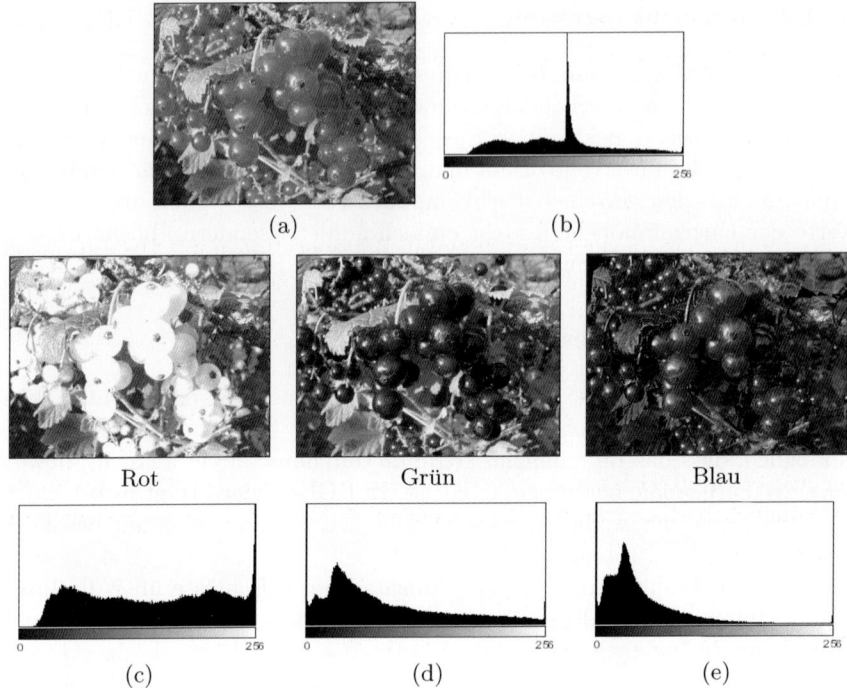

Abb. 4.12. Histogramme für ein RGB-Farbbild: Originalbild (a), Luminanzhistogramm H_L (b), RGB-Farbkomponenten als Intensitätsbilder und zugehörige Komponentenhistogramme H_R, H_G und H_B (c–e). Die Tatsache, dass alle drei Farbkanäle in Sättigung sind, wird nur in den einzelnen Komponentenhistogrammen deutlich. Die dadurch verursachte Verteilungsspitze befindet sich in der Mitte des Luminanzhistogramms (b).

$$H_R(50) = 100, \quad H_G(50) = 100, \quad H_B(50) = 100.$$

Können wir daraus schließen, dass in diesem Bild ein Pixel mit der Kombination

$$I(u, v) = (r, g, b) = (50, 50, 50)$$

als Farbwert existiert? Im Allgemeinen natürlich nicht, denn es ist offen, ob die einzelnen Komponentenwerte von jeweils 50 in irgend einem Pixel zusammen auftreten.

Während uns konventionelle Histogramme von Farbbildern also einiges an Information liefern können, geben sie uns nicht wirklich Auskunft über die Zusammensetzung der tatsächlichen Farben in einem Bild. So können verschiedene Farbbilder sehr ähnliche Einzelhistogramme aufweisen, obwohl keinerlei farbliche Ähnlichkeit zwischen den Bildern besteht. Ein interessantes Thema sind daher *kombinierte* Histogramme, die das Zusammentreffen von mehreren Farbkomponenten statistisch erfassen und damit u. a. auch eine grobe Ähnlichkeit zwischen Bildern ausdrücken können. Auf diesen Aspekt kommen wir im Zusammenhang mit Farbbildern in Kap. 12 nochmals zurück.

4.6 Das kumulative Histogramm

Das kumulative Histogramm ist eine alternative Variante des gewöhnlichen Histogramms, das für die Berechnung bei Bildoperationen mit Histogrammen nützlich ist, z. B. im Zusammenhang mit dem Histogrammausgleich (Abschn. 5.2). Das kumulative Histogramm $\bar{H}(i)$ ist definiert als

$$\bar{H}(i) = \sum_{j=0}^{i} H(j) \quad \text{für} \ \ 0 \leq i < K. \tag{4.4}$$

Der Wert von $\bar{H}(i)$ ist also die Summe aller darunter liegenden Werte des ursprünglichen Histogramms $H(j)$, mit $j = 0 \ldots i$. Oder, in rekursiver Form definiert (umgesetzt in Prog. 5.2 auf S. 62):

$$\bar{H}(i) = \begin{cases} H(0) & \text{für} \ \ i = 0 \\ \bar{H}(i-1) + H(i) & \text{für} \ \ 0 < i < K \end{cases} \tag{4.5}$$

Der Funktionsverlauf eines kumulativen Histogramms ist daher immer monoton steigend, mit dem Maximalwert

$$\bar{H}(K-1) = \sum_{j=0}^{K-1} H(j) = M \cdot N, \tag{4.6}$$

also der Gesamtzahl der Pixel im Bild mit der Breite M und der Höhe N. Abb. 4.13 zeigt ein konkretes Beispiel für ein kumulatives Histogramm.

4.7 Aufgaben

Aufg. 4.1. In Prog. 4.3 sind K und P konstant. Überlegen Sie, warum es dennoch nicht sinnvoll ist, den Wert von K/P außerhalb der Schleifen im Voraus zu berechnen.

Aufg. 4.2. Erstellen Sie ein ImageJ-Plugin, das von einem 8-Bit-Grauwertbild das kumulative Histogramm berechnet und in Form eines neuen Bilds darstellt, ähnlich wie die in ImageJ eingebaute Histogramm-Funktion (unter Analyze→Histogram).

Aufg. 4.3. Entwickeln Sie ein Verfahren für nichtlineares Binning mithilfe einer Tabelle der Intervallgrenzen p_i (Gl. 4.1).

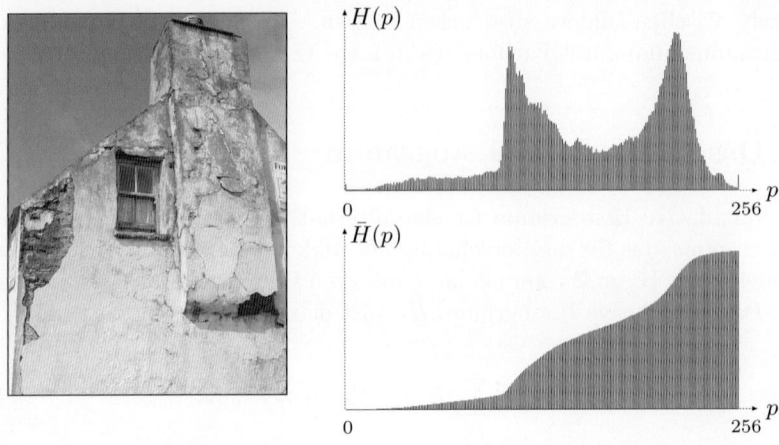

Abb. 4.13. Gewöhnliches Histogramm $H(p)$ und kumulatives Histogramm $\bar{H}(p)$.

5

Punktoperationen

Als Punktoperationen bezeichnet man Operationen auf Bilder, die nur die Werte der einzelnen Bildelemente betreffen und keine Änderungen der Größe, Geometrie oder der lokalen Bildstruktur nach sich ziehen. Jeder neue Pixelwert $I'(u, v)$ ist ausschließlich abhängig vom ursprünglichen Pixelwert $I(u, v)$ an der selben Position und unabhängig von den Werten anderer, insbesondere benachbarter Pixel. Der neue Pixelwert wird durch eine Funktion $f(p)$ bestimmt, d. h.

$$I'(u, v) \leftarrow f\bigl(I(u, v)\bigr). \tag{5.1}$$

Wenn – wie in diesem Fall – die Funktion $f()$ auch unabhängig von den Bildkoordinaten ist, also für jede Bildposition gleich ist, dann bezeichnet man die Operation als *homogen*. Typische Beispiele für homogene Punktoperationen sind

- Änderungen von Kontrast und Helligkeit,
- Anwendung von beliebigen Helligkeitskurven,
- das Invertieren von Bildern,
- das Quantisieren der Bildhelligkeit in grobe Stufen (Poster-Effekt),
- eine Schwellwertbildung,
- Gammakorrektur,
- Farbtransformationen,
- usw.

Wir betrachten nachfolgend einige dieser Beispiele im Detail.

Eine *nicht*homogene Punktoperation $g(p, u, v)$ würde demgegenüber zusätzlich die Bildkoordinaten (u, v) berücksichtigen, d. h.

$$I'(u, v) \leftarrow g\left(I(u, v), u, v\right). \tag{5.2}$$

Eine häufige Anwendung nichthomogener Operationen ist z. B. die selektive Kontrast- oder Helligkeitsanpassung, etwa um eine ungleichmäßige Beleuchtung bei der Bildaufnahme auszugleichen.

```
1    public void run(ImageProcessor ip) {
2        int w = ip.getWidth();
3        int h = ip.getHeight();
4
5        for (int v=0; v<h; v++) {
6            for (int u=0; u<w; u++) {
7                int p = (int) (ip.getPixel(u,v) * 1.5);
8                if (p > 255)
9                    p = 255; // clamp to max. value
10               ip.putPixel(u,v,p);
11           }
12       }
13   }
```

Programm 5.1. ImageJ-Plugin-Code für eine Punktoperation zur Kontrasterhöhung um 50%. Man beachte, dass in Zeile 7 die Multiplikation eines ganzzahligen Pixelwerts (vom Typ `int`) mit der Konstante 1.5 (implizit vom Typ `double`) ein Ergebnis vom Typ `double` erzeugt. Daher ist ein expliziter *Typecast* (`int`) für die Zuweisung auf die Variable `p` notwendig.

5.1 Änderung der Bildintensität

5.1.1 Kontrast und Helligkeit

Dazu gleich ein Beispiel: Die Erhöhung des Bildkontrasts um 50% (d. h. um den Faktor 1.5) oder das Anheben der Helligkeit um 10 Stufen lässt sich als Punktoperation so ausdrücken:

$$I'(u, v) \leftarrow I(u, v) \cdot 1.5 \qquad \text{bzw.} \qquad I'(u, v) \leftarrow I(u, v) + 10 . \qquad (5.3)$$

Die Umsetzung der Kontrasterhöhung als ImageJ-Plugin ist in Prog. 5.1 gezeigt, wobei dieser Code natürlich leicht für beliebige Punktoperationen angepasst werden kann.

5.1.2 Beschränkung der Ergebniswerte (*clamping*)

Bei der Umsetzung von Bildoperationen muss natürlich berücksichtigt werden, dass der vorgegebene Wertebereich für Bildpixel beschränkt ist (z. B. $[0 \ldots 255]$ bei 8-Bit-Grauwertbildern) und die berechneten Ergebnisse möglicherweise außerhalb dieses Wertebereichs liegen. Um das zu vermeiden, ist in Prog. 5.1 (Zeile 9) die Anweisung

```
if (p > 255) p = 255;
```

vorgesehen, die alle höheren Ergebniswerte auf den Maximalwert 255 begrenzt. Genauso sollte man auch die Ergebnisse nach „unten" durch die Anweisung

```
if (p < 0) p = 0;
```

auf den Minimalwert 0 begrenzen und damit verhindern, dass Pixelwerte negativ werden. Dieser Vorgang wird häufig als „Clamping" bezeichnet.

5.1.3 Automatische Kontrastanpassung

Ziel der automatischen Kontrastanpassung ist es, die Pixelwerte eines Bilds so zu verändern, dass der gesamte verfügbare Wertebereich abgedeckt wird. Dazu wird das aktuell dunkelste Pixel auf den niedrigsten, das hellste Pixel auf den höchsten Intensitätswert abgebildet und alle dazwischenliegenden Pixelwerte linear verteilt.

Nehmen wir an, q_{min} und q_{max} ist der aktuell kleinste bzw. größte Pixelwert in einem Bild $I(u, v)$, das über einen maximalen Intensitätsbereich $[p_{min}, p_{max}]$ verfügt. Um den gesamten Intensitätsbereich abzudecken, wird zunächst der kleinste Pixelwert q_{min} auf den Minimalwert abgebildet und nachfolgend der Bildkontrast um den Faktor $(p_{max}-p_{min})/(q_{max}-q_{min})$ erhöht (Abb. 5.1). Die Auto-Kontrast-Funktion ist daher definiert als

$$I'(u,v) \;\leftarrow\; \bigl(I(u,v) - q_{min}\bigr) \cdot \frac{p_{max}-p_{min}}{q_{max}-q_{min}} \;, \tag{5.4}$$

vorausgesetzt natürlich $p_{max} \neq p_{min}$, d. h., das Bild muss mindestens zwei unterschiedliche Pixelwerte aufweisen. Für ein 8-Bit-Grauwertbild mit $p_{max} = 255$ und $p_{min} = 0$ vereinfacht sich diese Abbildung zu

$$I'(u,v) \;\leftarrow\; (I(u,v)-q_{min}) \cdot \frac{255}{q_{max}-q_{min}} \;. \tag{5.5}$$

Der Bereich $[p_{min}, p_{max}]$ muss nicht dem maximalen Wertebereich entsprechen, sondern kann grundsätzlich ein beliebiger Kontrastbereich sein, den das Ergebnisbild abdecken soll. Natürlich funktioniert die Methode auch dann, wenn der Kontrast auf einen kleineren Bereich reduziert werden soll. Abb. 5.2 (b) zeigt die Auswirkungen einer Auto-Kontrast-Operation auf das zugehörige

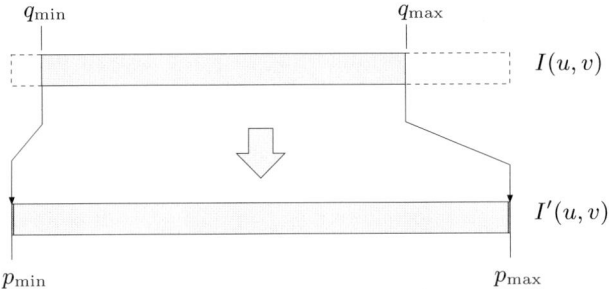

Abb. 5.1. Auto-Kontrast-Operation (Gl. 5.4).

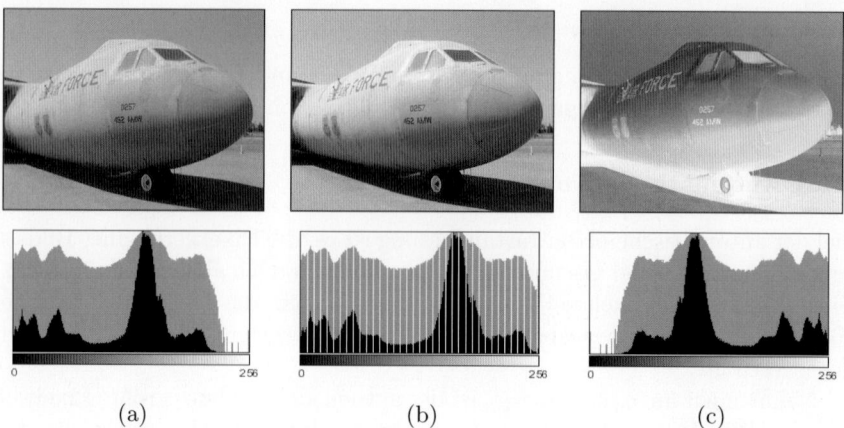

(a)   (b)   (c)

Abb. 5.2. Auswirkung der Auto-Kontrast-Operation und Inversion auf das Histogramm. Originalbild und zugehöriges Histogramm (a), Ergebnis nach Anwendung der Auto-Kontrast-Operation (b) und der Inversion des Bilds (c). Die Histogramme sind linear (schwarz) und logarithmisch (grau) dargestellt.

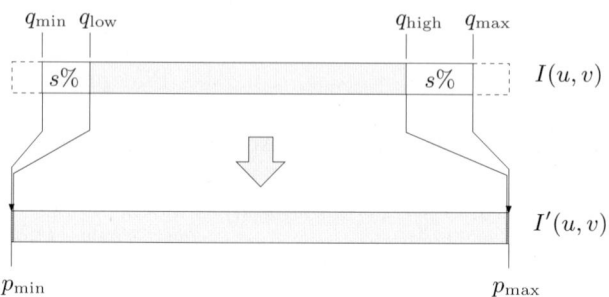

Abb. 5.3. Alternative Auto-Kontrast Operation (Gl. 5.6). Jeweils $s\%$ der ursprünglichen Pixel in $I(u,v)$ werden „gesättigt", der dazwischenliegende Wertebereich $q_{low} \cdots q_{high}$ wird linear auf den Bereich $p_{min} \cdots p_{max}$ gestreckt.

Histogramm, in dem die lineare Streckung des ursprünglichen Wertebereichs durch die regelmäßig angeordneten Lücken deutlich wird.

In der Praxis kann die Formulierung in Gl. 5.4 dazu führen, dass durch einzelne Pixel mit extremen Werten die gesamte Intensitätsverteilung stark verändert wird. Das lässt sich weitgehend vermeiden, indem man einen bestimmten Prozentsatz (s) der Pixel am oberen und unteren Ende des Wertebereichs in „Sättigung" gehen lässt, d. h. auf die beiden Maximalwerte abbildet. Dazu bestimmen wir zwei Pixelwerte q_{low} und q_{high}, sodass im ursprünglichen Bild $s\%$ der Pixelwerte kleiner als q_{low} und $s\%$ größer als q_{high} sind (Abb. 5.3). Alle Pixelwerte *außerhalb* von q_{low} und q_{high} werden auf die Maximalwerte p_{min} bzw. p_{max} abgebildet, der dazwischenliegende Wertebereich wird

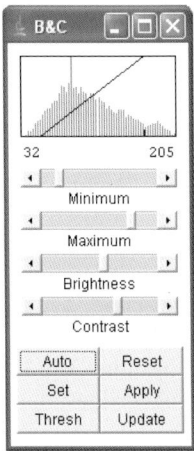 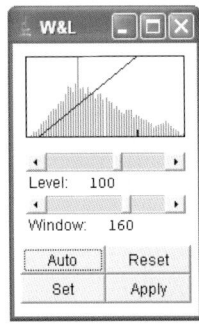

Abb. 5.4. Interaktive Werkzeuge zur Kontrast- und Helligkeitsanpassung in ImageJ. Das Brightness/Contrast-Tool (links) und das Window/Level-Tool (rechts) sind über das Image→Adjust-Menü erreichbar.

linear auf das Intervall $p_{\min} \ldots p_{\max}$ verteilt:

$$
I'(u,v) \;\leftarrow\; \begin{cases} p_{\min} & \text{für } I(u,v) \leq q_{low} \\[4pt] \bigl(I(u,v)-q_{\text{low}}\bigr)\cdot \frac{p_{\max}-p_{\min}}{q_{\text{high}}-q_{\text{low}}} & \text{für } q_{\text{low}} < I(u,v) < q_{\text{high}} \\[4pt] p_{\max} & \text{für } I(u,v) \geq q_{high} \end{cases} \tag{5.6}
$$

Dadurch wird erreicht, dass sich die Abbildung auf die Schwarz- und Weißwerte nicht nur auf einzelne, extreme Pixelwerte stützt, sondern eine repräsentative Zahl von Bildelementen berücksichtigt. Übliche Werte für s liegen im Bereich $0.5 \ldots 1.5\%$. In *Adobe Photoshop* bleiben z. B. $s = 0.5\%$ der Pixel an beiden Enden des Intensitätsbereichs bei der Auto-Kontrast-Operation unberücksichtigt.

Die Auto-Kontrast-Operation ist ein häufig verwendetes Werkzeug und deshalb in praktisch jeder Bildverarbeitungssoftware verfügbar, u. a. auch in ImageJ (Abb. 5.4). Dabei ist, wie auch in anderen Anwendungen üblich, die in Gl. 5.6 gezeigte Variante implementiert, wie im logarithmischen Histogramm in Abb. 5.2 (a–b) deutlich zu sehen ist.

5.1.4 Invertieren von Bildern

Bilder zu invertieren ist eine einfache Punktoperation, die einerseits die Ordnung der Pixelwerte (durch Multiplikation mit -1) umkehrt und andererseits durch Addition eines konstanten Intensitätswerts dafür sorgt, dass das Ergebnis innerhalb des erlaubten Wertebereichs bleibt. Für ein Bild $I(u,v)$ mit dem maximalen Wertebereich $[0, p_{\max}]$ ist die zugehörige Operation daher

$$
I'(u,v) \;\leftarrow\; -I(u,v) + p_{\max} = p_{\max} - I(u,v). \tag{5.7}
$$

Die Inversion eines 8-Bit-Grauwertbilds mit $p_{max} = 255$ war Aufgabe unseres ersten Plugin-Beispiels in Abschn. 3.2.4 (Prog. 3.1). Ein „clamping" ist in diesem Fall übrigens nicht notwendig, da sichergestellt ist, dass der erlaubte Wertebereich nicht verlassen wird. In ImageJ ist diese Operation unter Edit→Invert zu finden. Das Histogramm wird beim Invertieren eines Bilds gespiegelt, wie Abb. 5.2 (c) zeigt.

5.1.5 Schwellwertoperation (*tresholding*)

Eine Schwellwertoperation ist eine spezielle Form der Quantisierung, bei der die Bildwerte in zwei Klassen getrennt werden, abhängig von einem vorgegebenen Schwellwert („threshold value") p_{th}. Alle Pixel werden in dieser Punktoperation einem von zwei fixen Intensitätswerten p_0 oder p_1 zugeordnet, d. h.

$$I'(u,v) \;\leftarrow\; f_{th}\big(I(u,v)\big) = \begin{cases} p_0 & \text{für } I(u,v) < p_{th} \\ p_1 & \text{für } I(u,v) \geq p_{th} \end{cases} , \qquad (5.8)$$

wobei $0 < p_{th} \leq p_{max}$. Eine häufige Anwendung ist die Binarisierung von Grauwertbildern mit $p_0 = 0$ und $p_1 = 1$. In ImageJ gibt es zwar einen eigenen Datentyp für Binärbilder (`BinaryProcessor`), sie werden aber als 8-Bit-Grauwertbilder mit den Werten 0 und 255 dargestellt. Für die Binarisierung in ein derartiges Bild mit einer Schwellwertoperation wäre daher $p_0 = 0$ und $p_1 = 255$ zu setzen. Ein entsprechendes Beispiel ist in Abb. 5.5 gezeigt, wie auch das in ImageJ unter Image→Adjust→Threshold verfügbare Tool. Die Auswirkung einer Schwellwertoperation auf das Histogramm ist klarerweise, dass die gesamte Verteilung in zwei Einträge an den Stellen p_0 und p_1 aufgeteilt wird, wie in Abb. 5.6 dargestellt.

5.1.6 Punktoperationen und Histogramme

Wir haben bereits in einigen Fällen gesehen, dass die Auswirkungen von Punktoperationen auf das Histogramm relativ einfach vorherzusehen sind. Eine Erhöhung der Bildhelligkeit verschiebt beispielsweise das gesamte Histogramm nach rechts, durch eine Kontrasterhöhung wird das Histogramm breiter, das Invertieren des Bilds bewirkt eine Spiegelung des Histogramms usw. Obwohl diese Vorgänge so einfach (vielleicht sogar trivial) erscheinen, mag es nützlich sein, sich den Zusammenhang zwischen Punktoperationen und den dadurch verursachten Veränderungen im Histogramm nochmals zu verdeutlichen.

Wie die Grafik in Abb. 5.7 zeigt, gehört zu jedem Eintrag (Balken) im Histogramm an der Stelle p die Menge all jener Bildelemente, die genau den Pixelwert p aufweisen.[1] Wird infolge einer Operation eine bestimmte Histo-

---

[1] Das gilt in der Form natürlich nur für Histogramme, in denen jeder mögliche Intensitätswert einen Eintrag hat, d. h. nicht für Histogramme, die durch Binning (Abschn. 4.4.1) berechnet sind.

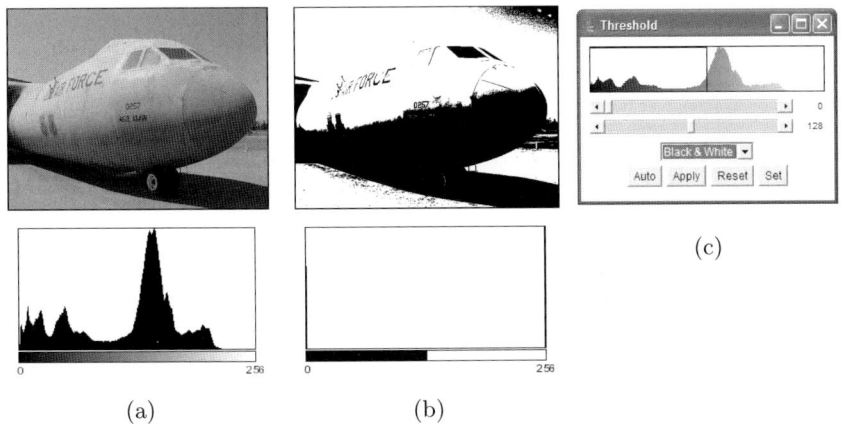

(c)

(a)   (b)

Abb. 5.5. Schwellwertoperation. Originalbild und Histogramm (a), Ergebnis nach Schwellwertoperation mit $p_{th} = 128$, $p_0 = 0$ und $p_1 = 255$ mit zwei entsprechenden Einträgen im zugehörigen Histogramm (b). Interaktives **Threshold**-Menü in ImageJ.

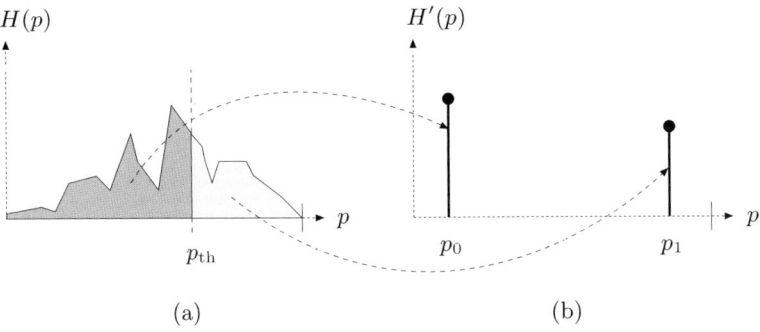

(a)   (b)

Abb. 5.6. Auswirkung der Schwellwertoperation im Histogramm. Der Schwellwert ist p_{th}. Die ursprüngliche Verteilung (a) wird im resultierenden Histogramm (b) in zwei isolierten Einträgen bei p_0 und p_1 konzentriert.

grammlinie verschoben, dann verändern sich natürlich auch alle Elemente der zugehörigen Pixelmenge, bzw. umgekehrt. Was passiert daher, wenn aufgrund einer Operation zwei bisher getrennte Histogrammlinien zusammenfallen? – die beiden zugehörigen Pixelmengen *vereinigen* sich und der gemeinsame Eintrag im Histogramm ist die Summe der beiden bisher getrennten Einträge. Die Elemente in der vereinigten Menge sind ab diesem Punkt nicht mehr voneinander unterscheidbar oder trennbar, was uns zeigt, dass mit diesem Vorgang ein (möglicherweise unbeabsichtigter) Verlust von Dynamik und Bildinformation verbunden ist.

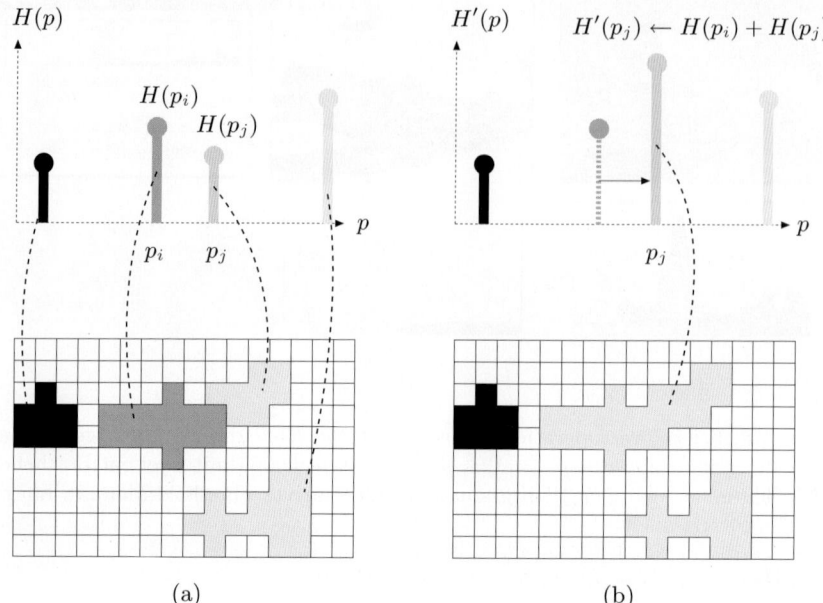

Abb. 5.7. Histogrammeinträge entsprechen Mengen von Bildelementen. Wenn eine Histogrammlinie sich aufgrund einer Punktoperation verschiebt, dann sind alle zugehörigen Pixel betroffen (a). Sobald dabei zwei Histogrammlinien $H(p_i)$, $H(p_j)$ zusammenfallen, vereinigen sich die zugehörigen Pixelmengen und werden ununterscheidbar (b).

5.2 Linearer Histogrammausgleich

Ein häufiges Problem ist die Anpassung unterschiedlicher Bilder auf eine (annähernd) übereinstimmende Intensitätsverteilung, etwa für die gemeinsame Verwendung in einem Druckwerk oder um sie leichter miteinander vergleichen zu können. Ziel des Histogrammausgleichs ist es, ein Bild durch eine homogene Punktoperation so zu verändern, dass das Ergebnisbild ein gleichförmig verteiltes Histogramm aufweist (Abb. 5.8). Das kann bei diskreten Verteilungen natürlich nur angenähert werden, denn (wie im vorigen Abschnitt diskutiert) Punktoperationen können Histogrammeinträge nur verschieben oder zusammenfügen, nicht aber *trennen*. Insbesondere können dadurch einzelne Spitzen im Histogramm nicht entfernt werden und daher ist eine echte Gleichverteilung nicht zu erzielen. Man kann daher das Bild nur so weit verändern, dass das Ergebnis ein *annähernd gleichverteiltes* Histogramm aufweist. Die Frage ist, was eine gute Näherung bedeutet und *welche* Punktoperation – die klarerweise vom Bildinhalt abhängt – dazu führt.

Eine Lösungsidee gibt uns das kumulative Histogramm (Abschn. 4.6), das bekanntlich für eine gleichförmige Verteilung die Form eines linearen Keils aufweist (Abb. 5.8). Auch das geht natürlich nicht exakt, jedoch lassen sich durch

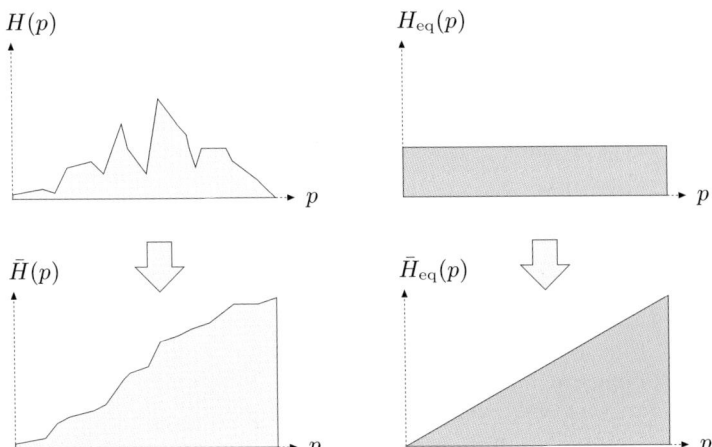

Abb. 5.8. Idee des Histogrammausgleichs. Durch eine Punktoperation auf ein Bild mit dem ursprünglichen Histogramm $H(p)$ soll erreicht werden, dass das Ergebnis ein gleichverteiltes Histogramm $H_{eq}(p)$ aufweist (oben). Das zugehörige kumulative Histogramm $\bar{H}_{eq}(p)$ wird dadurch keilförmig (unten).

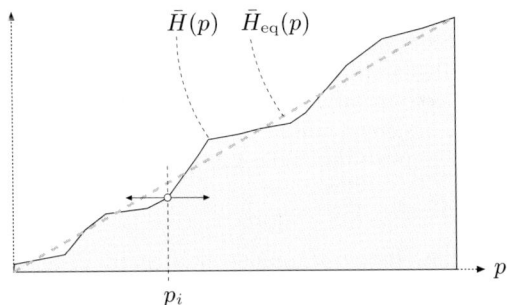

Abb. 5.9. Durch Anwendung einer geeigneten Punktoperation $p' \leftarrow f_{eq}(p)$ werden die einzelnen Histogrammlinien (p_i) so weit nach links oder rechts verschoben, dass sich ein annähernd keilförmiges kumulatives Histogramm $\bar{H}_{eq}(p)$ ergibt.

eine entsprechende Punktoperation die Histogrammlinien so verschieben, dass sie im kumulativen Histogramm zumindest näherungsweise eine linear ansteigende Funktion bilden (Abb. 5.9).

Die gesuchte Punktoperation $f(p)$ ist auf einfache Weise aus dem kumulativen Histogramm $\bar{H}()$ des ursprünglichen Bilds zu berechnen (eine Herleitung findet sich z. B. in [28, p. 173]): Für ein Bild mit $M \times N$ Pixel im Wertebereich $[0, K-1]$ ist sie

$$f_{eq}(p) = \left\lfloor \bar{H}(p) \cdot \frac{K-1}{MN} \right\rfloor. \tag{5.9}$$

```
1    public void run(ImageProcessor ip) {
2        int w = ip.getWidth();
3        int h = ip.getHeight();
4        int M = w * h;  //total number of image pixels
5        int K = 256;    //number of intensity values
6
7        //compute the cumulative histogram:
8        int[] H = ip.getHistogram();
9        for (int j=1; j<H.length; j++) {
10           H[j] = H[j-1] + H[j];
11       }
12
13       //equalize the image:
14       for (int v=0; v<h; v++) {
15           for (int u=0; u<w; u++) {
16               int p = ip.getPixel(u,v);
17               int q = H[p] * (K-1) / M;
18               ip.putPixel(u,v,q);
19           }
20       }
21   }
```

Programm 5.2. Histogrammausgleich (ImageJ-Plugin). Zunächst wird (Zeile 8) mit der in ImageJ verfügbaren Methode `ip.getHistogram()` das Histogramm des Bilds `ip` berechnet. Das kumulative Histogramm wird innerhalb desselben Arrays („in place") berechnet, basierend auf der rekursiven Definition in Gl. 4.5 (Zeile 10). Die Abrundung erfolgt implizit durch die int-Division (Zeile 17).

Der Java-Code für den Histogrammausgleich ist in Prog. 5.2 aufgelistet, ein Beispiel für dessen Anwendung zeigt Abb. 5.10.

Die Funktion $f_{eq}(p)$ in Gl. 5.9 ist monoton steigend, da auch $\bar{H}(p)$ selbst monoton ist und K, M und N positive Konstanten sind. Ein Ausgangsbild, das bereits eine Gleichverteilung aufweist, sollte durch einen Histogrammausgleich natürlich nicht verändert werden. Auch eine wiederholte Anwendung des Histogrammausgleichs sollte nach der ersten Anwendung keine weiteren Änderungen im Ergebnis verursachen. Beides trifft für die Formulierung in Gl. 5.9 zu.

Man beachte, dass für „inaktive" Pixelwerte p, d. h. solche, die im ursprünglichen Bild nicht vorkommen ($H(p) = 0$), die Einträge im kumulativen Histogramm $\bar{H}(p)$ entweder auch Null sind oder identisch zum Nachbarwert $\bar{H}(p-1)$. Bereiche mit aufeinander folgenden Nullwerten im Histogramm $H(p)$ entsprechen konstanten (d. h. flachen) Bereichen im kumulativen Histogramm $\bar{H}(p)$. Die Funktion $f_{eq}(p)$ bildet daher alle „inaktiven" Pixelwerte innerhalb eines solchen Intervalls auf den nächsten niedrigeren „aktiven" Wert ab. Da im Bild aber keine solchen Pixel existieren, ist dieser Effekt nicht relevant.

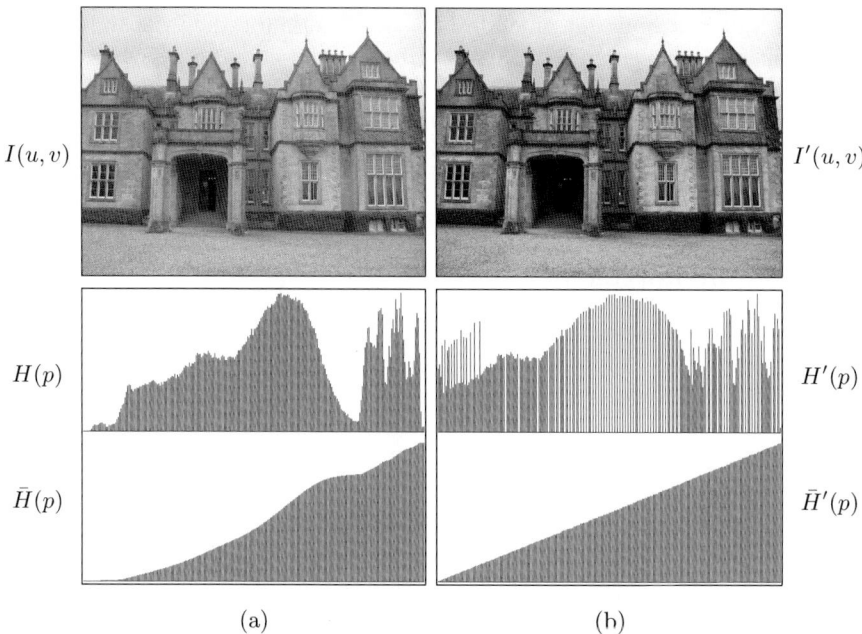

$I(u,v)$ $I'(u,v)$

$H(p)$ $H'(p)$

$\bar{H}(p)$ $\bar{H}'(p)$

(a)   (b)

Abb. 5.10. Histogrammausgleich (Beispiel). Originalbild sowie zugehöriges Histogramm $H(p)$ und kumulatives Histogramm $\bar{H}(p)$ (a), Ergebnis nach dem Histogrammausgleich (b). Das kumulative Histogramm $\bar{H}'(p)$ entspricht nun dem eines gleichverteilten Bilds. Man beachte, dass durch die Operation im Histogramm $H'(p)$ durch zusammenfallende Einträge neue Spitzen enstanden sind, vor allem im unteren Intensitätsbereich.

Wie in Abb. 5.10 deutlich sichtbar, kann ein Histogrammausgleich zum Verschmelzen von Histogrammlinien und damit zu einem Verlust an Bilddynamik führen (s. auch Abschn. 5.1.6).

Diese oder eine ähnliche Form des Histogrammausgleichs ist in praktisch jeder Bildverarbeitungssoftware implementiert, u. a. auch in ImageJ unter Process→Enhance Contrast (Equalize-Option).

5.2.1 Histogramm-Spezifikation

Obwohl weit verbreitet, erscheint das Ziel des Histogrammausgleichs – eine Gleichverteilung der Intensitätswerte – etwas willkürlich, zumal auch ideale Bilder in Wirklichkeit praktisch nie eine derartige Verteilung aufweisen. Tatsächlich ist die Verteilung der Intensitätswerte meist nicht einmal annähernd gleichförmig, sondern entspricht eher einer Gauß-Funktion, sofern überhaupt irgend eine allgemeine Verteilungsform zutreffend ist. Der Histogrammausgleich wird in seiner ursprünglichen Form daher in der Praxis kaum eingesetzt.

Wertvoller ist hingegen eine Methode, die es erlaubt, die Intensitätsverteilung beliebig anzupassen, z. B. an das Histogramm eines vorgegebenen Bilds. Die so genannte „Histogramm-Spezifikation" ermöglicht es etwa, ein Bild als Vorlage für die Adaption anderer Bilder zu verwenden, die möglicherweise bei unterschiedlichen Aufnahmeverhältnissen zustande gekommen sind (Details dazu in [28, S. 180]).

5.3 Gammakorrektur

Wir haben schon mehrfach die Ausdrücke „Intensität" oder „Helligkeit" verwendet, im stillen Verständnis, dass die numerischen Pixelwerte in unseren Bildern in irgendeiner Form mit diesen Begriffen zusammenhängen. In welchem Verhältnis stehen aber die Pixelwerte wirklich zu physischen Größen, wie z. B. zur Menge des einfallenden Lichts, der Schwärzung des Filmmaterials oder der Anzahl von Tonerpartikeln, die von einem Laserdrucker auf das Papier gebracht werden? Tatsächlich ist das Verhältnis zwischen Pixelwerten und den zugehörigen physischen Größen meist komplex und praktisch immer nichtlinear. Es ist jedoch wichtig, diesen Zusammenhang zu kennen, damit das Aussehen von Bildern vorhersehbar und reproduzierbar wird.

Ideal wäre dabei ein „kalibrierter Intensitätsraum", der dem visuellen Intensitätsempfinden möglichst nahe kommt und einen möglichst großen Intensitätsbereich mit möglichst wenig Bits beschreibt. Die Gammakorrektur ist eine einfache Punktoperation, die dazu dient, die unterschiedlichen Charakteristiken von Aufnahme- und Ausgabegeräten zu kompensieren und Bilder auf einen gemeinsamen Intensitätsraum anzupassen.

5.3.1 Warum Gamma?

Der Ausdruck „Gamma" stammt ursprünglich aus der „analogen" Fototechnik, wo zwischen der Belichtungsstärke und der resultierenden Filmdichte ein annähernd logarithmischer Zusammenhang besteht. Die so genannte Belichtungsfunktion stellt den Zusammenhang zwischen der logarithmischen Belichtungsstärke und der resultierenden Filmdichte dar und verläuft über einen relativ großen Bereich als ansteigende Gerade (Abb. 5.11). Die Steilheit der Belichtungsfunktion innerhalb dieses geraden Bereichs wird traditionell als „Gamma" des Filmmaterials bezeichnet. Später war man in der elektronischen Fernsehtechnik mit dem Problem konfrontiert, die Nichtlinearitäten der Bildröhren in Empfangsgeräten zu beschreiben und übernahm dafür ebenfalls den Begriff „Gamma". Das TV-Signal wurde durch eine so genannte „Gammakorrektur" vorkorrigiert, damit in den Empfängern selbst keine aufwendigen Maßnahmen mehr erforderlich waren.

5.3.2 Die Gammafunktion

Grundlage der Gammakorrektur ist die Gammafunktion

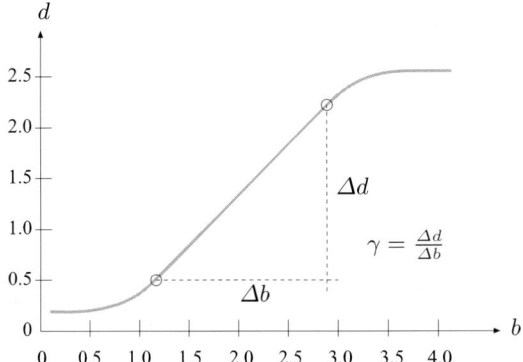

Abb. 5.11. Belichtungskurve von fotografischem Film. Bezogen auf die logarithmische Beleuchtungsstärke b verläuft die resultierende Dichte d in einem weiten Bereich annähernd als Gerade. Die Steilheit dieses linearen Anstiegs bezeichnet man als „Gamma" (γ) des Filmmaterials.

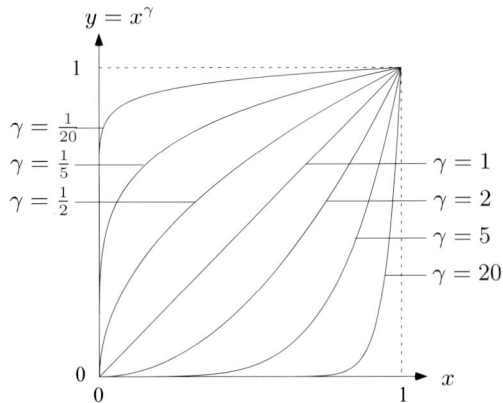

Abb. 5.12. Gammafunktion $y = x^\gamma$ im Bereich $x = 0 \dots 1$ für verschiedene Gammawerte.

$$y = f_\gamma(x) = x^\gamma \quad \text{für } x \in \mathbb{R}, \gamma > 0, \tag{5.10}$$

mit dem Parameter γ, dem so genannten *Gammawert*. Verwenden wir die Gammafunktion nur innerhalb des Bereichs $x = 0 \dots 1$, dann bleibt auch – unabhängig von γ – der Funktionswert x^γ im Bereich $0 \dots 1$ und die Funktion verläuft immer durch die Punkte $(0, 0)$ und $(1, 1)$. Wie Abb. 5.12 zeigt, ergibt sich für $\gamma = 1$ die identische Funktion $f_\gamma(x) = x$, also eine Diagonale. Für Gammawerte $\gamma < 1$ verläuft die Funktion *unterhalb* dieser Geraden und für $\gamma > 1$ *oberhalb*, wobei die Krümmung mit der Abweichung vom Wert 1 nach beiden Seiten hin zunimmt. Die Gammafunktion kann also, gesteuert mit nur einem Parameter, einen kontinuierlichen Bereich von Funktionen mit sowohl logarithmischem wie auch exponentiellem Verhalten „imitieren". Sie ist darüber hinaus im Definitionsbereich $0 \ldots 1$ stetig und streng monoton und zudem sehr einfach zu invertieren:

$$x = f_\gamma^{-1}(y) = y^{1/\gamma} = f_{\gamma'}(y). \tag{5.11}$$

Die Umkehrung der Gammafunktion $f_\gamma(x)$ ist also wieder eine Gammafunktion $f_{\gamma'}(y)$ mit $\gamma' = \frac{1}{\gamma}$.

5.3.3 Reale Gammawerte

Die konkreten Gammawerte einzelner Geräte werden in der Regel von ihren Herstellern aufgrund von Messungen spezifiziert. Zum Beispiel liegen übliche Gammawerte für Röhrenmonitore im Bereich $1.8 \ldots 2.8$, ein typischer Wert ist 2.4. LCD-Monitore sind durch interne Korrekturen auf ähnliche Werte voreingestellt. Video- und Digitalkameras emulieren ebenfalls durch interne Vorverarbeitung der Videosignale das Belichtungsverhalten von Film- bzw. Fotokameras, um den resultierenden Bildern ein ähnliches Aussehen zu geben.

In der Fernsehtechnik ist der theoretische Gammawert für Wiedergabegeräte mit 2.2 im NTSC- und 2.8 im PAL-System spezifiziert, wobei die tatsächlichen gemessenen Werte bei etwa 2.35 liegen. Für Aufnahmegeräte gilt sowohl im amerikanischen NTSC-System wie auch in der europäischen Norm[2] ein standardisierter Gammawert von $1/2.2 \approx 0.45$. Die aktuelle internationale Norm ITU-R BT.709[3] sieht einheitliche Gammawerte für Wiedergabegeräte von 2.5 bzw. $1/1.956 \approx 0.51$ für Kameras vor [23, 41]. Der ITU 709-Standard verwendet allerdings eine leicht modifizierte Form der Gammafunktion (s. Abschn. 5.3.6).

Bei Computern ist in der Regel der Gammawert für das Video-Ausgangssignal zum Monitor in einem ausreichenden Bereich einstellbar. Man muss dabei allerdings beachten, dass die Gammafunktion oft nur ein grobe Annäherung an das tatsächliche Transferverhalten eines Geräts darstellt, außerdem für die einzelnen Farbkanäle unterschiedlich sein kann und in der Realität daher beachtliche Abweichungen auftreten können. Kritische Anwendungen wie z. B. die digitale Druckvorstufe erfordern daher eine aufwendigere Kalibrierung mit exakt vermessenen Geräteprofilen (siehe Abschn. 12.3.5), wofür eine einfache Gammakorrektur nicht ausreicht.

5.3.4 Anwendung der Gammakorrektur

Angenommen wir benutzen eine Kamera mit einem angegebenen Gammawert A, d. h., ihr Ausgangssignal s steht mit der aufgenommenen Lichtintensität b ungefähr im Zusammenhang

---

[2] European Broadcast Union (EBU).
[3] International Telecommunications Union (ITU).

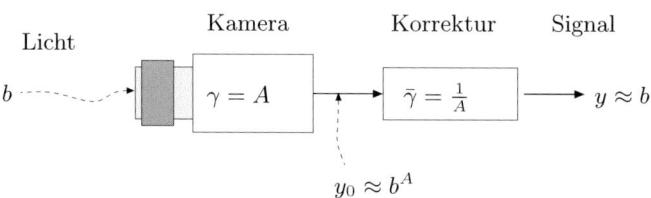

Abb. 5.13. Prinzip der Gammakorrektur. Um das ursprüngliche Signal y_0 einer Kamera mit einem spezifizierten Gammawert A zu korrigieren, wird eine Gammakorrektur mit $\gamma = 1/A$ eingesetzt. Das korrigierte Signal y wird damit proportional zur ursprünglichen Lichtintensität b.

$$y_0 = b^A \, . \tag{5.12}$$

Um die Transfercharakteristik der Kamera zu kompensieren, also eine Messung y direkt proportional zur Lichtintensität b zu erhalten ($y \approx b$), unterziehen wir das Kamerasignal einer Gammakorrektur mit dem *inversen* Gammawert der Kamera, also $\bar{\gamma} = 1/A$:

$$y = f_{\bar{\gamma}}(y_0) = y_0^{1/A} \, . \tag{5.13}$$

Für das Ergebnis gilt

$$y = y_0^{1/A} = \left(b^A \right)^{1/A} = b \, , \tag{5.14}$$

d. h., das korrigierte Signal y ist proportional (bzw. identisch) zur ursprünglichen Lichtintensität b (Abb. 5.13). Die allgemeine Regel, die genauso auch für Ausgabegeräte gilt, ist daher:

Die Transfercharakteristik eines Geräts mit einem Gammawert A wird kompensiert durch eine Gammakorrektur mit $\bar{\gamma} = 1/A$.

Dabei haben wir angenommen, dass die Werte für b und y im Intervall $[0, 1]$ liegen. Das ist in der Praxis meist nicht der Fall, daher sind mit der Gammakorrektur $q \leftarrow \mathrm{GC}(p, \bar{\gamma})$, für $0 \leq p, q \leq p_{\max}$, i. Allg. folgende Schritte verbunden:

    1. Skaliere $p \in [0, p_{\max}]$ linear auf $x \in [0, 1]$.
    2. Wende die Gammafunktion an: $y \leftarrow f_{\bar{\gamma}}(x)$.
    3. Skaliere $y \in [0, 1]$ linear zurück auf $q \in [0, p_{\max}]$.

Oder, etwas kompakter formuliert:

$$q = \mathrm{GC}(p, \bar{\gamma}) = \left(\frac{p}{p_{\max}} \right)^{\bar{\gamma}} \cdot p_{\max} \tag{5.15}$$

Abb. 5.14 illustriert den Einsatz der Gammakorrektur anhand eines konkreten Szenarios mit je zwei Aufnahmegeräten (Kamera, Scanner) und Ausgabe-

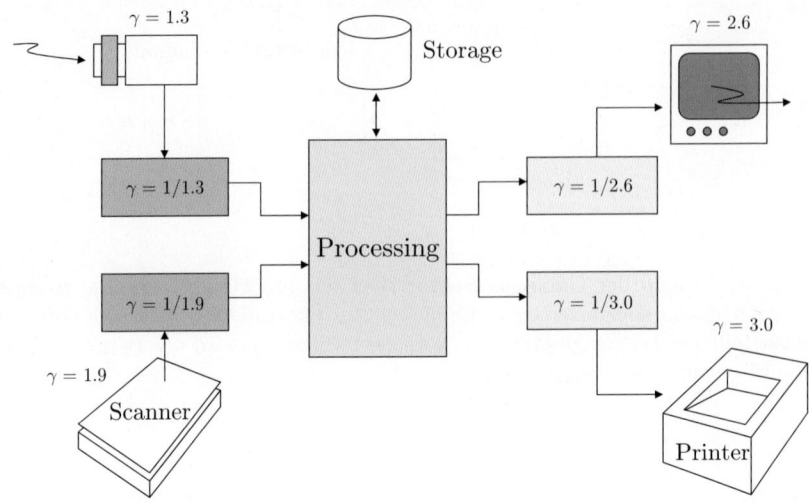

Abb. 5.14. Einsatz der Gammakorrektur im Bildverarbeitungs-Workflow. Die eigentliche Verarbeitung wird in einem kalibrierten Intensitätsraum durchgeführt, die unterschiedlichen Transfercharakteristiken von Eingabe- und Ausgabegeräten werden jeweils durch Gammakorrektur ausgeglichen. (Die angegebenen Gammawerte sind nur als Beispiele gedacht.)

geräten (Monitor, Drucker), die alle unterschiedliche Gammawerte aufweisen. Die Kernidee ist, dass alle Bilder geräteunabhängig in einem einheitlichen Intensitätsraum gespeichert und verarbeitet werden können.

5.3.5 Implementierung

Prog. 5.3 zeigt die Implementierung der Gammakorrektur als ImageJ-Plugin für 8-Bit-Grauwertbilder und einem fixen Gammawert. Die eigentliche Punktoperation ist als Anwendung einer Transformationstabelle (*lookup table*) realisiert, wie im nachfolgenden Abschnitt erläutert wird.

5.3.6 Gammafunktion mit Offset

Ein Problem bei der Kompensation der Nichtlinearitäten mit der einfachen Gammafunktion $f_\gamma(x) = x^\gamma$ (Gl. 5.10) ist der Anstieg der Funktion in der Nähe des Nullpunkts, ausgedrückt durch ihre erste Ableitung $f'_\gamma(x) = \gamma \cdot x^{(\gamma-1)}$, wodurch

$$f'_\gamma(0) = \begin{cases} 0 & \text{für } \gamma > 1 \\ 1 & \text{für } \gamma = 1 \\ \infty & \text{für } \gamma < 1 \end{cases} \tag{5.16}$$

```
1    public void run(ImageProcessor ip) {
2        int P = 256;
3        double GAMMA = 2.8;
4
5        //make and fill the lookup table
6        int[] lut = new int[P];
7
8        for (int p=0; p<P; p++) {
9            double x = (double) p / (P-1);    //scale to [0,1]
10           double y = Math.pow(x,GAMMA);     //apply gamma function
11
12           int q = (int) Math.round(y * (P-1)); //scale back
13           lut[p] = q;
14       }
15
16       ip.applyTable(lut);                   //modify the image
17   }
```

Programm 5.3. Gammakorrektur (ImageJ-Plugin). Der Gammawert `GAMMA` ist konstant. Die korrigierten Werte q werden nur einmal berechnet und in der Transformationstabelle (`lut`) eingefügt (Zeile 12). Die eigentliche Punktoperation auf das Bild erfolgt durch Aufruf der Methode `applyTable(lut)` in Zeile 15.

Dieser Umstand bewirkt zum einen eine extrem hohe Verstärkung und damit in der Praxis eine starke Rauschanfälligkeit im Bereich der niedrigen Intensitätswerte, zum anderen ist die Gammafunktion am Nullpunkt theoretisch nicht invertierbar.

Modifizierte Gammakorrektur

Die gängige Lösung dieses Problems besteht darin, innerhalb eines begrenzten Bereichs $0 \leq x \leq a$ in der Nähe des Nullpunkts zunächst eine *lineare* Korrekturfunktion mit fixem Anstieg s zu verwenden und erst ab dem Punkt $x = a$ mit der Gammafunktion fortzusetzen. Die neue Korrekturfunktion teilt sich also in zwei Abschnitte in der Form

$$\bar{f}_{(\gamma,x_0)}(x) = \begin{cases} s \cdot x & \text{für } 0 \leq x \leq x_0 \\ (1+d) \cdot x^\gamma - d & \text{für } x_0 < x \leq 1 \, , \end{cases} \qquad (5.17)$$

wobei

$$s = \frac{\gamma}{x_0(\gamma-1) + x_0^{(1-\gamma)}} \quad \text{und} \quad d = \frac{1}{x_0^\gamma(\gamma-1) + 1} - 1 \, . \qquad (5.18)$$

Die Werte für die Steilheit des linearen Teils s und den Parameter d ergeben sich aus der Bedingung, dass an der Übergangsstelle $x = x_0$ für beide Funktionsteile sowohl $\bar{f}_{(\gamma,x_0)}(x)$ wie auch die erste Ableitung $\bar{f}'_{(\gamma,x_0)}(x)$ identisch

Tabelle 5.1. Parameter für einzelne Standard-Korrekturfunktionen auf Basis der Gammafunktion mit Offset gemäß Gl. 5.17–5.18. γ bezeichnet den nominellen und γ_{eff} den effektiven Gammawert.

Standard	γ	x_0	s	d	γ_{eff}
ITU-R BT.709	$1/2.222 \approx 0.450$	0.01800	4.5068	0.09915	$1/1.956 \approx 0.511$
sRGB	$1/2.400 \approx 0.417$	0.00304	12.9231	0.05500	$1/2.200 \approx 0.455$

sein müssen, um eine kontinuierliche Gesamtfunktion zu erzeugen. Abb. 5.15 zeigt zur Illustration zwei Beispiele für die Funktion $\bar{f}_{(\gamma,x_0)}(x)$ mit den Werten $\gamma = 0.5$ bzw. $\gamma = 2.0$ und jeweils $x_0 = 0.2$.

In der Praxis sind für x_0 kleinere Werte üblich und γ muss so gewählt werden, dass die ideale Korrekturfunktion optimal angenähert wird. Beispielsweise gibt die in Abschn. 5.3.3 bereits erwähnte Spezifikation ITU-BT.709 [41] die Werte

$$\gamma = \frac{1}{2.222} \approx 0.45 \quad \text{und} \quad x_0 = 0.018$$

vor, woraus sich gemäß Gl. 5.18 die Werte $s = 4.50681$ bzw. $d = 0.0991499$ ergeben. Diese Korrekturfunktion $\bar{f}_{\text{ITU}}(x)$ mit dem nominellen Gammawert 0.45 entspricht einem *effektiven* Gammawert $\gamma_{\text{eff}} = 1/1.956 \approx 0.511$. Auch im sRGB-Standard [77] (siehe auch Abschn. 12.3.3) ist die Intensitätskorrektur auf dieser Basis spezifiziert. Die zugehörigen Parameter sind in Tabelle 5.1 zusammengefasst. Abb. 5.16 zeigt beide Korrekturfunktionen im Vergleich mit der entsprechenden gewöhnlichen Gammafunktion für den ITU- bzw. sRGB-Standard.

Inverse Korrektur

Um eine modifizierte Gammakorrektur der Form $y = \bar{f}_{(\gamma,x_0)}(x)$ (Gl. 5.17) rückgängig zu machen, benötigen wir die zugehörige inverse Funktion, d. h. $x = \bar{f}^{-1}_{(\gamma,x_0)}(y)$, die wiederum stückweise definiert ist:

$$\bar{f}^{-1}_{(\gamma,x_0)}(y) = \begin{cases} \frac{y}{s} & \text{für } 0 \leq y \leq s \cdot x_0 \\ \left(\frac{y-d}{1+d}\right)^{\frac{1}{\gamma}} & \text{für } s \cdot x_0 < y \leq 1 \end{cases} \tag{5.19}$$

Dabei sind s und d die Werte aus Gl. 5.18 und es gilt

$$x = \bar{f}^{-1}_{(\gamma,x_0)}\left(\bar{f}_{(\gamma,x_0)}(x)\right) \qquad \text{für} \quad x \in [0,1], \tag{5.20}$$

wobei zu beachten ist, dass in beiden Funktionen der *gleiche* Wert für γ verwendet wird. Die Umkehrfunktion ist u. a. für die Umrechnung zwischen unterschiedlichen Farbräumen erforderlich, wenn nichtlineare Komponentenwerte dieser Form im Spiel sind (siehe auch Abschn. 12.3.2).

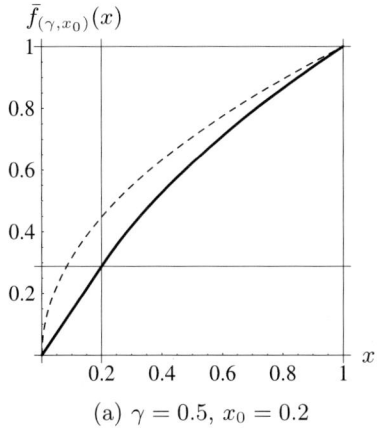
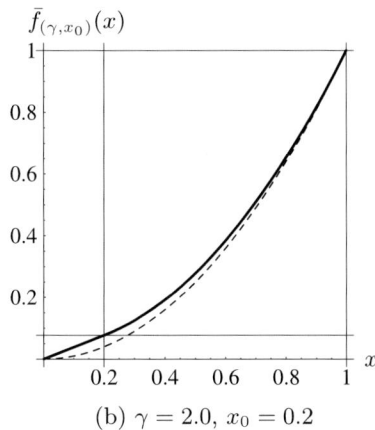

(a) $\gamma = 0.5$, $x_0 = 0.2$ (b) $\gamma = 2.0$, $x_0 = 0.2$

Abb. 5.15. Gammafunktion mit Offset. Die modifizierte Korrekturfunktion $\bar{f}_{(\gamma,x_0)}(x)$ verläuft innerhalb des Bereichs $x = 0 \ldots x_0$ linear mit fixem Anstieg s und geht an der Stelle $x = x_0$ in eine Gammafunktion mit dem Parameter γ über (Gl. 5.17). Der Wert von x_0 ist in beiden Fällen 0.2. Zum Vergleich ist jeweils auch die gewöhnliche Gammafunktion $f_\gamma(x)$ mit identischem γ gezeigt (unterbrochene Linie), die am Nullpunkt einen Anstieg von ∞ (a) bzw. 0 (b) aufweist.

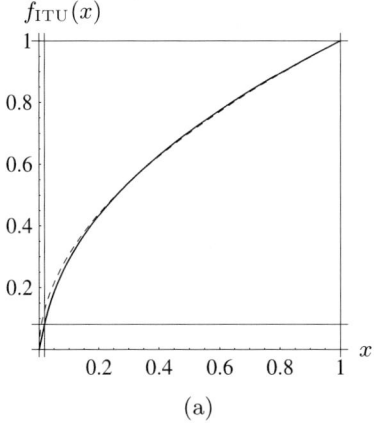
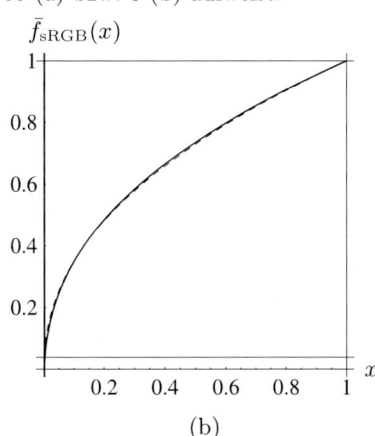

(a)   (b)

Abb. 5.16. Korrekturfunktion gemäß ITU-R BT.709 und sRGB. Die durchgehende Linie zeigt die Gammafunktion mit Offset mit dem nominellen Gammawert γ und Übergangspunkt x_0. Die ITU-Charakteristik (a) entspricht $\gamma = 0.45$ und $x_0 = 0.018$. Dies entspricht einer gewöhnlichen Gammafunktion mit effektivem Gammawert $\gamma_{\mathrm{eff}} = 0.511$ (unterbrochene Linie). Die Kurven für sRGB (b) unterscheiden sich nur durch die Parameter γ und x_0 (siehe Tabelle 5.1).

5.4 Punktoperationen in ImageJ

In ImageJ sind natürlich die wichtigsten Punktoperationen bereits fertig implementiert, sodass man nicht jede Operation wie in Prog. 5.3 selbst programmieren muss. Insbesondere gibt es in ImageJ (a) die Möglichkeit zur Spezifikation von tabellierten Funktionen zur effizienten Ausführung beliebiger Punktoperationen, (b) arithmetisch-logische Standardoperationen für einzelne Bilder und (c) Standardoperationen zur punktweisen Verknüpfung von jeweils zwei Bildern.

5.4.1 Punktoperationen mit Lookup-Tabellen

Punktoperationen können zum Teil komplizierte Berechnungen für jedes einzelne Pixel erfordern, was in großen Bildern zu einem erheblichen Zeitaufwand führt. Eine Lookup-Tabelle (LUT) realisiert eine diskrete Abbildung von den ursprünglichen K Pixelwerten zu den neuen Pixelwerten, d. h.

$$L : [0, K-1] \longmapsto [0, K-1] \tag{5.21}$$

Für eine Punktoperation, die durch die Funktion $y = f(x)$ definiert ist, erhält die Tabelle L die Werte

$$L[p] \leftarrow f(p) \quad \text{für } 0 \leq p < K \tag{5.22}$$

Die Tabelleneinträge werden also nur einmal für die $p = 0 \ldots K-1$ berechnet. Um die eigentliche Punktoperation im Bild durchzuführen, ist nur ein Nachschlagen in der Tabelle L erforderlich, also

$$I'(u, v) \leftarrow L[I(u, v)], \tag{5.23}$$

was wesentlich schneller möglich ist als jede Funktionsberechnung. ImageJ bietet die Methode

`void applyTable(int[] lut)`

für Objekte vom Typ `ImageProcessor`, an die eine Lookup-Tabelle `lut` als eindimensionales `int`-Array der Größe K übergeben wird (s. Beispiel in Prog. 5.3). Der Vorteil ist eindeutig – für ein 8-Bit-Grauwertbild z. B. muss in diesem Fall die Abbildungsfunktion (unabhängig von der Bildgröße) nur 256-mal berechnet werden und nicht möglicherweise millionenfach. Die Benutzung von Tabellen für Punktoperationen ist also immer dann sinnvoll, wenn die Anzahl der Bildpixel ($M \times N$) die Anzahl der möglichen Pixelwerte K deutlich übersteigt (was meistens der Fall ist).

Tabelle 5.2. Methoden der Klasse `ImageProcessor` für arithmetische Standardoperationen.

void add(int *p*)	$I(u,v) \leftarrow I(u,v) + p$
void gamma(double *g*)	$I(u,v) \leftarrow \big(I(u,v)/255\big)^{g} \cdot 255$
void invert(int *p*)	$I(u,v) \leftarrow 255 - I(u,v)$
void log()	$I(u,v) \leftarrow \log_{10}\big(I(u,v)\big)$
void max(double *s*)	$I(u,v) \leftarrow \max\big(I(u,v), s\big)$
void min(double *s*)	$I(u,v) \leftarrow \min\big(I(u,v), s\big)$
void multiply(double *s*)	$I(u,v) \leftarrow \mathrm{round}\big(I(u,v) \cdot s\big)$
void sqr()	$I(u,v) \leftarrow I(u,v)^2$
void sqrt()	$I(u,v) \leftarrow \sqrt{I(u,v)}$

5.4.2 Arithmetische Standardoperationen

Die ImageJ-Klasse `ImageProcessor` stellt außerdem eine Reihe von häufig benötigten Operationen als entsprechende Methoden zur Verfügung, von denen die wichtigsten in Tabelle 5.2 zusammengefasst sind. Ein Beispiel für eine Kontrasterhöhung durch Multiplikation mit einem skalaren `double`-Wert zeigt folgendes Beispiel:

```
ImageProcessor ip = ... //some image
ip.multiply(1.5);
```

Das Bild in `ip` wird dabei destruktiv verändert, wobei die Ergebnisse durch „Clamping" auf den minimalen bzw. maximalen Wert des Wertebereichs begrenzt werden.

5.4.3 Punktoperationen mit mehreren Bildern

Punktoperationen können auch mehr als ein Bild gleichzeitig betreffen, insbesondere, wenn mehrere Bilder durch arithmetische Operationen punktweise verknüpft werden. Zum Beispiel können wir die punktweise *Addition* von zwei Bildern I_1 und I_2 (von gleicher Größe) in ein neues Bild I' ausdrücken als

$$I'(u,v) \leftarrow I_1(u,v) + I_2(u,v) \tag{5.24}$$

für alle (u,v). Im Allgemeinen kann natürlich jede Funktion $f(p_1, p_2, \ldots, p_n)$ über n Pixelwerte zur punktweisen Verknüpfung von n Bildern verwendet werden, d. h.

$$I'(u,v) \leftarrow f\big(I_1(u,v), I_2(u,v), \ldots I_n(u,v)\big). \tag{5.25}$$

ImageJ bietet eine Reihe von Möglichkeiten zur arithmetischen Verknüpfung von zwei Bildern über die `ImageProcessor`-Methode

```
void copyBits(ImageProcessor ip2, int x, int y, int mode),
```

Tabelle 5.3. Modus-Konstanten für arithmetische Verknüpfungsoperationen der Interface-Klasse *Blitter* zur Anwendung mit der `ImageProcessor`-Methode `copyBits()`.

ADD	$ip1 \leftarrow ip1 + ip2$
AVERAGE	$ip1 \leftarrow ip1 + ip2$
DIFFERENCE	$ip1 \leftarrow |ip1 - ip2|$
DIVIDE	$ip1 \leftarrow ip1 + ip2$
MAX	$ip1 \leftarrow \max(ip1, ip2)$
MIN	$ip1 \leftarrow \min(ip1, ip2)$
MULTIPLY	$ip1 \leftarrow ip1 \cdot ip2$
SUBTRACT	$ip1 \leftarrow ip1 - ip2$

mit der alle Pixel aus dem Quellbild *ip2* an die Position (x,y) im Zielbild (`this`) kopiert und dabei entsprechend dem vorgegebenen Modus (*mode*) verknüpft werden. Hier ein kurzes Codesegment als Beispiel für die Addition von zwei Bildern:

```
ByteProcessor ip1 = ... //some byte image
ByteProcessor ip2 = ... //some other byte image
...
ip1.copyBits(ip2, 0, 0, Blitter.ADD); // ip1 = ip1 + ip2
...
```

Das Zielbild `dst` wird durch diese Operation modifiziert, das andere Bild `src` bleibt unverändert. Die Konstante `ADD` für den Modus ist – neben weiteren arithmetischen Operationen – in der Klasse `Blitter` definiert (Tabelle 5.3). Diese Operationen führen implizit auch eine Begrenzung der Werte (clamping) auf den maximalen Wertebereich durch. Bei allen Bildern – mit Ausnahme von Gleitkommabildern – werden die Ergebnisse nicht gerundet, sondern auf ganzzahlige Werte abgeschnitten. Daneben sind auch (bitweise) logische Operationen wie `OR` und `AND` vorgesehen (siehe auch Anhang C).

5.4.4 ImageJ-Plugins für mehrere Bilder

Plugins in ImageJ sind primär für die Bearbeitung einzelner Bilder ausgelegt, wobei das aktuelle (vom Benutzer ausgewählte) Bildobjekt I_1 vom Typ `ImageProcessor` (bzw. einer Subklasse) als Argument an die `run()`-Methode übergeben wird (s. Abschn. 3.2.3).

Sollen zwei (oder mehr) Bilder $I_1, I_2 \ldots I_k$ miteinander verküpft werden, müssen die zusätzlichen Bilder $I_2 \ldots I_k$ ebenfalls spezifiziert werden. Die übliche Vorgangsweise besteht darin, innerhalb des Plugins eine interaktive Auswahlmöglichkeit vorzusehen. Wir zeigen dies nachfolgend anhand eines Beispiel-Plugins, das zwei Bilder transparent überblendet.

Alpha Blending

Alpha Blending ist eine einfache Methode, um zwei Bilder I_{BG} und I_{FG} transparent zu überblenden. Das Hintergrundbild I_{BG} wird von I_{FG} überdeckt, wobei die Durchsichtigkeit durch den Transparenzwert α gesteuert wird in der Form

$$I'(u,v) = \alpha \cdot I_{BG}(u,v) + (1-\alpha) \cdot I_{FG}(u,v) , \qquad (5.26)$$

mit $0 \le \alpha \le 1$. Bei $\alpha = 0$ ist I_{FG} undurchsichtig (opak) und deckt dadurch I_{BG} völlig ab. Umgekehrt ist bei $\alpha = 1$ das Bild I_{FG} zur Gänze transparent und nur I_{BG} sichtbar. Für dazwischenliegende α-Werte ergibt sich eine gewichtet Summe der entsprechenden Pixelwerte aus I_{BG} und I_{FG}.

Prog. 5.4–5.5 zeigt eine Implementierung als ImageJ-Plugin. Die Auswahl des zweiten Bilds und des α-Werts erfolgt dabei durch eine Instanz der ImageJ-Klasse `GenericDialog`, mit der auf einfache Weise Dialogfenster mit unterschiedlichen Feldern realisiert werden können (s. auch Anhang C.17.3). Ein Beispiel für die Anwendung dieses Plugin mit verschiedenen α-Werten ist in Abb. 5.17 dargestellt. Ein weiteres Beispiel, in dem aus zwei gegebenen Bildern eine schrittweise Überblendung als Bildfolge (Stack) erzeugt wird, findet sich in Anhang C.14.3.

5.5 Aufgaben

Aufg. 5.1. Erstellen Sie ein geändertes Autokontrast-Plugin, bei dem jeweils 1% aller Pixel an beiden Enden des Wertebereichs gesättigt werden, d. h. auf den Maximalwert 0 bzw. 255 gesetzt werden (Gl. 5.6).

Aufg. 5.2. Ändern Sie das Plugin für den Histogrammausgleich in Prog. 5.2 in der Form, dass es eine Lookup-Table (Abschn. 5.4.1) für die Berechnung verwendet.

Aufg. 5.3. Zeigen Sie formal, dass der Histogrammausgleich (Gl. 5.9) ein bereits gleichverteiltes Bild nicht verändert und dass eine mehrfache Anwendung auf dasselbe Bild nach dem ersten Durchlauf keine weiteren Veränderungen verursacht.

Aufg. 5.4. Implementieren Sie die modifizierte Gammakorrektur (Gl. 5.17) mit variablen Werten für γ und x_0 als ImageJ-Plugin unter Verwendung einer Lookup-Tabelle analog zu Prog. 5.3.

Aufg. 5.5. Zeigen Sie, dass die modifizierte Gammakorrektur $\bar{f}_{(\gamma,x_0)}(x)$ mit den in Gl. 5.17–5.18 dargestellten Werten für γ, x_0, s und d tatsächlich eine kontinuierliche Funktion ergibt.

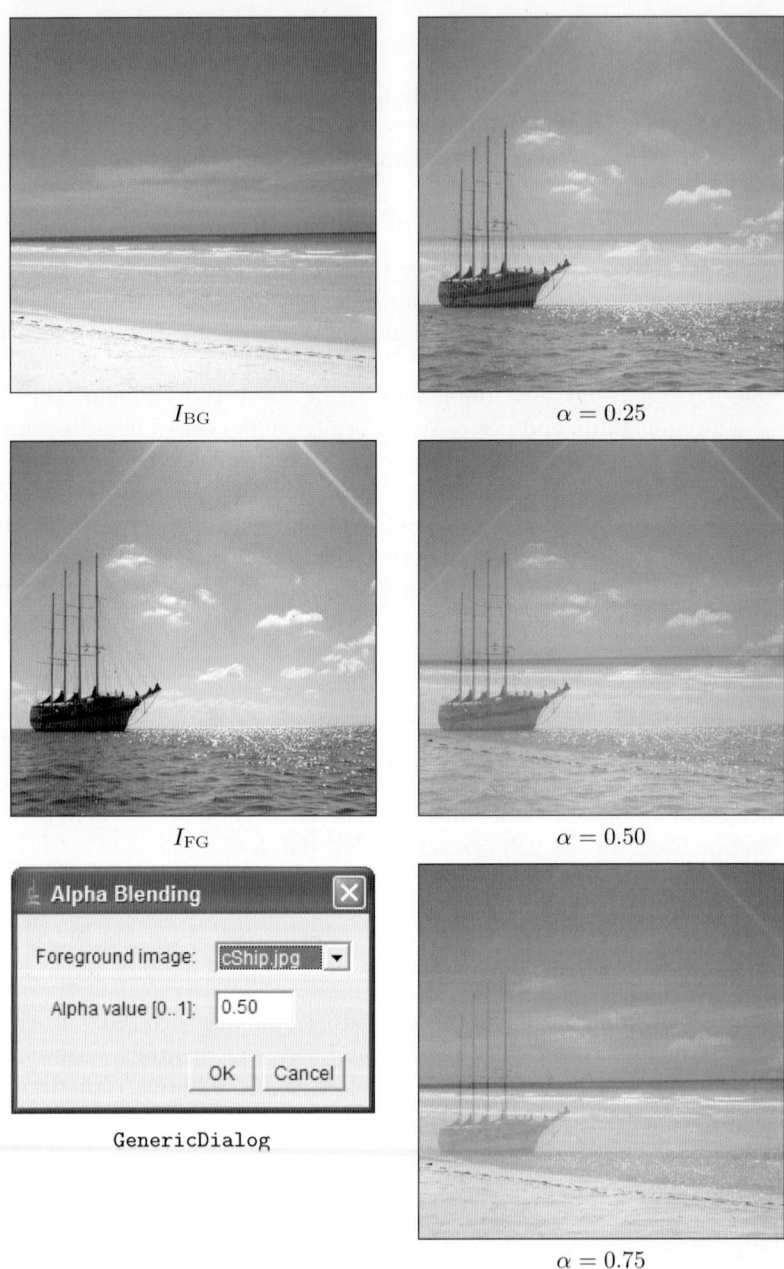

Abb. 5.17. Beispiel für Alpha Blending. Originalbilder I_{BG} (Hintergrund) und I_{FG} (Vordergrund). Ergebnisse für die Transparenzwerte $\alpha = 0.25, 0.50, 0.75$ und zugehöriges Dialogfenster (s. Prog. 5.4–5.5).

```
1  import ij.IJ;
2  import ij.ImagePlus;
3  import ij.WindowManager;
4  import ij.gui.GenericDialog;
5  import ij.plugin.filter.PlugInFilter;
6  import ij.process.*;
7
8  public class AlphaBlend_ implements PlugInFilter {
9
10   static double alpha = 0.5; // transparency of foreground image
11   ImagePlus fgIm;      // fgIm = foreground image
12
13   public int setup(String arg, ImagePlus imp) {
14     return DOES_8G;
15   }
16
17   public void run(ImageProcessor bgIp) { // bgIp = background image
18     if(runDialog()) {
19       ImageProcessor fgIp = fgIm.getProcessor().convertToByte(
              false);
20       fgIp = fgIp.duplicate();
21       fgIp.multiply(1-alpha);
22       bgIp.multiply(alpha);
23       ByteBlitter blitter = new ByteBlitter((ByteProcessor)bgIp);
24       blitter.copyBits(fgIp, 0, 0, Blitter.ADD);
25     }
26   }
27
28   // continued ...
```

Programm 5.4. Alpha Blending (Teil 1). Das Hintergrundbild `bgIp` wird der `run()`-Methode übergeben und mit α multipliziert (Zeile 22). Das in Teil 2 ausgewählte Vordergrundbild `fgIP` wird dupliziert (Zeile 20) und mit $(1-\alpha)$ multipliziert (Zeile 21). Anschließend werden die gewichteten Bilder addiert (Zeile 24).

```
29   // class AlphaBlend_ (continued)
30
31   boolean runDialog() {
32     // get list of open images
33     int[] windowList = WindowManager.getIDList();
34     if(windowList==null){
35       IJ.noImage();
36       return false;
37     }
38     // get image titles
39     String[] windowTitles = new String[windowList.length];
40     for (int i = 0; i < windowList.length; i++) {
41       ImagePlus imp = WindowManager.getImage(windowList[i]);
42       if (imp != null)
43         windowTitles[i] = imp.getShortTitle();
44       else
45         windowTitles[i] = "untitled";
46     }
47     // create dialog and show
48     GenericDialog gd = new GenericDialog("Alpha Blending");
49     gd.addChoice("Foreground image:",
50             windowTitles, windowTitles[0]);
51     gd.addNumericField("Alpha blend [0..1]:", alpha, 2);
52     gd.showDialog();
53     if (gd.wasCanceled())
54       return false;
55     else {
56       int img2Index = gd.getNextChoiceIndex();
57       fgIm = WindowManager.getImage(windowList[img2Index]);
58       alpha = gd.getNextNumber();
59       return true;
60     }
61   }
62 }
```

Programm 5.5. Alpha Blending (Teil 2, Dialog). Zur Auswahl des Vordergrundbilds werden zunächst die Liste der geöffneten Bilder (Zeile 33) und die zugehörigen Bildtitel (Zeile 40) ermittelt. Anschließend wird ein Dialog (GenericDialog)
zusammengestellt und geöffnet, mit dem das zweite Bild (fgIm) und der α-Wert
(alpha) ausgewält werden (Zeile 48–58). fgIm und alpha sind Variablen der Klasse
AlphaBlend_ (definiert in Prog. 5.4).

6

Filter

Die wesentliche Eigenschaft der im vorigen Kapitel behandelten Punktoperationen war, dass der neue Wert eines Bildelements ausschließlich vom ursprünglichen Bildwert an derselben Position abhängig ist. Filter sind Punktoperationen dahingehend ähnlich, dass auch hier eine 1:1-Abbildung der Bildkoordinaten besteht, d. h., dass sich die Geometrie des Bilds nicht ändert. Viele Effekte sind allerdings mit Punktoperationen – egal in welcher Form – allein nicht durchführbar, wie z. B. ein Bild zu schärfen oder zu glätten (Abb. 6.1).

6.1 Was ist ein Filter?

Betrachten wir die Aufgabe des Glättens eines Bilds etwas näher. Bilder sehen vor allem an jenen Stellen scharf aus, wo die Intensität lokal stark ansteigt oder abfällt, also die Unterschiede zu benachbarten Bildelementen groß sind. Umgekehrt empfinden wir Bildstellen als unscharf oder verschwommen, in

Abb. 6.1. Mit einer Punktoperation allein ist z. B. die Glättung oder Verwaschung eines Bilds nicht zu erreichen. Wie eine Punktoperation lässt aber auch ein Filter die Bildgeometrie unverändert.

denen die Helligkeitsfunktion glatt ist. Eine erste Idee zur Glättung eines Bilds ist daher, jedes Pixel einfach durch den *Durchschnitt* seiner benachbarten Pixel zu ersetzen.

Um also die Pixelwerte im neuen, geglätteten Bild $I'(u, v)$ zu berechnen, verwenden wir jeweils das entsprechende Pixel $I(u, v) = p_0$ plus seine acht Nachbarpixel $p_1, p_2, \ldots p_8$ aus dem ursprünglichen Bild I und berechnen den arithmetischen Durchschnitt dieser neun Werte:

$$I'(u, v) \leftarrow \frac{p_0 + p_1 + p_2 + p_3 + p_4 + p_5 + p_6 + p_7 + p_8}{9} \, . \tag{6.1}$$

In relativen Bildkoordinaten ausgedrückt heißt das

$$
\begin{aligned}
I'(u, v) \leftarrow \tfrac{1}{9} \, [\, & I(u-1, v-1) + I(u, v-1) + I(u+1, v-1) + \\
& I(u-1, v) \quad\;\; + I(u, v) \quad\;\; + I(u+1, v) \quad\;\; + \\
& I(u-1, v+1) + I(u, v+1) + I(u+1, v+1) \,] ,
\end{aligned}
\tag{6.2}
$$

was sich kompakter beschreiben lässt in der Form

$$I'(u, v) \leftarrow \frac{1}{9} \cdot \sum_{i=-1}^{1} \sum_{j=-1}^{1} I(u+i, v+j) \, . \tag{6.3}$$

Diese lokale Durchschnittsbildung weist bereits alle Elemente eines typischen Filters auf. Tatsächlich ist es ein Beispiel für eine sehr häufige Art von Filter, ein so genanntes *lineares* Filter. Wie sind jedoch Filter im Allgemeinen definiert? Zunächst unterscheiden sich Filter von Punktoperationen vor allem dadurch, dass das Ergebnis nicht aus einem *einzigen* Ursprungspixel berechnet wird, sondern im Allgemeinen aus einer *Menge* von Pixeln des Originalbilds. Die Koordinaten der Quellpixel sind bezüglich der aktuellen Position (u, v) fix und sie bilden üblicherweise eine zusammenhängende *Region* (Abb. 6.2).

Die *Größe* der Filterregion ist ein wichtiger Parameter eines Filters, denn sie bestimmt, wie viele ursprüngliche Pixel zur Berechnung des neuen Pixelwerts beitragen und damit das räumliche Ausmaß des Filters. Im vorigen Beispiel benutzten wir zur Glättung z. B. eine 3×3-Filterregion, die über der aktuellen Koordinate (u, v) zentriert ist. Mit größeren Filtern, etwa 5×5, 7×7 oder sogar 21×21 Pixel, würde man daher auch einen stärkeren Glättungseffekt erzielen.

Die *Form* der Filterregion muss dabei nicht quadratisch sein, tatsächlich wäre eine scheibenförmige Region für Glättungsfilter besser geeignet, um in alle Bildrichtungen gleichförmig zu wirken und eine Bevorzugung bestimmter Orientierungen zu vermeiden. Man könnte weiterhin die Quellpixel in der Filterregion mit *Gewichten* versehen, etwa um die näher liegenden Pixel stärker und weiter entfernten Pixel schwächer zu berücksichtigen. Die Filterregion muss auch nicht zusammenhängend sein und muss nicht einmal das ursprüngliche Pixel selbst beinhalten. Sie könnte theoretisch sogar unendlich groß sein.

So viele Optionen sind schön, aber auch verwirrend – wir brauchen eine systematische Methode, um Filter gezielt spezifizieren und einsetzen zu können.

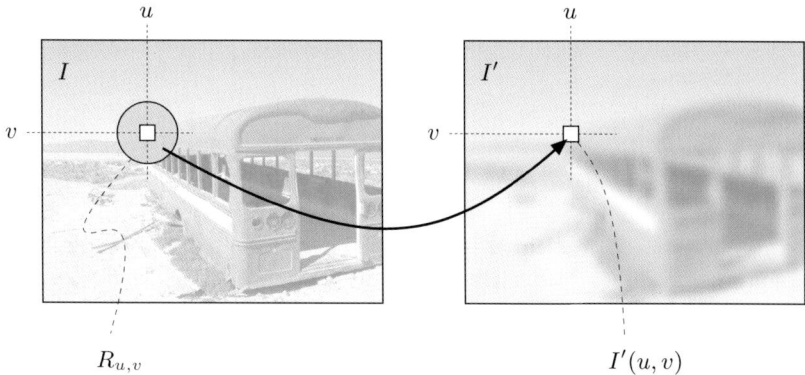

Abb. 6.2. Prinzip des Filters. Jeder neue Pixelwert $I'(u, v)$ wird aus einer zugehörigen Region $R_{u,v}$ von Pixelwerten im ursprünglichen Bild I berechnet.

Bewährt hat sich die grobe Einteilung in *lineare* und *nichtlineare* Filter auf Basis ihrer mathematischen Eigenschaften. Der einzige Unterschied ist dabei die Form, in der die Pixelwerte innerhalb der Filterregion verknüpft werden: entweder durch einen *linearen* oder durch einen *nichtlinearen* Ausdruck. Im Folgenden betrachten wir beide Klassen von Filtern und zeigen dazu praktische Beispiele.

6.2 Lineare Filter

Lineare Filter werden deshalb so bezeichnet, weil sie die Pixelwerte innerhalb der Filterregion in linearer Form, d. h. durch eine gewichtete Summation verknüpfen. Ein spezielles Beispiel ist die lokale Durchschnittsbildung (Gl. 6.3), bei der alle neun Pixel in der 3 × 3-Filterregion mit gleichen Gewichten ($1/9$) summiert werden. Mit dem gleichen Mechanismus kann, nur durch Änderung der einzelnen Gewichte, eine Vielzahl verschiedener Filter mit unterschiedlichstem Verhalten definiert werden.

6.2.1 Die Filtermatrix

Bei linearen Filtern werden die Größe und Form der Filterregion, wie auch die zugehörigen Gewichte, allein durch eine Matrix von Filterkoeffizienten spezifiziert, der so genannten „Filtermatrix" oder „Filtermaske" $H(i, j)$. Die Größe der Matrix entspricht der Größe der Filterregion und jedes Element in der Matrix $H(i, j)$ definiert das *Gewicht*, mit dem das entsprechende Pixel zu berücksichtigen ist. Das 3 × 3-Glättungsfilter aus Gl. 6.3 hätte demnach die Filtermatrix

$$H(i,j) = \begin{bmatrix} 1/9 & 1/9 & 1/9 \\ 1/9 & 1/9 & 1/9 \\ 1/9 & 1/9 & 1/9 \end{bmatrix} = \frac{1}{9} \begin{bmatrix} 1 & 1 & 1 \\ 1 & 1 & 1 \\ 1 & 1 & 1 \end{bmatrix}, \tag{6.4}$$

da jedes der neun Pixel ein Neuntel seines Werts zum Endergebnis beiträgt.

Im Grunde ist die Filtermatrix $H(i,j)$ – genau wie das Bild selbst – eine diskrete, zweidimensionale, reellwertige Funktion, d. h. $H : \mathbb{Z} \times \mathbb{Z} \mapsto \mathbb{R}$. Die Filtermatrix besitzt ihr eigenes Koordinatensystem, wobei der Ursprung – häufig als „hot spot" bezeichnet – üblicherweise im Zentrum liegt; die Filterkoordinaten sind daher in der Regel positiv *und* negativ (Abb. 6.3). Außerhalb des durch die Matrix definierten Bereichs ist der Wert der Filterfunktion $H(i,j)$ null.

6.2.2 Anwendung des Filters

Bei einem linearen Filter ist das Ergebnis eindeutig und vollständig bestimmt durch die Koeffizienten in der Filtermatrix. Die eigentliche Anwendung auf ein Bild ist – wie in Abb. 6.4 gezeigt – ein einfacher Vorgang:

An jeder Bildposition (u,v) werden folgende Schritte ausgeführt:

1. Die Filterfunktion H wird über dem ursprünglichen Bild I positioniert, sodass ihr Koordinatenursprung $H(0,0)$ auf das aktuelle Bildelement $I(u,v)$ fällt.
2. Als Nächstes werden alle Bildelemente mit dem jeweils darüber liegenden Filterkoeffizienten multipliziert und die Ergebnisse summiert.
3. Die resultierende Summe wird an der entsprechenden Position im Ergebnisbild $I'(u,v)$ gespeichert.

In anderen Worten, alle Pixel des neuen Bilds $I'(u,v)$ werden in folgender Form berechnet:

$$I'(u,v) \leftarrow \sum_{(i,j) \in R} I(u+i, v+j) \cdot H(i,j), \tag{6.5}$$

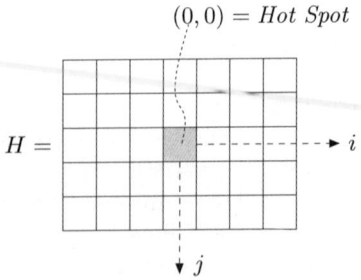

Abb. 6.3. Filtermatrix und zugehöriges Koordinatensystem.

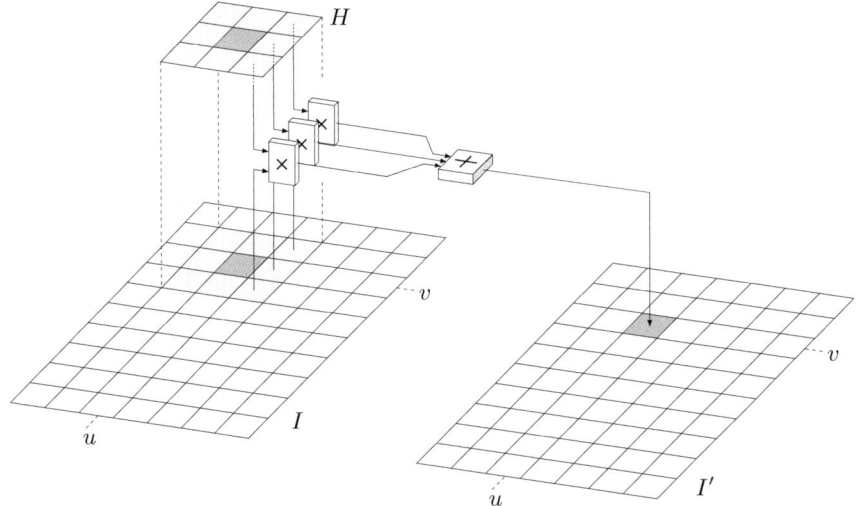

Abb. 6.4. Lineares Filter. Die Filtermatrix wird mit ihrem Ursprung an der Stelle (u, v) im Bild I positioniert. Die Filterkoeffizienten $H(i, j)$ werden einzeln mit den „darunter" liegenden Elementen des Bilds $I(u, v)$ multipliziert und die Resultate summiert. Das Ergebnis kommt im neuen Bild an die Stelle $I'(u, v)$.

wobei R die Filterregion darstellt. Für ein typisches Filter mit einer Koeffizientenmatrix der Größe 3×3 und zentriertem Ursprung ist das konkret

$$I'(u, v) \leftarrow \sum_{i=-1}^{i=1} \sum_{j=-1}^{j=1} I(u + i, v + j) \cdot H(i, j), \qquad (6.6)$$

für alle Bildkoordinaten (u, v). Nun, nicht ganz für alle, denn an den Bildrändern, wo die Filterregion über das Bild hinausragt und keine Bildwerte für die zugehörigen Koeffizienten findet, können wir vorerst kein Ergebnis berechnen. Auf das Problem der Randbehandlung kommen wir nachfolgend (in Abschn. 6.5.2) nochmals zurück.

6.2.3 Berechnung der Filteroperation

Nachdem wir seine prinzipielle Funktion (Abb. 6.4) kennen und wissen, dass wir an den Bildrändern etwas vorsichtig sein müssen, wollen wir sofort ein einfaches lineares Filter in ImageJ programmieren. Zuvor sollten wir uns aber noch einen zusätzlichen Aspekt überlegen. Bei einer Punktoperation (z. B. in Prog. 5.1 und Prog. 5.2) hängt das Ergebnis jeweils nur von einem einzigen Originalpixel ab, und es war kein Problem, dass wir das Ergebnis einfach wieder im ursprünglichen Bild gespeichert haben – die Verarbeitung erfolgte „in place", d. h. ohne zusätzlichen Speicherplatz für die Ergebnisse. Bei Filtern

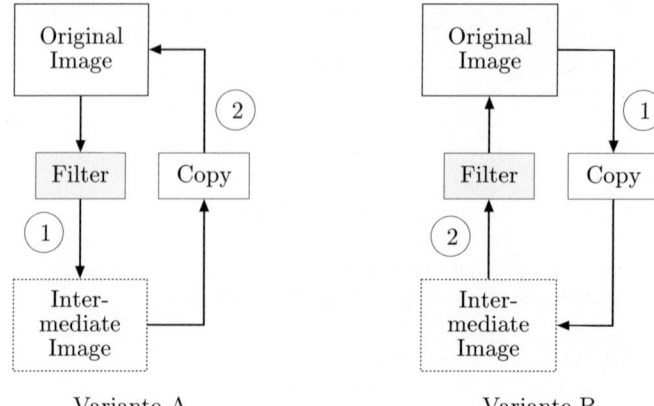

Variante A   Variante B

Abb. 6.5. Praktische Implementierung der Filteroperation (2 mögliche Varianten). **Variante A**: Das Filterergebnis wird in einem Zwischenbild (*Intermediate Image*) gespeichert und dieses abschließend in das Originalbild kopiert. **Variante B**: Das Originalbild zuerst in ein Zwischenbild kopiert und dieses danach gefiltert, wobei die Ergebnisse im Originalbild abgelegt werden.

ist das i. Allg. *nicht* möglich, da ein bestimmtes Originalpixel zu mehreren Ergebnissen beiträgt und daher nicht überschrieben werden darf, bevor alle Operationen abgeschlossen sind.

Wir benötigen daher zusätzlichen Speicherplatz für das Ergebnisbild, mit dem wir am Ende – falls erwünscht – das ursprüngliche Bild ersetzen. Die gesamte Filterberechnung kann auf zwei verschiedene Arten realisiert werden (Abb. 6.5):

A. Das Ergebnis der Filteroperation wird zunächst in einem neuen Bild gespeichert, das anschließend in das Originalbild zurückkopiert wird.
B. Das Originalbild wird zuerst in ein Zwischenbild kopiert, das dann als Quelle für die Filteroperation dient. Deren Ergebnis geht direkt in das Originalbild.

Beide Methoden haben denselben Speicherbedarf, daher können wir beliebig wählen. Wir verwenden in den nachfolgenden Beispielen Variante B.

6.2.4 Beispiele für Filter-Plugins

Einfaches 3 × 3-Glättungsfilter („Box"-Filter)

Prog. 6.1 zeigt den Plugin-Code für ein einfaches 3 × 3-Durchschnittsfilter (Gl. 6.4), das häufig wegen seiner Form als „Box"-Filter bezeichnet wird. Da die Filterkoeffizienten alle gleich ($\frac{1}{9}$) sind, wird keine explizite Filtermatrix benötigt. Da außerdem durch diese Operation keine Ergebnisse außerhalb des

```
 1 import ij.*;
 2 import ij.plugin.filter.PlugInFilter;
 3 import ij.process.*;
 4
 5 public class Average3x3_ implements PlugInFilter {
 6     ...
 7     public void run(ImageProcessor orig) {
 8         int w = orig.getWidth();
 9         int h = orig.getHeight();
10         ImageProcessor copy = orig.duplicate();
11
12         for (int v=1; v<=h-2; v++) {
13             for (int u=1; u<=w-2; u++) {
14                 //compute filter result for position (u,v)
15                 int sum = 0;
16                 for (int j=-1; j<=1; j++) {
17                     for (int i=-1; i<=1; i++) {
18                         int p = copy.getPixel(u+i,v+j);
19                         sum = sum + p;
20                     }
21                 }
22                 int q = (int) (sum / 9.0);
23                 orig.putPixel(u,v,q);
24             }
25         }
26     }
27 }
```

Programm 6.1. 3×3-Boxfilter (ImageJ-Plugin). Zunächst (Zeile 10) wird eine Kopie (copy) des Originalbilds angelegt, auf das anschließend die eigentliche Filteroperation angewandt wird (Zeile 18). Die Ergebnisse werden wiederum im Originalbild abgelegt (Zeile 23). Alle Randpixel bleiben unverändert.

Wertebereichs entstehen können, benötigen wir in diesem Fall auch kein *Clamping* (Abschn. 5.1.2).

Obwohl dieses Beispiel ein extrem einfaches Filter implementiert, zeigt es dennoch die allgemeine Struktur eines zweidimensionalen Filterprogramms. Wir benötigen i. Allg. *vier* geschachtelte Schleifen: *zwei*, um das Filter über die Bildkoordinaten (u, v) zu positionieren, und *zwei* weitere über die Koordinaten (i, j) innerhalb der Filterregion. Der erforderliche Rechenaufwand hängt also nicht nur von der Bildgröße, sondern gleichermaßen von der Größe des Filters ab.

Noch ein 3 × 3-Glättungsfilter

Anstelle der konstanten Gewichte wie im vorigen Beispiel verwenden wir nun eine echte Filtermatrix mit unterschiedlichen Koeffizienten. Dazu verwenden wir folgende glockenförmige 3 × 3-Filterfunktion $H(i, j)$, die das Zentralpixel deutlich stärker gewichtet als die umliegenden Pixel:

$$H(i, j) = \begin{bmatrix} 0.075 & 0.125 & 0.075 \\ 0.125 & \underline{0.200} & 0.125 \\ 0.075 & 0.125 & 0.075 \end{bmatrix} \tag{6.7}$$

Da alle Koeffizienten von $H(i, j)$ positiv sind und ihre Summe eins ergibt (die Matrix ist normalisiert), können auch in diesem Fall keine Ergebnisse außerhalb des ursprünglichen Wertebereichs entstehen. Auch in Prog. 6.2 ist daher kein *Clamping* notwendig und die Programmstruktur ist praktisch identisch zum vorherigen Beispiel. Die Filtermatrix (`filter`) ist ein zweidimensionales Array[1] vom Typ `double`. Jedes Pixel wird mit den entsprechenden Koeffizienten der Filtermatrix multipliziert, die entstehende Summe ist daher ebenfalls vom Typ `double`. Beim Zugriff auf die Koeffizienten ist zu bedenken, dass der Koordinatenursprung der Filtermatrix im Zentrum liegt, d. h. bei einer 3 × 3-Matrix auf Position $(1, 1)$. Man benötigt daher in diesem Fall einen Offset von 1 für die i- und j-Koordinate (Prog. 6.2, Zeile 20).

6.2.5 Ganzzahlige Koeffizienten

Anstatt mit Gleitkomma-Koeffizienten zu arbeiten, ist es oft einfacher (und meist auch effizienter), ganzzahlige Filterkoeffizienten in Verbindung mit einem gemeinsamen Skalierungsfaktor s zu verwenden, also

$$H(i, j) = s \cdot H'(i, j), \tag{6.8}$$

mit $s \in \mathbb{R}$ und $H'(i, j) \in \mathbb{Z}$. Falls alle Koeffizienten positiv sind, wie bei Glättungsfiltern üblich, definiert man s reziprok zur Summe der Koeffizienten

$$s = \frac{1}{\sum_{i,j} H'(i, j)}, \tag{6.9}$$

um die Filtermatrix zu normalisieren. In diesem Fall liegt auch das Ergebnis in jedem Fall innerhalb des ursprünglichen Wertebereichs. Die Filtermatrix aus Gl. 6.7 könnte daher beispielsweise auch in der Form

$$H(i, j) = \begin{bmatrix} 0.075 & 0.125 & 0.075 \\ 0.125 & \underline{0.200} & 0.125 \\ 0.075 & 0.125 & 0.075 \end{bmatrix} = \frac{1}{40} \begin{bmatrix} 3 & 5 & 3 \\ 5 & \underline{8} & 5 \\ 3 & 5 & 3 \end{bmatrix} \tag{6.10}$$

---

[1] Vgl. die Anmerkungen dazu in Anhang B.2.4.

```
1    public void run(ImageProcessor orig) {
2        int w = orig.getWidth();
3        int h = orig.getHeight();
4        //3x3 filter matrix
5        double[][] filter = {
6            {0.075, 0.125, 0.075},
7            {0.125, 0.200, 0.125},
8            {0.075, 0.125, 0.075}
9        };
10       ImageProcessor copy = orig.duplicate();
11
12       for (int v=1; v<=h-2; v++) {
13           for (int u=1; u<=w-2; u++) {
14               //compute filter result for position (u,v)
15               double sum = 0;
16               for (int j=-1; j<=1; j++) {
17                   for (int i=-1; i<=1; i++) {
18                       int p = copy.getPixel(u+i,v+j);
19                       //get the corresponding filter   coefficient
20                       double c = filter[j+1][i+1];
21                       sum = sum + c * p;
22                   }
23               }
24               int q = (int) sum;
25               orig.putPixel(u,v,q);
26           }
27       }
28   }
```

Programm 6.2. 3×3-Glättungsfilter (ImageJ-Plugin). Die Filtermatrix ist als zweidimensionales `double`-Array definiert (Zeile 5). Der Koordinatenursprung des Filters liegt im Zentrum der Matrix, also an der Array-Koordinate $[1, 1]$, daher der Offset von 1 für die Koordinaten i und j in Zeile 20.

definiert werden, mit dem gemeinsamen Skalierungsfaktor $s = \frac{1}{40} = 0.025$. Eine solche Skalierung wird etwa auch für die Filteroperation in Prog. 6.3 verwendet.

In *Adobe Photoshop* sind u. a. lineare Filter unter der Bezeichnung „Custom Filter" in dieser Form realisiert. Auch hier werden Filter mit ganzzahligen Koeffizienten und einem gemeinsamen Skalierungsfaktor *Scale* (der dem Kehrwert von s entspricht) spezifiziert. Zusätzlich kann ein konstanter *Offset*-Wert angegeben werden, etwa um negative Ergebnisse (aufgrund negativer Koeffizienten) in den sichtbaren Intensitätsbereich zu verschieben (Abb. 6.6). Das 5×5-Custom-Filter in Photoshop entspricht daher insgesamt folgender Operation (vgl. Gl. 6.6):

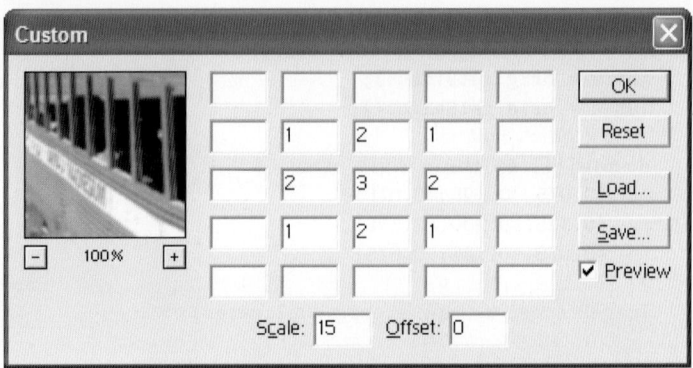

Abb. 6.6. Mit dem „Custom Filter" in *Adobe Photoshop* können lineare Filter bis zur Größe von 5 × 5 realisiert werden. Der Koordinatenursprung des Filters („hot spot") wird im Zentrum (Wert 3) angenommen. Zusätzlich zu den ganzzahligen Koeffizienten und einem gemeinsamen Skalierungsfaktor *Scale* kann auch ein additiver *Offset*-Wert angegeben werden.

$$I'(u,v) \leftarrow \textit{Offset} + \frac{1}{\textit{Scale}} \sum_{i=-2}^{i=2} \sum_{j=-2}^{j=2} I(u+i, v+j) \cdot H(i,j) \qquad (6.11)$$

6.2.6 Filter beliebiger Größe

Während wir bisher nur mit 3 × 3-Filtermatrizen gearbeitet haben, wie sie in der Praxis auch häufig verwendet werden, können Filter grundsätzlich von beliebiger Größe sein. Nehmen wir dazu den (üblichen) Fall an, dass die Filtermatrix $H(i,j)$ zentriert ist und ungerade Seitenlängen mit $(2K+1)$ Spalten und $(2L+1)$ Zeilen aufweist, wobei $K, L \geq 0$. Wenn das Bild M Spalten und N Zeilen hat, also

$$I(u,v) \quad \text{mit} \quad 0 \leq u < M \quad \text{und} \quad 0 \leq v < N,$$

dann kann das Filterergebnis im Bereich jener Bildkoordinaten (u', v') berechnet werden, für die gilt

$$K \leq u' \leq (M-K-1) \quad \text{und} \quad L \leq v' \leq (N-L-1)$$

(siehe Abb. 6.7). Die Implementierung beliebig großer Filter ist anhand eines 7 × 5 großen Glättungsfilters in Prog. 6.3 gezeigt, das aus Prog. 6.2 adaptiert ist. In diesem Beispiel sind ganzzahlige Filterkoeffizienten (Zeile 6) in Verbindung mit einem gemeinsamen Skalierungsfaktor s verwendet, wie bereits oben besprochen. Der „hot spot" des Filters wird wie üblich im Zentrum angenommen und der Laufbereich aller Schleifenvariablen ist von den Dimensionen der Filtermatrix abhängig. Sicherheitshalber ist (in Zeile 32, 33) auch ein *Clamping* der Ergebniswerte vorgesehen.

```
1    public void run(ImageProcessor orig) {
2        int M = orig.getWidth();
3        int N = orig.getHeight();
4
5        // filter matrix of size (2K + 1) × (2L + 1)
6        int[][] filter = {
7            {0,0,1,1,1,0,0},
8            {0,1,1,1,1,1,0},
9            {1,1,1,1,1,1,1},
10           {0,1,1,1,1,1,0},
11           {0,0,1,1,1,0,0}
12       };
13       double s = 1.0/23;   // sum of filter coefficients is 23
14
15       int K = filter[0].length/2;
16       int L = filter.length/2;
17
18       ImageProcessor copy = orig.duplicate();
19
20       for (int v=L; v<=N-L-1; v++) {
21           for (int u=K; u<=M-K-1; u++) {
22               // compute filter result for position (u,v)
23               int sum = 0;
24               for (int j=-L; j<=L; j++) {
25                   for (int i=-K; i<=K; i++) {
26                       int p = copy.getPixel(u+i,v+j);
27                       int c = filter[j+L][i+K];
28                       sum = sum + c * p;
29                   }
30               }
31               int q = (int) (s * sum);
32               if (q < 0)   q = 0;
33               if (q > 255) q = 255;
34               orig.putPixel(u,v,q);
35           }
36       }
37   }
```

Programm 6.3. Lineare Filter der Größe $M \times N$ (ImageJ-Plugin).

Differenzfilter

Wenn einzelne Filterkoeffizienten negativ sind, kann man die Filteroperation als Differenz von zwei Summen interpretieren: die gewichtete Summe aller Bildelemente mit zugehörigen *positiven* Koeffizienten abzüglich der gewichteten Summe von Bildelementen mit *negativen* Koeffizienten innerhalb der Filterregion R:

$$I'(u,v) = \sum_{(i,j)\in R^+} I(u+i, v+j) \cdot |H(i,j)| \qquad (6.13)$$
$$- \sum_{(i,j)\in R^-} I(u+i, v+j) \cdot |H(i,j)|$$

Dabei bezeichnet R^+ den Teil des Filters mit positiven Koeffizienten $H(i,j) > 0$ und R^- den Teil mit negativen Koeffizienten $H(i,j) < 0$. Das 5×5-Laplace-Filter (Abb. 6.8 (c)) bildet z. B. die Differenz zwischen einem zentralen Bildwert (mit Gewicht 16) und der Summe über 12 umliegende Bildwerte (mit Gewichten von -1 und -2). Die übrigen 12 Bildwerte haben zugehörige Koeffizienten mit dem Wert null und bleiben daher unberücksichtigt.

Während bei einer Durchschnittsbildung örtliche Intensitätsunterschiede geglättet werden, kann man bei einer Differenzbildung das genaue Gegenteil erwarten: Örtliche Unterschiede werden verstärkt. Wichtige Einsatzbereiche von Differenzfiltern sind daher vor allem das Verstärken von Kanten und Konturen (Abschn. 7.2) sowie das Schärfen von Bildern (Abschn. 7.6).

6.3 Formale Eigenschaften linearer Filter

Wir haben uns im vorigen Abschnitt dem Konzept des Filters in recht lockerer Weise angenähert, um rasch ein gutes Verständnis dafür zu bekommen, wie Filter aufgebaut und wofür sie nützlich sind. Obwohl das bisherige für den praktischen Einsatz oft völlig ausreichend ist, mag man über die scheinbar doch etwas eingeschränkten Möglichkeiten linearer Filter möglicherweise enttäuscht sein, obwohl sie doch so viele Gestaltungsmöglichkeiten bieten.

Die Bedeutung der linearen Filter – und vielleicht auch ihre formale Eleganz – werden oft erst deutlich, wenn man auch dem darunter liegenden theoretischen Fundament etwas mehr Augenmerk schenkt. Es mag daher vielleicht überraschen, dass wir den Begriff der „Faltung" – ein von manchen Studierenden gefürchtetes Mysterium – bisher überhaupt nicht erwähnt haben. Das wollen wir nun nachholen.

6.3.1 Lineare Faltung

Die Operation eines linearen Filters, wie wir sie im vorherigen Abschnitt definiert hatten, ist keine Erfindung der digitalen Bildverarbeitung, sondern ist in

der Mathematik seit langem bekannt. Die Operation heißt „lineare Faltung"
(*linear convolution*) und verknüpft zwei Funktionen gleicher Dimensionalität,
kontinuierlich oder diskret. Für diskrete, zweidimensionale Funktionen I und
H ist die Faltungsoperation definiert als

$$I'(u,v) = \sum_{i=-\infty}^{\infty} \sum_{j=-\infty}^{\infty} I(u-i,v-j) \cdot H(i,j), \qquad (6.14)$$

oder abgekürzt

$$I' = I * H. \qquad (6.15)$$

Das sieht fast genauso aus wie Gl. 6.6, mit Ausnahme der unterschiedlichen
Wertebereiche für die Summenvariablen i, j und der umgekehrten Vorzeichen
der Koordinaten in $I(u-i, v-j)$. Der erste Unterschied ist schnell erklärt:
Da die Filterkoeffizienten außerhalb der Filtermatrix $H(i,j)$ – die auch als
„Faltungskern" bezeichnet wird – als null angenommen werden, sind die Posi-
tionen außerhalb der Matrix für die Summation nicht relevant. Bezüglich der
Koordinaten sehen wir durch eine kleine Umformung von Gl. 6.14, dass gilt

$$I'(u,v) = \sum_{(i,j)\in R} I(u-i,v-j) \cdot H(i,j) \qquad (6.16)$$

$$= \sum_{(i,j)\in R} I(u+i,v+j) \cdot H(-i,-j).$$

Das wiederum ist genau das lineare Filter aus Gl. 6.6, außer, dass die Filterfunktion $H(-i, -j)$ horizontal und vertikal gespiegelt (bzw. um 180° gedreht)
ist. Um genau zu sein, beschreibt die Operation in Gl. 6.6 eigentlich eine lineare Korrelation (*correlation*), was aber identisch ist zur linearen Faltung
(*convolution*), abgesehen von der gespiegelten Filtermatrix.[2]

Die mathematische Operation hinter *allen* linearen Filtern ist also die lineare Faltung ($*$) und das Ergebnis ist vollständig und ausschließlich durch
den Faltungskern (die Filtermatrix) H definiert. Um das zu illustrieren, beschreibt man die Faltung häufig als „Black Box"-Operation (Abb. 6.9).

6.3.2 Eigenschaften der linearen Faltung

Die Bedeutung der linearen Faltung basiert auf ihren einfachen mathematischen Eigenschaften und ihren vielfältigen Anwendungen und Erscheinungs-
formen. Wie wir in Kap. 13 zeigen, besteht sogar eine nahtlose Beziehung zur
Fourieranalyse und den zugehörigen Methoden im Frequenzbereich. Zunächst
aber einige Eigenschaften der linearen Faltung im „Ortsraum".

---

[2] Das gilt natürlich auch im eindimensionalen Fall. Die lineare Korrelation wird
u. a. häufig zum Vergleichen von Bildmustern verwendet (s. Abschn. 17.1).

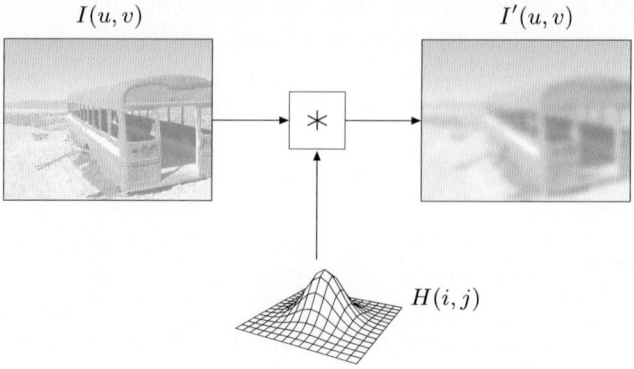

Abb. 6.9. Faltung als „Black Box"-Operation. Das Originalbild I durchläuft eine lineare Faltungsoperation ($*$) mit dem Faltungskern H und erzeugt das Ergebnis I'.

Kommutativität

Die lineare Faltungsoperation ist *kommutativ*, d. h.

$$I * H = H * I, \tag{6.17}$$

man erhält also dasselbe Ergebnis, wenn man das Bild und die Filterfunktion vertauscht. Es macht daher keinen Unterschied, ob wir das Bild I mit dem Filterkern H falten oder umgekehrt – beide Funktionen können gleichberechtigt und austauschbar dieselbe Rolle einnehmen.

Linearität

Lineare Filter tragen diese Bezeichnung aufgrund der Linearitätseigenschaften der Faltung. Wenn wir z. B. ein Bild mit einer skalaren Konstante a multiplizieren, dann multipliziert sich auch das Faltungsergebnis mit demselben Faktor, d. h.

$$(a \cdot I) * H \;=\; I * (a \cdot H) \;=\; a \cdot (I * H) . \tag{6.18}$$

Weiterhin, wenn wir zwei Bilder Pixel-weise addieren und nachfolgend die Summe einem Filter unterziehen, dann würde dasselbe Ergebnis erzielt, wenn wir beide Bilder vorher getrennt filtern und erst danach addieren:

$$(I_1 + I_2) * H \;=\; (I_1 * H) + (I_2 * H) . \tag{6.19}$$

Es mag in diesem Zusammenhang überraschen, dass die Addition einer Konstanten b zu einem Bild das Ergebnis eines linearen Filters *nicht* im gleichen Ausmaß erhöht, also

$$(b + I) * H \;\neq\; b + (I * H) , \tag{6.20}$$

und ist also nicht Teil der Linearitätseigenschaft. Die Linearität von Filtern ist vor allem ein wichtiges theoretisches Konzept. In der Praxis sind jedoch viele Filteroperationen in ihrer Linearität eingeschränkt, z. B. durch Rundungsfehler oder durch die nichtlineare Begrenzung von Ergebniswerten (Clamping).

Assoziativität

Die lineare Faltung ist assoziativ, d. h., die Reihenfolge von nacheinander ausgeführten Filteroperationen ist ohne Belang:

$$A * (B * C) = (A * B) * C \tag{6.21}$$

Man kann daher bei mehreren aufeinander folgenden Filtern die Reihenfolge beliebig verändern und auch mehrere Filter beliebig zu neuen Filtern zusammenfassen.

6.3.3 Separierbarkeit von Filtern

Eine unmittelbare Konsequenz aus Gl. 6.21 ist die Möglichkeit, einen Filterkern H als Faltungsprodukt von zwei oder mehr – und möglicherweise kleineren – Faltungskernen $H_1, H_2, \ldots, H_n$ zu beschreiben, sodass $H = H_1 * H_2 * \ldots * H_n$. In diesem Fall kann die Filteroperation $I * H$, mit einem „großen" Filter H, als Folge „kleinerer" Filteroperationen

$$I * H = I * (H_1 * H_2 * \ldots * H_n) = (\ldots ((I * H_1) * H_2) * \ldots * H_n) \tag{6.22}$$

durchgeführt werden, was i. Allg. erheblich weniger Rechenaufwand erfordert.

x/y-Separierbarkeit

Die Möglichkeit, ein *zwei*dimensionales Filter H in zwei *ein*dimensionale Filter H_x und H_y zu zerteilen, ist eine besonders häufige und wichtige Form der Separierbarkeit. Angenommen wir hätten zwei eindimensionale Filter H_x, H_y mit

$$H_x = \begin{bmatrix} 1 & 1 & \underline{1} & 1 & 1 \end{bmatrix} \qquad \text{bzw.} \qquad H_y = \begin{bmatrix} 1 \\ \underline{1} \\ 1 \end{bmatrix} . \tag{6.23}$$

Wenn wir diese beiden Filter nacheinander auf das Bild I anwenden,

$$I' \;\leftarrow\; (I * H_x) * H_y \;=\; I * \underbrace{(H_x * H_y)}_{H_{xy}} , \tag{6.24}$$

dann ist das (nach Gl. 6.22) gleichbedeutend mit der Anwendung eines kombinierten Filters H_{xy}, wobei

$$H_{xy} = H_x * H_y = \begin{bmatrix} 1 & 1 & 1 & 1 & 1 \\ 1 & 1 & \underline{1} & 1 & 1 \\ 1 & 1 & 1 & 1 & 1 \end{bmatrix}. \tag{6.25}$$

Das zweidimensionale Box-Filter H_{xy} kann also in zwei eindimensionale Filter geteilt werden Die gesamte Faltungsoperation benötigt für das kombinierte Filter H_{xy} $3 \cdot 5 = 15$ Rechenoperationen pro Bildelement, im separierten Fall $5 + 3 = 8$ Operationen, also deutlich weniger. Im Allgemeinen wächst die Zahl der Operationen quadratisch mit der Seitenlänge des Filters, im Fall der x/y-Separierbarkeit jedoch nur linear. Beim EInsatz größerer Filter ist diese Möglichkeit daher von emminenter Bedeutung (s. auch Abschn. 6.5.1).

Separierbare Gauß-Filter

Im Allgemeinen ist ein zweidimensionales Filter x/y-separierbar, wenn die Filterfunktion $H(i,j)$, wie im obigen Beispiel, als (äußeres) Produkt zweier eindimensionaler Funktionen beschrieben werden kann, d. h.

$$H_{x,y}(i,j) = H_x(i) \cdot H_y(j),$$

denn in diesem Fall entspricht die Funktion auch dem Faltungsprodukt $H_{x,y} = H_x * H_y$. Ein prominentes Beispiel dafür ist die zweidimensionale Gauß-Funktion $G_\sigma(x,y)$ (Gl. 6.12), die als Produkt von eindimensionalen Funktionen

$$G_\sigma(x,y) \;=\; e^{-\frac{x^2+y^2}{2\sigma^2}} \;=\; e^{-\frac{x^2}{2\sigma^2}} \cdot e^{-\frac{y^2}{2\sigma^2}} \;=\; g_\sigma(x) \cdot g_\sigma(y) \tag{6.26}$$

darstellbar ist. Offensichtlich kann daher ein zweidimensionales Gauß-Filter $H^{G,\sigma}$ als ein Paar eindimensionaler Gauß-Filter $H_x^{G,\sigma}, H_y^{G,\sigma}$ in der Form

$$I' \leftarrow I * H^{G,\sigma} = I * H_x^{G,\sigma} * H_y^{G,\sigma}$$

realisiert werden.

Die Gauß-Funktion fällt relativ langsam ab und ein diskretes Gauß-Filter sollte eine minimale Ausdehnung von ca. $\pm 2.5\,\sigma$ aufweisen, um Fehler durch abgeschnittene Koeffizienten zu vermeiden. Für $\sigma = 10$ benötigt man beispielsweise ein Filter mit der Mindestgröße 51×51, wobei das x/y-separierbare Filter in diesem Fall ca. 50-mal schneller läuft als ein entsprechendes 2D-Filter. Relativ große Gauß-Filter werden z. B. beim „Unsharp Mask"-Filter (Abschn. 7.6.2) benötigt.

6.3.4 Impulsantwort eines Filters

Es gibt für die lineare Faltungsoperation auch ein „neutrales Element" – das natürlich auch eine Funktion ist –, und zwar die *Impuls-* oder *Dirac*-Funktion $\delta()$, für die gilt

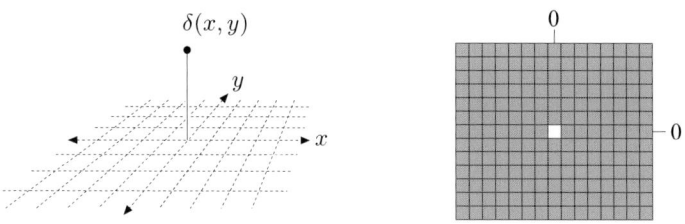

Abb. 6.10. Zweidimensionale, diskrete Impuls- oder Dirac-Funktion.

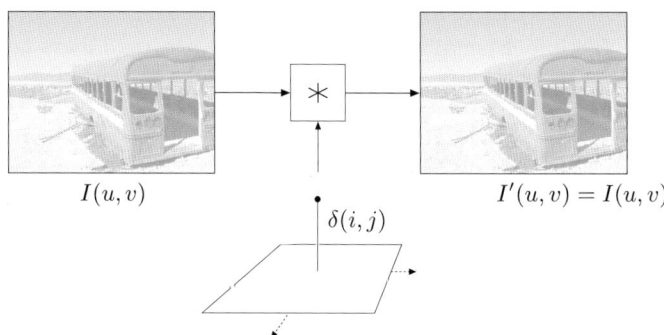

Abb. 6.11. Das Ergebnis einer linearen Faltung mit der Impulsfunktion $\delta()$ ist wieder das ursprüngliche Bild $I(u,v)$.

$$I * \delta = I. \tag{6.27}$$

Im zweidimensionalen, diskreten Fall ist die Impulsfunktion definiert als

$$\delta(i,j) = \begin{cases} 1 & \text{für } i = j = 0 \\ 0 & \text{sonst.} \end{cases} \tag{6.28}$$

Als Bild betrachtet ist die Dirac-Funktion ein einziger heller Punkt (mit dem Wert 1) am Koordinatenursprung umgeben von einer unendlichen, schwarzen Fläche (Abb. 6.10). Wenn wir die Dirac-Funktion als Filterfunktion verwenden und damit eine lineare Faltung durchführen, dann ergibt sich (gemäß Gl. 6.27) wieder das ursprüngliche, unveränderte Bild (Abb. 6.11).

Der umgekehrte Fall ist allerdings interessanter: Wir verwenden die Dirac-Funktion als *Input* und wenden ein beliebiges lineares Filter H an. Was passiert? Aufgrund der Kommutativität der Faltung (Gl. 6.17) gilt

$$H * \delta = \delta * H = H \tag{6.29}$$

und damit erhalten wir als Ergebnis der Filteroperation mit δ wieder das Filter H (Abb. 6.12)! Man schickt also einen Impuls in ein Filter hinein und erhält als Ergebnis die Filterfunktion selbst – wozu kann das gut sein? Das

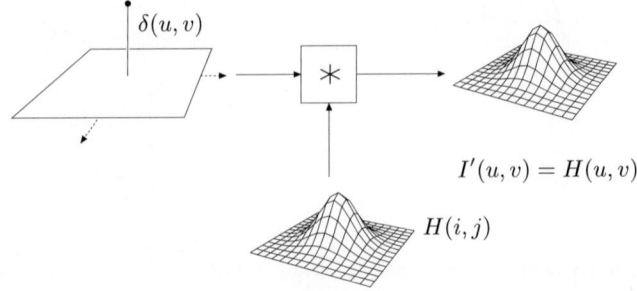

Abb. 6.12. Die Impulsfunktion $\delta()$ als Input eines linearen Filters liefert die Filterfunktion $H()$ selbst als Ergebnis.

macht vor allem dann Sinn, wenn man die Eigenschaften des Filters zunächst nicht kennt oder seine Parameter messen möchte. Unter der Annahme, dass es sich um ein lineares Filter handelt, erhält man durch einen einzigen Impuls sofort sämtliche Informationen über das Filter. Man nennt das Ergebnis die „Impulsantwort" des Filters H. Diese Methode wird u. a. auch für die Messung des Filterverhaltens von optischen Systemen verwendet und die dort als Impulsantwort enstehende Lichtverteilung wird traditionell als „point spread function" (PSF) bezeichnet.

6.4 Nichtlineare Filter

Lineare Filter haben beim Einsatz zum Glätten und Entfernen von Störungen einen gravierenden Nachteil: Auch beabsichtigte Bildstrukturen, wie Punkte, Kanten und Linien, werden dabei ebenfalls verwischt und die gesamte Bildqualität damit reduziert (Abb. 6.13). Das ist mit linearen Filtern nicht zu vermeiden und ihre Einsatzmöglichkeiten sind für solche Zwecke daher be-

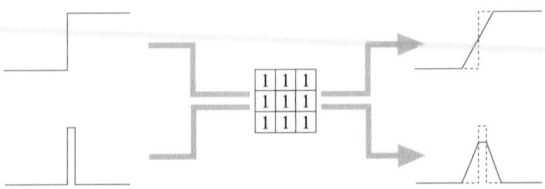

Abb. 6.13. Lineare Glättungsfilter verwischen auch beabsichtigte Bildstrukturen. Sprungkanten (oben) oder dünne Linien (unten) werden verbreitert und gleichzeitig ihr Kontrast reduziert.

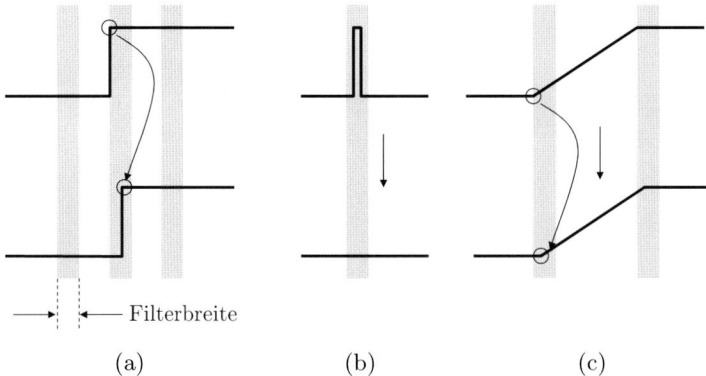

— Filterbreite

(a)   (b)   (c)

Abb. 6.14. Auswirkungen eines Minimum-Filters auf verschiedene Formen lokaler Bildstrukturen. Die ursprüngliche Bildfunktion (Profil) ist oben, das Filterergebnis unten. Der vertikale Balken zeigt die Breite des Filters. Die Sprungkante (a) und die Rampe (c) werden um eine halbe Filterbreite nach rechts verschoben, der enge Puls (b) wird gänzlich eliminiert.

schränkt. Wir versuchen im Folgenden zu klären, ob sich dieses Problem mit anderen, also nichtlinearen Filtern besser lösen lässt.

6.4.1 Minimum- und Maximum-Filter

Nichtlineare Filter berechnen, wie alle bisherigen Filter auch, das Ergebnis an einer bestimmten Bildposition (u, v) aus einer entsprechenden Region R im ursprünglichen Bild. Die einfachsten nichtlinearen Filter sind Minimum- und Maximum-Filter, die folgendermaßen definiert sind:

$$I'(u, v) \leftarrow \min \{I(u + i, v + j) \mid (i, j) \in R\} = \min(R_{u,v}) \qquad (6.30)$$

$$I'(u, v) \leftarrow \max \{I(u + i, v + j) \mid (i, j) \in R\} = \max(R_{u,v}) \qquad (6.31)$$

Dabei bezeichnet $R_{u,v}$ die Region der Bildwerte, die an der aktuellen Position (u, v) von der Filterregion (meist ein Quadrat der Größe 3×3) überdeckt werden. Abb. 6.14 illustriert die Auswirkungen eines Min-Filters auf verschiedene lokale Bildstrukturen.

Abb. 6.15 zeigt die Anwendung von 3×3-Min- und -Max-Filtern auf ein Grauwertbild, das künstlich mit „Salt-and-Pepper"-Störungen versehen wurde, das sind zufällig platzierte weiße und schwarze Punkte. Das *Min-Filter* entfernt die weißen (*Salt*) Punkte, denn ein einzelnes weißes Pixel wird innerhalb der 3×3-Filterregion **R** immer von kleineren Werten umgeben, von denen einer den Minimalwert liefert. Gleichzeitig werden durch das Min-Filter aber andere dunkle Strukturen räumlich erweitert.

Das *Max-Filter* hat natürlich genau den gegenteiligen Effekt. Ein einzelnes weißes Pixel ist immer der lokale Maximalwert, sobald es innerhalb der Filterregion R auftaucht. Weiße Punkte breiten sich daher in einer entsprechenden

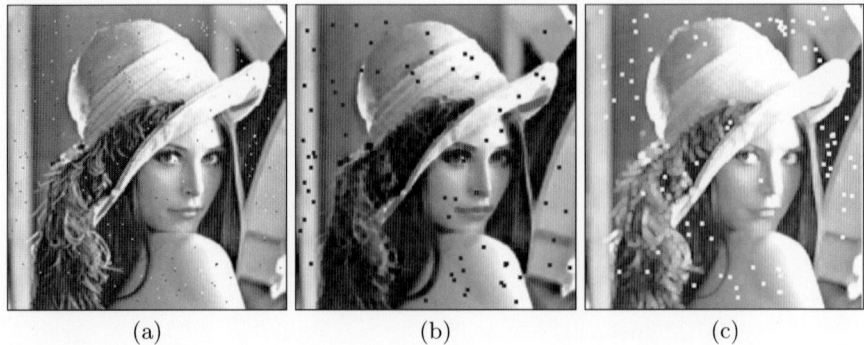

(a)   (b)   (c)

Abb. 6.15. Minimum- und Maximum-Filter. Das Originalbild (a) ist mit „Salt-and-Pepper"-Rauschen gestört. Das 3 × 3-Minimum-Filter (b) eliminiert die weißen Punkte und verbreitert dunkle Stellen. Das Maximum-Filter (c) hat natürlich genau den gegenteiligen Effekt.

Umgebung aus und helle Bildstrukturen werden erweitert, während nunmehr die schwarzen Punkte (*Pepper*) verschwinden.

6.4.2 Medianfilter

Es ist natürlich unmöglich, ein Filter zu bauen, das alle Störungen entfernt und gleichzeitig die wichtigen Strukturen intakt lässt, denn kein Filter kann unterscheiden, welche Strukturen für den Betrachter wichtig sind und welche nicht. Das Medianfilter ist aber ein guter Schritt in diese Richtung.

Das Medianfilter ersetzt jedes Bildelement durch den *Median* der Pixelwerte innerhalb der Filterregion R, also

$$I'(u, v) \leftarrow \mathrm{median}\big(R_{u,v}\big), \tag{6.32}$$

wobei der Median von $2K + 1$ Pixelwerten p_i definiert ist als

$$\mathrm{median}\,(p_0, p_1, \ldots, p_K, \ldots, p_{2K}) = p_K, \tag{6.33}$$

also der mittlere Wert, wenn die Folge $(p_0, \ldots, p_{2K})$ nach der Größe ihrer Elemente sortiert ist $(p_i \leq p_{i+1})$. Abb. 6.16 demonstriert die Berechnung des Medianfilters für eine Filterregion der Größe 3 × 3.

Da rechteckige Filter fast immer *ungerade* Seitenlängen aufweisen, ist auch die Zahl der Filterelemente in diesen Fällen ungerade. Falls die Anzahl der Elemente jedoch **gerade** sein sollte, dann ist der Median der entsprechenden, sortierten Folge $(p_0, \ldots, p_{2N-1})$ definiert als das arithmetische Mittel der beiden mittleren Werte, also $(p_{N-1} + p_N)/2$.

Das Medianfilter erzeugt also bei ungerader Größe der Filterregion keine neuen Intensitätswerte, sondern reproduziert nur bereits bestehende Pixelwerte.

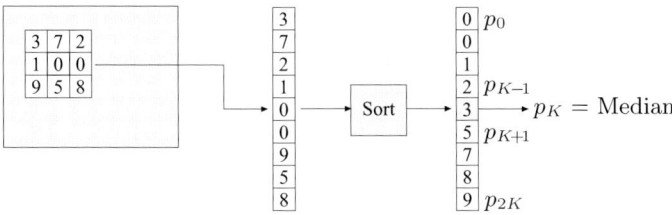

Abb. 6.16. Berechnung des Median. Die 9 Bildwerte innerhalb der 3×3-Filterregion werden sortiert, der sich daraus ergebende mittlere Wert ist der Medianwert.

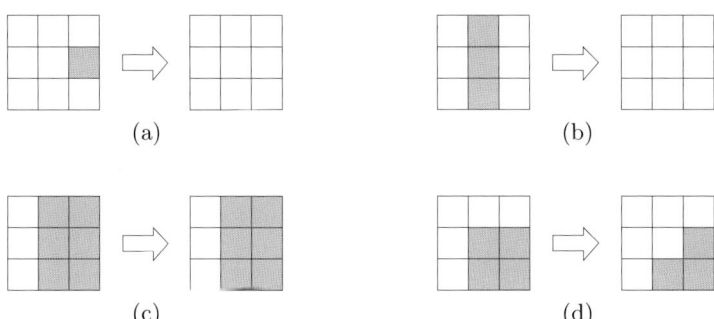

Abb. 6.17. Auswirkung eines 3×3-Medianfilter auf Bildstrukturen in 2D. Ein einzelner Puls wird eliminiert (a), genauso wie eine 1 Pixel dünne horizontale oder vertikale Linie (b). Die Sprungkante (c) bleibt unverändert, eine Ecke (d) wird abgerundet.

Abbildung 6.17 illustriert die Auswirkungen eines 3×3-Medianfilters auf zweidimensionale Bildstrukturen. Sehr kleine Strukturen (kleiner als die Hälfte des Filters) werden eliminiert, alle anderen Strukturen bleiben weitgehend unverändert. Abb. 6.18 vergleicht schließlich anhand eines Grauwertbilds das Medianfilter mit einem linearen Glättungsfilter. Den Quellcode des ImageJ-Plugin für das Medianfilter, dessen grundsätzliche Struktur identisch zum linearen 3×3-Filter in Prog. 6.2 ist, zeigt Prog. 6.4.

6.4.3 Das gewichtete Medianfilter

Der Median ist ein Rangordnungsmaß und in gewissem Sinn bestimmt die „Mehrheit" der beteiligten Werte das Ergebnis. Ein einzelner, außergewöhnlich hoher oder niedriger Wert, ein so genannter „Outlier", kann das Ergebnis nicht dramatisch beeinflussen, sondern nur um maximal einen der anderen Werte nach oben oder unten verschieben (das Maß ist „robust"). Beim gewöhnlichen Medianfilter haben alle Pixel in der Filterregion dasselbe Gewicht und man könnte sich überlegen, ob man nicht etwa die Pixel im Zentrum stärker gewichten sollte als die am Rand.

```
 1 import ij.*;
 2 import ij.plugin.filter.PlugInFilter;
 3 import ij.process.*;
 4 import java.util.Arrays;
 5
 6 public class Median3x3_ implements PlugInFilter {
 7
 8     public void run(ImageProcessor orig) {
 9         int w = orig.getWidth();
10         int h = orig.getHeight();
11         ImageProcessor copy = orig.duplicate();
12
13         //vector to hold pixels from 3x3 neighborhood
14         int[] P = new int[9];
15
16         for (int v=1; v<=h-2; v++) {
17             for (int u=1; u<=w-2; u++) {
18
19                 // fill the pixel vector P for filter  position (u,v)
20                 int k = 0;
21                 for (int j=-1; j<=1; j++) {
22                     for (int i=-1; i<=1; i++) {
23                         P[k] = copy.getPixel(u+i,v+j);
24                         k++;
25                     }
26                 }
27                 //sort the pixel vector and take center element
28                 Arrays.sort(P);
29                 orig.putPixel(u,v,P[4]);
30             }
31         }
32     }
33 }
```

Programm 6.4. 3×3-Medianfilter (ImageJ-Plugin). Für die Sortierung der Pixelwerte in der Filterregion wird ein **int**-Array P definiert (Zeile 14), das für jede
Filterposition (u, v) neuerlich befüllt wird. Die eigentliche Sortierung erfolgt durch
die Java Utility-Methode **Arrays.sort** in Zeile 28. Der in der Mitte des Arrays
(P[4])liegende Medianwert wird als Ergebnis im Originalbild abgelegt (Zeile 29).

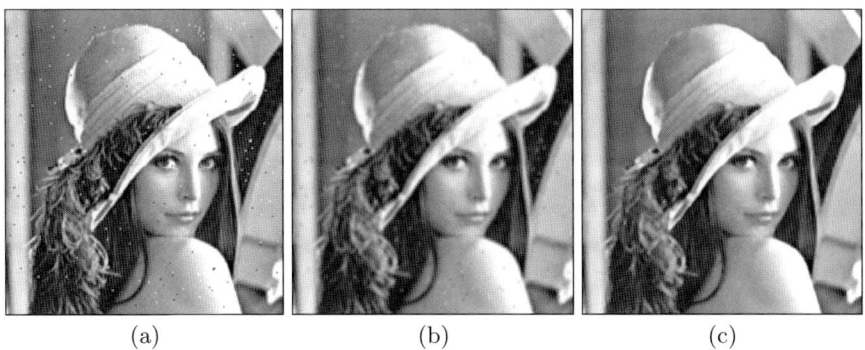

(a)   (b)   (c)

Abb. 6.18. Vergleich zwischen linearem Glättungsfilter und Medianfilter. Das Originalbild (a) ist durch „Salt and Pepper"-Rauschen gestört. Das lineare 3×3-Box-Filter (b) reduziert zwar die Helligkeitsspitzen, führt aber auch zu allgemeiner Unschärfe im Bild. Das Medianfilter (c) eliminiert die Störspitzen sehr effektiv und lässt die übrigen Bildstrukturen dabei weitgehend intakt. Allerdings führt es auch zu örtlichen Flecken gleichmäßiger Intensität.

Das gewichtete Medianfilter ist eine Variante des Medianfilters, das einzelnen Positionen innerhalb der Filterregion unterschiedliche Gewichte zuordnet. Ähnlich zur Koeffizientenmatrix H bei einem linearen Filter werden die Gewichte in Form einer *Gewichtsmatrix* $W(i,j) \in \mathbb{N}$ spezifiziert. Zur Berechnung der Ergebnisse wird der Bildwert $I(u+i, v+j)$ entsprechend dem zugehörigen Gewicht $W(i,j)$-mal vervielfacht in die zu sortierenden Folge eingesetzt. Die so entstehende vergrößerte Folge

$$Q = (p_0, \ldots, p_{L-1}) \quad \text{hat die Länge} \quad L = \sum_{(i,j) \in R} W(i,j).$$

Aus dieser Folge Q wird anschließend durch Sortieren der Medianwert berechnet, genauso wie beim gewöhnlichen Medianfilter. Abb. 6.19 zeigt die Berechnung des gewichteten Medianfilters anhand eines Beispiels mit einer 3×3-Gewichtsmatrix

$$W(i,j) = \begin{bmatrix} 1 & 2 & 1 \\ 2 & \underline{3} & 2 \\ 1 & 2 & 1 \end{bmatrix} \tag{6.34}$$

und einer Wertefolge Q der Länge 15 entsprechend der Summe der Gewichte.

Diese Methode kann natürlich auch dazu verwendet werden, gewöhnliche Medianfilter mit nicht quadratischer oder rechteckiger Form zu spezifizieren, zum Beispiel ein kreuzförmiges Medianfilter durch die Gewichtsmatrix

$$W^+(i,j) = \begin{bmatrix} 0 & 1 & 0 \\ 1 & \underline{1} & 1 \\ 0 & 1 & 0 \end{bmatrix} \tag{6.35}$$

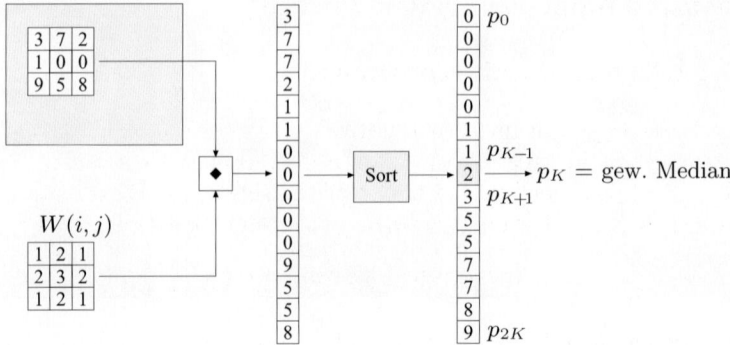

Abb. 6.19. Berechnung des gewichteten Medianfilters. Jeder Bildwert wird, abhängig vom entsprechenden Gewicht in der Gewichtsmatrix $W(i,j)$, mehrfach in die zu sortierende Wertefolge eingesetzt. Zum Beispiel wird der Wert (0) des zentralen Pixels dreimal eingesetzt (weil $W(0,0) = 3$), der Wert 7 zweimal. Anschließend wird innerhalb der erweiterten Folge durch Sortieren der Medianwert (2) ermittelt.

Nicht jede Anordnung von Gewichten ist allerdings sinnvoll. Würde man etwa dem Zentralpixel die Hälfte der Gewichte („Stimmen") oder mehr zuteilen, dann wäre natürlich das Ergebnis ausschließlich vom jeweiligen Wert dieses Pixels bestimmt.

6.4.4 Andere nichtlineare Filter

Medianfilter und gewichtetes Medianfilter sind nur zwei Beispiele für nichtlineare Filter, die häufig verwendet werden und einfach zu beschreiben sind. Da „nichtlinear" auf alles zutrifft, was eben nicht linear ist, gibt es natürlich eine Vielzahl von Filter, die diese Eigenschaft erfüllen, wie z. B. die morphologischen Filter für Binär- und Grauwertbilder, die wir in Kap. 10 behandeln. Andere nichtlineare Filter (wie z. B. der Corner-Detektor in Kap. 8) sind oft in Form von Algorithmen definiert und entziehen sich einer kompakten Beschreibung.

Im Unterschied zu linearen Filtern gibt es bei nichtlinearen Filtern generell keine „starke" Theorie, die etwa den Zusammenhang zwischen der Addition von Bildern und dem Medianfilter in ähnlicher Form beschreiben würde wie bei einer linearen Faltung (Gl. 6.19). Meistens sind auch keine allgemeinen Aussagen über die Auswirkungen nichtlinearer Filter im Frequenzbereich möglich.

6.5 Implementierung von Filtern

6.5.1 Effizienz von Filterprogrammen

Die Berechnung von linearen Filtern ist in der Regel eine aufwendige Angelegenheit, speziell mit großen Bildern oder großen Filtern (im schlimmsten Fall beides). Für ein Bild der Größe $M \times N$ und einer Filtermatrix der Größe $(2K + 1) \times (2L + 1)$ benötigt eine direkte Implementierung

$$2K \cdot 2L \cdot M \cdot N = 4KLMN$$

Operationen, d. h. Multiplikationen und Additionen. Wie wir in Abschn. 6.3.3 gesehen haben, sind substanzielle Einsparungen möglich, wenn Filter in kleinere, möglichst eindimensionale Filter separierbar sind.

Die Programmierbeispiele in diesem Kapitel wurden bewusst einfach und verständlich gehalten. Daher ist auch keine der bisher gezeigten Lösungen besonders effizient und es bleiben zahlreiche Möglichkeiten zur Verbesserung. Insbesondere ist es wichtig, alle dort nicht unbedingt benötigten Anweisungen aus den Schleifenkernen herauszunehmen und „möglichst weit nach außen" zu bringen. Speziell trifft das für „teure" Anweisungen wie Methodenaufrufe zu, die besonders in Java unverhältnismäßig viel Rechenzeit verbrauchen können.

Wir haben mit den ImageJ-Methoden `getPixel()` und `putPixel()` in den Beispielen auch bewusst die einfachste Art des Zugriffs auf Bildelemente benutzt, aber eben auch die langsamste. Wesentlich schneller ist der direkte Zugriff auf Pixel als Array-Elemente (s. Anhang C.6).

6.5.2 Behandlung der Bildränder

Wie bereits in Abschn. 6.2.2 kurz angeführt wurde, gibt es bei der Berechnung von Filtern häufig Probleme an den Bildrändern. Wann immer die Filterregion gerade so positioniert ist, dass zumindest einer der Filterkoeffizienten außerhalb des Bildbereichs zu liegen kommt und damit kein zugehöriges Bildpixel hat, kann das entsprechende Filterergebnis eigentlich nicht berechnet werden. Es gibt zwar keine mathematisch korrekte Lösung dafür, aber doch einige praktische Methoden für den Umgang mit den verbleibenden Randbereichen:

1. Anstatt der Filterergebnisse im Randbereich einen konstanten Wert (z. B. „schwarz") einsetzen.
2. Die ursprünglichen (ungefilterten) Bildwerte beibehalten.
3. Auch die Randbereiche berechnen unter der Annahme, dass ...
   a) die Pixel außerhalb des Bilds einen konstanten Wert (z. B. „schwarz" oder „grau") aufweisen.
   b) sich die Randpixel außerhalb des Bilds fortsetzen.
   c) sich das Bild in beiden Richtungen (horizontal und vertikal) zyklisch wiederholt.

(a)   (b)   (c)

Abb. 6.20. Methoden zur Filterberechnung an den Bildrändern. Die Annahme ist, dass die (nicht vorhandenen) Pixel außerhalb des ursprünglichen Bilds einen konstanten Wert aufweisen (a), den Wert der nächstliegenden Randpixel aufweisen (b) oder sich zyklisch von der gegenüberliegenden Seite her wiederholen (c).

Die letzten drei Methoden sind in Abb. 6.20 dargestellt. Keine der Methoden ist perfekt und die Wahl hängt wie so oft von der Art des Filters und der spezifischen Anwendung ab. Methode (1) ist zwar die einfachste, aber in vielen Fällen nicht akzeptabel, weil sich der sichtbare Bildbereich durch die Filteroperation verkleinert. Das gilt grundsätzlich auch für Methode (2). Methode (3a) kann bei größeren Filtern die Ergebnisse zu den Rändern hin stark verändern. Demgegenüber verursacht Methode (3b) relativ geringe Verfälschungen und wird daher meist bevorzugt. Methode (3c) erscheint zwar zunächst völlig unsinnig, allerdings sollte man bedenken, dass auch etwa in der Fourieranalyse (Kap. 13) die beteiligten Funktionen implizit als periodisch betrachtet werden.

Welche der Methoden man auch immer einsetzt, die Bildränder benötigen fast immer spezielle Vorkehrungen, die mitunter mehr Aufwand erfordern können als die eigentliche Verarbeitung im Inneren des Bilds.

6.6 Filteroperationen in ImageJ

ImageJ bietet eine Reihe fertig implementierter Filteroperationen, die allerdings von verschiedenen Autoren stammen und daher auch teilweise unterschiedlich umgesetzt sind. Die meisten dieser Operationen können auch manuell über das Process-Menü in ImageJ angewandt werden.

6.6.1 Lineare Filter

Filter auf Basis der linearen Faltung (*convolution*) sind in ImageJ bereits fertig in der Klasse ij.plugin.filter.Convolver implementiert. **Convolver** ist selbst eine Plugin-Klasse, die allerdings außer **run()** noch weitere Methoden zur Verfügung stellt. Am einfachsten zu zeigen ist das anhand eines Beispiels mit einem 8-Bit-Grauwertbild und der Filtermatrix (aus Gl. 6.7):

$$H(i,j) = \begin{bmatrix} 0.075 & 0.125 & 0.075 \\ 0.125 & \underline{0.200} & 0.125 \\ 0.075 & 0.125 & 0.075 \end{bmatrix} .$$

In der folgenden `run()`-Methode eines ImageJ-Plugins wird zunächst die Filtermatrix als eindimensionales `float`-Array definiert (man beachte die Form der `float`-Konstanten „0.075f" usw.), dann wird in Zeile 8 ein neues `Convolver`-Objekt angelegt.

```
1   import ij.plugin.filter.Convolver;
2   ...
3   public void run(ImageProcessor I) {
4     float[] H = {
5        0.075f, 0.125f, 0.075f,
6        0.125f, 0.200f, 0.125f,
7        0.075f, 0.125f, 0.075f };
8     Convolver cv = new Convolver();
9     cv.setNormalize(false);  // turn off filter normalization
10    cv.convolve(I, H, 3, 3);  // do the filter operation
11  }
```

Die Methode `convolve()` in Zeile 10 benötigt für die Filteroperation neben dem Bild `I` und der Filtermatrix `H` selbst auch deren Breite und Höhe (weil `H` ein eindimensionales Array ist). Das Bild `I` wird durch die Filteroperation modifiziert.

In diesem Fall hätte man auch die nicht normalisierte ganzzahlige Filtermatrix in Gl. 6.10 verwenden können, denn `convolve()` normalisiert das übergebene Filter automatisch (nach `cv.setNormalize(true);`).

6.6.2 Gauß-Filter

In der ImageJ-Klasse ij.plugin.filter.GaussianBlur ist ein einfaches Gauß-Filter implementiert, dessen Radius (σ) frei spezifiziert werden kann. Dieses Gauß-Filter ist natürlich mit separierten Filterkernen implementiert (s. Abschn. 6.3.3).[3] Hier ist ein Beispiel für deren Anwendung:

```
1   import ij.plugin.filter.GaussianBlur;
2   ...
3   public void run(ImageProcessor I) {
4     Convolver gb = new GaussianBlur();
5     double radius = 2.5;
6     gb.blur(I, radius);
7   }
```

---

[3] Zur Implementierung in ImageJ ist anzumerken, dass die in der Methode `blur()` generierten Filterkerne relativ zum angegebenen Radius zu klein dimensioniert werden, und es dadurch zu erheblichen Fehlern kommt.

6.6.3 Nichtlineare Filter

Ein kleiner Baukasten von nichtlinearen Filtern ist in der ImageJ-Klasse ij.
plugin.filter.RankFilters indexMedianfilter implementiert, insbesondere Minimum-, Maximum- und gewöhnliches Medianfilter. Die Filterregion ist jeweils
(annähernd) kreisförmig mit frei wählbarem Radius. Hier ein entsprechendes
Anwendungsbeispiel:

```
1   import ij.plugin.filter.RankFilters;
2   ...
3   public void run(ImageProcessor I) {
4     RankFilters rf = new RankFilters();
5     double radius = 3.5;
6     rf.rank(I, radius, RankFilters.MIN);    // Minimum Filter
7     rf.rank(I, radius, RankFilters.MAX);    // Maximum Filter
8     rf.rank(I, radius, RankFilters.MEDIAN); // Median Filter
9   }
```

6.7 Aufgaben

Aufg. 6.1. Erklären Sie, warum das „Custom Filter" in *Adobe Photoshop*
(Abb. 6.6) streng genommen kein lineares Filter ist.

Aufg. 6.2. Berechnen Sie den maximalen und minimalen Ergebniswert eines
linearen Filters mit nachfolgender Filtermatrix $H(i,j)$ bei Anwendung auf ein
8-Bit-Grauwertbild (mit Pixelwerten im Bereich $[0, 255]$). Gehen Sie zunächst
davon aus, dass dabei kein *Clamping* der Resultate erfolgt.

$$H(i,j) = \begin{bmatrix} -1 & -2 & 0 \\ -2 & \underline{0} & 2 \\ 0 & 2 & 1 \end{bmatrix}$$

Aufg. 6.3. Erweitern Sie das Plugin in Prog. 6.3, sodass auch die Bildränder
bearbeitet werden. Benutzen Sie dazu die Methode, bei der die ursprünglichen Randpixel außerhalb des Bilds fortgesetzt werden, wie in Abschn. 6.5.2
beschrieben.

Aufg. 6.4. Zeige, dass ein gewöhnliches Box-Filter nicht isotrop ist, d.h.,
nicht in alle Richtungen gleichmäßig glättet.

Aufg. 6.5. Implementieren Sie ein gewichtetes Medianfilter (Abschn. 6.4.3)
als ImageJ-Plugin. Spezifizieren Sie die Gewichte als konstantes, zweidimensionales int-Array. Testen Sie das Filter und vergleichen Sie es mit einem
gewöhnlichen Medianfilter. Erklären Sie, warum etwa die folgende Gewichtsmatrix keinen Sinn macht:

$$W(i,j) = \begin{bmatrix} 0 & 1 & 0 \\ 1 & \underline{5} & 1 \\ 0 & 1 & 0 \end{bmatrix}$$

Aufg. 6.6. Überprüfen Sie die Eigenschaften des Dirac-Impulses in Bezug auf lineare Filter (Gl. 6.29). Erzeugen Sie dazu ein schwarzes Bild mit einem weißen Punkt im Zentrum und verwenden Sie dieses als Dirac-Signal. Stellen Sie fest, ob lineare Filter tatsächlich die Filtermatrix H als Impulsantwort liefern.

Aufg. 6.7. Überlegen Sie, welche Auswirkung ein lineares Filter mit folgender Filtermatrix hat:

$$H(i,j) = \begin{bmatrix} 0 & 0 & 0 \\ 0 & \underline{0} & 1 \\ 0 & 0 & 0 \end{bmatrix}$$

Aufg. 6.8. Konstruieren Sie ein lineares Filter, das eine horizontale Verwischung über 7 Pixel während der Bildaufnahme modelliert.

Aufg. 6.9. Erstellen Sie ein eigenes ImageJ-Plugin für ein Gauß'sches Glättungsfilter. Die Größe des Filters (Radius σ) soll beliebig einstellbar sein. Erstellen Sie die zugehörige Filtermatrix dynamisch mit einer Größe von mindestens 5σ in beiden Richtungen. Nutzen Sie die x/y-Separierbarkeit der Gaußfunktion (Abschn. 6.3.3).

Aufg. 6.10. Das Laplace- oder eigentlich „Laplacian of Gaussian" (LoG)-Filter (s. auch Abb. 6.8) basiert auf der Summe der zweiten Ableitungen (Laplace-Operator) der Gauß-Funktion. Es ist definiert als

$$LoG_\sigma(x,y) = -\left(\frac{x^2 + x^2 - \sigma^2}{\sigma^4}\right) \cdot e^{-\frac{x^2+y^2}{2\sigma^2}}.$$

Implementieren Sie analog zu Aufg. 6.9 ein LoG-Filter mit beliebiger Größe (σ). Überlegen Sie, ob dieses Filter ebenfalls separierbar ist.

Kanten und Konturen

Markante „Ereignisse" in einem Bild, wie Kanten und Konturen, die durch lokale Veränderungen der Intensität oder Farbe zustande kommen, sind für die visuelle Wahrnehmung und Interpretation von Bildern von höchster Bedeutung. Die subjektive „Schärfe" eines Bilds steht in direktem Zusammenhang mit der Ausgeprägtheit der darin enthaltenen Diskontinuitäten und der Deutlichkeit seiner Strukturen. Unser menschliches Auge scheint derart viel Gewicht auf kantenförmige Strukturen und Konturen zu legen, dass oft nur einzelne Striche in Karikaturen oder Illustrationen für die eindeutige Beschreibung der Inhalte genügen. Aus diesem Grund sind Kanten und Konturen auch für die Bildverarbeitung ein traditionell sehr wichtige Thema. In diesem Kapitel betrachten wir zunächst einfache Methoden zur Lokalisierung von Kanten und anschließend das verwandte Problem des Schärfens von Bildern.

7.1 Wie entsteht eine Kante?

Kanten und Konturen spielen eine dominante Rolle im menschlichen Sehen und vermutlich auch in vielen anderen biologischen Sehsystemen. Kanten sind nicht nur auffällig, sondern oft ist es auch möglich, komplette Figuren aus wenigen dominanten Linien zu rekonstruieren (Abb. 7.1). Wodurch entstehen also Kanten und wie ist es technisch möglich, sie in Bildern zu lokalisieren?

Kanten könnte man grob als jene Orte im Bild beschreiben, an denen sich die Intensität auf kleinem Raum und entlang einer ausgeprägten Richtung stark ändert. Je stärker sich die Intensität ändert, umso stärker ist auch der Hinweis auf eine Kante an der entsprechenden Stelle. Die Stärke der Änderung bezogen auf die Distanz ist aber nichts anderes als die erste Ableitung, und diese ist daher auch ein wichtiger Ansatz zur Bestimmung der Kantenstärke.

(a)   (b)

Abb. 7.1. Kanten spielen eine dominante Rolle im menschlichen Sehen. Originalbild
(a) und Kantenbild (b).

7.2 Gradienten-basierte Kantendetektion

Der Einfachheit halber betrachten wir die Situation zunächst in nur einer
Dimension und nehmen als Beispiel an, dass ein Bild eine helle Region im
Zentrum enthält, umgeben von einem dunklen Hintergrund (Abb. 7.2 (a)).
Das Intensitäts- oder Grauwertprofil entlang einer Bildzeile könnte etwa wie
in Abb. 7.2 (b) aussehen. Bezeichnen wir diese eindimensionale Funktion mit
$f(u)$ und berechnen wir ihre erste Ableitung von links nach rechts,

$$f'(u) = \frac{df}{du}(u), \qquad (7.1)$$

so ergibt sich ein positiver Ausschlag überall dort, wo die Intensität ansteigt, und ein negativer Ausschlag, wo der Wert der Funktion abnimmt (Abb.
7.2 (c)). Allerdings ist für diskrete Funktionen wie $f(u)$ die Ableitung nicht
definiert und wir benötigen daher eine Methode, um diese zu schätzen. Abbildung 7.3 gibt uns dafür eine Idee, zunächst weiterhin für den eindimensionalen
Fall. Bekanntlich können wir die erste Ableitung einer kontinuierlichen Funktion an einer Stelle x als Anstieg der Tangente an dieser Stelle interpretieren.
Bei einer diskreten Funktion können wir den Anstieg der Tangente an der
Stelle u einfach dadurch schätzen, dass wir eine Gerade durch die Abtastwerte an den benachbarten Stellen $u-1$ und $u+1$ legen und deren Anstieg
berechnen:

$$\frac{df}{du}(u) \approx \frac{f(u+1) - f(u-1)}{2}$$
$$= 0.5 \cdot \left(f(u+1) - f(u-1) \right) \qquad (7.2)$$

Den gleichen Vorgang könnten wir natürlich auch in der vertikalen Richtung,
also entlang der Bildspalten, durchführen.

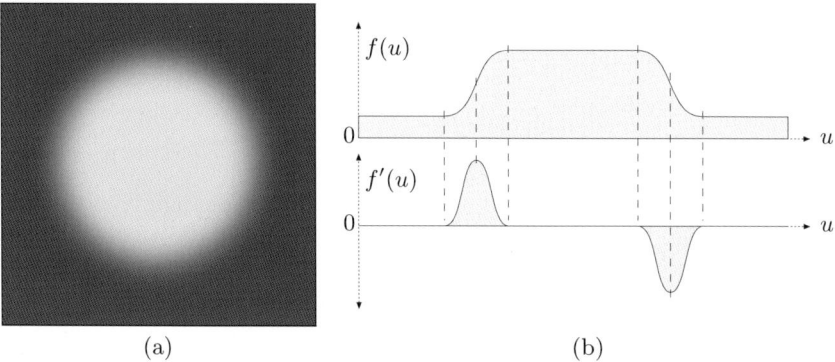

(a)   (b)

Abb. 7.2. Erste Ableitung im eindimensionalen Fall. Originalbild (a), horizontales Intensitätsprofil $f(u)$ entlang der mittleren Bildzeile und Ergebnis der ersten Ableitung $f'(u)$ (b).

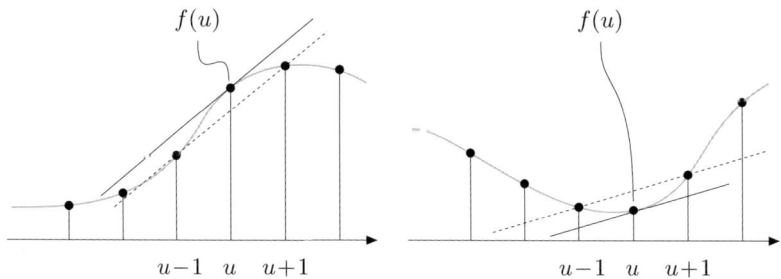

Abb. 7.3. Schätzung der ersten Ableitung bei einer diskreten Funktion. Der Anstieg der Geraden durch die beiden Nachbarpunkte $f(u{-}1)$ und $f(u{+}1)$ dient als Schätzung für den Anstieg der Tangente in $f(u)$. Die Schätzung genügt in den meisten Fällen als grobe Näherung.

7.2.1 Partielle Ableitung und Gradient

Bei der Ableitung einer *mehr*dimensionalen Funktion entlang einer der Koordinatenrichtungen spricht man von einer *partiellen* Ableitung, z. B.

$$\frac{\partial I}{\partial u}(u, v) \quad \text{und} \quad \frac{\partial I}{\partial v}(u, v) \tag{7.3}$$

für die partiellen Ableitungen der Bildfunktion $I(u, v)$ entlang der u- bzw. v-Koordinate.[1] Den Vektor

$$\nabla I(u, v) = \begin{bmatrix} \frac{\partial I}{\partial u}(u, v) \\ \frac{\partial I}{\partial v}(u, v) \end{bmatrix} \tag{7.4}$$

---

[1] ∂ ist der partielle Ableitungsoperator oder „del"-Operator.

bezeichnet man als *Gradientenvektor* oder kurz *Gradient* der Funktion I an
der Stelle (u, v). Der Betrag des Gradienten

$$|\nabla I| = \sqrt{\left(\frac{\partial I}{\partial u}\right)^2 + \left(\frac{\partial I}{\partial v}\right)^2} \tag{7.5}$$

ist invariant unter Bilddrehungen und damit auch unabhängig von der Orientierung der Bildstrukturen. Diese Eigenschaft ist für die richtungsunab-
hängige (isotrope) Lokalisierung von Kanten wichtig und daher ist $|\nabla I|$ auch
die Grundlage vieler praktischer Kantendetektoren.

7.2.2 Ableitungsfilter

Die Komponenten des Gradienten (Gl. 7.4) sind also nichts anderes als die
ersten Ableitungen der Zeilen (Gl. 7.1) bzw. der Spalten (in vertikaler Richtung). Die in Gl. 7.2 skizzierte Schätzung der Ableitung in horizontaler Richtung können wir in einfacher Weise als lineares Filter (s. Abschn. 6.2) mit der
Koeffizientenmatrix

$$H_x^D = \begin{bmatrix} -0.5 & \underline{0} & 0.5 \end{bmatrix} = 0.5 \cdot \begin{bmatrix} -1 & \underline{0} & 1 \end{bmatrix} \tag{7.6}$$

realisieren, wobei der Koeffizient -0.5 das Bildelement $I(u-1, v)$ betrifft und
$+0.5$ das Bildelement $I(u+1, v)$. Das mittlere Pixel $I(u, v)$ wird mit dem
Wert null gewichtet und daher ignoriert. In gleicher Weise berechnet man die
vertikale Richtungskomponente des Gradienten mit dem linearen Filter

$$H_y^D = \begin{bmatrix} -0.5 \\ 0 \\ 0.5 \end{bmatrix} = 0.5 \cdot \begin{bmatrix} -1 \\ 0 \\ 1 \end{bmatrix}. \tag{7.7}$$

Abb. 7.4 zeigt die Anwendung der Gradientenfilter aus Gl. 7.6 und Gl. 7.7 auf
ein synthetisches Testbild und ein natürliches Grauwertbild. Die Richtungsabhängigkeit der Filterantwort ist klar zu erkennen. Das horizontale Gradientenfilter H_x^D reagiert am stärksten auf rapide Änderungen in der horizontalen
Richtung, also auf *vertikale* Kanten; analog dazu reagiert das vertikale Gradientenfilter H_y^D besonders stark auf *horizontale* Kanten. In flachen Bildregionen ist die Filterantwort null (grau dargestellt), da sich dort die Ergebnisse
des positiven und des negativen Filterkoeffizienten jeweils aufheben.

7.3 Filter zur Kantendetektion

Die Schätzung des lokalen Gradienten der Bildfunktion ist Grundlage der
meisten Operatoren für die Kantendetektion. Sie unterscheiden sich praktisch
nur durch die für die Schätzung der Richtungskomponenten eingesetzten Filter
sowie die Art, in der diese Komponenten zum Endergebnis zusammengefügt

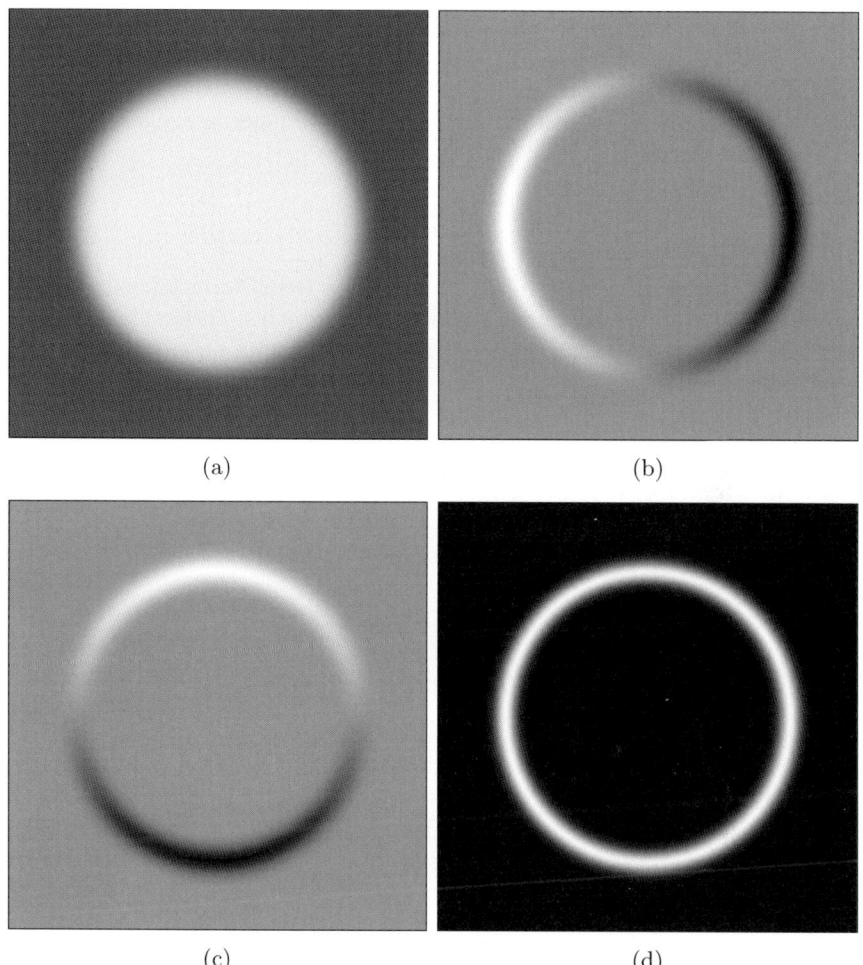

(a)   (b)

(c)   (d)

Abb. 7.4. Partielle erste Ableitungen. Synthetische Bildfunktion I (a), erste Ableitung in horizontaler Richtung $\partial I/\partial u$ (b) und in vertikaler Richtung $\partial I/\partial v$ (c). Betrag des Gradienten $|\nabla I|$ (d). In (b,c) sind maximal negative Werte schwarz, maximal positive Werte weiß und Nullwerte grau dargestellt.

werden. In vielen Fällen ist man aber nicht nur an der *Stärke* eines Kantenpunkts interessiert, sondern auch an der lokalen *Richtung* der zugehörigen Kante. Da beide Informationen im Gradienten enthalten sind, können sie auf relativ einfache Weise berechnet werden. Im Folgenden sind einige bekannte Kantenoperatoren zusammengestellt, die nicht nur in der Praxis häufig Verwendung finden, sondern teilweise auch historisch interessant sind.

7.3.1 Prewitt- und Sobel-Operator

Zwei klassische Kantenoperatoren sind die Verfahren von Prewitt und Sobel [19], die einander sehr ähnlich sind und sich nur durch geringfügig abweichende Filter unterscheiden.

Filter

Beide Operatoren verwenden Filter, die sich über jeweils drei Zeilen bzw. Spalten erstrecken, um der Rauschanfälligkeit des einfachen Gradientenoperators (Gl. 7.6 bzw. Gl. 7.7) entgegenzuwirken. Der **Prewitt**-Operator verwendet die Filter

$$H_x^P = \begin{bmatrix} -1 & 0 & 1 \\ -1 & 0 & 1 \\ -1 & 0 & 1 \end{bmatrix} \quad \text{und} \quad H_y^P = \begin{bmatrix} -1 & -1 & -1 \\ 0 & 0 & 0 \\ 1 & 1 & 1 \end{bmatrix}, \tag{7.8}$$

die offensichtlich über jeweils drei benachbarte Zeilen bzw. Spalten mitteln. Zeigt man diese Filter in der separierten Form

$$H_x^P = \begin{bmatrix} 1 \\ 1 \\ 1 \end{bmatrix} * \begin{bmatrix} -1 & 0 & 1 \end{bmatrix} \quad \text{bzw.} \quad H_y^P = \begin{bmatrix} 1 & 1 & 1 \end{bmatrix} * \begin{bmatrix} -1 \\ 0 \\ 1 \end{bmatrix}, \tag{7.9}$$

dann wird klar, dass jeweils eine einfache (Box-)Glättung über drei Zeilen bzw. drei Spalten erfolgt, bevor der gewöhnliche Gradient (Gl. 7.6, 7.7) berechnet wird. Aufgrund der Kommutativität der Faltung (Abschn. 6.3.1) ist das genauso auch umgekehrt möglich, d. h., eine Glättung *nach* der Berechnung der Ableitung.

Die Filter des **Sobel**-Operators sind fast identisch, geben allerdings durch eine etwas andere Glättung mehr Gewicht auf die zentrale Zeile bzw. Spalte:

$$H_x^S = \begin{bmatrix} -1 & 0 & 1 \\ -2 & 0 & 2 \\ -1 & 0 & 1 \end{bmatrix} \quad \text{und} \quad H_y^S = \begin{bmatrix} -1 & -2 & -1 \\ 0 & 0 & 0 \\ 1 & 2 & 1 \end{bmatrix}. \tag{7.10}$$

Die Ergebnisse der Filter ergeben daher nach einer entsprechenden Skalierung eine Schätzung des lokalen Bildgradienten:

$$\nabla I(u, v) \approx \frac{1}{6} \begin{bmatrix} H_x^P * I \\ H_y^P * I \end{bmatrix} \qquad \text{für den Prewitt-Operator,} \tag{7.11}$$

$$\nabla I(u, v) \approx \frac{1}{8} \begin{bmatrix} H_x^S * I \\ H_y^S * I \end{bmatrix} \qquad \text{für den Sobel-Operator.} \tag{7.12}$$

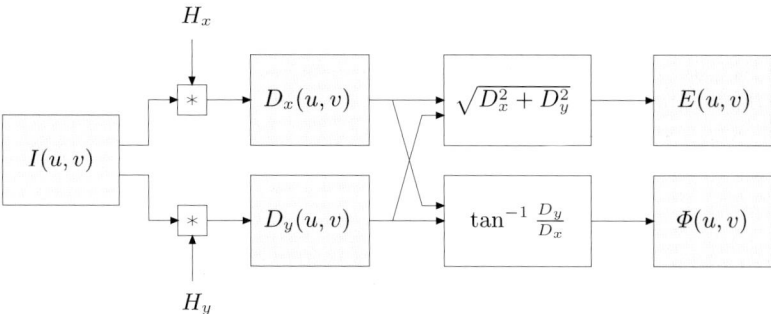

Abb. 7.5. Typischer Einsatz von Gradientenfiltern. Mit den beiden Gradientenfiltern H_x und H_y werden zunächst zwei Gradientenbilder D_x und D_y erzeugt und daraus die Kantenstärke E und die Kantenrichtung Φ für jede Bildposition (u, v) berechnet.

Kantenstärke und -richtung

Wir bezeichnen, unabhängig ob Prewitt- oder Sobel-Filter, die skalierten Filterergebnisse (Gradientenwerte) mit

$$D_x(u, v) = H_x * I \quad \text{und} \quad D_y(u, v) = H_y * I.$$

Die Kanten*stärke* $E(u, v)$ wird in beiden Fällen als Betrag des Gradienten

$$E(u, v) = \sqrt{\big(D_x(u, v)\big)^2 + \big(D_y(u, v)\big)^2} \qquad (7.13)$$

definiert und die lokale Kanten*richtung* (d. h. ein Winkel) als[2]

$$\Phi(u, v) = \tan^{-1}\left(\frac{D_y(u, v)}{D_x(u, v)}\right). \qquad (7.14)$$

Der Ablauf der gesamten Kantendetektion ist nochmals in Abb. 7.5 zusammengefasst. Zunächst wird das ursprüngliche Bild I mit den beiden Gradientenfiltern H_x und H_y gefiltert und nachfolgend aus den Filterergebnissen die Kantenstärke E und die Kantenrichtung Φ berechnet.

Die Schätzung der Kantenrichtung ist allerdings mit dem Prewitt-Operator und auch mit dem ursprünglichen Sobel-Operator relativ ungenau. In [46, S. 353] werden für den Sobel-Operator daher verbesserte Filter vorgeschlagen, die den Winkelfehler minimieren:

$$H_x^{S'} = \frac{1}{32} \begin{bmatrix} -3 & 0 & 3 \\ -10 & 0 & 10 \\ -3 & 0 & 3 \end{bmatrix} \quad \text{und} \quad H_y^{S'} = \frac{1}{32} \begin{bmatrix} -3 & -10 & -3 \\ 0 & 0 & 0 \\ 3 & 10 & 3 \end{bmatrix}. \qquad (7.15)$$

---

[2] Siehe Anhang B.1.6 zur Berechnung der inversen Tangensfunktion $\tan^{-1}(y/x)$ mit $\arctan_2(y, x)$.

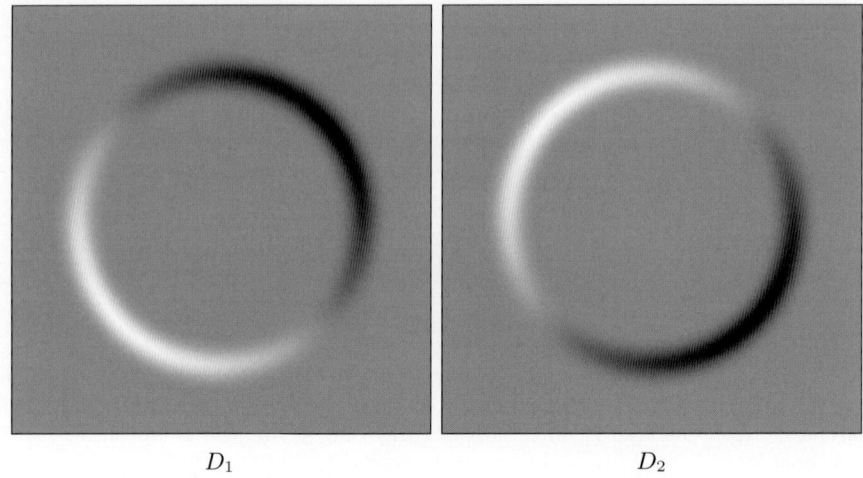

$$D_1 \hspace{5cm} D_2$$

Abb. 7.6. Richtungskomponenten beim Roberts-Operator.

Vor allem der Sobel-Operator ist aufgrund seiner guten Ergebnisse (s. auch Abb. 7.9) und seiner Einfachheit weit verbreitet und in vielen Softwarepaketen für die Bildverarbeitung implementiert.

7.3.2 Roberts-Operator

Als einer der ältesten Kantenoperatoren ist der „Roberts-Operator" [66] vor allem historisch interessant. Er benutzt zwei – mit 2×2 extrem kleine – Filter, um den Gradienten in Richtung der beiden Diagonalen zu schätzen:

$$H_1^R = \begin{bmatrix} 0 & 1 \\ -1 & 0 \end{bmatrix} \quad \text{und} \quad H_2^R = \begin{bmatrix} -1 & 0 \\ 0 & 1 \end{bmatrix}. \tag{7.16}$$

Diese Filter reagieren entsprechend stark auf diagonal verlaufende Kanten, wobei die Filter allerdings wenig richtungsselektiv sind, d. h., dass jedes der Filter über ein sehr breites Band an Orientierungen hinweg ähnlich stark reagiert (Abb. 7.6). Die Kantenstärke wird aus den beiden Filterantworten analog zum Betrag des Gradienten (Gl. 7.5) berechnet, allerdings mit (um 45°) gedrehten Richtungsvektoren (Abb. 7.7).

7.3.3 Kompass-Operatoren

Das Design eines guten Kantenfilters ist ein Kompromiss: Je besser ein Filter auf „kantenartige" Bildstrukturen reagiert, desto stärker ist auch seine Richtungsabhängigkeit, d. h., umso enger ist der Winkelbereich, auf den das Filter anspricht.

Eine Lösung ist daher, nicht nur ein Paar von relativ „breiten" Filtern für zwei (orthogonale) Richtungen einzusetzen, sondern einen Satz „engerer"

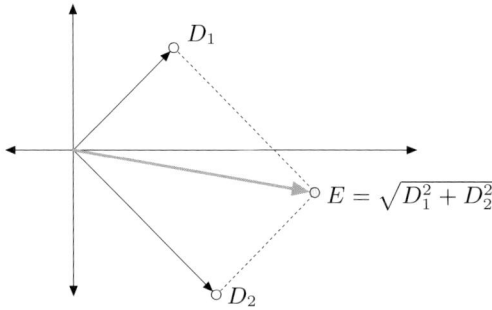

Abb. 7.7. Kantenstärke beim Roberts-Operator. Die Kantenstärke $E(u,v)$ wird als Summe der beiden orthogonalen Richtungsvektoren $D_1(u,v)$ und $D_2(u,v)$ berechnet.

Filter für mehrere Richtungen. Ein klassisches Beispiel ist der Kantenoperator von Kirsch [50], der für acht verschiedene Richtungen im Abstand von $45°$ folgende Filter vorsieht:

$$H_0^K = \begin{bmatrix} -1 & 0 & 1 \\ -2 & 0 & 2 \\ -1 & 0 & 1 \end{bmatrix} \quad H_1^K = \begin{bmatrix} -2 & -1 & 0 \\ -1 & 0 & 1 \\ 0 & 1 & 2 \end{bmatrix} \quad (7.17)$$

$$H_2^K = \begin{bmatrix} -1 & -2 & -1 \\ 0 & 0 & 0 \\ 1 & 2 & 1 \end{bmatrix} \quad H_3^K = \begin{bmatrix} 0 & -1 & -2 \\ 1 & 0 & -1 \\ 2 & 1 & 0 \end{bmatrix}$$

$$H_4^K = \begin{bmatrix} 1 & 0 & -1 \\ 2 & 0 & -2 \\ 1 & 0 & -1 \end{bmatrix} \quad H_5^K = \begin{bmatrix} 2 & 1 & 0 \\ 1 & 0 & -1 \\ 0 & -1 & -2 \end{bmatrix}$$

$$H_6^K = \begin{bmatrix} 1 & 2 & 1 \\ 0 & 0 & 0 \\ -1 & -2 & -1 \end{bmatrix} \quad H_7^K = \begin{bmatrix} 0 & 1 & 2 \\ -1 & 0 & 1 \\ -2 & -1 & 0 \end{bmatrix}$$

Von diesen acht Filtern $H_0, H_1, \ldots H_7$ müssen allerdings nur vier tatsächlich berechnet werden, denn die übrigen vier sind bis auf das Vorzeichen identisch zu den ersten. Zum Beispiel ist $H_4^K = -H_0^K$, sodass aufgrund der Linearitätseigenschaften der Faltung (Gl. 6.18) gilt

$$I * H_4^K = I * -H_0^K = -(I * H_0^K). \quad (7.18)$$

Die acht Richtungsbilder für den Kirsch-Operator $D_0, D_1, \ldots D_7$ werden also folgendermaßen ermittelt:

$$\begin{array}{llll} D_0 = I * H_0^K & D_1 = I * H_1^K & D_2 = I * H_2^K & D_3 = I * H_3^K \\ D_4 = -D_0 & D_5 = -D_1 & D_6 = -D_2 & D_7 = -D_3 \end{array} \quad (7.19)$$

Die eigentliche Kantenstärke E^K an der Stelle (u,v) ist als Maximum der einzelnen Filterergebnisse definiert, d. h.

$$E^K(u,v) = \max\big(D_0(u,v), D_1(u,v), \ldots D_7(u,v)\big) \qquad (7.20)$$
$$= \max\big(|D_0(u,v)|, |D_1(u,v)|, |D_2(u,v)|, |D_3(u,v)|\big),$$

und das am stärksten ansprechende Filter bestimmt auch die zugehörige Kantenrichtung

$$\Phi^K(u,v) = \frac{\pi}{4}j, \quad \text{wobei } j = \operatorname*{argmax}_{0 \le i \le 7} D_i(u,v). \qquad (7.21)$$

Im praktischen Ergebnis bieten derartige „Kompass"-Operatoren allerdings kaum Vorteile gegenüber einfacheren Operatoren, wie z. B. dem Sobel-Operator. Ein kleiner Vorteil des Kirsch-Operators ist allerdings, dass er keine Wurzelberechnung (die relativ aufwendig ist) benötigt.

7.3.4 Kantenoperatoren in ImageJ

In der aktuellen Version von ImageJ ist der Sobel-Operator (Abschn. 7.3.1) für praktisch alle Bildtypen implementiert und im Menü Process→Find Edges abrufbar. Der Operator ist auch als Methode

```
void findEdges()
```

für die Klasse ImageProcessor verfügbar.

7.4 Weitere Kantenoperatoren

Neben der in Abschn. 7.2 beschriebenen Gruppe von Kantenoperatoren, die auf der ersten Ableitung basieren, gibt es auch Operatoren auf Grundlage der *zweiten* Ableitung der Bildfunktion. Ein Problem der Kantendetektion mit der ersten Ableitung ist nämlich, dass Kanten genauso breit werden wie die Länge des zugehörigen Anstiegs in der Bildfunktion und ihre genaue Position dadurch schwierig zu lokalisieren ist.

7.4.1 Kantendetektion mit zweiten Ableitungen

Die zweite Ableitung einer Funktion misst deren lokale *Krümmung* und die Idee ist, die Nullstellen oder vielmehr die Positionen der Nulldurchgänge der zweiten Ableitung als Kantenpositionen zu verwenden. Die zweite Ableitung ist allerdings stark anfällig gegenüber Bildrauschen, sodass zunächst eine Glättung mit einem geeigneten Glättungsfilter erforderlich ist. Der bekannteste Vertreter ist der so genannte „Laplacian-of-Gaussian"-Operator (LoG) [54], der die Glättung mit einem Gauß-Filter und die zweite Ableitung

(Laplace-Filter, s. Abschn. 7.6.1) in ein gemeinsames, lineares Filter kombiniert.

Ein Beispiel für die Anwendung des LoG-Operators zeigt Abb. 7.9. Im direkten Vergleich mit dem Sobel- oder Prewitt-Operator fällt die klare Lokalisierbarkeit der Kanten und der relativ geringe Umfang an Streuergebnissen („clutter") auf. Weitere Details zum LoG-Operator sowie ein übersichtlicher Vergleich gängiger Kantenoperatoren findet sich in [68, Kap. 4] und [57].

7.4.2 Kanten auf verschiedenen Skalenebenen

Leider weichen die Ergebnisse einfacher Kantenoperatoren, wie die der bisher beschriebenen, oft stark von dem ab, was wir subjektiv als wichtige Kanten empfinden. Dafür gibt es vor allem zwei Gründe:

- Zum einen reagieren Kantenoperatoren nur auf lokale Intensitätsunterschiede, während unser visuelles System Konturen auch durch Bereiche minimaler oder verschwindender Unterschiede hindurch fortsetzen kann.
- Zweitens entstehen Kanten nicht nur in einer bestimmten Auflösung oder in einem bestimmten Maßstab, sondern auf vielen verschiedenen Skalenebenen.

Übliche, kleine Kantendetektoren, wie z. B. der Sobel-Operator, können ausschließlich auf Intensitätsunterschiede reagieren, die innerhalb ihrer 3×3-Filterregion stattfinden. Um Unterschiede über einen größeren Horizont wahrzunehmen, bräuchten wir entweder *größere* Kantenoperatoren (mit entsprechend großen Filtern) oder wir verwenden die ursprünglichen Operatoren auf verkleinerten (d. h. skalierten) Bildern. Das ist die Grundidee der so genannten „Multi-Resolution"-Techniken, die etwa auch als hierarchische Methoden oder Pyramidentechniken in vielen Bereichen der Bildverarbeitung eingesetzt werden [13]. In der Kantendetektion bedeutet dies, zunächst Kanten auf unterschiedlichen Auflösungsebenen zu finden und dann an jeder Bildposition zu entscheiden, welche Kante auf welcher der räumlichen Ebenen dominant ist.

7.4.3 Canny-Filter

Ein bekanntes Beispiel für ein derartiges Verfahren ist der Kantendetektor von Canny [14], der einen Satz von gerichteten (und relativ großen) Filtern auf mehreren Auflösungsebenen verwendet und deren Ergebnisse in ein gemeinsames Kantenbild („edge map") zusammenfügt. Die Methode versucht, drei Ziele gleichzeitig zu erreichen: (a) die Anzahl falscher Kantenmarkierungen zu minimieren, (b) Kanten möglichst gut zu lokalisieren und (c) nur eine Markierung pro Kante zu liefern. Das „Canny-Filter" ist im Kern ein Gradientenverfahren (Abschn. 7.2), benützt aber für die Kantenlokalisierung auch die Nulldurchgänge der zweiten Ableitungen. Meistens wird der Algorithmus nur in einer „single-scale"-Version verwendet, wobei aber durch Einstellung

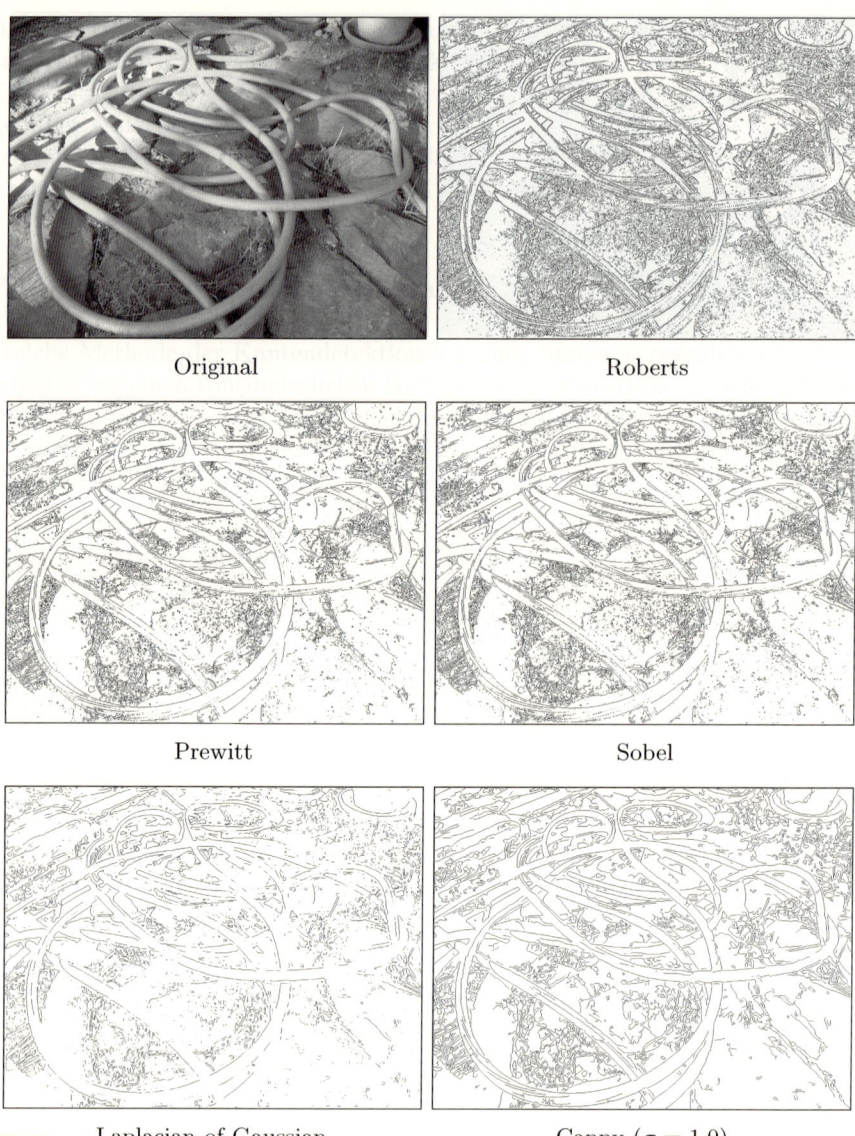

Original

Roberts

Prewitt

Sobel

Laplacian of Gaussian

Canny ($\sigma = 1.0$)

Abb. 7.9. Vergleich unterschiedlicher Kantendetektoren. Wichtigstes Kriterium für die Beurteilung des Kantenbilds ist einerseits die Menge von irrelevanten Kantenelementen und andererseits der Zusammenhang der dominanten Kanten. Deutlich ist zu erkennen, dass der Canny-Detektor auch bei nur *einem* fixen und relativ kleinen σ ein wesentlich klareres Kantenbild liefert als die einfachen Operatoren, wie die von Roberts und Sobel.

Kantenbilder zeigen selten perfekte Konturen, sondern vielmehr kleine, nicht zusammenhängende Konturfragmente, die an jenen Stellen unterbrochen sind, an denen die Kantenstärke zu gering ist. Nach der Schwellwertoperation ist natürlich an diesen Stellen überhaupt keine Kanteninformation mehr vorhanden, auf die man später noch zurückgreifen könnte. Trotz dieser Problematik werden Schwellwertoperationen aufgrund ihrer Einfachheit in der Praxis häufig eingesetzt und es gibt Methoden wie die Hough-Transformation (s. Kap. 9), die mit diesen oft sehr lückenhaften Kantenbildern dennoch gut zurechtkommen.

7.6 Kantenschärfung

Das nachträgliche Schärfen von Bildern ist eine häufige Aufgabenstellung, z. B. um Unschärfe zu kompensieren, die beim Scannen oder Skalieren von Bildern entstanden ist, oder um einen nachfolgenden Schärfeverlust (z. B. beim Druck oder bei der Bildschirmanzeige) zu kompensieren. Die übliche Methode des Schärfens ist das Anheben der hochfrequenten Bildanteile, die primär an den raschen Bildübergängen auftreten und für den Schärfeeindruck des Bilds verantwortlich sind.

Wir beschreiben im Folgenden zwei gängige Ansätze zur künstlichen Bildschärfung, die technisch auf ähnlichen Grundlagen basieren wie die Kantendetektion und daher gut in dieses Kapitel passen.

7.6.1 Kantenschärfung mit dem Laplace-Filter

Eine gängige Methode zur Lokalisierung von raschen Intensitätsänderungen sind Filter auf Basis der zweiten Ableitung der Bildfunktion. Abb. 7.10 illustriert die Idee anhand einer eindimensionalen Funktion $f(u)$. Auf eine stufenförmige Kante reagiert die zweite Ableitung mit einem positiven Ausschlag am unteren Ende des Anstiegs und einem negativen Ausschlag am oberen Ende. Die Kante wird geschärft, indem das Ergebnis der zweiten Ableitung $f''(u)$ (bzw. ein gewisser Anteil davon) von der ursprünglichen Funktion $f(u)$ subtrahiert wird, d. h.

$$\hat{f}(u) = f(u) - w \cdot f''(u). \tag{7.22}$$

Abhängig vom Gewichtungsfaktor w wird durch Gl. 7.22 ein Überschwingen der Bildfunktion zu beiden Seiten der Kante erzielt, wodurch eine Übersteigerung der Kante und damit ein subjektiver Schärfungseffekt entsteht.

Laplace-Operator

Für die Kantenschärfung im zweidimensionalen Fall verwendet man die zweiten Ableitungen in horizontaler und vertikaler Richtung kombiniert in Form

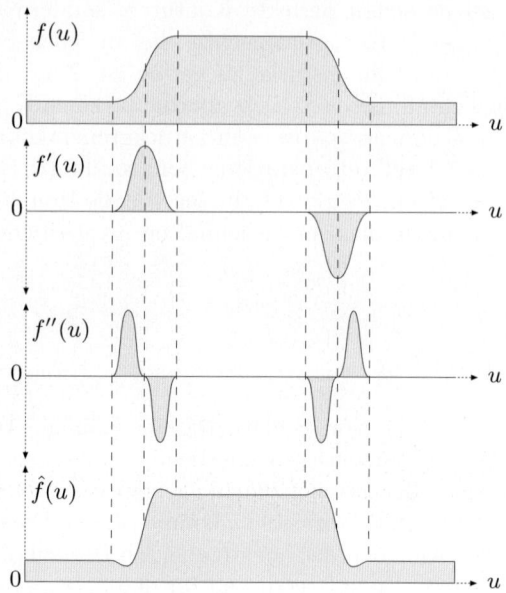

Abb. 7.10. Kantenschärfung mit der zweiten Ableitung. Ursprüngliches Bildprofil $f(u)$, erste Ableitung $f'(u)$, zweite Ableitung $f''(u)$, geschärfte Funktion $\hat{f}(u) = f(u) - wf''(u)$.

des so genannten Laplace-Operators. Der Laplace-Operator ∇^2 einer zweidimensionalen Funktion $f(x, y)$ ist definiert als die Summe der zweiten partiellen Ableitungen in x- und y-Richtung, d. h.

$$(\nabla^2 f)(x, y) = \frac{\partial^2 f}{\partial^2 x}(x, y) + \frac{\partial^2 f}{\partial^2 y}(x, y). \tag{7.23}$$

Genauso wie die ersten Ableitungen (Abschn. 7.2.2) können auch die zweiten Ableitungen einer diskreten Bildfunktion mithilfe einfacher linearer Filter berechnet werden. Auch hier gibt es mehrere Varianten, z. B. die beiden Filter

$$\frac{\partial^2 f}{\partial^2 x} \approx H_x^L = \begin{bmatrix} 1 & -\underline{2} & 1 \end{bmatrix} \quad \text{und} \quad \frac{\partial^2 f}{\partial^2 y} \approx H_y^L = \begin{bmatrix} 1 \\ -\underline{2} \\ 1 \end{bmatrix}, \tag{7.24}$$

die zusammen ein zweidimensionales Laplace-Filter der Form

$$H^L = H_x^L + H_y^L = \begin{bmatrix} 0 & 1 & 0 \\ 1 & -\underline{4} & 1 \\ 0 & 1 & 0 \end{bmatrix} \tag{7.25}$$

bilden (für eine Herleitung siehe z. B. [46, S. 347]). Ein Beispiel für die Anwendung des Laplace-Filters H^L auf ein Grauwertbild zeigt Abb. 7.11. H^L

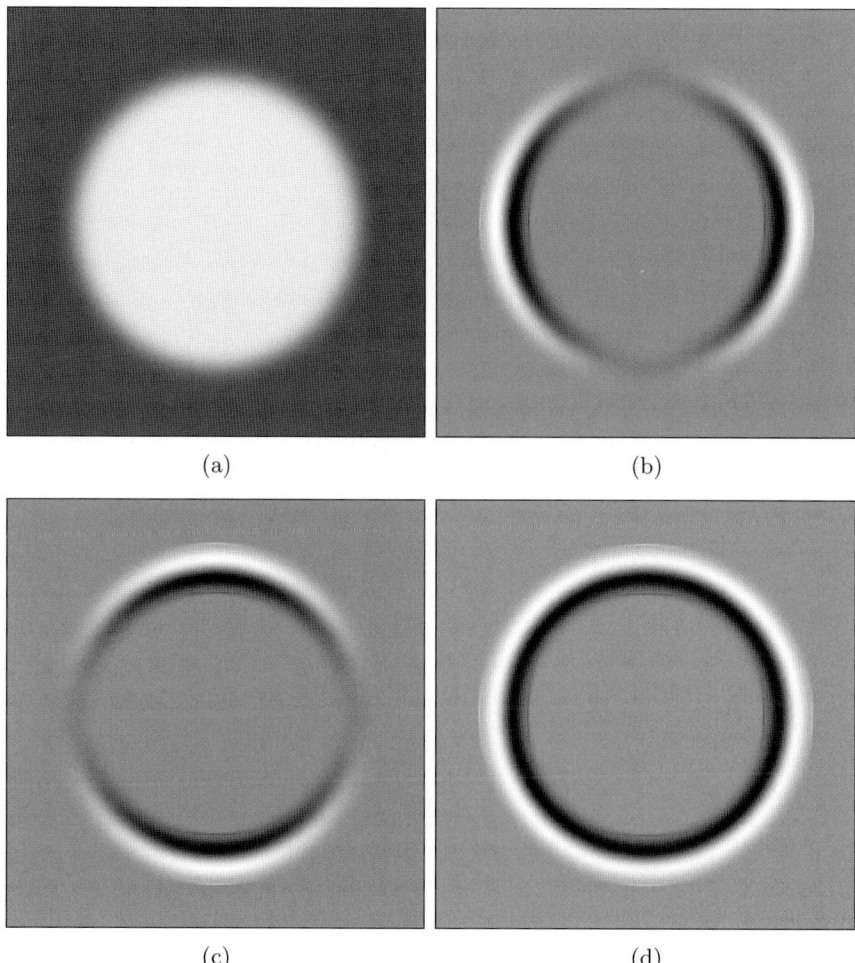

(a)   (b)

(c)   (d)

Abb. 7.11. Anwendung des Laplace-Filters H^L. Synthetisches Testbild (a), zweite Ableitung horizontal $\partial^2 I/\partial^2 u$ (b), zweite Ableitung vertikal $\partial^2 I/\partial^2 v$ (c), Laplace-Operator $\nabla^2 I(u,v)$ (d). Die Helligkeiten sind in (b–d) so skaliert, dass maximal negative Werte schwarz, maximal positive Werte weiß und Nullwerte grau dargestellt werden.

ist übrigens kein separierbares Filter im herkömmlichen Sinn (Abschn. 6.3.3), kann aber wegen der Linearitätseigenschaften der Faltung (Gl. 6.17 und Gl. 6.19) mit eindimensionalen Filtern in der Form

$$I * H^L = I * (H_x^L + H_y^L) = (I * H_x^L) + (I * H_y^L)$$

dargestellt und berechnet werden. Wie bei den Gradientenfiltern ist auch bei allen Laplace-Filtern die Summe der Koeffizienten null, sodass sich in Bildbereichen mit konstanter Intensität die Filterantwort null ergibt (Abb. 7.11). Weitere gebräuchliche Varianten von 3×3-Laplace-Filtern sind

$$H_8^L = \begin{bmatrix} 1 & 1 & 1 \\ 1 & \underline{-8} & 1 \\ 1 & 1 & 1 \end{bmatrix} \quad \text{oder} \quad H_{12}^L = \begin{bmatrix} 1 & 2 & 1 \\ 2 & \underline{-12} & 2 \\ 1 & 2 & 1 \end{bmatrix}.$$

Schärfung

Für die eigentliche Schärfung filtern wir zunächst, wie in Gl. 7.22 für den eindimensionalen Fall gezeigt, das Bild I mit dem Laplace-Filter H^L und subtrahieren anschließend das Ergebnis vom ursprünglichen Bild, d. h.

$$I' \leftarrow I - w \cdot (H^L * I). \tag{7.26}$$

Der Faktor w bestimmt dabei den Anteil der Laplace-Komponente und damit die Stärke der Schärfung. Die richtige Wahl des Faktors ist u. a. vom verwendeten Laplace-Filter (Normalisierung) abhängig.

Abb. 7.11 zeigt die Anwendung eines Laplace-Filters mit der Filtermatrix aus Gl. 7.25 auf ein Testbild, wobei die paarweise auftretenden Pulse an beiden Seiten jeder Kante deutlich zu erkennen sind. Das Filter reagiert trotz der relativ kleinen Filtermatrix annähernd gleichförmig in alle Richtungen. Die Anwendung auf ein realistisches Grauwertbild unter Verwendung der Filtermatrix H^L (Gl. 7.25) und $w = 1.0$ ist in Abb. 7.12 gezeigt.

Wie bei Ableitungen zweiter Ordnung zu erwarten, ist auch das Laplace-Filter relativ anfällig gegenüber Bildrauschen, was allerdings wie in der Kantendetektion durch vorhergehende Glättung mit Gauß-Filtern gelöst werden kann (Abschn. 7.4.1).

7.6.2 Unscharfe Maskierung (*unsharp masking*)

Eine ähnliche, vor allem im Bereich der Astronomie, der digitalen Druckvorstufe und vielen anderen Bereichen der digitalen Bildverarbeitung sehr populäre Methode zur Kantenschärfung ist die so genannte „unscharfe Maskierung" (*unsharp masking*, USM). Der Begriff stammt ursprünglich aus der analogen Filmtechnik, wo man durch optische Überlagerung mit unscharfen Duplikaten die Schärfe von Bildern erhöht hat. Das Verfahren ist in der digitalen Bildverarbeitung grundsätzlich das gleiche.

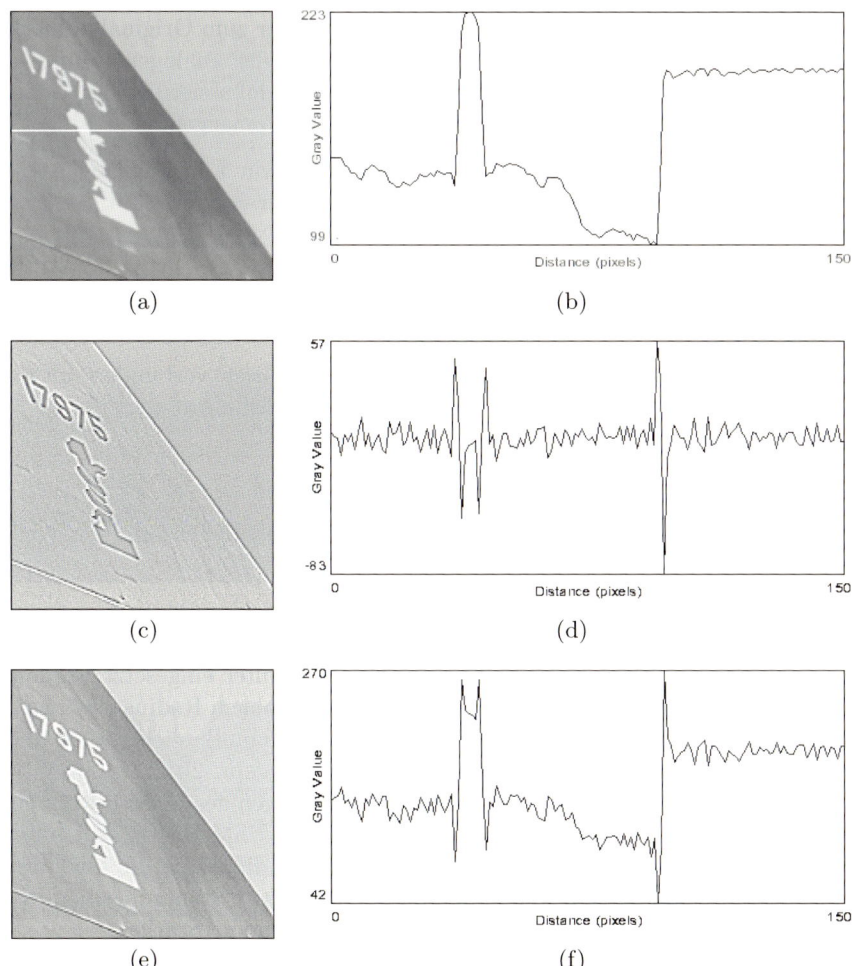

Abb. 7.12. Kantenschärfung mit dem Laplace-Filter. Originalbild und Profil der markierten Bildzeile (a,b), Ergebnis des Laplace-Filters H^L (c,d), geschärftes Bild mit Schärfungsfaktor $w = 1.0$ (e,f).

8

Auffinden von Eckpunkten

Eckpunkte sind markante strukturelle Ereignisse in einem Bild und daher in einer Reihe von Anwendungen nützlich, wie z. B. beim Verfolgen von Elementen in aufeinander folgenden Bildern (*tracking*), bei der Zuordnung von Bildstrukturen in Stereoaufnahmen, als Referenzpunkte zur geometrischen Vermessung, Kalibrierung von Kamerasystemen usw. Eckpunkte sind nicht nur für uns Menschen auffällig, sondern sind auch aus technischer Sicht „robuste" Merkmale, die in 3D-Szenen nicht zufällig entstehen und in einem breiten Bereich von Ansichtswinkeln sowie unter unterschiedlichen Beleuchtungsbedingungen relativ zuverlässig zu lokalisieren sind.

8.1 „Points of interest"

Trotz ihrer Auffälligkeit ist das automatische Bestimmen und Lokalisieren von Eckpunkten (corners) nicht ganz so einfach, wie es zunächst erscheint. Ein guter „corner detector" muss mehrere Kriterien erfüllen: Er soll wichtige von unwichtigen Eckpunkten unterscheiden und Eckpunkte zuverlässig auch unter realistischem Bildrauschen finden, er soll die gefundenen Eckpunkte möglichst genau lokalisieren können und zudem effizient arbeiten, um eventuell auch in Echtzeitanwendungen (wie z. B. Video-Tracking) einsetzbar zu sein.

Wie immer gibt es nicht nur einen Ansatz für diese Aufgabe, aber im Prinzip basieren die meisten Verfahren zum Auffinden von Eckpunkten oder ähnlicher „interest points" auf einer gemeinsamen Grundlage – während eine *Kante* in der Regel definiert wird als eine Stelle im Bild, an der der Gradient der Bildfunktion in *einer* bestimmten Richtung besonders hoch und normal dazu besonders niedrig ist, weist ein *Eckpunkt* einen starken Gradientenwert in *mehr als einer Richtung* gleichzeitig auf.

Die meisten Verfahren verwenden daher die ersten oder zweiten Ableitungen der Bildfunktion in x- und y-Richtung zur Bestimmung von Eckpunkten (z. B. [24, 32, 51, 52]). Ein für diese Methode repräsentatives Beispiel ist der so genannte Harris-Detektor (auch bekannt als „Plessey feature point detector" [32]), den wir im Folgenden genauer beschreiben. Obwohl mittlerweile leistungsfähigere Verfahren bekannt sind (siehe z. B. [69,75]), werden der Harris-Detektor und verwandte Ansätze in der Praxis häufig verwendet.

8.2 Harris-Detektor

Der Operator, der von Harris und Stephens [32] entwickelt wurde, ist einer von mehreren, ähnlichen Algorithmen basierend auf derselben Idee: ein Eckpunkt ist dort gegeben, wo der Gradient der Bildfunktion gleichzeitig in mehr als einer Richtung einen hohen Wert aufweist. Insbesondere sollen Stellen entlang von Kanten, wo der Gradient zwar hoch, aber nur in einer Richtung ausgeprägt ist, nicht als Eckpunkte gelten. Darüber hinaus sollen Eckpunkte natürlich unabhängig von ihrer Orientierung, d. h. in isotroper Weise, gefunden werden.

8.2.1 Lokale Strukturmatrix

Grundlage des Harris-Detektors sind die ersten partiellen Ableitungen der Bildfunktion $I(u,v)$ in horizontaler und vertikaler Richtung,

$$I_x(u,v) = \frac{\partial I}{\partial x}(u,v) \quad \text{und} \quad I_y(u,v) = \frac{\partial I}{\partial y}(u,v).$$ (8.1)

Für jede Bildposition (u,v) werden zunächst drei Werte $A(u,v)$, $B(u,v)$ und $C(u,v)$ berechnet,

$$A(u,v) = I_x^2(u,v) \qquad B(u,v) = I_y^2(u,v)$$ (8.2)

$$C(u,v) = I_x(u,v) \cdot I_y(u,v)$$ (8.3)

die als Elemente einer *lokalen Strukturmatrix* $M(u,v)$ interpretiert werden:[1]

$$\boldsymbol{M} = \begin{pmatrix} I_x^2 & I_x I_y \\ I_x I_y & I_y^2 \end{pmatrix} = \begin{pmatrix} A & C \\ C & B \end{pmatrix}.$$ (8.4)

Anschließend werden die drei Funktionen $A(u,v)$, $B(u,v)$, $C(u,v)$ individuell durch Faltung mit einem linearen Gauß-Filter $H^{G,\sigma}$ (siehe Abschn. 6.2.7) geglättet, also

$$\bar{M} = \begin{pmatrix} A*H^{G,\sigma} & C*H^{G,\sigma} \\ C*H^{G,\sigma} & B*H^{G,\sigma} \end{pmatrix} = \begin{pmatrix} \bar{A} & \bar{C} \\ \bar{C} & \bar{B} \end{pmatrix}.$$ (8.5)

---

[1] Wir notieren zur leichteren Lesbarkeit im Folgenden die Funktionen ohne Koordinaten (u,v), d. h. $I_x \equiv I_x(u,v)$ oder $A \equiv A(u,v)$ etc.

Die Matrix $\bar{M}$ lässt sich aufgrund ihrer Symmetrie diagonalisieren in

$$\bar{M}' = \begin{pmatrix} \lambda_1 & 0 \\ 0 & \lambda_2 \end{pmatrix}, \tag{8.6}$$

wobei λ_1 und λ_2 die beiden *Eigenwerte* der Matrix $\bar{M}$ sind, definiert als[2]

$$\lambda_{1,2} = \frac{\text{trace}(\bar{M})}{2} \pm \sqrt{\left(\frac{\text{trace}(\bar{M})}{2}\right)^2 - \det(\bar{M})} \tag{8.7}$$

$$= \frac{1}{2}\left(\bar{A} + \bar{B} \pm \sqrt{\bar{A}^2 - 2\bar{A}\bar{B} + \bar{B}^2 + 4\bar{C}^2}\right).$$

Beide Eigenwerte λ_1 und λ_2 sind positiv und enthalten essentielle Informationen über die lokale Bildstruktur. Innerhalb einer uniformen (flachen) Bildregion ist $\bar{M} = 0$ und deshalb sind auch die Eigenwerte $\lambda_1 = \lambda_2 = 0$. Umgekehrt gilt auf einer perfekten Sprungkante $\lambda_1 > 0$ und $\lambda_2 = 0$, unabhängig von der Orientierung der Kante. Die Eigenwerte kodieren also die *Kantenstärke*, die zugehörigen *Eigenvektoren* die entsprechende *Kantenrichtung*.

An einem Eckpunkt sollte eine starke Kante sowohl in der Hauptrichtung (entsprechend dem größeren der beiden Eigenwerte) wie auch normal dazu (entsprechend dem kleineren Eigenwert) vorhanden sein, beide Eigenwerte müssen daher signifikante Werte haben. Da $\bar{A}, \bar{B} \geq 0$, können wir davon ausgehen, dass trace$(\bar{M}) > 0$ und daher auch $|\lambda_1| \geq |\lambda_2|$. Also ist für die Bestimmung eines Eckpunkts nur der kleinere der beiden Eigenwerte, d. h. $\lambda_2 = \text{trace}(\bar{M})/2 - \sqrt{\ldots}$, relevant.

8.2.2 *Corner Response Function* (CRF)

Wie wir aus Gl. 8.7 sehen, ist die Differenz zwischen den beiden Eigenwerten

$$\lambda_1 - \lambda_2 = 2 \cdot \sqrt{\left(\frac{\text{trace}(\bar{M})}{2}\right)^2 - \det(\bar{M})},$$

wobei in jedem Fall $\left(0.25 \cdot \text{trace}(\bar{M})^2\right) > \det(\bar{M})$ gilt. An einem Eckpunkt soll dieser Ausdruck möglichst klein werden, daher definiert der Harris-Detektor als Maß für „corner strength" die Funktion

$$Q(u,v) = \det(\bar{M}) - \alpha \cdot \left(\text{trace}(\bar{M})\right)^2 \tag{8.8}$$

$$= (\bar{A}\bar{B} - \bar{C}^2) - \alpha \cdot (\bar{A} + \bar{B})^2,$$

wobei der Parameter α die Empfindlichkeit der Detektors steuert. $Q(u,v)$ wird als „corner response function" bezeichnet und liefert maximale Werte an ausgeprägten Eckpunkten. α wird üblicherweise auf einen fixen Wert im Bereich $0.04 \ldots 0.06$ (max. 0.25) gesetzt. Ist α groß, wird der Detektor weniger empfindlich, d. h., weniger Eckpunkte werden gefunden.

---

[2] $\det(\bar{M})$ bezeichnet die *Determinante* und trace$(\bar{M})$ die *Spur* (*trace*) der Matrix $\bar{M}$ (siehe z. B. [12,84]).

8.2.3 Bestimmung der Eckpunkte

Eine Bildposition (u, v) wird als Kandidat für einen Eckpunkt ausgewählt, wenn

$$Q(u, v) > t_H,$$

wobei der Schwellwert t_H typischerweise im Bereich 10.000–1.000.000 angesetzt wird, abhängig vom Bildinhalt. Die so selektierten Eckpunkte $c_i = (u_i, v_i, q_i)$ werden in einer Liste

$$Corners = (c_1, c_2, \ldots c_N)$$

gesammelt, die nach der in Gl. 8.8 definierten *corner strength* $q_i = Q(u_i, v_i)$ in absteigender Reihenfolge sortiert ist (d. h. $q_i \geq q_{i+1}$). Um zu dicht platzierte Eckpunkte zu vermeiden, werden anschließend innerhalb einer bestimmten räumlichen Umgebung alle bis auf den stärksten Eckpunkt eliminiert. Dazu wird die Liste *Corners* von vorne nach hinten durchlaufen und alle schwächeren Eckpunkte weiter hinten in der Liste, die innerhalb der Umgebung eines stärkeren Punkts liegen, werden gelöscht.

Der vollständige Algorithmus für den Harris-Detektor ist nochmals in Alg. 8.1 übersichtlich zusammengefasst mit einer Zusammenstellung der zugehörigen Parametereinstellungen in Tabelle 8.1.

8.2.4 Beispiele

Abb. 8.1 illustriert anhand eines einfachen, synthetischen Beispiels die wichtigsten Schritte bei der Detektion von Eckpunkten mit dem Harris-Detektor. Die Abbildung zeigt die Ergebnisse der Gradientenberechnung und die daraus abgeleiteten drei Komponenten der Strukturmatrix $M = \left(\begin{smallmatrix} A & C \\ C & B \end{smallmatrix} \right)$ sowie die Werte der *corner response function* $Q(u, v)$ für jede Bildposition (u, v). Für dieses Beispiel wurden die Standardeinstellungen der Parameter (Tabelle 8.1) verwendet.

Das zweite Beispiel (Abb. 8.2) zeigt die Detektion von Eckpunkten in einem natürlichen Grauwertbild und demonstriert u. a. die nachträgliche Auswahl der stärksten Eckpunkte innerhalb einer bestimmten Umgebung.

8.3 Implementierung

Der Harris-Detektor ist komplexer als alle Algorithmen, die wir bisher beschrieben haben, und gleichzeitig ein typischer Repräsentant für viele ähnliche Methoden in der Bildverarbeitung. Wir nehmen das zum Anlass, die einzelnen Schritte der Implementierung und gleichzeitig auch die dabei immer wieder notwendigen Detailentscheidungen etwas umfassender als sonst aufzuzeigen. Der vollständige Quellcode der Klasse **HarrisCornerDet** ist im Anhang zu finden (Abschn. D.1, S. 496–503).

Algorithmus 8.1 Harris-Detektor. Aus einem Intensitätsbild $I(u,v)$ wird eine sortierte Liste von Eckpunkten berechnet. Details zu den Parametern H_p, H_{dx}, H_{dy}, H_b, α, t_H und $d_{\min}$ finden sich in Tabelle 8.1.

1: $\text{HARRISCORNERS}(I(u,v))$

2:      Prefilter (smooth) the original image: $I' \leftarrow I * H_p$

3:      STEP 1 – COMPUTE THE CORNER RESPONSE FUNCTION:

4:          Compute the horizontal and vertical derivatives:
$$I_x \leftarrow I' * H_{dx}, \quad I_y \leftarrow I' * H_{dy}$$

5:          Compute the components of the local structure matrix $M = \left(\begin{smallmatrix} A & C \\ C & B \end{smallmatrix}\right)$:
$$A \leftarrow I_x^2, \quad B \leftarrow I_y^2, \quad C \leftarrow I_x I_y$$

6:          Blur each components of the structure matrix: $\bar{M} = \left(\begin{smallmatrix} \bar{A} & \bar{C} \\ \bar{C} & \bar{B} \end{smallmatrix}\right)$:
$$\bar{A} \leftarrow A * H_b, \quad \bar{B} \leftarrow B * H_b, \quad \bar{C} \leftarrow C * H_b$$

7:          Compute the corner response function:
$$Q \leftarrow (\bar{A} \cdot \bar{B} - \bar{C}^2) - \alpha \cdot (\bar{A} + \bar{B})^2$$

8:      STEP 2 – COLLECT CORNER POINTS:

9:          Create an empty list $Corners \leftarrow \{\}$

10:         **for** all image coordinates (u,v) **do**

11:             **if** $Q(u,v) > t_H$ **and** $\text{ISLOCALMAX}(Q,u,v)$ **then**

12:                 Create a new corner node $\boldsymbol{c}_i = (u_i, v_i, q_i) \leftarrow (u, v, Q(u,v))$

13:                 Add $\boldsymbol{c}_i$ to $Corners$

14:         Sort $Corners$ by q_i in descending order.

15:         $GoodCorners \leftarrow \text{CLEANUPNEIGHBORS}(Corners)$

16:     **return** $GoodCorners$

17: $\text{ISLOCALMAX}(Q,u,v)$ $\quad\quad\quad\quad$ ▷ determine if $Q(u,v)$ is a local maximum

18:     Let $q_c \leftarrow Q(u,v)$ (center pixel)

19:     Let $N \leftarrow Neighbors(Q,u,v)$ $\quad\quad\quad\quad$ ▷ values of all neighboring pixels

20:     **if** $q_c > q_i$ for all $q_i \in N$ **then**

21:         **return** *true*

22:     **else**

23:         **return** *false*

24: $\text{CLEANUPNEIGHBORS}(Corners)$ $\quad\quad$ ▷ *Corners* is sorted by descending q

25:     Create an empty list $GoodCorners \leftarrow \{\}$

26:     **while** $Corners$ is not empty **do**

27:         $\boldsymbol{c}_i = (u_i, v_i, q_i) \leftarrow \text{REMOVEFIRST}(Corners)$

28:         Add $\boldsymbol{c}_i$ to $GoodCorners$

29:         Delete all nodes $\boldsymbol{c}_j$ from $Corners$ if $Dist(\boldsymbol{c}_i, \boldsymbol{c}_j) < d_{\min}$

30:     **return** $GoodCorners$

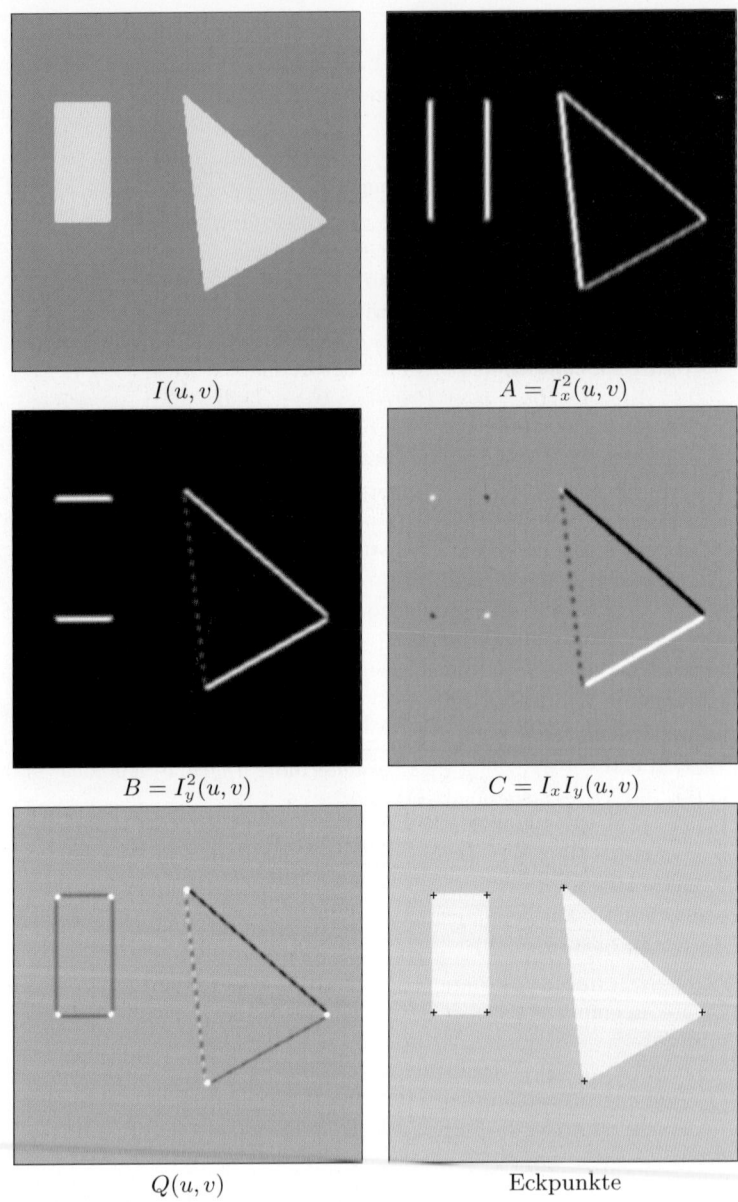

$$I(u,v) \qquad\qquad A = I_x^2(u,v)$$

$$B = I_y^2(u,v) \qquad\qquad C = I_x I_y(u,v)$$

$$Q(u,v) \qquad\qquad \text{Eckpunkte}$$

Abb. 8.1. Harris-Detektor – Beispiel 1. Aus dem Originalbild $I(u,v)$ werden zunächst die ersten Ableitungen und daraus die Komponenten der Strukturmatrix $A = I_x^2$, $B = I_y^2$, $C = I_x I_y$ berechnet. Deutlich ist zu erkennen, dass A und B die horizontale bzw. vertikale Kantenstärke repräsentieren. In C werden die Werte nur dann stark positiv (weiß) oder stark negativ (schwarz), wenn beide Kantenrichtungen stark sind (Nullwerte sind grau dargestellt). Die *corner response function* Q zeigt markante, positive Spitzen an den Positionen der Eckpunkte. Die endgültigen Eckpunkte werden durch eine Schwellwertoperation und Auffinden der lokalen Maxima in Q bestimmt.

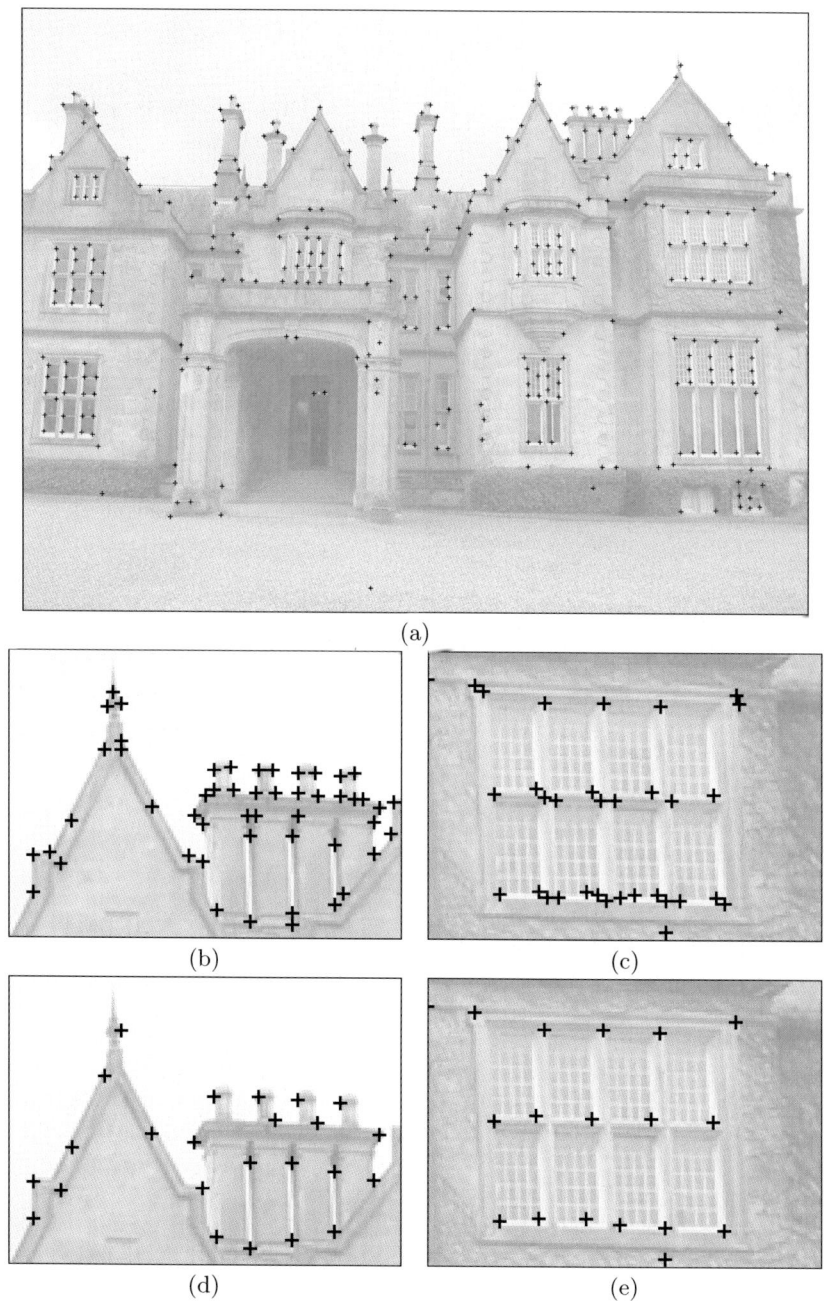

(a)

(b)

(c)

(d)

(e)

Abb. 8.2. Harris-Detektor – Beispiel 2. Vollständiges Ergebnis mit markierten Eckpunkten (a). Nach Auswahl der stärksten Eckpunkte innerhalb eines Radius von 10 Pixel verbleiben von den ursprünglich gefundenen 615 Kandidaten noch 335 finale Eckpunkte. Details *vor* (b,c) und *nach* der Auswahl (d,e).

Tabelle 8.1. Harris-Detektor – Parameterwerte zu Alg. 8.1. Die angegebenen Zeilennummern beziehen sich auf Alg. 8.1.

Pre-Filter (Zeile 2): Vorglättung mit einem kleinen, xy-separierbaren Filter $H_p = H_{px} * H_{py}$, wobei

$$H_{px} = \frac{1}{9} \begin{bmatrix} 2 & \mathbf{5} & 2 \end{bmatrix} \quad \text{und} \quad H_{py} = H_{px}^T = \frac{1}{9} \begin{bmatrix} 2 \\ \mathbf{5} \\ 2 \end{bmatrix}$$

Gradientenfilter (Zeile 4): Berechnung der partiellen ersten Ableitungen in x- und y-Richtung mit

$$H_{dx} = \begin{bmatrix} -0.453014 & \mathbf{0} & 0.453014 \end{bmatrix} \quad \text{und} \quad H_{dy} = H_{dx}^T = \begin{bmatrix} -0.453014 \\ \mathbf{0} \\ 0.453014 \end{bmatrix}$$

Blur-Filter (Zeile 6): Glättung der einzelnen Komponenten der Strukturmatrix M mit separierbaren Gauß-Filtern $H_b = H_{bx} * H_{by}$, mit

$$H_{bx} = \frac{1}{64} \begin{bmatrix} 1 & 6 & 15 & \mathbf{20} & 15 & 6 & 1 \end{bmatrix} \quad \text{und} \quad H_{by} = H_{bx}^T = \frac{1}{64} \begin{bmatrix} 1 \\ 6 \\ 15 \\ \mathbf{20} \\ 15 \\ 6 \\ 1 \end{bmatrix}$$

Steuerparameter (Zeile 7): $\alpha = 0.04 \ldots 0.06$ (default 0.05)
Response-Schwellwert (Zeile 13): $t_H = 10.000 \ldots 1.000.000$ (default 25.000)
Umgebungsradius (Zeile 29): $d_{\min} = 10$ pixels

8.3.1 Schritt 1 – Berechnung der *corner response function*

Um die positiven und negativen Werte der in diesem Schritt verwendeten Filter handhaben zu können, werden für die Zwischenergebnisse Gleitkommabilder verwendet, die auch die notwendige Dynamik und Präzision bei kleinen Werten sicherstellen. Die Kerne für die benötigten Filter, also das Filter für die Vorglättung H_p, die Gradientenfilter H_{dx}, H_{dy} und das Glättungsfilter für die Komponenten der Strukturmatrix H_b, sind als eindimensionale float-Arrays definiert:

```
1 float[] pfilt = {0.223755f,0.552490f,0.223755f}; // H_p
2 float[] dfilt = {0.453014f,0.0f,-0.453014f}; // H_dx, H_dy
3 float[] bfilt = { // H_b
4 0.01563f,0.09375f,0.234375f,0.3125f,0.234375f,0.09375f,0.01563f};
```

Aus dem 8-Bit-Originalbild (vom Typ `ByteProcessor`) werden zunächst zwei Kopien Ix and Iy vom Typ `FloatProcessor` angelegt:

```
4 FloatProcessor Ix = (FloatProcessor) ip.convertToFloat();
5 FloatProcessor Iy = (FloatProcessor) ip.convertToFloat();
```

Als erster Verarbeitungsschritt wird eine Vorglättung mit dem Filter H_p durchgeführt (Alg. 8.1, Zeile 2), anschließend wird mit den Gradientenfiltern H_{dx} bzw. H_{dy} die horizontale und vertikale Ableitung berechnet (Alg. 8.1, Zeile 4). Da jeweils nur eindimensionale Filter derselben Richtung beteiligt sind, können die beiden Vorgänge in einem gemeinsamen Schritt durchgeführt werden:

```
5 Ix = convolve1h(convolve1h(Ix,pfilt),dfilt);
6 Iy = convolve1v(convolve1v(Iy,pfilt),dfilt);
```

Dabei führen die Methoden `convolve1h`(p, h) und `convolve1v`(p, h) eindimensionale Filteroperationen in horizontaler bzw. vertikaler Richtung durch (s. unten „Filtermethoden"). Nun werden die Komponenten A, B, C der Strukturmatrix berechnet und anschließend jeweils mit dem separierbaren 2D-Filter H_b (`bfilt`) geglättet:

```
 6 A = sqr ((FloatProcessor) Ix.duplicate());
 7 B = sqr ((FloatProcessor) Iy.duplicate());
 8 C = mult((FloatProcessor) Ix.duplicate(),Iy);
 9
10 A = convolve2(A,bfilt);    // convolve with Hb
11 B = convolve2(B,bfilt);
12 C = convolve2(C,bfilt);
```

Die Variablen A, B, C vom Typ `FloatProcessor` sind dabei in der Klasse `HarrisCornerDet` deklariert. Die Methode `convolve2`(I, h) führt eine separierbare 2D-Faltung mit dem 1D Filterkern h auf das Bild I aus (s. unten). `sqr()` und `mult()` sind Hilfsmethoden für das Quadrat bzw. die Quadratwurzel (Details in Anhang D.1).

Die *corner response function* (Alg. 8.1, Zeile 7) wird schließlich durch die Methode `makeCrf()` als neues Bild vom Typ `FloatProcessor` berechnet:

```
12 void makeCrf() { // defined in class HarrisCornerDet
13    int w = ipOrig.getWidth();
14    int h = ipOrig.getHeight();
15    Q = new FloatProcessor(w,h);
16    float[] Apix = (float[]) A.getPixels();
```

```
17    float[] Bpix = (float[]) B.getPixels();
18    float[] Cpix = (float[]) C.getPixels();
19    float[] Qpix = (float[]) Q.getPixels();
20    for (int v=0; v<h; v++) {
21      for (int u=0; u<w; u++) {
22        int i = v*w+u;
23        float a = Apix[i], b = Bpix[i], c = Cpix[i];
24        float det = a*b-c*c;          // det(M̄)
25        float trace = a+b;            // trace(M̄)
26        Qpix[i] = det - alpha * (trace * trace);
27      }
28    }
29 }
```

Filtermethoden

Die oben verwendeten Filtermethoden benutzen die ImageJ-Klasse `Convolver` (definiert in ij.plugin.filter.*) für die eigentlichen Filteroperationen. Diese statischen Methoden sind in der Klasse `HarrisCornerDet` (Anhang D.1) wie folgt definiert:

```
29 static FloatProcessor convolve1h (FloatProcessor p, float[] h) {
30    Convolver conv = new Convolver();
31    conv.setNormalize(false);
32    conv.convolve(p, h, 1, h.length);
33    return p; }
34
35 static FloatProcessor convolve1v (FloatProcessor p, float[] h) {
36    Convolver conv = new Convolver();
37    conv.setNormalize(false);
38    conv.convolve(p, h, h.length, 1);
39    return p; }
40
41 static FloatProcessor convolve2 (FloatProcessor p, float[] h) {
42    convolve1h(p,h);
43    convolve1v(p,h);
44    return p; }
```

8.3.2 Schritt 2 – Bestimmung der Eckpunkte

Das Ergebnis des ersten Schritts in Alg. 8.1 ist die *corner response function* $Q(u,v)$, die in unserer Implementierung als Gleitkommabild (`FloatProcessor`) definiert ist. Im zweiten Schritt werden aus Q die dominanten Eckpunkte ausgewählt. Dazu benötigen wir (a) einen Objekttyp zur Beschreibung der Eckpunkte und (b) einen flexiblen Container zur Aufbewahrung dieser Objekte, deren Zahl zunächst ja nicht bekannt ist.

Die Corner-Klasse

Zunächst definieren wir eine neue Klasse für die Repräsentation einzelner Eckpunkte $c = (u, v, q)$ sowie eine zugehörige Konstruktor-Methode zum Erzeugen von Objekten der Klasse `Corner` aus den drei Argumenten u, v und q:

```
44 public class Corner implements Comparable {
45    int u;   //x−position
46    int v;   //y−postion
47    float q; //corner strength
48
49    Corner (int u, int v, float q) { //constructor method
50      this.u = u;
51      this.v = v;
52      this.q = q;
53    }
54 }
```

Die Klasse `Corner` implementiert bewusst das Java `Comparable`-Interface, damit `Corner`-Objekte vergleichbar und in der Folge sortierbar sind.

Auswahl eines Containers

In Alg. 8.1 haben wir die Notation von Listen (*lists*) und Mengen (*sets*) für Sammlungen von mehreren Eckpunkten verwendet. Würden wir diese als *Arrays* implementieren, müssten wir sie ziemlich groß anlegen, um alle gefundenen Eckpunkte in jedem Fall aufnehmen zu können. Stattdessen verwenden wir die Klasse `Vector`, eine der dynamischen Datenstrukturen, die Java in seinem *Collections Framework* (Package `java.util.*`) bereits fertig zur Verfügung stellt.

Ein `Vector` ist ähnlich einem Array, kann aber automatisch seine Kapazität erhöhen falls notwendig. Auf einzelne Elemente in einem `Vector` kann genauso wie in einem Array per Index zugegriffen werden und zudem implementiert die Klasse `Vector` das Java `List`-Interface, das eine Reihe weiterer Zugriffsmethoden bietet. Alternativ hätten wir auch die Klasse `ArrayList` als Container verwenden können, die sich von `Vector` nur geringfügig unterscheidet.

Die collectCorners()-Methode

Die nachfolgende Methode `collectCorners()` bestimmt aus der *corner response function* $Q(u, v)$ die dominanten Eckpunkte. Der Parameter *border* spezifiziert dabei die Breite des Bildrands, innerhalb dessen eventuelle Eckpunkte ignoriert werden sollen:

```
54 Vector collectCorners(FloatProcessor Q, int border) {
55   Vector cornerList = new Vector(1000);
56   int w = Q.getWidth(), h = Q.getHeight();
57   float[] Qpix = (float[]) Q.getPixels();
58   //traverse the Q-image and check for corners:
59   for (int v=border; v<h-border; v++){
60     for (int u=border; u<w-border; u++) {
61       float q = Qpix[v*w+u];
62       if (q>threshold && isLocalMax(crf,u,v)) {
63         Corner c = new Corner(u,v,q);
64         cornerList.add(c);
65       }
66     }
67   }
68   Collections.sort(cornerList);
69   return cornerList;
70 }
```

Zunächst wird (in Zeile 55) eine Variable `cornerList` vom Typ `Vector` mit einer Anfangskapazität von 1000 Objekten angelegt. Dann wird das Bild `Q` durchlaufen und sobald eine Position als Eckpunkt in Frage kommt, wird ein neues `Corner`-Objekt erzeugt und zu `cornerList` angefügt (Zeile 64). Die Boole'sche Methode `isLocalMax(`Q, u, v`)`, die in der Klasse `HarrisCornerDet` definiert ist, stellt fest, ob $Q(u, v)$ an der Position u, v ein lokales Maximum aufweist (s. Definition in Anhang D.1).

Abschließend werden (in Zeile 68) die Eckpunkte in `cornerList` durch Aufruf der Methode `sort()` (eine statische Methode der Klasse java.util. Collections) nach ihrer Stärke sortiert. Um das zu ermöglichen, muss die Klasse `Corner` wie erwähnt das Java `Comparable`-Interface implementieren, also auch eine `compareTo()`-Methode zur Verfügung stellen. Da wir die Eckpunkte in absteigender Reihenfolge nach ihrem jeweiligen q-Wert sortieren wollen, definieren wir diese Methode in der Klasse `Corner` folgendermaßen:

```
70 public int compareTo (Object obj) { //in class Corner
71   Corner c2 = (Corner) obj;
72   if (this.q > c2.q) return -1;
73   if (this.q < c2.q) return 1;
74   else return 0;
75 }
```

Aufräumen

Der abschließende Schritt ist das Beseitigen der schwächeren Eckpunkte in einem Umkreis bestimmter Größe, spezifiziert durch den Radius d_{min} (Alg. 8.1,

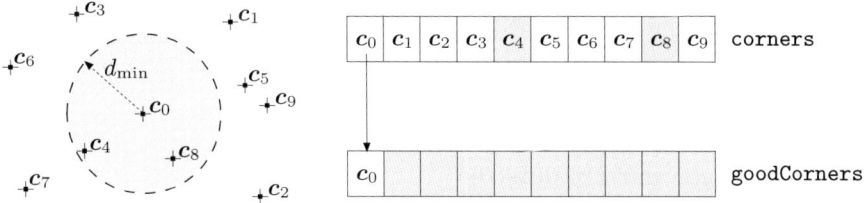

Abb. 8.3. Auswahl der stärksten Eckpunkte innerhalb einer bestimmten Umgebung. Die ursprüngliche Liste von Eckpunkten (`corners`) ist nach „corner strength" q in absteigender Reihenfolge sortiert, c_0 ist also der stärkste Eckpunkt. Als Erstes wird c_0 zur neuen Liste `goodCorners` angefügt und die Eckpunkte c_4 und c_8, die sich innerhalb der Distanz d_{min} von c_0 befinden, werden aus `corners` gelöscht. In gleicher Weise wird als nächster Eckpunkt c_1 behandelt usw., bis in `corners` keine Elemente mehr übrig sind. Keiner der verbleibenden Eckpunkte in `goodCorners` ist dadurch näher zu einem anderen Eckpunkt als d_{min}.

Zeile 24–30). Dieser Vorgang ist in Abb. 8.3 skizziert und in der nachfolgenden Methode `cleanupCorners()` implementiert. Der bereits nach q sortierte `Vector corners` wird zunächst in ein gewöhnliches Array konvertiert (Zeile 78), das dann von Anfang bis Ende durchlaufen wird:

```
75 Vector cleanupCorners(Vector corners, double dmin){
76   //corners is sorted by q in descending order
77   double dmin2 = dmin*dmin;
78   Object[] cornerArray = corners.toArray();
79   Vector goodCorners = new Vector(corners.size());
80   for (int i=0; i<cornerArray.length; i++){
81     if (cornerArray[i] != null){
82       Corner c1 = (Corner) cornerArray[i];
83       goodCorners.add(c1);
84       //delete all remaining corners close to c
85       for (int j=i+1; j<cornerArray.length; j++){
86         if (cornerArray[j] != null){
87           Corner c2 = (Corner) cornerArray[j];
88           if (c1.dist2(c2)<dmin2)    //compare squared distance
89             cornerArray[j] = null; //delete corner
90         }
91       }
92     }
93   }
94   return goodCorners;
95 }
```

Jeweils nachfolgende Eckpunkte innerhalb der d_{min}-Umgebung eines stärkeren Eckpunkts werden gelöscht (Zeile 89) und nur die verbleibenden Eckpunkte werden in die neue Liste `goodCorners` (die wieder als `Vector` realisiert ist) übernommen. Der Methodenaufruf c1.dist2(c2) in Zeile 88 liefert das Quadrat der Distanz $d^2 = (u_1 - u_2)^2 + (v_1 - v_2)^2$ zwischen den Eckpunkten c1 und c2. Durch Verwendung des Quadrats der Distanzen wird die Wurzelfunktion vermieden.

8.3.3 Anzeigen der Eckpunkte

Zur Anzeige der gefundenen Eckpunkte werden an den entsprechenden Positionen im Originalbild Markierungen angebracht. Die nachfolgende Methode showCornerPoints() (definiert in der Klasse HarrisCornerDet) erzeugt zunächst eine Kopie des Originalbilds ip und erhöht dann mithilfe einer Lookup-Table die Gesamthelligkeit auf den Intensitätsbereich 128...255, bei gleichzeitiger Halbierung des Kontrasts (Zeilen 98–102). Dann wird die Liste corners durchlaufen und jedes Corner-Objekt „zeichnet sich selbst" durch Aufruf der Methode draw() in das Ergebnisbild ipResult (Zeile 107):

```
95  ImageProcessor showCornerPoints(ImageProcessor ip){
96    ByteProcessor ipResult = (ByteProcessor)ip.duplicate();
97    //change background image contrast and brightness
98    int[] lookupTable = new int[256];
99    for (int i=0; i<256; i++){
100     lookupTable[i] = 128 + (i/2);
101   }
102   ipResult.applyTable(lookupTable);
103
104   Iterator it = corners.iterator();
105   for (int i=0; it.hasNext(); i++){
106     Corner c = (Corner) it.next();
107     c.draw(ipResult);
108   }
109   return ipResult;
110 }
```

Die draw()-Methode selbst ist in der Klasse Corner definiert und zeichnet nur ein Kreuz fixer Größe an der Position des Eckpunkts (u, v):

```
110 void draw(ByteProcessor ip){ //defined in class Corner
111   //draw this corner as a black cross
112   int paintvalue = 0;      // set draw value to black
113   int size = 2;            // set size of cross marker
114   ip.setValue(paintvalue);
115   ip.drawLine(u-size,v,u+size,v);
116   ip.drawLine(u,v-size,u,v+size);
117 }
```

8.3.4 Zusammenfassung

Die meisten der oben beschriebenen Schritte dieser Implementierung sind in der Methode findCorners() zusammengefasst, die folgendermaßen aussieht:

```
117 void findCorners(){          //defined in class Corner
118   makeDerivatives();
119   makeCrf();       // compute corner response function (CRF)
120   corners = collectCorners(border);
121   corners = cleanupCorners(corners);
122 }
```

Die eigentliche run()-Methode des zugehörigen Plugin FindCorners_ reduziert sich damit auf nur wenige Zeilen. Sie erzeugt nur ein neues Objekt der Klasse HarrisCornerDet , wendet darauf die Methode findCorners() an und gibt die Ergebnisse in einem neuen Fenster aus:

```
122 public void run(ImageProcessor ip) {
123   HarrisCornerDet hcd = new HarrisCornerDet(ip);
124   hcd.findCorners();
125   ImageProcessor result = hcd.showCornerPoints(ip);
126   ImagePlus win = new ImagePlus("Corners",result);
127   win.show();
128 }
```

Der vollständige Quellcode zu diesem Abschnitt ist, wie bereits mehrfach erwähnt, in Anhang D.1 verfügbar. Wie gewohnt sind die meisten dieser Codesegmente auf möglichst gute Verständlichkeit ausgelegt und nicht unbedingt auf Geschwindigkeit oder Speichereffizienz. Viele Details können daher (auch als Übung) mit relativ geringem Aufwand optimiert werden, sofern Effizienz ein wichtiges Thema ist.

8.4 Aufgaben

Aufg. 8.1. Adaptieren Sie die draw()-Methode in der Klasse Corner (S. 145), sodass auch die Stärke (q-Werte) der Eckpunkte grafisch dargestellt werden, z. B. durch die Größe der angezeigten Markierung.

Aufg. 8.2. Untersuchen Sie das Verhalten des Harris-Detektors bei Änderungen des Bildkontrasts und entwickeln Sie eine Idee, wie man den Parameter t_H automatisch an den Bildinhalt anpassen könnte.

Aufg. 8.3. Testen Sie die Zuverlässigkeit des Harris-Detektors bei Rotation und Verzerrung des Bilds. Stellen Sie fest, ob der Operator tatsächlich isotrop arbeitet.

Aufg. 8.4. Testen Sie das Verhalten des Harris-Detektors, vor allem in Bezug auf Positionierungsgenauigkeit und fehlende Eckpunkte, in Abhängigkeit vom Bildrauschen.

Detektion einfacher Kurven

In Kap. 7 haben wir gezeigt, wie man mithilfe von geeigneten Filtern Kanten finden kann, indem man an jeder Bildposition die Kantenstärke und möglicherweise auch die Orientierung der Kante bestimmt. Der darauf folgende Schritt bestand in der Entscheidung (z. B. durch Anwendung einer Schwellwertoperation auf die Kantenstärke), ob an einer Bildposition ein Kantenpunkt vorliegt oder nicht, mit einem binären Kantenbild (*edge map*) als Ergebnis. Das ist eine sehr frühe Festlegung, denn natürlich kann aus der beschränkten („myopischen") Sicht eines Kantenfilters nicht zuverlässig ermittelt werden, ob sich ein Punkt tatsächlich auf einer Kante befindet oder nicht. Man muss daher davon ausgehen, dass in dem auf diese Weise produzierten Kantenbild viele vermeintliche Kantenpunkte markiert sind, die in Wirklichkeit zu keiner echten Kante gehören, und andererseits echte Kantenpunkte fehlen. Kantenbilder enthalten daher in der Regel zahlreiche irrelevante Strukturen und gleichzeitig sind wichtige Strukturen häufig unvollständig. Das Thema dieses Kapitels ist es, in einem vorläufigen, binären Kantenbild auffällige und möglicherweise bedeutsame Strukturen aufgrund ihrer Form zu finden.

9.1 Auffällige Strukturen

Ein intuitiver Ansatz zum Auffinden größerer Bildstrukturen könnte darin bestehen, beginnend bei einem beliebigen Kantenpunkt benachbarte Kantenpixel schrittweise aneinander zu fügen und damit die Konturen von Objekten zu bestimmen. Das könnte man sowohl im kontinuierlichen Kantenbild (mit Kantenstärke und Orientierung) als auch im binären *edge map* versuchen. In beiden Fällen ist aufgrund von Unterbrechungen, Verzweigungen und ähnlichen Mehrdeutigkeiten mit Problemen zu rechnen und ohne zusätzliche Kriterien und Informationen über die Art der gesuchten Objekte bestehen nur geringe Aussichten auf Erfolg. Das lokale, sequentielle Verfolgen von Konturen (*contour tracing*) ist daher ein interessantes Optimierungsproblem [47] (s. auch Kap. 11.2).

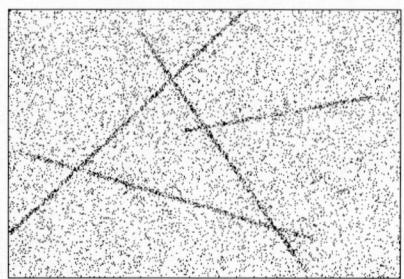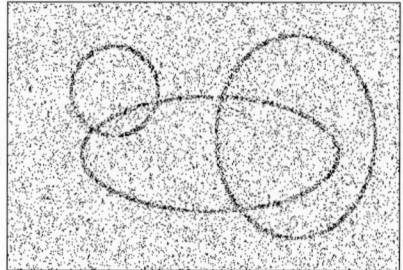

Abb. 9.1. Das menschliche Sehsystem findet auffällige Bildstrukturen spontan auch unter schwierigen Bedingungen.

Eine völlig andere Idee ist die Suche nach global auffälligen Strukturen, die von vornherein gewissen Formeigenschaften entsprechen. Wie das Beispiel in Abb. 9.1 zeigt, sind für das menschliche Auge derartige Strukturen auch dann auffällig, wenn keine zusammenhängenden Konturen gegeben sind, Überkreuzungen vorliegen und viele zusätzliche Elemente das Bild beeinträchtigen. Es ist auch heute weitgehend unbekannt, welche Mechanismen im biologischen Sehen für dieses spontane Zusammenfügen und Erkennen unter derartigen Bedingungen verantwortlich sind. Eine Technik, die zumindest eine vage Vorstellung davon gibt, wie derartige Aufgabenstellungen mit dem Computer möglicherweise zu lösen sind, ist die so genannte „Hough-Transformation", die wir nachfolgend näher betrachten.

9.2 Hough-Transformation

Die Methode von Paul Hough – ursprünglich als US-Patent [36] publiziert und oft als „Hough-Transformation" (HT) bezeichnet – ist ein allgemeiner Ansatz, um beliebige, parametrisierbare Formen in Punktverteilungen zu lokalisieren [20, 40]. Zum Beispiel können viele geometrische Formen wie Geraden, Kreise und Ellipsen mit einigen wenigen Parametern beschrieben werden. Da sich gerade diese Formen besonders häufig im Zusammenhang mit künstlichen, von Menschenhand geschaffenen Objekten finden, sind sie für die Analyse von Bildern besonders interessant (Abb. 9.2).

Betrachten wir zunächst den Einsatz der HT zur Detektion von Geraden in binären Kantenbildern, eine relativ häufige Anwendung. Eine Gerade in 2D kann bekanntlich mit zwei reellwertigen Parametern beschrieben werden, z. B. in der klassischen Form

$$y = kx + d, \tag{9.1}$$

wobei k die Steigung und d die Höhe des Schnittpunkts mit der y-Achse bezeichnet (Abb. 9.3). Eine Gerade, die durch zwei gegebene (Kanten-)Punkte $\boldsymbol{p}_1 = (x_1, y_1)$ und $\boldsymbol{p}_2 = (x_2, y_2)$ läuft, muss daher folgende beiden Gleichungen erfüllen:

Abb. 9.2. Einfache geometrische Formen, wie gerade, kreisförmige oder elliptische Segmente, erscheinen häufig im Zusammenhang mit künstlichen bzw. technischen Objekten.

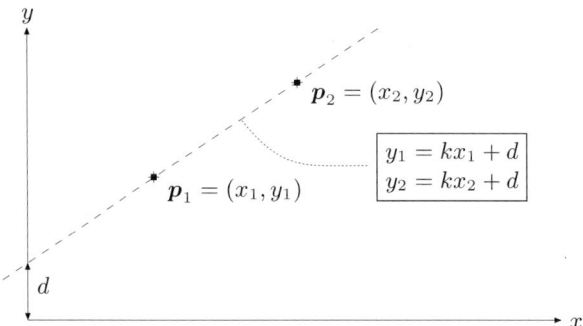

Abb. 9.3. Zwei Bildpunkte p_1 and p_2 liegen auf derselben Geraden, wenn $y_1 = kx_1 + d$ und $y_2 = kx_2 + d$ für ein bestimmtes k und d.

$$y_1 = kx_1 + d \quad \text{und} \quad y_2 = kx_2 + d \tag{9.2}$$

für $k, d \in \mathbb{R}$. Das Ziel ist nun, jene Geradenparameter k und d zu finden, auf denen möglichst *viele* Kantenpunkte liegen, bzw. jene Geraden, die möglichst viele dieser Punkte „erklären". Wie kann man aber feststellen, wie viele Punkte auf einer bestimmten Geraden liegen? Eine Möglichkeit wäre etwa, alle möglichen Geraden in das Bild zu „zeichnen" und die Bildpunkte zu zählen, die jeweils exakt auf einer bestimmten Geraden liegen. Das ist zwar grundsätzlich möglich, wegen der großen Zahl an Geraden aber nicht besonders effizient.

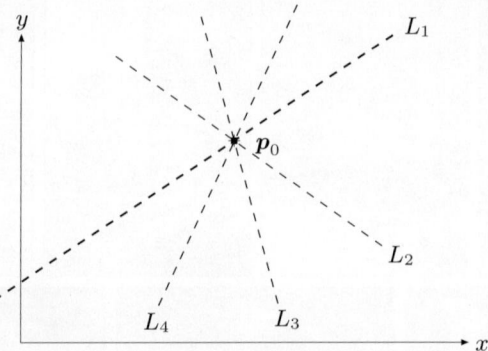

Abb. 9.4. Geradenbündel durch einen Bildpunkt. Für alle möglichen Geraden L_j durch den Punkt $\boldsymbol{p}_0 = (x_0, y_0)$ gilt $y_0 = k_j x_0 + d_j$ für geeignete Parameter k_j, d_j.

9.2.1 Parameterraum

Die Hough-Transformation geht an dieses Problem auf dem umgekehrten Weg heran, indem sie alle möglichen Geraden ermittelt, die durch einen einzelnen, gegebenen Bildpunkt laufen. Jede Gerade L_j, die durch einen Punkt $\boldsymbol{p}_0 = (x_0, y_0)$ läuft, muss die Gleichung

$$L_j : y_0 = k_j x_0 + d_j \qquad (9.3)$$

für geeignete Werte von k_j, d_j erfüllen. Die Menge der Lösungen für k_j, d_j in Gl. 9.3 entspricht einem Bündel von unendlich vielen Geraden, die alle durch den gegebenen Punkt $\boldsymbol{p}_0$ laufen (Abb. 9.4). Für ein bestimmtes k_j ergibt sich die zugehörige Lösung für d_j aus Gl. 9.3 als

$$d_j = -x_0 k_j + y_0 \,, \qquad (9.4)$$

also wiederum eine lineare Funktion (Gerade), wobei nun k_j, d_j die *Variablen* und x_0, y_0 die (konstanten) *Parameter* der Funktion sind. Die Lösungsmenge $\{(k_j, d_j)\}$ von Gl. 9.4 beschreibt die Parameter aller möglichen Geraden L_j, die durch einen Bildpunkt $\boldsymbol{p}_0 = (x_0, y_0)$ führen.

Für einen *beliebigen* Bildpunkt $\boldsymbol{p}_i = (x_i, y_i)$ entspricht Gl. 9.4 einer Geraden

$$M_i : d = -x_i k + y_i \qquad (9.5)$$

mit den Parametern $-x_i, y_i$ im so genannten *Parameterraum* (auch „Hough-Raum" genannt), der durch die Koordinaten k, d aufgespannt wird. Der Zusammenhang zwischen dem Bildraum und dem Parameterraum lässt sich folgendermaßen zusammenfassen:

Bildraum (x, y)		*Parameterraum* (k, d)	
Punkt	$\boldsymbol{p}_i = (x_i, y_i)$	$M_i : d = -x_i k + y_i$	Gerade
Gerade	$L_j : y = k_j x + d_j$	$\boldsymbol{q}_j = (k_j, d_j)$	Punkt

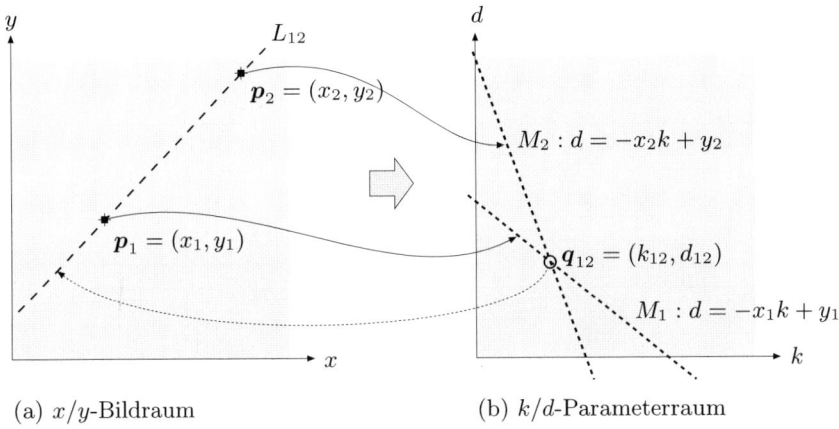

(a) x/y-Bildraum   (b) k/d-Parameterraum

Abb. 9.5. Zusammenhang zwischen Bildraum und Parameterraum. Die Parameterwerte für alle möglichen Geraden durch den Bildpunkt $p_i = (x_i, y_i)$ im Bildraum (a) liegen im Parameterraum (b) auf einer Geraden M_i. Umgekehrt entspricht jeder Punkt $q_j = (k_j, d_j)$ im Parameterraum einer Geraden L_j im Bildraum. Der Schnittpunkt der 2 Geraden M_1, M_2 an der Stelle $q_{12} = (k_{12}, d_{12})$ im Parameterraum zeigt an, dass im Bildraum eine Gerade L_{12} mit 2 Punkten und den Parametern k_{12} und d_{12} existiert.

Jedem Punkt p_i und seinem zugehörigen Geradenbüschel im Bildraum entspricht also exakt eine Gerade M_i im Parameterraum. Am meisten sind wir jedoch an jenen Stellen interessiert, an denen sich Geraden im Parameterraum *schneiden*. Wie am Beispiel in Abb. 9.5 gezeigt, schneiden sich die Geraden M_1 und M_2 an der Position $q_{12} = (k_{12}, d_{12})$ im Parameterraum, die den Parametern jener Geraden im Bildraum entspricht, die sowohl durch den Punkt p_1 als auch durch den Punkt p_2 verläuft. Je mehr Geraden M_i sich an einem Punkt im Parameterraum schneiden, umso mehr Bildpunkte liegen daher auf der entsprechenden Geraden im Bildraum! Allgemein ausgedrückt heißt das:

> Wenn sich N Geraden an einer Position (k', d') im *Parameterraum* schneiden, dann liegen auf der entsprechenden Geraden $y = k'x + d'$ im *Bildraum* insgesamt N Bildpunkte.

9.2.2 Akkumulator-Array

Das Ziel, die dominanten Bildgeraden zu finden, ist daher gleichbedeutend mit dem Auffinden jener Koordinaten im Parameterraum, an denen sich viele Parametergeraden schneiden. Genau das ist die Intention der HT. Um die HT zu berechnen, benötigen wir zunächst eine diskrete Darstellung des kontinuierlichen Parameterraums mit entsprechender Schrittweite für die Koordinaten k und d. Um die Anzahl der Überschneidungen im Parameterraum zu berechnen, wird jede Parametergerade M_i additiv in dieses „Akkumulator-Array"

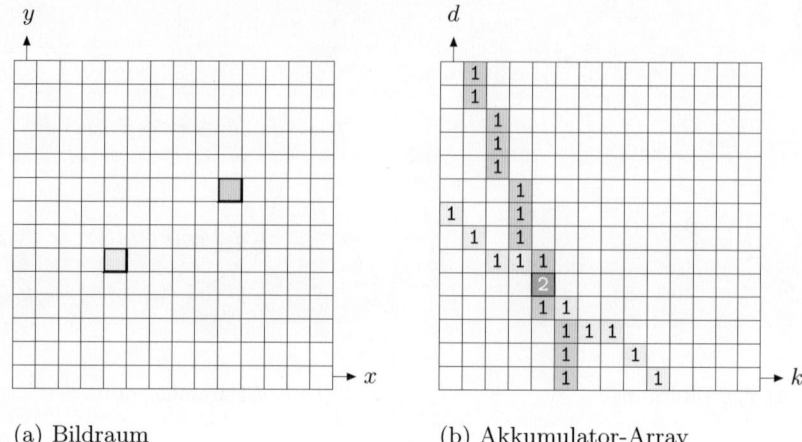

(a) Bildraum   (b) Akkumulator-Array

Abb. 9.6. Kernidee der Hough-Transformation. Das Akkumulator-Array ist eine diskrete Repräsentation des Parameterraums (k, d). Für jeden gefundenen Bildpunkt (a) wird eine diskrete Gerade in den Parameterraum (b) gezeichnet. Diese Operation erfolgt *additiv*, d. h., jede durchlaufene Array-Zelle wird um den Wert 1 erhöht. Der Wert jeder Zelle des Akkumulator-Arrays entspricht der Anzahl von Parametergeraden, die sich dort schneiden (in diesem Fall 2).

gezeichnet, indem jede durchlaufene Zelle um den Wert 1 erhöht wird (Abb. 9.6).

9.2.3 Eine bessere Geradenparametrisierung

Leider ist die Geradenrepräsentation in Gl. 9.1 in der Praxis nicht wirklich brauchbar, denn es gilt $k = \infty$ für vertikale Geraden. Eine bessere Lösung ist die so genannte *Hesse'sche Normalform* (HNF) der Geradengleichung

$$x \cdot \cos(\theta) + y \cdot \sin(\theta) = r \,, \tag{9.6}$$

die keine derartigen Singularitäten aufweist und außerdem eine lineare Quantisierung ihrer Parameter, den Winkel θ und den Radius r, ermöglicht (s. Abb. 9.7). Mit der HNF-Parametrisierung hat der Parameterraum die Koordinaten θ, r und jedem Bildpunkt $\boldsymbol{p}_i = (x_i, y_i)$ entspricht darin die Relation

$$r_{x_i, y_i}(\theta) = x_i \cdot \cos(\theta) + y_i \cdot \sin(\theta) \,, \tag{9.7}$$

für den Winkelbereich $0 \leq \theta < \pi$ (s. Abb. 9.8). Wenn wir das Zentrum des Bilds als Referenzpunkt für die x/y-Bildkoordinaten benutzen, dann ist der mögliche Bereich für den Radius auf die Hälfte der Bilddiagonale beschränkt, d. h.

$$-r_{\max} \leq r_{x,y}(\theta) \leq r_{\max}, \quad \text{wobei} \quad r_{\max} = \tfrac{1}{2}\sqrt{M^2 + N^2} \tag{9.8}$$

für ein Bild der Breite M und der Höhe N.

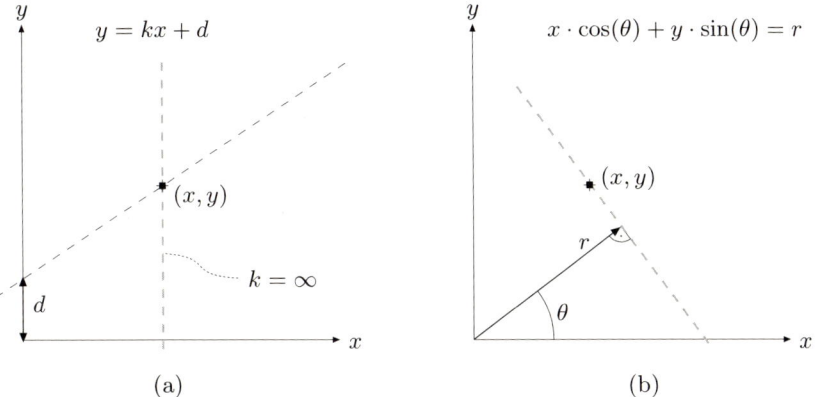

Abb. 9.7. Parametrisierung von Geraden in 2D. In der üblichen k, d-Parametrisierung (a) ergibt sich bei vertikalen Geraden ein Problem, weil in diesem Fall $k = \infty$. Die Hesse'sche Normalform (b), bei der die Gerade durch den Winkel θ und den Abstand vom Ursprung r dargestellt wird, vermeidet dieses Problem.

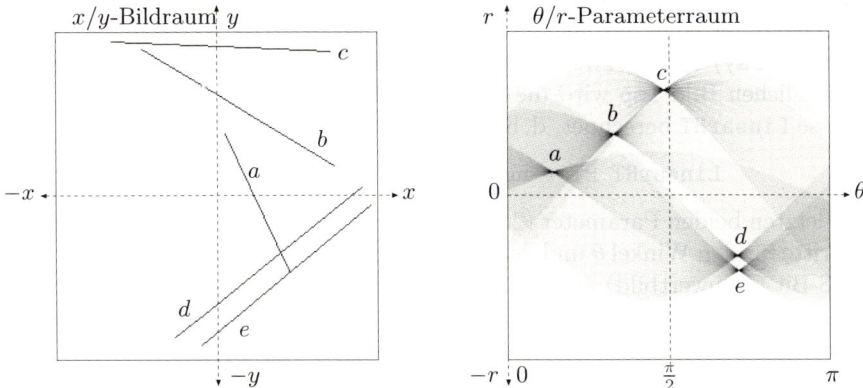

Abb. 9.8. Bildraum und Parameterraum für die HNF-Parametrisierung.

9.3 Implementierung der Hough-Transformation

Der grundlegende Hough-Algorithmus für die Geradenparametrisierung mit der HNF (Gl. 9.6) ist in Alg. 9.1 gezeigt. Ausgehend von einem binären Eingangsbild $I(u, v)$, das bereits markierte Kantenpixel (Wert 1) enthält, wird im ersten Schritt ein zweidimensionales Akkumulator-Array erzeugt und gefüllt. Im zweiten Schritt (FINDMAXLINES()) wird, wie nachfolgend beschrieben, das Akkumulator-Array nach maximalen Einträgen durchsucht und ein Vektor von Parameterwerten für die K stärksten Geraden

$$MaxLines = \big((\theta_1, r_1), (\theta_2, r_2), \ldots (\theta_K, r_K)\big)$$

wird zurückgegeben.

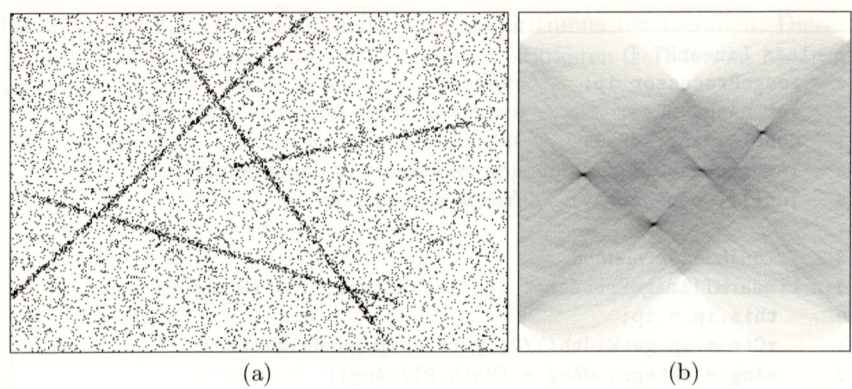

(a)   (b)

Abb. 9.9. Hough-Transformation für Geraden. Das Originalbild (a) hat eine Größe von 360 × 240 Pixel, womit sich ein maximaler Radius (Abstand vom Bildzentrum) $r_{max} \approx 216$ ergibt. Im zugehörigen Parameterraum (b) wird eine Rasterung von jeweils 256 Schritten sowohl für den Winkel $\theta = 0 \dots \pi$ (horizontale Achse) als auch für den Radius $r = -r_{max} \dots r_{max}$ (vertikale Achse) verwendet. Die vier dunklen Maximalwerte im Akkumulator-Array entsprechen den Parametern der vier Geraden im Originalbild. Die Intensität wurde zur besseren Sichtbarkeit invertiert.

könnte man z. B. mit einer morphologischen *Closing*-Operation (s. Abschn. 10.3.2) auf einfache Weise bereinigen. Als Nächstes lokalisieren wir die noch übrigen Regionen in $Acc[\theta, r]$ (z. B. mit einer der Techniken in Abschn. 11.1), berechnen die Schwerpunkte der Regionen (s. Abschn. 11.4.3) und verwenden deren (nicht ganzzahlige) Koordinaten als Parameter der gefundenen Geraden. Weiters ist die Summe der Akkumulator-Werte innerhalb einer Region ein guter Indikator für die Stärke (Anzahl der Bildpunkte) der Geraden.

B. **Non-Maximum Suppression.** Die Idee dieser Methode besteht im Auffinden lokaler Maxima im Akkumulator-Array durch Unterdrückung aller *nicht* maximalen Werte.[1] Dazu wird für jede Zelle in $Acc[\theta, r]$ festgestellt, ob ihr Wert höher ist als die Werte aller ihrer Nachbarzellen. Ist dies der Fall, dann wird der bestehende Wert beibehalten, ansonsten wird die Zelle auf null gesetzt (Abb. 9.10 (c)). Die (ganzzahligen) Koordinaten der verbleibenden Spitzen sind potentielle Geradenparameter und deren jeweilige Höhe entspricht der Stärke der Bildgeraden. Diese Methode kann natürlich mit einer Schwellwertoperation verbunden werden, um die Anzahl der Kandidatenpunkte einzuschränken. Das entsprechende Ergebnis zeigt Abb. 9.10 (d).

---

[1] Non-Maximum Suppression wird auch in Abschn. 8.2.3 zur Isolierung von Eckpunkten verwendet.

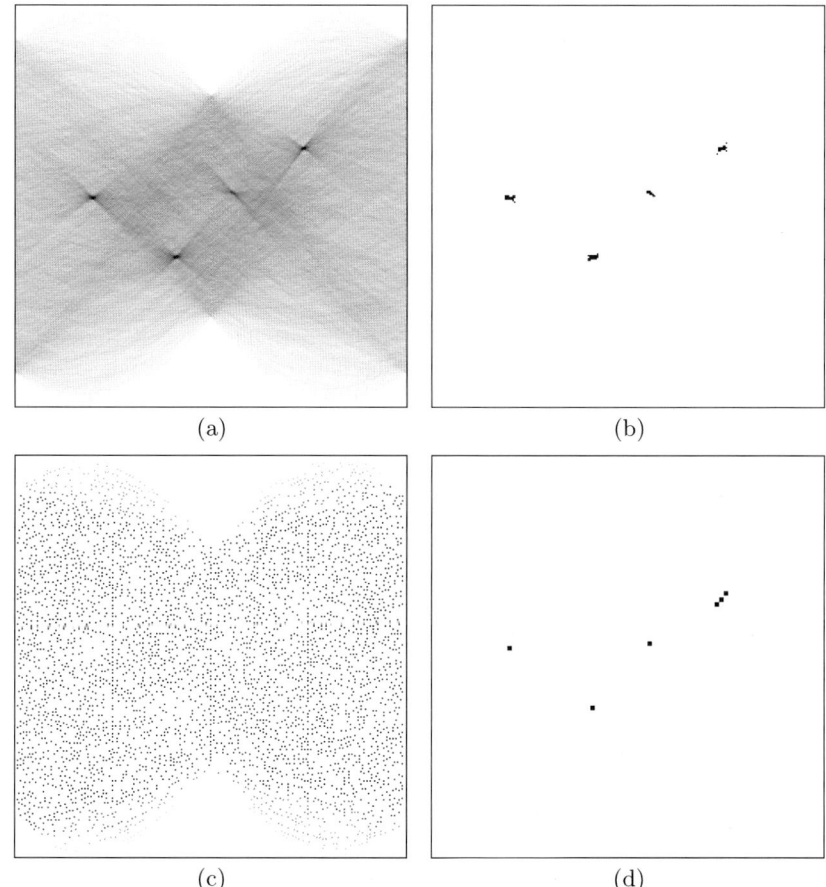

(a)   (b)

(c)   (d)

Abb. 9.10. Bestimmung lokaler Maximalwerte im Akkumulator-Array. Ursprüngliche Verteilung der Werte im Hough-Akkumulator (a). **Variante A:** *Schwellwert-Operation* mit 50% des Maximalwerts (b) – die verbleibenden Regionen entsprechen den vier dominanten Bildgeraden. Die Koordinaten der Schwerpunkte dieser Regionen ergeben eine gute Schätzung der echten Geradenparameter. **Variante B:** Durch *Non-Maximum Suppression* entsteht zunächst eine große Zahl lokaler Maxima (c), die durch eine anschließende Schwellwertoperation reduziert wird (d).

9.3.3 Erweiterungen der Hough-Transformation

Was wir bisher gesehen haben, ist nur die einfachste Form der Hough-Transformation. Für den praktischen Einsatz sind unzählige Verbesserungen und Verfeinerungen möglich und oft auch unumgänglich. Hier eine kurze und keineswegs vollständige Liste von Möglichkeiten.

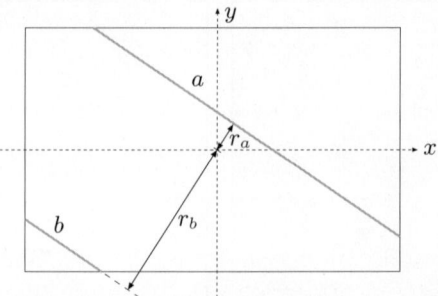

Abb. 9.11. Bias-Problem. Innerhalb der endlichen Bildfläche sind Geraden mit einem kleinen Abstand r vom Zentrum i. Allg. länger als Geraden mit großem r. Zum Beispiel ist die maximal mögliche Zahl von Akkumulator-Treffern für Gerade a wesentlich höher als für Gerade b.

Bias

Da der Wert eine Zelle im Hough-Akkumulator der Anzahl der Bildpunkte auf der entsprechenden Geraden entspricht, können lange Geraden grundsätzlich höhere Werte als kurze Geraden erzielen. Zum Beispiel kann eine Gerade in der Nähe einer Bildecke nie dieselbe Anzahl von Treffern in ihrer Akkumulator-Zelle erreichen wie eine Gerade entlang der Bilddiagonalen (Abb. 9.11). Wenn wir daher im Ergebnis nur nach den maximalen Einträgen suchen, ist die Wahrscheinlichkeit hoch, dass kürzere Geraden überhaupt nicht gefunden werden. Eine Möglichkeit, diesen systematischen Fehler zu kompensieren, besteht darin, jeden Akkumulator-Eintrag $Acc[\theta, r]$ bezüglich der maximal möglichen Zahl von Bildpunkten $MaxHits[\theta, r]$ auf der Geraden mit den Parametern θ, r zu normalisieren:

$$Acc'[\theta, r] \leftarrow \frac{Acc[\theta, r]}{MaxHits[\theta, r]} \quad \text{für} \ \ MaxHits[\theta, r] > 0. \tag{9.9}$$

$MaxHits[\theta, r]$ kann z. B. durch Berechnung der Hough-Transformation auf ein Bild mit den gleichen Dimensionen ermittelt werden, in dem alle Pixel aktiviert sind, oder durch ein zufälliges Bild, in dem die Pixel gleichförmig verteilt sind.

Endpunkte von Bildgeraden

Die einfache Version der Hough-Transformation liefert zwar die Parameter der Bildgeraden, nicht aber deren Endpunkte. Das nachträgliche Auffinden der Endpunkte bei gegebenen Geradenparametern ist nicht nur aufwendig, sondern reagiert auch empfindlich auf Diskretisierungs- bzw. Rundungsfehler. Eine Möglichkeit ist, die Koordinaten der Extrempunkte einer Geraden bereits innerhalb der Berechnung des Akkumulator-Arrays zu berücksichtigen.

Dazu wird jede Akkumulator-Zelle durch zwei zusätzliche Koordinatenpaare $(startX, startY)$ und $(endX, endY)$ ergänzt, d. h.

$$Acc[\theta, r] = (count, startX, startY, endX, endY).$$

Die Koordinaten für die beiden Endpunkte jeder Geraden werden beim Füllen des Akkumulator-Arrays mitgezogen, sodass sie am Ende des Vorgangs jeweils den am weitesten auseinander liegenden Endpunkten der Geraden entsprechen. Natürlich muss bei der Auswertung des Akkumulator-Arrays darauf geachtet werden, dass beim eventuellen Zusammenfügen von Akkumulator-Zellen in diesem Fall auch die Koordinaten der Endpunkte entsprechend berücksichtigt werden müssen.

Berücksichtigung von Kantenstärke und -orientierung

Die Ausgangsdaten für die Hough-Transformation ist üblicherweise ein Kantenbild, das wir bisher als binäres 0/1-Bild mit potentiellen Kantenpunkten betrachtet haben. Das ursprüngliche Ergebnis einer Kantendetektion enthält jedoch zusätzliche Informationen, die für die HT verwendet werden können, insbesondere die Kantenstärke $E(u, v)$ und die lokale Kantenrichtung $\Phi(u, v)$ (s. Abschn. 7.3).

Die *Kantenstärke* $E(u, v)$ ist besonders einfach zu berücksichtigen: Anstatt eine getroffene Akkumulator-Zelle nur um 1 zu erhöhen, wird der Wert der jeweiligen Kantenstärke addiert, d. h.

$$Acc[\theta, r] \leftarrow Acc[\theta, r] + E(u, v).$$

Mit anderen Worten, starke Kantenpunkte tragen auch mehr zum akkumulierten Zellwert bei als schwächere.

Die lokale *Kantenorientierung* $\Phi(u, v)$ ist ebenfalls hilfreich, denn sie schränkt den Bereich der möglichen Orientierungswinkel einer Geraden im Bildpunkt (u, v) ein. Die Anzahl der zu berechnenden Akkumulator-Zellen entlang der θ-Achse kann daher, abhängig von $\Phi(u, v)$, auf einen Teilbereich reduziert werden. Dadurch wird nicht nur die Effizienz des Verfahrens verbessert, sondern durch die Reduktion von irrelevanten „votes" im Akkumulator auch die Trennschärfe der HT insgesamt erhöht (s. beispielsweise [45, S. 483]).

Hierarchische Hough-Transformation

Die Genauigkeit der Ergebnisse wächst mit der Größe des Parameterraums. Eine Größe von 256 entlang der θ-Achse bedeutet z. B. eine Schrittweite der Geradenrichtung von $\frac{\pi}{256} \approx 0.7°$. Eine Vergrößerung des Akkumulators führt zu feineren Ergebnissen, bedeutet aber auch zusätzliche Rechenzeit und insbesondere einen höheren Speicherbedarf. Die Idee der hierarchischen HT ist, schrittweise wie mit einem „Zoom" den Parameterraum gezielt zu verfeinern.

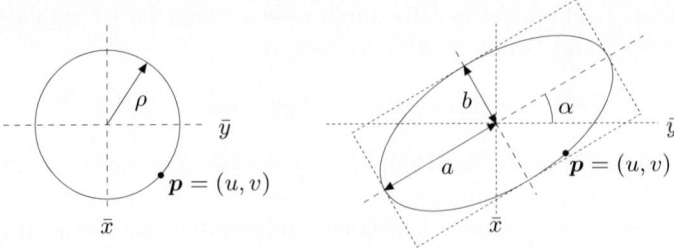

Abb. 9.12. Parametrisierung von Kreisen und Ellipsen in 2D.

Zunächst werden mit einem relativ grob aufgelösten Parameterraum die wichtigsten Geraden gesucht, dann wird der Parameterraum um die Ergebnisse herum mit höherer Auflösung „expandiert" und die HT rekursiv wiederholt. Auf diese Weise kann trotz eines beschränkten Parameterraums eine relativ genaue Bestimmung der Parameter erreicht werden.

9.4 Hough-Transformation für Kreise und Ellipsen

9.4.1 Kreise und Kreisbögen

Geraden in 2D haben zwei Freiheitsgrade und sind daher mit zwei reellwertigen Parametern vollständig spezifiziert. Ein Kreis in 2D benötigt *drei* Parameter, z. B. in der Form

$$Circle = (\bar{x}, \bar{y}, \rho),$$

wobei $\bar{x}$, $\bar{y}$ die Koordinaten des Mittelpunkts und ρ den Kreisradius bezeichnen (Abb. 9.12). Ein Punkt $\boldsymbol{p} = (u, v)$ liegt auf einem Kreis, wenn die Bedingung

$$(u - \bar{x})^2 + (v - \bar{y})^2 = \rho^2 \tag{9.10}$$

gilt, und wir benötigen daher für die Hough-Transformation einen dreidimensionalen Parameterraum $Acc[\bar{x}, \bar{y}, \rho]$, um Kreise (und Kreisbögen) mit beliebiger Position und Radius in einem Bild zu finden. Im Unterschied zur HT für Geraden besteht allerdings keine einfache, funktionale Abhängigkeit der Koordinaten im Parameterraum – wie kann man also jene Parameterkombinationen $(\bar{x}, \bar{y}, \rho)$ finden, die Gl. 9.10 für einen bestimmten Bildpunkt $\boldsymbol{p} = (u, v)$ erfüllen? Ein „brute force"-Ansatz wäre, schrittweise und exhaustiv alle Zellen des Parameterraums auf Gültigkeit der Relation in Gl. 9.10 zu testen, wie in Alg. 9.2 beschrieben.

Eine bessere Idee gibt uns Abb. 9.13, aus der wir sehen, dass die Koordinaten der passenden Mittelpunkte im Hough-Raum selbst wiederum Kreise bilden. Wir müssen daher für einen Bildpunkt $\boldsymbol{p} = (u, v)$ nicht den gesamten, dreidimensionalen Parameterraum durchsuchen, sondern brauchen nur

Algorithmus 9.2 Exhaustiver Hough-Algorithmus für Kreise.

1: HoughCircles(I)
2:     Set up a three-dimensional array $Acc[\bar{x}, \bar{y}, \rho]$ and initialize to 0
3:     **for** all image coordinates (u, v) **do**
4:         **if** $I(u, v)$ is an edge point **then**
5:             **for** all $(\bar{x}_i, \bar{y}_i, \rho_i)$ in the accumulator space **do**
6:                 **if** $(u - \bar{x}_i)^2 + (v - \bar{y}_i)^2 = \rho_i^2$ **then**
7:                     Increment $Acc[\bar{x}_i, \bar{y}_i, \rho_i]$
8:     $MaxCircles \leftarrow$ FindMaxCircles(Acc)   ▷ a list of tuples $(\bar{x}_j, \bar{y}_j, \rho_j)$
9:     **return** $MaxCircles$

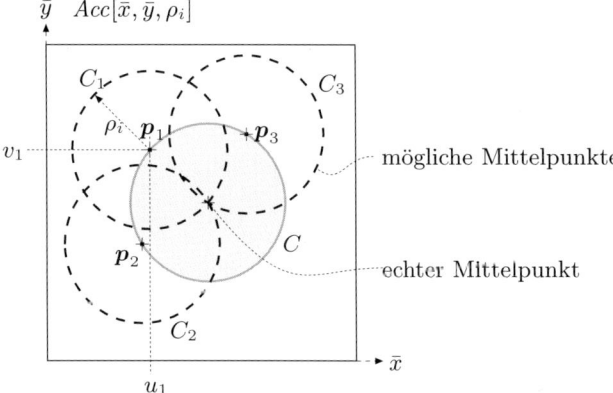

Abb. 9.13. Hough-Transformation für Kreise. Die Abbildung zeigt eine Ebene des dreidimensionalen Akkumulator-Arrays $Acc[\bar{x}, \bar{y}, \rho]$ für einen bestimmten Kreisradius $\rho = \rho_i$. Die Mittelpunkte aller Kreise, die durch einen gegebenen Bildpunkt $\boldsymbol{p}_1 = (u_1, v_1)$ laufen, liegen selbst wieder auf einem Kreis C_1 (- - -) mit dem Radius ρ_i und dem Mittelpunkt $\boldsymbol{p}_1$. Analog dazu liegen die Mittelpunkte der Kreise, die durch $\boldsymbol{p}_2$ und $\boldsymbol{p}_3$ laufen, auf den Kreisen C_2 bzw. C_3. Die Zellen entlang der drei Kreise C_1, C_2, C_3 mit dem Radius ρ_i werden daher im Akkumulator-Array durchlaufen und erhöht. Die Kreise haben einen gemeinsamen Schnittpunkt im echten Mittelpunkt des Bildkreises C, wo drei „Treffer" im Akkumulator-Array zu finden sind.

in jeder ρ-Ebene des Akkumulator-Arrays die Zellen entlang eines entsprechenden Kreises zu erhöhen. Dazu lässt sich jeder Standardalgorithmus zum Generieren von Kreisen verwenden, z. B. eine Variante des bekannten *Bresenham*-Algorithmus [10].

Abb. 9.14 zeigt die räumliche Struktur des dreidimensionalen Parameterraums für Kreise. Für einen Bildpunkt $\boldsymbol{p}_k = (u_k, v_k)$ wird in jeder Ebene entlang der ρ-Achse (für $\rho_i = \rho_{\min} \dots \rho_{\max}$) ein Kreis mit dem Mittelpunkt (u_k, v_k) und dem Radius ρ_i durchlaufen, d. h. entlang einer kegelförmigen Fläche. Die Parameter der dominanten Kreise findet man wiederum als Koor-

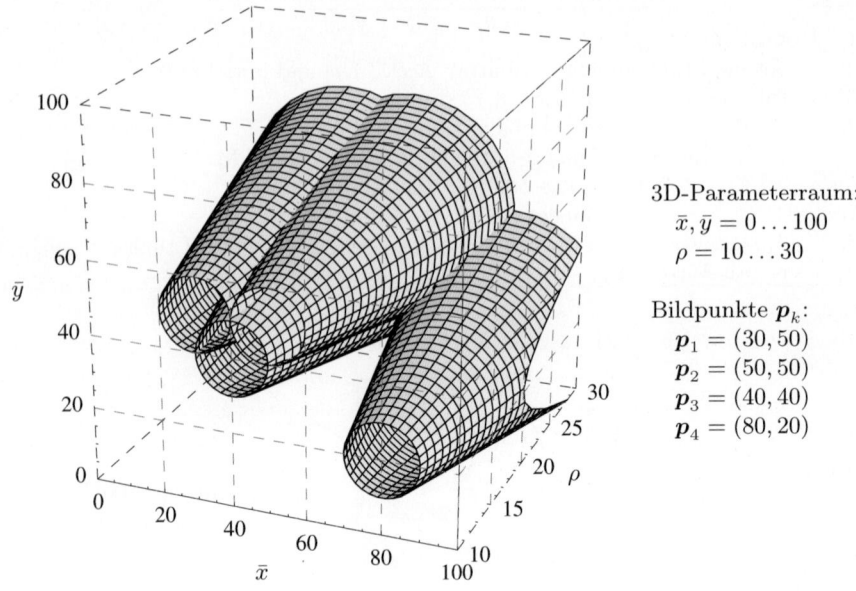

3D-Parameterraum:
$\bar{x}, \bar{y} = 0 \dots 100$
$\rho = 10 \dots 30$

Bildpunkte $\boldsymbol{p}_k$:
$\boldsymbol{p}_1 = (30, 50)$
$\boldsymbol{p}_2 = (50, 50)$
$\boldsymbol{p}_3 = (40, 40)$
$\boldsymbol{p}_4 = (80, 20)$

Abb. 9.14. 3D-Parameterraum für Kreise. Für jeden Bildpunkt $\boldsymbol{p}_k = (u_k, v_k)$ werden die Zellen entlang einer kegelförmigen Fläche im dreidimensionalen Akkumulator-Array $Acc[\bar{x}, \bar{y}, \rho]$ durchlaufen (inkrementiert).

dinaten der Akkumulator-Zellen mit den meisten „Treffern", wo sich also die meisten Kegelflächen schneiden, wobei das *Bias*-Problem (s. Abschn. 9.3.3) natürlich auch hier zutrifft. Kreisbögen werden in gleicher Weise gefunden, allerdings ist die Anzahl der möglichen Treffer proportional zur Bogenlänge.

9.4.2 Ellipsen

In einer perspektivischen Abbildung erscheinen Kreise in der dreidimensionalen Realität in 2D-Abbildungen meist als Ellipsen, außer sie liegen auf der optischen Achse und werden frontal betrachtet. Exakt kreisförmige Strukturen sind daher in gewöhnlichen Fotografien relativ selten anzutreffen. Die Hough-Transformation funktioniert natürlich auch für Ellipsen, allerdings ist die Methode wegen des größeren Parameterraums wesentlich aufwendiger.

Eine allgemeine Ellipse in 2D hat 5 Freiheitsgrade und benötigt zu ihrer Beschreibung daher auch 5 Parameter, z. B.

$$Ellipse = (\bar{x}, \bar{y}, r_a, r_b, \alpha),$$

wobei $(\bar{x}, \bar{y})$ die Koordinaten des Mittelpunkts, (r_a, r_b) die beiden Radien und α die Orientierung der Hauptachse bezeichnen (Abb. 9.12). Um Ellipsen in beliebiger Größe, Lage und Orientierung mit der Hough-Transformation zu finden, würde man daher einen 5-dimensionalen Parameterraum mit geeigneter Auflösung in jeder Dimension benötigen. Eine einfache Rechnung zeigt allerdings den enormen Aufwand: Bei einer Auflösung von nur $128 = 2^7$ Schritten in jeder Dimension ergeben sich bereits 2^{35} Akkumulator-Zellen, was bei einer Implementierung als 4-Byte-*Integers* einem Speicherbedarf von 2^{37} Bytes bzw. 128 Gigabytes entspricht. Auch der für das Füllen und für die Auswertung dieses riesigen Parameterraums notwendige Rechenaufwand lässt die Methode wenig praktikabel erscheinen.

Eine interessante Alternative ist in diesem Fall die *verallgemeinerte Hough-Transformation*, mit der grundsätzlich beliebige zweidimensionale Formen detektiert werden können [4, 40]. Die Form der gesuchten Kontur wird dazu punktweise in einer Tabelle kodiert und der zugehörige Parameterraum bezieht sich auf die Position (x_c, y_c), den Maßstab S und die Orientierung θ der Form. Er ist damit höchstens vierdimensional, also kleiner als jener der Standardmethode für allgemeine Ellipsen.

9.5 Aufgaben

Aufg. 9.1. Implementieren Sie die Hough-Transformation zum Auffinden von Geraden unter Berücksichtigung der Endpunkte, wie in Abschn. 9.3.3 beschrieben.

Aufg. 9.2. Realisieren Sie eine *hierarchische* Form der Hough-Transformation (S. 163) für Geraden zur genauen Bestimmung der Parameter.

Aufg. 9.3. Implementieren Sie die Hough-Transformation zum Auffinden von Kreisen und Kreissegmenten mit variablem Radius. Verwenden Sie dazu einen schnellen Algorithmus zum Generieren von Kreisen im Akkumulator-Array, wie in Abschn. 9.4 beschrieben.

10

Morphologische Filter

Bei der Diskussion des Medianfilters in Kap. 6 konnten wir sehen, dass dieser Typ von Filter in der Lage ist, zweidimensionale Bildstrukturen zu verändern (Abschn. 6.4.2). Interessant war zum Beispiel, dass Ecken abgerundet werden und kleinere Strukturen, wie einzelne Punkte und dünne Linien, infolge der Filterung überhaupt verschwinden können (Abb. 10.1). Das Filter reagiert also selektiv auf die *Form* der lokalen Bildinformation. Diese Eigenschaft könnte auch für andere Zwecke nützlich sein, wenn es gelingt, sie nicht nur zufällig, sondern kontrolliert einzusetzen. In diesem Kapitel betrachten wir so genannten „morphologische" Filter, die imstande sind, die *Struktur* von Bildern gezielt zu beeinflussen.

Morphologische Filter sind – in ihrer ursprünglichen Form – primär für Binärbilder gedacht, d. h. für Bilder mit nur zwei verschiedenen Pixelwerten 0 und 1 bzw. schwarz und weiß. Binäre Bilder finden sich an vielen Stellen, speziell im Digitaldruck, in der Dokumentenübertragung und -archivierung, aber auch als Bildmasken bei der Bildbearbeitung und im Video-Compositing. Binärbilder können z. B. aus Grauwertbildern durch eine einfache Schwellwert-

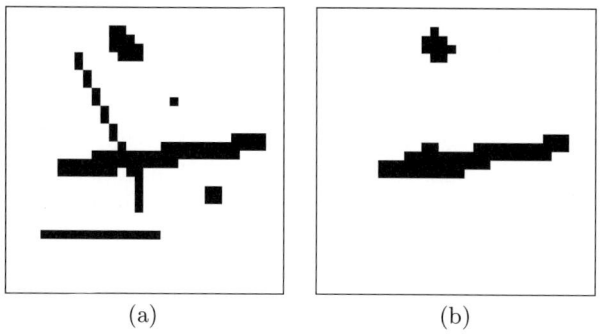

(a) (b)

Abb. 10.1. 3 × 3-Medianfilter angewandt auf ein Binärbild. Originalbild (a) und Ergebnis nach der Filterung (b).

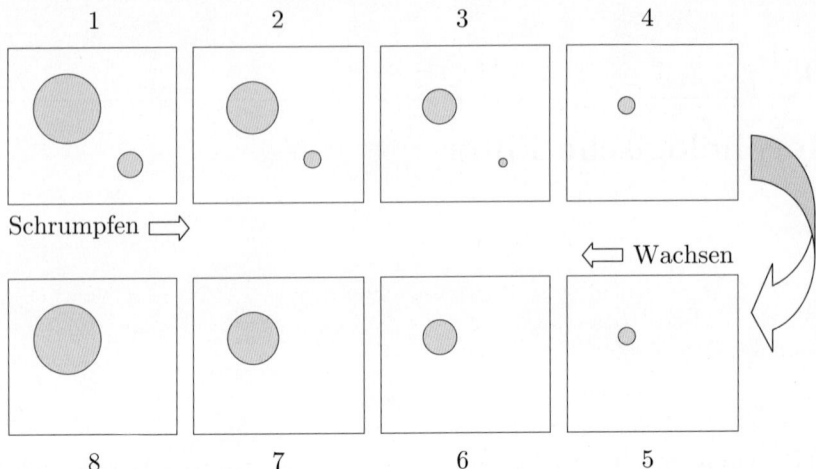

Abb. 10.2. Durch schrittweises Schrumpfen und anschließendes Wachsen werden kleinere Bildstrukturen entfernt.

operation (Abschn. 5.1.5) erzeugt werden, wobei wir Bildelemente mit dem Wert 1 als *Vordergrund*-Pixel (*foreground*) bzw. mit dem Wert 0 als *Hinter-grund*-Pixel (*background*) definieren. In den meisten der folgenden Beispiele ist, wie auch im Druck üblich, der Vordergrund schwarz dargestellt und der Hintergrund weiß.

Am Ende dieses Kapitels werden wir sehen, dass morphologische Filter nicht nur für Binärbilder anwendbar sind, sondern auch für Grauwertbilder und sogar Farbbilder, allerdings unterscheiden sich diese Filter deutlich von den binären Operationen.

10.1 Schrumpfen und wachsen lassen

Ausgangspunkt ist also die Beobachtung, dass, wenn wir ein gewöhnliches 3×3-Medianfilter auf ein Binärbild anwenden, sich größere Bildstrukturen ab-runden und kleinere Bildstrukturen, wie Punkte und dünne Linien, vollständig verschwinden. Das könnte nützlich sein, um etwa Strukturen unterhalb einer bestimmten Größe aus dem Bild zu eliminieren. Wie kann man aber die Größe und möglicherweise auch die Form der von einer solchen Operation betroffenen Strukturen kontrollieren?

Die strukturellen Auswirkungen eines Medianfilters sind zwar interessant, aber beginnen wir mit dieser Aufgabe nochmals von vorne. Nehmen wir also an, wir möchten kleine Strukturen in einem Binärbild entfernen, ohne die größeren Strukturen dabei wesentlich zu verändern. Dazu könnte die Kernidee folgende sein (Abb. 10.2):

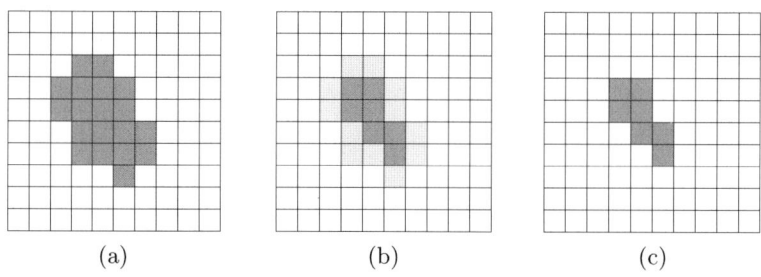

(a)   (b)   (c)

Abb. 10.3. Schrumpfen einer Bildregion durch Entfernen der Randpixel. Originalbild (a), markierte Randpixel, die direkt an den Hintergrund angrenzen (b), geschrumpftes Ergebnis (c).

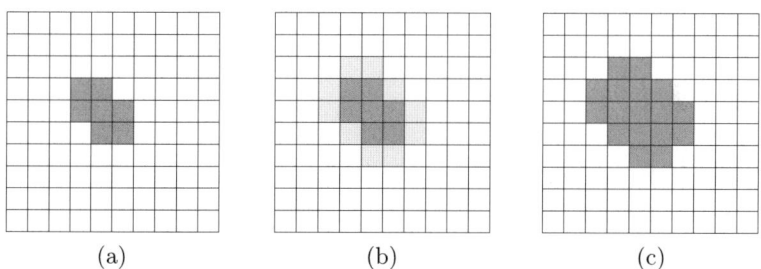

(a)   (b)   (c)

Abb. 10.4. Wachsen einer Bildregion durch Anfügen zusätzlicher Bildelemente. Originalbild (a), markierte Hintergrundpixel, die direkt an die Region angrenzen (b), gewachsenes Ergebnis (c).

1. Zunächst werden alle Strukturen im Bild schrittweise „geschrumpft", wobei jeweils außen eine Schicht von bestimmter Stärke abgelöst wird.
2. Durch das Schrumpfen verschwinden kleinere Strukturen nach und nach, und nur die größeren Strukturen bleiben übrig.
3. Schließlich lassen wir die verbliebenen Strukturen wieder im selben Umfang wachsen.
4. Am Ende haben die größeren Regionen wieder annähernd ihre ursprüngliche Form, während die kleineren Regionen des Ausgangsbilds verschwunden sind.

Alles was wir dafür benötigen, sind also zwei Operationen: „Schrumpfen" lässt sich eine Vordergrundstruktur, indem eine Schicht außen liegender Pixel, die direkt an den Hintergrund angrenzen, entfernt wird (Abb. 10.3). Umgekehrt bedeutet das „Wachsen" einer Region, dass eine Schicht über die direkt angrenzenden Hintergrundpixel angefügt wird (Abb. 10.4).

10.1.1 Nachbarschaft von Bildelementen

In beiden Operationen müssen wir festlegen, was es bedeutet, dass zwei Bildelemente aneinander angrenzen, d. h. „benachbart" sind. Bei einem rechtecki-

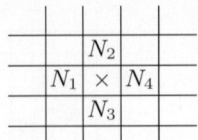

Abb. 10.5. Definition der Nachbarschaft bei rechteckigem Bildraster. 4er-Nachbarschaft $N_1 \ldots N_4$ (links) und 8er-Nachbarschaft $N_1 \ldots N_8$ (rechts).

gen Bildraster werden traditionell zwei Definitionen von Nachbarschaft unterschieden (Abb. 10.5):

- **4er-Nachbarschaft:** die vier Pixel, die in horizontaler und vertikaler Richtung angrenzen;
- **8er-Nachbarschaft:** die Pixel der *4er-Nachbarschaft* plus die vier über die Diagonalen angrenzenden Pixel.

10.2 Morphologische Grundoperationen

Schrumpfen und Wachsen sind die beiden grundlegenden Operationen morphologischer Filter, die man in diesem Zusammenhang als „Erosion" bzw. „Dilation" bezeichnet. Diese Operationen sind allerdings allgemeiner als im obigen Beispiel illustriert. Insbesondere gehen sie über das Abschälen oder Anfügen einer einzelnen Schicht von Bildelementen hinaus und erlauben wesentlich komplexere Veränderungen.

10.2.1 Das Strukturelement

Ähnlich der Koeffizientenmatrix eines linearen Filters (Abschn. 6.2), wird auch das Verhalten von morphologischen Filtern durch eine Matrix spezifiziert, die man hier als „Strukturelement" bezeichnet. Wie das Binärbild selbst enthält das Strukturelement nur die Werte 0 und 1, also

$$H(i,j) \in \{0, 1\},$$

und besitzt ebenfalls ein eigenes Koordinatensystem mit dem *hot spot* als Ursprung (Abb. 10.6).

10.2.2 Punktmengen

Zur formalen Definition der Funktion morphologischer Filter ist es praktisch, Binärbilder als Mengen[1] zweidimensionaler Koordinaten-Tupel zu beschreiben. Für ein Binärbild $I(u,v)$ besteht die zugehörige Punktmenge P_I aus allen Koordinatenpaaren (u,v) seiner Vordergrundpixel, d. h.

---

[1] *Morphologie* ist ein Teilgebiet der mathematischen Mengenlehre bzw. Algebra.

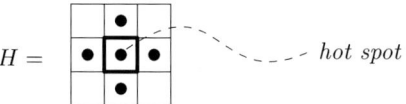

Abb. 10.6. Beispiel eines Strukturelements für binäre morphologische Operationen. Elemente mit dem Wert 1 sind mit • markiert.

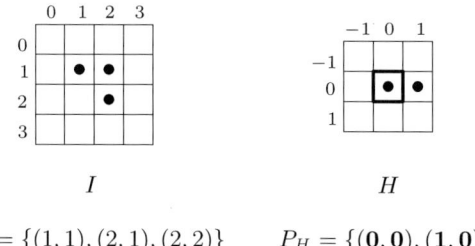

$$P_I = \{(1,1),(2,1),(2,2)\} \qquad P_H = \{(\mathbf{0},\mathbf{0}),(\mathbf{1},\mathbf{0})\}$$

Abb. 10.7. Beschreibung eines Binärbilds $I(u,v)$ und eines binären Strukturelements $H(i,j)$ als Mengen von Koordinatenpaaren P_I bzw. P_H.

$$P_I = \{(u,v) \mid I(u,v) = 1\}. \tag{10.1}$$

Wie das Beispiel in Abb. 10.7 zeigt, kann nicht nur ein Binärbild, sondern genauso auch ein binäres Strukturelement als Punktmenge beschrieben werden.

Grundlegende Operationen auf Binärbilder können ebenfalls auf einfache Weise in dieser Mengennotation beschrieben werden. Zum Beispiel ist das Invertieren eines Binärbilds $I(u,v) \rightarrow \neg I(u,v)$, d. h. das Vertauschen von Vorder- und Hintergrund, äquivalent zur Bildung der Komplementärmenge

$$P_{\neg I} = \overline{P_I}. \tag{10.2}$$

Werden zwei Binärbilder I_1 und I_2 punktweise durch eine ODER-Operation verknüpft, dann ist die Punktmenge des Resultats die Vereinigung der zugehörigen Punktmengen P_{I_1} und P_{I_2}, also

$$P_{I_1 \vee I_2} = P_{I_1} \cup P_{I_2}. \tag{10.3}$$

Da Punktmengen nur eine alternative Darstellung von binären Rasterbildern sind, werden wir beide Notationen im Folgenden je nach Bedarf synonym verwenden. Beispielsweise schreiben wir gelegentlich einfach $I_1 \cup I_2$ statt $P_{I_1} \cup P_{I_2}$, oder auch $\overline{I}$ statt $\overline{P_I}$ für ein invertiertes (Hintergrund-)Bild.

10.2.3 Dilation

Eine *Dilation* ist jene morphologische Operation, die unserem intuitiven Konzept des Wachsens entspricht und in der Mengennotation definiert ist als

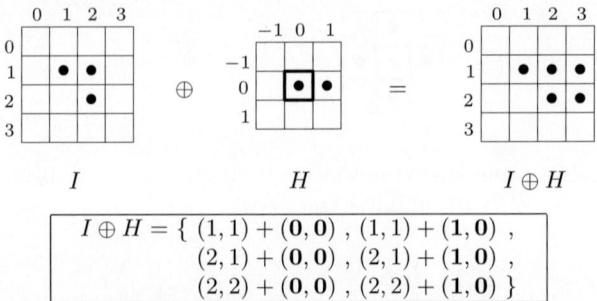

$$I \oplus H = \{ \ (1,1) + (0,0) \ , \ (1,1) + (1,0) \ ,$$
$$(2,1) + (0,0) \ , \ (2,1) + (1,0) \ ,$$
$$(2,2) + (0,0) \ , \ (2,2) + (1,0) \ \}$$

Abb. 10.8. Beispiel für Dilation. Das Binärbild I wird einer Dilation mit dem Strukturelement H unterzogen. Das Strukturelement H wird im Ergebnis $I \oplus H$ an jedem Punkt des Originalbilds I repliziert.

$$I \oplus H = \left\{ (x,y) = (u+i, v+j) \mid (u,v) \in P_I, (i,j) \in P_H \right\}. \tag{10.4}$$

Die aus einer Dilation entstehende Punktmenge entspricht also der (Vektor-) Summe aller möglichen Kombinationen von Koordinatenpaaren aus den ursprünglichen Punktmengen P_I und P_H. Man könnte die Operation auch so interpretieren, dass das Strukturelement H an jedem Vordergrundpunkt des Bilds I *repliziert* wird. Oder, umgekehrt, das Bild I wird an jedem Punkt des Strukturelements H repliziert, wie das einfache Beispiel in Abb. 10.8 illustriert.

10.2.4 Erosion

Die (quasi-)inverse Operation zur Dilation ist die *Erosion*, die wiederum in Mengennotation definiert ist als

$$I \ominus H = \left\{ (x,y) \mid (x+i, y+j) \in P_I, \forall (i,j) \in P_H \right\}. \tag{10.5}$$

Dieser Vorgang lässt sich folgendermaßen interpretieren: Ein Pixel (x,y) wird im Ergebnis dort (und nur dort) auf 1 gesetzt, wo das Strukturelement H – mit seinem *hot spot* positioniert an der Position (x,y) – vollständig im ursprünglichen Bild eingebettet ist, d. h., wo sich für jeden 1-Punkt in H auch ein entsprechender 1-Punkt in I findet. Ein einfaches Beispiel für die Erosion zeigt Abb. 10.9.

10.2.5 Eigenschaften von Dilation und Erosion

Obwohl Dilation und Erosion nicht wirklich zueinander inverse Operationen sind (i. Allg. kann man die Auswirkungen einer Erosion nicht durch eine nachfolgende Dilation nicht vollständig rückgängig machen und umgekehrt), verbindet sie dennoch eine starke formale Beziehung. Zum einen sind Dilation und

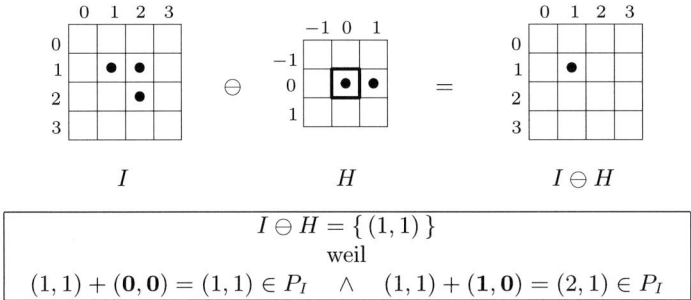

$$I \ominus H = \{(1,1)\}$$
weil
$$(1,1) + (0,0) = (1,1) \in P_I \quad \wedge \quad (1,1) + (1,0) = (2,1) \in P_I$$

Abb. 10.9. Beispiel für Erosion. Das Bild I wird einer Erosion mit dem Struktur-element H unterzogen. Das Strukturelement ist nur an der Position $(1,1)$ vollständig in das Bild I eingebettet, sodass im Ergebnis nur das Pixel mit der Koordinate $(1,1)$ den Wert 1 erhält.

Erosion *dual* insofern, als eine Dilation des Vordergrunds durch eine Erosion des Hintergrunds durchgeführt werden kann. Das Gleiche gilt auch umgekehrt, also

$$\overline{I} \oplus H = \overline{(I \ominus H)} \quad \text{und} \quad \overline{I} \ominus H = \overline{(I \oplus H)}. \qquad (10.6)$$

Die *Dilation* ist des Weiteren *kommutativ*, d. h.

$$I \oplus H = H \oplus I, \qquad (10.7)$$

und daher können, genauso wie bei der linearen Faltung, Bild und Struktur-element (Filter) im Prinzip miteinander vertauscht werden. Analog existiert – ähnlich der Dirac-Funktion δ (s. Abschn. 6.3.4) – bezüglich der Dilation auch ein *neutrales Element*

$$I \oplus \delta = \delta \oplus I = I, \quad \text{wobei } P_\delta = \{(0,0)\}. \qquad (10.8)$$

Darüber hinaus ist die Dilation *assoziativ*, d. h.

$$(I_1 \oplus I_2) \oplus I_3 = I_1 \oplus (I_2 \oplus I_3), \qquad (10.9)$$

also ist die Reihenfolge aufeinander folgender Dilationen nicht relevant. Das bedeutet – wie auch bei linearen Filtern (vgl. Gl. 6.21) –, dass eine Dilation mit einem großen Strukturelement der Form $H = H_1 \oplus H_2 \oplus \ldots \oplus H_K$ als Folge mehrerer Dilationen mit i. Allg. kleineren Strukturelementen realisiert werden kann:

$$I \oplus H = (\ldots (I \oplus H_1) \oplus H_2) \oplus \ldots \oplus H_K) \qquad (10.10)$$

Die *Erosion* ist – wie die gewöhnliche arithmetische Subtraktion auch – *nicht* kommutativ, also

$$I \ominus H \neq H \ominus I. \qquad (10.11)$$

Werden allerdings Erosion und Dilation miteinander kombiniert, dann gilt – wiederum analog zu Subtraktion und Addition –

$$(I_1 \ominus I_2) \ominus I_3 = I_1 \ominus (I_2 \oplus I_3). \qquad (10.12)$$

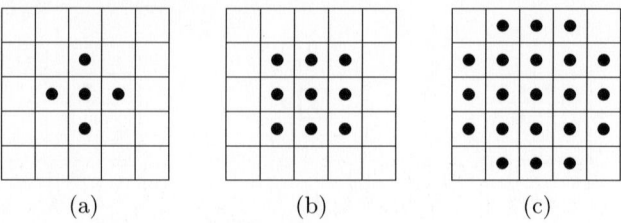

(a)   (b)   (c)

Abb. 10.10. Typische binäre Strukturelemente verschiedener Größe. 4er-Nachbarschaft (a), 8er-Nachbarschaft (b), kleine Scheibe – *small disk* (c).

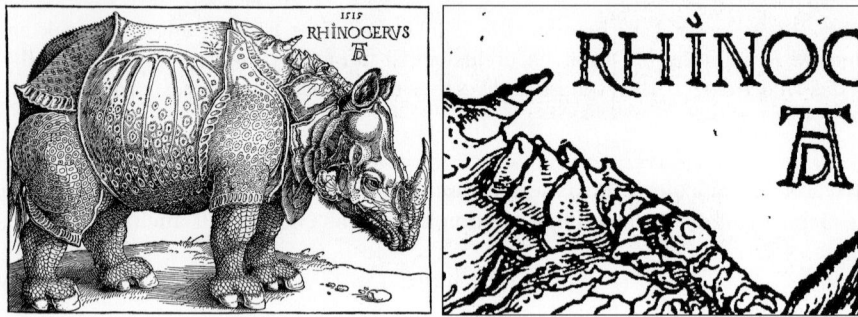

Abb. 10.11. Binäres Originalbild und Ausschnitt für die nachfolgenden Beispiele (Illustration von Albrecht Dürer, 1515).

10.2.6 Design morphologischer Filter

Morphologische Filter werden spezifiziert durch (a) den Typ der Filteroperation und (b) das entsprechende Strukturelement. Die Größe und Form des Strukturelements ist abhängig von der jeweiligen Anwendung, der Bildauflösung usw. In der Praxis werden häufig scheibenförmige Strukturelemente verschiedener Größe verwendet, wie in Abb. 10.10 gezeigt. Ein scheibenförmiges Strukturelement mit Radius r fügt bei einer Dilationsoperation eine Schicht mit der Dicke von r Pixel an jede Vordergrundstruktur an. Umgekehrt wird durch die Erosion mit diesem Strukturelement jeweils eine Schicht mit der gleichen Dicke abgeschält. Ausgehend von dem ursprünglichen Binärbild in Abb. 10.11, sind die Ergebnisse von Dilation und Erosion mit scheibenförmigen Strukturelementen verschiedener Radien in Abb. 10.12 gezeigt. Ergebnisse für verschiedene andere, frei gestaltete Strukturelemente sind in Abb. 10.13 dargestellt.

Im Unterschied zu linearen Filtern (Abschn. 6.3.3) ist es i. Allg. nicht möglich, ein *isotropes* zweidimensionales Strukturelement H° aus eindimensionalen Strukturelementen H_x und H_y zu bilden, denn die Verknüpfung $H_x \oplus H_y$ ergibt immer ein rechteckiges (also nicht isotropes) Strukturelement. Eine verbreitete Methode zur Implementierung großer scheibenförmiger Filter ist die wiederholte Anwendung kleiner scheibenförmiger Strukturelemente, wodurch

Abb. 10.12. Ergebnisse der binären Dilation und Erosion mit scheibenförmigen Strukturelementen. Der Radius r des Strukturelements ist 1.0 (oben), 2.5 (Mitte) bzw. 5.0 (unten).

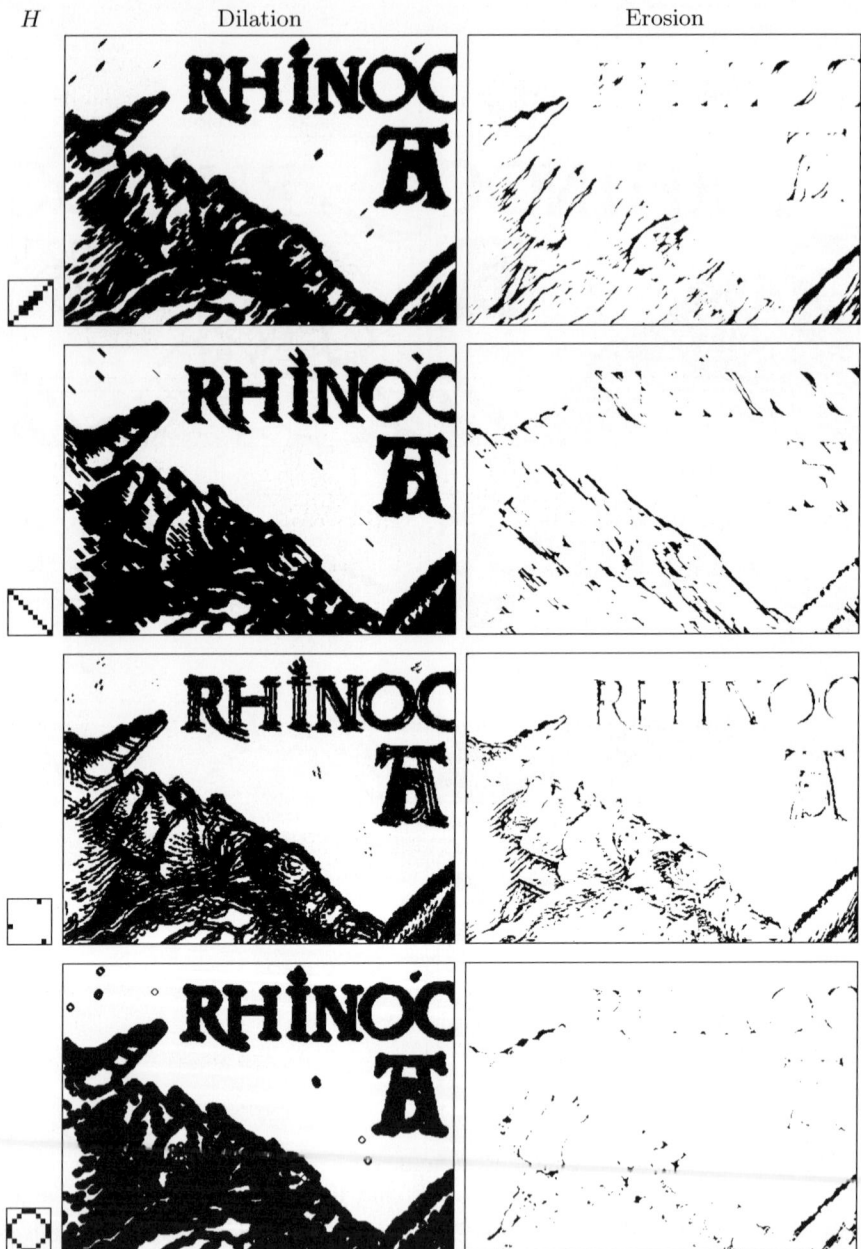

Abb. 10.13. Binäre Dilation und Erosion mit verschiedenen, frei gestalteten Strukturelementen. Die Strukturelemente selbst sind links gezeigt. Man sieht deutlich, dass einzelne Bildpunkte bei der Dilation zur Form des Strukturelements expandieren, ähnlich einer „Impulsantwort". Bei der Erosion bleiben nur jene Stellen übrig, an denen das Strukturelement im Bild vollständig abgedeckt ist.

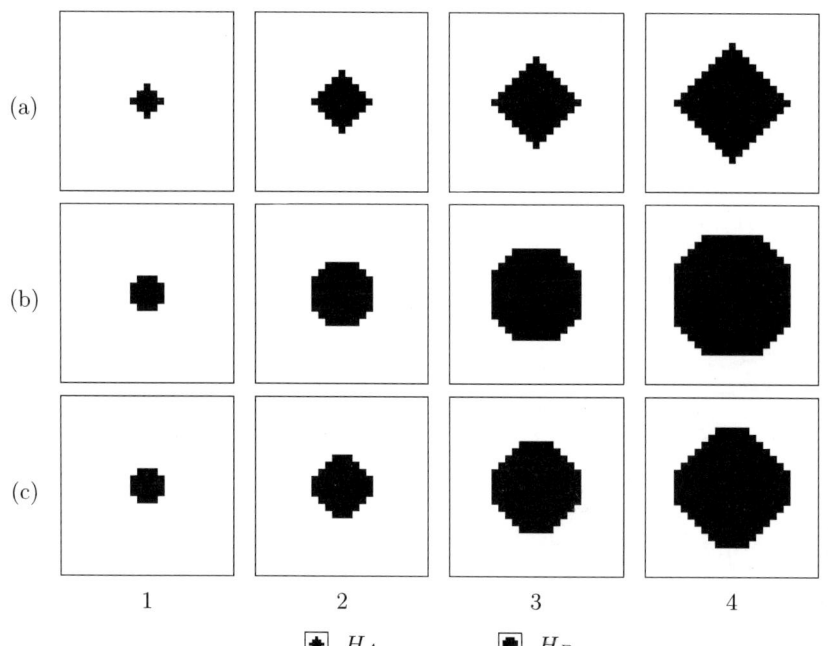

Abb. 10.14. Bildung größerer Filter durch wiederholte Anwendung kleinerer Strukturelemente. Mehrfache Anwendung des Strukturelements H_A (a) und des Strukturelements H_B (b). Abwechselnde Anwendung von H_B und H_A (c).

sich allerdings in der Regel ebenfalls kein isotroper Gesamtoperator ergibt (Abb. 10.14).

10.2.7 Anwendungsbeispiel: *Outline*

Eine typische Anwendung morphologischer Operationen ist die Extraktion der Ränder von Vordergrundstrukturen. Der Vorgang ist sehr einfach: Zunächst wenden wir eine Erosion auf das Originalbild I an, um darin die Randpixel zu entfernen, d. h.

$$I' = I \ominus H_n,$$

wobei H_n ein Strukturelement z. B. für eine 4er- oder 8er-Nachbarschaft (Abb. 10.10) ist. Die eigentlichen Randpixel B sind jene, die zwar im Originalbild, aber *nicht* im erodierten Bild enthalten sind, also die Schnittmenge zwischen dem Originalbild I und dem invertierten Bild $\overline{I'}$,

$$B = I \cap \overline{I'} = I \cap \overline{(I \ominus H_n)}. \tag{10.13}$$

Ein Beispiel für die Extraktion von Rändern zeigt Abb. 10.15. Interessant ist dabei, dass die Verwendung der 4er-Nachbarschaft für das Strukturelement H_n zu einer „8-verbundenen" Kontur führt und umgekehrt [45, S. 504].

(a)   (b)

Abb. 10.15. Extraktion von Rändern mit binären morphologischen Operationen. Das Strukturelement in (a) entspricht einer 4er-Nachbarschaft und führt zu einer „8-verbundenen" Kontur. Umgekehrt führt ein Strukturelement mit einer 8er-Nachbarschaft (b) zu einer „4-verbundenen" Kontur.

10.3 Zusammengesetzte Operationen

Aufgrund ihrer Semidualität werden Dilation und Erosion häufig in zusammengesetzten Operationen verwendet, von denen zwei so bedeutend sind, dass sie eigene Namen (und sogar Symbole) haben: „Opening" und „Closing".[2]

10.3.1 *Opening*

Ein Opening ($I \circ H$) ist eine Erosion gefolgt von einer Dilation mit demselben Strukturelement H, d. h.

$$I \circ H = (I \ominus H) \oplus H. \tag{10.14}$$

---

[2] Die englischen Begriffe werden auch im Deutschen häufig verwendet.

Ein Opening bewirkt, dass alle Vordergrundstrukturen, die kleiner sind als das Strukturelement, im ersten Teilschritt (Erosion) eliminiert werden. Die verbleibenden Strukturen werden durch die nachfolgende Dilation geglättet und wachsen ungefähr wieder auf ihre ursprüngliche Größe (Abb. 10.16). Diese Abfolge von „Schrumpfen" und anschließendem „Wachsen" entspricht der Idee, die wir in Abschn. 10.1 skizziert hatten.

10.3.2 *Closing*

Wird die Abfolge von Erosion und Dilation umgekehrt, bezeichnet man die resultierende Operation als Closing $(I \bullet H)$, d. h.

$$I \bullet H = (I \oplus H) \ominus H. \tag{10.15}$$

Durch ein Closing werden Löcher in Vordergrundstrukturen und Zwischenräume, die kleiner als das Strukturelement H sind, gefüllt (Abb. 10.16).

10.3.3 Eigenschaften von Opening und Closing

Beide Operationen, Opening wie auch Closing, sind *idempotent*, d. h., ihre Ergebnisse sind insofern „final", als jede weitere Anwendung derselben Operation das Bild nicht mehr verändert:

$$(I \circ H) \circ H = I \circ H \tag{10.16}$$
$$(I \bullet H) \bullet H = I \bullet H$$

Die beiden Operationen sind darüber hinaus zueinander „dual" in dem Sinn, dass ein Opening auf den Vordergrund äquivalent ist zu einem Closing des Hintergrunds und umgekehrt, d. h.

$$I \circ H = \overline{(\overline{I} \bullet H)} \tag{10.17}$$
$$I \bullet H = \overline{(\overline{I} \circ H)}$$

10.4 Morphologische Filter für Grauwert- und Farbbilder

Morphologische Operationen sind nicht auf Binärbilder beschränkt, sondern in ähnlicher Form auch für Grauwertbilder definiert. Bei Farbbildern werden diese Methoden unabhängig auf die einzelnen Farbkanäle angewandt. Trotz der identischen Bezeichnung unterscheidet sich allerdings die Definition der morphologischen Operationen für Grauwertbilder stark von der für Binärbilder. Gleiches gilt auch für deren Anwendungen.

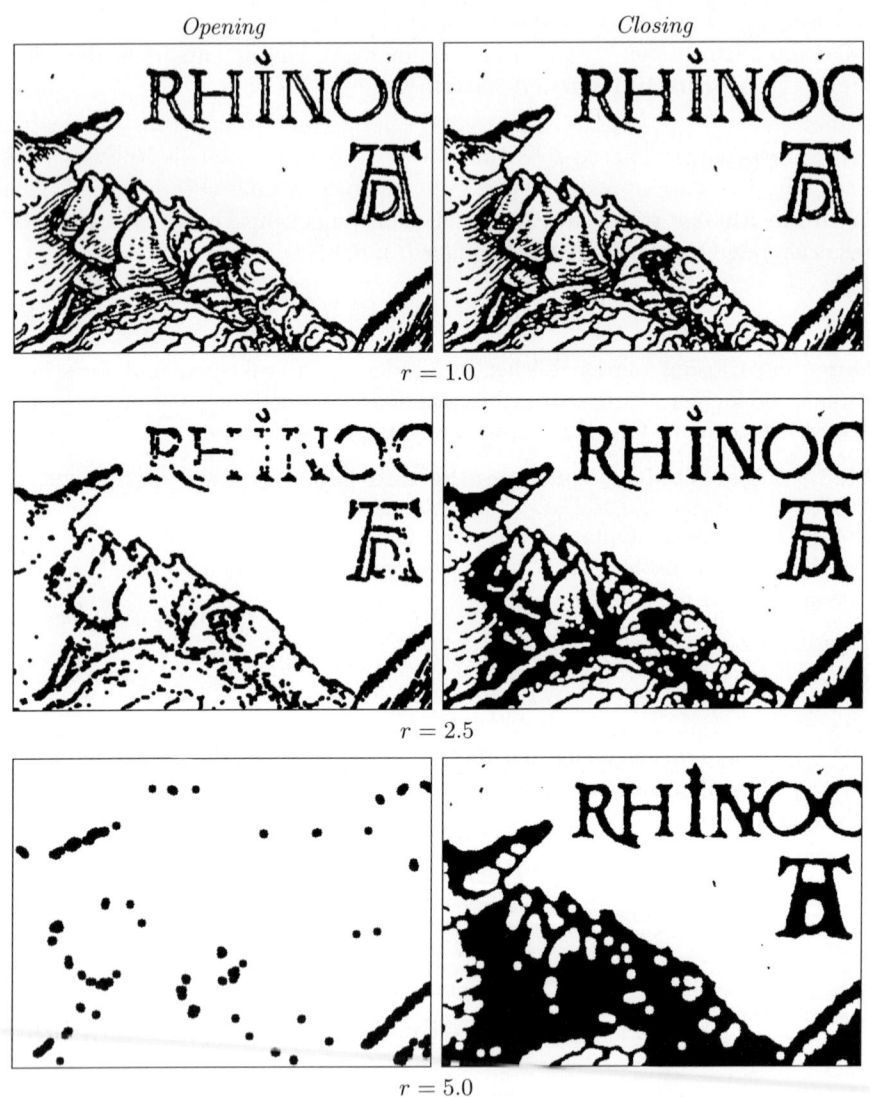

Abb. 10.16. Binäres Opening und Closing mit scheibenförmigen Strukturelementen. Der Radius r des Strukturelements ist 1.0 (oben), 2.5 (Mitte) bzw. 5.0 (unten).

10.4.1 Strukturelemente

Zunächst werden die Strukturelemente bei morphologischen Filtern für Grauwertbilder nicht wie bei binären Filtern als Punktmengen, sondern als 2D-Funktionen mit beliebigen (reellen) Werten definiert, d. h.

$$H(i, j) \in \mathbb{R}.$$

Die Werte in $H(i, j)$ können auch negativ oder null sein, allerdings beeinflussen – im Unterschied zur linearen Faltung (Abschn. 6.3.1) – auch die Nullwerte das Ergebnis. Bei der Implementierung morphologischer Grauwert-Operationen muss daher bei den Zellen des Strukturelements H zwischen dem Wert 0 und *leeren* Zellen ($\times$ = „don't care") explizit unterschieden werden, also z. B.

$$
\begin{array}{|c|c|c|}
\hline
0 & 1 & 0 \\
\hline
1 & \mathbf{2} & 1 \\
\hline
0 & 1 & 0 \\
\hline
\end{array}
\quad \neq \quad
\begin{array}{|c|c|c|}
\hline
\times & 1 & \times \\
\hline
1 & \mathbf{2} & 1 \\
\hline
\times & 1 & \times \\
\hline
\end{array}\,. \tag{10.18}
$$

10.4.2 Grauwert-Dilation und -Erosion

Die Grauwert-Dilation $\oplus$ wird definiert als *Maximum* der addierten Werte des Filters H und der entsprechenden Bildregion I, d. h.

$$(I \oplus H)(u, v) = \max_{(i,j) \in H} \big\{ I(u + i, v + j) + H(i, j) \big\}. \tag{10.19}$$

Umgekehrt entspricht die Grauwert-Erosion dem *Minimum* der Differenzen, also

$$(I \ominus H)(u, v) = \min_{(i,j) \in H} \big\{ I(u + i, v + j) - H(i, j) \big\}. \tag{10.20}$$

Abb. 10.17 zeigt anhand eines einfachen Beispiels die Wirkungsweise der Grauwert-Dilation, Abb. 10.18 demonstriert analog dazu die Erosion. In beiden Operationen können grundsätzlich negative Ergebniswerte entstehen, die bei einem eingeschränkten Wertebereich z. B. mittels *Clamping* (s. Abschn. 5.1.2) zu berücksichtigen sind. Ergebnisse von Dilation und Erosion mit konkreten Grauwertbildern und scheibenförmigen Strukturelementen verschiedener Größe zeigt Abb. 10.19.

10.4.3 Grauwert-Opening und -Closing

Opening und Closing für Grauwertbilder sind – genauso wie für Binärbilder (Gl. 10.14, 10.15) – als zusammengesetzte Dilation und Erosion mit jeweils demselben Strukturelement definiert. Abb. 10.20 zeigt Beispiele für diese Operationen, wiederum unter Verwendung scheibenförmiger Strukturelemente verschiedener Größe.

In Abb. 10.21 und 10.22 sind die Ergebnisse von Grauwert-Dilation und -Erosion bzw. von Grauwert-Opening und -Closing mit verschiedenen, frei gestalteten Strukturelementen dargestellt. Interessante Effekte können z. B. mit Strukturelementen erzielt werden, die der Form natürlicher Pinselstriche ähnlich sind.

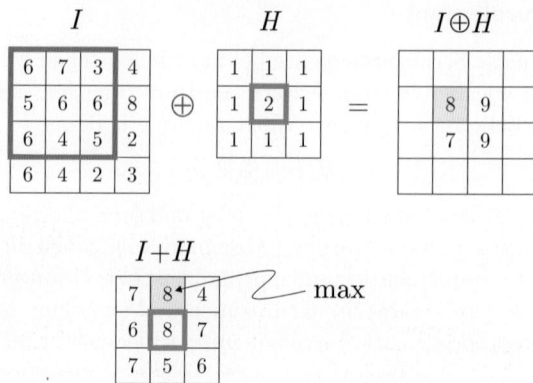

Abb. 10.17. Grauwert-Dilation $I \oplus H$. Das 3×3-Strukturelement ist dem Bild I überlagert dargestellt. Die Werte in I werden elementweise zu den entsprechenden Werten in H addiert; das Zwischenergebnis $(I + H)$ für die gezeigte Filterposition ist darunter abgebildet. Dessen Maximalwert $8 = 7 + 1$ wird an der aktuellen Position des *hot spot* in das Ergebnisbild $(I \oplus H)$ eingesetzt. Zusätzlich sind die Ergebnisse für drei weitere Filterpositionen gezeigt.

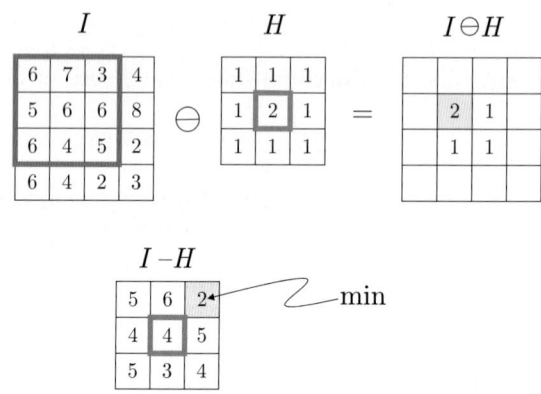

Abb. 10.18. Grauwert-Erosion $I \ominus H$. Das 3×3-Strukturelement ist dem Bild I überlagert dargestellt. Die Werte von H werden elementweise von den entsprechenden Werten in I subtrahiert; das Zwischenergebnis $(I - H)$ für die gezeigte Filterposition ist darunter abgebildet. Dessen Minimalwert $3 - 1 = 2$ wird an der aktuellen Position des *hot spot* in das Ergebnisbild $(I \ominus H)$ eingesetzt. Zusätzlich sind die Ergebnisse für drei weitere Filterpositionen gezeigt.

Dilation   Erosion

$r = 2.5$

$r = 5.0$

$r = 10.0$

Abb. 10.19. Grauwert-Dilation und -Erosion mit scheibenförmigen Strukturelementen. Der Radius r des Strukturelements ist 2.5 (oben), 5.0 (Mitte) und 10.0 (unten).

Opening   Closing

$r = 2.5$

$r = 5.0$

$r = 10.0$

Abb. 10.20. Grauwert-Opening und -Closing mit scheibenförmigen Strukturelementen. Der Radius r des Strukturelements ist 2.5 (oben), 5.0 (Mitte) und 10.0 (unten).

Abb. 10.21. Grauwert-Dilation und -Erosion mit verschiedenen, frei gestalteten Strukturelementen.

Abb. 10.22. Grauwert-Opening und -Closing mit verschiedenen, frei gestalteten Strukturelementen.

10.5 Implementierung morphologischer Filter

10.5.1 Binäre Bilder in ImageJ

Binäre Bilder werden in ImageJ – genauso wie Grauwertbilder – mit 8 Bits pro Pixel dargestellt.[3] Üblicherweise verwendet man die Intensitätswerte 0 und 255 für die binären Werte 0 bzw. 1. In diesem Fall werden Vordergrundpixel weiß und Hintergrundpixel schwarz dargestellt. Falls eine umgekehrte Darstellung (Vordergrund schwarz) gewünscht ist, kann dies am einfachsten durch Invertieren der Display-Funktion (Lookup-Table LUT) erreicht werden: entweder über das Menü Image→Lookup Tables→Invert LUT oder innerhalb des Programms durch die ImageProcessor-Methode

```
void invertLut().
```

Diese Anweisung verändert nur die Anzeige des jeweiligen Bilds und nicht die Bildinhalte (Pixelwerte) selbst.

10.5.2 Dilation und Erosion

Die wichtigsten morphologischen Operationen sind in ImageJ als Methoden der Klasse ImageProcessor (s. auch Abschn. 10.5.5) bereits fertig implementiert, allerdings beschränkt auf Strukturelemente der Größe 3×3.

Im Folgenden ist als Beispiel die Implementierung der binären Dilation gezeigt, über die – wegen der Dualität zur Erosion (Gl. 10.6) – auch die meisten anderen morphologischen Operationen realisiert werden können. Ausgangspunkt für die dilate()-Methode ist ein Binärbild I mit den Werten 0 (Hintergrund) und 255 (Vordergrund) sowie ein zweidimensionales Strukturelement H mit 0/1-Werten, dessen *hot spot* im Zentrum angenommen wird:

```
1    import ij.process.Blitter;
2    import ij.process.ImageProcessor;
3    ...
4    void dilate(ImageProcessor I, int[][] H){
5      //assume that the hot spot of H is at its center (ch,cv):
6      int ic = (H[0].length-1)/2;
7      int jc = (H.length-1)/2;
8
9      ImageProcessor np
10       = I.createProcessor(I.getWidth(),I.getHeight());
11
12     for (int j=0; j<H.length; j++){
13       for (int i=0; i<H[j].length; i++){
14         if (H[j][i] == 1) {
15           //copy image into position (i−ic,j−jc)
```

---

[3] In ImageJ gibt es kein spezielles Speicherformat für binäre Bilder, auch die Klasse BinaryProcessor verwendet 8-Bit Bilddaten.

Abb. 10.23. Beispiel für die Anwendung der `skeletonize()`-Methode. Originalbild und Detail (links) und Ergebnis (rechts).

spezielle morphologische Operationen, die ausschließlich für Binärbilder definiert sind. Die Methode `outline()` implementiert die Extraktion von Rändern mit dem Strukturelement einer 8er-Nachbarschaft, wie in Abschn. 10.2.7 beschrieben.

Die in der Methode `skeletonize()` implementierte Operation bezeichnet man als „Thinning", das ist eine iterative Erosion, mit der Strukturen auf eine Dicke von 1 Pixel reduziert werden, ohne sie dabei in mehrere Teile zu zerlegen. Dabei muss, abhängig vom aktuellen Bildinhalt innerhalb der Filterregion (üblicherweise von der Größe 3 × 3), jeweils entschieden werden, ob tatsächlich eine Erosion durchgeführt werden soll oder nicht. Die Operation erfolgt in mehreren Durchläufen so lange, bis sich im Ergebnis keine Änderungen mehr ergeben (s. beispielsweise [28, S. 535], [46, S. 517]). Die konkrete Implementierung in ImageJ basiert auf einem effizienten Algorithmus von Zhang und Suen [85]. Abbildung 10.23 zeigt ein Beispiel für die Anwendung von `skeletonize()`.

Die Verwendung der Methoden `outline()` und `skeletonize()` setzt ein Objekt der Klasse `BinaryProcessor` voraus, das wiederum nur aus einem bestehenden `ByteProcessor` erzeugt werden kann. Dabei wird angenommen, dass das ursprüngliche Bild nur Werte mit 0 (Hintergrund) und 255 (Vordergrund) enthält. Das nachfolgende Beispiel zeigt den Einsatz von `outline()` innerhalb der `run()`-Methode eines ImageJ-Plugins:

```
1  import ij.process.*;
2  ...
3
4      public void run(ImageProcessor ip) {
5          BinaryProcessor bp
6              = new BinaryProcessor((ByteProcessor)ip);
7          bp.outline();
8      }
```

Der neue `BinaryProcessor` bp legt übrigens keine eigenen Bilddaten an, sondern verweist lediglich auf die Bilddaten des ursprünglichen Bilds ip, sodass jede Veränderung von bp (z. B. durch den Aufruf von `outline()`) gleichzeitig auch ip betrifft.

Weitere morphologische Filter

Neben den in ImageJ direkt implementierten Methoden sind einzelne Plugins und ganze Packages für spezielle morphologische Filter online[4] verfügbar, wie z. B. das *Grayscale Morphology* Package von Dimiter Prodanov, bei dem die Strukturelemente weitgehend frei spezifiziert werden können (eine modifizierte Version wurde für einige der Beispiele in diesem Kapitel verwendet).

10.6 Aufgaben

Aufg. 10.1. Berechnen Sie manuell die Ergebnisse für die Dilation und die Erosion zwischen dem folgenden Binärbild I und den Strukturelementen H_1 und H_2:

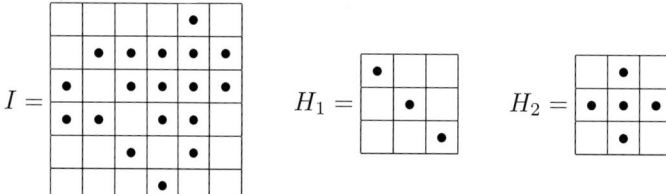

---

[4] http://rsb.info.nih.gov/ij/plugins

Aufg. 10.2. Angenommen, in einem Binärbild I sind störende Vordergrund-flecken mit einem Durchmesser von maximal 5 Pixel zu entfernen und die restlichen Bildkomponenten sollen möglichst unverändert bleiben. Entwerfen Sie für diesen Zweck eine morphologische Operation und erproben Sie diese an geeigneten Testbildern.

Aufg. 10.3. Zeigen Sie, dass im Fall eines Strukturelements

•	•	•
•	•	•
•	•	•

für Binärbilder bzw.

0	0	0
0	**0**	0
0	0	0

für Grauwertbilder

eine Dilation äquivalent zu einem 3×3-Maximum-Filter und die entsprechende Erosion äquivalent zu einem 3×3-Minimum-Filter ist (Abschn. 6.4.1).

11

Regionen in Binärbildern

Binärbilder, mit denen wir uns bereits im vorhergehenden Kapitel ausführlich beschäftigt haben, sind Bilder, in denen ein Pixel einen von nur zwei Werten annehmen kann. Wir bezeichnen diese beiden Werte häufig als „Vordergrund" bzw. „Hintergrund", obwohl eine solche eindeutige Unterscheidung in natürlichen Bildern oft nicht möglich ist. In diesem Kapitel gilt unser Augenmerk zusammenhängenden Bildstrukturen und insbesondere der Frage, wie wir diese isolieren und beschreiben können.

Angenommen, wir müssten ein Programm erstellen, das die Anzahl und Art der in Abb. 11.1 abgebildeten Objekte interpretiert. Solange wir jedes einzelne Pixel isoliert betrachten, werden wir nicht herausfinden, wie viele Objekte überhaupt in diesem Bild sind, wo sie sich befinden und welche Pixel zu welchem der Objekte gehören. Unsere erste Aufgabe ist daher, zunächst einmal jedes einzelne Objekt zu finden, indem wir alle Pixel zusammenfügen, die Teil dieses Objekts sind. Im einfachsten Fall ist ein Objekt eine Gruppe von aneinander angrenzenden Vordergrundpixeln bzw. eine *verbundene binäre Bildregion*.

11.1 Auffinden von Bildregionen

Bei der Suche nach binären Bildregionen sind die zunächst wichtigsten Aufgaben, herauszufinden, welche Pixel zu welcher Region gehören, wie viele Regionen im Bild existieren und wo sich diese Regionen befinden (Abb. 11.1). Diese Schritte werden üblicherweise in *einem* Prozess durchgeführt, der als „Regionenmarkierung" (*region labeling* oder auch *region coloring*) bezeichnet wird. Dabei werden zueinander benachbarte Pixel schrittweise zu Regionen zusammengefügt und allen Pixeln innerhalb einer Region eindeutige Identifikationsnummern („labels") zugeordnet. Im Folgenden beschreiben wir zwei Varianten dieser Idee: Die erste Variante (Regionenmarkierung durch *flood filling*) füllt, ausgehend von einem gegebenen Startpunkt, jeweils eine einzige

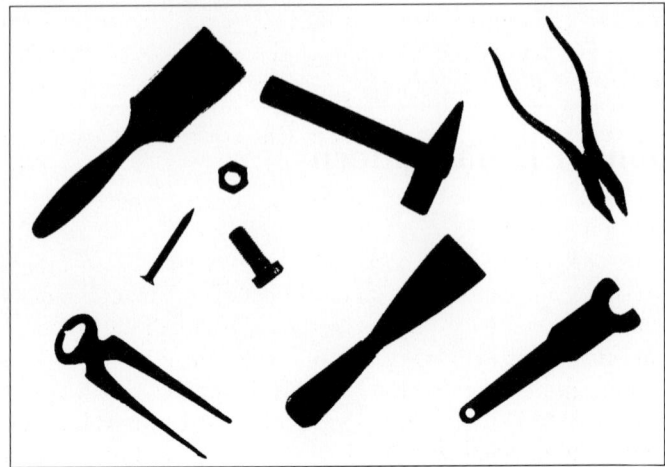

Abb. 11.1. Binärbild mit 9 Objekten. Jedem Objekt entspricht jeweils eine zusammenhängende Region von Vordergrundpixeln.

Region in alle Richtungen. Bei der zweiten Methode (*sequentielle Regionenmarkierung*) wird im Gegensatz dazu das Bild von oben nach unten durchlaufen und alle Regionen auf einmal markiert. In Abschn. 11.2.2 beschreiben wir noch ein drittes Verfahren, das die Regionenmarkierung mit dem Auffinden von Konturen kombiniert.

Unabhängig vom gewählten Ansatz müssen wir auch – durch Wahl der 4er- oder 8er-Nachbarschaft (Abb. 10.5) – fixieren, unter welchen Bedingungen zwei Pixel miteinander „verbunden" sind, denn die beiden Arten der Nachbarschaft führen i. Allg. zu unterschiedlichen Ergebnissen. Für die Regionenmarkierung nehmen wir an, dass das zunächst binäre Ausgangsbild $I(u, v)$ die Werte 0 (Hintergrund) und 1 (Vordergrund) enthält und alle weiteren Werte für Markierungen, d. h. zur Nummerierung der Regionen, genutzt werden können:

$$I(u, v) = \begin{cases} 0 & \text{Hintergrund} \\ 1 & \text{Vordergrund} \\ 2, 3, \ldots & \text{Markierung (\textit{labels})} \end{cases}$$

11.1.1 Regionenmarkierung durch *Flood Filling*

Der grundlegende Algorithmus für die Regionenmarkierung durch *Flood Filling* ist einfach: Zuerst wird im Bild ein noch unmarkiertes Vordergrundpixel gesucht, von dem aus der Rest der zugehörigen Region „gefüllt" wird. Dazu werden, ausgehend von diesem Startpixel, alle zusammenhängenden Pixel der Region besucht und markiert, ähnlich einer Flutwelle (*flood*), die sich über die Region ausbreitet. Für die Realisierung der Fülloperation gibt es verschiedene Methoden, die sich vor allem dadurch unterscheiden, wie die noch zu besuchenden Pixelkoordinaten verwaltet werden. Wir beschreiben nachfolgend drei Realisierungen der FLOODFILL()-Prozedur: eine rekursive Version, eine iterative *Depth-first-* und eine iterative *Breadth-first-* Version:

A. **Rekursive Regionenmarkierung:** Die rekursive Version (Alg. 11.1, Zeile 8) benutzt zur Verwaltung der noch zu besuchenden Bildkoordinaten keine expliziten Datenstrukturen, sondern verwendet dazu die lokalen Variablen der rekursiven Prozedur.[1] Durch die Nachbarschaftsbeziehung zwischen den Bildelementen ergibt sich eine Baumstruktur, deren Wurzel der Startpunkt innerhalb der Region bildet. Die Rekursion entspricht einem Tiefendurchlauf (*depth-first traversal*) [18,30] dieses Baums und führt zu einem sehr einfachen Programmcode, allerdings ist die Rekursionstiefe proportional zur Größe der Region und daher der Stack-Speicher rasch erschöpft. Die Methode ist deshalb nur für sehr kleine Bilder anwendbar.

B. **Iteratives *Flood Filling* (*depth-first*):** Jede rekursive Prozedur kann mithilfe eines eigenen *Stacks* auch iterativ implementiert werden (Alg. 11.1, Zeile 16). Der Stack dient dabei zur Verwaltung der noch „offenen" (d. h. noch nicht bearbeiteten) Elemente. Wie in der rekursiven Version (A) wird der Baum von Bildelementen im *Depth-first*-Modus durchlaufen. Durch den eigenen, dedizierten Stack (der dynamisch im so genannten *Heap-Memory* angelegt wird) ist die Tiefe des Baums nicht mehr durch die Größe des Aufruf-Stacks beschränkt.

C. **Iteratives *Flood Filling* (*breadth-first*):** Ausgehend vom Startpunkt werden in dieser Version die jeweils angrenzenden Pixel schichtweise, ähnlich einer Wellenfront expandiert (Alg. 11.1, Zeile 28). Als Datenstruktur für die Verwaltung der noch unbearbeiteten Pixelkoordinaten wird (anstelle des Stacks) eine *Queue* (Warteschlange) verwendet. Ansonsten ist das Verfahren identisch zu Version B.

Java-Implementierung

Die rekursive Version (A) des Algorithmus ist in Java praktisch 1:1 umzusetzen. Allerdings erlaubt ein normales Java-Laufzeitsystem nicht mehr als ungefähr 10.000 rekursive Aufrufe der FLOODFILL()-Prozedur (Alg. 11.1, Zeile 8), bevor der Speicherplatz des Aufruf-Stacks erschöpft ist. Das reicht nur für relativ kleine Bilder mit weniger als ca. 200×200 Pixel.

Prog. 11.1 zeigt die vollständige Java-Implementierung beider Varianten der iterativen FLOODFILL()-Prozedur. Zunächst wird in Zeile 1 eine neue Java-Klasse Node zur Repräsentation einzelner Pixelkoordinaten definiert. Für die Implementierung der Queue-Datenstruktur in der *Breadth-first*-Variante wird die Container-Klasse LinkedList mit den Methoden addFirst(), removeLast() und isEmpty() eingesetzt.

---

[1] Für lokale Variablen wird in Java (oder auch in C und C++) bei jedem Prozeduraufruf der entsprechende Speicherplatz dynamisch im so genannten *Stack Memory* angelegt.

Algorithmus 11.1 Regionenmarkierung durch *Flood Filling*. Das binäre Eingangsbild I enthält die Werte 0 für Hintergrundpixel und 1 für Vordergrundpixel. Es werden noch unmarkierte Vordergrundpixel gesucht, von denen aus die zugehörige Region gefüllt wird. Die FLOODFILL()-Prozedur ist in drei verschiedenen Varianten ausgeführt.

```
1:  REGIONLABELING(I)
2:      Initialize m ← 2 (the value of the next label to be assigned).
3:      Iterate over all image coordinates (u, v).
4:          if I(u, v) = 1 then
5:              FLOODFILL(I, u, v, m)                    ▷ one of the versions below
6:              Increment m.
7:      return
```

```
8:  FLOODFILL(I, u, v, label)                           ▷ Recursive Version
9:      if coordinate (u, v) is within image boundaries and I(u, v) = 1 then
10:         Set I(u, v) ← label
11:         FLOODFILL(Q, (u+1, v))
12:         FLOODFILL(Q, (u, v+1))
13:         FLOODFILL(Q, (u, v−1))
14:         FLOODFILL(Q, (u−1, v))
15:     return
```

```
16: FLOODFILL(I, u, v, label)                           ▷ Depth-First Version
17:     Create an empty stack S
18:     Put the seed coordinate (u, v) onto the stack: PUSH(S, (u, v))
19:     while S is not empty do
20:         Get the next coordinate from the top of the stack:
                (x, y) ← POP(S)
21:         if coordinate (x, y) is within image boundaries and I(x, y) = 1 then
22:             Set I(x, y) ← label
23:             PUSH(S, (x+1, y))
24:             PUSH(S, (x, y+1))
25:             PUSH(S, (x, y−1))
26:             PUSH(S, (x−1, y))
27:     return
```

```
28: FLOODFILL(I, u, v, label)                           ▷ Breadth-First Version
29:     Create an empty queue Q
30:     Insert the seed coordinate (u, v) into the queue: ENQUEUE(Q, (u, v))
31:     while Q is not empty do
32:         Get the next coordinate from the front of the queue:
                (x, y) ← DEQUEUE(Q)
33:         if coordinate (x, y) is within image boundaries and I(x, y) = 1 then
34:             Set I(x, y) ← label
35:             ENQUEUE(Q, (x+1, y))
36:             ENQUEUE(Q, (x, y+1))
37:             ENQUEUE(Q, (x, y−1))
38:             ENQUEUE(Q, (x−1, y))
39:     return
```

```
1 class Node {
2   int x, y;
3   Node(int x, int y) { //constructor method
4     this.x = x;  this.y = y;
5   }
6 }
```

Depth-first-Variante (mit *Stack*):

```
7  void floodFill(ImageProcessor ip, int x, int y, int label) {
8    Stack s = new Stack();
9    s.push(new Node(x,y));
10   while (!s.isEmpty()){
11     Node n = (Node) s.pop();
12     if ((n.x>=0) && (n.x<width) && (n.y>=0) && (n.y<height)
13       && ip.getPixel(n.x,n.y)==1) {
14       ip.putPixel(x,y,label);
15       s.push(new Node(n.x+1,n.y));
16       s.push(new Node(n.x,n.y+1));
17       s.push(new Node(n.x,n.y-1));
18       s.push(new Node(n.x-1,n.y));
19     }
20   }
21 }
```

Breadth-first-Variante (mit *Queue*):

```
22 void floodFill(ImageProcessor ip, int x, int y, int label) {
23   LinkedList q = new LinkedList(); // Queue
24   q.addFirst(new Node(x,y));
25   while (!q.isEmpty()) {
26     Node n = (Node) q.removeLast();
27     if ((n.x>=0) && (n.x<width) && (n.y>=0) && (n.y<height)
28       && ip.getPixel(n.x,n.y)==1) {
29       ip.putPixel(x,y,label);
30       q.addFirst(new Node(n.x+1,n.y));
31       q.addFirst(new Node(n.x,n.y+1));
32       q.addFirst(new Node(n.x,n.y-1));
33       q.addFirst(new Node(n.x-1,n.y));
34     }
35   }
36 }
```

Programm 11.1. *Flood Filling* (Java-Implementierung). Die *Depth-first*-Variante verwendet als Datenstruktur die Java-Klasse `Stack` mit den Methoden `push()`, `pop()` und `isEmpty()`.

Zur Implementierung des Stacks in der iterativen *Depth-first*-Version (B) verwenden wir als Datenstruktur die Java-Klasse `Stack` (Prog. 11.1, Zeile 8), ein Container für beliebige Java-Objekte. Für die *Queue*-Datenstruktur in der *Breadth-first*-Variante (C) verwenden wir die Java-Klasse `LinkedList`[2] (Prog. 11.1, Zeile 23).

Abb. 11.2 illustriert den Ablauf der Regionenmarkierung in beiden Varianten anhand eines konkreten Beispiels mit einer Region, wobei der Startpunkt („seed point") – der normalerweise am Rand der Kontur liegt – willkürlich im Inneren der Region gewählt wurde. Deutlich ist zu sehen, dass die *Depth-first*-Methode zunächst entlang *einer* Richtung (in diesem Fall horizontal nach links) bis zum Ende der Region vorgeht und erst dann die übrigen Richtungen berücksichtigt. Im Gegensatz dazu breitet sich die Markierung bei der *Breadth-first*-Methode annähernd gleichförmig, d. h. Schicht um Schicht, in alle Richtungen aus.

Generell ist der Speicherbedarf bei der *Breadth-first*-Variante des *Flood-fill*-Verfahrens deutlich niedriger als bei der *Depth-first*-Variante. Für das Beispiel in Abb. 11.2 mit der in Prog. 11.1 gezeigten Implementierung erreicht die Größe des *Stacks* in der *Depth-first*-Variante 28.822 Elemente, während die *Queue* der *Breadth-first*-Variante nur maximal 438 Knoten aufnehmen muss.

11.1.2 Sequentielle Regionenmarkierung

Die sequentielle Regionenmarkierung ist eine klassische, nicht rekursive Technik, die in der Literatur auch als „region labeling" bekannt ist. Der Algorithmus besteht im Wesentlichen aus zwei Schritten: (1) einer vorläufigen Markierung der Bildregionen und (2) der Auflösung von mehrfachen Markierungen innerhalb derselben Region. Das Verfahren ist (vor allem im 2. Schritt) relativ komplex, aber wegen seines moderaten Speicherbedarfs durchaus verbreitet, bietet in der Praxis allerdings gegenüber einfacheren Methoden kaum Vorteile. Der gesamte Ablauf ist in Alg. 11.2 dargestellt.

Schritt 1: Vorläufige Markierung

Im ersten Schritt des „region labeling" wird das Bild sequentiell von links oben nach rechts unten durchlaufen und dabei jedes Vordergrundpixel mit einer vorläufigen Markierung versehen. Je nach Definition der Nachbarschaftsbeziehung werden dabei für jedes Pixel (u, v) die Umgebungen

$$\mathcal{N}_4(u, v) = \begin{array}{|c|c|c|} \hline & N_2 & \\ \hline N_1 & \times & \\ \hline & & \\ \hline \end{array} \quad \text{oder} \quad \mathcal{N}_8(u, v) = \begin{array}{|c|c|c|} \hline N_2 & N_3 & N_4 \\ \hline N_1 & \times & \\ \hline & & \\ \hline \end{array}$$

---

[2] Die Klasse `LinkedList` ist Teil des *Java Collection Frameworks* (s. auch Anhang B.2).

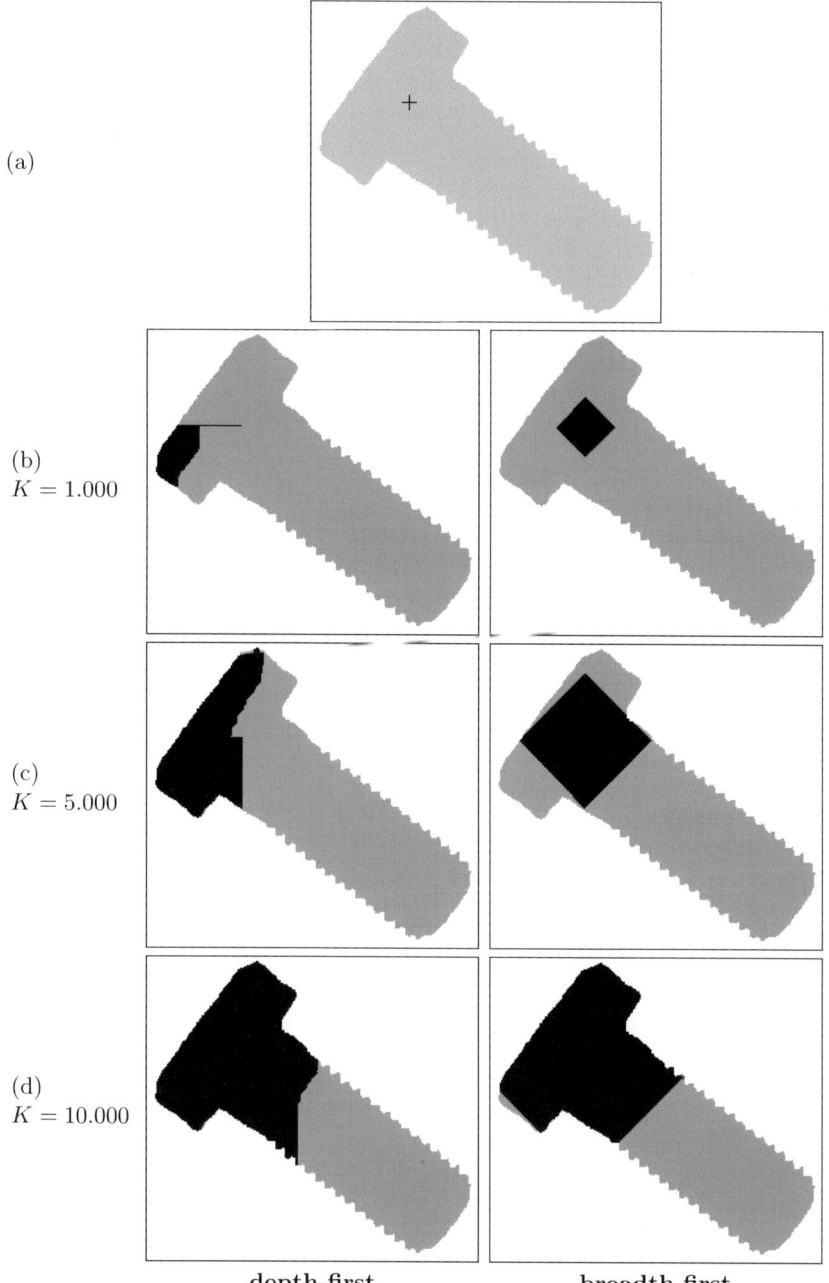

(a)

(b)
$K = 1.000$

(c)
$K = 5.000$

(d)
$K = 10.000$

depth-first   breadth-first

Abb. 11.2. Iteratives *Flood Filling* – *Depth-first*- und *Breadth-first*-Variante. Der mit + markierte Startpunkt im Originalbild (a) ist willkürlich gewählt. Zwischenergebnisse des *Flood-fill*-Algorithmus nach 1.000, 5.000 und 10.000 markierten Bildelementen (b–d). Das Bild hat eine Größe von 250 × 242 Pixel.

Algorithmus 11.2 Sequentielle Regionenmarkierung. Das binäre Ausgangs-bild enthält die Werte $I(u,v) = 0$ für Hintergrundpixel und $I(u,v) = 1$ für Vordergrundpixel (Regionen). Die resultierenden Markierungen haben die Werte $2 \ldots m-1$.

1: PASS 1 – ASSIGN INITIAL LABELS:
2:      Initialize $m \leftarrow 2$ (the value of the next label to be assigned).
3:      Create an empty set $\mathcal{C}$ to hold the collisions: $\mathcal{C} \leftarrow \{\}$.
4:      **for** $v \leftarrow 0 \ldots H{-}1$ **do**   ▷ H = height of image I
5:          **for** $u \leftarrow 0 \ldots W{-}1$ **do**   ▷ W = width of image I
6:              **if** $I(u,v) = 1$ **then** do one of:
7:                  **if** all neighbors are background pixels (all $n_i = 0$) **then**
8:                      $I(u,v) \leftarrow m$.
9:                      Increment m.
10:                 **else if** exactly *one* of the neighbors has a label value $n_k > 1$
                        then
11:                     set $I(u,v) \leftarrow n_k$
12:                 **else if** *several* neighbors have label values $n_j > 1$ **then**
13:                     Select one of them as the new label: $I(u,v) \leftarrow k \in \{n_j\}$.
14:                     **for** all other neighbors with label values $n_i > 1$ and $n_i \neq k$ **do**
15:                         register the pair $\langle n_i, k \rangle$ as a label collision:
                            $\mathcal{C} \leftarrow \mathcal{C} \cup \{\langle n_i, k \rangle\}$.
        Remark: The image $I(u,v)$ now contains label values $0, 2, \ldots m{-}1$.

16: PASS 2 – RESOLVE LABEL COLLISIONS:
17:     Let $\mathcal{L} = \{2, 3, \ldots m{-}1\}$ be the set of preliminary region labels.
18:     Create a partitioning of $\mathcal{L}$ as a *vector of sets*, one set for each label value:
            $\mathcal{R} \leftarrow [\mathcal{R}_2, \mathcal{R}_3, \ldots, \mathcal{R}_{m-1}] = [\{2\}, \{3\}, \{4\}, \ldots, \{m{-}1\}]$, so $\mathcal{R}_i = \{i\}$ for all
            $i \in \mathcal{L}$.
19:     **for all** collisions $\langle a, b \rangle \in \mathcal{C}$ **do**
20:         Find in $\mathcal{R}$ the sets $\mathcal{R}_a$ and $\mathcal{R}_b$ which contain the labels a and b, resp.:
                $\mathcal{R}_a \leftarrow$ the set which currently contains label a
                $\mathcal{R}_b \leftarrow$ the set which currently contains label b
21:         **if** $\mathcal{R}_a \neq \mathcal{R}_b$ (a and b are contained in different sets) **then**
22:             Merge the sets $\mathcal{R}_a$ and $\mathcal{R}_b$ by moving all elements of $\mathcal{R}_b$ into $\mathcal{R}_a$:
                $\mathcal{R}_a \leftarrow \mathcal{R}_a \cup \mathcal{R}_b$, $\mathcal{R}_b \leftarrow \{\}$.
        Remark: All equivalent label values (i.e., all labels of pixels in the same region) are now contained in the same sets within $\mathcal{R}$.

23: RELABEL THE IMAGE:
24:     Iterate through all image pixels (u,v):
25:         **if** $I(u,v) > 1$ **then**
26:             Find the set $\mathcal{R}_i$ in $\mathcal{R}$ which contains label $I(u,v)$.
27:             Choose one unique, representative element k from the set $\mathcal{R}_i$ (e.g.,
                    the minimum value, $k \leftarrow \min(\mathcal{S})$).
28:             Replace the image label: $I(u,v) \leftarrow k$.

---

für eine 4er- bzw. 8er-Nachbarschaft berücksichtigt ($\times$ markiert das aktuelle Pixel an der Position (u, v)). Im Fall einer 4er-Nachbarschaft werden also nur die beiden Nachbarn $N_1 = I(u-1, v)$ und $N_2 = I(u, v-1)$ untersucht, bei einer 8er-Nachbarschaft die insgesamt vier Nachbarn $N_1 \ldots N_4$. Wir verwenden für das nachfolgende Beispiel eine 8er-Nachbarschaft und das Ausgangsbild in Abb. 11.3 (a).

Fortpflanzung von Markierungen

Wir nehmen an, dass die Bildwerte $I(u, v) = 0$ Hintergrundpixel und die Werte $I(u, v) = 1$ Vordergrundpixel darstellen. Nachbarpixel, die außerhalb der Bildmatrix liegen, werden als Hintergrund betrachtet. Die Nachbarschaftsregion $\mathcal{N}(u, v)$ wird nun in horizontaler und anschließend vertikaler Richtung über das Bild geschoben, ausgehend von der linken, oberen Bildecke. Sobald das aktuelle Bildelement $I(u, v)$ ein Vordergrundpixel ist, erhält es entweder eine neue Regionsnummer, oder es wird – falls bereits einer der zuvor besuchten Nachbarn in $\mathcal{N}(u, v)$ auch ein Vordergrundpixel ist – dessen Regionsnummer übernommen. Bestehende Regionsnummern (Markierungen) breiten sich dadurch von links nach rechts bzw. von oben nach unten im Bild aus (Abb. 11.3 (b,c)).

Kollidierende Markierungen

Falls zwei (oder mehr) Nachbarn bereits zu *verschiedenen* Regionen gehören, besteht eine Kollision von Markierungen, d. h., Pixel innerhalb einer zusammenhängenden Region tragen unterschiedliche Markierungen. Zum Beispiel erhalten bei einer U-förmigen Region die Pixel im linken und rechten Arm anfangs unterschiedliche Markierungen, da zunächst ja nicht sichtbar ist, dass sie tatsächlich zu einer gemeinsamen Region gehören. Die beiden Markierungen werden sich in der Folge unabhängig nach unten fortpflanzen und schließlich im unteren Teil des U kollidieren (Abb. 11.3 (d)).

Wenn zwei Markierungen a, b zusammenstoßen, wissen wir, dass sie „äquivalent" sind und die beiden zugehörigen Bildregionen verbunden sind, also tatsächlich eine gemeinsame Region bilden. Diese Kollissionen werden im ersten Schritt nicht unmittelbar behoben, sondern nur in geeigneter Form bei ihrem Auftreten „registriert" und erst in Schritt 2 des Algorithmus behandelt. Abhängig vom Bildinhalt können nur wenige oder auch sehr viele Kollisionen auftreten und ihre Gesamtanzahl steht erst am Ende des ersten Durchlaufs fest. Zur Verwaltung der Kollisionen benötigt man daher dynamischer Datenstrukturen, wie z. B. verkettete Listen oder *Hash*-Tabellen.

Als Ergebnis des ersten Schritts sind alle ursprünglichen Vordergrundpixel durch eine vorläufige Markierung ersetzt (Abb. 11.4) und die aufgetretenen Kollisionen zwischen zusammengehörigen Markierungen sind in einer geeigneten Form registriert.

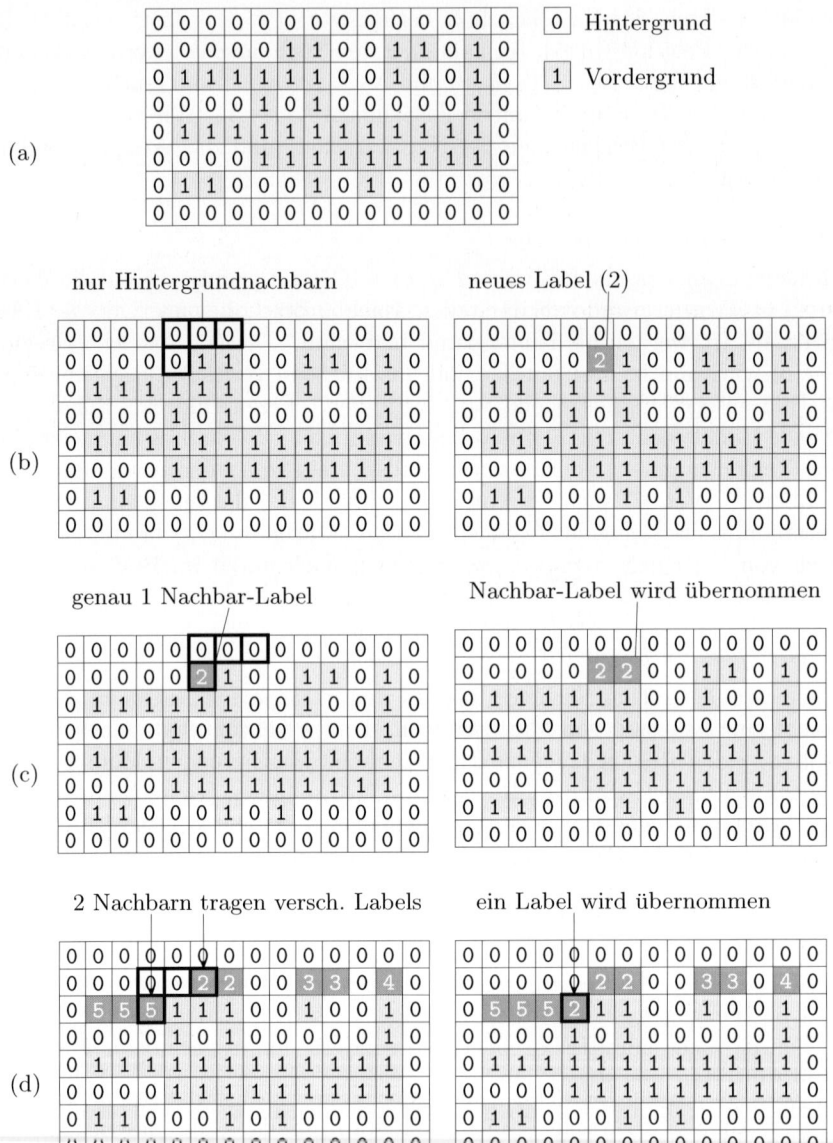

Abb. 11.3. Sequentielle Regionenmarkierung – Fortpflanzung der Markierungen. Ausgangsbild (a). Das erste Vordergrundpixel [**1**] wird in (b) gefunden: Alle Nachbarn sind Hintergrundpixel [**0**], das Pixel erhält die erste Markierung [**2**]. Im nächsten Schritt (c) ist genau *ein* Nachbarpixel mit dem Label **2** markiert, dieser Wert wird daher übernommen. In (d) sind *zwei* Nachbarpixel mit Label (**2** und **5**) versehen, einer dieser Werte wird übernommen und die Kollision ⟨**2, 5**⟩ wird registriert.

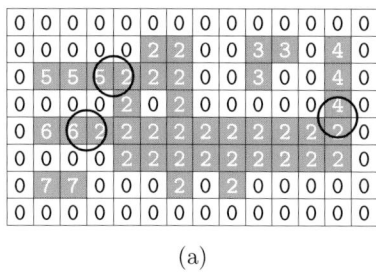
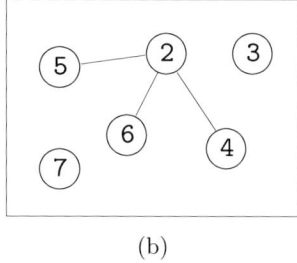

(a)   (b)

Abb. 11.4. Sequentielle Regionenmarkierung – Ergebnis nach Schritt 1. Alle Vordergrundpixel sind mit vorläufigen Markierungen versehen (a). Die aufgetretenen (durch Kreise angezeigten) Kollisionen zwischen Markierungen wurden registriert. Die Markierungen (*labels*) $\mathcal{L} = \{2, 3, 4, 5, 6, 7\}$ und Kollisionen $\mathcal{C} = \{\langle 2, 4 \rangle, \langle 2, 5 \rangle, \langle 2, 6 \rangle\}$ entsprechen den Knoten bzw. Kanten des in (b) gezeigten Graphen.

Abb. 11.5. Sequentielle Regionenmarkierung – Endergebnis nach Schritt 2. Alle äquivalenten Markierungen wurden durch die jeweils niedrigste Markierung innerhalb einer Region ersetzt.

Schritt 2: Auflösung der Kollisionen

Aufgabe des zweiten Schritts ist die Auflösung der im ersten Schritt kollidierten Markierungen und die Verbindung der zugehörigen Teilregionen. Dieser Prozess ist nicht trivial, denn zwei unterschiedlich markierte Regionen können miteinander in transitiver Weise über eine dritte Region „verbunden" sein bzw. im Allgemeinen über eine ganze Kette von Kollisionen. Tatsächlich ist diese Aufgabe identisch zum Problem des Auffindens zusammenhängender Teile von Graphen (*connected components problem*) [18], wobei die in Schritt 1 zugewiesenen Markierungen (*labels*) $\mathcal{L}$ den „Knoten" des Graphen und die festgestellten Kollisionen $\mathcal{C}$ den „Kanten" entsprechen (Abb. 11.4 (b)).

Nach dem Zusammenführen der unterschiedlichen Markierungen werden die Pixel jeder zusammenhängenden Region durch eine gemeinsame Markierung (z. B. die niedrigste der vorläufigen Markierungen innerhalb der Region) ersetzt (Abb. 11.5).

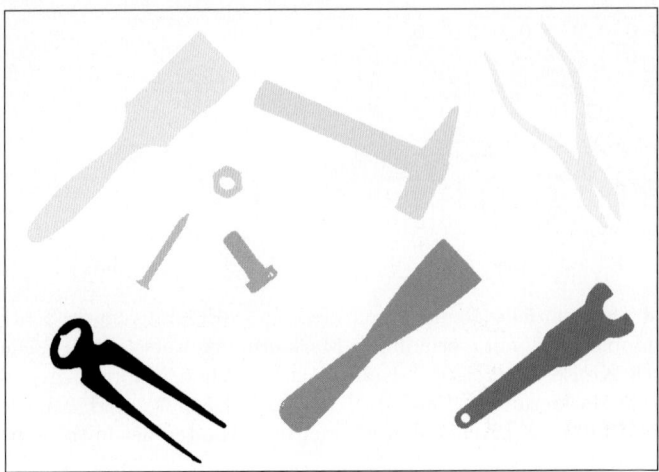

Abb. 11.6. Beispiel für eine fertige Regionenmarkierung. Die Pixel innerhalb jeder der Region sind auf den zugehörigen, fortlaufend vergebenen Markierungswert $2, 3, \ldots 10$ gesetzt und als Grauwerte dargestellt.

11.1.3 Regionenmarkierung – Zusammenfassung

Wir haben in diesem Abschnitt mehrere funktionsfähige Algorithmen zum Auffinden von zusammenhängenden Bildregionen beschrieben. Die zunächst attraktive (und elegante) Idee, die einzelnen Regionen von einem Startpunkt aus durch rekursives „flood filling" (Abschn. 11.1.1) zu markieren, ist wegen der beschränkten Rekursionstiefe in der Praxis meist nicht anwendbar. Das klassische, sequentielle „region labeling" (Abschn. 11.1.2) ist hingegen relativ komplex und bietet auch keinen echten Vorteil gegenüber der iterativen *Depth-first-* und *Breadth-first-*Methode, wobei letztere bei großen und komplexen Bildern generell am effektivsten ist. Abb. 11.6 zeigt ein Beispiel für eine fertige Regionenmarkierung anhand des Ausgangsbilds aus Abb. 11.1.

11.2 Konturen von Regionen

Nachdem die Regionen eines Binärbilds gefunden sind, ist der nachfolgende Schritt häufig das Extrahieren der Umrisse oder Konturen dieser Regionen. Wie vieles andere in der Bildverarbeitung erscheint diese Aufgabe zunächst nicht schwierig – man folgt einfach den Rändern einer Region. Wie wir sehen werden, erfordert die algorithmische Umsetzung aber doch eine sorgfältige Überlegung, und tatsächlich ist das Finden von Konturen eine klassische Aufgabenstellung im Bereich der Bildanalyse.

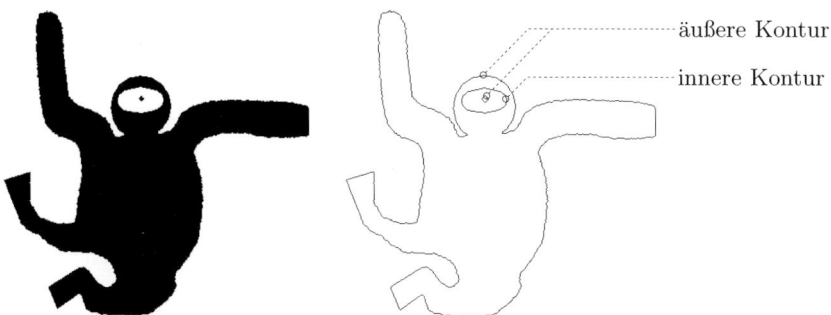

Abb. 11.7. Binärbild mit äußeren und inneren Konturen. Äußere Konturen liegen an der Außenseite von Vordergrundregionen (dunkel). Innere Konturen umranden die Löcher von Regionen, die rekursiv weitere Regionen enthalten können.

11.2.1 Äußere und innere Konturen

Wie wir bereits in Abschn. 10.2.7 gezeigt haben, kann man die Pixel an den Rändern von binären Regionen durch morphologische Operationen und Differenzbildung auf einfache Weise identifizieren. Dieses Verfahren *markiert* die Pixel entlang der Konturen und ist z. B. für die Darstellung nützlich. Hier gehen wir jedoch einen Schritt weiter und bestimmen die Kontur jeder Region als *geordnete Folge* ihrer Randpixel. Zu beachten ist dabei, dass zusammengehörige Bildregionen zwar nur eine *äußere* Kontur aufweisen können, jedoch – innerhalb von Löchern – auch beliebig viele *innere* Konturen besitzen können. Innerhalb dieser Löcher können sich wiederum kleinere Regionen mit zugehörigen äußeren Konturen befinden, die selbst wieder Löcher aufweisen können, usw. (Abb. 11.7). Eine weitere Komplikation ergibt sich daraus, dass sich Regionen an manchen Stellen auf die Breite eines einzelnen Pixels verjüngen können, ohne ihren Zusammenhalt zu verlieren, sodass die zugehörige Kontur dieselben Pixel mehr als einmal in unterschiedlichen Richtungen durchläuft (Abb. 11.8). Wird daher eine Kontur von einem Startpunkt x_S beginnend durchlaufen, so reicht es i. Allg. nicht aus, nur wieder bis zu diesem Startpunkt zurückzukehren, sondern es muss auch die aktuelle Konturrichtung beachtet werden.

Eine Möglichkeit zur Bestimmung der Konturen besteht darin, zunächst – wie im vorherigen Abschnitt (11.1) beschrieben – die zusammengehörigen Vordergrundregionen zu identifizieren und anschließend die äußere Kontur jeder gefundenen Region zu umrunden, ausgehend von einem beliebigen Randpixel der Region. In ähnlicher Weise wären dann die inneren Konturen aus den Löchern der Regionen zu ermitteln. Für diese Aufgabe gibt es eine Reihe von Algorithmen, wie beispielsweise in [67], [61, S. 142–148] oder [72, S. 296] beschrieben.

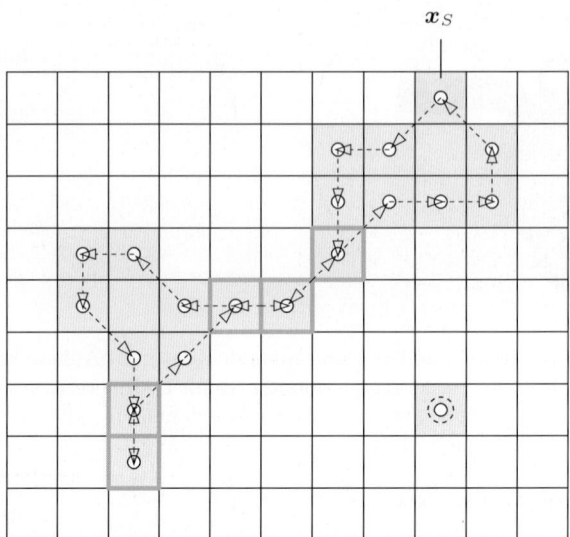

Abb. 11.8. Pfad entlang einer Kontur als geordnete Folge von Pixelkoordinaten, ausgehend von einem beliebigen Startpunkt x_S. Pixel können im Pfad mehrfach enthalten sein und auch Regionen, die nur aus einem isolierten Pixel bestehen (rechts unten), besitzen eine Kontur.

Als Alternative zeigen wir nachfolgend ein *kombiniertes* Verfahren, das im Unterschied zum traditionellen Ansatz die Konturfindung und die Regionenmarkierung verbindet.

11.2.2 Kombinierte Regionenmarkierung und Konturfindung

Dieses Verfahren aus [16] verbindet Konzepte der sequentiellen Regionenmarkierung (Abschn. 11.1) und der traditionellen Konturverfolgung, um in einem Bilddurchlauf beide Aufgaben gleichzeitig zu erledigen. Es werden sowohl äußere wie innere Konturen sowie die zugehörigen Regionen identifiziert und markiert. Der Algorithmus benötigt keine komplizierten Datenstrukturen und ist im Vergleich zu ähnlichen Verfahren sehr effizient.

Die grundlegende Idee des Algorithmus ist einfach und nachfolgend skizziert. Demgegenüber ist die konkrete Realisierung im Detail relativ aufwendig und daher als vollständige Implementierung als Java-Programm bzw. als ImageJ-Plugin in Anhang D.2 (S. 504–513) aufgelistet. Die wichtigsten Schritte des Verfahrens sind in Abb. 11.9 illustriert:

1. Das Binärbild I wird – ähnlich wie bei der sequentiellen Regionenmarkierung (Alg. 11.2) – von links oben nach rechts unten durchlaufen. Damit ist sichergestellt, dass alle Pixel im Bild berücksichtigt werden und am Ende eine entsprechende Markierung tragen.

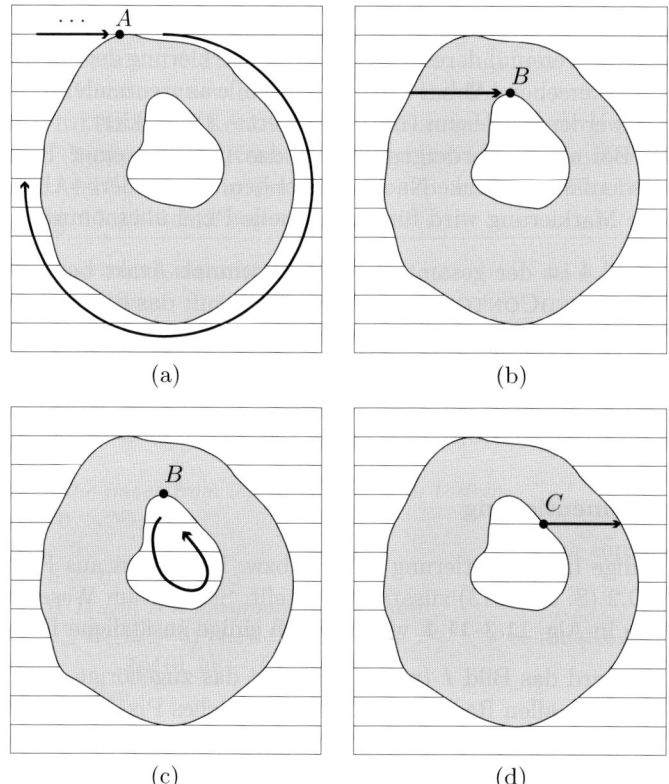

Abb. 11.9. Kombinierte Regionenmarkierung und Konturverfolgung (nach [16]). Das Bild wird von links oben nach rechts unten zeilenweise durchlaufen. In (a) ist der erste Punkt A am äußeren Rand einer Region gefunden. Ausgehend von A werden die Randpixel entlang der äußeren Kontur besucht und markiert, bis A wieder erreicht ist. In (b) ist der erste Punkt B auf einer inneren Kontur gefunden. Die innere Kontur wird wiederum bis zum Punkt B zurück durchlaufen und markiert (c). In (d) wird ein bereits markierter Punkt C auf einer inneren Kontur gefunden. Diese Markierung wird entlang der Bildzeile innerhalb der Region fortgepflanzt.

2. An der aktuellen Bildposition können folgende Situationen auftreten:

Fall A: Der Übergang von einem Hintergrundpixel auf ein bisher nicht markiertes Vordergrundpixel A bedeutet, dass A am Außenrand einer neuen Region liegt. Eine neue Marke (*label*) wird erzeugt und die zugehörige *äußere* Kontur wird (durch die Prozedur TRACECONTOUR in Alg. 11.3) umfahren und markiert (Abb. 11.9 (a)). Zudem werden auch alle unmittelbar angrenzenden Hintergrundpixel (mit dem Wert -1) markiert.

Fall B: Der Übergang von einem Vordergrundpixel B auf ein nicht markiertes Hintergrundpixel bedeutet, dass B am Rand einer *inneren*

Algorithmus 11.4 Kombinierte Konturfindung und Regionenmarkierung (*Fortsetzung*). Die Prozedur TRACECONTOUR durchläuft die zum Startpunkt $\boldsymbol{x}_S$ gehörigen Konturpunkte, beginnend mit der Suchrichtung $d_S = 0$ (äußere Kontur) oder $d_S = 1$ (innere Kontur). Dabei werden alle Konturpunkte sowie benachbarte Hintergrundpunkte im Label-Array LM markiert. TRACECONTOUR verwendet FINDNEXTNODE, um zu einem gegebenen Punkt $\boldsymbol{x}_c$ den nachfolgenden Konturpunkt zu bestimmen (Zeile 10). Die Funktion DELTA dient lediglich zur Bestimmung der Folgekoordinaten in Abhängigkeit von der aktuellen Suchrichtung d.

1: TRACECONTOUR($\boldsymbol{x}_S, d_S, L_C, I, LM$)
       $\boldsymbol{x}_S$: start position, d_S: initial search direction
       L_C: label for this contour, I: image, LM: label map

2:     Create an empty contour C
3:     $(\boldsymbol{x}_T, d) \leftarrow$ FINDNEXTNODE($\boldsymbol{x}_S, d_s, I, LM$)
4:     APPEND($C, \boldsymbol{x}_T$)   ▷ add $\boldsymbol{x}_T$ to contour C
5:     $\boldsymbol{x}_p \leftarrow \boldsymbol{x}_S$ ▷ *previous* position $\boldsymbol{x}_p = (u_p, v_p)$
6:     $\boldsymbol{x}_c \leftarrow \boldsymbol{x}_T$ ▷ *current* position $\boldsymbol{x}_c = (u_c, v_c)$
7:     *done* $\leftarrow (\boldsymbol{x}_S = \boldsymbol{x}_T)$ ▷ isolated pixel?
8:     **while** ($\neg$*done*) **do**
9:        $LM(u_c, v_c) \leftarrow L_C$
10:       $(\boldsymbol{x}_n, d) \leftarrow$ FINDNEXTNODE($\boldsymbol{x}_c, (d+6) \bmod 8, I, LM$)
11:       $\boldsymbol{x}_p \leftarrow \boldsymbol{x}_c$
12:       $\boldsymbol{x}_c \leftarrow \boldsymbol{x}_n$
13:       *done* $\leftarrow (\boldsymbol{x}_p = \boldsymbol{x}_S \wedge \boldsymbol{x}_c = \boldsymbol{x}_T)$ ▷ back at starting position?
14:       **if** ($\neg$*done*) **then**
15:          APPEND($C, \boldsymbol{x}_n$)   ▷ add point $\boldsymbol{x}_n$ to contour C
16:    **return** C .   ▷ return this contour

17: FINDNEXTNODE($\boldsymbol{x}_c, d, I, LM$)
       $\boldsymbol{x}_c$: original position, d: search direction, I: image, LM: label map

18:    **for** $i \leftarrow 0 \ldots 6$ **do**   ▷ search in 7 directions
19:       $\boldsymbol{x}' \leftarrow \boldsymbol{x}_c +$ DELTA(d)   ▷ $\boldsymbol{x}' = (u', v')$
20:       **if** $I(u', v')$ is a *background* pixel **then**
21:          $LM(u', v') \leftarrow -1$ ▷ mark background as *visited* (-1)
22:          $d \leftarrow (d+1) \bmod 8$
23:       **else**   ▷ found a non-background pixel at $\boldsymbol{x}'$
24:          return $(\boldsymbol{x}', d)$
25:    return $(\boldsymbol{x}_c, d)$.   ▷ found no next node, return start position

26: DELTA(d) $= (\Delta x, \Delta y)$, wobei

d	0	1	2	3	4	5	6	7
Δx	1	1	0	-1	-1	-1	0	1
Δy	0	1	1	1	0	-1	-1	-1

– Andernfalls werden durch wiederholten Aufruf von findNextNode()
   die übrigen Konturpunkte schrittweise durchlaufen, wobei jeweils ein
   aufeinander folgendes Paar von Punkten, der aktuelle (*current*) Punkt
   x_c (xC, yC) und der vorherige (*previous*) Punkt x_p (xP, yP), mitgeführt
   werden. Erst wenn *beide* Punkte mit den ursprünglichen Startpunkten
   der Kontur, x_S und x_T, übereinstimmen, ist die Kontur vollständig
   durchlaufen.

• Die Methode findNextNode() bestimmt den zum aktuellen Punkt x_c
   (Xc) nachfolgenden Konturpunkt, wobei die anfängliche Such*richtung* d
   (dir) von der Lage zum vorherigen Konturpunkt abhängt. Ausgehend
   von der ersten Suchrichtung werden maximal 7 Nachbarpunkte (alle außer dem vorherigen Konturpunkt) im Uhrzeigersinn untersucht, bis ein
   Vordergrundpixel (= Nachfolgepunkt) gefunden ist. Gleichzeitig werden
   alle gefundenen Hintergrundpixel mit dem Wert -1 im *label map LM*
   (labelMap) markiert, um wiederholte Besuche zu vermeiden. Wird unter
   den 7 möglichen Nachbarn kein gültiger Nachfolgepunkt gefunden, dann
   gibt findNextNode() den Ausgangspunkt x_c zurück.

Die Hauptfunktionalität ist bei dieser Implementierung in der Klasse Contour-
Tracer verpackt, deren prinzipielle Verwendung folgende run()-Methode innerhalb eines ImageJ-Plugins als Beispiel zeigt:

```
1  import java.util.ArrayList;
2  ...
3  public class ContourTracingPlugin_ implements PlugInFilter {
4    public void run(ImageProcessor ip) {
5      ContourTracer tracer = new ContourTracer(ip);
6      ContourSet cs = tracer.getContours();
7      // process outer and inner contours:
8      ArrayList outer = cs.outerContours;
9      ArrayList inner = cs.innerContours;
10     ...
11   }
12 }
```

Die Implementierung in Anhang D.2 zeigt außerdem die Darstellung der
Konturen als Vektorgrafik mithilfe der Klasse ContourOverlay. Auf diese
Weise können grafische Strukuren, die kleiner bzw. dünner sind als Bildpixel,
über einem Rasterbild in ImageJ angezeigt werden.

11.2.4 Beispiele

Der kombinierte Algorithmus zur Regionenmarkierung und Konturverfolgung
ist aufgrund seines bescheidenen Speichererbedarfs auch für große Binärbilder problemlos und effizient anwendbar. Abb. 11.10 zeigt ein Beispiel anhand
eines vergrößerten Bildausschnitts, in dem mehrere spezielle Situationen in

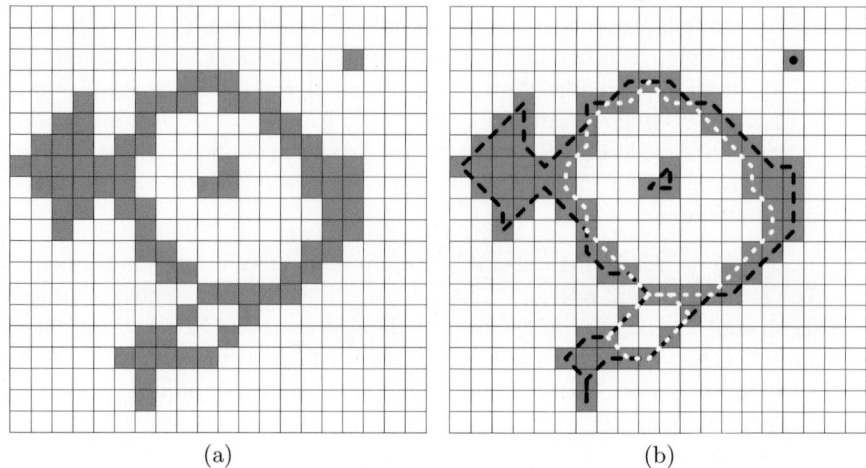

(a)   (b)

Abb. 11.10. Kombinierte Konturfindung und Regionenmarkierung. Originalbild, Vordergrundpixel sind grau markiert (a). Gefundene Konturen (b), mit schwarzen Linien für äußere und weißen Linien für innere Konturen. Die Konturen sind durch Polygone gekennzeichnet, deren Knoten jeweils im Zentrum eines Konturpixels liegen. Konturen für isolierte Pixel (z. B. rechts oben in (b)) sind durch kreisförmige Punkte dargestellt.

Erscheinung treten, wie einzelne, isolierte Pixel und Verdünnungen, die der Konturpfad in beiden Richtungen passieren muss. Die Konturen selbst sind durch Polygonzüge zwischen den Mittelpunkten der enthaltenen Pixel dargestellt, äußere Konturen sind schwarz und innere Konturen sind weiß gezeichnet. Regionen bzw. Konturen, die nur aus einem Pixel bestehen, sind durch Kreise in der entsprechenden Farbe markiert. Abb. 11.11 zeigt das Ergebnis für einen größeren Ausschnitt aus einem konkreten Originalbild (Abb. 10.11) in der gleichen Darstellungsweise.

11.3 Repräsentation von Bildregionen

11.3.1 Matrix-Repräsentation

Eine natürliche Darstellungsform für Bilder ist eine Matrix bzw. ein zweidimensionales Array, in dem jedes Element die Intensität oder die Farbe der entsprechenden Bildposition enthält. Diese Repräsentation kann in den meisten Programmiersprachen einfach und elegant abgebildet werden und ermöglicht eine natürliche Form der Verarbeitung im Bildraster. Ein möglicher Nachteil ist, dass diese Darstellung die Struktur des Bilds nicht berücksichtigt. Es macht keinen Unterschied, ob das Bild nur ein paar Linien oder eine komplexe Szene darstellt – die erforderliche Speichermenge ist konstant und hängt nur von der Dimension des Bilds ab.

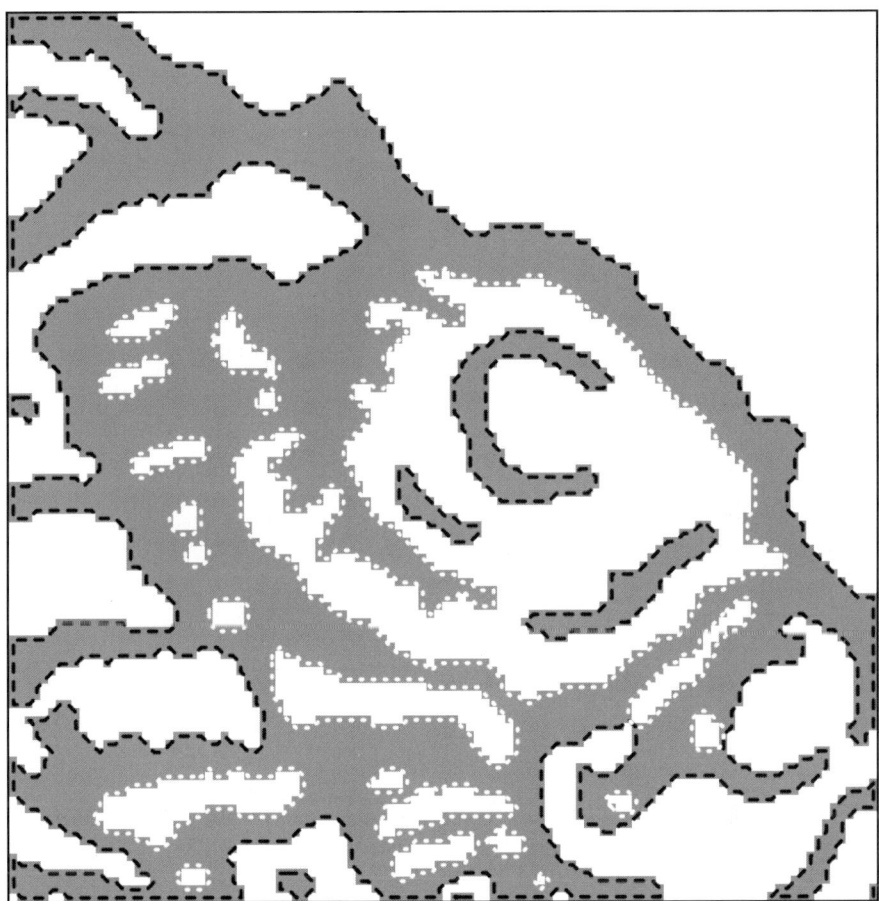

Abb. 11.11. Bildausschnitt mit Beispielen von komplexen Konturen (Originalbild in Abb. 10.11). Äußere Konturen sind schwarz, innere Konturen weiß markiert.

Binäre Bildregionen können mit einer logischen Maske dargestellt werden, die innerhalb der Region den Wert *true* und außerhalb den Wert *false* enthält (Abb. 11.12). Da ein logischer Wert mit nur einem Bit dargestellt werden kann, bezeichnet man eine solche Matrix häufig als „bitmap".[4]

11.3.2 Lauflängenkodierung

Bei der Lauflängenkodierung (*run length encoding*, RLE) werden aufeinander folgende Vordergrundpixel zu Blöcken zusammengefasst. Ein Block oder „run"

---

[4] In Java werden allerdings für Variablen vom Typ `boolean` immer 8 Bits verwendet und ein „kleinerer" Datentyp ist nicht verfügbar. Echte „bitmaps" können daher in Java nicht direkt realisiert werden.

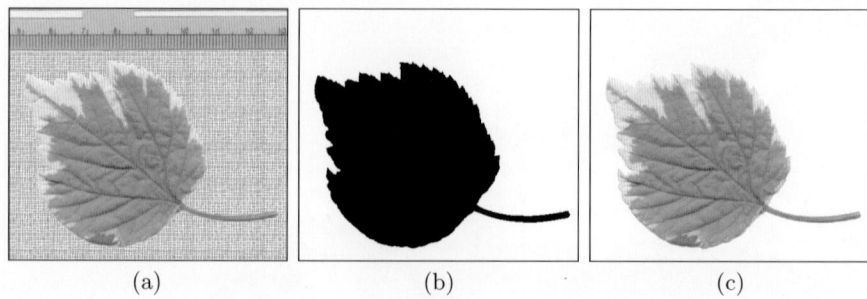

(a)   (b)   (c)

Abb. 11.12. Verwendung einer logischen Bildmaske zu Spezifikation einer Bildregion. Originalbild (a), Bildmaske (b), maskiertes Bild (c).

Bitmap									
	0	1	2	3	4	5	6	7	8
0									
1		×	×	×	×	×	×		
2									
3					×	×	×	×	
4		×	×	×		×	×	×	
5	×	×	×	×	×	×	×	×	×
6									

RLE

$\langle row, column, length \rangle$

$\Longrightarrow$

$\langle 1, 2, 6 \rangle$
$\langle 3, 4, 4 \rangle$
$\langle 4, 1, 3 \rangle$
$\langle 4, 5, 3 \rangle$
$\langle 5, 0, 9 \rangle$

Abb. 11.13. Lauflängenkodierung in Zeilenrichtung. Ein zusammengehöriger Pixelblock wird durch seinen Startpunkt $(1, 2)$ und seine Länge (6) repräsentiert.

ist eine möglichst lange Folge von gleichartigen Pixeln innerhalb einer Bildzeile oder -spalte. Runs können in kompakter Form mit nur drei ganzzahligen Werten

$$Run_i = \langle row_i, column_i, length_i \rangle$$

dargestellt werden (Abb. 11.13). Werden die Runs innerhalb einer Zeile zusammengefasst, so ist natürlich die Zeilennummer redundant und kann entfallen. In manchen Anwendungen kann es sinnvoll sein, die abschließende Spaltennummer anstatt der Länge des Blocks zu speichern.

Die RLE-Darstellung ist schnell und einfach zu berechnen. Sie ist auch als simple (verlustfreie) Kompressionsmethode seit langem in Gebrauch und wird auch heute noch verwendet, beispielsweise im TIFF-, GIF- und JPEG-Format sowie bei der Faxkodierung. Aus RLE-kodierten Bildern können auch statistische Eigenschaften, wie beispielsweise Momente (siehe Abschn. 11.4.3), auf direktem Weg berechnet werden.

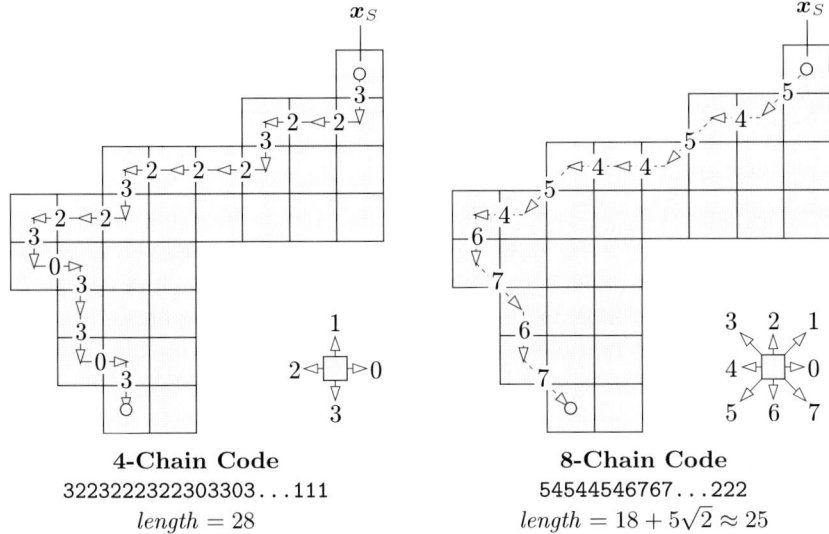

4-Chain Code

3223222322303303...111

length = 28

8-Chain Code

54544546767...222

length = $18 + 5\sqrt{2} \approx 25$

Abb. 11.14. Chain Codes mit 4er- und 8er-Nachbarschaft. Zur Berechnung des Chain Codes wird die Kontur von einem Startpunkt $\boldsymbol{x}_S$ aus durchlaufen. Die relative Position zwischen benachbarten Konturpunkten bestimmt den Richtungscode innerhalb einer 4er-Nachbarschaft (links) oder einer 8er-Nachbarschaft (rechts). Die Länge des resultierenden Pfads, berechnet aus der Summe der Einzelsegmente, ergibt eine Schätzung für die tatsächliche Konturlänge.

11.3.3 Chain Codes

Regionen können nicht nur durch ihre innere Fläche, sondern auch durch ihre Konturen dargestellt werden. Eine klassische Form dieser Darstellung sind so genannte „Chain Codes" oder „Freeman Codes" [25]. Dabei wird die Kontur, ausgehend von einem Startpunkt $\boldsymbol{x}_S$, als Folge von Positionsänderungen im diskreten Bildraster repräsentiert (Abb. 11.14).

Für eine geschlossene Kontur, gegeben durch die Punktfolge $B_{\mathcal{R}} = (\boldsymbol{x}_0, \boldsymbol{x}_1, \ldots \boldsymbol{x}_{M-1})$, mit $\boldsymbol{x}_i = (u_i, v_i)$, erzeugen wir die Elemente der zugehörigen Chain-Code-Folge $C_{\mathcal{R}} = (c_0, c_1, \ldots c_{M-1})$ mit

$$c_i = Code(\Delta u_i, \Delta v_i), \quad \text{wobei} \tag{11.1}$$

$$(\Delta u_i, \Delta v_i) = \begin{cases} (u_{i+1} - u_i, v_{i+1} - v_i) & \text{für } 0 \le i < M-1 \\ (u_0 - u_i, v_0 - v_i) & \text{für } i = M-1 \end{cases}$$

und $Code(\Delta u_i, \Delta v_i)$ aus folgender Tabelle[5] ermittelt wird:

Δu_i	1	1	0	−1	−1	−1	0	1
Δv_i	0	1	1	1	0	−1	−1	−1
$Code(\Delta u_i, \Delta v_i)$	0	1	2	3	4	5	6	7

---

[5] Unter Verwendung der 8er-Nachbarschaft.

Chain Codes sind kompakt, da nur die absoluten Koordinaten für den Startpunkt und nicht für jeden Konturpunkt gespeichert werden. Zudem können die 8 möglichen relativen Richtungen zwischen benachbarten Konturpunkten mit kleineren Zahlentypen (3 Bits) kodiert werden.

Differentieller Chain Code

Ein Vergleich von zwei mit Chain Codes dargestellten Regionen ist allerdings auf direktem Weg nicht möglich. Zum einen ist die Beschreibung vom gewählten Startpunkt x_S abhängig, zum anderen führt die Drehung der Region um 90° zu einem völlig anderen Chain Code. Eine geringfügige Verbesserung bringt der *differentielle* Chain Code, bei dem nicht die Differenzen der Positionen aufeinander folgender Konturpunkte, sondern die Änderungen der Richtung entlang der diskreten Kontur kodiert werden. Aus einem *absoluten* Chain-Code $C_\mathcal{R} = (c_0, c_1, \ldots c_{M-1})$ werden die Elemente des *differentiellen* Chain Codes $C'_\mathcal{R} = (c'_0, c'_1, \ldots c'_{M-1})$ in der Form

$$c'_i = \begin{cases} (c_{i+1} - c_i) \bmod 8 & \text{für } 0 \le i < M-1 \\ (c_0 - c_i) \bmod 8 & \text{für } i = M-1 \end{cases} \tag{11.2}$$

berechnet,[6] wiederum unter Annahme der 8er-Nachbarschaft. Das Element c'_i beschreibt also die Richtungsänderung (Krümmung) der Kontur zwischen den aufeinander folgenden Segmenten c_i und c_{i+1} des ursprünglichen Chain Codes $C_\mathcal{R}$. Für die Kontur in Abb. 11.14 (b) wäre das Ergebnis

$$C_\mathcal{R} = (5, 4, 5, 4, 4, 5, 4, 6, 7, 6, 7, \ldots 2, 2, 2)$$
$$C'_\mathcal{R} = (7, 1, 7, 0, 1, 7, 2, 1, 7, 1, 1, \ldots 0, 0, 3)$$

Die ursprüngliche Kontur kann natürlich bei Kenntnis des Startpunkts x_S und der Anfangsrichtung c'_0 auch aus einem differentiellen Chain Code wieder vollständig rekonstruiert werden.

Shape Numbers

Der differentielle Chain Code bleibt zwar bei einer Drehung der Region um 90° unverändert, ist aber weiterhin vom gewählten Startpunkt abhängig. Möchte man zwei durch ihre differentiellen Chain Codes C'_1, C'_2 gegebenen Konturen von gleicher Länge M auf ihre Ähnlichkeit untersuchen, so muss zunächst ein gemeinsamer Startpunkt festgelegt werden. Eine häufig angeführte Methode [4, 28] besteht darin, die Codefolge C' als Ziffern einer Zahl (zur Basis $B = 8$ bzw. $B = 4$ bei einer 4er-Nachbarschaft) zu interpretieren, d. h. mit dem Wert

$$Value(C') = c'_0 \cdot B^0 + c'_1 \cdot B^1 + \ldots + c'_{M-1} \cdot B^{M-1} = \sum_{i=0}^{M-1} c_i \cdot B^i . \tag{11.3}$$

---

[6] Zur Implementierung des mod-Operators in Java siehe Anhang B.1.2.

Dann wird die Folge C' soweit zyklisch um k Positionen verschoben, bis sich ein maximaler Wert

$$Value(C' \to k) = \text{max!} \qquad \text{für } 0 \le k < M$$

ergibt. $C' \to k$ bezeichnet dabei die zyklisch um k Positionen nach rechts verschobene Folge C', z. B.

$$C' = (0, 1, 3, 2, \ldots 0, 3, 7, 4), \qquad C' \to 2 = (7, 4, 0, 1, \ldots 0, 3).$$

Die resultierende Folge („Shape Number") ist dann bezüglich des Startpunkts „normalisiert" und kann ohne weitere Verschiebung elementweise mit anderen normalisierten Folgen verglichen werden. Allerdings würde die Funktion $Value(C')$ in Gl. 11.3 viel zu große Werte erzeugen, um sie tatsächlich berechnen zu können. Einfacher ist es, die Relation

$$Value(C'_1) > Value(C'_2)$$

auf Basis der *lexikographischen Ordnung* zwischen den (Zeichen-)Folgen C'_1 und C'_2 zu ermitteln, ohne deren arithmetische Werte wirklich zu berechnen.

Der Vergleich auf Basis der Chain Codes ist jedoch generell keine besonders zuverlässige Methode zur Messung der Ähnlichkeit von Regionen, allein deshalb, weil etwa Drehungen um beliebige Winkel ($\ne 90°$) zu großen Differenzen im Code führen können. Darüber hinaus sind natürlich Größenveränderungen (Skalierungen) oder andere Verzerrungen mit diesen Methoden überhaupt nicht handhabbar. Für diese Zwecke finden sich wesentlich bessere Werkzeuge im nachfolgenden Abschnitt 11.4.

Fourierdeskriptoren

Ein eleganter Ansatz zur Beschreibung von Konturen sind so genannte „Fourierdeskriptoren", bei denen die zweidimensionale Kontur $B_\mathcal{R} = (\boldsymbol{x}_0, \boldsymbol{x}_1, \ldots \boldsymbol{x}_{M-1})$ mit $\boldsymbol{x}_i = (u_i, v_i)$ als Folge von komplexen Werten interpretiert wird, d. h. als komplexwertiges Signal der Länge M. Die Koeffizienten des zugehörigen, ebenfalls eindimensionalen *Fourierspektrums* (siehe Abschn. 13.3) bilden eine Formbeschreibung der Konturkurven im Frequenzraum. Details zu diesem klassischen Verfahren finden sich beispielsweise in [28, 31, 46, 47, 76].

11.4 Eigenschaften binärer Bildregionen

Angenommen man müsste den Inhalt eines Digitalbilds einer anderen Person am Telefon beschreiben. Eine Möglichkeit bestünde darin, die einzelnen Pixelwerte in einer bestimmten Ordnung aufzulisten und durchzugeben. Ein weniger mühsamer Ansatz wäre, das Bild auf Basis von Eigenschaften auf einer höheren Ebene zu beschreiben, etwa als „ein rotes Rechteck auf einem blauen Hintergrund" oder „ein Sonnenuntergang am Strand mit zwei im Sand spielenden Hunden" usw. Während uns so ein Vorgehen durchaus natürlich und einfach erscheint, ist die Generierung derartiger Beschreibungen für Computer ohne menschliche Hilfe derzeit (noch) nicht realisierbar. Für den Computer einfacher ist die Berechnung mathematischer Eigenschaften von Bildern oder einzelner Bildteile, die zumindest eine eingeschränkte Form von Klassifikation ermöglichen. Dies wird als „Mustererkennung" (*Pattern Recognition*) bezeichnet und bildet ein eigenes wissenschaftliches Fachgebiet, das weit über die Bildverarbeitung hinausgeht [20, 60, 79].

11.4.1 Formmerkmale (*Features*)

Der Vergleich und die Klassifikation von binären Regionen ist ein häufiger Anwendungsfall, beispielsweise bei der „optischen" Zeichenerkennung (*optical character recognition*, OCR), beim automatischen Zählen von Zellen in Blutproben oder bei der Inspektion von Fertigungsteilen auf einem Fließband. Die Analyse von binären Regionen gehört zu den einfachsten Verfahren und erweist sich in vielen Anwendungen als effizient und zuverlässig.

Als „Feature" einer Region bezeichnet man ein bestimmtes numerisches oder qualitatives Merkmal, das aus ihren Bildpunkten (Werten und Koordinaten) berechnet wird, im einfachsten Fall etwa die Größe (Anzahl der Pixel) einer Region. Um eine Region möglichst eindeutig zu beschreiben, werden üblicherweise verschiedene Features zu einem „Feature Vector" kombiniert. Dieser stellt gewissermaßen die „Signatur" einer Region dar, die zur Klassifikation bzw. zur Unterscheidung gegenüber anderen Regionen dient. Features sollen einfach zu berechnen und möglichst unbeeinflusst („robust") von nicht relevanten Veränderungen sein, insbesondere gegenüber einer räumlichen Verschiebung, Rotation oder Skalierung.

11.4.2 Geometrische Eigenschaften

Die Region $\mathcal{R}$ eines Binärbilds kann als zweidimensionale Verteilung von Vordergrundpunkten $\boldsymbol{x}_i = (u_i, v_i)$ in der diskreten Ebene $\mathbb{Z}^2$ interpretiert werden, d. h.

$$\mathcal{R} = \{\boldsymbol{x}_1, \boldsymbol{x}_2 \ldots \boldsymbol{x}_N\} = \{(u_1, v_1), (u_2, v_2) \ldots (u_N, v_N)\}. \tag{11.4}$$

Für die Berechnung der meisten geometrischen Eigenschaften kann eine Region aus einer beliebigen Punktmenge bestehen und muss auch (im Unterschied zur Definition in Abschn. 11.1) nicht notwendigerweise zusammenhängend sein.

Umfang

Der Umfang (*perimeter*) einer Region $\mathcal{R}$ ist bestimmt durch die Länge ihrer äußeren Kontur, wobei $\mathcal{R}$ zusammenhängend sein muss. Wie Abb. 11.14 zeigt, ist bei der Berechnung die Art der Nachbarschaftsbeziehung zu beachten. Bei Verwendung der 4er-Nachbarschaft ist die Gesamtlänge der Kontursegmente (jeweils mit der Länge 1) i. Allg. größer als die tatsächliche Strecke.

Im Fall der 8er-Nachbarschaft wird durch Gewichtung der Horizontal- und Vertikalsegmente mit 1 und der Diagonalsegmente mit $\sqrt{2}$ eine gute Annäherung erreicht. Für eine Kontur mit dem 8-Chain Code $C_\mathcal{R} = (c_0, c_1, \ldots c_{M-1})$ berechnet sich der Umfang daher in der Form

$$Perimeter(\mathcal{R}) = \sum_{i=0}^{M-1} length(c_i) \, , \tag{11.5}$$

wobei

$$length(c) = \begin{cases} 1 & \text{für } c = 0, 2, 4, 6, \\ \sqrt{2} & \text{für } c = 1, 3, 5, 7. \end{cases}$$

Bei dieser gängigen Form der Berechnung[7] wird allerdings die Länge des Umfangs gegenüber dem tatsächlichen Wert $U(\mathcal{R})$ systematisch überschätzt. Ein einfacher Korrekturfaktor von 0.95 erweist sich bereits bei relativ kleinen Regionen als brauchbar, d. h.

$$U(\mathcal{R}) \approx Perimeter_{\text{corr}}(\mathcal{R}) = 0.95 \cdot Perimeter(\mathcal{R}). \tag{11.6}$$

Fläche

Die Fläche einer Region $\mathcal{R}$ berechnet sich einfach durch die Anzahl der enthaltenen Bildpunkte, d. h.

$$Area(\mathcal{R}) = N = |\mathcal{R}|. \tag{11.7}$$

Die Fläche einer zusammenhängenden Region (ohne Löcher) kann auch näherungsweise über ihre geschlossene Kontur, definiert durch M Koordinatenpunkte $(x_0, x_1, \ldots x_{M-1})$, wobei $x_i = (u_i, v_i)$, mit der Gauß'schen Flächenformel für Polygone) berechnet werden:

$$Area(\mathcal{R}) = \frac{1}{2} \cdot \left| \sum_{i=0}^{M-1} \left(u_i \cdot v_{[(i+1) \bmod M]} - u_{[(i+1) \bmod M]} \cdot v_i \right) \right| \tag{11.8}$$

Liegt die Kontur in Form eines Chain Codes $C_\mathcal{R} = (c_0, c_1, \ldots c_{M-1})$ vor, so kann die Fläche durch Expandieren von $C_\mathcal{R}$ in eine Folge von Konturpunkten, ausgehend von einem beliebigen Startpunkt (z. B. $(0,0)$), ebenso mit Gl. 11.8 berechnet werden.

---

[7] Auch die im **Analyze**-Menü von ImageJ verfügbaren Messfunktionen verwenden diese Form der Umfangsberechnung.

Einfache Eigenschaften wie Fläche und Umfang sind zwar (abgesehen von Quantisierungsfehlern) unbeeinflusst von Verschiebungen und Drehungen einer Region, sie verändern sich jedoch bei einer *Skalierung* der Region, wenn also beispielsweise ein Objekt aus verschiedenen Entfernungen aufgenommen wurde. Durch geschickte Kombination können jedoch neue Features konstruiert werden, die invariant gegenüber Translation, Rotation und Skalierung sind.

Kompaktheit und Rundheit

Unter „Kompaktheit" versteht man die Relation zwischen der Fläche einer Region und ihrem Umfang. Da der Umfang U einer Region linear mit dem Vergrößerungsfaktor zunimmt, die Fläche A jedoch quadratisch, verwendet man das Quadrat des Umfangs in der Form A/U^2 zur Berechnung eines größenunabhängigen Merkmals. Dieses Maß ist invariant gegenüber Verschiebungen, Drehungen und Skalierungen und hat für eine kreisförmige Region beliebiger Durchmesser den Wert 4π. Durch Normierung auf den Kreis ergibt sich daraus ein Maß für die „Rundheit" (*roundness*) oder „Kreisförmigkeit" (*circularity*)

$$Circularity(\mathcal{R}) = \frac{4\pi \cdot Area(\mathcal{R})}{Perimeter^2(\mathcal{R})} \,, \tag{11.9}$$

das für eine kreisförmige Region $\mathcal{R}$ den Maximalwert 1 ergibt und für alle übrigen Formen Werte im Bereich $[0, 1]$ (Abb. 11.15). Für eine absolute Schätzung der Kreisförmigkeit empfiehlt sich allerdings die Verwendung des korrigierten Umfangwerts aus Gl. 11.6, also

$$Circularity_{\mathrm{corr}}(\mathcal{R}) = \frac{4\pi \cdot Area(\mathcal{R})}{Perimeter_{\mathrm{corr}}^2(\mathcal{R})} \tag{11.10}$$

In Abb. 11.15 sind die Werte für die Kreisförmigkeit nach Gl. 11.9 bzw. 11.10 für verschiedene Formen von Regionen dargestellt.

Bounding Box

Die Bounding Box einer Region $\mathcal{R}$ bezeichnet das minimale, achsenparallele Rechteck, das alle Punkte aus $\mathcal{R}$ einschließt:

$$BoundingBox(\mathcal{R}) = (u_{\mathrm{min}}, u_{\mathrm{max}}, v_{\mathrm{min}}, v_{\mathrm{max}}), \tag{11.11}$$

wobei $u_{\mathrm{min}}, u_{\mathrm{max}}$ und $v_{\mathrm{min}}, v_{\mathrm{max}}$ die minimalen und maximalen Koordinatenwerte aller Punkte $(u_i, v_i) \in \mathcal{R}$ in x- bzw. y-Richtung sind (Abb. 11.16 (a)).

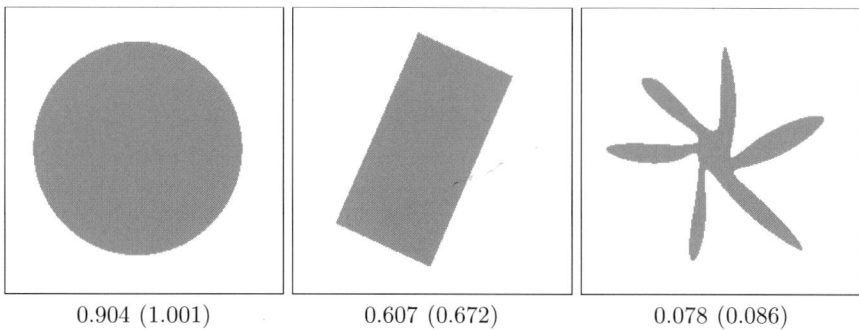

0.904 (1.001)   0.607 (0.672)   0.078 (0.086)

Abb. 11.15. *Circularity*-Werte für verschiedene Regionsformen. Angegeben sind jeweils der Wert *Circularity*($\mathcal{R}$) und in Klammern der korrigierte Wert *Circularity*$_{\mathrm{corr}}$($\mathcal{R}$) nach Gl. 11.9 bzw. 11.10.

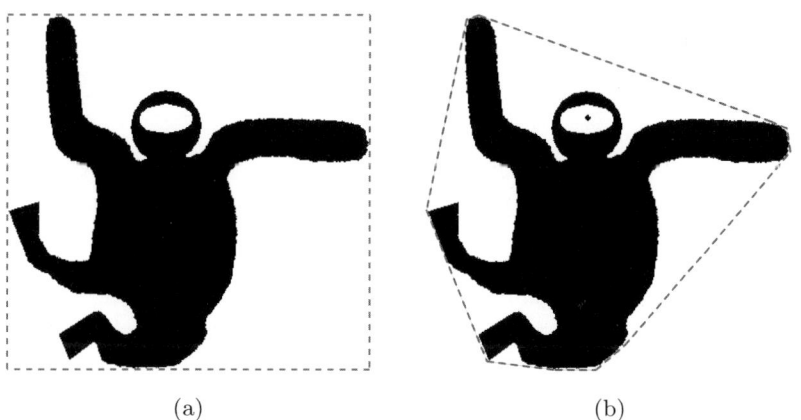

(a)   (b)

Abb. 11.16. Beispiel für *Bounding Box* (a) und konvexe Hülle (b) einer binären Bildregion.

Konvexe Hülle

Die konvexe Hülle (*convex hull*) ist das kleinste Polygon, das alle Punkte einer Region umfasst. Eine einfache Analogie ist die eines Nagelbretts, in dem für alle Punkte einer Region ein Nagel an der entsprechenden Position eingeschlagen ist. Spannt man nun ein elastisches Band rund um alle Nägel, dann bildet dieses die konvexe Hülle (Abb. 11.16 (b)). Sie kann z. B. mit dem *Quick-Hull*-Algorithmus [5] für N Konturpunkte mit einem Zeitaufwand von $\mathcal{O}(NH)$ berechnet werden, wobei H die Anzahl der resultierenden Polygonpunkte ist.[8]

Nützlich ist die konvexe Hülle beispielsweise zur Bestimmung der Konvexität oder der *Dichte* einer Region. Die *Konvexität* ist definiert als das

---

[8] Zur Notation $\mathcal{O}()$ s. Anhang A.3.

Verhältnis zwischen der Länge der konvexen Hülle und dem Umfang der ursprünglichen Region. Unter *Dichte* versteht man hingegen das Verhältnis zwischen der Fläche der Region selbst und der Fläche der konvexen Hülle. Der *Durchmesser* wiederum ist die maximale Strecke zwischen zwei Knoten auf der konvexen Hülle.

11.4.3 Statistische Formeigenschaften

Bei der Berechnung von statistischen Formmerkmalen betrachten wir die Region $\mathcal{R}$ als Verteilung von Koordinatenpunkten im zweidimensionalen Raum. Statistische Merkmale können insbesondere auch für Punktverteilungen berechnet werden, die keine zusammengehörige Region bilden, und sind daher ohne vorherige Segmentierung einsetzbar. Ein wichtiges Konzept bilden in diesem Zusammenhang die so genannten *zentralen Momente* der Verteilung, die charakteristische Eigenschaften in Bezug auf deren Mittelpunkt bzw. *Schwerpunkt* ausdrücken.

Schwerpunkt

Den Schwerpunkt einer zusammenhängenden Region kann man sich auf einfache Weise so vorstellen, dass man die Region auf ein Stück Karton oder Blech zeichnet, ausschneidet und dann versucht, diese Form waagerecht auf einer Spitze zu balancieren. Der Punkt, an dem man die Region aufsetzen muss, damit dieser Balanceakt gelingt, ist der *Schwerpunkt* der Region.[9]

Der Schwerpunkt $\bar{\boldsymbol{x}} = (\bar{x}, \bar{y})$ einer binären (nicht notwendigerweise zusammenhängenden) Region berechnet sich als arithmetischer Mittelwert der Koordinaten in x- und y-Richtung, d. h.

$$\bar{x} = \frac{1}{|\mathcal{R}|} \cdot \sum_{(u,v)\in\mathcal{R}} u \qquad \text{und} \qquad \bar{y} = \frac{1}{|\mathcal{R}|} \cdot \sum_{(u,v)\in\mathcal{R}} v \, . \tag{11.12}$$

Momente

Die Formulierung für den Schwerpunkt einer Region in Gl. 11.12 ist nur ein spezieller Fall eines allgemeineren Konzepts aus der Statistik, der so genannten „Momente". Insbesondere beschreibt der Ausdruck

$$m_{pq} = \sum_{(u,v)\in\mathcal{R}} I(u,v) \cdot u^p v^q \tag{11.13}$$

das (gewöhnliche) Moment der Ordnung p, q für eine diskrete (Bild-)Funktion $I(u,v) \in \mathbb{R}$, also beispielsweise für ein Grauwertbild. Alle nachfolgenden Definitionen sind daher – unter entsprechender Einbeziehung der Bildfunktion

---

[9] Vorausgesetzt der Schwerpunkt liegt nicht innerhalb eines Lochs in der Region liegt, was durchaus möglich ist.

$I(u, v)$ – grundsätzlich auch für Regionen in Grauwertbildern anwendbar. Für zusammenhängende, binäre Regionen können Momente auch direkt aus den Koordinaten der Konturpunkte berechnet werden [71, S. 148].

Für den speziellen Fall eines Binärbilds $I(u, v) \in \{0, 1\}$ sind nur die Vordergrundpixel mit $I(u, v) = 1$ in der Region $\mathcal{R}$ enthalten, wodurch sich Gl. 11.13 reduziert auf

$$m_{pq} = \sum_{(u,v) \in \mathcal{R}} u^p v^q \ . \tag{11.14}$$

So kann etwa die **Fläche** einer binären Region als Moment nullter Ordnung in der Form

$$Area(\mathcal{R}) = |\mathcal{R}| = \sum_{(u,v) \in \mathcal{R}} 1 = \sum_{(u,v) \in \mathcal{R}} u^0 v^0 = m_{00}(\mathcal{R}) \tag{11.15}$$

ausgedrückt werden bzw. der **Schwerpunkt** $\bar{x}$ (Gl. 11.12) als

$$\bar{x} = \frac{1}{|\mathcal{R}|} \cdot \sum_{(u,v) \in \mathcal{R}} u^1 v^0 = \frac{m_{10}(\mathcal{R})}{m_{00}(\mathcal{R})} \tag{11.16}$$

$$\bar{y} = \frac{1}{|\mathcal{R}|} \cdot \sum_{(u,v) \in \mathcal{R}} u^0 v^1 = \frac{m_{01}(\mathcal{R})}{m_{00}(\mathcal{R})} \tag{11.17}$$

Diese Momente repräsentieren also konkrete physische Eigenschaften einer Region. Insbesondere ist die Fläche m_{00} in der Praxis eine wichtige Basis zur Charakterisierung von Regionen und der Schwerpunkt (m_{10}, m_{01}) erlaubt die zuverlässige und (auf Bruchteile eines Pixelabstands) genaue Bestimmung der Position einer Region.

Zentrale Momente

Um weitere Merkmale von Regionen unabhängig von ihrer Lage, also invariant gegenüber Verschiebungen, zu berechnen, wird der in jeder Lage eindeutig zu bestimmende Schwerpunkt als Referenz verwendet. Anders ausgedrückt, man verschiebt den Ursprung des Koordinatensystems an den Schwerpunkt $\bar{x} = (\bar{x}, \bar{y})$ der Region und erhält dadurch die so genannten *zentralen* Momente der Ordnung p, q:

$$\mu_{pq}(\mathcal{R}) = \sum_{(u,v) \in \mathcal{R}} I(u, v) \cdot (u - \bar{x})^p \cdot (v - \bar{y})^q \tag{11.18}$$

Für Binärbilder (mit $I(u, v) = 1$ innerhalb der Region $\mathcal{R}$) reduziert sich Gl. 11.18 auf

$$\mu_{pq}(\mathcal{R}) = \sum_{(u,v) \in \mathcal{R}} (u - \bar{x})^p \cdot (v - \bar{y})^q \ . \tag{11.19}$$

Normalisierte zentrale Momente

Die Werte der zentralen Momente sind naturgemäß von der absoluten Größe
der Region abhängig, da diese sich in den Distanzen aller Punkte vom Schwerpunkt direkt manifestiert. So multiplizieren sich bei einer gleichförmigen
Vergrößerung einer Form um den Faktor $s \in \mathbb{R}$ die zentralen Momente mit
dem Faktor

$$s^{(p+q+2)} \tag{11.20}$$

und man erhält größeninvariante (normalisierte) Momente durch Normierung
mit dem Kehrwert der entsprechend potenzierten Fläche $\mu_{00} = m_{00}$ in der
Form

$$\bar{\mu}_{pq}(\mathcal{R}) = \mu_{pq} \cdot \left(\frac{1}{\mu_{00}(\mathcal{R})} \right)^{(p+q+2)/2} , \tag{11.21}$$

für $(p + q) \geq 2$ [46, S. 529].

Prog. 11.2 zeigt eine direkte (*brute force*) Umsetzung der Berechnung von
gewöhnlichen, zentralen und normalisierten Momenten in Java für binäre Bilder (`BACKGROUND = 0`). Dies ist nur zur Verdeutlichung gedacht und es sind
natürlich weitaus effizientere Implementierungen möglich (z. B. in [48]).

11.4.4 Momentenbasierte geometrische Merkmale

Während die normalisierten Momente auch direkt zur Charakterisierung von
Regionen verwendet werden können, sind einige interessante und geometrisch
unmittelbar relevante Merkmale auf elegante Weise aus den Momenten ab-
leitbar.

Orientierung

Die Orientierung bezeichnet die Richtung der Hauptachse, also der Achse,
die durch den Schwerpunkt und entlang der größten Ausdehnung einer Region verläuft (Abb. 11.18 (a)). Dreht man die durch die Region beschriebene
Fläche um ihre Hauptachse, so weist diese das geringste Trägheitsmoment
aller möglichen Drehachsen auf. Wenn man etwa einen Bleistift zwischen beiden Händen hält und um seine Hauptachse (entlang der Bleistiftmine) dreht,
dann treten wesentlich geringere Trägheitskräfte auf als beispielsweise bei einer propellerartigen Drehung quer zur Hauptachse (Abb. 11.17). Sofern die
Region überhaupt eine Orientierung aufweist ($\mu_{20}(\mathcal{R}) \neq \mu_{02}(\mathcal{R})$), ergibt sich
die Richtung θ der Hauptachse aus den zentralen Momenten μ_{pq} als[10]

$$\theta(\mathcal{R}) = \frac{1}{2} \tan^{-1} \left(\frac{2 \cdot \mu_{11}(\mathcal{R})}{\mu_{20}(\mathcal{R}) - \mu_{02}(\mathcal{R})} \right) . \tag{11.22}$$

---

[10] Siehe Anhang B.1.6 bezüglich der Winkelberechnung in Java mit `Math.atan2()`.

```
1  import ij.process.ImageProcessor;
2  ...
3
4    static final int BACKGROUND = 0;
5
6    double moment(ImageProcessor ip, int p, int q) {
7      double Mpq = 0.0;
8      for (int v = 0; v < ip.getHeight(); v++) {
9        for (int u = 0; u < ip.getWidth(); u++) {
10         if (ip.getPixel(v, u) != BACKGROUND) {
11           Mpq = Mpq + Math.pow(u,q) * Math.pow(v,p);
12         }
13       }
14     }
15     return Mpq;
16   }
17
18   double centralMoment(ImageProcessor ip, int p, int q) {
19     double xCtr = moment(ip, 1, 0);
20     double yCtr = moment(ip, 0, 1);
21     double cMpq = 0.0;
22     for (int v = 0; v < ip.getHeight(); v++) {
23       for (int u = 0; u < ip.getWidth(); u++) {
24         if (ip.getPixel(v, u) != BACKGROUND) {
25           cMpq = cMpq
26               + Math.pow(u - xCtr, p)
27               * Math.pow(v - yCtr, q)
28               * ip.getPixel(u, v);
29         }
30       }
31     }
32     return cMpq;
33   }
34
35   double normalCentralMoment(ImageProcessor ip, int p, int q) {
36     double mu00 = centralMoment(ip, 0, 0);
37     double norm = Math.pow(mu00, (double)(p + q + 2) / 2 );
38     return centralMoment(ip, p, q) / norm;
39   }
```

Programm 11.2. Beispiel für die direkte Berechnung von Momenten in Java. Die Methoden moment(), centralMoment() und normalCentralMoment() berechnen für ein Binärbild die Momente m_{pq}, μ_{pq} bzw. $\bar{\mu}_{pq}$ (Gl. 11.14, 11.19, 11.21).

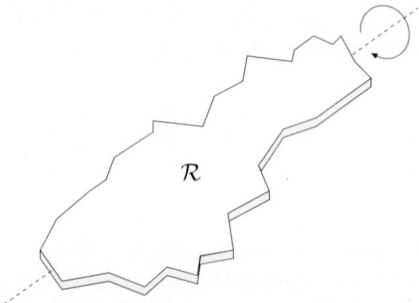

Abb. 11.17. Hauptachse einer Region. Die Drehung einer länglichen Region $\mathcal{R}$ (interpretiert als physischer Körper) um ihre Hauptachse verursacht die geringsten Trägheitskräfte aller möglichen Achsen.

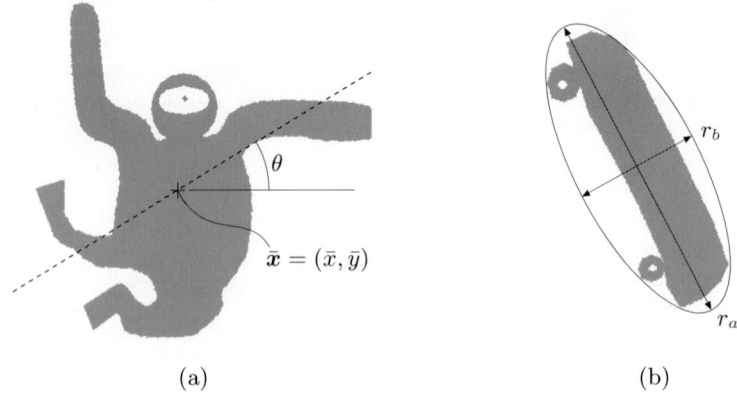

(a)   (b)

Abb. 11.18. Orientierung und Exzentrizität. Die Hauptachse einer Region läuft durch ihren Schwerpunkt $\bar{x}$ unter dem Winkel θ (a). Beide können direkt aus den Momenten der Punktverteilung innerhalb der Region berechnet werden (Gl. 11.17 bzw. 11.22). Die Exzentrizität (b) entspricht dem Seitenverhältnis (r_b/r_a) der minimalen umhüllenden Ellipse, deren längere Achse parallel zur Hauptachse der Region liegt.

Exzentrizität

Ähnlich wie die *Richtung* der Hauptachse lässt sich auch die *Länglichkeit* der Region über die Momente bestimmen. Das Merkmal der Exzentrizität (*eccentricity* oder *elongation*) kann man sich am einfachsten so vorstellen, dass man eine Region so lange dreht, bis sich eine Bounding Box oder umhüllende Ellipse mit maximalem Seitenverhältnis ergibt (Abb. 11.18 (b)).[11] Das Verhältnis zwischen der Breite und der Länge der resultierenden Bounding Box bzw. Ellipse entspricht der Exzentrizität, für deren Berechnung mehrere ähnliche

---

[11] Dieser Vorgang wäre in der Praxis natürlich schon allein wegen der Bildrotation sehr rechenaufwendig.

Ansätze existieren [4, 47] (s. auch Aufg. 11.12). Nach [46, S. 531] ist sie auf Basis der zentralen Momente μ_{pq} definiert in der Form

$$Eccentricity(\mathcal{R}) = \frac{\left[\mu_{20}(\mathcal{R}) - \mu_{02}(\mathcal{R})\right]^2 + 4 \cdot \left[\mu_{11}(\mathcal{R})\right]^2}{\left[\mu_{20}(\mathcal{R}) + \mu_{02}(\mathcal{R})\right]^2} \tag{11.23}$$

und ergibt Werte im Bereich $[0, 1]$. Ein rundes Objekt weist eine Exzentrizität von 0 auf, ein extrem langgezogenes Objekt den Wert 1, also entgegengesetzt zur „Rundheit" in Gl. 11.9. Die Berechnung der Exzentrizität ist allerdings ohne explizite Kenntnis des Umfangs und der Fläche möglich und somit auch für nicht zusammenhängende Regionen anwendbar.

Invariante Momente

Normalisierte zentrale Momente sind zwar unbeeinflusst durch eine Translation oder gleichförmige Skalierung einer Region, verändern sich jedoch im Allgemeinen bei einer *Rotation* des Bilds. Ein klassisches Beispiel zur Lösung dieses Problems durch geschickte Kombination einfacher Merkmale sind die nachfolgenden, als „Hu's Momente" [37] bekannten Größen:[12]

$$H_1 = \bar{\mu}_{20} + \bar{\mu}_{02} \tag{11.24}$$

$$H_2 = (\bar{\mu}_{20} - \bar{\mu}_{02})^2 + 4\,\bar{\mu}_{11}^2$$

$$H_3 = (\bar{\mu}_{30} - 3\,\bar{\mu}_{12})^2 + (3\,\bar{\mu}_{21} - \bar{\mu}_{03})^2$$

$$H_4 = (\bar{\mu}_{30} + \bar{\mu}_{12})^2 + (\bar{\mu}_{21} + \bar{\mu}_{03})^2$$

$$H_5 = (\bar{\mu}_{30} - 3\,\bar{\mu}_{12}) \cdot (\bar{\mu}_{30} + \bar{\mu}_{12}) \cdot \left[(\bar{\mu}_{30} + \bar{\mu}_{12})^2 - 3(\bar{\mu}_{21} + \bar{\mu}_{03})^2\right] +$$
$$\quad (3\,\bar{\mu}_{21} - \bar{\mu}_{03}) \cdot (\bar{\mu}_{21} + \bar{\mu}_{03}) \cdot \left[3\,(\bar{\mu}_{30} + \bar{\mu}_{12})^2 - (\bar{\mu}_{21} + \bar{\mu}_{03})^2\right]$$

$$H_6 = (\bar{\mu}_{20} - \bar{\mu}_{02}) \cdot \left[(\bar{\mu}_{30} + \bar{\mu}_{12})^2 - (\bar{\mu}_{21} + \bar{\mu}_{03})^2\right] +$$
$$\quad 4\,\bar{\mu}_{11} \cdot (\bar{\mu}_{30} + \bar{\mu}_{12}) \cdot (\bar{\mu}_{21} + \bar{\mu}_{03})$$

$$H_7 = (3\,\bar{\mu}_{21} - \bar{\mu}_{03}) \cdot (\bar{\mu}_{30} + \bar{\mu}_{12}) \cdot \left[(\bar{\mu}_{30} + \bar{\mu}_{12})^2 - 3\,(\bar{\mu}_{21} + \bar{\mu}_{03})^2\right] +$$
$$\quad (3\,\bar{\mu}_{12} - \bar{\mu}_{30}) \cdot (\bar{\mu}_{21} + \bar{\mu}_{03}) \cdot \left[3\,(\bar{\mu}_{30} + \bar{\mu}_{12})^2 - (\bar{\mu}_{21} + \bar{\mu}_{03})^2\right]$$

In der Praxis wird allerdings meist der Logarithmus der Ergebnisse (also $\log(H_k)$) verwendet, um den ansonsten sehr großen Wertebereich zu reduzieren. Diese Features werden auch als „*moment invariants*" bezeichnet, denn sie sind weitgehend invariant unter Translation, Skalierung sowie Rotation. Sie sind auch auf Ausschnitte von Grauwertbildern anwendbar, Beispiele dafür finden sich etwa in [28, S. 517].

---

[12] Das Argument für die Region $(\mathcal{R})$ wird in Gl. 11.24 zur besseren Lesbarkeit weggelassen, die erste Zeile würde also vollständig lauten: $H_1(\mathcal{R}) = \bar{\mu}_{20}(\mathcal{R}) + \bar{\mu}_{02}(\mathcal{R})$, usw.

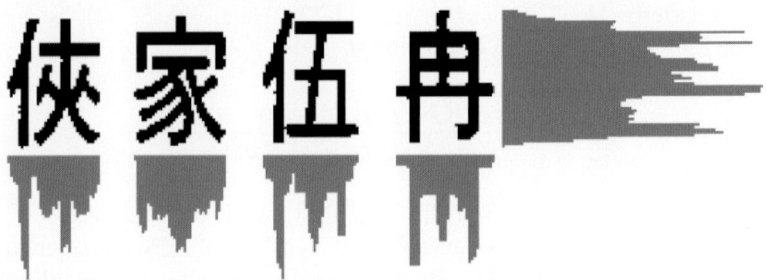

Abb. 11.19. Beispiel für die horizontale und vertikale Projektion eines Binärbilds.

11.4.5 Projektionen

Projektionen von Bildern sind eindimensionale Abbildungen der Bilddaten, üblicherweise parallel zu den Koordinatenachsen. In diesem Fall ist die horizontale bzw. vertikale Projektion für ein Bild $I(u, v)$, mit $0 \leq u < M$, $0 \leq v < N$, definiert als

$$P_{\text{hor}}(v_0) = \sum_{u=0}^{M-1} I(u, v_0) \qquad \text{für } 0 < v_0 < N, \qquad (11.25)$$

$$P_{\text{ver}}(u_0) = \sum_{v=0}^{N-1} I(u_0, v) \qquad \text{für } 0 < u_0 < M. \qquad (11.26)$$

Die *horizontale* Projektion $P_{\text{hor}}(v_0)$ (Gl. 11.25) bildet also die Summe der Pixelwerte der Bild*zeile* v_0 und hat die Länge N, die der Höhe des Bilds entspricht. Umgekehrt ist die *vertikale* Projektion P_{ver} (der Länge M) die Summe aller Bildwerte in der *Spalte* u_0 (Gl. 11.26). Im Fall eines Binärbilds mit $I(u, v) \in 0, 1$ enthält die Projektion die Anzahl der Vordergrundpixel in der zugehörigen Bildzeile bzw. -spalte.

Prog. 11.3 zeigt eine einfache Implementierung der Projektionsberechnung als `run()`-Methode eines ImageJ-Plugin, wobei beide Projektionen in einem Bilddurchlauf berechnet werden. Für die Projektionen werden Arrays vom Typ `long` (64-Bit-Integer) verwendet, um auch bei großen Bildern einen arithmetischen Überlauf zu vermeiden.

Projektionen in Richtung der Koordinatenachsen sind beispielsweise zur schnellen Analyse von strukturierten Bildern nützlich, wie etwa zur Isolierung der einzelnen Zeilen in Textdokumenten oder auch zur Trennung der Zeichen innerhalb einer Textzeile (Abb. 11.19). Grundsätzlich sind aber Projektionen auf Geraden mit beliebiger Orientierung möglich, beispielsweise in Richtung der Hauptachse einer gerichteten Bildregion (Gl. 11.22). Nimmt man den Schwerpunkt der Region (Gl. 11.12) als Referenz entlang der Hauptachse, so erhält man eine weitere, rotationsinvariante Beschreibung der Region in Form des Projektionsvektors.

```
1   public void run(ImageProcessor ip) {
2     int M = ip.getWidth();
3     int N = ip.getHeight();
4     long[] horProj = new long[N];
5     long[] verProj = new long[M];
6     for (int v = 0; v < N; v++) {
7       for (int u = 0; u < M; u++) {
8         int p = ip.getPixel(u, v);
9         horProj[v] += p;
10        verProj[u] += p;
11      }
12    }
13    // use projections (horProj, verProj) now
14    //...
15  }
```

Programm 11.3. Berechnung von horizontaler und vertikaler Projektion. Die run()-Methode für ein ImageJ-Plugin (ip ist vom Typ ByteProcessor oder ShortProcessor) berechnet in einem Bilddurchlauf beide Projektionen als eindimensionale Arrays (horProj, verProj) mit Elementen vom Typ long.

11.4.6 Topologische Merkmale

Topologische Merkmale beschreiben nicht explizit die Form einer Region, sondern strukturelle Eigenschaften, die auch unter stärkeren Bildverformungen unverändert bleiben. Dazu gehört auch die Eigenschaft der Konvexität einer Region, die sich durch Berechnung ihrer konvexen Hülle (Abschn. 11.4.2) bestimmen lässt.

Ein einfaches und robustes topologisches Merkmal ist die *Anzahl der Löcher* $N_L(\mathcal{R})$, die sich aus der Berechnung der inneren Konturen einer Region ergibt, wie in Abschn. 11.2.2 beschrieben. Umgekehrt kann eine nicht zusammenhängende Region, wie beispielsweise der Buchstabe „i", aus mehreren Komponenten bestehen, deren Anzahl ebenfalls als Merkmal verwendet werden kann.

Ein davon abgeleitetes Merkmal ist die so genannte *Euler-Zahl* N_E, das ist die Anzahl der zusammenhängenden Regionen N_R abzüglich der Anzahl ihrer Löcher N_L, d. h.

$$N_E(\mathcal{R}) = N_R(\mathcal{R}) - N_L(\mathcal{R}). \tag{11.27}$$

Bei nur *einer* zusammenhängenden Region ist dies einfach $1 - N_L$. So gilt für die Ziffer „**8**" beispielsweise $N_L = 1 - 2 = -1$ oder $N_L = 1 - 1 = 0$ für den Buchstaben „**D**".

Topologische Merkmale werden oft in Kombination mit numerischen Features zur Klassifikation verwendet, etwa für die Zeichenerkennung (*optical character recognition*, OCR).

11.5 Aufgaben

Aufg. 11.1. Simulieren Sie manuell den Ablauf des *Flood-fill*-Verfahrens in Prog. 11.1 (*depth-first* und *breadth-first*) anhand einer Region des folgenden Bilds, beginnend bei der Startkoordinate $(5, 1)$:

0	0	0	0	0	0	0	0	0	0	0	0	0	0		$\boxed{0}$ Hintergrund
0	0	0	0	0	1	1	0	0	1	1	0	1	0		
0	1	1	1	1	1	1	0	0	1	0	0	1	0		$\boxed{1}$ Vordergrund
0	0	0	0	1	0	1	0	0	0	0	0	1	0		
0	1	1	1	1	1	1	1	1	1	1	1	1	0		
0	0	0	0	1	1	1	1	1	1	1	1	1	0		
0	1	1	0	0	0	1	0	1	0	0	0	0	0		
0	0	0	0	0	0	0	0	0	0	0	0	0	0		

Aufg. 11.2. Bei der Implementierung des *Flood-fill*-Verfahrens (Prog. 11.1) werden bei jedem bearbeiteten Pixel alle seine Nachbarn im *Stack* bzw. in der *Queue* vorgemerkt, unabhängig davon, ob sie noch innerhalb des Bilds liegen und Vordergrundpixel sind. Man kann die Anzahl der im *Stack* bzw. in der *Queue* zu speichernden Knoten reduzieren, indem man jene Nachbarpixel ignoriert, die diese Bedingungen nicht erfüllen. Modifizieren Sie die *Depth-first*- und *Breadth-first*-Variante in Prog. 11.1 entsprechend und vergleichen Sie die resultierenden Laufzeiten.

Aufg. 11.3. Implementieren Sie ein ImageJ-Plugin, das auf ein Grauwertbild eine Lauflängenkodierung (Abschn. 11.3.2) anwendet, das Ergebnis in einer Datei ablegt und ein zweites Plugin, das aus dieser Datei das Bild wieder rekonstruiert.

Aufg. 11.4. Berechnen Sie den erforderlichen Speicherbedarf zur Darstellung einer Kontur mit 1000 Punkten auf folgende Arten: (a) als Folge von Koordinatenpunkten, die als Paare von `int`-Werten dargestellt sind; (b) als 8-Chain Code mit Java-`byte`-Elementen; (c) als 8-Chain Code mit nur 3 Bits pro Element.

Aufg. 11.5. Implementieren Sie eine Java-Klasse zur Beschreibung von binären Bildregionen mit Chain Codes. Entscheiden Sie selbst, ob Sie einen absoluten oder differentiellen Chain Code verwenden. Die Implementierung soll in der Lage sein, geschlossene Konturen als Chain Codes zu kodieren und auch wieder zu rekonstruieren.

Aufg. 11.6. Durch Berechnung der konvexen Hülle kann auch der maximale Durchmesser (max. Abstand zwischen zwei beliebigen Punkten) einer Region auf einfache Weise berechnet werden. Überlegen Sie sich ein alternatives Verfahren, das diese Aufgabe ohne Verwendung der komplexen Hülle löst. Ermitteln Sie den Zeitaufwand Ihres Algorithmus in Abhängigkeit zur Anzahl der Punkte in der Region.

Aufg. 11.7. Implementieren Sie den Vergleich von Konturen auf Basis von „Shape Numbers" (Gl. 11.3). Entwickeln Sie dafür eine Metrik, welche die Distanz zwischen zwei normalisierten Chain Codes misst. Stellen Sie fest, ob und unter welchen Bedingungen das Verfahren zuverlässig arbeitet.

Aufg. 11.8. Entwerfen Sie einen Algorithmus, der aus einer als 8-Chain Code gegebenen Kontur auf der Basis von Gl. 11.8 die Fläche der zugehörigen Region berechnet. Welche Abweichungen sind gegenüber der tatsächlichen Fläche der Region (Anzahl der Pixel) zu erwarten?

Aufg. 11.9. Skizzieren Sie Beispiele von binären Regionen, bei denen der Schwerpunkt selbst nicht in der Bildregion liegt.

Aufg. 11.10. Implementieren Sie die Momenten-Features von Hu (Gl. 11.24) und überprüfen Sie deren Eigenschaften unter Skalierung und Rotation anhand von Binär- und Grauwertbildern.

Aufg. 11.11. Die Java-Methode in Prog. 11.3 berechnet die Projektionen eines Bilds in horizontaler und vertikaler Richtung. Bei der Verarbeitung von Dokumentenvorlagen werden u. a. auch Projektionen in Diagonalrichtung eingesetzt. Implementieren Sie diese Projektionen und überlegen Sie, welche Rolle diese in der Dokumentenverarbeitung spielen könnten.

Aufg. 11.12. Für die Exzentrizität einer Region (Gl. 11.23) gibt es alternative Formulierungen, zum Beispiel [47, S. 394]

$$Eccentricity_2(\mathcal{R}) = \frac{(\mu_{20} - \mu_{02})^2 + 4 \cdot \mu_{11}}{m_{00}} \quad \text{oder}$$

$$Eccentricity_3(\mathcal{R}) = \frac{\mu_{20} + \mu_{02} + \sqrt{(\mu_{20} - \mu_{02})^2 + 4 \cdot \mu_{11}^2}}{\mu_{20} + \mu_{02} - \sqrt{(\mu_{20} - \mu_{02})^2 + 4 \cdot \mu_{11}^2}} \cdot$$

Realisieren Sie alle drei Varianten (einschließlich Gl. 11.23) und vergleichen Sie die Ergebnisse anhand geeigneter Regionsformen.

Farbbilder

Farbbilder spielen in unserem Leben eine wichtige Rolle und sind auch in der digitalen Welt allgegenwärtig, ob im Fernsehen, in der Fotografie oder im digitalen Druck. Die Empfindung von Farbe ist ein faszinierendes und gleichzeitig kompliziertes Phänomen, das Naturwissenschaftler, Psychologen, Philosophen und Künstler seit Jahrhunderten beschäftigt [70,73]. Wir beschränken uns in diesem Kapitel allerdings auf die wichtigsten technischen Zusammenhänge, die notwendig sind, um mit digitalen Farbbildern umzugehen. Die Schwerpunkte liegen dabei zum einen auf der programmtechnischen Behandlung von Farbbildern und zum anderen auf der Umwandlung zwischen unterschiedlichen Farbdarstellungen.

12.1 RGB-Farbbilder

Das RGB-Farbschema, basierend auf der Kombination der drei Primärfarben Rot (R), Grün (G) und Blau (B), ist aus dem Fernsehbereich vertraut und traditionell auch die Grundlage der Farbdarstellung auf dem Computer, bei Digitalkameras und Scannern sowie bei der Speicherung in Bilddateien. Die meisten Bildbearbeitungs- und Grafikprogramme verwenden RGB für die interne Darstellung von Farbbildern und auch in Java sind RGB-Bilder die Standardform.

RGB ist ein *additives* Farbsystem, d. h., die Farbmischung erfolgt ausgehend von Schwarz durch Addition der einzelnen Komponenten. Man kann sich diese Farbmischung als Überlagerung von drei Lichtstrahlen in den Farben Rot, Grün und Blau vorstellen, die in einem dunklen Raum auf ein weißes Blatt Papier gerichtet sind und deren Intensität individuell und kontinuierlich gesteuert werden kann. Die unterschiedliche Intensität der Farbkomponenten bestimmt dabei sowohl den Ton wie auch die Helligkeit der resultierenden Farbe. Auch Grau und Weiß werden durch Mischung der drei Primärfarben in entsprechender Intensität erzeugt. Ähnliches passiert auch an der Bildfläche

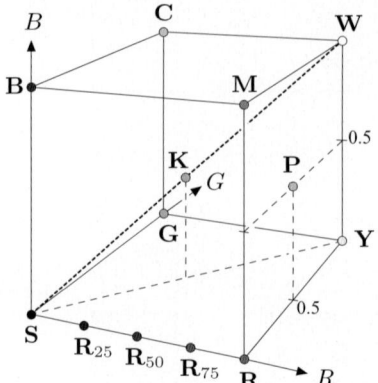

RGB-Werte				
Pkt.	Farbe	R	G	B
S	Schwarz	0.00	0.00	0.00
R	Rot	1.00	0.00	0.00
Y	Gelb	1.00	1.00	0.00
G	Grün	0.00	1.00	0.00
C	Cyan	0.00	1.00	1.00
B	Blau	0.00	0.00	1.00
M	Magenta	1.00	0.00	1.00
W	Weiß	1.00	1.00	1.00
K	50% Grau	0.50	0.50	0.50
R_{75}	75% Rot	0.75	0.00	0.00
R_{50}	50% Rot	0.50	0.00	0.00
R_{25}	25% Rot	0.25	0.00	0.00
P	Pink	1.00	0.50	0.50

Abb. 12.1. Darstellung des RGB-Farbraums als dreidimensionaler Einheitswürfel. Die Primärfarben Rot (R), Grün (G) und Blau (B) bilden die Koordinatenachsen. Die „reinen" Farben Rot (**R**), Grün (**G**), Blau (**B**), Cyan (**C**) und Magenta (**M**) liegen an den Eckpunkten des Farbwürfels. Alle Grauwerte, wie der Farbpunkt **K**, liegen auf der Diagonalen („Unbuntgeraden") zwischen dem Schwarzpunkt **S** und dem Weißpunkt **W**.

eines TV-Farbbildschirms oder CRT[1]-Computermonitors, wo kleine, eng aneinander liegende Leuchtpunkte in den drei Primärfarben durch einen Elektronenstrahl unterschiedlich stark angeregt werden und dadurch ein scheinbar kontinuierliches Farbbild erzeugen.

Der RGB-Farbraum bildet einen dreidimensionalen Würfel, dessen Koordinatenachsen den drei Primärfarben R, G und B entsprechen. Die RGB-Werte sind positiv und auf den Wertebereich $[0, C_{max}]$ beschränkt, wobei für Digitalbilder meistens $C_{max} = 255$ gilt. Jede mögliche Farbe $\mathbf{C}_i$ entspricht einem Punkt innerhalb des RGB-Farbwürfels mit den Komponenten

$$\mathbf{C}_i = (R_i, G_i, B_i),$$

wobei $0 \leq R_i, G_i, B_i \leq C_{max}$. Häufig wird der Wertebereich der RGB-Komponenten auf das Intervall $[0, 1]$ normiert, sodass der Farbraum einen Einheitswürfel bildet (Abb. 12.1). Der Punkt $\mathbf{S} = (0, 0, 0)$ entspricht somit der Farbe Schwarz, $\mathbf{W} = (1, 1, 1)$ entspricht Weiß und alle Punkte auf der „Unbuntgeraden" zwischen $\mathbf{S}$ und $\mathbf{W}$ sind Grautöne mit den Komponenten $R = G = B$.

Abb. 12.2 zeigt ein farbiges Testbild, das auch in den nachfolgenden Beispielen dieses Kapitels verwendet wird, sowie die zugehörigen RGB-Farbkomponenten als Intensitätsbilder.[2]

---

[1] *Cathode ray tube* (Kathodenstrahlröhre).

[2] Aus technischen Gründen sind in diesem Buch keine Farbabdrucke möglich, alle angeführten Farbbilder sind jedoch auf der zugehörigen Website zu finden.

RGB

R   *G*   *B*

Abb. 12.2. Farbbild und zugehörige *RGB*-Komponenten. Die abgebildeten Früchte sind großteils gelb und rot und weisen daher einen hohen Anteil der *R*- und *G*-Komponenten auf. In diesen Bereichen ist der *B*-Anteil gering (dunkel dargestellt), außer an den hellen Glanzstellen der Äpfel, wo der Farbton in Weiß übergeht. Die Tischoberfläche im Vordergrund ist violett, weist also einen relativ hohen *B*-Anteil auf.

RGB ist also ein sehr einfaches Farbsystem und vielfach reicht bereits dieses elementare Wissen aus, um Farbbilder zu verarbeiten oder in andere Farbräume zu transformieren, wie nachfolgend in Abschn. 12.2 gezeigt. Vorerst nicht beantworten können wir die Frage, mit welchem Farbwert ein bestimmtes RGB-Pixel in der Realität tatsächlich dargestellt wird oder was die Primärfarben *Rot*, *Grün* und *Blau* physisch wirklich bedeuten. Wir kümmern uns darum zwar zunächst nicht, widmen uns diesen wichtigen Details aber später wieder im Zusammenhang mit dem CIE-Farbraum (Abschn. 12.3.1).

12.1.1 Aufbau von Farbbildern

Farbbilder werden üblicherweise, genau wie Grauwertbilder, als Arrays von Pixeln dargestellt, wobei unterschiedliche Modelle für die Anordnung der einzelnen Farbkomponenten verwendet werden. Zunächst ist zu unterscheiden zwischen *Vollfarbenbildern*, die den gesamten Farbraum gleichförmig abdecken können, und so genannten *Paletten-* oder *Indexbildern*, die nur eine beschränkte Zahl unterschiedlicher Farben verwenden. Beide Bildtypen werden in der Praxis häufig eingesetzt.

Vollfarbenbilder

Ein Pixel in einem Vollfarbenbild kann jeden beliebigen Farbwert innerhalb des zugehörigen Farbraums annehmen, soweit es der (diskrete) Wertebereich der einzelnen Farbkomponenten zulässt. Vollfarbenbilder werden immer dann eingesetzt, wenn Bilder viele unterschiedliche Farben enthalten können, wie etwa typische Fotografien oder gerenderte Szenen in der Computergrafik. Bei der Anordnung der Farbkomponenten unterscheidet man zwischen der so genannten *Komponentenanordnung* und der *gepackten Anordnung*.

Bei der **Komponentenanordnung** (auch als *planare* Anordnung bezeichnet) sind die Farbkomponenten jeweils in getrennten Arrays von identischer Dimension angelegt. Ein Farbbild

$$I = (I_R, I_G, I_B)$$

wird daher gleichsam als Gruppe von zusammengehörigen Intensitätsbildern $I_R(u,v)$, $I_G(u,v)$ und $I_B(u,v)$ behandelt (Abb. 12.3) und der *RGB*-Farbwert des Komponentenbilds I an der Position (u,v) ergibt sich durch Zugriff auf die drei Teilbilder in der Form

$$\begin{pmatrix} R \\ G \\ B \end{pmatrix} \leftarrow \begin{pmatrix} I_R(u,v) \\ I_G(u,v) \\ I_B(u,v) \end{pmatrix}. \tag{12.1}$$

Bei der **gepackten Anordnung** werden die einzelnen Farbkomponenten in ein gemeinsames Pixel zusammengefügt und in einem einzigen Bildarray gespeichert (Abb. 12.4), d. h.

$$I(u,v) = (R, G, B).$$

Den RGB-Farbwert eines gepackten Bilds I an der Stelle (u,v) erhalten wir durch Zugriff auf die einzelnen Komponenten des zugehörigen Farbpixels, also

$$\begin{pmatrix} R \\ G \\ B \end{pmatrix} \leftarrow \begin{pmatrix} \text{Red}(I(u,v)) \\ \text{Green}(I(u,v)) \\ \text{Blue}(I(u,v)) \end{pmatrix}. \tag{12.2}$$

Die Zugriffsfunktionen Red(), Green(), Blue() sind natürlich von der konkreten Realisierung der gepackten Farbpixel abhängig.

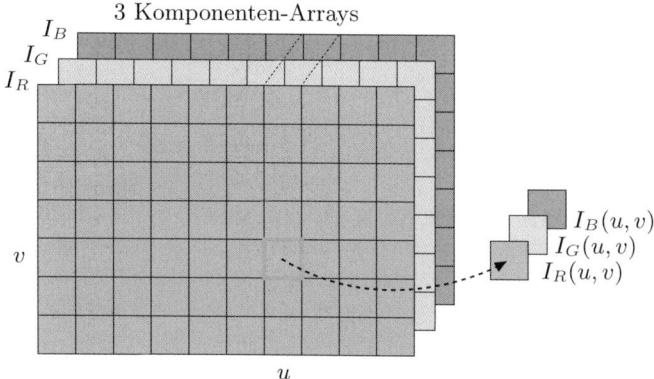

Abb. 12.3. RGB-Farbbild in Komponentenanordnung. Die drei Farbkomponenten sind in getrennten Arrays I_R, I_G, I_B gleicher Größe angelegt.

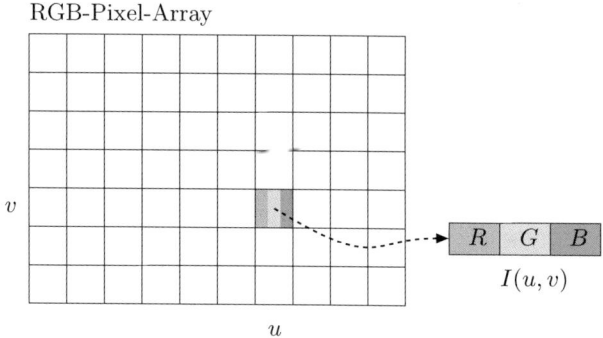

Abb. 12.4. RGB-Farbbild in gepackter Anordnung. Die drei Farbkomponenten R, G, und B sind in ein gemeinsames Array-Element zusammengefügt.

Indexbilder

Indexbilder erlauben nur eine beschränkte Zahl unterschiedlicher Farben und werden daher vor allem für Illustrationen, Grafiken und ähnlich „flache" Bildinhalte verwendet, häufig etwa in der Form von GIF- oder PNG-Dateien für Web-Grafiken. Das eigentliche Pixel-Array selbst enthält dabei keine Farb- oder Helligkeitsdaten, sondern ganzzahlige Indizes k aus einer Farbtabelle oder „Palette"

$$P[k] = (P_R[k], P_G[k], P_B[k])$$

für $k = 0 \ldots N-1$ (Abb. 12.5). Dabei ist N die Größe der Farbtabelle und damit auch die maximale Anzahl unterschiedlicher Bildfarben (typischerweise $N = 2 \ldots 256$). Die Farbtabelle enthält beliebige RGB-Farbwerte (P_R, P_G, P_B) und muss daher als Teil des Bilds gespeichert werden. Der RGB-Farbwert eines Indexbilds I an der Stelle (u, v) ergibt sich als

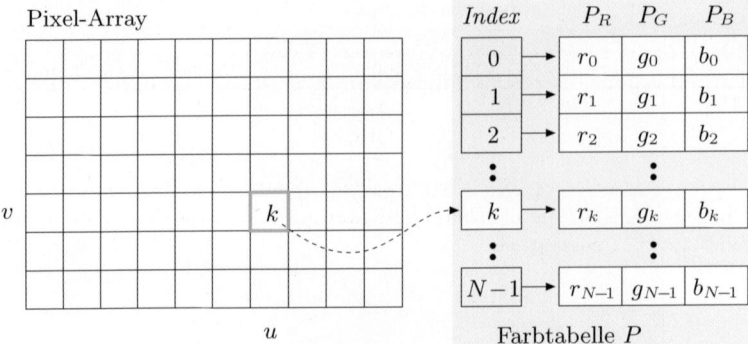

Abb. 12.5. RGB-Indexbild. Das Bildarray selbst enthält keine Farbwerte, sondern für jedes Pixel einen Index k. Der eigentliche Farbwert wird durch den zugehörigen Eintrag in der Farbtabelle (Palette) $P[k]$ definiert.

$$\begin{pmatrix} R \\ G \\ B \end{pmatrix} \leftarrow \begin{pmatrix} P_R[k] \\ P_G[k] \\ P_B[k] \end{pmatrix}, \quad \text{wobei } k = I(u, v). \tag{12.3}$$

Bei der Umwandlung eines Vollfarbenbilds in ein Indexbild (z. B. von einem JPEG-Bild in ein GIF-Bild) besteht u. a. das Problem der optimalen Farbreduktion, also der Ermittlung der optimalen Farbtabelle und Zuordnung der ursprünglichen Farben. Darauf werden wir im Rahmen der Farbquantisierung (Abschn. 12.5) noch genauer eingehen.

12.1.2 Farbbilder in ImageJ

ImageJ stellt zwei einfache Formen von Farbbildern zur Verfügung:

- RGB-Vollfarbenbilder (RGB Color)
- Indexbilder (8-bit Color)

RGB-Vollfarbenbilder

RGB-Farbbilder in ImageJ haben eine gepackte Anordnung (siehe Abschn. 12.1.1), wobei jedes Farbpixel als 32-Bit-Wort vom Typ `int` dargestellt wird. Wie Abb. 12.6 zeigt, stehen für jede der *RGB*-Komponenten 8 Bit zur Verfügung, der Wertebereich der einzelnen Komponenten ist somit auf $0 \ldots 255$ beschränkt. Weitere 8 Bit sind für den Transparenzwert[3] α vorgesehen, und diese Anordnung entspricht auch dem in Java[4] allgemein üblichen Format für RGB-Farbbilder.

---

[3] Der Transparenzwert α (Alphawert) bestimmt die „Durchsichtigkeit" eines Farbpixels gegenüber dem Hintergrund oder bei Überlagerung mehrere Bilder. Der α-Komponente wird derzeit in ImageJ nicht verwendet.

[4] Java Advanced Window Toolkit – AWT (`java.awt`).

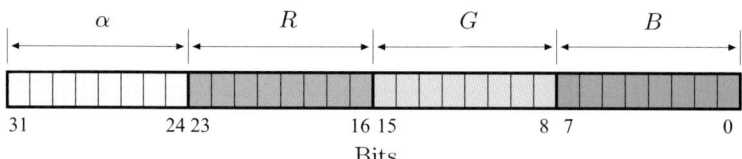

Abb. 12.6. Aufbau eines RGB-Farbpixels in ImageJ. Innerhalb eines 32-Bit-`int`-Worts sind jeweils 8 Bits den Farbkomponenten R, G, B sowie dem (nicht benutzten) Transparenzwert α zugeordnet.

Zugriff auf RGB-Pixelwerte

Die Elemente des Pixel-Arrays eines RGB-Farbbilds sind vom Java-Standard-datentyp `int`. Die Zerlegung des gepackten `int`-Werts in die drei Farbkom-ponenten erfolgt durch entsprechende Bitoperationen, also Maskierung und Verschiebung von Bitmustern. Hier ein Beispiel, wobei wir annehmen, dass `ip` der Image-Prozessor eines RGB-Farbbilds ist:

```
1  int c = ip.getPixel(u,v);   // a color pixel
2  int r = (c & 0xff0000) >> 16; // red value
3  int g = (c & 0x00ff00) >> 8;  // green value
4  int b = (c & 0x0000ff);       // blue value
```

Dabei wird für jede der *RGB*-Komponenten der gepackte Pixelwert `c` zunächst durch eine bitweise UND-Operation (`&`) mit einer zugehörigen Bitmaske (ange-geben in Hexadezimalnotation[5]) isoliert und anschließend mit dem Operator `>>` um 16 (für R) bzw. 8 (für G) Bitpositionen nach rechts verschoben (siehe Abb. 12.7).

Der „Zusammenbau" eines RGB-Pixels aus einzelnen R-, G- und B-Werten erfolgt in umgekehrter Weise unter Verwendung der bitweisen ODER-Operation (`|`) und der Verschiebung nach links (`<<`):

```
1  int r = 169; // red value
2  int g = 212; // green value
3  int b = 17;  // blue value
4  int c = ((r & 0xff)<<16) | ((g & 0xff)<<8) | b & 0xff;
5  ip.putPixel(u,v,C);
```

Die Maskierung der Komponentenwerte (mit `0xff`) stellt in diesem Fall sicher, dass außerhalb der Bitpositionen $0 \ldots 7$ (Wertebereich $0 \ldots 255$) alle Bits auf 0 gesetzt werden. Ein vollständiges Beispiel für die Verarbeitung eines RGB-Farbbilds mithilfe dieser Bitoperationen ist in Prog. 12.1 dargestellt. Der Zu-griff auf die Farbpixel erfolgt dabei ohne Zugriffsfunktionen (s. unten) direkt über das Pixel-Array, wodurch das Programm sehr effizient ist (siehe auch Abschn. B.1.3).

---

[5] Die Maske `0xff0000` ist von Typ `int` und entspricht dem 32-Bit-Binärmuster `00000000111111110000000000000000`.

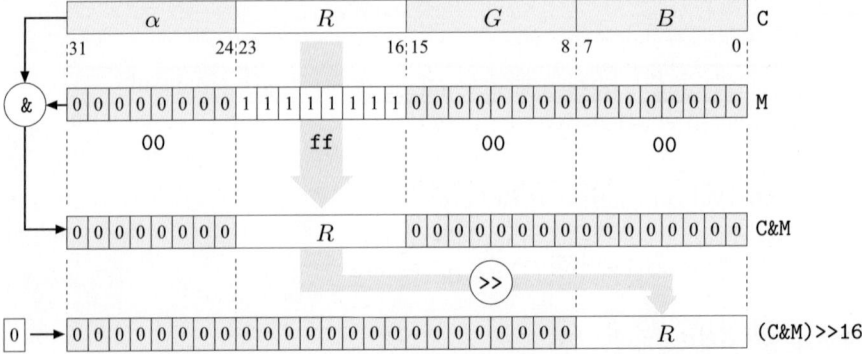

Abb. 12.7. Zerlegung eines RGB-Farbpixels durch eine Folge von Bitoperationen. Die R-Komponente (Bits 16–23) des RGB-Pixels C (oben) wird zunächst durch eine bitweise UND-Operation (&) mit der Bitmaske M = 0xff0000 isoliert. Alle Bits außerhalb der R-Komponente erhalten dadurch den Wert 0, das Bitmuster innerhalb der R-Komponente bleibt unverändert. Dieses Bitmuster wird anschließend um 16 Positionen nach rechts verschoben (>>), sodass die R-Komponente die untersten 8 Bits einnimmt und damit im Wertebereich 0...255 liegt. Bei der Verschiebung werden von links Nullen eingefügt.

Als bequemere Alternative stellt die ImageJ-Klasse `ColorProcessor` erweiterte Zugriffsmethoden bereit, bei denen die RGB-Komponenten getrennt (als `int`-Array mit drei Elementen) übergeben werden. Hier ein Beispiel für deren Verwendung (`ip` ist vom Typ `ColorProcessor`):

```
1 int[] RGB = new int[3];
2 ...
3 RGB = ip.getPixel(u,v,RGB);
4 int r = RGB[0];
5 int g = RGB[1];
6 int b = RGB[2];
7 ...
8 ip.putPixel(u,v,RGB);
```

Ein ausführlicheres und vollständiges Beispiel zeigt Prog. 12.2 anhand eines einfachen Plugins, das alle drei Farbkomponenten eines RGB-Bilds um 10 Einheiten erhöht. Zu beachten ist dabei, dass die in das Bild eingesetzten Komponentenwerte den Bereich 0...255 nicht über- oder unterschreiten dürfen, da die `putPixel()`-Methode nur jeweils die untersten 8 Bits jeder Komponente verwendet und dabei selbst keine Wertebegrenzung durchführt. Fehler durch arithmetischen Überlauf sind andernfalls leicht möglich. Der Preis für die Verwendung dieser Zugriffsmethoden ist allerdings eine deutlich höhere Laufzeit (etwa Faktor 4 gegenüber Variante 1 in Prog. 12.1).

```
 1 //File RGBbrighten1_.java
 2 import ij.ImagePlus;
 3 import ij.plugin.filter.PlugInFilter;
 4 import ij.process.ImageProcessor;
 5
 6 public class RGBbrighten1_ implements PlugInFilter {
 7
 8   public void run(ImageProcessor ip) {
 9     int[] pixels = (int[]) ip.getPixels();
10
11     for (int i = 0; i < pixels.length; i++) {
12       int c = pixels[i];
13       // split color pixel into rgb-components
14       int r = (c & 0xff0000) >> 16;
15       int g = (c & 0x00ff00) >> 8;
16       int b = (c & 0x0000ff);
17       // modify colors
18       r = r + 10; if (r > 255) r = 255;
19       g = g + 10; if (g > 255) g = 255;
20       b = b + 10; if (b > 255) b = 255;
21       // reassemble color pixel and insert into pixel array
22       pixels[i] = ((r & 0xff)<<16) | ((g & 0xff)<<8) | b & 0xff;
23     }
24   }
25
26   public int setup(String arg, ImagePlus imp) {
27     return DOES_RGB; // this plugin works on RGB images
28   }
29 }
```

Programm 12.1. Verarbeitung von RGB-Farbbildern mit Bitoperationen (ImageJ-Plugin, Variante 1). Das Plugin erhöht alle drei Farbkomponenten um 10 Einheiten. Es erfolgt ein direkter Zugriff auf das Pixel-Array (Zeile 12), die Farbkomponenten werden durch Bitoperationen getrennt (Zeile 14–16) und nach der Modifikation wieder zusammengefügt (Zeile 22). Der Rückgabewert DOES_RGB (definiert durch das Interface PlugInFilter) in der setup()-Methode zeigt an, dass dieses Plugin Vollfarbenbilder im RGB-Format bearbeiten kann (Zeile 27).

Öffnen und Speichern von RGB-Bildern

ImageJ unterstützt folgende Arten von Bilddateien für Vollfarbenbilder im RGB-Format:

- **TIFF** (nur unkomprimiert): 3 × 8-Bit-RGB. TIFF-Farbbilder mit 16 Bit Tiefe werden als Image-Stack mit drei 16-Bit Intensitätsbildern geöffnet.
- **BMP, JPEG**: 3 × 8-Bit-RGB.
- **PNG** (nur lesen): 3 × 8-Bit-RGB.

```
1  //File RGBbrighten2_.java
2  import ij.ImagePlus;
3  import ij.plugin.filter.PlugInFilter;
4  import ij.process.ColorProcessor;
5  import ij.process.ImageProcessor;
6
7  public class RGBbrighten2_ implements PlugInFilter {
8    static final int R = 0, G = 1, B = 2; // component indices
9
10   public void run(ImageProcessor ip) {
11     //make sure image is of type ColorProcessor
12     ColorProcessor cp = (ColorProcessor) ip;
13     int[] RGB = new int[3];
14
15     for (int v = 0; v < cp.getHeight(); v++) {
16       for (int u = 0; u < cp.getWidth(); u++) {
17         cp.getPixel(u, v, RGB);
18         RGB[R] = Math.min(RGB[R]+10, 255); //add 10, limit to 255
19         RGB[G] = Math.min(RGB[G]+10, 255);
20         RGB[B] = Math.min(RGB[B]+10, 255);
21         cp.putPixel(u, v, RGB);
22       }
23     }
24   }
25
26   public int setup(String arg, ImagePlus imp) {
27     return DOES_RGB; // this plugin works on RGB images /* */
28   }
29 }
```

Programm 12.2. Verarbeitung von RGB-Farbbildern ohne Bitoperationen (Image-J-Plugin, Variante 2). Das Plugin erhöht alle drei Farbkomponenten um 10 Einheiten und verwendet dafür die erweiterten Zugriffsmethoden `getPixel(int, int, int[])` und `putPixel(int, int, int[])` der Klasse `ColorProcessor` (Zeile 17 bzw. 21). Die Laufzeit ist aufgrund der Methodenaufrufe ca. viermal höher als für Variante 1 (Prog. 12.1).

- **RAW**: Über das ImageJ-Menü File→Import→Raw... können RGB-Bilddateien geöffnet werden, deren Format von ImageJ selbst nicht direkt unterstützt wird. Dabei ist die Auswahl unterschiedlicher Anordnungen der Farbkomponenten möglich.

Erzeugen von RGB-Bildern

Ein neues RGB-Farbbild erzeugt man in ImageJ am einfachsten durch Anlegen eines Objekts der Klasse `ColorProcessor`, wie folgendes Beispiel zeigt:

```
1    int w = 640, h = 480;
2    ColorProcessor cproc = new ColorProcessor(w,h);
3    ImagePlus cwin = new ImagePlus("My New Color Image",cproc);
4    cwin.show();
```

Wenn erforderlich, kann das Farbbild nachfolgend durch Erzeugen eines zugehörigen ImagePlus-Objekts (Zeile 3) und Anwendung der show()-Methode angezeigt werden. Da cproc vom Typ ColorProcessor ist, wird natürlich auch das ImagePlus-Objekt cwin als Farbbild erzeugt. Dies könnte z. B. folgendermaßen überprüft werden:

```
5    if(cwin.getType()==ImagePlus.COLOR_RGB) {
6        int b = cwin.getBitDepth(); // b = 24
7        IJ.write("this is a RGB color image with " + b + " bits");
8    }
```

Indexbilder

Die Struktur von Indexbildern in ImageJ entspricht der in Abb. 12.5, wobei die Elemente des Index-Arrays 8 Bits groß sind, also maximal 256 unterschiedliche Farben dargestellt werden können. Programmtechnisch sind Indexbilder identisch zu Grauwertbildern, denn auch diese verfügen über eine „Farbtabelle", die Pixelwerte auf entsprechende Grauwerte abbildet. Indexbilder unterscheiden sich nur dadurch von Grauwertbildern, dass die Einträge in der Farbtabelle echte RGB-Farbwerte sein können.

Öffnen und Speichern von Indexbildern

ImageJ unterstützt folgende Arten von Bilddateien für Indexbilder:

- **GIF**: Indexwerte mit 1 ... 8 Bits (2 ... 256 Farben), 3×8-Bit-Farbwerte.
- **PNG** (nur lesen): Indexwerte mit 1 ... 8 Bits (2 ... 256 Farben), 3×8-Bit-Farbwerte.
- **BMP, TIFF** (nur unkomprimiert): Indexwerte mit 1 ... 8 Bits (2 ... 256 Farben), 3×8-Bit-Farbwerte.

Verarbeitung von Indexbildern

Das Indexformat dient vorrangig zur Speicherung von Bildern, denn auf Indexbilder selbst sind nur wenige Verarbeitungsschritte direkt anwendbar. Da die Indexwerte im Pixel-Array in keinem unmittelbaren Zusammenhang mit den zugehörigen Farbwerten (in der Farbtabelle) stehen, ist insbesondere die numerische Interpretation der Pixelwerte nicht zulässig. So etwa ist die Anwendung von Filteroperationen, die eigentlich für 8-Bit-Intensitätsbilder vorgesehen sind, i. Allg. wenig sinnvoll. Abbildung 12.8 zeigt als Beispiel die Anwendung eines Gauß-Filters und eines Medianfilters auf die Pixel eines Indexbilds, wobei durch den fehlenden quantitativen Zusammenhang mit

(a)   (b)   (c)

Abb. 12.8. Anwendung eines Glättungsfilters auf ein Indexbild. Indexbild mit 16 Farben (a), Ergebnis nach Anwendung eines linearen Glättungsfilters (b) und eines 3 × 3-Medianfilters (c) auf das Pixel-Array. Die Anwendung des linearen Filters ist natürlich unsinnig, da zwischen den Indexwerten im Pixel-Array und der Bildintensität i. Allg. kein unmittelbarer Zusammenhang besteht. Das Medianfilter liefert in diesem Fall zwar scheinbar plausible Ergebnisse, ist jedoch wegen der fehlenden Ordnungsrelation zwischen den Indexwerten ebenfalls unzulässig.

den tatsächlichen Farbwerten natürlich völlig erratische Ergebnisse entstehen können. Auch die Anwendung des Medianfilters ist unzulässig, da zwischen den Indexwerten auch keine Ordnungsrelation existiert. Die bestehenden ImageJ-Funktionen lassen daher derartige Operationen in der Regel gar nicht zu. Im Allgemeinen erfolgt vor einer Verarbeitung eines Indexbilds eine Konvertierung in ein RGB-Vollfarbenbild und ggfs. eine anschließende Rückkonvertierung.

Soll ein Indexbild dennoch innerhalb eines ImageJ-Plugins verarbeitet werden, dann ist DOES_8C („8-bit color") der zugehörige Rückgabewert für die setup()-Methode. Das Plugin in Prog. 12.3 zeigt beispielsweise, wie die Intensität der drei Farbkomponenten eines Indexbilds um jeweils 10 Einheiten erhöht wird (analog zu Prog. 12.1 und 12.2 für RGB-Bilder). Dabei wird ausschließlich die Farbtabelle modifiziert, während die eigentlichen Pixeldaten (Indexwerte) unverändert bleiben. Die Farbtabelle des ImageProcessor ist durch dessen ColorModel[6]-Objekt zugänglich, das über die Methoden

---

[6] Definiert in java.awt.image.ColorModel.

```
1  //File IDXbrighten_.java
2  import ij.ImagePlus;
3  import ij.WindowManager;
4  import ij.plugin.filter.PlugInFilter;
5  import ij.process.ImageProcessor;
6  import java.awt.image.IndexColorModel;
7
8  public class IDXbrighten_ implements PlugInFilter {
9
10   public void run(ImageProcessor ip) {
11     IndexColorModel icm = (IndexColorModel) ip.getColorModel();
12     int pixBits = icm.getPixelSize();
13     int mapSize = icm.getMapSize();
14
15     //retrieve the current lookup tables (maps) for R,G,B
16     byte[] Rmap = new byte[mapSize]; icm.getReds(Rmap);
17     byte[] Gmap = new byte[mapSize]; icm.getGreens(Gmap);
18     byte[] Bmap = new byte[mapSize]; icm.getBlues(Bmap);
19
20     //modify the lookup tables
21     for (int idx = 0; idx < mapSize; idx++){
22       int r = 0xff & Rmap[idx]; //mask to treat as unsigned byte
23       int g = 0xff & Gmap[idx];
24       int b = 0xff & Bmap[idx];
25       Rmap[idx] = (byte) Math.min(r + 10, 255);
26       Gmap[idx] = (byte) Math.min(g + 10, 255);
27       Bmap[idx] = (byte) Math.min(b + 10, 255);
28     }
29     //create a new color model and apply to the image
30     IndexColorModel icm2 =
31       new IndexColorModel(pixBits, mapSize, Rmap, Gmap,Bmap);
32     ip.setColorModel(icm2);
33     //update the resulting image
34     WindowManager.getCurrentImage().updateAndDraw();
35   }
36
37   public int setup(String arg, ImagePlus imp) {
38     return DOES_8C; // this plugin works on indexed color images
39   }
40 }
```

Programm 12.3. Beispiel für die Verarbeitung von Indexbildern (ImageJ-Plugin). Die Helligkeit des Bilds wird durch Veränderung der Farbtabelle um 10 Einheiten erhöht. Das eigentliche Pixel-Array (das die Indizes der Farbtabelle enthält) wird dabei nicht verändert.

getColorModel() und setColorModel() gelesen bzw. ersetzt werden kann. Das ColorModel-Objekt ist bei Indexbildern (und auch bei 8-Bit-Grauwertbildern) vom Subtyp IndexColorModel und liefert die drei Farbtabellen (*maps*) für die Rot-, Grün- und Blaukomponenten als getrennte byte-Arrays. Die Größe dieser Tabellen (2 ... 256) wird über die Methode getMapSize() ermittelt. Man beachte, dass die byte-Elemente der Farbtabellen *ohne* Vorzeichen (*unsigned*) interpretiert werden, also im Wertebereich 0 ... 255 liegen. Man muss daher – genau wie bei den Pixelwerten in Grauwertbildern – bei der Konvertierung auf int-Werte eine bitweise Maskierung mit 0xff vornehmen (Prog. 12.3, Zeile 22–24).

Als weiteres Beispiel ist in Prog. 12.4 die Konvertierung eines Indexbilds in ein RGB-Vollfarbenbild vom Typ ColorProcessor gezeigt. Diese Form der Konvertierung ist problemlos möglich, denn es müssen lediglich für jedes Index-Pixel die zugehörigen *RGB*-Komponenten aus der Farbtabelle entnommen werden, wie in Gl. 12.3 beschrieben. Die Konvertierung in der Gegenrichtung erfordert hingegen die *Quantisierung* des RGB-Farbraums (siehe Abschn. 12.5) und ist in der Regel aufwendiger. In der Praxis verwendet man dafür natürlich meistens die fertigen Konvertierungsmethoden in ImageJ (s. unten).

Erzeugen von Indexbildern

Für die Erzeugung von Indexbildern ist in ImageJ keine spezielle Methode vorgesehen, da diese ohnehin fast immer durch Konvertierung bereits vorhandener Bilder generiert werden. Für den Fall, dass dies doch erforderlich ist, wäre z. B. folgende Methode geeignet:

```
1   ByteProcessor makeIndexColorImage(int w, int h, int nColors) {
2     byte[] Rmap = new byte[nColors]; // red, green, blue color map
3     byte[] Gmap = new byte[nColors];
4     byte[] Bmap = new byte[nColors];
5     // color maps need to be  filled  here
6     byte[] pixels = new byte[w * h];
7     IndexColorModel cm
8       = new IndexColorModel(8, nColors, Rmap, Gmap, Bmap);
9     return new ByteProcessor(w, h, pixels, cm);
10  }
```

Der Parameter nColors definiert die Anzahl der Farben – und damit die Größe der Farbtabellen – und muss einen Wert im Bereich 2 ... 256 aufweisen. Natürlich müssten auch die drei Farbtabellen für die *RGB*-Komponenten (Rmap, Gmap, Bmap) und das Pixel-Array pixels noch mit geeigneten Werten befüllt werden.

Transparenz

Ein vor allem bei Web-Grafiken häufig verwendetes „Feature" bei Indexbildern ist die Möglichkeit, einen der Indexwerte als vollständig transparent zu definieren. Dies ist in Java ebenfalls möglich und kann bei der Erzeugung

```
 1  //File IDXtoRGB_.java
 2  import ij.ImagePlus;
 3  import ij.plugin.filter.PlugInFilter;
 4  import ij.process.ColorProcessor;
 5  import ij.process.ImageProcessor;
 6  import java.awt.image.IndexColorModel;
 7
 8  public class IDXtoRGB_ implements PlugInFilter {
 9    static final int R = 0, G = 1, B = 2;
10
11    public void run(ImageProcessor ip) {
12      int w = ip.getWidth();
13      int h = ip.getHeight();
14
15      //retrieve the lookup tables (maps) for R,G,B
16      IndexColorModel icm = (IndexColorModel) ip.getColorModel();
17      int mapSize = icm.getMapSize();
18      byte[] Rmap = new byte[mapSize]; icm.getReds(Rmap);
19      byte[] Gmap = new byte[mapSize]; icm.getGreens(Gmap);
20      byte[] Bmap = new byte[mapSize]; icm.getBlues(Bmap);
21
22      //create new 24-bit RGB image
23      ColorProcessor cp = new ColorProcessor(w,h);
24      int[] RGB = new int[3];
25      for (int v = 0; v < h; v++) {
26        for (int u = 0; u < w; u++) {
27          int idx = ip.getPixel(u, v);
28          RGB[R] = Rmap[idx];
29          RGB[G] = Gmap[idx];
30          RGB[B] = Bmap[idx];
31          cp.putPixel(u, v, RGB);
32        }
33      }
34      ImagePlus cwin = new ImagePlus("RGB Image",cp);
35      cwin.show();
36    }
37
38    public int setup(String arg, ImagePlus imp) {
39      return DOES_8C + NO_CHANGES; //does not alter original image
40    }
```

Programm 12.4. Konvertierung eines Indexbilds in ein RGB-Vollfarbenbild (ImageJ-Plugin).

des Farbmodells (`IndexColorModel`) eingestellt werden. Um beispielsweise in Prog. 12.3 den Farbindex 2 transparent zu machen, müsste man Zeile 31 etwa folgendermaßen ändern:

```
1    int tidx = 2; // index of transparent color
2    IndexColorModel icm2 =
3      new IndexColorModel(pixBits, mapSize, Rmap, Gmap, Bmap, tidx);
4    ip.setColorModel(icm2);
```

Allerdings wird die Transparenzeigenschaft derzeit in ImageJ sowohl bei der Darstellung wie auch beim Speichern von Bildern nicht berücksichtigt.

Konvertierung von Farbbildern in ImageJ

Für die Konvertierung zwischen verschiedenen Arten von Farb- und Grauwertbildern sind in ImageJ fertige Methoden für Bildobjekte vom Typ `ImagePlus` und Prozessor-Objekte vom Typ `ImageProcessor` verfügbar:

ImagePlus-*Konvertierung mit* ImageConverter

ImageJ-Bildobjekte vom Typ `ImagePlus` können mithilfe der Klasse **Image-Converter** konvertiert werden, deren Methoden in Tabelle 12.1 zusammengefasst sind. Folgendes Beispiel erfordert `import ij.process.ImageConverter`:

```
1    ImagePlus ipl;
2    ...
3    ImageConverter ic = new ImageConverter(ipl);
4    ic.convertToRGB(); // ipl ist ab diesem Punkt ein RGB-Farbbild.
```

Zu beachten ist, dass dabei kein neues Bildobjekt angelegt, sondern das ursprüngliche Bild `ipl` selbst verändert wird.

ImageProcessor-*Konvertierung mit* TypeConverter

ImageJ-Objekte vom Typ `ImageProcessor` können mithilfe der Klasse **Type-Converter** konvertiert werden, deren Methoden in Tabelle 12.2 zusammengefasst sind. Folgendes Beispiel erfordert `import ij.process.TypeConverter`:

```
1    ImageProcessor ipr1;
2    ...
3    TypeConverter tc = new TypeConverter(ipr1, false);
4    ImageProcessor ipr2 = tc.convertToRGB();
5    // An dieser Stelle ist ipr2 vom Typ ColorProcessor, ipr1 ist unverändert.
```

In diesem Fall wird ein neues Objekt (`ipr2`) vom Typ `ColorProcessor` erzeugt, das ursprüngliche Objekt (`ipr1`) bleibt unverändert.

Tabelle 12.1. Methoden der ImageJ-Klasse `ImageConverter` zur Konvertierung von `ImagePlus`-Objekten.

`ImageConverter(ImagePlus` *ipl* `)`
> Erzeugt ein `ImageConverter`-Objekt für das Bild *ipl*.

`void convertToGray8()`
> Konvertiert *ipl* in ein 8-Bit-Grauwertbild.

`void convertToGray16()`
> Konvertiert *ipl* in ein 16-Bit-Grauwertbild.

`void convertToGray32()`
> Konvertiert *ipl* in ein 32-Bit-Grauwertbild (`float`).

`void convertToRGB()`
> Konvertiert *ipl* in ein RGB-Farbbild.

`void convertRGBtoIndexedColor(int` *nColors* `)`
> Konvertiert das RGB-Vollfarbenbild *ipl* in ein Indexbild mit 8-Bit-Indexwerten und *nColors* Farben.

`void convertToHSB()`
> Konvertiert *ipl* in ein Farbbild im HSB-Farbraum (siehe Abschn. 12.2.3).

`void convertHSBToRGB()`
> Konvertiert das HSB-Farbbild *ipl* in ein RGB-Farbbild.

Tabelle 12.2. Methoden der ImageJ-Klasse `TypeConverter` zur Konvertierung von `ImageProcessor`-Objekten.

`TypeConverter(ImageProcessor` *ipr*`, boolean` *doScaling* `)`
> Erzeugt ein `TypeConverter`-Objekt für den `ImageProcessor` *ipr*. *doScaling* gibt an, ob Werte bei der Konvertierung automatisch skaliert werden sollen.

`ImageProcessor convertToByte()`
> Erzeugt aus *ipr* einen neuen 8-Bit-Prozessor.

`ImageProcessor convertToShort()`
> Erzeugt aus *ipr* einen neuen 16-Bit-Grauwert-Prozessor.

`ImageProcessor convertToFloat(float[]` *ctable* `)`
> Erzeugt aus *ipr* einen neuen 32-Bit-Grauwert-Prozessor (`float`). *ctable* (*calibration table*) ist eine optionale Tabelle zur Umsetzung der Pixelwerte (kann `null` sein).

`ImageProcessor convertToRGB()`
> Erzeugt aus *ipr* einen neuen RGB-Color-Prozessor.

12.2 Farbräume und Farbkonversion

Das RGB-Farbsystem ist aus Sicht der Programmierung eine besonders einfache Darstellungsform, die sich unmittelbar an den in der Computertechnik üblichen RGB-Anzeigegeräten orientiert. Dabei ist allerdings zu beachten, dass die Metrik des RGB-Farbraums mit der subjektiven Wahrnehmung nur wenig zu tun hat. So führt die Verschiebung von Farbpunkten im RGB-Raum um eine bestimmte Distanz, abhängig vom Farbbereich, zu sehr unterschiedlich wahrgenommenen Farbänderungen. Ebenso nichtlinear ist auch die Wahrnehmung von Helligkeitsänderungen im RGB-Raum.

Da sich Farbton, Farbsättigung und Helligkeit bei jeder Koordinatenbewegung gleichzeitig ändern, ist auch die manuelle Auswahl von Farben im RGB-Raum schwierig und wenig intuitiv. Alternative Farbräume, wie z. B. der HSV-Raum (s. Abschn. 12.2.3), erleichtern diese Aufgabe, indem subjektiv wichtige Farbeigenschaften explizit dargestellt werden. Ein ähnliches Problem stellt sich z. B. auch bei der automatischen Freistellung von Objekten vor einem farbigen Hintergrund, etwa in der *Blue-Box*-Technik beim Fernsehen oder in der Digitalfotografie. Auch in der TV-Übertragungstechnik oder im Druckbereich werden alternative Farbräume verwendet, die damit auch für die digitale Bildverarbeitung relevant sind.

Abb. 12.9 zeigt zur Illustration die Verteilung der Farben aus natürlichen Bildern in drei verschiedenen Farbräumen. Die Beschreibung dieser Farbräume und der zugehörigen Konvertierungen, einschließlich der Abbildung auf Grauwertbilder, ist Inhalt des ersten Teils dieses Abschnitts. Neben den klassischen und in der Programmierung häufig verwendeten Definitionen wird jedoch der Einsatz von Referenzsystemen – insbesondere der am Ende dieses Abschnitts beschriebene CIEXYZ-Farbraum – beim Umgang mit digitalen Farbinformationen zunehmend wichtiger.

12.2.1 Umwandlung in Grauwertbilder

Die Umwandlung eines RGB-Farbbilds in ein Grauwertbild erfolgt über Berechnung des äquivalenten Grauwerts Y für jedes RGB-Pixel. In einfachster Form könnte Y als Durchschnittswert der drei Farbkomponenten in der Form

$$y = \mathrm{Avg}(R, G, B) = \frac{R + G + B}{3} \qquad (12.4)$$

ermittelt werden. Da die subjektive Helligkeit von Rot oder Grün aber wesentlich höher ist als die der Farbe Blau, ist das Ergebnis jedoch in Bildbereichen mit hohem Rot- oder Grünanteil zu dunkel und in blauen Bereichen zu hell. Üblicherweise verwendet man daher zur Berechnung des äquivalenten Intensitätswerts („Luminanz") eine gewichtete Summe der Farbkomponenten in der Form

$$Y = \mathrm{Lum}(R, G, B) = w_R \cdot R + w_G \cdot G + w_B \cdot B, \qquad (12.5)$$

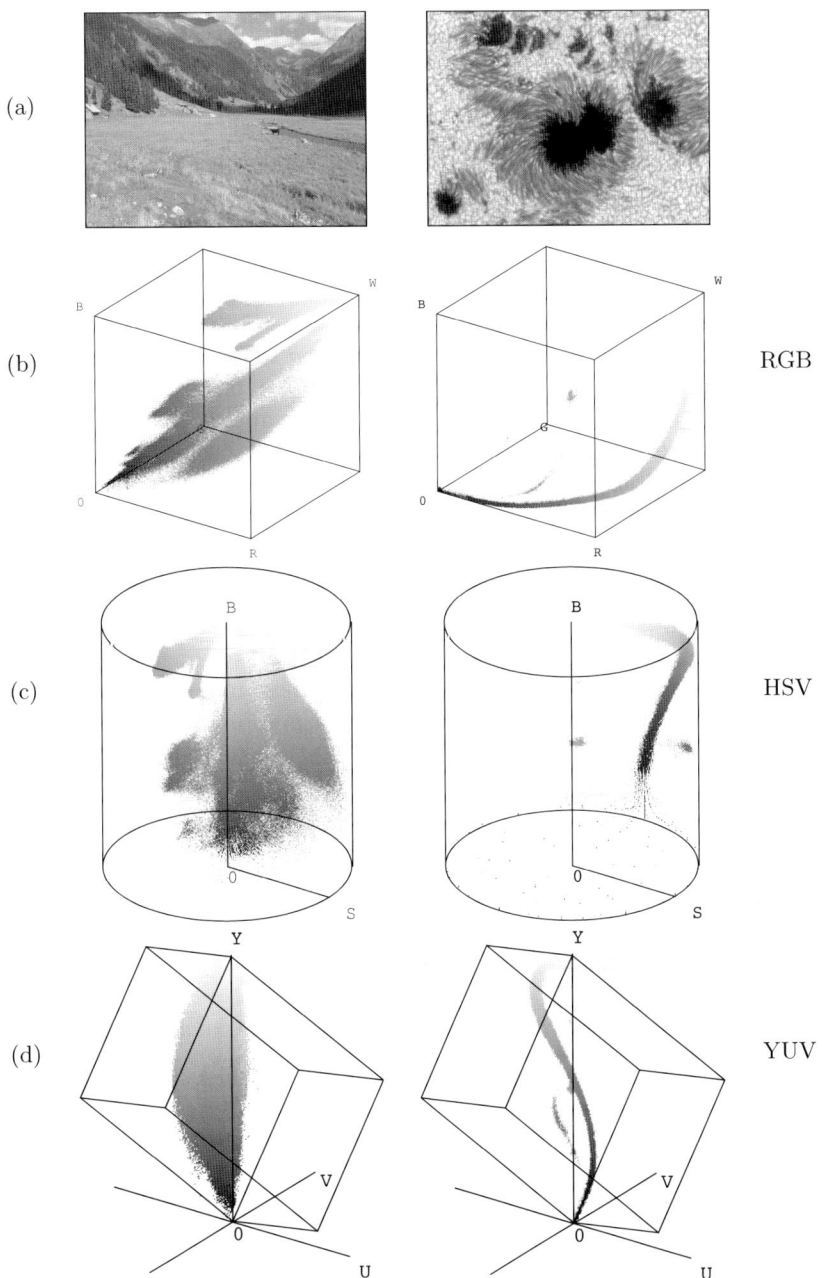

Abb. 12.9. Beispiel für die Farbverteilung natürlicher Bilder in verschiedenen Farbräumen. Originalbilder: Landschaftsfoto mit dominanten Grün- und Blaukomponenten, Sonnenfleckenbild mit hohem Rot-/Gelb-Anteil (a), Verteilung im RGB-Raum (b), HSV-Raum (c) und YUV-Raum (d).

```
 1  //File DesaturateContRGB_.java
 2  import ij.ImagePlus;
 3  import ij.plugin.filter.PlugInFilter;
 4  import ij.process.ImageProcessor;
 5
 6  public class DesaturateContRGB_ implements PlugInFilter {
 7    double s = 0.3; // color saturation value
 8
 9    public void run(ImageProcessor ip) {
10      //iterate over all pixels
11      for (int v = 0; v < ip.getHeight(); v++) {
12        for (int u = 0; u < ip.getWidth(); u++) {
13
14          //get int-packed color pixel
15          int c = ip.getPixel(u, v);
16
17          //extract RGB components from color pixel
18          int r = (c & 0xff0000) >> 16;
19          int g = (c & 0x00ff00) >> 8;
20          int b = (c & 0x0000ff);
21
22          //compute equiv. gray value
23          double y = 0.299 * r + 0.587 * g + 0.114 * b;
24
25          //linear interpolate (yyy) <-> (rgb)
26          r = (int) (y + s * (r - y));
27          g = (int) (y + s * (g - y));
28          b = (int) (y + s * (b - y));
29
30          // reassemble color pixel
31          c = ((r & 0xff) << 16) | ((g & 0xff) << 8) | b & 0xff;
32          ip.putPixel(u, v, c);
33        }
34      }
35    }
36
37    public int setup(String arg, ImagePlus imp) {
38      return DOES_RGB;
39    }
40  }
```

Programm 12.5. Kontinuierliche Desaturierung von RGB-Farbbildern (ImageJ-Plugin). Die verbleibende Farbigkeit wird durch die Variable s in Zeile 7 gesteuert (entspr. s_{col} in Gl. 12.9).

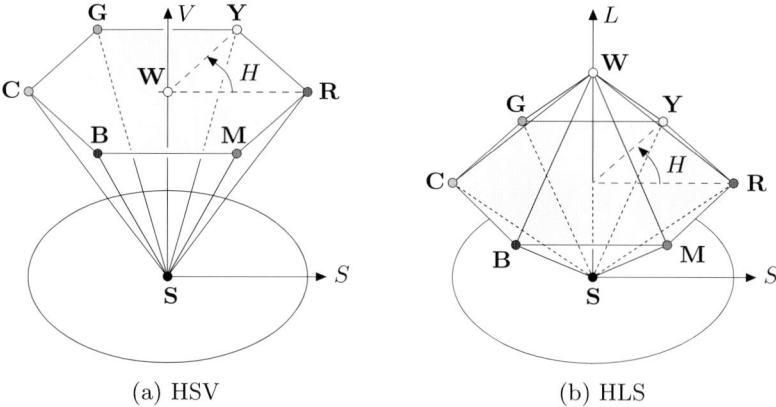

(a) HSV   (b) HLS

Abb. 12.11. HSV- und HLS-Farbraum – traditionelle Darstellung als hexagonale Pyramide bzw. Doppelpyramide. Der Helligkeitswert V bzw. L entspricht der vertikalen Richtung, die Farbsättigung S dem Radius von der Pyramidenachse und der Farbton H dem Drehwinkel. In beiden Fällen liegen die Grundfarben Rot (**R**), Grün (**G**), Blau (**B**) und die Mischfarben Gelb (**Y**), Cyan (**C**), Magenta (**M**) in einer gemeinsamen Ebene, Schwarz **S** liegt an der unteren Spitze. Der wesentliche Unterschied zwischen HSV- und HLS-Farbraum ist die Lage des Weißpunkts (**W**).

Abstand von der Achse dem S-Wert und der Drehwinkel dem H-Wert entspricht. Der Schwarzpunkt bildet die untere Spitze der Pyramide, der Weißpunkt liegt im Zentrum der Basisfläche. Die drei Grundfarben *Rot*, *Grün* und *Blau* und die paarweisen Mischfarben *Gelb*, *Cyan* und *Magenta* befinden sich an den sechs Eckpunkten der Basisfläche. Diese Darstellung als Pyramide ist zwar anschaulich, tatsächlich ergibt sich aus der mathematischen Definition aber eigentlich ein *zylindrischer* Raum, wie nachfolgend gezeigt (Abb. 12.12).

Der **HLS**-Farbraum[8] (*Hue, Luminance, Saturation*) ist dem HSV-Raum sehr ähnlich und sogar völlig identisch in Bezug auf die *Hue*-Komponente. Die Werte für *Luminance* und *Saturation* entsprechen ebenfalls der vertikalen Koordinate bzw. dem Radius, werden aber anders als im HSV-Raum berechnet. Die übliche Darstellung des HLS-Raums ist die einer Doppelpyramide (Abb. 12.11 (b)), mit Schwarz und Weiß an der unteren bzw. oberen Spitze. Die Grundfarben liegen dabei an den Eckpunkten der Schnittebene zwischen den beiden Teilpyramiden. Mathematisch ist allerdings auch der HLS-Raum zylinderförmig (siehe Abb. 12.14).

RGB→HSV

Zur Konvertierung vom RGB- in den HSV-Farbraum berechnen wir aus den RGB-Farbkomponenten $R, G, B \in [0, C_{max}]$ (typischerweise ist der maximale Komponentenwert $C_{max} = 255$) zunächst die Sättigung (*saturation*)

---

[8] Die Bezeichnungen HLS und HSL werden synonym verwendet.

$$S_{\mathrm{HSV}} = \begin{cases} \frac{C_{\mathrm{rng}}}{C_{\mathrm{high}}} & \text{für } C_{\mathrm{high}} > 0 \\ 0 & \text{sonst} \end{cases} \tag{12.10}$$

und die Helligkeit (*value*)

$$V_{\mathrm{HSV}} = \frac{C_{\mathrm{high}}}{C_{\mathrm{max}}}, \tag{12.11}$$

wobei

$$C_{\mathrm{high}} = \max(R, G, B), \ C_{\mathrm{low}} = \min(R, G, B), \ C_{\mathrm{rng}} = C_{\mathrm{high}} - C_{\mathrm{low}}. \tag{12.12}$$

Wenn alle drei RGB-Farbkomponenten denselben Wert aufweisen ($R = G = B$), dann handelt es sich um ein „unbuntes" (graues) Pixel. In diesem Fall gilt $C_{\mathrm{rng}} = 0$ und daher $S_{\mathrm{HSV}} = 0$, der Farbton H_{HSV} ist unbestimmt. Für $C_{\mathrm{rng}} > 0$ werden zur Berechnung von H_{HSV} zunächst die einzelnen Farbkomponenten in der Form

$$R' = \frac{C_{\mathrm{high}} - R}{C_{\mathrm{rng}}}, \qquad G' = \frac{C_{\mathrm{high}} - G}{C_{\mathrm{rng}}}, \qquad B' = \frac{C_{\mathrm{high}} - B}{C_{\mathrm{rng}}} \tag{12.13}$$

normalisiert. Abhängig davon, welche der drei ursprünglichen Farbkomponenten den Maximalwert darstellt, berechnet sich der Farbton als

$$H' = \begin{cases} B' - G' & \text{wenn } R = C_{\mathrm{high}} \\ R' - B' + 2 & \text{wenn } G = C_{\mathrm{high}} \\ G' - R' + 4 & \text{wenn } B = C_{\mathrm{high}} \end{cases} \tag{12.14}$$

Die resultierenden Werte für H' liegen im Intervall $[-1 \dots 5]$. Wir normalisieren diesen Wert auf das Intervall $[0, 1]$ durch

$$H_{\mathrm{HSV}} \leftarrow \frac{1}{6} \cdot \begin{cases} (H' + 6) & \text{für } H' < 0 \\ H' & \text{sonst.} \end{cases} \tag{12.15}$$

Alle drei Komponenten $H_{\mathrm{HSV}}, S_{\mathrm{HSV}}, V_{\mathrm{HSV}}$ liegen damit im Intervall $[0, 1]$. Der Wert des Farbtons H_{HSV} ist bei Bedarf natürlich einfach in ein anderes Winkelintervall umzurechnen, z. B. in das $0 \dots 360°$-Intervall durch $H_{\mathrm{HSV}}^{\circ} \leftarrow H_{\mathrm{HSV}} \cdot 360$.

Durch diese Definition wird der Einheitswürfel im RGB-Raum auf einen *Zylinder* mit Höhe und Radius der Länge 1 abgebildet (Abb. 12.12). Im Unterschied zur traditionellen Darstellung in Abb. 12.11 sind alle HSB-Punkte innerhalb des gesamten Zylinders auch zulässige Farbpunkte im RGB-Raum. Die Abbildung vom RGB- in den HSV-Raum ist nichtlinear, wobei sich interessanterweise der Schwarzpunkt auf die gesamte Grundfläche des Zylinders ausdehnt. Abbildung 12.12 beschreibt auch die Lage einiger markanter Farbpunkte im Vergleich zum RGB-Raum (siehe auch Abb. 12.1). In Abb. 12.13 sind für das Testbild aus Abb. 12.2 die einzelnen HSV-Komponenten als Grauwertbilder dargestellt.

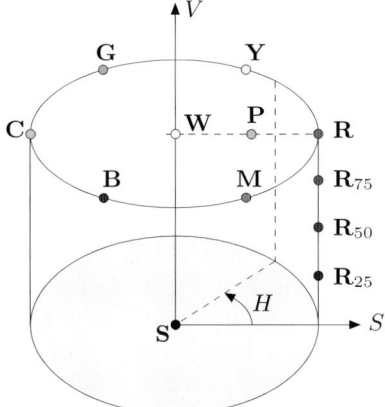

		RGB-/HSV-Werte					
Pkt.	Farbe	R	G	B	H	S	V
S	Schwarz	0.00	0.00	0.00	—	0.00	0.00
R	Rot	1.00	0.00	0.00	0	1.00	1.00
Y	Gelb	1.00	1.00	0.00	1/6	1.00	1.00
G	Grün	0.00	1.00	0.00	2/6	1.00	1.00
C	Cyan	0.00	1.00	1.00	3/6	1.00	1.00
B	Blau	0.00	0.00	1.00	4/6	1.00	1.00
M	Magenta	1.00	0.00	1.00	5/6	1.00	1.00
W	Weiß	1.00	1.00	1.00	—	0.00	1.00
R$_{75}$	75% Rot	0.75	0.00	0.00	0	1.00	0.75
R$_{50}$	50% Rot	0.50	0.00	0.00	0	1.00	0.50
R$_{25}$	25% Rot	0.25	0.00	0.00	0	1.00	0.25
P	Pink	1.00	0.50	0.50	0	0.5	1.00

Abb. 12.12. HSV-Farbraum. Die Grafik zeigt den HSV-Farbraum als Zylinder mit den Koordinaten H (*hue*) als Winkel, S (*saturation*) als Radius und V (*brightness value*) als Distanz entlang der vertikalen Achse, die zwischen dem Schwarzpunkt **S** und dem Weißpunkt **W** verläuft. Die Tabelle listet die (R, G, B)- und (H, S, V)-Werte der in der Grafik markierten Farbpunkte auf. „Reine" Farben (zusammengesetzt aus nur einer oder zwei Farbkomponenten) liegen an der Außenwand des Zylinders ($S = 1$), wie das Beispiel der graduell gesättigten Rotpunkte (**R**$_{25}$, **R**$_{50}$, **R**$_{75}$, **R**) zeigt.

h_{HSV} $\qquad\qquad$ s_{HSV} $\qquad\qquad$ v_{HSV}

Abb. 12.13. HSV-Komponenten für das Testbild aus Abb. 12.2. Die dunklen Bereiche in h_{HSV} entsprechen roten und gelben Farben mit *Hue*-Winkel nahe null.

Java-Implementierung

In Java ist die RGB-HSV-Konvertierung in der Klasse `java.awt.Color` durch die Klassenmethode

```
float[] RGBtoHSB (int r, int g, int b, float[] hsv)
```

implementiert (HSV und HSB bezeichnen denselben Farbraum). Die Methode erzeugt aus den `int`-Argumenten r, g, b (jeweils im Bereich $[0\dots255]$) ein `float`-Array mit den Ergebnissen für H, S, V im Intervall $[0,1]$. Falls das Argument *hsv* ein `float`-Array ist, werden die Ergebniswerte darin abgelegt, ansonsten (wenn *hsv* = `null`) wird ein neues Array erzeugt. Hier ein einfaches Anwendungsbeispiel:

```
1  import java.awt.Color;
2  ...
3  float[] hsv = new float[3];
4  int red = 128, green = 255, blue = 0;
5  hsv = Color.RGBtoHSB (red, green, blue, hsv);
6  float h = hsv[0];
7  float s = hsv[1];
8  float v = hsv[2];
9  ...
```

Eine mögliche Realisierung der Java-Methode `RGBtoHSB()` unter Verwendung der Definitionen in Gl. 12.11–12.15 ist in Prog. 12.6 gezeigt.

HSV→RGB

Zur Umrechnung eines HSV-Tupels $(H_{HSV}, S_{HSV}, V_{HSV})$, wobei H_{HSV}, S_{HSV} und $V_{HSV} \in [0,1]$, in entsprechende (R, G, B)-Farbwerte wird zunächst wiederum der zugehörige Farbsektor

$$H' = (6 \cdot H_{HSV}) \bmod 6 \tag{12.16}$$

ermittelt ($0 \leq H' < 6$) und daraus die Zwischenwerte

$$\begin{aligned} c_1 &= \lfloor H' \rfloor & x &= (1 - S_{HSV}) \cdot v \\ c_2 &= H' - c_1 & y &= (1 - (S_{HSV} \cdot c_2)) \cdot V_{HSV} \\ & & z &= (1 - (S_{HSV} \cdot (1 - c_2))) \cdot V_{HSV} \end{aligned} \tag{12.17}$$

Die normalisierten RGB-Werte $R', G', B' \in [0,1]$ werden dann in Abhängigkeit von c_1 aus $v = V_{HSV}$, x, y und z wie folgt zugeordnet:[9]

---

[9] Die hier verwendeten Bezeichnungen x, y, z stehen in keinem Zusammenhang zum CIEXYZ-Farbraum (Abschn. 12.3.1).

$$(R', G', B') \leftarrow \begin{cases} (v, z, x) & \text{wenn } c_1 = 0 \\ (y, v, x) & \text{wenn } c_1 = 1 \\ (x, v, z) & \text{wenn } c_1 = 2 \\ (x, y, v) & \text{wenn } c_1 = 3 \\ (z, x, v) & \text{wenn } c_1 = 4 \\ (v, x, y) & \text{wenn } c_1 = 5 \end{cases} \tag{12.18}$$

Die Skalierung der RGB-Komponenten auf einen ganzzahligen Wertebereich $[0, N-1]$ (typischerweise $N = 256$) erfolgt abschließend durch

$$R \leftarrow \min\big(\text{round}(N \cdot R'), N{-}1\big)$$
$$G \leftarrow \min\big(\text{round}(N \cdot G'), N{-}1\big) \tag{12.19}$$
$$B \leftarrow \min\big(\text{round}(N \cdot B'), N{-}1\big)$$

Java-Implementierung

In Java ist die HSV→RGB-Konversion in der Klasse `java.awt.Color` durch die Klassenmethode

```
int HSBtoRGB (float h, float s, float v)
```

implementiert, die aus den drei `float`-Werten h, s, $v \in [0, 1]$ einen `int`-Wert mit 3×8 Bit in dem in Java üblichen RGB-Format (siehe Abb. 12.6) erzeugt. Eine mögliche Implementierung dieser Methode ist in Prog. 12.7 gezeigt.

RGB→HLS

Die Berechnung des *Hue*-Werts H_{HLS} für das HLS-Modell ist identisch zu HSV (Gl. 12.13–12.15), d. h.

$$H_{\text{HLS}} = H_{\text{HSV}}. \tag{12.20}$$

Die übrigen Werte für L_{HLS} und S_{HLS} werden wie folgt berechnet (für C_{high}, C_{low}, C_{rng} siehe Gl. 12.12):

$$L_{\text{HLS}} \leftarrow \frac{C_{\text{high}} + C_{\text{low}}}{2} \tag{12.21}$$

$$S_{\text{HLS}} \leftarrow \begin{cases} 0 & \text{für } L_{\text{HLS}} = 0 \\ 0.5 \cdot \frac{C_{\text{rng}}}{L_{\text{HLS}}} & \text{für } 0 < L_{\text{HLS}} \leq 0.5 \\ 0.5 \cdot \frac{C_{\text{rng}}}{1 - L_{\text{HLS}}} & \text{für } 0.5 < L_{\text{HLS}} < 1 \\ 0 & \text{für } L_{\text{HLS}} = 1 \end{cases} \tag{12.22}$$

Durch diese Definition wird der Einheitswürfel im RGB-Raum wiederum auf einen Zylinder mit Höhe und Radius der Länge 1 abgebildet (Abb. 12.14).

```
1    static float[] RGBtoHSV (int R, int G, int B, float[] HSV) {
2      //  R, G, B ∈ [0, 255]
3      float H = 0, S = 0, V = 0;
4      float cMax = 255.0f;
5      int cHi = Math.max(R,Math.max(G,B));  // highest color value
6      int cLo = Math.min(R,Math.min(G,B));  // lowest color value
7      int cRng = cHi - cLo;        // color range
8
9      // compute value V
10     V = cHi / cMax;
11
12     // compute saturation S
13     if (cHi > 0)
14       S = (float) cRng / cHi;
15
16     // compute hue H
17     if (cRng > 0) { // hue is defined only for color pixels
18       float rr = (float)(cHi - R) / cRng;
19       float gg = (float)(cHi - G) / cRng;
20       float bb = (float)(cHi - B) / cRng;
21       float hh;
22       if (R == cHi)                      // r is highest color value
23         hh = bb - gg;
24       else if (G == cHi)                 // g is highest color value
25         hh = rr - bb + 2.0f;
26       else                               // b is highest color value
27         hh = gg - rr + 4.0f;
28       if (hh < 0)
29         hh= hh + 6;
30       H = hh / 6;
31     }
32
33     if (HSV == null) // create a new HSV array if needed
34       HSV = new float[3];
35     HSV[0] = H; HSV[1] = S; HSV[2] = V;
36     return HSV;
37   }
```

Programm 12.6. RGB-HSV Konvertierung (Java-Methode) zur Umrechnung eines einzelnen Farbtupels. Die Methode entspricht bzgl. Parametern, Rückgabewert und Ergebnissen der Standard-Java-Methode `Color.RGBtoHSB()`.

```
1   static int HSVtoRGB (float h, float s, float v) {
2     // h, s, v ∈ [0, 1]
3     float rr = 0, gg = 0, bb = 0;
4     float hh = (6 * h) % 6;              // h' ← (6 · h) mod 6
5     int   c1 = (int) hh;                 // c₁ ← ⌊h'⌋
6     float c2 = hh - c1;
7     float x = (1 - s) * v;
8     float y = (1 - (s * c2)) * v;
9     float z = (1 - (s * (1 - c2))) * v;
10    switch (c1) {
11      case 0: rr=v; gg=z; bb=x; break;
12      case 1: rr=y; gg=v; bb=x; break;
13      case 2: rr=x; gg=v; bb=z; break;
14      case 3: rr=x; gg=y; bb=v; break;
15      case 4: rr=z; gg=x; bb=v; break;
16      case 5: rr=v; gg=x; bb=y; break;
17    }
18    int N = 256;
19    int r = Math.min(Math.round(rr*N),N-1);
20    int g = Math.min(Math.round(gg*N),N-1);
21    int b = Math.min(Math.round(bb*N),N-1);
22    // create int-packed RGB-color:
23    int rgb = ((r&0xff)<<16) | ((g&0xff)<<8) | b&0xff;
24    return rgb;
25  }
```

Programm 12.7. HSV-RGB Konvertierung zur Umrechnung eines einzelnen Farbtupels (Java-Methode). Die Methode entspricht bzgl. Parametern, Rückgabewert und Ergebnissen der Standard-Java-Methode `Color.HSBtoRGB()`.

Im Unterschied zum HSV-Raum (Abb. 12.12) liegen die Grundfarben in einer gemeinsamen Ebene bei $L_{HLS} = 0.5$ und der Weißpunkt liegt außerhalb dieser Ebene bei $L_{HLS} = 1.0$. Der Schwarz- und der Weißpunkt werden durch diese nichtlineare Transformation auf die untere bzw. die obere Zylinderscheibe abgebildet. Alle HLS-Werte innerhalb des Zylinders haben zulässige Farbwerte im RGB-Raum. Abb. 12.15 zeigt die einzelnen HLS-Komponenten des Testbilds als Grauwertbilder.

HLS→RGB

Zur Rückkonvertierung von HLS in den RGB-Raum gehen wir davon aus, dass $H_{HLS}, S_{HLS}, L_{HLS} \in [0, 1]$. Falls $L_{HLS} = 0$ oder $L_{HLS} = 1$, so ist das Ergebnis

$$(R', G', B') \leftarrow \begin{cases} (0, 0, 0) & \text{für } L_{HLS} = 0 \\ (1, 1, 1) & \text{für } L_{HLS} = 1 \end{cases} \tag{12.23}$$

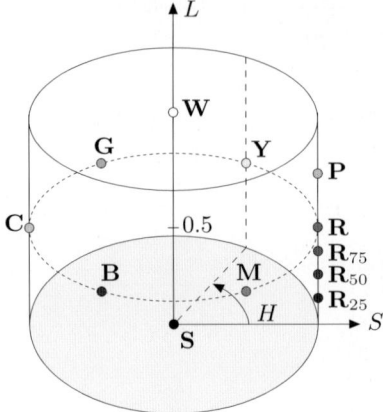

RGB-/HLS-Werte

Pkt.	Farbe	R	G	B	H	S	L
S	Schwarz	0.00	0.00	0.00	—	0.00	0.00
R	Rot	1.00	0.00	0.00	0	1.00	0.50
Y	Gelb	1.00	1.00	0.00	1/6	1.00	0.50
G	Grün	0.00	1.00	0.00	2/6	1.00	0.50
C	Cyan	0.00	1.00	1.00	3/6	1.00	0.50
B	Blau	0.00	0.00	1.00	4/6	1.00	0.50
M	Magenta	1.00	0.00	1.00	5/6	1.00	0.50
W	Weiß	1.00	1.00	1.00	—	0.00	1.00
R₇₅	75% Rot	0.75	0.00	0.00	0	1.00	0.375
R₅₀	50% Rot	0.50	0.00	0.00	0	1.00	0.250
R₂₅	25% Rot	0.25	0.00	0.00	0	1.00	0.125
P	Pink	1.00	0.50	0.50	0/6	1.00	0.75

Abb. 12.14. HLS-Farbraum. Die Grafik zeigt den HLS-Farbraum als Zylinder mit den Koordinaten H (*hue*) als Winkel, S (*saturation*) als Radius und L (*lightness*) als Distanz entlang der vertikalen Achse, die zwischen dem Schwarzpunkt **S** und dem Weißpunkt **W** verläuft. Die Tabelle listet die (R, G, B)- und (H, S, L)-Werte der in der Grafik markierten Farbpunkte auf. „Reine" Farben (zusammengesetzt aus nur einer oder zwei Farbkomponenten) liegen an der unteren Hälfte der Außenwand des Zylinders ($S = 1$), wie das Beispiel der graduell gesättigten Rotpunkte (**R₂₅**, **R₅₀**, **R₇₅**, **R**) zeigt. Mischungen aus drei Primärfarben, von denen mindesten eine Komponente voll gesättigt ist, liegen entlang der oberen Hälfte der Außenwand des Zylinders, wie z. B. der Punkt **P** (Pink).

H_{HLS} L_{HLS} S_{HLS}

Abb. 12.15. HLS-Farbkomponenten H_{HLS} (*Hue*), L_{HLS} (*Luminance*) und S_{HLS} (*Saturation*).

Andernfalls wird zunächst wiederum der zugehörige Farbsektor

$$H' = (6 \cdot H_{\mathrm{HLS}}) \bmod 6 \qquad (12.24)$$

ermittelt $(0 \leq H' < 6)$ und daraus die Werte

$$
\begin{aligned}
c_1 &= \lfloor H' \rfloor \\
c_2 &= H' - c_1
\end{aligned}
\qquad
d = \begin{cases} S_{\mathrm{HLS}} \cdot L_{\mathrm{HLS}} & \text{für } L_{\mathrm{HLS}} \leq 0.5 \\ S_{\mathrm{HLS}} \cdot (L_{\mathrm{HLS}} - 1) & \text{für } L_{\mathrm{HLS}} > 0.5 \end{cases}
\qquad (12.25)
$$

$$
\begin{aligned}
w &= L_{\mathrm{HLS}} + d & y &= w - (w - x) \cdot c_2 \\
x &= L_{\mathrm{HLS}} - d & z &= x + (w - x) \cdot c_2
\end{aligned}
$$

Die Zuordnung der RGB-Werte erfolgt dann ähnlich wie in Gl. 12.18 in der Form

$$
(R', G', B') = \begin{cases}
(w, z, x) & \text{wenn } c_1 = 0 \\
(y, w, x) & \text{wenn } c_1 = 1 \\
(x, w, z) & \text{wenn } c_1 = 2 \\
(x, y, w) & \text{wenn } c_1 = 3 \\
(z, x, w) & \text{wenn } c_1 = 4 \\
(w, x, y) & \text{wenn } c_1 = 5
\end{cases}
\qquad (12.26)
$$

Die Rückskalierung der auf $[0, 1]$ normalisierten $R'G'B'$-Farbkomponenten in den Wertebereich $[0, 255]$ wird wie in Gl. 12.19 vorgenommen.

Java-Implementierung (RGB↔HLS)

Im Standard-Java-API oder in ImageJ ist derzeit keine Methode für die Konvertierung von Farbwerten von RGB nach HLS oder umgekehrt vorgesehen. Prog. 12.8 zeigt eine mögliche Implementierung der RGB-HLS-Konvertierung unter Verwendung der Definitionen in Gl. 12.20–12.22. Die Rückkonvertierung HLS→RGB ist in Prog. 12.9 gezeigt.

HSV und HLS im Vergleich

Trotz der großen Ähnlichkeit der beiden Farbräume sind die Unterschiede bei den V-/L- und S-Komponenten teilweise beträchtlich, wie Abb. 12.16 zeigt. Der wesentliche Unterschied zwischen dem HSV- und HLS-Raum ist die Anordnung jener Farben, die zwischen dem Weißpunkt **W** und den „reinen" Farbwerten (wie **R G B**, **Y**, **C**, **M**) liegen, die aus maximal zwei Primärfarben bestehen, von denen mindestens eine vollständig gesättigt ist.

Zur Illustration zeigt Abb. 12.17 die unterschiedlichen Verteilungen von Farbpunkten im RGB-, HSV- und HLS-Raum. Ausgangspunkt ist dabei eine gleichförmige Verteilung von 1331 ($11 \times 11 \times 11$) Farbtupeln im RGB-Farbraum im Raster von 0.1 in jeder Dimension. Dabei ist deutlich zu sehen, dass im HSV-Raum die maximal gesättigten Farbwerte ($s = 1$) kreisförmige Bahnen bilden und die Dichte zur oberen Fläche des Zylinders hin zunimmt.

```
1    static float[] RGBtoHLS (float R, float G, float B) {
2      // R,G,B assumed to be in [0,1]
3      float cHi = Math.max(R,Math.max(G,B)); // highest color value
4      float cLo = Math.min(R,Math.min(G,B)); // lowest color value
5      float cRng = cHi - cLo;          // color range
6
7      // compute luminance L
8      float L = (cHi + cLo)/2;
9
10     // compute saturation S
11     float S = 0;
12     if (0 < L && L < 1) {
13       float d = (L <= 0.5f) ? L : (1 - L);
14       S = 0.5f * cRng / d;
15     }
16
17     // compute hue H
18     float H=0;
19     if (cHi > 0 && cRng > 0) {      // a color pixel
20       //Out.println("color pixel" +cHi + " " + cRng );
21       float rr = (float)(cHi - R) / cRng;
22       float gg = (float)(cHi - G) / cRng;
23       float bb = (float)(cHi - B) / cRng;
24       float hh;
25       if (R == cHi)                 // r is highest color value
26         hh = bb - gg;
27       else if (G == cHi)            // g is highest color value
28         hh = rr - bb + 2.0f;
29       else                          // b is highest color value
30         hh = gg - rr + 4.0f;
31
32       if (hh < 0)
33         hh= hh + 6;
34       H = hh / 6;
35     }
36
37     return new float[] {H,L,S};
38   }
```

Programm 12.8. RGB-HLS Konvertierung (Java-Methode).

```
1    static float[] HLStoRGB (float H, float L, float S) {
2      // H,L,S assumed to be in [0,1]
3      float R = 0, G = 0, B = 0;
4
5      if (L <= 0)        // black
6        R = G = B = 0;
7      else if (L >= 1)   // white
8        R = G = B = 1;
9      else {
10       float hh = (6 * H) % 6;
11       int   c1 = (int) hh;
12       float c2 = hh - c1;
13       float d = (L <= 0.5f) ? (S * L) : (S * (1 - L));
14       float w = L + d;
15       float x = L - d;
16       float y = w - (w - x) * c2;
17       float z = x + (w - x) * c2;
18       switch (c1) {
19         case 0: R=w; G=z; B=x; break;
20         case 1: R=y; G=w; B=x; break;
21         case 2: R=x; G=w; B=z; break;
22         case 3: R=x; G=y; B=w; break;
23         case 4: R=z; G=x; B=w; break;
24         case 5: R=w; G=x; B=y; break;
25       }
26     }
27     return new float[] {R,G,B};
28   }
```

Programm 12.9. HLS-RGB Konvertierung (Java-Methode).

Im HLS-Raum verteilen sich hingegen die Farbpunkte symmetrisch um die Mittelebene und die Dichte ist vor allem im Weißbereich wesentlich geringer. Eine bestimmte Bewegung in diesem Bereich führt daher zu geringeren Farbänderungen und ermöglicht so feinere Abstufungen bei der Farbauswahl im HLS-Raum, insbesondere bei Farbwerten, die in der oberen Hälfte des HLS-Zylinders liegen.

Beide Farbräume – HSV und HLS – werden in der Praxis häufig verwendet, z. B. für die Farbauswahl bei Bildbearbeitungs- und Grafikprogrammen. In der digitalen Bildverarbeitung ist vor allem auch die Möglichkeit interessant, durch Isolierung der *Hue*-Komponente Objekte aus einem homogen gefärbten (aber nicht notwendigerweise gleichmäßig hellen) Hintergrund automatisch freizustellen (auch als *Color Keying* bezeichnet). Dabei ist natürlich zu beachten, dass mit abnehmendem Sättigungswert (S) auch der Farbwinkel (H) schlechter bestimmt bzw. bei $S = 0$ überhaupt undefiniert ist. In solchen

HSV   HLS   Differenz

S_{HSV} S_{HLS} $S_{\mathrm{HSV}} - S_{\mathrm{HLS}}$

V_{HSV} L_{HLS} $V_{\mathrm{HSV}} - L_{\mathrm{HLS}}$

Abb. 12.16. Vergleich zwischen HSV- und HLS-Komponenten. Im Differenzbild für die Farbsättigung $S_{\mathrm{HSV}} - S_{\mathrm{HLS}}$ (oben) sind positive Werte hell und negative Werte dunkel dargestellt. Der Sättigungswert ist in der HLS-Darstellung vor allem an den hellen Bildstellen deutlich höher, daher die entsprechenden negativen Werte im Differenzbild. Für die Intensität (*Value* bzw. *Luminance*) gilt allgemein, dass $V_{\mathrm{HSV}} \geq L_{\mathrm{HLS}}$, daher ist die Differenz $V_{\mathrm{HSV}} - L_{\mathrm{HLS}}$ (unten) immer positiv. Die H-Komponente (*Hue*) ist in beiden Darstellungen identisch.

Anwendungen sollte daher neben dem H-Wert auch der S-Wert in geeigneter Form berücksichtigt werden.

12.2.4 TV-Komponentenfarbräume – YUV, YIQ und YC_bC_r

Diese Farbräume dienen zur standardisierten Aufnahme, Speicherung, Übertragung und Wiedergabe im TV-Bereich und sind in entsprechenden Normen definiert. YUV und YIQ sind die Grundlage der Farbkodierung beim analogen NTSC- und PAL-System, während YC_bC_r Teil des internationalen Standards für digitales TV ist [38]. Allen Farbräumen gemeinsam ist die Trennung in eine Luminanz-Komponente Y und zwei gleichwertige Chroma-Komponenten, die unterschiedliche Farbdifferenzen kodieren. Dadurch konnte einerseits die Kompatibilität mit den ursprünglichen Schwarz/Weiß-Systemen erhalten werden, andererseits können bestehende Übertragungskanäle durch Zuweisung unter-

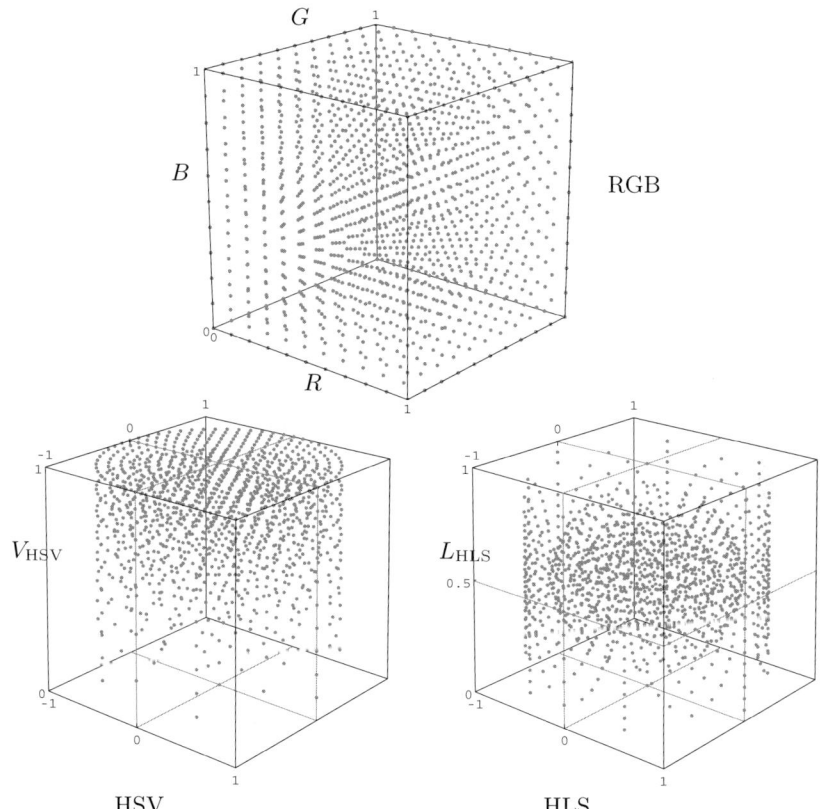

Abb. 12.17. Verteilung von Farbwerten im RGB-, HSV- und HLS-Raum. Ausgangspunkt ist eine Gleichverteilung von Farbwerten im RGB-Raum (oben). Die zugehörigen Farbwerte im HSV- und HLS-Raum verteilen sich unsymmetrisch (HSV) bzw. symmetrisch (HLS) innerhalb eines zylindrischen Bereichs.

schiedliche Bandbreiten für Helligkeits- und Farbsignale optimal genutzt werden. Da das menschliche Auge gegenüber Unschärfe im Farbsignal wesentlich toleranter ist als gegenüber Unschärfe im Helligkeitssignal, kann die Übertragungsbandbreite für die Farbkomponenten deutlich (auf etwa 1/4 der Bandbreite des Helligkeitssignals) reduziert werden. Dieser Umstand wird auch bei der digitalen Farbbildkompression genutzt, u. a. beim JPEG-Verfahren, das z. B. eine YC_bC_r-Konvertierung von RGB-Bildern vorsieht. Aus diesem Grund sind diese Farbräume auch für die digitale Bildverarbeitung von Bedeutung, auch wenn man mit unkonvertierten YIQ- oder YUV-Bilddaten sonst selten in Berührung kommt.

YUV

YUV ist die Basis für die Farbkodierung im analogen Fernsehen, sowohl im nordamerikanischen NTSC- als auch im europäischen PAL-System. Die Luminanz-Komponente Y wird (wie bereits in Gl. 12.6 verwendet) aus den RGB-Komponenten in der Form

$$Y = 0.299 \cdot R + 0.587 \cdot G + 0.114 \cdot B \tag{12.27}$$

abgeleitet, wobei angenommen wird, dass die RGB-Werte bereits nach dem TV-Standard für die Wiedergabe gammakorrigiert sind ($\gamma_{\mathrm{NTSC}} = 2.2$ bzw. $\gamma_{\mathrm{PAL}} = 2.8$, siehe Abschn. 5.3). Die UV-Komponenten sind als gewichtete Differenz zwischen dem Luminanzwert und dem Blau- bzw. Rotwert definiert, konkret als

$$U = 0.492 \cdot (B - Y) \qquad \text{und} \qquad V = 0.877 \cdot (R - Y), \tag{12.28}$$

sodass sich insgesamt folgende Transformation von RGB nach YUV ergibt:

$$\begin{pmatrix} Y \\ U \\ V \end{pmatrix} = \begin{pmatrix} 0.299 & 0.587 & 0.114 \\ -0.147 & -0.289 & 0.436 \\ 0.615 & -0.515 & -0.100 \end{pmatrix} \cdot \begin{pmatrix} R \\ G \\ B \end{pmatrix} \tag{12.29}$$

Die umgekehrte Transformation von YUV nach RGB erhält man durch Inversion der Matrix in Gl. 12.29 als

$$\begin{pmatrix} R \\ G \\ B \end{pmatrix} = \begin{pmatrix} 1.000 & 0.000 & 1.140 \\ 1.000 & -0.395 & -0.581 \\ 1.000 & 2.032 & 0.000 \end{pmatrix} \cdot \begin{pmatrix} Y \\ U \\ V \end{pmatrix} . \tag{12.30}$$

YIQ

Eine im NTSC-System ursprünglich vorgesehene Variante des YUV-Schemas ist YIQ (I steht für „in-phase", Q für „quadrature"), bei dem die durch U und V gebildeten Farbvektoren um 33° gedreht und gespiegelt sind, d.h.

$$\begin{pmatrix} I \\ Q \end{pmatrix} = \begin{pmatrix} 0 & 1 \\ 1 & 0 \end{pmatrix} \cdot \begin{pmatrix} \cos\beta & \sin\beta \\ -\sin\beta & \cos\beta \end{pmatrix} \cdot \begin{pmatrix} U \\ V \end{pmatrix}, \tag{12.31}$$

wobei $\beta = 0.576$ (33°). Die Y-Komponente ist gleich wie in YUV. Das YIQ-Schema hat bzgl. der erforderlichen Übertragungsbandbreiten gewisse Vorteile gegenüber dem YUV-Schema, wurde jedoch (auch in NTSC) praktisch vollständig von YUV abgelöst [44, S. 240].

YC$_b$C$_r$

Der YC$_b$C$_r$-Farbraum ist eine Variante von YUV, die international für Anwendungen im digitalen Fernsehen standardisiert ist und auch in der Bildkompression (z. B. bei JPEG) verwendet wird. Die Chroma-Komponenten C_b, C_r sind analog zu U, V Differenzwerte zwischen der Luminanz und der Blau- bzw. Rot-Komponente. Im Unterschied zu YUV steht allerdings die Gewichtung der *RGB*-Komponenten für die Luminanz Y in explizitem Zusammenhang zu den Koeffizienten für die Chroma-Werte C_b und C_r, und zwar in folgender Form [65, S. 16]:

$$Y = w_R \cdot R + (1 - w_B - w_R) \cdot G + w_B \cdot B \tag{12.32}$$

$$C_b = \frac{0.5}{1 - w_B} \cdot (B - Y)$$

$$C_r = \frac{0.5}{1 - w_R} \cdot (R - Y)$$

Analog dazu ist die Rücktransformation von YC$_b$C$_r$ nach RGB definiert durch

$$R = Y + \frac{1 - w_R}{0.5} \cdot C_r \tag{12.33}$$

$$G = Y - \frac{w_B(1 - w_B)}{0.5 \cdot (1 - w_B - w_R)} \cdot C_b - \frac{w_k(1 - w_k)}{0.5 \cdot (1 - w_B - w_R)} \cdot C_r$$

$$B = Y + \frac{1 - w_B}{0.5} \cdot C_b$$

Die ITU[10]-Empfehlung BT.601 [42] spezifiziert die Werte $w_R = 0.299$ und $w_B = 0.114$ ($w_G = 0.587$)[11], und damit ergibt sich als zugehörige Transformation

$$\begin{pmatrix} Y \\ C_b \\ C_r \end{pmatrix} = \begin{pmatrix} 0.299 & 0.587 & 0.114 \\ -0.169 & -0.331 & 0.500 \\ 0.500 & -0.419 & -0.081 \end{pmatrix} \cdot \begin{pmatrix} R \\ G \\ B \end{pmatrix}, \tag{12.34}$$

bzw. als Rücktransformation

$$\begin{pmatrix} R \\ G \\ B \end{pmatrix} = \begin{pmatrix} 1.000 & 0.000 & 1.403 \\ 1.000 & -0.344 & -0.714 \\ 1.000 & 1.773 & 0.000 \end{pmatrix} \cdot \begin{pmatrix} Y \\ C_b \\ C_r \end{pmatrix}. \tag{12.35}$$

In der für die digitale HDTV-Produktion bestimmten Empfehlung ITU-BT.709 [41] sind im Vergleich dazu die Werte $w_R = 0.2125$ und $w_B = 0.0721$ vorgesehen. Die *UV*-, *IQ*- und auch die $C_b C_r$-Werte können sowohl positiv als auch negativ sein. Bei der digitalen Kodierung der $C_b C_r$-Werte werden diese daher mit einem geeigneten Offset versehen, z. B. 128 bei 8-Bit-Komponenten, um ausschließlich positive Werte zu erhalten.

---

[10] International Telecommunication Union (www.itu.int).

[11] Weil $w_R + w_G + w_B = 1$.

Abb. 12.18. YUV-, YIQ- und YC_bC_r-Komponenten im Vergleich. Die Y-Werte sind in allen drei Farbräumen identisch.

Abb. 12.18 zeigt die drei Farbräume YUV, YIQ und YC_bC_r nochmals zusammen im Vergleich. Die UV-, IQ- und C_bC_r-Werte in den zwei rechten Spalten sind mit einem Offset von 128 versehen, um auch negative Werte darstellen zu können. Ein Wert von null entspricht daher im Bild einem mittleren Grau. Das YC_bC_r-Schema ist allerdings im Druckbild wegen der fast identischen Gewichtung der Farbkomponenten gegenüber YUV kaum unterscheidbar.

12.2.5 Farbräume für den Druck – CMY und CMYK

Im Unterschied zum *additiven* RGB-Farbmodell (und dazu verwandten Farbmodellen) verwendet man beim Druck auf Papier ein *subtraktives* Farbschema, bei dem jede Zugabe einer Druckfarbe die Intensität des reflektierten Lichts reduziert. Dazu sind wiederum zumindest drei Grundfarben erforderlich und diese sind im Druckprozess traditionell *Cyan* (C), *Magenta* (M) und *Gelb* (Y).[12]

Durch die subtraktive Farbmischung (auf weißem Grund) ergibt sich bei $C = M = Y = 0$ (keine Druckfarbe) die Farbe *Weiß* und bei $C = M = Y = 1$ (voller Sättigung aller drei Druckfarben) die Farbe *Schwarz*. Die Druckfarbe Cyan absorbiert *Rot* (R) am stärksten, Magenta absorbiert *Grün* (G), und Gelb absorbiert *Blau* (B). In der einfachsten Form ist das CMY-Modell daher definiert als

$$C = 1 - R \tag{12.36}$$
$$M = 1 - G$$
$$Y = 1 - B$$

Zur besseren Deckung und zur Vergrößerung des erzeugbaren Farbbereichs (Gamuts) werden die drei Grundfarben CMY in der Praxis durch die zusätzliche Druckfarbe Schwarz (K) ergänzt, wobei üblicherweise

$$K = \min(C, M, Y). \tag{12.37}$$

Gleichzeitig können die CMY-Werte bei steigendem Schwarzanteil reduziert werden, wobei man häufig folgende einfache Varianten für die Berechnung der modifizierten $C'M'Y'K'$-Komponenten findet:

CMY→CMYK (Version 1):

$$\begin{pmatrix} C' \\ M' \\ Y' \\ K' \end{pmatrix} \leftarrow \begin{pmatrix} C - K \\ M - K \\ Y - K \\ K \end{pmatrix} \tag{12.38}$$

CMY→CMYK (Version 2):

$$\begin{pmatrix} C' \\ M' \\ Y' \end{pmatrix} \leftarrow \begin{pmatrix} C - K \\ M - K \\ Y - K \end{pmatrix} \cdot \begin{cases} \frac{1}{1-K} & \text{für } K < 1 \\ 1 & \text{sonst} \end{cases} \tag{12.39}$$
$$K' \leftarrow K$$

---

[12] Y steht hier für *Yellow* und hat nichts mit der Luma-Komponente in YUV oder YC_bC_r zu tun.

In beiden Versionen wird als vierte Komponente der K-Wert unverändert (aus Gl. 12.37) übernommen. In Version 2 werden im Fall $R = G = B$ die Anteile von C', M', Y' null, d. h., alle grauen Farben werden ausschließlich mit der Druckfarbe K', also ohne Anteile von C', M', Y' dargestellt.

Beide dieser einfachen Definitionen führen jedoch in der Praxis kaum zu befriedigenden Ergebnissen und sind daher (trotz ihrer häufigen Erwähnung) nicht wirklich brauchbar. Abbildung 12.19 (a) zeigt das Ergebnis von Version 2 anhand eines Beispiels im Vergleich mit realistischen $CMYK$-Farbkomponenten, erzeugt mit Adobe Photoshop (Abb. 12.19 (c)). Besonders auffällig sind dabei die großen Unterschiede bei der Cyan-Komponente C. Außerdem wird deutlich, dass durch die Definition in Gl. 12.39 die Schwarz-Komponente K an den hellen Bildstellen generell zu hohe Werte aufweist.

In der Praxis sind der tatsächlich notwendige Schwarzanteil K und die Farbanteile CMY stark vom Druckprozess und vom verwendeten Papier abhängig und werden daher individuell kalibriert. In der Drucktechnik verwendet man spezielle Transferfunktionen für diese Aufgabe (z. B. im Adobe *Post-Script*-Interpreter [49, S. 345]) die Funktionen $f_{\mathrm{UCR}}(K)$ (*undercolor-removal function*) zur Korrektur der CMY-Komponenten und $f_{\mathrm{BG}}(K)$ (*black-generation function*) zur Steuerung der Schwarz-Komponente, etwa in folgender Form:

CMY→CMYK (Version 3):

$$
\begin{pmatrix} C' \\ M' \\ Y' \\ K' \end{pmatrix} \leftarrow \begin{pmatrix} C - f_{\mathrm{UCR}}(K) \\ M - f_{\mathrm{UCR}}(K) \\ Y - f_{\mathrm{UCR}}(K) \\ f_{\mathrm{BG}}(K) \end{pmatrix}, \tag{12.40}
$$

wobei (wie in Gl. 12.37) $K = \min(C, M, Y)$. Die Funktionen f_{UCR} und f_{BG} sind in der Regel nichtlinear und die Ergebniswerte C', M', Y', K' werden (durch *Clamping*) auf das Intervall $[0, 1]$ beschränkt. Abb. 12.19 (b) zeigt ein Beispiel, wobei zur groben Annäherung an die Ergebnisse von Adobe Photoshop folgende Definitionen verwendet wurden:

$$
f_{\mathrm{UCR}}(K) = s_K \cdot K \tag{12.41}
$$

$$
f_{\mathrm{BG}}(K) = \begin{cases} 0 & \text{für } K < K_0 \\ K_{\max} \cdot \frac{K - K_0}{1 - K_0} & \text{für } K \geq K_0 \end{cases} \tag{12.42}
$$

wobei $s_K = 0.1$, $K_0 = 0.3$ und $K_{\max} = 0.9$ (Abb. 12.20). f_{UCR} reduziert in diesem Fall (über Gl. 12.40) die CMY-Werte um 10% des K-Werts, was sich vorwiegend in den dunklen Bildbereichen mit hohem K-Wert auswirkt. Die Funktion f_{BG} (Gl. 12.42) bewirkt, dass für Werte $K < K_0$ – also in den hellen Bildbereichen – überhaupt kein Schwarzanteil beigefügt wird. Im Bereich $K = K_0 \ldots 1.0$ steigt der Schwarzanteil dann linear auf den Maximalwert $K_{\max}$.

Abb. 12.19. RGB-CMYK-Konvertierung im Vergleich. Einfache Konvertierung nach Gl. 12.39 (a), Verwendung von *undercolor-removal*- und *black-generation*-Funktionen nach Gl. 12.39 (b), Ergebnis aus Adobe Photoshop (c). Die Farbintensitäten sind invertiert dargestellt, dunkle Bildstellen entsprechen daher jeweils einem hohen CMYK-Farbanteil. Die einfache Konvertierung (a) liefert gegenüber dem Photoshop-Ergebnis (c) starke Abweichungen in den einzelnen Farbkomponenten, besonders beim C-Wert, und erzeugt einen zu hohen Schwarzanteil (K) an den hellen Bildstellen.

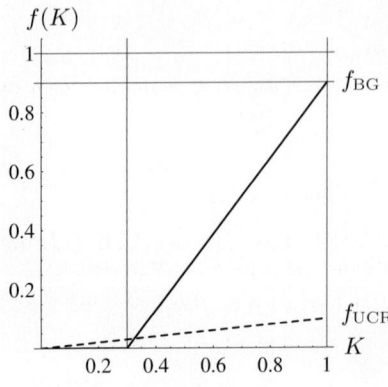

Abb. 12.20. Beispielhafte *undercolor removal function* f_{UCR} (Gl. 12.41) zur Berechnung der $C'M'Y'$-Komponenten bzw. *black generation function* f_{BG} (Gl. 12.42) für die modifizierte K'-Komponente.

Das Ergebnis in Abb. 12.19 (b) liegt vergleichsweise nahe an den als Referenz verwendeten CMYK-Komponenten aus Photoshop[13] (Abb. 12.19 (c)).

Trotz der verbesserten Ergebnisse ist auch diese letztgenannte Variante (3) zur Konvertierung von RGB nach CMYK nur eine grobe Annäherung, die allerdings bei unbekanntem oder wechselndem Wiedergabeverhalten durchaus brauchbar sein kann. Für professionelle Zwecke ist sie aber zu unpräzise und der technisch saubere Weg für die Konvertierung von CMYK-Komponenten führt über die Verwendung von CIE-basierten Referenzfarben, wie im nachfolgenden Abschnitt beschrieben.

12.3 Colorimetrische Farbräume

Für Anwendungen, die eine präzise, reproduzierbare und geräteunabhängige Darstellung von Farben erfordern, ist die Verwendung kalibrierter Farbsysteme unumgänglich. Diese Notwendigkeit ergibt sich z. B. in der gesamten Bearbeitungskette beim digitalen Farbdruck, aber auch bei der digitalen Filmproduktion oder bei Bilddatenbanken. Erfahrungsgemäß ist es keine einfache Angelegenheit, etwa einen Farbausdruck auf einem Laserdrucker zu erzeugen, der dem Erscheinungsbild auf dem Computermonitor einigermaßen nahekommt, und auch die Darstellung auf den Monitoren selbst sind in großem Ausmaß system- und herstellerabhängig.

Alle in Abschn. 12.2 betrachteten Farbräume beziehen sich, wenn überhaupt, auf die physischen Eigenschaften von Ausgabegeräten, also beispielsweise auf die Farben der Phosphorbeschichtungen in TV-Bildröhren oder der verwendeten Druckfarben. Um Farben in unterschiedlichen Ausgabemodalitäten ähnlich oder gar identisch erscheinen zu lassen, benötigt man eine

---

[13] In Adobe Photoshop wird allerdings intern keine direkte Konvertierung von RGB nach CMYK durchgeführt, sondern als Zwischenstufe der CIE $L^*a^*b^*$-Farbraum benutzt (siehe auch Abschn. 12.3.1).

Repräsentation, die unabhängig davon ist, in welcher Weise ein bestimmtes Gerät diese Farben reproduziert. Farbsysteme, die Farben in einer geräteunabhängigen Form beschreiben können, bezeichnet man als *colorimetrisch* oder *kalibriert*.

12.3.1 CIE-Farbräume

Das bereits in den 1920er-Jahren entwickelte und von der CIE (*Commission Internationale d'Éclairage*)[14] 1931 standardisierte XYZ-Farbsystem ist Grundlage praktisch aller colorimetrischen Farbräume, die heute in Verwendung sind [64, S. 22].

CIEXYZ-Farbraum

Der CIEXYZ-Farbraum wurde durch umfangreiche Messungen unter streng definierten Bedingungen entwickelt und basiert auf drei imaginären Primärfarben X, Y, Z, die so gewählt sind, dass alle sichtbaren Farben mit ausschließlich positiven Komponenten beschrieben werden können. Die sichtbaren Farben liegen innerhalb einer dreidimensionalen Region, deren eigenartige Form einem Zuckerhut ähnlich ist, wobei die drei Primärfarben kurioserweise selbst nicht realisierbar sind (Abb. 12.21 (a)).

Die meisten gängigen Farbräume, wie z. B. der RGB-Farbraum, sind durch lineare Koordinatentransformationen (s. unten) in den XYZ-Farbraum überführbar und umgekehrt. Wie Abb. 12.21 (a) zeigt, ist daher der RGB-Farbraum als verzerrter Würfel im XYZ-Farbraum eingebettet, wobei durch die lineare Transformation die Geraden in RGB auch in XYZ wiederum Geraden sind. Das CIEXYZ-System ist (wie auch der RGB-Farbraum) gegenüber dem menschlichen Sehsystem nichtlinear, d. h., Änderungen über Abstände fixer Größe werden nicht als gleichförmige Farbänderungen wahrgenommen.

CIE xy-Farbdiagramm

Im XYZ-Farbraum steigt, ausgehend vom Schwarzpunkt am Koordinatenursprung ($X = Y = Z = 0$), die Helligkeit der Farben entlang der Y-Koordinate an. Der Farbton selbst ist von der Helligkeit und damit von der Y-Koordinate unabhängig. Um die zugehörigen Farbtöne in einem zweidimensionalen Koordinatensystem übersichtlich darzustellen, definiert CIE als „Farbgewichte" drei weitere Variable x, y, z als

$$x = \frac{X}{X + Y + Z}, \quad y = \frac{Y}{X + Y + Z}, \quad z = \frac{Z}{X + Y + Z}, \quad (12.43)$$

wodurch $x + y + z = 1$ und daher einer der Werte (z) redundant ist. Die Werte x und y bilden das Koordinatensystem für das bekannte, hufeisenförmige CIE-Diagramm (Abb. 12.21 (b)). Alle sichtbaren Farben des CIE-Systems können

---

[14] „Internationale Beleuchtungs-Kommission" (www.cie.co.at/cie/home.html).

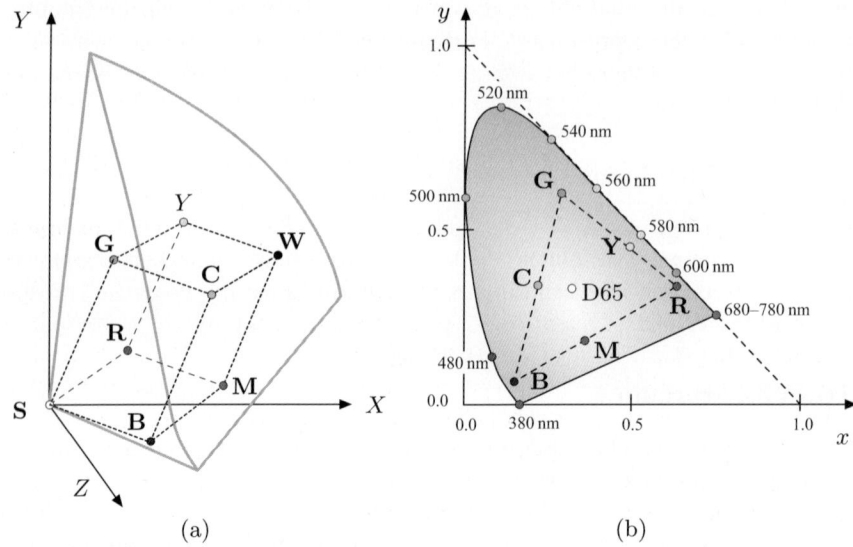

(a)   (b)

Abb. 12.21. CIEXYZ-Farbraum und CIE-Farbdiagramm. Der CIEXYZ-Farbraum (a) wird durch die drei imaginären Primärfarben X, Y, Z aufgespannt. Die Y-Koordinate entspricht der Helligkeit, die X- und Z-Koordinaten bestimmen die Farbigkeit. Alle sichtbaren Farben liegen innerhalb des kegelförmigen Teilraums, in den der gewohnte RGB-Farbraum als verzerrter Würfel eingebettet ist. Das zweidimensionale CIE-Diagramm (b) entspricht einem horizontalen Schnitt durch den XYZ-Farbraum an der Höhe $Y = 1$, der nichtlinear abgebildet ist. Das CIE-Diagramm enthält daher alle sichtbaren Farbtöne (mit Wellenlängen von ca. 380–780 Nanometer), jedoch keine Helligkeitsinformation. Ein konkreter Farbraum mit beliebigen Primärfarben (Tristimuluswerten) **R**, **G**, **B** kann alle Farben innerhalb des dadurch definierten Dreiecks (lineare Hülle) darstellen. D65 markiert den xy-Farbwert der 6500° Normbeleuchtung.

daher in der Form Yxy dargestellt werden, wobei Y die ursprüngliche Luminanzkomponente des XYZ-Systems ist.

Obwohl der mathematische Zusammenhang in Gl. 12.43 sehr einfach erscheint, ist diese Abbildung nicht leicht zu verstehen und keineswegs intuitiv. Das CIE-Diagramm bildet an einer konstanten Y-Position im XYZ-Farbraum einen horizontalen Schnitt, der nachfolgend nichtlinear auf das zweidimensionale xy-Koordinatensystem abgebildet wird. Für die Ebene $Y = 1$ gilt z. B.

$$x = \frac{X}{X + 1 + Z} \quad \text{und} \quad y = \frac{1}{X + 1 + Z}. \qquad (12.44)$$

Die Rückrechnung auf Normfarben (mit der Helligkeit $Y = 1$) im dreidimensionalen XYZ-System erfolgt entsprechend durch

$$X = \frac{x}{y}, \qquad Y = 1, \qquad Z = \frac{z}{y} = \frac{1 - x - y}{y}. \qquad (12.45)$$

Das CIE-Diagramm bezieht sich zwar auf das menschliche Farbempfinden, ist jedoch gleichzeitig eine mathematische Konstruktion, die einige bemerkenswerte Eigenschaften aufweist. Entlang des hufeisenförmigen Rands liegen die xy-Werte aller „reinen" (monochromatischen) Primärfarben mit dem höchsten Sättigungsgrad und unterschiedlichen Wellenlängen von unter 400 nm (violett) bis 780 nm (rot). Damit kann die Position jeder beliebigen Farbe in Bezug auf jede beliebige Primärfarbe berechnet werden. Eine Ausnahme ist die Verbindungsgerade („Purpurgerade") zwischen 380 und 780 nm, auf der keine Spektralfarben liegen und deren zugehörige Purpurtöne nur durch das Komplement von gegenüberliegenden Farben erzeugt werden können.

Zur Mitte des CIE-Diagramms hin nimmt die Sättigung kontinuierlich ab bis zum Weißpunkt mit $x = y = 1/3$ (bzw. $X = Y = Z = 1$) und Farbsättigung null. Auch alle farblosen Grauwerte werden auf diesen Weißpunkt abgebildet, genauso wie alle unterschiedlichen Helligkeitsausprägungen eines Farbtons jeweils nur einem einzigen xy-Punkt entsprechen. Alle möglichen Mischfarben liegen innerhalb jener konvexen Hülle, die im CIE-Diagramm durch die Menge der beteiligten Grundfarben aufgespannt wird. Komplementärfarben liegen im CIE-Diagramm jeweils auf Geraden, die diagonal durch den (farblosen) Neutralpunkt verlaufen.

Normbeleuchtung

Ein zentrales Ziel der Colorimetrie ist die objektive Messung von Farben in der physischen Realität, wobei auch die Farbeigenschaften der *Beleuchtung* wesentlich sind. CIE definiert daher eine Reihe von Normbeleuchtungsarten (*illuminants*), von denen speziell zwei für digitale Farbräume wichtig sind:

D50 entspricht einer Farbtemperatur von ca. 5000° K und ähnelt damit einer typischen Glühlampenbeleuchtung. D50 wird als Referenzbeleuchtung für die Betrachtung von reflektierenden Bildern wie z. B. von Drucken empfohlen.

D65 entspricht einer Farbtemperatur von ca. 6500° K und simuliert eine typische Tageslichtbeleuchtung. D65 wird auch als Normweißlicht für emittierende Wiedergabegeräte (z. B. Bildschirme) verwendet.

Diese Normbeleuchtungsarten dienen zum einen zur Spezifikation des Umgebungslichts bei der Betrachtung, zum anderen aber auch zur Bestimmung von Referenzweißpunkten diverser Farbräume im CIE-Farbsystem (Tabelle 12.3). Darüber hinaus ist im CIE-System auch der zulässige Bereich des Betrachtungswinkels (mit $\pm 2°$) spezifiziert.

Chromatische Adaptierung

Das menschliche Auge besitzt die Fähigkeit, Farben auch bei variierenden Betrachtungsverhältnissen und insbesondere bei Änderungen der Farbtemperatur der Beleuchtung als konstant zu empfinden. Ein weißes Blatt Papier

Tabelle 12.3. CIE-Farbparameter für die Normbeleuchtungsarten D50 und D65. **N** ist der absolute Neutralpunkt im CIEXYZ-Raum.

Dxx	Temp.	X	Y	Z	x	y
D50	5000° K	0.96429	1.00000	0.82510	0.3457	0.3585
D65	6500° K	0.95045	1.00000	1.08905	0.3127	0.3290
N	—	1.00000	1.00000	1.00000	1/3	1/3

erscheint uns sowohl im Tageslicht als auch unter einer Leuchtstoffröhre weiß, obwohl die spektrale Zusammensetzung des Lichts, das das Auge erreicht, in beiden Fällen eine völlig andere ist. Im CIE-Farbsystem ist die Spezifikation der Farbtemperatur des Umgebungslichts berücksichtigt, denn die exakte Interpretation von XYZ-Farbwerten erfordert auch die Angabe des zugehörigen Referenzweißpunkts. So wird beispielsweise ein auf den Weißpunkt D50 bezogener Farbwert (X, Y, Z) bei der Darstellung auf einem Ausgabegerät mit Weißpunkt D65 im Allgemeinen anders wahrgenommen, auch wenn der absolute (gemessene) Farbwert derselbe ist.

Die Wahrnehmung eines Farbwerts erfolgt also relativ zum jeweiligen Weißpunkt. Beziehen sich zwei Farbsysteme auf unterschiedliche Weißpunkte $\mathbf{W}_1 = (X_{\mathrm{W1}}, Y_{\mathrm{W1}}, Z_{\mathrm{W1}})$ und $\mathbf{W}_2 = (X_{\mathrm{W2}}, Y_{\mathrm{W2}}, Z_{\mathrm{W2}})$, dann erfordert die korrekte Umrechnung im XYZ-Farbraum eine „chromatische Adaptierungstransformation" (CAT) [38, Kap. 34]. Diese rechnet gegebene, auf den Weißpunkt $\mathbf{W}_1$ bezogene, XYZ-Werte (X_1, Y_1, Z_1) in die auf einen anderen Weißpunkt $\mathbf{W}_2$ bezogenen Werte (X_2, Y_2, Z_2) um. In der Praxis wird dazu meist eine lineare Transformation mit einer Matrix $\boldsymbol{M}_{\mathrm{CAT}}$ der Form

$$\begin{pmatrix} X_2 \\ Y_2 \\ Z_2 \end{pmatrix} = \boldsymbol{M}_{\mathrm{CAT}}^{-1} \cdot \begin{pmatrix} \frac{r_2}{r_1} & 0 & 0 \\ 0 & \frac{g_2}{g_1} & 0 \\ 0 & 0 & \frac{b_2}{b_1} \end{pmatrix} \cdot \boldsymbol{M}_{\mathrm{CAT}} \cdot \begin{pmatrix} X_1 \\ Y_1 \\ Z_1 \end{pmatrix} \tag{12.46}$$

verwendet, wobei (r_1, g_1, b_1) bzw. (r_2, g_2, b_2) die umgerechneten Tristimulus-Werte der beiden Weißpunkte $\mathbf{W}_1$ und $\mathbf{W}_2$ sind, d. h.

$$\begin{pmatrix} r_1 \\ g_1 \\ b_1 \end{pmatrix} = \boldsymbol{M}_{\mathrm{CAT}} \cdot \begin{pmatrix} X_{\mathrm{W1}} \\ Y_{\mathrm{W1}} \\ Z_{\mathrm{W1}} \end{pmatrix} \quad \text{und} \quad \begin{pmatrix} r_2 \\ g_2 \\ b_2 \end{pmatrix} = \boldsymbol{M}_{\mathrm{CAT}} \cdot \begin{pmatrix} X_{\mathrm{W2}} \\ Y_{\mathrm{W2}} \\ Z_{\mathrm{W2}} \end{pmatrix} . \tag{12.47}$$

Das heute häufig verwendete „Bradford"-Modell zur chromatische Adaptierung [38, S. 590] definiert

$$\boldsymbol{M}_{\mathrm{CAT}} = \begin{pmatrix} 0.8951 & 0.2664 & -0.1614 \\ -0.7502 & 1.7135 & 0.0367 \\ 0.0389 & -0.0685 & 1.0296 \end{pmatrix} . \tag{12.48}$$

In Verbindung mit Gl. 12.46 ergibt sich damit beispielsweise für die Umrechnung von D50-bezogenen XYZ-Koordinaten auf D65-bezogene Werte (Tabelle 12.3) die Transformation

$$\begin{pmatrix} X_{65} \\ Y_{65} \\ Z_{65} \end{pmatrix} = M_{65|50} \cdot \begin{pmatrix} X_{50} \\ Y_{50} \\ Z_{50} \end{pmatrix}$$

$$= \begin{pmatrix} 0.955556 & -0.023049 & 0.063197 \\ -0.028302 & 1.009944 & 0.021018 \\ 0.012305 & -0.020494 & 1.330084 \end{pmatrix} \cdot \begin{pmatrix} X_{50} \\ Y_{50} \\ Z_{50} \end{pmatrix} \quad (12.49)$$

bzw. in umgekehrter Richtung (von D65 nach D50)

$$\begin{pmatrix} X_{50} \\ Y_{50} \\ Z_{50} \end{pmatrix} = M_{50|65} \cdot \begin{pmatrix} X_{65} \\ Y_{65} \\ Z_{65} \end{pmatrix} = M_{65|50}^{-1} \cdot \begin{pmatrix} X_{65} \\ Y_{65} \\ Z_{65} \end{pmatrix}$$

$$= \begin{pmatrix} 1.047835 & 0.022897 & -0.050147 \\ 0.029556 & 0.990481 & -0.017056 \\ -0.009238 & 0.015050 & 0.752034 \end{pmatrix} \cdot \begin{pmatrix} X_{65} \\ Y_{65} \\ Z_{65} \end{pmatrix}. \quad (12.50)$$

Gamut

Die Gesamtmenge aller verschiedenen Farben, die durch ein Aufnahme- oder Ausgabegerät bzw. durch einen Farbraum dargestellt werden kann, bezeichnet man als „Gamut". Dies ist normalerweise eine zusammenhängende Region im dreidimensionalen CIEXYZ-Raum bzw. – reduziert auf die möglichen Farbtöne ohne Berücksichtigung der Helligkeit – eine zweidimensionale, konvexe Region im CIE-Diagramm.

In Abb. 12.22 sind einige typische Beispiele für Gamut-Bereiche im CIE-Diagramm dargestellt. Das Gamut eines Ausgabegeräts ist primär von der verwendeten Technologie abhängig. So können typische Farbmonitore nicht sämtliche Farben innerhalb des zugehörigen Farbraum-Gamuts (z. B. sRGB) darstellen. Umgekehrt ist es möglich, dass technisch darstellbare Farben im verwendeten Farbraum nicht repräsentiert werden können. Besonders große Abweichungen sind beispielsweise zwischen dem RGB-Farbraum und dem Gamut von CMYK-Druckern möglich. Es existieren aber auch Ausgabegeräte mit sehr großem Gamut, wie das Beispiel des Laser-Displays in Abb. 12.22 demonstriert. Zur Repräsentation derart großer Farbbereiche und insbesondere zur Transformation zwischen unterschiedlichen Farbdarstellungen sind entsprechend dimensionierte Farbräume erforderlich, wie etwa der Adobe-RGB-Farbraum oder der L*a*b*-Farbraum (s. unten), der überhaupt den gesamten sichtbaren Teil des CIE-Diagramms umfasst.

Varianten des CIE-Farbraums

Das ursprüngliche CIEXYZ- und das abgeleitete xy-Farbschema weisen vor allem den Nachteil auf, dass geometrische Abstände im Farbraum vom Betrachter visuell sehr unterschiedlich wahrgenommen werden. So erfolgen im

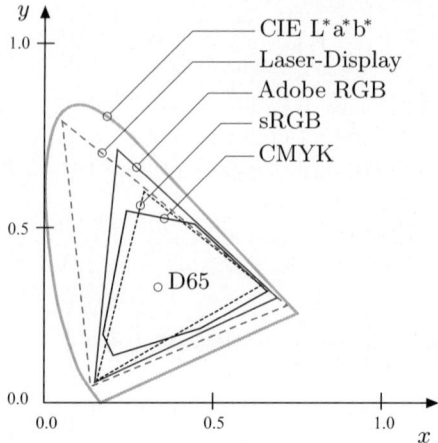

Abb. 12.22. Gamut für verschiedene Farbräume bzw. Ausgabegeräte im CIE-Diagramm.

Magenta-Bereich große Änderungen über relativ kurze Strecken, während im grünen Bereich die Farbtöne über weite Strecken vergleichsweise ähnlich sind. Es wurden daher Varianten des CIE-Systems für verschiedene Einsatzzwecke entwickelt mit dem Ziel, die Farbdarstellung besser an das menschliche Empfinden oder technische Gegebenheiten anzupassen, ohne dabei auf die formalen Qualitäten des CIE-Referenzsystems zu verzichten. Beispiele dafür sind die Farbräume CIE YUV, YU'V', L*u*v*, YC_bC_r und L*a*b* (s. unten).

Darüber hinaus stehen für die gängigsten Farbräume (siehe Abschn. 12.2) CIE-konforme Spezifikationen zur Verfügung, die eine verlässliche Umrechnung in jeden beliebigen anderen Farbraum ermöglichen.

12.3.2 CIE L*a*b*

Das L*a*b*-Modell (CIE 1976) wurde mit dem Ziel entwickelt, Farbdifferenzen gegenüber dem menschlichen Sehempfinden zu linearisieren und gleichzeitig ein intuitiv verständliches Farbsystem zu erhalten. L*a*b* wird beispielsweise in Adobe Photoshop[15] als Standardmodell für die Umrechnung zwischen Farbräumen verwendet. Die Koordinaten in diesem Farbraum sind die Helligkeit L^* und die beiden Farbkomponenten a^*, b^*, wobei a^* die Farbposition entlang der Grün-Rot-Achse und b^* entlang der Blau-Gelb-Achse im CIEXYZ-Farbraum spezifiziert. Alle drei Komponenten sind relativ und beziehen sich auf den neutralen Weißpunkt des Farbsystems $\mathbf{C}_{ref} = (X_{ref}, Y_{ref}, Z_{ref})$, wobei sie zusätzlich einer nichtlinearen Korrektur (ähnlich der modifizierten Gammafunktion in Abschn. 5.3.6) unterzogen werden.

---

[15] Häufig wird L*a*b* einfach als „Lab"-Farbraum bezeichnet.

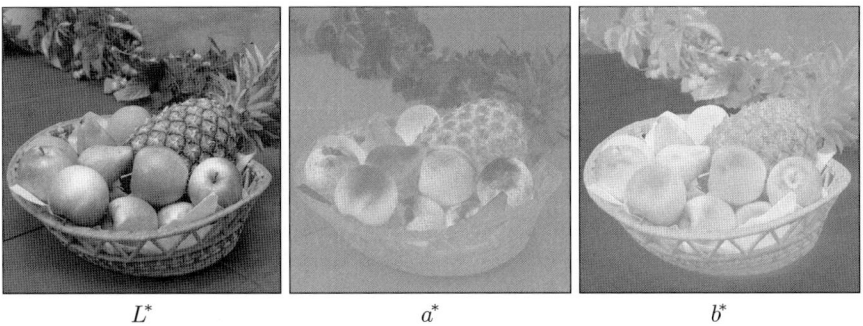

$$L^* \qquad\qquad a^* \qquad\qquad b^*$$

Abb. 12.23. $L^*a^*b^*$-Komponenten. Zur besseren Darstellung wurde der Kontrast in den Bildern für a^* und b^* um 40% erhöht.

Transformation CIEXYZ → $L^*a^*b^*$

Die aktuelle Spezifikation[16] für die Umrechnung vom CIEXYZ-Farbraum in den $L^*a^*b^*$-Farbraum ist nach ISO 13655 [43] folgende:

$$
\begin{aligned}
L^* &= 116 \cdot Y' - 16 \\
a^* &= 500 \cdot (X' - Y') \\
b^* &= 200 \cdot (Y' - Z')
\end{aligned}
\tag{12.51}
$$

$$\text{wobei} \quad X' = f_1\Big(\tfrac{X}{X_{\text{ref}}}\Big), \quad Y' = f_1\Big(\tfrac{Y}{Y_{\text{ref}}}\Big), \quad Z' = f_1\Big(\tfrac{Z}{Z_{\text{ref}}}\Big)$$

$$\text{und} \quad f_1(c) = \begin{cases} c^{\frac{1}{3}} & \text{wenn } c > 0.008856 \\ 7.787 \cdot c + \frac{16}{116} & \text{wenn } c \le 0.008856 \end{cases}$$

Als Referenzweißpunkt $\mathbf{C}_{\text{ref}} = (X_{\text{ref}}, Y_{\text{ref}}, Z_{\text{ref}})$ in Gl. 12.51 wird üblicherweise D65 verwendet, d. h., $X_{\text{ref}} = 0.95047$, $Y_{\text{ref}} = 1.0$ und $Z_{\text{ref}} = 1.08883$ (Tabelle 12.3). Die Werte für L^* sind positiv und liegen normalerweise im Intervall $[0, 100]$ (häufig skaliert auf $[0, 255]$), können theoretisch aber auch darüber hinaus gehen. Die Werte für a^* und b^* liegen im Intervall $[-127, +127]$. Ein Beispiel für die Zerlegung eines Farbbilds in die zugehörigen $L^*a^*b^*$-Komponenten zeigt Abb. 12.23. Tabelle 12.4 listet für einige ausgewählte RGB-Farbpunkte die zugehörigen CIE $L^*a^*b^*$-Werte und als Referenz die CIEXYZ-Koordinaten. Die angegebenen $R'G'B'$-Werte sind (nichtlineare) sRGB-Koordinaten und beziehen sich auf den Referenzweißpunkt D65[17] (siehe Abschn. 12.3.5).

---

[16] Für die Umrechnung in den $L^*a^*b^*$-Raum gibt es mehrere Definitionen, die sich allerdings nur geringfügig im Bereich sehr kleiner L-Werte unterscheiden.

[17] In Java sind die sRGB-Farbwerte allerdings nicht auf den Weißpunkt D65 sondern auf D50 bezogen, daher ergeben sich geringfügige Abweichungen.

Tabelle 12.4. CIE $L^*a^*b^*$-Werte und zugehörige XYZ-Koordinaten für ausgewählte Farbpunkte in sRGB. Die sRGB-Komponenten R', G', B' sind nichtlinear (d. h. gammakorrigiert), Referenzweißpunkt ist D65 (s. auch Tabelle 12.3).

Pkt.	Farbe	sRGB R'	G'	B'	CIEXYZ X	Y	Z	CIE $L^*a^*b^*$ L^*	a^*	b^*
S	Schwarz	0.00	0.00	0.00	0.0000	0.0000	0.0000	00.00	00.00	00.00
R	Rot	1.00	0.00	0.00	0.4124	0.2126	0.0193	53.23	80.11	67.22
Y	Gelb	1.00	1.00	0.00	0.7700	0.9278	0.1385	97.14	-21.56	94.48
G	Grün	0.00	1.00	0.00	0.3576	0.7152	0.1192	87.74	-86.18	83.18
C	Cyan	0.00	1.00	1.00	0.5381	0.7874	1.0697	91.12	-48.08	-14.14
B	Blau	0.00	0.00	1.00	0.1805	0.0722	0.9505	32.30	79.20	-107.86
M	Magenta	0.00	1.00	1.00	0.5381	0.7874	1.0697	91.12	-48.08	-14.14
W	Weiß	1.00	1.00	1.00	0.9505	1.0000	1.0890	100.00	0.00	0.00
K	Grau	0.50	0.50	0.50	0.2034	0.2140	0.2331	53.39	0.00	0.00
R$_{75}$	75% Rot	0.75	0.00	0.00	0.2155	0.1111	0.0101	39.76	64.52	54.14
R$_{50}$	50% Rot	0.50	0.00	0.00	0.0883	0.0455	0.0041	25.41	47.92	37.91
R$_{25}$	25% Rot	0.25	0.00	0.00	0.0210	0.0108	0.0010	9.65	29.68	15.24
P	Pink	1.00	0.50	0.50	0.5276	0.3811	0.2483	68.10	48.40	22.82

Transformation $L^*a^*b^* \rightarrow$ CIEXYZ

Die Rücktransformation von $L^*a^*b^*$ den CIEXYZ-Raum ist folgendermaßen definiert:

$$X = X_{\mathrm{ref}} \cdot f_2\left(\tfrac{a^*}{500} + Y'\right)$$
$$Y = Y_{\mathrm{ref}} \cdot f_2\left(Y'\right) \tag{12.52}$$
$$Z = Z_{\mathrm{ref}} \cdot f_2\left(Y' - \tfrac{b^*}{200}\right)$$

wobei $\quad Y' = \tfrac{L^*+16}{116}$

und $\quad f_2(c) = \begin{cases} c^3 & \text{wenn } c^3 > 0.008856 \\ \tfrac{c-16/116}{7.787} & \text{wenn } c^3 \leq 0.008856 \end{cases}$

Die vollständige Java-Implementierung dieser Konvertierung und einer entsprechenden Farbraum-Klasse (`ColorSpace`) sind in Prog. 12.10–12.11 (S. 293–294) dargestellt.

Bestimmung von Farbdifferenzen

Durch die relativ hohe Linearität in Bezug auf die menschliche Wahrnehmung von Farbabstufungen ist der $L^*a^*b^*$-Farbraum zur Bestimmung von Farbdifferenzen gut geeignet [29, S. 57]. Konkret ist die Berechnung der Distanz zwischen zwei Farbpunkten $\mathbf{C}_1$ und $\mathbf{C}_2$ hier einfach über den euklidischen Abstand möglich, d. h.

$$\text{ColorDist}^*_{ab}(\mathbf{C}_1, \mathbf{C}_2) = \|\mathbf{C}_1 - \mathbf{C}_2\| \tag{12.53}$$

$$= \sqrt{(L_1^* - L_2^*)^2 + (a_1^* - a_2^*)^2 + (b_1^* - b_2^*)^2} \,,$$

wobei $\mathbf{C}_1 = (L_1^*, a_1^*, b_1^*)$ und $\mathbf{C}_2 = (L_2^*, a_2^*, b_2^*)$.

12.3.3 sRGB

CIE-basierte Farbräume wie L*a*b* (oder L*u*v*) sind geräteunabhängig und weisen ein ausreichend großes Gamut auf, um praktisch alle sichtbaren Farben des CIEXYZ-Farbraums darstellen zu können. Bei digitalen Anwendungen – wie etwa in der Computergrafik oder Multimedia –, die sich vor allem am Bildschirm als Ausgabemedium orientieren, ist die direkte Verwendung von CIE-basierten Farbräumen allerdings zu umständlich oder zu ineffizient.

sRGB („standard RGB" [39]) wurde mit dem Ziel entwickelt, auch für diese Bereiche einen präzise definierten Farbraum zu schaffen, der durch entsprechende Abbildungsregeln im CIEXYZ-Farbraum verankert ist. Dies umfasst nicht nur die genaue Spezifikation der drei Primärfarben, sondern auch die des Weißpunkts, der Gammawerte und der Umgebungsbeleuchtung. sRGB besitzt im Unterschied zu L*a*b* ein relativ kleines Gamut (Abb. 12.22) – das allerdings die meisten auf heutigen Monitoren darstellbaren Farben einschließt. sRGB ist auch nicht als universeller Farbraum konzipiert, erlaubt jedoch durch seine CIE-basierte Spezifikation eine exakte Umrechnung in andere Farbräume.

Standardisierte Speicherformate wie EXIF oder PNG basieren auf Ausgangsdaten in sRGB, das damit auch der De-facto-Standard für Digitalkameras und Farbdrucker im Consumer-Bereich ist [34]. sRGB eignet sich als vergleichsweise zuverlässiges Archivierungsformat für digitale Bilder vor allem in weniger kritischen Einsatzbereichen, die kein explizites Farbmanagement erfordern oder erlauben [78]. Nicht zuletzt ist sRGB auch das Standardfarbschema in Java und wird durch das Java-API umfassend unterstützt (siehe Abschn. 12.3.5).

Lineare vs. nichtlineare Farbwerte

Bei den Farbkomponenten in sRGB ist zu unterscheiden zwischen linearen und nichlinearen RGB-Werten. Die *nichtlinearen* Komponenten R', G', B' bilden die tatsächlichen sRGB-Farbtupel, die bereits mit einem fixen Gammawert (≈ 2.2) vorkorrigiert sind, so dass in den meisten Fällen eine ausreichend genaue Darstellung auf einem gängigen Farbmonitor ohne weitere Korrekturen möglich ist. Die zugehörigen *linearen* RGB-Komponenten beziehen sich durch lineare Abbildungen auf den CIEXYZ-Farbraum und können daher durch eine einfache Matrixmultiplikation aus XYZ-Koordinaten berechnet werden und umgekehrt, d. h.

Tabelle 12.5. Tristimuluswerte und Weißpunkt (D65) im sRGB-Farbraum.

D65	R	G	B	x	y
R	1.00	0.00	0.00	0.6400	0.3300
G	0.00	1.00	0.00	0.3000	0.6000
B	0.00	0.00	1.00	0.1500	0.0600
W	1.00	1.00	1.00	0.3127	0.3290

$$\begin{pmatrix} R \\ G \\ B \end{pmatrix} = M_{\mathrm{RGB}} \cdot \begin{pmatrix} X \\ Y \\ Z \end{pmatrix} \quad \text{bzw.} \quad \begin{pmatrix} X \\ Y \\ Z \end{pmatrix} = M_{\mathrm{RGB}}^{-1} \cdot \begin{pmatrix} R \\ G \\ B \end{pmatrix}. \tag{12.54}$$

Die wichtigsten Parameter des sRGB-Raums sind die xy-Koordinaten der Primärfarben (Tristimuluswerte) **R**, **G**, **B** (entsprechend der digitalen TV-Norm ITU-R 709-3 [41]) und des Weißpunkts **W** (D65), die eine eindeutige Zuordnung aller übrigen Farbwerte im CIE-Diagramm erlauben (Tabelle 12.5).

Transformation CIEXYZ→sRGB

Zur Transformation XYZ→sRGB (Abb. 12.24) werden zunächst aus den CIE-Koordinaten X, Y, Z durch Multiplikation mit M_{RGB} entsprechend ITU-BT.709 [41] (Gl. 12.54) die *linearen* RGB-Werte R, G, B berechnet:

$$\begin{pmatrix} R \\ G \\ B \end{pmatrix} = M_{\mathrm{RGB}} \cdot \begin{pmatrix} X \\ Y \\ Z \end{pmatrix} = \begin{pmatrix} 3.2406 & -1.5372 & -0.4986 \\ -0.9689 & 1.8758 & 0.0415 \\ 0.0557 & -0.2040 & 1.0570 \end{pmatrix} \cdot \begin{pmatrix} X \\ Y \\ Z \end{pmatrix} \tag{12.55}$$

Anschließend erfolgt eine modifizierte Gammakorrektur (siehe Abschn. 5.3.6) mit $\gamma = 2.4$, entsprechend einem effektiven Gammawert von etwa 2.2, in der Form

$$R' = f_1(R), \quad G' = f_1(G), \quad B' = f_1(B),$$

$$\text{wobei} \quad f_1(c) = \begin{cases} 1.055 \cdot c^{\frac{1}{2.4}} - 0.055 & \text{wenn } c > 0.0031308 \\ 12.92 \cdot c & \text{wenn } c \leq 0.0031308 \end{cases} \tag{12.56}$$

Die resultierenden sRGB-Komponenten R', G', B' werden auf das Intervall $[0, 1]$ beschränkt (Tabelle 12.6 zeigt die entsprechenden Ergebnisse für ausgewählte Farbpunkte). Zur diskreten Darstellung werden die Werte anschließend linear auf den Bereich $[0, 255]$ skaliert und auf 8 Bit quantisiert.

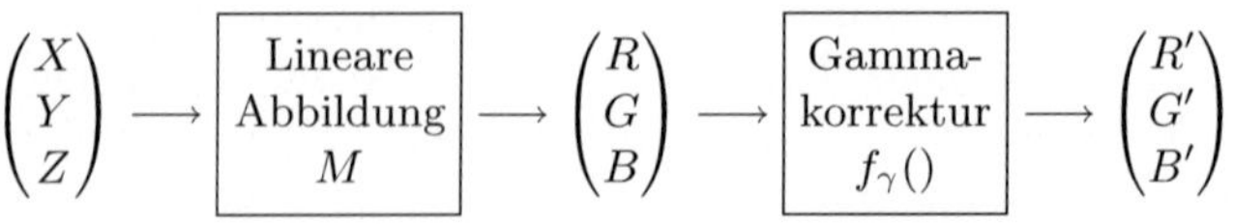

$$\begin{pmatrix} X \\ Y \\ Z \end{pmatrix} \longrightarrow \boxed{\begin{array}{c} \text{Lineare} \\ \text{Abbildung} \\ M \end{array}} \longrightarrow \begin{pmatrix} R \\ G \\ B \end{pmatrix} \longrightarrow \boxed{\begin{array}{c} \text{Gamma-} \\ \text{korrektur} \\ f_\gamma() \end{array}} \longrightarrow \begin{pmatrix} R' \\ G' \\ B' \end{pmatrix}$$

Abb. 12.24. Transformation von Farbkoordinaten aus CIEXYZ nach sRGB.

Tabelle 12.6. CIEXYZ-Koordinaten und xy-Werte für ausgewählte Farbpunkte in sRGB. Die sRGB-Komponenten R', G', B' sind nichtlinear (d. h. gammakorrigiert), Referenzweißpunkt ist D65 (siehe Tabelle 12.3).

Pkt.	Farbe	sRGB R'	G'	B'	CIEXYZ X	Y	Z	CIExy x	y
S	Schwarz	0.00	0.00	0.00	0.0000	0.0000	0.0000	0.3127	0.3290
R	Rot	1.00	0.00	0.00	0.4124	0.2126	0.0193	0.6400	0.3300
Y	Gelb	1.00	1.00	0.00	0.7700	0.9278	0.1385	0.4193	0.5053
G	Grün	0.00	1.00	0.00	0.3576	0.7152	0.1192	0.3000	0.6000
C	Cyan	0.00	1.00	1.00	0.5381	0.7874	1.0697	0.2247	0.3287
B	Blau	0.00	0.00	1.00	0.1805	0.0722	0.9505	0.1500	0.0600
M	Magenta	1.00	0.00	1.00	0.5929	0.2848	0.9698	0.3209	0.1542
W	Weiß	1.00	1.00	1.00	0.9505	1.0000	1.0890	0.3127	0.3290
K	50% Grau	0.50	0.50	0.50	0.2034	0.2140	0.2331	0.3127	0.3290
R$_{75}$	75% Rot	0.75	0.00	0.00	0.2155	0.1111	0.0101	0.6401	0.3300
R$_{50}$	50% Rot	0.50	0.00	0.00	0.0883	0.0455	0.0041	0.6401	0.3300
R$_{25}$	25% Rot	0.25	0.00	0.00	0.0210	0.0108	0.0009	0.6401	0.3300
P	Pink	1.00	0.50	0.50	0.5276	0.3811	0.2483	0.4560	0.3295

Transformation sRGB →CIEXYZ

Zunächst werden die gegebenen (nichtlinearen) $R'G'B'$-Komponenten (im Intervall $[0,1]$) durch die Umkehrung der Gammakorrektur in Gl. 12.56 wieder linearisiert, d. h.

$$R = f_2(R'), \quad G = f_2(G'), \quad B = f_2(B'), \tag{12.57}$$

$$\text{wobei} \quad f_2(c) = \begin{cases} \left(\dfrac{c+0.055}{1.055}\right)^{2.4} & \text{wenn } c > 0.03928 \\ \dfrac{c}{12.92} & \text{wenn } c \leq 0.03928 \end{cases} \tag{12.58}$$

Nachfolgend werden die linearen RGB-Koordinaten durch Multiplikation mit M_{RGB}^{-1} (Gl. 12.55) in den XYZ-Raum transformiert:

$$\begin{pmatrix} X \\ Y \\ Z \end{pmatrix} = M_{\mathrm{RGB}}^{-1} \cdot \begin{pmatrix} R \\ G \\ B \end{pmatrix} = \begin{pmatrix} 0.4124 & 0.3576 & 0.1805 \\ 0.2126 & 0.7152 & 0.0722 \\ 0.0193 & 0.1192 & 0.9505 \end{pmatrix} \cdot \begin{pmatrix} R \\ G \\ B \end{pmatrix} \tag{12.59}$$

Rechnen mit sRGB-Werten

Durch den verbreiteten Einsatz von sRGB in der Digitalfotografie, im WWW, in Computerbetriebssystemen und in der Multimedia-Produktion kann man davon ausgehen, dass man es bei Vorliegen eines RGB-Farbbilds mit hoher Wahrscheinlichkeit mit einem sRGB-Bild zu tun hat. Öffnet man daher beispielsweise ein JPEG-Bild in ImageJ oder in Java, dann sind die im zugehörigen RGB-Array liegenden Pixelwerte darstellungsbezogene, also *nichtlineare*

$R'G'B'$-Komponenten des sRGB-Farbraums! Dieser Umstand wird in der Programmierpraxis leider häufig vernachlässigt.

Bei arithmetischen Operationen mit den Farbkomponenten sollten grundsätzlich die *linearen RGB*-Werte verwendet werden, die man aus den $R'G'B'$-Werten über die Funktion f_2 (Gl. 12.58) erhält und über f_1 (Gl. 12.56) wieder zurückrechnen kann.

Beispiel: Grauwertkonvertierung

Bei der in Abschn. 12.2.1 beschriebenen Umrechnung von RGB- in Grauwertbilder (Gl. 12.7 auf S. 254) in der Form

$$Y = 0.2125 \cdot R + 0.7154 \cdot G + 0.072 \cdot B \qquad (12.60)$$

sind mit R, G, B und Y explizit die *linearen* Werte gemeint. Die *exakte* Grauwertumrechnung mit sRGB-Farben wäre auf Basis von Gl. 12.60 demnach

$$Y' = f_1 \big[0.2125 \cdot f_2(R') + 0.7154 \cdot f_2(G') + 0.0721 \cdot f_2(B') \big]. \qquad (12.61)$$

In den meisten Fällen ist aber eine Annäherung *ohne* Umrechnung der sRGB-Komponenten (also direkt auf Basis der nichtlinearen $R'G'B'$-Werte) durch eine Linearkombination

$$Y' \approx w'_R \cdot R' + w'_G \cdot G' + w'_B \cdot B' \qquad (12.62)$$

mit leicht geänderten Koeffizienten w'_R, w'_G, w'_B ausreichend (z. B. mit $w'_R = 0.309$, $w'_G = 0.609$, $w'_B = 0.082$ [62]). Dass übrigens bei der Ersetzung eines sRGB-Farbpixels in der Form

$$(R', G', B') \rightarrow (Y', Y', Y')$$

überhaupt ein Grauwert (bzw. ein unbuntes Farbbild) entsteht, beruht auf dem Umstand, dass die Gammakorrektur (Gl. 12.56, 12.58) auf alle drei Farbkomponenten gleichermaßen angewandt wird und sich daher auch alle nichtlinearen sRGB-Farben mit drei identischen Komponentenwerten auf der Graugeraden im CIEXYZ-Farbraum bzw. am Weißpunkt $\mathbf{W}$ im xy-Diagramm befinden.

12.3.4 Adobe RGB

Ein Schwachpunkt von sRGB ist das relativ kleine Gamut, das sich praktisch auf die von einem üblichen Farbmonitor darstellbaren Farben beschränkt und besonders im Druckbereich häufig zu Problemen führt. Der von Adobe als eigener Standard „Adobe RGB (1998)" [1] entwickelte Farbraum basiert auf dem gleichen Konzept wie sRGB, verfügt aber vor allem durch den gegenüber sRGB geänderten Primärfarbwert für Grün (mit $x = 0.21$, $y = 0.71$) über ein deutlich größeres Gamut (Abb. 12.22) und ist damit auch als RGB-Farbraum für den Druckbereich geeignet. Abb. 12.25 zeigt den deutlichen

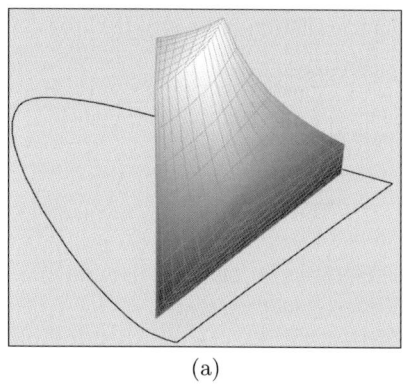 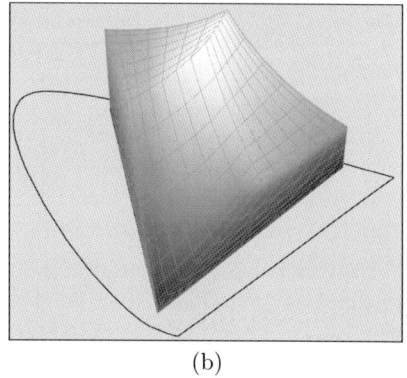

(a)   (b)

Abb. 12.25. Gamut-Bereiche im CIEXYZ-Farbraum. Gamut für sRGB (a) und Adobe-RGB (b).

Unterschied der Gamut-Bereiche für sRGB und Adobe-RGB im dreidimensionalen CIEXYZ-Farbraum.

Der neutrale Farbwert von Adobe-RGB entspricht mit $x = 0.3127$, $y = 0.3290$ der Standardbeleuchtung D65, der Gammawert für die Abbildung von nichtlinearen $R'G'B'$-Werten zu linearen RGB-Werten ist 2.199 bzw. 1/2.199 für die umgekehrte Abbildung. Die zugehörige Dateispezifikation sieht eine Reihe verschiedener Kodierungen (8–16 Bit Integer sowie 32-Bit Float) für die Farbkomponenten vor. Adobe-RGB wird in Photoshop häufig als Alternative zum $L^*a^*b^*$-Farbraum verwendet.

12.3.5 Farben und Farbräume in Java

sRGB-Werte in Java

sRGB ist der Standardfarbraum für Farbbilder in Java, d. h., die Komponenten von Farbobjekten sind bereits für die Ausgabe auf einem Monitor vorkorrigierte – also *nichtlineare* – $R'G'B'$-Werte (siehe Abb. 12.24). Der Zusammenhang zwischen den nichtlinearen Werten R', G', B' und den linearen Werten R, G, B (Gammakorrektur) entspricht dem sRGB-Standard, wie in Gl. 12.56 und 12.58 beschrieben.

Im Unterschied zu der in Abschn. 12.3.3 verwendeten Spezifikation beziehen sich in Java die XYZ-Koordinaten für den sRGB-Farbraum allerdings nicht auf den Weißpunkt D65, sondern auf den Weißpunkt D50 (mit $x = 0.3458$ und $y = 0.3585$), der üblicherweise für die Betrachtung von reflektierenden (gedruckten) Darstellungen vorgesehen ist. Die Primärfarben (Tristimuluswerte) **R**, **G**, **B** und der Weißpunkt **W** haben daher gegenüber dem sRGB-Standard (s. Tabelle 12.5) in Java-sRGB die in Tabelle 12.7 dargestellten RGB- bzw. xy-Koordinaten.

Tabelle 12.7. Tristimuluswerte und Weißpunkt (D50) im Java-sRGB-Farbraum.

D50	R	G	B	x	y
R	1.00	0.00	0.00	0.6525	0.3252
G	0.00	1.00	0.00	0.3306	0.5944
B	0.00	0.00	1.00	0.1482	0.0774
W	1.00	1.00	1.00	0.3458	0.3585

Die Umrechnung zwischen den auf den Weißpunkt D50 bezogenen XYZ-Koordinaten (X_{50}, Y_{50}, Z_{50}) und den D65-bezogenen, linearen RGB-Werten (R_{65}, G_{65}, B_{65}) bedingt gegenüber Gl. 12.55 bzw. Gl. 12.59 abweichende Abbildungsmatrizen, die sich aus der chromatischen Adaptierung $M_{65|50}$ (Gl. 12.49) und der XYZ→RGB-Transformation M_{RGB} (Gl. 12.55) zusammensetzen als

$$\begin{pmatrix} R_{65} \\ G_{65} \\ B_{65} \end{pmatrix} = M_{\mathrm{RGB}} \cdot M_{65|50} \cdot \begin{pmatrix} X_{50} \\ Y_{50} \\ Z_{50} \end{pmatrix} \tag{12.63}$$

$$= \begin{pmatrix} 3.1339 & -1.6170 & -0.4906 \\ -0.9785 & 1.9160 & 0.0333 \\ 0.0720 & -0.2290 & 1.4057 \end{pmatrix} \cdot \begin{pmatrix} X_{50} \\ Y_{50} \\ Z_{50} \end{pmatrix} \tag{12.64}$$

beziehungsweise

$$\begin{pmatrix} X_{50} \\ Y_{50} \\ Z_{50} \end{pmatrix} = \left(M_{\mathrm{RGB}} \cdot M_{65|50} \right)^{-1} \cdot \begin{pmatrix} R_{65} \\ G_{65} \\ B_{65} \end{pmatrix} \tag{12.65}$$

$$= M_{50|65} \cdot M_{\mathrm{RGB}}^{-1} \cdot \begin{pmatrix} R_{65} \\ G_{65} \\ B_{65} \end{pmatrix} \tag{12.66}$$

$$= \begin{pmatrix} 0.4360 & 0.3851 & 0.1431 \\ 0.2224 & 0.7169 & 0.0606 \\ 0.0139 & 0.0971 & 0.7142 \end{pmatrix} \cdot \begin{pmatrix} R_{65} \\ G_{65} \\ B_{65} \end{pmatrix} \tag{12.67}$$

in der umgekehrten Richtung.

Java-Klassen

Für das Arbeiten mit Farbbildern und Farben bietet das Java-API bereits einiges an Unterstützung. Die wichtigsten Klassen sind

- `ColorModel`: zur Beschreibung der Struktur von Farbbildern, z. B. Vollfarbenbilder oder Indexbilder, wie in Abschn. 12.1.2 verwendet (Prog. 12.3).
- `Color`: zur Definition einzelner Farbobjekte.
- `ColorSpace`: zur Definition von Farbräumen.

Color (java.awt.Color)

Ein Objekt der Klasse `Color` dient zur Beschreibung einer bestimmten Farbe in einem zugehörigen Farbraum. Es enthält die durch den Farbraum definierten Farbkomponenten. Sofern der Farbraum nicht explizit vorgegeben ist, werden neue `Color`-Objekte als sRGB-Farben angelegt, wie folgendes Beispiel zeigt:

```
1 float r = 1.0f, g = 0.5f, b = 0.5f;
2 int R = 0, G = 0, B = 255;
3 Color pink = new Color(r, g, b); //float components [0..1]
4 Color blue = new Color(R, G, B); //int components [0..255]
```

`Color`-Objekte werden vor allem für grafische Operationen verwendet, wie etwa zur Spezifikation von Strich- oder Füllfarben. Daneben bietet `Color` zwei nützliche Klassenmethoden `RGBtoHSB()` und `HSBtoRGB()` zu Umwandlung von sRGB in den HSV-Farbraum[18] (Abschn. 12.2.3 ab S. 260).

ColorSpace (java.awt.color.ColorSpace)

Ein Objekt der Klasse `ColorSpace` repräsentiert einen Farbraum wie beispielsweise sRGB oder CMYK. Jeder Farbraum stellt Methoden zur Konvertierung von Farben in den sRGB- und CIEXYZ-Farbraum (und umgekehrt) zur Verfügung, sodass insbesondere über CIEXYZ Transformationen zwischen beliebigen Farbräumen möglich sind. In folgendem Beispiel wird eine Instanz des Standardfarbraums sRGB angelegt und anschließend ein sRGB-Farbwert (R', B', G') in die entsprechenden Farbkoordinaten (X, Y, Z) im CIEXYZ-Farbraum konvertiert:[19]

```
1 ColorSpace sRGBsp = ColorSpace.getInstance(ColorSpace.CS_sRGB);
2 float[] pink_RGB = new float[] {1.0f, 0.5f, 0.5f};
3 float[] pink_XYZ = sRGBsp.toCIEXYZ(pink_RGB);
```

Neben dem Standardfarbraum sRGB stehen durch die im obigen Beispiel verwendete Methode `ColorSpace.getInstance()` folgende weitere Farbräume zur Verfügung: CIEXYZ (`CS_CIEXYZ`), lineare RGB-Grauwerte ohne Gammakorrektur (`CS_LINEAR_RGB`), 8-Bit-Grauwerte (`CS_GRAY`) und der YCC-Farbraum von Kodak (`CS_PYCC`).

Zusätzliche Farbräume können durch Erweiterung der Klasse `ColorSpace` definiert werden, wie anhand der Realisierung des L*a*b*-Farbraums durch die Klasse `Lab_ColorSpace` in Prog. 12.10–12.11 gezeigt ist. Die Konvertierungsmethoden entsprechen der Beschreibung in Abschn. 12.3.2. Die abstrakte Klasse `ColorSpace` erfordert neben den Methoden `fromCIEXYZ()` und

---

[18] Im Java-API wird die Bezeichnung „HSB" für den HSV-Farbraum verwendet.

[19] Seltsamerweise sind die Ergebnisse der Java-Standardmethoden `toCIEXYZ()` und `fromCIEXYZ()` in den aktuellen API-Versionen zueinander nicht invers. Hier liegt offensichtlich ein Bug vor.

`toCIEXYZ()` auch die Implementierung der Konvertierungen in den sRGB-Farbraum in Form der Methoden `fromRGB()` bzw. `toRGB()`. Diese Konvertierungen werden durch Umrechnung über CIEXYZ durchgeführt (Prog. 12.11).[20] Folgendes Beispiel zeigt die Verwendung der so konstruierten Klasse `Lab_ColorSpace`:

```
1 ColorSpace LABcs = new Lab_ColorSpace();
2 float[] pink_XYZ1 = {0.5276f, 0.3811f, 0.2483f};
3 float[] pink_LAB1 = LABcs.fromCIEXYZ(pink_XYZ); // XYZ -> LAB
4 float[] pink_XYZ2 = LABcs.toCIEXYZ(pink_XYZ); // LAB -> XYZ
```

ICC-Profile

Auch bei genauester Spezifikation reichen Farbräume zur präzisen Beschreibung des Abbildungsverhaltens konkreter Aufnahme- und Wiedergabegeräte nicht aus. ICC[21]-Profile sind standardisierte Beschreibungen dieses Abbildungsverhaltens und ermöglichen, dass ein zugehöriges Bild später von anderen Geräten exakt reproduziert werden kann. Profile sind damit ein wichtiges Instrument im Rahmen des digitalen Farbmanagements [80]. Das Java-2D-API unterstützt den Einsatz von ICC-Profilen durch die Klassen `ICC_ColorSpace` und `ICC_Profile`, die es erlauben, verschiedene Standardprofile zu generieren und ICC-Profildateien zu lesen.

Nehmen wir beispielsweise an, ein Bild, das mit einem kalibrierten Scanner aufgenommen wurde, soll möglichst originalgetreu auf einem Monitor dargestellt werden. In diesem Fall benötigen wir zunächst die ICC-Profile für den Scanner und den Monitor, die in der Regel als `.icc`-Dateien zur Verfügung stehen. Für Standardfarbräume sind die entsprechenden Profile häufig bereits im Betriebssystem des Computers vorhanden, wie z. B. `CIERGB.icc` oder `NTSC1953.icc`.

Mit diesen Profildaten kann ein Farbraumobjekt erzeugt werden, mit dem aus den Bilddaten des Scanners entsprechende Farbwerte in CIEXYZ oder sRGB umgerechnet werden, wie folgendes Beispiel zeigt:

```
1 ICC_ColorSpace scannerCS =
2   new ICC_ColorSpace(ICC_ProfileRGB.getInstance("scanner.icc"));
3 float[] RGBColor = scannerCS.toRGB(scannerColor);
4 float[] XYZColor = scannerCS.toCIEXYZ(scannerColor);
```

Genauso kann natürlich über den durch das ICC-Profil definierten Farbraum ein sRGB-Pixel in den Farbraum des Scanners oder des Monitors umgerechnet werden.

---

[20] Dabei muss der Bezug auf den richtigen Weißpunkt (D50 bzw. D65) beachtet werden.

[21] International Color Consortium ICC (www.color.org).

```
1  import java.awt.color.ColorSpace;
2
3  public class Lab_ColorSpace extends ColorSpace {
4
5    // D65 reference illuminant coordinates:
6    private final double Xref = 0.95047;
7    private final double Yref = 1.00000;
8    private final double Zref = 1.08883;
9
10   protected Lab_ColorSpace(int type, int numcomponents) {
11     super(type, numcomponents);
12   }
13
14   public Lab_ColorSpace(){
15     super(TYPE_Lab,3);
16   }
17
18   //XYZ -> CIELab
19   public float[] fromCIEXYZ (float[] XYZ) {
20     double xx = f1(XYZ[0] / Xref);
21     double yy = f1(XYZ[1] / Yref);
22     double zz = f1(XYZ[2] / Zref);
23
24     float L = (float)(116 * yy - 16);
25     float a = (float)(500 * (xx - yy));
26     float b = (float)(200 * (yy - zz));
27     return new float[] {L,a,b};
28   }
29
30   double f1 (double c) {
31     if (c > 0.008856)
32       return Math.pow(c, 1.0 / 3);
33     else
34       return (7.787 * c) + (16.0 / 116);
35   }
```

Programm 12.10. Implementierung der Klasse Lab_ColorSpace zur Repräsentation des L*a*b*-Farbraums. Die Konvertierung von CIEXYZ in den L*a*b*-Farbraum (Gl. 12.51) ist durch die Methode fromCIEXYZ() und die zugehörige Hilfsfunktion f1() realisiert.

```
36  // class Lab_ColorSpace (continued)
37
38    //CIELab -> XYZ
39    public float[] toCIEXYZ(float[] Lab) {
40      double yy = ( Lab[0] + 16 ) / 116;
41      float X = (float) (Xref * f2(Lab[1] / 500 + yy));
42      float Y = (float) (Yref * f2(yy));
43      float Z = (float) (Zref * f2(yy - Lab[2] / 200));
44      return new float[] {X,Y,Z};
45    }
46
47    double f2 (double c) {
48      double c3 = Math.pow(c, 3.0);
49      if (c3 > 0.008856)
50        return c3;
51      else
52        return (c - 16.0 / 116) / 7.787;
53    }
54
55    //sRGB -> CIELab
56    public float[] fromRGB(float[] sRGB) {
57      ColorSpace sRGBcs = ColorSpace.getInstance(CS_sRGB);
58      float[] XYZ = sRGBcs.toCIEXYZ(sRGB);
59      return this.fromCIEXYZ(XYZ);
60    }
61
62    //CIELab -> sRGB
63    public float[] toRGB(float[] Lab) {
64      float[] XYZ = this.toCIEXYZ(Lab);
65      ColorSpace sRGBcs = ColorSpace.getInstance(CS_CIEXYZ);
66      return sRGBcs.fromCIEXYZ(XYZ);
67    }
68
69  } // end of class Lab_ColorSpace
```

Programm 12.11. Implementierung der Klasse Lab_ColorSpace zur Repräsentation des $L^*a^*b^*$-Farbraums (*Fortsetzung*). Die Konvertierung vom $L^*a^*b^*$-Farbraum nach CIEXYZ (Gl. 12.52) ist durch die Methode toCIEXYZ() und die zugehörige Hilfsfunktion f2() realisiert. Die Methoden fromRGB() und toRGB() führen die Konvertierung von $L^*a^*b^*$ nach sRGB in 2 Schritten über den CIEXYZ-Farbraum durch.

12.4 Statistiken von Farbbildern

12.4.1 Wie viele Farben enthält ein Bild?

Ein kleines aber häufiges Teilproblem im Zusammenhang mit Farbbildern besteht darin, zu ermitteln, wie viele unterschiedliche Farben in einem Bild überhaupt enthalten sind. Natürlich könnte man dafür ein Histogramm-Array mit einem Integer-Element für jede Farbe anlegen, dieses befüllen und anschließend abzählen, wie viele Histogrammzellen mindestens den Wert 1 enthalten. Da ein 8-Bit-RGB-Farbbild potenziell $2^{24} = 16.777.216$ Farbwerte enthalten kann, wäre ein solches Histogramm-Array (mit immerhin 64 MBytes) in den meisten Fällen aber wesentlich größer als das ursprüngliche Bild selbst!

Eine einfachere Lösung besteht darin, die Farbwerte im Pixel-Array des Bilds zu *sortieren*, sodass alle gleichen Farbwerte beisammen liegen. Die Sortierreihenfolge ist dabei natürlich unwesentlich. Die Zahl der zusammenhängenden Farbblöcke entspricht der Anzahl der Farben im Bild. Diese kann, wie in Prog. 12.12 gezeigt, einfach durch Abzählen der Übergänge zwischen den Farbblöcken berechnet werden.

Natürlich wird in diesem Fall nicht das ursprüngliche Pixel-Array sortiert (das würde das Bild verändern), sondern eine Kopie des Pixel-Arrays.[22] Diese Kopie wird mit der eigenen Methode[23] `duplicateArray()` erzeugt, mit der beliebige Java-Arrays dupliziert werden können. Das Sortieren erfolgt mithilfe der Java-Systemmethode `Arrays.sort()` in Zeile 4, die sehr effizient implementiert ist.

12.4.2 Histogramme

Histogramme von Farbbildern waren bereits in Abschn. 4.5 ein Thema, wobei wir uns auf die eindimensionalen Verteilungen der einzelnen Farbkanäle bzw. der Intensitätswerte beschränkt haben. Auch die ImageJ-Methode `getHistogram()` berechnet bei Anwendung auf Objekte der Klasse `Color-Processor` in der Form

```
ColorProcessor cp;
int[] H = cp.getHistogram();
```

lediglich das Histogramm der umgerechneten Grauwerte. Alternativ könnte man die Intensitätshistogramme der einzelnen Farbkomponenten berechnen, wobei allerdings (wie in Abschn. 4.5.2 beschrieben) keinerlei Information über die tatsächlichen Farbwerte zu gewinnen ist. In ähnlicher Weise könnte man natürlich auch die Verteilung der Komponenten für jeden anderen Farbraum (z. B. HSV oder L*a*b*) darstellen.

---

[22] Alternativ könnte man auch mit der Methode `duplicate()` eine Kopie des `ImageProcessor`-Objekts anlegen.

[23] In Java selbst steht eigenartigerweise keine fertige Methode zum Duplizieren von Arrays zur Verfügung

```
1   static int countColors (ColorProcessor cp) {
2       // duplicate pixel array and sort
3       int[] pixels = (int[]) duplicateArray(cp.getPixels());
4       Arrays.sort(pixels); // requires java.util.Arrays
5
6       int k = 1; // image contains at least one color
7       for (int i = 0; i < pixels.length-1; i++) {
8           if (pixels[i] != pixels[i+1])
9               k = k + 1;
10      }
11      return k;
12  }
13
14  //duplicate any Java array
15  static Object duplicateArray (Object arr1) {
16      //requires java.lang.reflect.Array
17      Class c = arr1.getClass().getComponentType();
18      int n = Array.getLength(arr1);
19      Object arr2 = Array.newInstance(c,n);
20      System.arraycopy(arr1, 0, arr2, 0, n);
21      return arr2;
22  }
```

Programm 12.12. Zählen der Farben in einem RGB-Bild. Die Methode countColors() erzeugt zunächst eine Kopie des RGB-Pixel-Arrays, sortiert dieses Array und zählt anschließend die Übergänge zwischen unterschiedlichen Farben. Die dafür verwendete Hilfsmethode duplicateArray() in Zeile 15 ist in der Lage, jedes beliebige eindimensionale Java-Array zu duplizieren.

Ein *volles* Histogramm des RGB-Farbraums wäre dreidimensional und enthielte, wie oben erwähnt, $256 \times 256 \times 256 = 2^{24}$ Zellen vom Typ int. Ein solches Histogramm wäre nicht nur groß, sondern auch schwierig zu visualisieren und brächte – im statistischen Sinn – auch keine zusammenfassende Information über das zugehörige Bild.[24]

2D-Farbhistogramme

Eine sinnvolle Darstellungsform sind hingegen zweidimensionale Projektionen des vollen RGB-Histogramms (Abb. 12.26). Je nach Projektionsrichtung ergibt sich dabei ein Histogramm mit den Koordinatenachsen Rot-Grün (H_{RG}), Rot-Blau (H_{RB}) oder Grün-Blau (H_{GB}) mit den Werten

---

[24] Paradoxerweise ist trotz der wesentlich größeren Datenmenge des Histogramms aus diesem das ursprüngliche Bild dennoch nicht mehr rekonstruierbar.

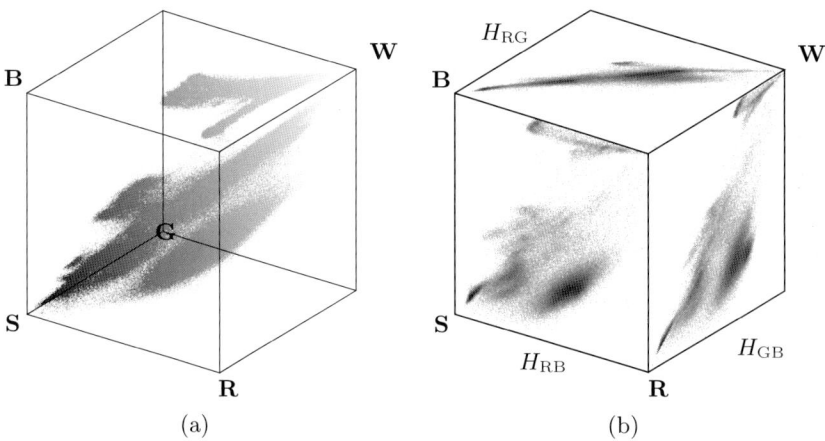

Abb. 12.26. Projektionen des RGB-Histogramms. RGB-Farbwürfel mit Verteilung der Bildfarben (a). Die kombinierten Histogramme für *Rot-Grün* (H_{RG}), *Rot-Blau* (H_{RB}) und *Grün-Blau* (H_{GB}) sind zweidimensionale Projektionen des dreidimensionalen Histogramms (b). Originalbild siehe Abb. 12.9 (a).

$$H_{RG}(r, g) \leftarrow \text{Anzahl der Pixel mit } I_{RGB}(u, v) = (r, g, *),$$
$$H_{RB}(r, b) \leftarrow \text{Anzahl der Pixel mit } I_{RGB}(u, v) = (r, *, b), \qquad (12.68)$$
$$H_{GB}(r, b) \leftarrow \text{Anzahl der Pixel mit } I_{RGB}(u, v) = (*, g, b),$$

wobei $*$ für einen beliebigen Komponentenwert steht. Das Ergebnis ist, unabhängig von der Größe des RGB-Farbbilds I_{RGB}, jeweils ein zweidimensionales Histogramm der Größe 256×256 (für 8-Bit RGB-Komponenten), das einfach als Bild dargestellt werden kann. Die Berechnung des vollen RGB-Histogramms ist natürlich zur Erstellung der kombinierten Farbhistogramme nicht erforderlich (siehe Prog. 12.13).

Wie die Beispiele in Abb. 12.27 zeigen, kommen in den kombinierten Farbhistogrammen charakteristische Farbeigenschaften eines Bilds zum Ausdruck, die zwar das Bild nicht eindeutig beschreiben, jedoch in vielen Fällen Rückschlüsse auf die Art der Szene oder die grobe Ähnlichkeit zu anderen Bildern ermöglichen (s. auch Aufg. 12.8).

12.5 Farbquantisierung

Das Problem der Farbquantisierung besteht in der Auswahl einer beschränkten Menge von Farben zur möglichst getreuen Darstellung eines ursprünglichen Farbbilds. Stellen Sie sich vor, Sie wären ein Künstler und hätten gerade mit 150 unterschiedlichen Farbstiften eine Illustration mit den wunderbarsten Farbübergängen geschaffen. Einem Verleger gefällt Ihre Arbeit, er wünscht

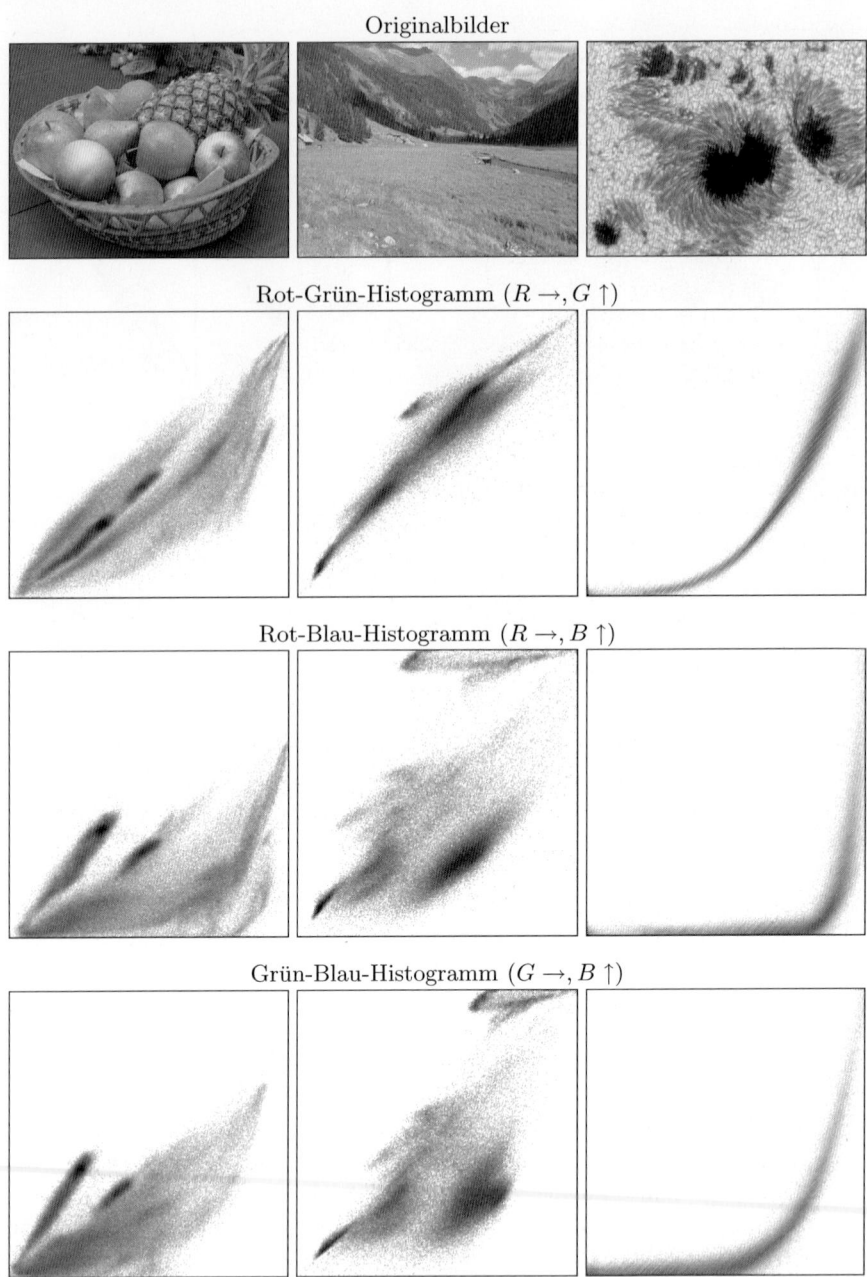

Abb. 12.27. Beispiele für 2D-Farbhistogramme. Die Bilder sind zur besseren Darstellung invertiert (dunkle Bildstellen bedeuten hohe Häufigkeiten) und der Grauwert entspricht dem Logarithmus der Histogrammwerte, skaliert auf den jeweiligen Maximalwert.

```
 1  static int[][] get2dHistogram (ColorProcessor cp, int c1, int c2)
 2  { // c1, c2:  R = 0, G = 1, B = 2
 3    int[] RGB = new int[3];
 4    int[][] H = new int[256][256];  // histogram array H[c1][c2]
 5
 6    for (int v = 0; v < cp.getHeight(); v++) {
 7      for (int u = 0; u < cp.getWidth(); u++) {
 8        cp.getPixel(u, v, RGB);
 9        int i = RGB[c1];
10        int j = RGB[c2];
11        // increment corresponding histogram  cell
12        H[j][i]++; // i runs horizontal, j runs  vertical
13      }
14    }
15    return H;
16  }
```

Programm 12.13. Methode `get2dHistogram()` zur Berechnung eines kombinierten Farbhistogramms. Die gewünschten Farbkomponenten können über die Parameter `c1` und `c2` ausgewählt werden. Die Methode liefert die Histogrammwerte als zweidimensionales `int`-Array.

aber, dass Sie das Bild nochmals zeichnen, diesmal mit nur 10 verschiedenen Farben. Die (in diesem Fall vermutlich schwierige) Auswahl der 10 am besten geeigneten Farbstifte aus den ursprünglichen 150 ist ein Beispiel für Farbquantisierung.

Im allgemeinen Fall enthält das ursprüngliche Bild I eine Menge von m unterschiedlichen Farben $\mathcal{C} = \{\mathbf{C}_1, \mathbf{C}_2, \ldots \mathbf{C}_m\}$. Das können einige wenige sein oder viele Tausende, maximal aber 2^{24} bei einem 8-Bit-Vollfarbenbild. Die Aufgabe besteht darin, die ursprünglichen Farben durch eine (meist deutlich kleinere) Menge von Farben $\mathcal{C}' = \{\mathbf{C}'_1, \mathbf{C}'_2, \ldots \mathbf{C}'_n\}$ (mit $n < m$) zu ersetzen. Das Hauptproblem ist dabei die Auswahl einer reduzierten Farbpalette $\mathcal{C}'$, die das Bild möglichst wenig beeinträchtigt.

In der Praxis tritt dieses Problem z. B. bei der Konvertierung von Vollfarbenbildern in Bilder mit kleinerer Pixeltiefe oder in Indexbilder auf, etwa beim Übergang von einem 24-Bit-Bild im TIFF-Format in ein 8-Bit-GIF-Bild mit nur 256 Farben. Ein ähnliches Problem gab es bis vor wenigen Jahren auch bei der Darstellung von Vollfarbenbildern auf Computerbildschirmen, da die verfügbare Grafik-Hardware aus Kostengründen oft auf nur 8 Bitebenen beschränkt war. Heute verfügen auch billige Grafikkarten über 24-Bit-Tiefe, das Problem der (schnellen) Farbquantisierung besteht hier also kaum mehr.

12.5.1 Skalare Farbquantisierung

Die *skalare* (oder *uniforme*) Quantisierung ist ein einfaches und schnelles Verfahren, das den Bildinhalt selbst nicht berücksichtigt. Jede der ursprünglichen Farbkomponenten c_i (z. B. R_i, G_i, B_i) im Wertebereich $[0 \dots m-1]$ wird dabei unabhängig in den neuen Wertebereich $[0 \dots n-1]$ überführt, im einfachsten Fall durch eine lineare Quantisierung in der Form

$$c_i' \leftarrow \left\lfloor c_i \cdot \frac{n}{m} \right\rfloor \tag{12.69}$$

für alle Farbkomponenten c_i. Ein typisches Beispiel ist die Konvertierung eines Farbbilds mit 3×12-Bit-Komponenten mit $m = 4096$ möglichen Werten (z. B. aus einem Scanner) in ein herkömmliches RGB-Farbbild mit 3×8-Bit-Komponenten, also jeweils $n = 256$ Werten. Jeder Komponentenwert wird daher durch $4096/256 = 16 = 2^4$ ganzzahlig dividiert oder, anders ausgedrückt, die untersten 4 Bits der zugehörigen Binärzahl werden einfach ignoriert (Abb. 12.28 (a)).

Ein (heute allerdings kaum mehr praktizierter) Extremfall ist die in Abb. 12.28 (b) gezeigte Quantisierung von 3×8-Bit-Farbwerten in nur *ein* Byte, wobei 3 Bits für Rot und Grün und 2 Bits für Blau verwendet werden. Die Umrechnung in derart gepackte 3:3:2-Pixel kann mit Bitoperationen in Java effizient durchgeführt werden, wie das entsprechende Codesegment in Abb. 12.28 zeigt. Die resultierende Bildqualität ist natürlich aufgrund der geringen Zahl von Farbabstufungen (Abb. 12.29) gering.

Im Unterschied zu den nachfolgend gezeigten Verfahren nimmt die skalare Quantisierung keine Rücksicht auf die Verteilung der Farben im ursprünglichen Bild. Die skalare Quantisierung wäre ideal für den Fall, dass die Farben im RGB-Würfel gleichverteilt sind. Bei natürlichen Bildern ist jedoch die Farbverteilung in der Regel höchst ungleichförmig, sodass einzelne Regionen des Farbraums dicht besetzt sind, während andere Farben im Bild überhaupt nicht vorkommen. Der durch die skalare Quantisierung erzeugte Farbraum kann zwar auch die nicht vorhandenen Farben repräsentieren, dafür aber die Farben in dichteren Bereichen nicht fein genug abstufen.

12.5.2 Vektorquantisierung

Bei der Vektorquantisierung werden im Unterschied zur skalaren Quantisierung nicht die einzelnen Farbkomponenten getrennt betrachtet, sondern jeder im Bild enthaltene Farbvektor $\mathbf{C}_i = (r_i, g_i, b_i)$ als Ganzes. Das Problem der Vektorquantisierung ist, ausgehend von der Menge der ursprünglichen Farbwerte $\mathcal{C} = \{\mathbf{C}_1, \mathbf{C}_2, \dots \mathbf{C}_m\}$,

a) eine Menge von N repräsentativen Farbvektoren $\mathcal{C}' = \{\mathbf{C}_1', \mathbf{C}_2', \dots \mathbf{C}_n'\}$ zu finden und

b) jeden der ursprünglichen Farbwerte $\mathbf{C}_i$ durch einen der neuen Farbvektoren $\mathbf{C}_j'$ zu ersetzen,

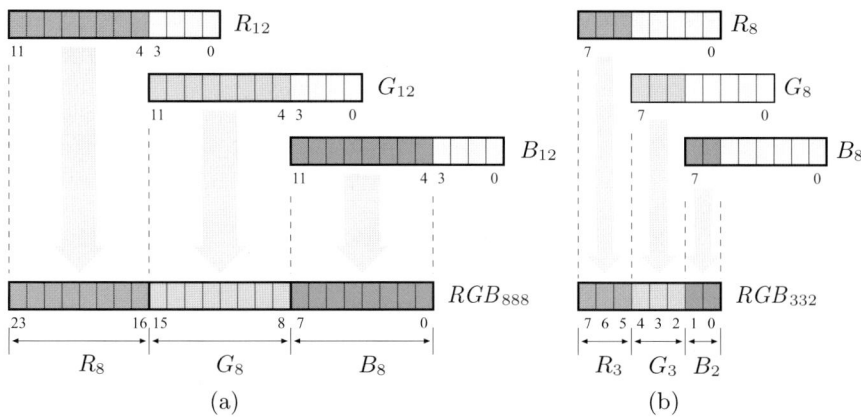

(a)   (b)

```
1 ColorProcessor cp = (ColorProcessor) ip;
2 int C = cp.getPixel(u, v);
3 int R = (C & 0x00ff0000) >> 16;
4 int G = (C & 0x0000ff00) >> 8;
5 int B = (C & 0x000000ff);
6 // 3:3:2 uniform color quantization
7 byte RGB = (byte) ((R & 0xE0) | (G & 0xE0)>>3 | ((B & 0xC0)>>6));
```

Abb. 12.28. Skalare Quantisierung von Farbkomponenten durch Abtrennen niederwertiger Bits. Quantisierung von 3×12-Bit- auf 3×8-Bit-Farben (a). Quantisierung von 3×8-Bit auf 8-Bit-Farben (3:3:2) (b). Das Java-Codestück zeigt die notwendigen Bitoperationen für die Umrechnung von 8-Bit-RGB-Werten in 3:3:2-gepackte Farbpixel.

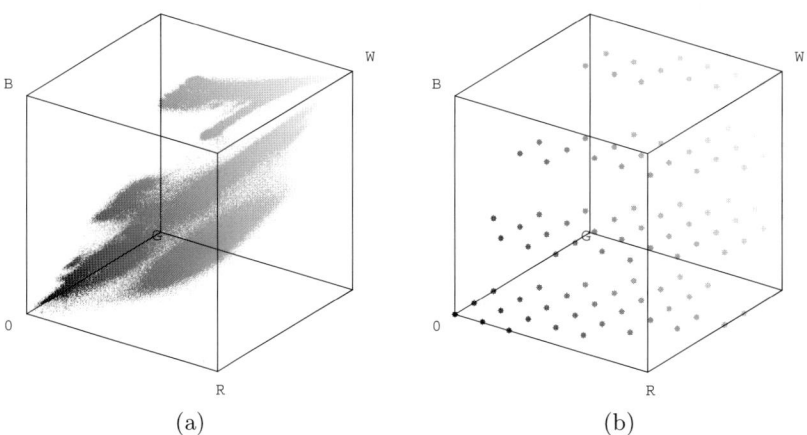

(a)   (b)

Abb. 12.29. Farbverteilung nach einer skalaren 3:3:2-Quantisierung. Ursprüngliche Verteilung der 226.321 Farben im RGB-Würfel (a). Verteilung der resultierenden $8 \times 8 \times 4 = 256$ Farben nach der 3:3:2-Quantisierung (b).

wobei n meist vorgegeben ist und die resultierende Abweichung gegenüber dem Originalbild möglichst gering sein soll. Dies ist allerdings ein kombinatorisches Optimierungsproblem mit einem ziemlich großen Suchraum, der durch die Zahl der möglichen Farbvektoren und Farbzuordnungen bestimmt ist. Im Allgemeinen kommt daher die Suche nach einem *globalen* Optimum aus Zeitgründen nicht in Frage und alle nachfolgend beschriebenen Verfahren berechnen lediglich ein „lokales" Optimum.

Populosity-Algorithmus

Der Populosity-Algorithmus[25] [33] verwendet die n häufigsten Farbwerte eines Bilds als repräsentative Farbvektoren $\mathcal{C}'$. Das Verfahren ist einfach zu implementieren und wird daher häufig verwendet. Die Ermittlung der n häufigsten Farbwerte ist über die in Abschn. 12.4.1 gezeigte Methode möglich. Die ursprünglichen Farbwerte $\mathbf{C}_i$ werden dem jeweils nächstliegenden Repräsentanten in $\mathcal{C}'$ zugeordnet, also jenem quantisierten Farbwert mit dem geringsten Abstand im 3D-Farbraum.

Das Verfahren arbeitet allerdings nur dann zufrieden stellend, solange die Farbwerte des Bilds nicht über einen großen Bereich verstreut sind. Durch vorherige Gruppierung ähnlicher Farben in größere Zellen (durch skalare Quantisierung) ist eine gewisse Verbesserung möglich. Allerdings gehen seltenere Farben – die für den Bildinhalt aber wichtig sein können – immer dann verloren, wenn sie nicht zu einer der n häufigsten Farben ähnlich sind.

Median-Cut-Algoritmus

Der Median-Cut-Algorithmus [33] gilt als klassisches Verfahren zur Farbquantisierung und ist in vielen Programmen (u. a. auch in ImageJ) implementiert. Wie im Populosity-Algorithmus wird zunächst ein Histogramm der ursprünglichen Farbverteilung berechnet, allerdings mit einer reduzierten Zahl von Histogrammzellen, z. B. $32 \times 32 \times 32$. Dieser Histogrammwürfel wird anschließend rekursiv in immer kleinere Quader zerteilt, bis die erforderliche Anzahl von Farben (n) erreicht ist. In jedem Schritt wird jener Quader ausgewählt, der zu diesem Zeitpunkt die meisten Bildpunkte enthält. Die Teilung des Quaders erfolgt quer zur längsten seiner drei Achsen, sodass in den restlichen Hälften gleich viele Bildpunkte verbleiben, also am Medianpunkt entlang dieser Achse (Abb. 12.30).

Das Ergebnis am Ende dieses rekursiven Teilungsvorgangs sind n Quader im Farbraum, die idealerweise jeweils dieselbe Zahl von Bildpunkten enthalten. Als letzten Schritt wird für jeden Quader ein repräsentativer Farbvektor (z. B. der arithmetische Mittelwert der enthaltenen Farbpunkte) berechnet und alle zugehörigen Bildpunkte durch diesen Farbwert ersetzt.

---

[25] Manchmal auch als „Popularity"-Algorithmus bezeichnet.

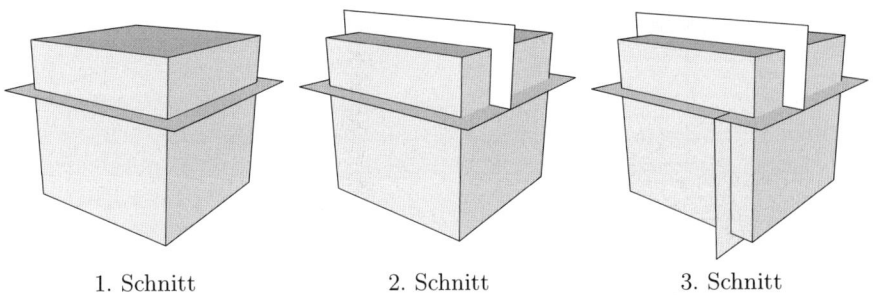

| 1. Schnitt | 2. Schnitt | 3. Schnitt |

Abb. 12.30. Median-Cut-Algorithmus. Der RGB-Farbraum wird rekursiv in immer kleinere Quader quer zu einer der Farbachsen geteilt.

Der Vorteil dieser Methode ist, dass Farbregionen mit hoher Dichte in viele kleinere Zellen zerlegt werden und dadurch die resultierenden Farbfehler gering sind. In Bereichen des Farbraums mit niedriger Dichte können jedoch relativ große Quader und somit auch große Farbabweichungen entstehen.

Octree-Algorithmus

Ähnlich wie der Median-Cut-Algorithmus basiert auch dieses Verfahren auf der Partitionierung des dreidimensionalen Farbraums in Zellen unterschiedlicher Größe. Der Octree-Algorithmus [26] verwendet allerdings eine hierarchische Struktur, in der jeder Quader im 3D-Raum wiederum aus 8 Teilquadern bestehen kann. Diese Partitionierung wird als Baumstruktur (Octree) repräsentiert, in der jeder Knoten einem Quader entspricht, der wieder Ausgangspunkt für bis zu 8 weitere Knoten sein kann. Jedem Knoten ist also ein Teil des Farbraums zugeordnet, der sich auf einer bestimmten Baumtiefe d (bei einem 3×8-Bit-RGB-Bild auf Tiefe $d = 8$) auf einen einzelnen Farbwert reduziert.

Zur Verarbeitung eines RGB-Vollfarbenbilds werden die Bildpunkte sequentiell durchlaufen und dabei der zugehörige Quantisierungsbaum dynamisch aufgebaut. Der Farbwert jedes Bildpixels wird in den Quantisierungsbaum eingefügt, wobei die Anzahl der Endknoten auf K (üblicherweise $K = 256$) beschränkt ist. Beim Einfügen eines neuen Farbwerts $\mathbf{C}_i$ kann einer von zwei Fällen auftreten:

1. Wenn die Anzahl der Knoten noch geringer ist als K und kein passender Knoten für den Farbwert $\mathbf{C}_i$ existiert, dann wird ein neuer Knoten für $\mathbf{C}_i$ angelegt.
2. Wenn die Anzahl der Knoten bereits K beträgt und die Farbe $\mathbf{C}_i$ noch nicht repräsentiert ist, dann werden bestehende Farbknoten auf der höchsten Baumtiefe (sie repräsentieren nahe aneinander liegende Farben) zu einem gemeinsamen Knoten reduziert.

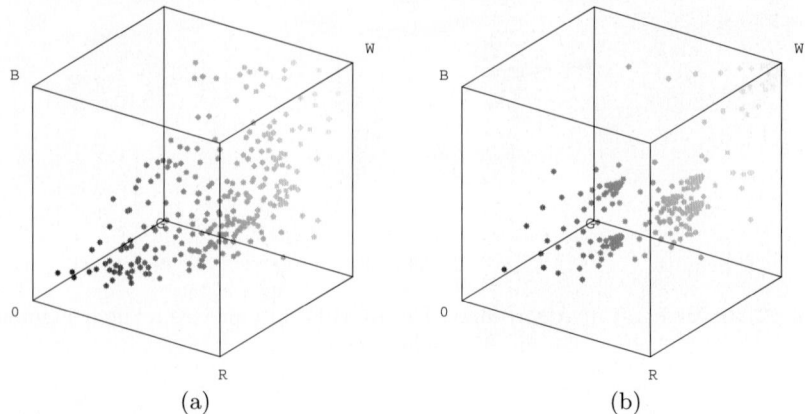

(a)   (b)

Abb. 12.31. Farbverteilungen nach Anwendung des Median-Cut- (a) und Octree-Algorithmus (b). In beiden Fällen wurden die 226.321 Farben des Originalbilds (Abb. 12.27 (b)) auf 256 Farben reduziert.

Ein Vorteil des iterativen Octree-Verfahrens ist, dass die Anzahl der Farbknoten zu jedem Zeitpunkt auf K beschränkt und damit der Speicheraufwand gering ist. Auch die abschließende Zuordnung und Ersetzung der Bildfarben zu den repräsentativen Farbvektoren kann mit der Octree-Struktur besonders einfach und effizient durchgeführt werden, da für jeden Farbwert maximal 8 Suchschritte durch die Ebenen des Baums zur Bestimmung des zugehörigen Knotens notwendig sind.

Abb. 12.31 zeigt die unterschiedlichen Farbverteilungen im RGB-Farbraum nach Anwendung des Median-Cut- und des Octree-Algorithmus. In beiden Fällen wurde das Originalbild (Abb. 12.27 (b)) auf 256 Farben quantisiert. Auffällig beim Octree-Ergebnis ist vor allem die teilweise sehr dichte Platzierung im Bereich der Grünwerte. Die resultierenden Abweichungen gegenüber den Farben im Originalbild sind für diese beiden Verfahren und die skalare 3:3:2-Quantisierung in Abb. 12.32 dargestellt. Der Gesamtfehler ist naturgemäß bei der 3:3:2-Quantisierung am höchsten, da hier die Bildinhalte selbst überhaupt nicht berücksichtigt werden. Die Abweichungen sind beim Octree-Algorithmus deutlich geringer als beim Median-Cut-Algorithmus, allerdings auf Kosten einzelner größerer Abweichungen, vor allem an den bunten Stellen im Bildvordergrund und im Bereich des Walds im Hintergrund.

Weitere Methoden zur Vektorquantisierung

Zur Bestimmung der repräsentativen Farbvektoren reicht es übrigens meist aus, nur einen Teil der ursprünglichen Bildpixel zu berücksichtigen. So genügt oft bereits eine zufällige Auswahl von nur 10 % aller Pixel, um mit hoher Wahrscheinlichkeit sicherzustellen, dass bei der Quantisierung keine wichtigen Farbwerte verloren gehen.

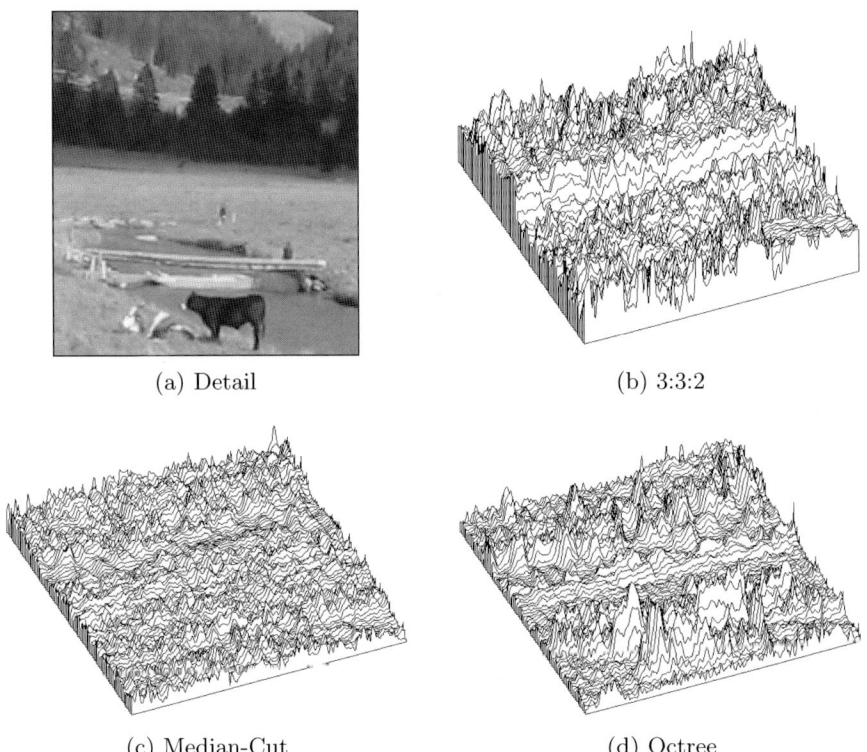

(a) Detail   (b) 3:3:2

(c) Median-Cut   (d) Octree

Abb. 12.32. Quantisierungsfehler. Abweichung der quantisierten Farbwerte gegenüber dem Originalbild (a): skalare 3:3:2-Quantisierung (b), Median-Cut-Algorithmus (c) und Octree-Algorithmus (d).

Neben den gezeigten Verfahren zur Farbquantisierung gibt es eine Reihe weiterer Methoden und verfeinerter Varianten. Dazu gehören u. a. statistische und Cluster-basierte Methoden, wie beispielsweise das klassische *k-means*-Verfahren, aber auch neuronale Netze und genetische Algorithmen (siehe [74] für eine aktuelle Übersicht).

12.6 Aufgaben

Aufg. 12.1. Programmieren Sie ein ImageJ-Plugin, das die einzelnen Farbkomponenten eines RGB-Farbbilds zyklisch vertauscht, also $R \rightarrow G \rightarrow B \rightarrow R$.

Aufg. 12.2. Programmieren Sie ein ImageJ-Plugin, das den Inhalt der Farbtabelle eines 8-Bit-Indexbilds als neues Bild mit 16×16 Farbfeldern anzeigt. Markieren Sie dabei die nicht verwendeten Tabelleneinträge in geeigneter Form. Als Ausgangspunkt dafür eignet sich beispielsweise Prog. 12.3.

Aufg. 12.3. Zeigen Sie, dass die in der Form $(r, g, b) \to (y, y, y)$ (Gl. 12.8) erzeugten „farblosen" RGB-Pixel wiederum die subjektive Helligkeit y aufweisen.

Aufg. 12.4. Erweitern Sie das ImageJ-Plugin zur Desaturierung von Farbbildern in Prog. 12.5 so, dass es die vom Benutzer selektierte *Region of Interest* (ROI) berücksichtigt.

Aufg. 12.5. Berechnen Sie die Konvertierung von sRGB-Farbbildern in (unbunte) sRGB-Grauwertbilder nach den drei Varianten in Gl. 12.60 (unter fälschlicher Verwendung der nichtlinearen $R'G'B'$-Werte), 12.61 (exakte Berechnung) und 12.62 (Annäherung mit modifizierten Koeffizienten). Vergleichen Sie die Ergebnisse mithilfe von Differenzbildern und ermitteln Sie jeweils die Summe der Abweichungen.

Aufg. 12.6. Implementieren Sie auf Basis der Spezifikation in Abschn. 12.3.3 einen „echten" sRGB-Farbraum mit Referenzweißpunkt D65 als neue Klasse sRGB65_ColorSpace, welche die Java-AWT-Klasse ColorSpace erweitert und alle erforderlichen Methoden realisiert. Überprüfen Sie, ob die Ergebnisse der Konvertierungsmethoden tatsächlich invers zueinander sind und vergleichen Sie diese mit denen des Java-sRGB-Raums.

Aufg. 12.7. Zur besseren Darstellung von Grauwertbildern werden bisweilen „Falschfarben" eingesetzt, z. B. bei medizinischen Bildern mit hoher Dynamik. Erstellen Sie ein ImageJ-Plugin für die Umwandlung eines 8-Bit-Grauwertbilds in ein Indexfarbbild mit 256 Farben, das die Glühfarben von Eisen (von Dunkelrot über Gelb bis Weiß) simuliert.

Aufg. 12.8. Die Bestimmung der visuellen Ähnlichkeit zwischen Bildern unabhängig von Größe und Detailstruktur ist ein häufiges Problem, z. B. im Zusammenhang mit der Suche in Bilddatenbanken. Farbstatistiken sind dabei ein wichtiges Element, denn sie ermöglichen auf relativ einfache und zuverlässige Weise eine grobe Klassifikation von Bildern, z. B. Landschaftsaufnahmen oder Portraits. Zweidimensionale Farbhistogramme (Abschn. 12.4.2) sind für diesen Zweck allerdings zu groß und umständlich. Eine einfache Idee könnte aber etwa darin bestehen, die 2D-Histogramme oder überhaupt das volle RGB-Histogramm in K (z. B. $3 \times 3 \times 3 = 27$) Würfel (*bins*) zu teilen und aus den zugehörigen Pixelhäufigkeiten einen K-dimensionalen Vektor zu bilden, der für jedes Bild berechnet wird und später zum ersten, groben Vergleich herangezogen wird. Überlegen Sie ein Konzept für ein solches Verfahren und auch die dabei möglichen Probleme.

Aufg. 12.9. In der libjpeg Open Source Software der *Independent JPEG Group* (www.ijg.org/) ist der in Abschn. 12.5.2 beschriebene Median-Cut-Algorithmus zur Farbquantisierung mit folgender Modifikation implementiert: Die Auswahl des jeweils als Nächstes zu teilenden Quaders richtet sich abwechselnd (a) nach der Anzahl der enthaltenen Bildpixel und (b) nach dem geometrischen Volumen des Quaders. Überlegen Sie den Grund für dieses Vorgehen und argumentieren Sie anhand von Beispielen, ob und warum dies die Ergebnisse gegenüber dem herkömmlichen Verfahren verbessert.

13

Einführung in Spektraltechniken

In den folgenden drei Kapiteln geht es um die Darstellung und Analyse von Bildern im Frequenzbereich, basierend auf der Zerlegung von Bildsignalen in so genannte *harmonische* Funktionen, also Sinus- und Kosinusfunktionen, mithilfe der bekannten *Fouriertransformation*. Das Thema wird wegen seines etwas mathematischen Charakters oft als schwierig empfunden, weil auch die Anwendbarkeit in der Praxis anfangs nicht offensichtlich ist. Tatsächlich können die meisten gängigen Operationen und Methoden der digitalen Bildverarbeitung völlig ausreichend im gewohnten *Signal- oder Bildraum* dargestellt und verstanden werden, ohne Spektraltechniken überhaupt zu erwähnen bzw. zu kennen, weshalb das Thema hier (im Vergleich zu ähnlichen Texten) erst relativ spät aufgegriffen wird.

Wurden Spektraltechniken früher vorrangig aus Effizienzgründen für die Realisierung von Bildverarbeitungsoperationen eingesetzt, so spielt dieser Aspekt aufgrund der hohen Rechenleistung moderner Computer eine zunehmend untergeordnete Rolle. Dennoch gibt es einige wichtige Effekte und Verfahren in der digitalen Bildverarbeitung, die mithilfe spektraler Konzepte wesentlich einfacher oder ohne sie überhaupt nicht dargestellt werden können. Das Thema sollte daher nicht gänzlich umgangen werden. Die Fourieranalyse besitzt nicht nur eine elegante Theorie, sondern ergänzt auch in interessanter Weise einige bereits früher betrachtete Konzepte, insbesondere lineare Filter und die Faltungsoperation (Abschn. 6.2). Ebenso wichtig sind Spektraltechniken in vielen gängigen Verfahren für die Bild- und Videokompression, aber auch für das Verständnis der allgemeinen Zusammenhänge bei der Abtastung (Diskretisierung) von kontinuierlichen Signalen sowie bei der Rekonstruktion und Interpolation von diskreten Signalen.

Im Folgenden geben wir zunächst eine grundlegende Einführung in den Umgang mit Frequenzen und Spektralzerlegungen, die versucht, mit einem Minimum an Formalismen auszukommen und daher auch für Leser ohne bisherigen Kontakt mit diesem Thema leicht zu „verdauen" sein sollte. Wir beginnen mit der Darstellung eindimensionaler Signale und erweitern dies auf zweidimensionale Signale (Bilder) im nachfolgenden Kap. 14. Abschließend widmet sich Kap. 15 kurz der diskreten Kosinustransformation, einer Variante der Fouriertransformation, die vor allem bei der Bildkompression häufig Verwendung findet.

13.1 Die Fouriertransformation

Das allgemeine Konzept von „Frequenzen" und der Zerlegung von Schwingungen in elementare, „harmonische" Funktionen entstand ursprünglich im Zusammenhang von Schall, Tönen und Musik. Dabei erscheint die Idee, akustische Ereignisse auf der Basis „reiner" Sinusfunktionen zu beschreiben, keineswegs unvernünftig, zumal Sinusschwingungen in natürlicher Weise bei jeder Form von Oszillation auftreten. Bevor wir aber fortfahren, zunächst (als Auffrischung) die wichtigsten Begriffe im Zusammenhang mit Sinus- und Kosinusfunktionen.

13.1.1 Sinus- und Kosinusfunktionen

Die bekannte Kosinusfunktion

$$f(x) = \cos(x) \tag{13.1}$$

hat den Wert eins am Ursprung ($\cos(0) = 1$) und durchläuft bis zum Punkt $x = 2\pi$ eine volle *Periode* (Abb. 13.1 (a)). Die Funktion ist daher periodisch mit einer *Periodenlänge* $T = 2\pi$, d. h.

$$\cos(x) = \cos(x + 2\pi) = \cos(x + 4\pi) = \cdots = \cos(x + k2\pi) \tag{13.2}$$

für beliebige $k \in \mathbb{Z}$. Das Gleiche gilt für die entsprechende *Sinus*funktion $\sin(x)$, außer dass deren Wert am Ursprung null ist ($\sin(0) = 0$).

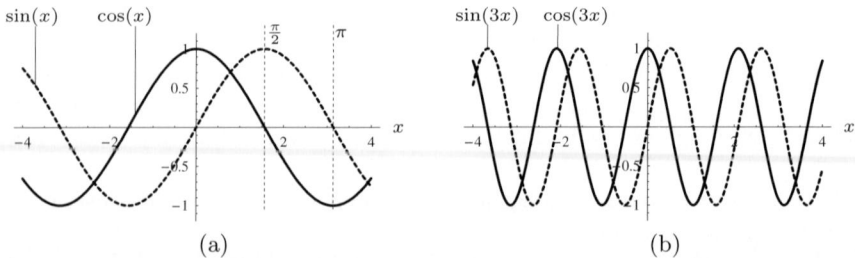

(a)   (b)

Abb. 13.1. Kosinus- und Sinusfunktion. Der Ausdruck $\cos(\omega x)$ beschreibt eine Kosinusfunktion mit der Kreisfrequenz ω an der Position x. Die periodische Funktion hat die Kreisfrequenz ω und damit die Periode $T = 2\pi/\omega$. Für $\omega = 1$ ist die Periode $T_1 = 2\pi$ (a), für $\omega = 3$ ist sie $T_3 = 2\pi/3 \approx 2.0944$ (b). Gleiches gilt für $\sin(\omega x)$.

Frequenz und Amplitude

Die Anzahl der Perioden von $\cos(x)$ innerhalb einer Strecke der Länge $T = 2\pi$ ist *eins* und damit ist auch die zugehörige *Kreisfrequenz*

$$\omega = \frac{2\pi}{T} = 1. \tag{13.3}$$

Wenn wir die Funktion modifizieren in der Form

$$f(x) = \cos(3x) \,, \tag{13.4}$$

dann erhalten wir eine gestauchte Kosinusschwingung, die dreimal schneller oszilliert als die ursprüngliche Funktion $\cos(x)$ (s. Abb. 13.1 (b)). Die Funktion $\cos(x)$ durchläuft 3 volle Zyklen über eine Distanz von 2π und weist daher eine Kreisfrequenz $\omega = 3$ auf bzw. eine Periodenlänge $T = \frac{2\pi}{3}$. Im allgemeinen Fall gilt für die Periodenlänge

$$T = \frac{2\pi}{\omega}, \tag{13.5}$$

für $\omega > 0$. Die Sinus- und Kosinusfunktion oszilliert zwischen den Scheitelwerten $+1$ und -1. Eine Multiplikation mit einer Konstanten a ändert die *Amplitude* der Funktion und die Scheitelwerte auf $\pm a$. Im Allgemeinen ergibt

$$a \cdot \cos(\omega x) \qquad \text{und} \qquad a \cdot \sin(\omega x)$$

eine Kosinus- bzw. Sinusfunktion mit Amplitude a und Kreisfrequenz ω, ausgewertet an der Position (oder zum Zeitpunkt) x. Die Beziehung zwischen der Kreisfrequenz ω und der „gewöhnlichen" Frequenz f ist

$$f = \frac{1}{T} = \frac{\omega}{2\pi} \qquad \text{bzw.} \qquad \omega = 2\pi f, \tag{13.6}$$

wobei f in Zyklen pro Raum- oder Zeiteinheit gemessen wird.[1] Wir verwenden je nach Bedarf ω oder f, und es sollte durch die unterschiedlichen Symbole jeweils klar sein, welche Art von Frequenz gemeint ist.

Phase

Wenn wir eine Kosinusfunktion entlang der x-Achse um eine Distanz φ verschieben, also

$$\cos(x) \rightarrow \cos(x - \varphi),$$

dann ändert sich die *Phase* der Kosinusschwingung und φ bezeichnet den *Phasenwinkel* der resultierenden Funktion. Damit ist auch die Sinusfunktion (vgl.

---

[1] Beispielsweise entspricht die Frequenz $f = 1000$ Zyklen/s (Hertz) einer Periodenlänge von $T = 1/1000$ s und damit einer Kreisfrequenz von $\omega = 2000\pi$. Letztere ist eine einheitslose Größe.

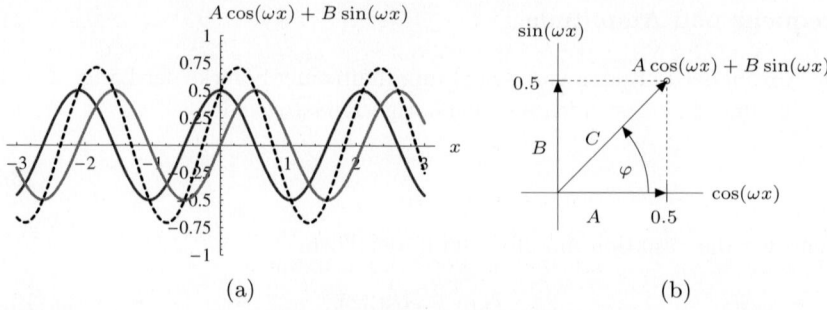

Abb. 13.2. Addition einer Kosinus- und einer Sinusfunktion mit identischer Frequenz: $A \cdot \cos(\omega x) + B \cdot \sin(\omega x)$, mit $\omega = 3$ und $A = B = 0.5$. Das Ergebnis ist eine phasenverschobene Kosinusfunktion (punktierte Kurve) mit Amplitude $C = \sqrt{0.5^2 + 0.5^2} \approx 0.707$ und Phasenwinkel $\varphi = 45°$.

Abb. 13.1) eigentlich nur eine Kosinusfunktion, die um eine Viertelperiode ($\varphi = \frac{2\pi}{4} = \frac{\pi}{2}$) nach rechts[2] verschoben ist, d. h.

$$\sin(\omega x) = \cos\left(\omega x - \tfrac{\pi}{2}\right). \tag{13.7}$$

Nimmt man also die Kosinusfunktion als Referenz (mit Phase $\varphi_{\cos} = 0$), dann ist der Phasenwinkel der Sinusfunktion $\varphi_{\sin} = \frac{\pi}{2} = 90°$.

Kosinus- und Sinusfunktion sind also in gewissem Sinn „orthogonal" und wir können diesen Umstand benutzen, um neue „sinusoidale" Funktionen mit beliebiger Frequenz, Phase und Amplitude zu erzeugen. Insbesondere entsteht durch die Addition einer Kosinus- und Sinusfunktion mit identischer Frequenz ω und Amplituden A bzw. B eine weitere sinusoidale Funktion mit *derselben* Frequenz ω, d. h.

$$A \cdot \cos(\omega x) + B \cdot \sin(\omega x) = C \cdot \cos(\omega x - \varphi), \tag{13.8}$$

wobei die resultierende Amplitude C und der Phasenwinkel φ ausschließlich durch die beiden Amplituden A und B bestimmt sind als

$$C = \sqrt{A^2 + B^2} \quad \text{und} \quad \varphi = \tan^{-1}\left(\tfrac{B}{A}\right). \tag{13.9}$$

Abb. 13.2 zeigt ein Beispiel mit den Amplituden $A = B = 0.5$ und einem daraus resultierenden Phasenwinkel $\varphi = 45°$.

Komplexwertige Sinusfunktionen – Euler'sche Notation

Das Diagramm in Abb. 13.2 (b) zeigt die Darstellung der Kosinus- und Sinuskomponenten als ein Paar orthogonaler, zweidimensionaler Vektoren, deren

---

[2] Die Funktion $f(x-d)$ ist allgemein die um die Distanz d nach rechts verschobene Funktion $f(x)$.

Länge den zugehörigen Amplituden A bzw. B entspricht. Dies erinnert uns an die Darstellung der reellen und imaginären Komponenten komplexer Zahlen in der zweidimensionalen Zahlenebene, also

$$z = a + \mathrm{i}\, b \in \mathbb{C},$$

wobei i die imaginäre Einheit bezeichnet ($\mathrm{i}^2 = -1$). Dieser Zusammenhang wird noch deutlicher, wenn wir die Euler'sche Notation einer beliebigen komplexen Zahlen z am Einheitskreis betrachten, nämlich

$$z = e^{\mathrm{i}\theta} = \cos(\theta) + \mathrm{i} \cdot \sin(\theta) \tag{13.10}$$

($e \approx 2.71828$ ist die Euler'sche Zahl). Betrachten wir den Ausdruck $e^{\mathrm{i}\theta}$ als Funktion über θ, dann ergibt sich ein „komplexwertiges Sinusoid", dessen reelle und imaginäre Komponente einer Kosinusfunktion bzw. einer Sinusfunktion entspricht, d. h.

$$\mathrm{Re}\{e^{\mathrm{i}\theta}\} = \cos(\theta) \tag{13.11}$$
$$\mathrm{Im}\{e^{\mathrm{i}\theta}\} = \sin(\theta)$$

Da $z = e^{\mathrm{i}\omega x}$ auf dem Einheitskreis liegt, ist die *Amplitude* des komplexwertigen Sinusoids $|z| = r = 1$. Wir können die Amplitude dieser Funktion durch Multiplikation mit einem reellen Wert $a \geq 0$ verändern, d. h.

$$|a \cdot e^{\mathrm{i}\theta}| = a \cdot |e^{\mathrm{i}\theta}| = a. \tag{13.12}$$

Die *Phase* eines komplexwertigen Sinusoids wird durch Addition eines Phasenwinkels bzw. durch Multiplikation mit einer komplexwertigen Konstante $e^{\mathrm{i}\varphi}$ am Einheitskreis verschoben,

$$e^{\mathrm{i}(\theta+\varphi)} = e^{\mathrm{i}\theta} \cdot e^{\mathrm{i}\varphi}. \tag{13.13}$$

Zusammenfassend verändert die Multiplikation mit einem reellen Wert nur die *Amplitude* der Sinusfunktion, eine Multiplikation mit einem komplexen Wert am Einheitskreis verschiebt nur die *Phase* (ohne Änderung der Amplitude) und die Multiplikation mit einem beliebigen komplexen Wert verändert sowohl *Amplitude* wie auch die *Phase* der Funktion (s. auch Anhang A.2).

Die komplexe Notation ermöglicht es, Paare von Kosinus- und Sinusfunktionen $\cos(\omega x)$ bzw. $\sin(\omega x)$ mit identischer Frequenz ω in der Form

$$e^{\mathrm{i}\theta} = e^{\mathrm{i}\omega x} = \cos(\omega x) + \mathrm{i} \cdot \sin(\omega x) \tag{13.14}$$

in *einem* funktionalen Ausdruck zusammenzufassen. Wir kommen auf diese Notation bei der Behandlung der Fouriertransformation in Abschn. 13.1.4 nochmals zurück.

13.1.2 Fourierreihen als Darstellung periodischer Funktionen

Wie wir bereits in Gl. 13.8 gesehen haben, können sinusförmige Funktionen mit beliebiger Frequenz, Amplitude und Phasenlage als Summe entsprechend gewichteter Kosinus- und Sinusfunktionen dargestellt werden. Die Frage ist, ob auch andere, nicht sinusförmige Funktionen durch eine Summe von Kosinus- und Sinusfunktionen zusammengesetzt werden können. Es war Fourier[3], der diese Idee als Erster auf beliebige Funktionen erweiterte und zeigte, dass (beinahe) *jede* periodische Funktion $g(x)$ mit einer Grundfrequenz ω_0 als (möglicherweise unendliche) Summe von „harmonischen" Sinusfunktionen dargestellt werden kann in der Form

$$g(x) = \sum_{k=0}^{\infty} [A_k \cos(k\omega_0 x) + B_k \sin(k\omega_0 x)]. \tag{13.15}$$

Dies bezeichnet man als *Fourierreihe* und die konstanten Gewichte A_k, B_k als *Fourierkoeffizienten* der Funktion $g(x)$. Die Frequenzen der in der Fourierreihe beteiligten Funktionen sind ausschließlich ganzzahlige Vielfache („Harmonische") der Grundfrequenz ω_0 (einschließlich der Frequenz 0 für $k = 0$). Die Koeffizienten A_k und B_k in Gl. 13.15, die zunächst unbekannt sind, können eindeutig aus der gegebenen Funktion $g(x)$ berechnet werden, ein Vorgang, der i. Allg. als *Fourieranalyse* bezeichnet wird.

13.1.3 Fourierintegral und Fourierspektrum

Fourier wollte dieses Konzept nicht auf periodische Funktionen beschränken und postulierte, dass auch *nicht* periodische Funktionen in ähnlicher Weise als Summen von Sinus- und Kosinusfunktionen dargestellt werden können. Dies ist zwar grundsätzlich möglich, erfordert jedoch – über die Vielfachen der Grundfrequenz ($k\omega_0$) hinaus – i. Allg. unendlich viele, dicht aneinander liegende Frequenzen! Die resultierende Zerlegung

$$g(x) = \int_0^{\infty} A_\omega \cos(\omega x) + B_\omega \sin(\omega x) \, d\omega \tag{13.16}$$

nennt man ein *Fourierintegral*, wobei die Koeffizienten A_ω und B_ω in Gl. 13.16 wiederum die Gewichte für die zugehörigen Kosinus- bzw. Sinusfunktionen mit der Frequenz ω sind. Das Fourierintegral ist die Grundlage für das *Fourierspektrum* und die *Fouriertransformation* [12, S. 745].

Jeder der Koeffizienten A_ω und B_ω spezifiziert, mit welcher Amplitude die zugehörige Kosinus- bzw. Sinusfunktion der Frequenz ω zur darzustellenden Signalfunktion $g(x)$ beiträgt. Was sind aber die richtigen Koeffizienten für eine gegebene Funktion $g(x)$ und können diese Koeffizienten eindeutig bestimmt werden? Die Antwort ist *ja* und das „Rezept" zur Bestimmung der Koeffizienten ist erstaunlich einfach:

---

[3] Jean Baptiste Joseph de Fourier (1768–1830).

$$A_\omega = A(\omega) = \frac{1}{\pi} \int_{-\infty}^{\infty} g(x) \cdot \cos(\omega x) \, \mathrm{d}x \qquad (13.17)$$

$$B_\omega = B(\omega) = \frac{1}{\pi} \int_{-\infty}^{\infty} g(x) \cdot \sin(\omega x) \, \mathrm{d}x$$

Da unendlich viele, kontinuierliche Frequenzwerte ω auftreten können, sind die Koeffizientenfunktionen $A(\omega)$ und $B(\omega)$ ebenfalls kontinuierlich. Sie enthalten eine Verteilung – also das „Spektrum" – der im ursprünglichen Signal enthaltenen Frequenzkomponenten.

Das Fourierintegral beschreibt also die ursprüngliche Funktion $g(x)$ als Summe unendlich vieler Kosinus-/Sinusfunktionen mit kontinuierlichen (positiven) Frequenzwerten, wofür die Funktionen $A(\omega)$ bzw. $B(\omega)$ die zugehörigen Frequenzkoeffizienten liefern. Ein Signal $g(x)$ ist außerdem durch die zugehörigen Funktionen $A(\omega), B(\omega)$ eindeutig und vollständig repräsentiert. Dabei zeigt Gl. 13.17, wie wir zu einer Funktion $g(x)$ das zugehörige Spektrum berechnen können, und Gl. 13.16, wie man aus dem Spektrum die ursprüngliche Funktion bei Bedarf wieder rekonstruiert.

13.1.4 Die Fouriertransformation

Von der in Gl. 13.17 gezeigten Zerlegung einer Funktion $g(x)$ bleibt nur mehr ein kleiner Schritt zur „richtigen" Fouriertransformation. Diese betrachtet im Unterschied zum Fourierintegral sowohl die Ausgangsfunktion wie auch das zugehörige Spektrum als *komplexwertige* Funktionen, wodurch sich die Darstellung insgesamt wesentlich vereinfacht.

Ausgehend von den durch das Fourierintegral (Gl. 13.17) definierten Funktionen $A(\omega)$ und $B(\omega)$, ist das *Fourierspektrum* $G(\omega)$ einer Funktion $g(x)$ definiert als

$$\begin{aligned}
G(\omega) &= \sqrt{\frac{\pi}{2}} \Big[A(\omega) - \mathrm{i} \cdot B(\omega) \Big] \qquad (13.18) \\
&= \sqrt{\frac{\pi}{2}} \left[\frac{1}{\pi} \int_{-\infty}^{\infty} g(x) \cdot \cos(\omega x) \, \mathrm{d}x \ - \ \mathrm{i} \cdot \frac{1}{\pi} \int_{-\infty}^{\infty} g(x) \cdot \sin(\omega x) \, \mathrm{d}x \right] \\
&= \frac{1}{\sqrt{2\pi}} \int_{-\infty}^{\infty} g(x) \cdot \Big[\cos(\omega x) - \mathrm{i} \cdot \sin(\omega x) \Big] \, \mathrm{d}x \, ,
\end{aligned}$$

wobei $g(x), G(\omega) \in \mathbb{C}$. Unter Verwendung der Euler'schen Schreibweise für komplexe Zahlen (Gl. 13.14) ergibt sich aus Gl. 13.18 die übliche Formulierung für das kontinuierliche *Fourierspektrum*:

$$\boxed{\ G(\omega) = \frac{1}{\sqrt{2\pi}} \int_{-\infty}^{\infty} g(x) \cdot e^{-\mathrm{i}\omega x} \, \mathrm{d}x \ } \qquad (13.19)$$

Der Übergang von der Funktion $g(x)$ zu ihrem Fourierspektrum $G(\omega)$ bezeichnet man als *Fouriertransformation*[4] ($\mathcal{F}$). Umgekehrt kann die ursprüngliche

---

[4] Auch „direkte" oder „Vorwärtstransformation".

Funktion $g(x)$ aus dem Fourierspektrum $G(\omega)$ durch die *inverse Fouriertransformation*[5] $(\mathcal{F}^{-1})$

$$g(x) = \frac{1}{\sqrt{2\pi}} \int_{-\infty}^{\infty} G(\omega) \cdot e^{i\omega x}\, d\omega \qquad (13.20)$$

wiederum eindeutig rekonstruiert werden.

Auch für den Fall, dass eine der betroffenen Funktionen ($g(x)$ bzw. $G(\omega)$) reellwertig ist (was für konkrete Signale $g(x)$ üblicherweise zutrifft), ist die andere Funktion i. Allg. komplexwertig. Man beachte auch, dass die Vorwärtstransformation $\mathcal{F}$ (Gl. 13.19) und die inverse Transformation $\mathcal{F}^{-1}$ (Gl. 13.20) bis auf das Vorzeichen des Exponenten völlig symmetrisch sind.[6] *Ortsraum* und *Spektralraum* sind somit zueinander „duale" Darstellungsformen, die sich grundsätzlich nicht unterscheiden.

13.1.5 Fourier-Transformationspaare

Zwischen einer Funktion $g(x)$ und dem zugehörigen Fourierspektrum $G(\omega)$ besteht ein eindeutiger Zusammenhang in beiden Richtungen: Das Fourierspektrum eines Signals ist eindeutig und zu einem bestimmten Spektrum gibt es nur ein zugehöriges Signal – die beiden Funktionen $g(x)$ und $G(\omega)$ bilden ein sog. „Transformationspaar",

$$g(x) \circ\!\!-\!\!\bullet\ G(\omega).$$

Tabelle 13.1 zeigt einige ausgewählte Transformationspaare analytischer Funktionen, die in den Abbildungen 13.3 und 13.4 auch grafisch dargestellt sind.

So besteht etwa das Fourierspektrum einer **Kosinusfunktion** $\cos(\omega_0 x)$ aus zwei getrennten, dünnen Pulsen, die symmetrisch im Abstand von ω_0 vom Ursprung angeordnet sind (Abb. 13.3 (a,c)). Dies entspricht intuitiv auch unserer physischen Vorstellung eines Spektrums, etwa in Bezug auf einen völlig reinen, monophonen Ton in der Akustik oder der Haarlinie, die eine extrem reine Farbe in einem optischen Spektrum hinterlässt. Bei steigender Frequenz bewegen sich die resultierenden Pulse im Spektrum vom Ursprung weg. Gleiches gilt auch für die Sinusfunktion (Abb. 13.3 (b,d)), mit dem Unterschied, dass hier die Pulse nur im Imaginärteil des Spektrums und mit unterschiedlichen Vorzeichen auftreten.

Interessant ist auch das Verhalten der **Gauß-Funktion** (Abb. 13.4 (a,b)), deren Fourierspektrum wiederum eine Gauß-Funktion ist. Die Gauß-Funktion

---

[5] Auch „Rückwärtstransformation".

[6] Es gibt mehrere gängige Definitionen der Fouriertransformation, die sich u. a. durch den Faktor vor dem Integral und durch die Vorzeichen der Exponenten in der Vorwärts- und Rückwärtstransformation unterscheiden. Alle diese Versionen sind grundsätzlich äquivalent. Die hier gezeigte, symmetrische Version verwendet den gleichen Faktor $(1/\sqrt{2\pi})$ für beide Richtungen der Transformation.

Tabelle 13.1. Fourier-Transformationspaare für ausgewählte analytische Funktionen. $\delta()$ bezeichnet die Impuls- oder Dirac-Funktion (s. Abschn. 13.2.1).

Funktion	Transformationspaar $g(x) \circ\!\!-\!\!\bullet G(\omega)$	Abb.
Kosinus mit Frequenz ω_0	$g(x) = \cos(\omega_0 x)$ $G(\omega) = \sqrt{\frac{\pi}{2}} \cdot \big(\delta(\omega-\omega_0) + \delta(\omega+\omega_0)\big)$	13.3 (a,c)
Sinus mit Frequenz ω_0	$g(x) = \sin(\omega_0 x)$ $G(\omega) = \mathrm{i}\sqrt{\frac{\pi}{2}} \cdot \big(\delta(\omega-\omega_0) - \delta(\omega+\omega_0)\big)$	13.3 (b,d)
Gauß-Funktion der Breite σ	$g(x) = \frac{1}{\sigma} \cdot e^{-\frac{x^2}{2\sigma^2}}$ $G(\omega) = e^{-\frac{\sigma^2\omega^2}{2}}$	13.4 (a,b)
Rechteckpuls der Breite $2b$	$g(x) = \Pi_b(x) = \begin{cases} 1 & \lvert x\rvert \le b \\ 0 & \text{else} \end{cases}$ $G(\omega) = \frac{2b\sin(b\omega)}{\sqrt{2\pi}\omega}$	13.4 (c,d)

ist damit eine von wenigen Funktionen, die im Ortsraum *und* im Spektralraum denselben Funktionstyp aufweisen. Im Fall der Gauß-Funktion ist auch deutlich zu erkennen, dass eine *Dehnung* des Signals im Ortsraum zu einer *Stauchung* der Funktion im Spektralraum führt und umgekehrt!

Die Fouriertransformation eines **Rechteckpulses** (Abb. 13.4 (c,d)) ergibt die charakteristische „Sinc"-Funktion der Form $\sin(x)/x$, die mit zunehmenden Frequenzen nur langsam ausklingt und damit sichtbar macht, dass im ursprünglichen Rechtecksignal Komponenten enthalten sind, die über einen großen Bereich von Frequenzen verteilt sind. Rechteckpulse weisen also grundsätzlich ein sehr breites Frequenzspektrum auf.

13.1.6 Wichtige Eigenschaften der Fouriertransformation

Symmetrie

Das Fourierspektrum erstreckt sich über positive und negative Frequenzen und ist, obwohl im Prinzip beliebige komplexe Funktionen auftreten können, in vielen Fällen um den Ursprung symmetrisch (s. beispielsweise [15, S. 178]). Insbesondere ist die Fouriertransformierte eines reellwertigen Signals $g(x) \in \mathbb{R}$ eine so genannte *hermitesche* Funktion, d. h.

$$G(\omega) = G^*(-\omega), \tag{13.21}$$

wobei G^* den konjugiert komplexen Wert von G bezeichnet (s. auch Anhang A.2).

Linearität

Die Fouriertransformation ist eine *lineare* Operation, sodass etwa die Multiplikation des Signals mit einer beliebigen Konstanten $a \in \mathbb{C}$ in gleicher Weise auch das zugehörige Spektrum verändert, d. h.

(a)   Kosinus $(\omega_0=3)$: $g(x) = \cos(3x)$ ○—● $G(\omega) = \sqrt{\frac{\pi}{2}} \cdot \big(\delta(\omega-3) + \delta(\omega+3)\big)$

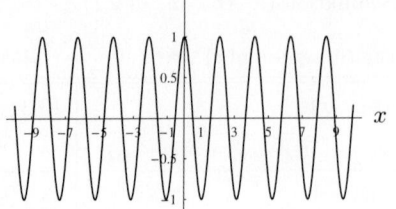 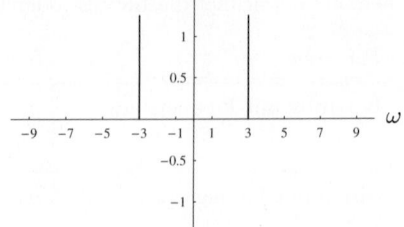

(b)   Sinus $(\omega_0=3)$: $g(x) = \sin(3x)$ ○—● $G(\omega) = i\sqrt{\frac{\pi}{2}} \cdot \big(\delta(\omega-3) - \delta(\omega+3)\big)$

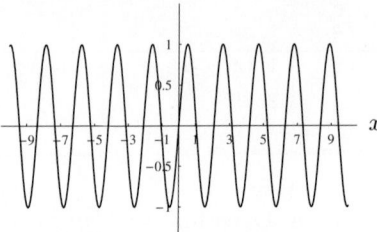 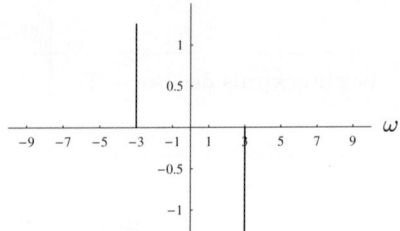

(c)   Kosinus $(\omega_0=5)$: $g(x) = \cos(5x)$ ○—● $G(\omega) = \sqrt{\frac{\pi}{2}} \cdot \big(\delta(\omega-5) + \delta(\omega+5)\big)$

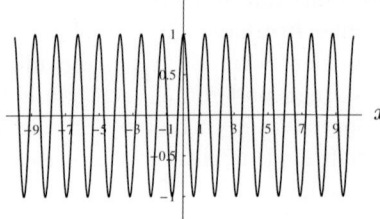 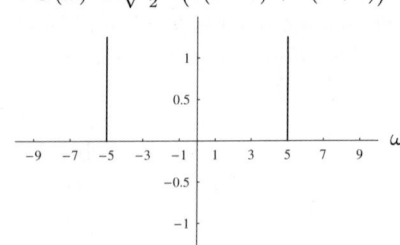

(d)   Sinus $(\omega_0=5)$: $g(x) = \sin(5x)$ ○—● $G(\omega) = i\sqrt{\frac{\pi}{2}} \cdot \big(\delta(\omega-5) - \delta(\omega+5)\big)$

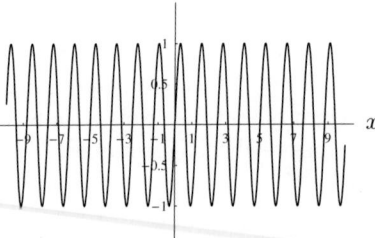 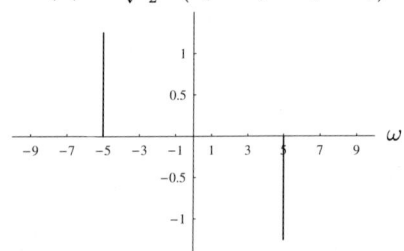

Abb. 13.3. Fourier-Transformationspaare – Kosinus-/Sinusfunktionen.

(a)   Gauß $(\sigma=1)$: $g(x) = e^{-\frac{x^2}{2}}$ ∘—• $G(\omega) = e^{-\frac{\omega^2}{2}}$

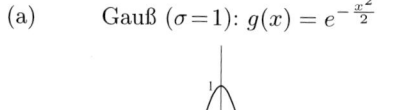

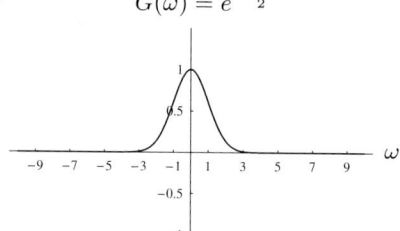

(b)   Gauß $(\sigma=3)$: $g(x) = \frac{1}{3} \cdot e^{-\frac{x^2}{2\cdot 9}}$ ∘—• $G(\omega) = e^{-\frac{9\omega^2}{2}}$

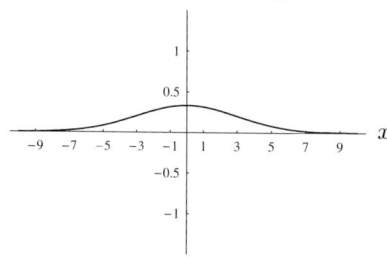

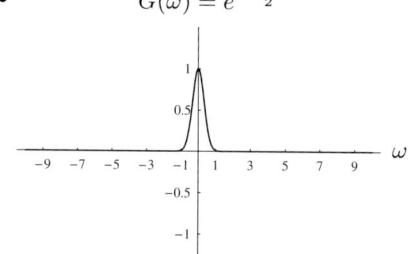

(c)   Rechteckpuls $(b=1)$: $g(x) = \Pi_1(x)$ ∘—• $G(\omega) = \frac{2\sin(\omega)}{\sqrt{2\pi}\omega}$

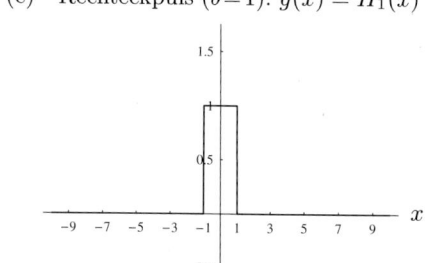

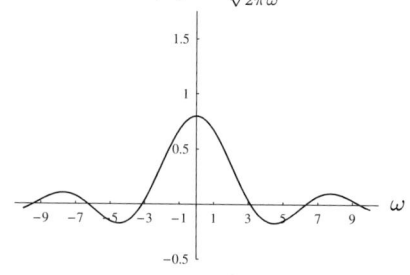

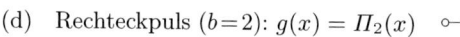

(d)   Rechteckpuls $(b=2)$: $g(x) = \Pi_2(x)$ ∘—• $G(\omega) = \frac{4\sin(2\omega)}{\sqrt{2\pi}\omega}$

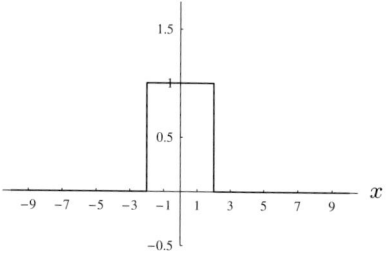

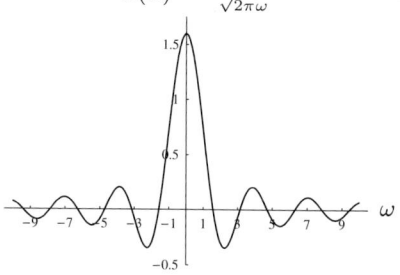

Abb. 13.4. Fourier-Transformationspaare – Gauß-Funktion und Rechteckpuls.

$$a \cdot g(x) \;\circ\!\!-\!\!\bullet\; a \cdot G(\omega).$$ (13.22)

Darüber hinaus bedingt die Linearität, dass die Transformation der Summe zweier Signale $g(x) = g_1(x) + g_2(x)$ identisch ist zur Summe der zugehörigen Fouriertransformierten $G_1(\omega)$ und $G_2(\omega)$:

$$g_1(x) + g_2(x) \;\circ\!\!-\!\!\bullet\; G_1(\omega) + G_2(\omega).$$ (13.23)

Ähnlichkeit

Wird die ursprüngliche Funktion $g(x)$ in der Zeit oder im Raum skaliert, so tritt der jeweils umgekehrte Effekt im zugehörigen Fourierspektrum auf. Wie wir bereits in Abschn. 13.1.5 beobachten konnten, führt insbesondere eine Stauchung des Signals um einen Faktor s, d. h. $g(x) \to g(sx)$, zu einer entsprechenden Streckung der Fouriertransformierten, also

$$g(sx) \;\circ\!\!-\!\!\bullet\; \frac{1}{|s|} \cdot G\left(\frac{\omega}{s}\right).$$ (13.24)

Verschiebungseigenschaft

Wird die ursprüngliche Funktion $g(x)$ um eine Distanz d entlang der Koordinatenachse verschoben, also $g(x) \to g(x-d)$, so multipliziert sich dadurch das Fourierspektrum um einen von ω abhängigen komplexen Wert $e^{-i\omega d}$:

$$g(x-d) \;\circ\!\!-\!\!\bullet\; e^{-i\omega d} \cdot G(\omega).$$ (13.25)

Da der Faktor $e^{-i\omega d}$ auf dem Einheitskreis liegt, führt die Multiplikation (vgl. Gl. 13.13) nur zu einer Phasenverschiebung der Spektralwerte, also einer Umverteilung zwischen Real- und Imaginärteil, ohne dabei den Betrag $|G(\omega)|$ zu verändern. Der Winkel dieser Phasenverschiebung ändert sich linear mit der Kreisfrequenz ω.

Faltungseigenschaft

Der für uns vielleicht interessanteste Aspekt der Fouriertransformation ergibt sich aus ihrem Verhältnis zur linearen Faltung (Abschn. 6.3.1). Angenommen, wir hätten zwei Funktionen $g(x)$ und $h(x)$ und die zugehörigen Fouriertransformierten $G(\omega)$ bzw. $H(\omega)$. Unterziehen wir diese Funktionen einer linearen Faltung, also $g(x) * h(x)$, dann ist die Fouriertransformierte des Resultats gleich dem (punktweisen) *Produkt* der einzelnen Fouriertransformierten $G(\omega)$ und $H(\omega)$:

$$g(x) * h(x) \;\circ\!\!-\!\!\bullet\; G(\omega) \cdot H(\omega).$$ (13.26)

Aufgrund der Dualität von Orts- und Spektralraum gilt das Gleiche auch in umgekehrter Richtung, d. h., eine punktweise Multiplikation der Signale entspricht einer linearen Faltung der zugehörigen Fouriertransformierten:

$$g(x) \cdot h(x) \;\circ\!\!-\!\!\bullet\; G(\omega) * H(\omega).$$ (13.27)

Eine Multiplikation der Funktionen in *einem* Raum (Orts- oder Spektralraum) entspricht also einer linearen Faltung der zugehörigen Transformierten im jeweils *anderen* Raum.

13.2 Übergang zu diskreten Daten

Die Definition der kontinuierlichen Fouriertransformation ist für die numerische Berechnung am Computer nicht unmittelbar geeignet. Weder können beliebige kontinuierliche (und möglicherweise unendliche) Funktionen dargestellt, noch können die dafür erforderlichen Integrale tatsächlich berechnet werden. In der Praxis liegen auch immer *diskrete* Daten vor und wir benötigen daher eine Version der Fouriertransformation, in der sowohl das Signal wie auch das zugehörige Spektrum als endliche Vektoren dargestellt werden – die „diskrete" Fouriertransformation. Zuvor wollen wir jedoch unser bisheriges Wissen verwenden, um dem Vorgang der Diskretisierung von Signalen etwas genauer auf den Grund zu gehen.

13.2.1 Abtastung

Wir betrachten zunächst die Frage, wie eine kontinuierliche Funktion überhaupt in eine diskrete Funktion umgewandelt werden kann. Dieser Vorgang wird als *Abtastung* (Sampling) bezeichnet, also die Entnahme von Abtastwerten der zunächst kontinuierlichen Funktion an bestimmten Punkten in der Zeit oder im Raum, üblicherweise in regelmäßigen Abständen. Um diesen Vorgang in einfacher Weise auch formal beschreiben zu können, benötigen wir ein unscheinbares, aber wichtiges Stück aus der mathematischen Werkzeugkiste.

Die Impulsfunktion $\delta(x)$

Die Impulsfunktion (auch *Delta-* oder *Dirac-*Funktion) ist uns bereits im Zusammenhang mit der Impulsantwort von Filtern (Abschn. 6.3.4) sowie in den Fouriertransformierten der Kosinus- und Sinusfunktion (Abb. 13.3) begegnet. Sie ist in mehrfacher Hinsicht ungewöhnlich: Ihr Wert ist null mit Ausnahme des Ursprungs, wo ihr Wert zwar ungleich null, aber undefiniert ist, und außerdem ist ihr unbestimmtes Integral eins, also

$$\delta(x) = 0 \ \text{ für } \ x \neq 0 \quad \text{und} \quad \int_{-\infty}^{\infty} \delta(x) \, \mathrm{d}x = 1 \, . \tag{13.28}$$

Man kann sich $\delta(x)$ als einzelnen Puls an der Position null vorstellen, der unendlich schmal ist, aber dennoch endliche Energie (1) aufweist. Bemerkenswert ist auch das Verhalten der Impulsfunktion bei einer Skalierung in der Zeit- oder Raumachse, also $\delta(x) \rightarrow \delta(sx)$, wofür gilt

$$\delta(sx) = \tfrac{1}{|s|}\delta(x) \quad \text{für } s \neq 0. \tag{13.29}$$

Obwohl $\delta(x)$ in der physischen Realität nicht existiert und eigentlich auch nicht gezeichnet werden kann (die entsprechenden Kurven in Abb. 13.3 dienen nur zur Illustration), ist diese Funktion – wie im Folgenden gezeigt – ein wichtiges Element zur formalen Beschreibung des Abtastvorgangs.

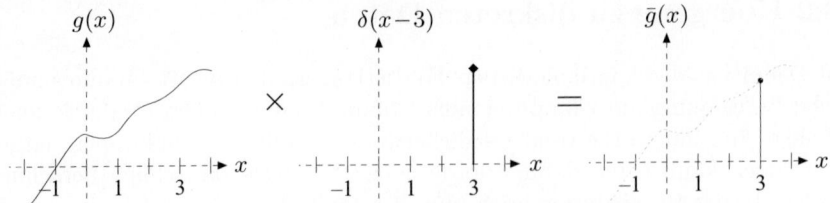

Abb. 13.5. Abtastung mit der Impulsfunktion. Durch Multiplikation des kontinuierlichen Signals $g(x)$ mit der verschobenen Impulsfunktion $\delta(x-3)$ wird $g(x)$ an der Stelle $x_0 = 3$ abgetastet.

Abtastung mit der Impulsfunktion

Wird eine kontinuierliche Funktion $g(x)$ mit der Impulsfunktion $\delta(x)$ punktweise multipliziert, so entsteht eine neue Funktion $\bar{g}(x)$ der Form

$$\bar{g}(x) = g(x) \cdot \delta(x) = \begin{cases} g(0) & \text{für } x = 0 \\ 0 & \text{sonst.} \end{cases} \qquad (13.30)$$

$\bar{g}(x)$ besteht also aus einem einzigen Puls an der Position 0, dessen Höhe dem Wert der ursprünglichen Funktion $g(0)$ entspricht. Wir erhalten also durch die Multiplikation mit der Impulsfunktion einen einzelnen, diskreten Abtastwert der Funktion $g(x)$ an der Stelle $x = 0$. Durch Verschieben der Impulsfunktion um eine Distanz x_0 können wir $g(x)$ an jeder *beliebigen* Stelle $x = x_0$ abtasten, denn es gilt

$$\bar{g}(x) = g(x) \cdot \delta(x - x_0) = \begin{cases} g(x_0) & \text{für } x = x_0 \\ 0 & \text{sonst.} \end{cases} \qquad (13.31)$$

Dieser Zusammenhang ist in Abb. 13.5 für $x_0 = 3$ dargestellt.

Um die Funktion $g(x)$ an mehr als einer Stelle gleichzeitig abzutasten, etwa an den Positionen x_1 und x_2, werden die einzelnen Abtastergebnisse einfach addiert, d. h.

$$\bar{g}(x) = g(x) \cdot \delta(x - x_1) + g(x) \cdot \delta(x - x_2) \qquad (13.32)$$

$$= g(x) \cdot \big[\delta(x - x_1) + \delta(x - x_2)\big] \qquad (13.33)$$

$$= \begin{cases} g(x_1) & \text{für } x = x_1 \\ g(x_2) & \text{für } x = x_2 \\ 0 & \text{sonst.} \end{cases}$$

Die Abtastung einer kontinuierlichen Funktion $g(x)$ an einer *Folge* von Positionen $x_i = 1, 2, \dots N$ kann daher (nach Gl. 13.33) als Summe von Einzelabtastungen dargestellt werden in der Form

$$\bar{g}(x) = g(x) \cdot \big[\delta(x-1) + \delta(x-2) + \dots + \delta(x-N)\big]$$

$$= g(x) \cdot \sum_{i=1}^{N} \delta(x - i) . \qquad (13.34)$$

Die Kammfunktion

Die Summe von verschobenen Einzelpulsen $\sum_{i=1}^{N} \delta(x-i)$ in Gl. 13.34 wird auch als „Pulsfolge" bezeichnet. Wenn wir die Pulsfolge in beiden Richtungen bis ins Unendliche erweitern, erhalten wir eine Funktion

$$\text{III}(x) = \sum_{i=-\infty}^{\infty} \delta(x-i) \,, \qquad (13.35)$$

die als *Kammfunktion*[7] bezeichnet wird. Die Diskretisierung einer kontinuierlichen Funktion durch Abtastung in regelmäßigen, ganzzahligen Intervallen kann dann in der einfachen Form

$$\bar{g}(x) = g(x) \cdot \text{III}(x) \qquad (13.36)$$

modelliert werden, d. h. als punktweise Multiplikation des ursprünglichen Signals $g(x)$ mit der Kammfunktion $\text{III}(x)$. Wie in Abb. 13.6 dargestellt, werden die Werte der Funktion $g(x)$ dabei nur an den ganzzahligen Positionen $x_i \in \mathbb{Z}$ in die diskrete Funktion $\bar{g}(x_i)$ übernommen und überall sonst ignoriert. Das Abtastintervall, also der Abstand zwischen benachbarten Abtastwerten, muss dabei keineswegs 1 sein. Um in beliebigen, regelmäßigen Abständen τ abzutasten, wird die Kammfunktion in Richtung der Zeit- bzw. Raumachse einfach entsprechend skaliert, d. h.

$$\bar{g}(x) = g(x) \cdot \text{III}\left(\tfrac{x}{\tau}\right). \qquad (13.37)$$

Auswirkungen der Abtastung im Fourierspektrum

Man könnte zu Recht die Frage stellen, wozu man für einen so simplen Vorgang wie die Abtastung eine derart komplizierte Formulierung benötigt. Die Antwort gibt uns das Fourierspektrum. Die Abtastung einer kontinuierlichen Funktion hat massive (wenn auch gut abschätzbare) Auswirkungen auf das Frequenzspektrum des resultierenden (diskreten)(Signals, und der Einsatz der Kammfunktion als formales Modell des Abtastvorgangs macht es relativ einfach, diese spektralen Auswirkungen vorherzusagen bzw. zu interpretieren.

Die Kammfunktion besitzt, ähnlich der Gauß-Funktion, die seltene Eigenschaft, dass ihre Fouriertransformierte

$$\text{III}(x) \circ\!\!-\!\!\bullet \text{III}(\tfrac{1}{2\pi}\omega) \qquad (13.38)$$

wiederum eine Kammfunktion ist, also den gleichen Funktionstyp hat. Skaliert auf ein beliebiges Abtastintervall τ ergibt sich aufgrund der Ähnlichkeitseigenschaft (Gl. 13.24) im allgemeinen Fall als Fouriertransformierte der Kammfunktion

---

[7] Im Englischen wird $\text{III}(x)$ „comb function" oder auch „Shah function" genannt.

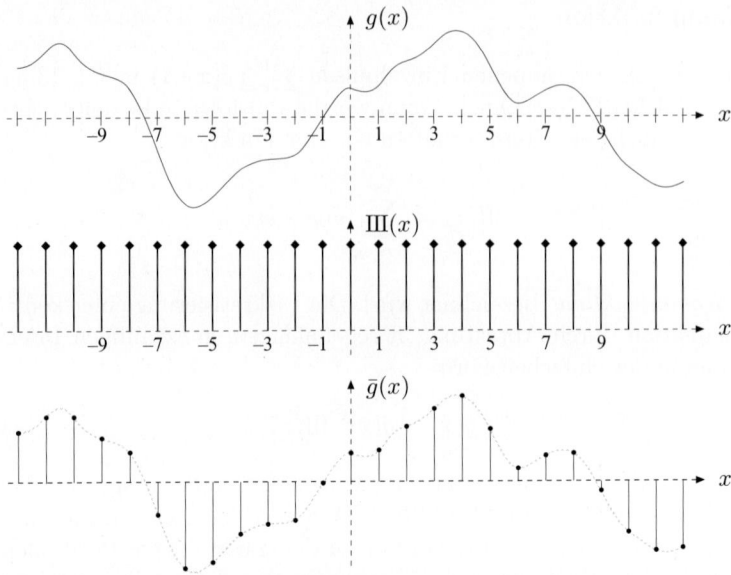

Abb. 13.6. Abtastung mit der Kammfunktion. Das ursprüngliche, kontinuierliche Signal $g(x)$ wird mit der Kammfunktion $\text{III}(x)$ multipliziert. Nur an den ganzzahligen Positionen $x_i \in \mathbb{Z}$ wird der entsprechende Wert $g(x_i)$ in das Ergebnis $\bar{g}(x_i)$ übernommen, ansonsten ignoriert.

$$\text{III}(\tfrac{x}{\tau}) \;\circ\!\!-\!\!\bullet\; \tau\text{III}\left(\tfrac{\tau}{2\pi}\omega\right). \tag{13.39}$$

Abb. 13.7 zeigt zwei Beispiele der Kammfunktionen $\text{III}_\tau(x)$ mit unterschiedlicher Skalierung für $\tau = 1$ bzw. $\tau = 3$ sowie die zugehörigen Fouriertransformierten.

Was passiert nun bei der Diskretisierung mit dem Fourierspektrum, wenn wir also im Ortsraum ein Signal $g(x)$ mit einer Kammfunktion $\text{III}(\tfrac{x}{\tau})$ multiplizieren? Die Antwort erhalten wir über die Faltungseigenschaft der Fouriertransformation (Gl. 13.26): Das Produkt zweier Funktionen in einem Raum (entweder im Orts- oder im Spektralraum) entspricht einer linearen Faltung im jeweils anderen Raum, d. h.

$$g(x) \cdot \text{III}(\tfrac{x}{\tau}) \;\circ\!\!-\!\!\bullet\; G(\omega) * \tau\text{III}\left(\tfrac{\tau}{2\pi}\omega\right). \tag{13.40}$$

Nun ist das Fourierspektrum der Abtastfunktion wiederum eine Kammfunktion und besteht daher aus einer regelmäßigen Folge von Impulsen (Abb. 13.7). Die Faltung einer beliebigen Funktion mit einem Impuls $\delta(x)$ ergibt aber wiederum die ursprüngliche Funktion, also $f(x) * \delta(x) = f(x)$. Die Faltung mit einem um d *verschobenen* Impuls $\delta(x-d)$ reproduziert ebenfalls die ursprüngliche Funktion $f(x)$, jedoch verschoben um die gleiche Distanz d:

$$f(x) * \delta(x-d) = f(x-d). \tag{13.41}$$

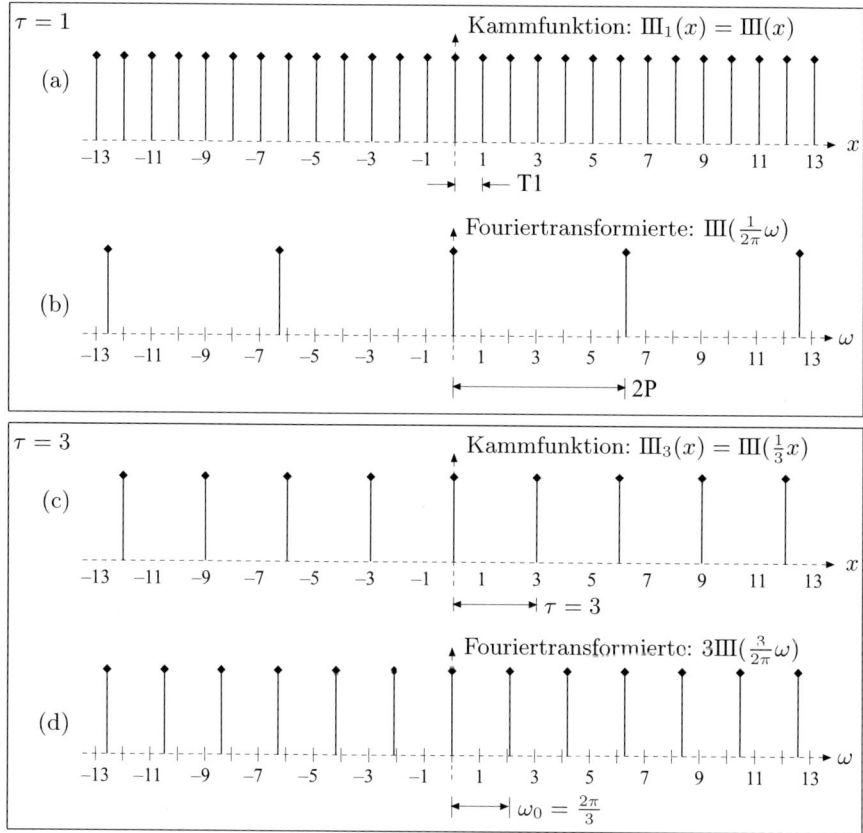

Abb. 13.7. Kammfunktion und deren Fouriertransformierte. Kammfunktion $III_\tau(x)$ für ein Abtastintervall $\tau = 1$ (a) und die zugehörige Fouriertransformierte (b). Kammfunktion für $\tau = 3$ (c) und Fouriertransformierte (d). Man beachte, dass die Höhe der einzelnen δ-Pulse nicht definiert ist und hier nur zur Illustration dargestellt ist.

Das hat zur Folge, dass im Fourierspektrum des abgetasteten Signals $\bar{G}(\omega)$ das Spektrum $G(\omega)$ des ursprünglichen, kontinuierlichen Signals unendlich oft, nämlich an jedem Puls im Spektrum der Abtastfunktion, repliziert wird (Abb. 13.8 (a,b))! Das daraus resultierende Fourierspektrum ist daher periodisch mit der Periodenlänge $\frac{2\pi}{\tau} =$, also im Abstand der Abtastfrequenz ω_s.

Aliasing und das Abtasttheorem

Solange sich die durch die Abtastung replizierten Spektralkomponenten in $\bar{G}(\omega)$ nicht überlappen, kann das ursprüngliche Spektrum $G(\omega)$ – und damit auch das ursprüngliche, kontinuierliche Signal $g(x)$ – ohne Verluste aus einer beliebigen Replika von $G(\omega)$ aus dem periodischen Spektrum $\bar{G}(\omega)$ rekonstru-

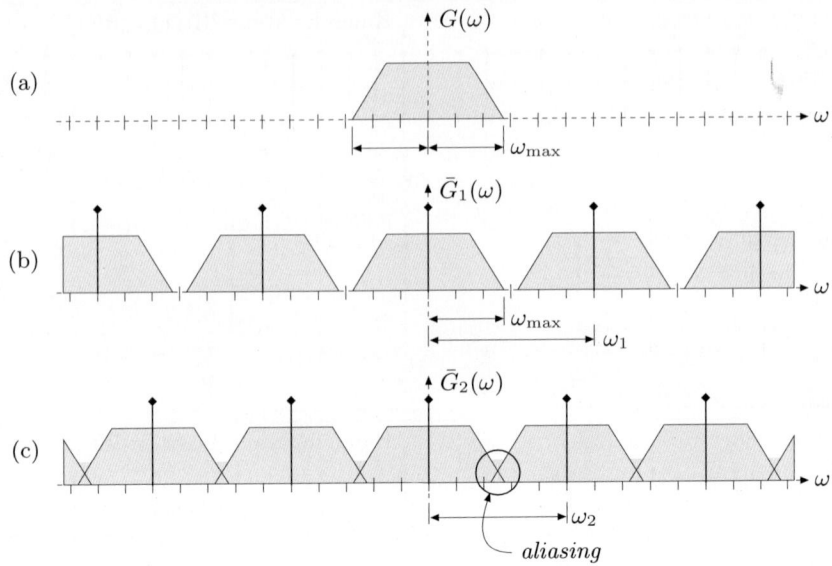

Abb. 13.8. Auswirkungen der Abtastung im Fourierspektrum. Das Spektrum $G(\omega)$ des ursprünglichen, kontinuierlichen Signals ist angenommen bandbegrenzt im Bereich $\pm\omega_{max}$ (a). Die Abtastung des Signals mit einer Abtastfrequenz $\omega_s = \omega_1$ bewirkt, dass das Signalspektrum $G(\omega)$ an jeweils Vielfachen von ω_1 entlang der ω-Achse repliziert wird (b). Die replizierten Spektralkomponenten überlappen sich nicht, solange $\omega_1 > 2\omega_{max}$. In (c) ist die Abtastfrequenz $\omega_s = \omega_2$ kleiner als $2\omega_{max}$, sodass sich die einzelnen Spektralteile überlappen, die Komponenten über $\omega_2/2$ gespiegelt werden und so das Originalspektrum überlagern. Dies wird als „aliasing" bezeichnet, da das Originalspektrum (und damit auch das ursprüngliche Signal) aus einem in dieser Form gestörten Spektrum nicht mehr korrekt rekonstruiert werden kann.

iert werden. Dies erfordert jedoch offensichtlich (Abb. 13.8), dass die im ursprünglichen Signal $g(x)$ enthaltenen Frequenzen nach oben beschränkt sind, das Signal also keine Komponenten mit Frequenzen größer als ω_{max} enthält. Die maximal zulässige Signalfrequenz ω_{max} ist daher abhängig von der zur Diskretisierung verwendeten Abtastfrequenz ω_s in der Form

$$\omega_{max} \leq \tfrac{1}{2}\omega_s \quad \text{bzw.} \quad \omega_s \geq 2\omega_{max}. \tag{13.42}$$

Zur Diskretisierung eines kontinuierlichen Signals $g(x)$ mit Frequenzanteilen im Bereich $0 \leq \omega \leq \omega_{max}$ benötigen wir daher eine Abtastfrequenz ω_s, die mindestens *doppelt so hoch* wie die maximale Signalfrequenz ω_{max} ist. Wird diese Bedingung nicht eingehalten, dann überlappen sich die replizierten Spektralteile im Spektrum des abgetasteten Signals (Abb. 13.8 (c)) und das Spektrum wird verfälscht mit der Folge, dass das ursprüngliche Signal nicht mehr fehlerfrei aus dem Spektrum rekonstruiert werden kann. Dieser Effekt wird häufig als „aliasing" bezeichnet.[8]

Was wir soeben festgestellt haben, ist nichts anderes als die Kernaussage des berühmten Abtasttheorems von Shannon bzw. Nyquist (s. beispielsweise [15, S. 256]). Dieses besagt eigentlich, dass die Abtastfrequenz mindestens doppelt so hoch wie die *Bandbreite* des kontinuierlichen Signals sein muss, um Aliasing-Effekte zu vermeiden.[9] Wenn man allerdings annimmt, dass das Signalspektrum mit der Frequenz null beginnt, dann sind natürlich Bandbreite und Maximalfrequenz ohnehin identisch.

13.2.2 Diskrete und periodische Funktionen

Nehmen wir an, unser ursprüngliches Signal $g(x)$ ist *periodisch* mit einer Periodendauer T. In diesem Fall besteht das zugehörige Fouriersprektrum $G(\omega)$ aus einer Folge dünner Spektrallinien, die gleichmäßig im Abstand von $\omega_0 = 2\pi/T$ angeordnet sind. Das Fourierspektrum einer periodischen Funktion kann also (wie bereits in Abschn. 13.1.2 erwähnt) als Fourierreihe dargestellt werden und ist somit *diskret*. Wird, im umgekehrten Fall, ein Signal $g(x)$ in regelmäßigen Intervallen τ *abgetastet* (also diskretisiert), dann wird das zugehörige Fourierspektrum *periodisch* mit der Periodenlänge $\omega_s = 2\pi/\tau$.

Diskretisierung im Ortsraum führt also zu Periodizität im Spektralraum und umgekehrt. Abb. 13.9 zeigt diesen Zusammenhang und illustriert damit den Übergang von einer kontinuierlichen, nicht periodischen Funktion zu einer diskreten, periodischen Funktion, die schließlich als endlicher Vektor von Werten dargestellt und digital verarbeitet werden kann.

Das Fourierspektrum eines *kontinuierlichen*, nicht periodischen Signals $g(x)$ ist i. Allg. wieder kontinuierlich und nicht periodisch (Abb. 13.9 (a,b)). Ist das Signal $g(x)$ *periodisch*, wird das zugehörige Spektrum diskret (Abb. 13.9 (c,d)). Umgekehrt führt ein diskretes – aber nicht notwendigerweise periodisches – Signal zu einem periodischen Spektrum (Abb. 13.9 (e,f)). Ist das Signal schließlich diskret *und* periodisch mit einer Periodenlänge von M Abtastwerten, dann ist auch das zugehörige Spektrum diskret und periodisch mit M Werten (Abb. 13.9 (g,h)). Die Signale und Spektra in Abb. 13.9 sind übrigens nur zur Veranschaulichung gedacht und korrespondieren nicht wirklich.

---

[8] Das Wort „aliasing" wird auch im deutschen Sprachraum häufig verwendet, allerdings oft unrichtig ausgesprochen – die Betonung liegt auf der ersten Silbe.

[9] Dieser Umstand mag zunächst erstaunen, denn er ermöglicht die Abtastung (und korrekte Rekonstruktion) eines hochfrequenten – aber schmalbandigen – Signals mit einer relativ niedrigen Abtastfrequenz, die eventuell weit unter der Maximalfrequenz liegt! Das ist deshalb möglich, weil man ja auch bei der Rekonstruktion des kontinuierlichen Signals wieder ein entsprechend schmalbandiges Filter verwenden kann. So genügt es beispielsweise, eine Glocke (ein sehr schmalbandiges Filter mit geringer Dämpfung) nur alle 5 Sekunden anzustoßen (bzw. abzutasten), um damit eine relativ hochfrequente Schwingung zu generieren.

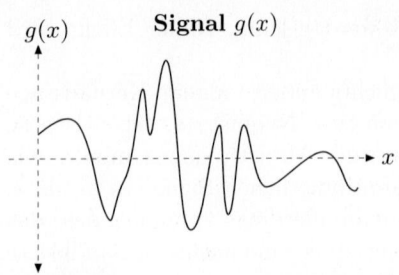

Signal $g(x)$

(a) Kontinuierliches, nicht periodisches Signal.

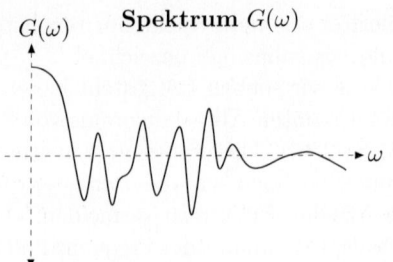

Spektrum $G(\omega)$

(b) Kontinuierliches, nicht periodisches Spektrum.

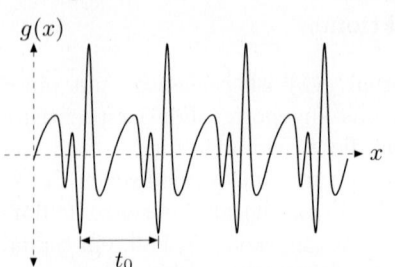

(c) Kontinuierliches, periodisches Signal mit Periodenlänge t_0.

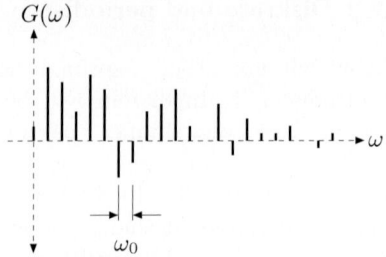

(d) Diskretes, nicht period. Spektrum mit Werten im Abstand $\omega_0 = 2\pi/t_0$.

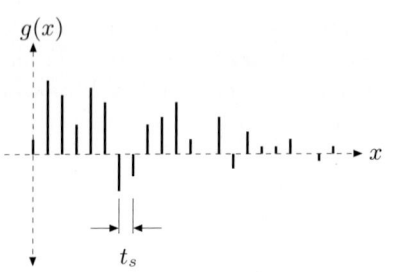

(e) Diskretes, nicht periodisches Signal mit Abtastwerten im Abstand t_s.

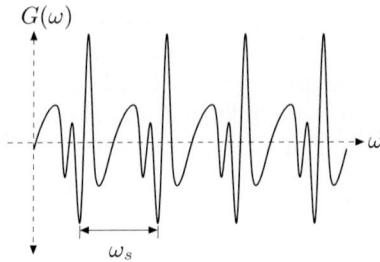

(f) Kontinuierl., periodisches Spektrum mit der Periodenlänge $\omega_s = 2\pi/t_s$.

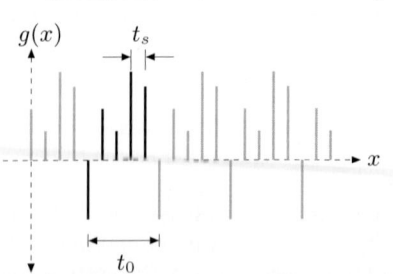

(g) Diskretes, period. Signal, abgetastet im Abstand t_s mit der Periodenlänge $t_0 = t_s M$.

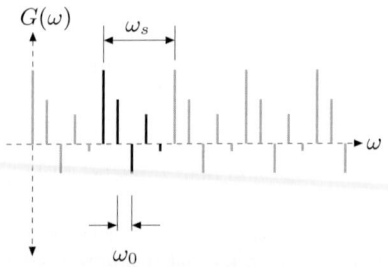

(h) Diskretes, period. Spektrum mit Werten im Abstand $\omega_0 = 2\pi/t_0$ und Periodenlänge $\omega_s = 2\pi/t_s = \omega_0 M$.

Abb. 13.9. Übergang von kontinuierlichen zu diskreten, periodischen Funktionen.

13.3 Die diskrete Fouriertransformation (DFT)

Im Fall eines diskreten, periodischen Signals benötigen wir also nur eine endliche Folge von M Abtastwerten, um sowohl das Signal $g(u)$ selbst als auch sein Fourierspektrum $G(m)$ vollständig abzubilden.[10] Durch die Darstellung als endliche Vektoren sind auch alle Voraussetzungen für die numerische Verarbeitung am Computer gegeben, insbesondere für die Anwendung der *diskreten* Fouriertransformation.

13.3.1 Definition der DFT

Die diskrete Fouriertransformation ist, wie auch bereits die kontinuierliche FT, in beiden Richtungen identisch. Die Vorwärtstransformation (DFT) für ein diskretes Signal $g(u)$ der Länge M ($u = 0 \dots M-1$) ist definiert als

$$G(m) = \frac{1}{\sqrt{M}} \sum_{u=0}^{M-1} g(u) \cdot e^{-\mathrm{i}2\pi \frac{mu}{M}} \quad \text{für } 0 \le m < M. \tag{13.43}$$

Analog dazu ist die *inverse* Transformation (DFT^{-1})

$$g(u) = \frac{1}{\sqrt{M}} \sum_{m=0}^{M-1} G(m) \cdot e^{\mathrm{i}2\pi \frac{mu}{M}} \quad \text{für } 0 \le u < M. \tag{13.44}$$

Sowohl das Signal $g(u)$ wie auch das diskrete Spektrum $G(m)$ sind komplexwertige Vektoren der Länge M, d. h.

$$
\begin{aligned}
g(u) &= g_{\mathrm{Re}}(u) + \mathrm{i} \cdot g_{\mathrm{Im}}(u) \\
G(m) &= G_{\mathrm{Re}}(m) + \mathrm{i} \cdot G_{\mathrm{Im}}(m)
\end{aligned}
\tag{13.45}
$$

für $u, m = 0 \dots M-1$ (Abb. 13.10). Umgeformt aus der Euler'schen Schreibweise in Gl. 13.43 (s. auch Gl. 13.10) ergibt sich das diskrete Fourierspektrum in der Komponentennotation als

$$G(m) = \frac{1}{\sqrt{M}} \sum_{u=0}^{M-1} \underbrace{\big[g_{\mathrm{Re}}(u) + \mathrm{i} \cdot g_{\mathrm{Im}}(u)\big]}_{g(u)} \cdot \big[\underbrace{\cos\big(2\pi \tfrac{mu}{M}\big)}_{\boldsymbol{C}_m^M(u)} - \mathrm{i} \cdot \underbrace{\sin\big(2\pi \tfrac{mu}{M}\big)}_{\boldsymbol{S}_m^M(u)}\big], \tag{13.46}$$

wobei $\boldsymbol{C}_m^M$ and $\boldsymbol{S}_m^M$ diskrete Basisfunktionen (Kosinus- und Sinusfunktionen) bezeichnen, die im nachfolgenden Abschnitt näher beschrieben sind. Durch die gewöhnliche komplexe Multiplikation (s. Abschn. A.2) erhalten wir aus

---

[10] Anm. zur Notation: Wir verwenden $g(x)$, $G(\omega)$ für ein *kontinuierliches* Signal bzw. das zugehörige Spektrum und $g(u)$, $G(m)$ für die *diskreten* Versionen.

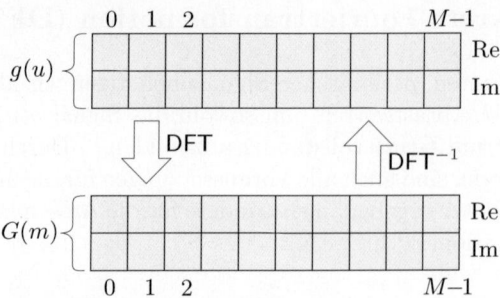

Abb. 13.10. Bei der diskreten Fouriertransformation (DFT) sind das ursprüngliche Signal $g(u)$ und das zugehörige Spektrum $G(m)$ komplexwertige Vektoren der Länge M.

Gl. 13.46 den Real- und Imaginärteil des diskreten Fourierspektrums in der Form

$$G_{\text{Re}}(m) = \frac{1}{\sqrt{M}} \sum_{u=0}^{M-1} g_{\text{Re}}(u) \cdot \boldsymbol{C}_m^M(u) + g_{\text{Im}}(u) \cdot \boldsymbol{S}_m^M(u) \qquad (13.47)$$

$$G_{\text{Im}}(m) = \frac{1}{\sqrt{M}} \sum_{u=0}^{M-1} g_{\text{Im}}(u) \cdot \boldsymbol{C}_m^M(u) - g_{\text{Re}}(u) \cdot \boldsymbol{S}_m^M(u) \qquad (13.48)$$

für $m = 0 \ldots M{-}1$. Analog dazu ergibt sich der Real- bzw. Imaginärteil der *inversen* DFT aus Gl. 13.44 als

$$g_{\text{Re}}(u) = \frac{1}{\sqrt{M}} \sum_{m=0}^{M-1} G_{\text{Re}}(m) \cdot \boldsymbol{C}_m^M(m) - G_{\text{Im}}(m) \cdot \boldsymbol{S}_m^M(m) \qquad (13.49)$$

$$g_{\text{Im}}(u) = \frac{1}{\sqrt{M}} \sum_{m=0}^{M-1} G_{\text{Im}}(m) \cdot \boldsymbol{C}_m^M(m) + G_{\text{Re}}(m) \cdot \boldsymbol{S}_m^M(m) \qquad (13.50)$$

für $u = 0 \ldots M{-}1$.

13.3.2 Diskrete Basisfunktionen

Die DFT (Gl. 13.44) beschreibt die Zerlegung einer diskreten Funktion $g(u)$ in eine endliche Summe diskreter Kosinus- und Sinusfunktionen ($\boldsymbol{C}_m^M$, $\boldsymbol{S}_m^M$), deren Gewichte oder „Amplituden" durch die zugehörigen DFT-Koeffizienten $G(m)$ bestimmt werden. Jede der eindimensionalen Basisfunktionen (erstmals verwendet in Gl. 13.46)

$$\boldsymbol{C}_m^M(u) = \boldsymbol{C}_u^M(m) = \cos\!\left(2\pi \tfrac{mu}{M}\right), \qquad (13.51)$$

$$\boldsymbol{S}_m^M(u) = \boldsymbol{S}_u^M(m) = \sin\!\left(2\pi \tfrac{mu}{M}\right) \qquad (13.52)$$

ist eine Kosinus- bzw. Sinusfunktion mit einer diskreten Frequenz (Wellenzahl) m über eine Periode von M Abtastpunkten, ausgewertet an einer beliebigen Position u. Als Beispiel sind die Basisfunktionen für eine DFT der Länge $M = 8$ in Abb. 13.11–13.12 gezeigt, sowohl als diskrete Funktionen (mit ganzzahligen Ordinatenwerten $u \in \mathbb{Z}$) wie auch als kontinuierliche Funktionen (mit reellwertigen Ordinaten $x \in \mathbb{R}$).

Für die Wellenzahl $m = 0$ hat die Kosinusfunktion $\boldsymbol{C}_0^M(u)$ (Gl. 13.51) den konstanten Wert 1. Daher spezifiziert der zugehörige DFT-Koeffizient $G_{\mathrm{Re}}(0)$ – also der Realteil von $G(0)$ – den konstanten Anteil des Signals oder, anders ausgedrückt, den durchschnittlichen Wert des Signals $g(u)$ in Gl. 13.49. Im Unterschied dazu ist der Wert von $\boldsymbol{S}_0^M(u)$ immer null und daher sind auch die zugehörigen Koeffizienten $G_{\mathrm{Im}}(0)$ in Gl. 13.49 bzw. $G_{\mathrm{Re}}(0)$ in Gl. 13.50 nicht relevant. Für ein reellwertiges Signal (d. h. $g_{\mathrm{Im}}(u) = 0$ für alle u) muss also der Koeffizient $G_{\mathrm{Im}}(0)$ des zugehörigen Fourierspektrums ebenfalls null sein.

Wie wir aus Abb. 13.11 sehen, entspricht der Wellenzahl $m = 1$ eine Kosinus- bzw. Sinusfunktion, die über die Signallänge $M = 8$ exakt *einen* vollen Zyklus durchläuft. Eine Wellenzahl $m = 2 \ldots 7$ entspricht analog dazu $2 \ldots 7$ vollen Zyklen über die Signallänge hinweg (Abb. 13.12).

13.3.3 Schon wieder Aliasing!

Ein genauerer Blick auf Abb. 13.11 und 13.12 zeigt einen interessanten Sachverhalt: Die abgetasteten (diskreten) Funktionen für $m = 3$ und $m = 5$ sind identisch, obwohl die zugehörigen kontinuierlichen Kosinus- bzw. Sinusfunktionen unterschiedlich sind! Dasselbe gilt auch für die Frequenzpaare $m = 2, 6$ und $m = 1, 7$. Was wir hier sehen, ist die Manifestation des Abtasttheorems – das wir ursprünglich (Abschn. 13.2.1) im Frequenzraum beschrieben hatten – im *Ortsraum*. Offensichtlich ist also $m = 4$ die maximale Frequenzkomponente, die mittels eines diskreten Signals der Länge $M = 8$ beschrieben werden kann. Jede *höhere* Frequenzkomponente (in diesem Fall $m = 5 \ldots 7$) ist in der diskreten Version identisch zu einer anderen Komponente mit niedrigerer Wellenzahl und kann daher aus dem diskreten Signal nicht rekonstruiert werden!

Wenn ein kontinuierliches Signal im regelmäßigen Abstand τ abgetastet wird, wiederholt sich das zugehörige Spektrum an Vielfachen von $\omega_s = 2\pi/\tau$, wie bereits an früherer Stelle gezeigt (Abb. 13.8). Im diskreten Fall ist das Spektrum periodisch mit M. Weil das Fourierspektrum eines reellwertigen Signals um den Ursprung symmetrisch ist (Gl. 13.21), hat jede Spektralkomponente mit der Wellenzahl m ein gleich großes Duplikat mit der gegenüberliegenden Wellenzahl $-m$. Die Spektralkomponenten erscheinen also paarweise gespiegelt an Vielfachen von M, d. h.

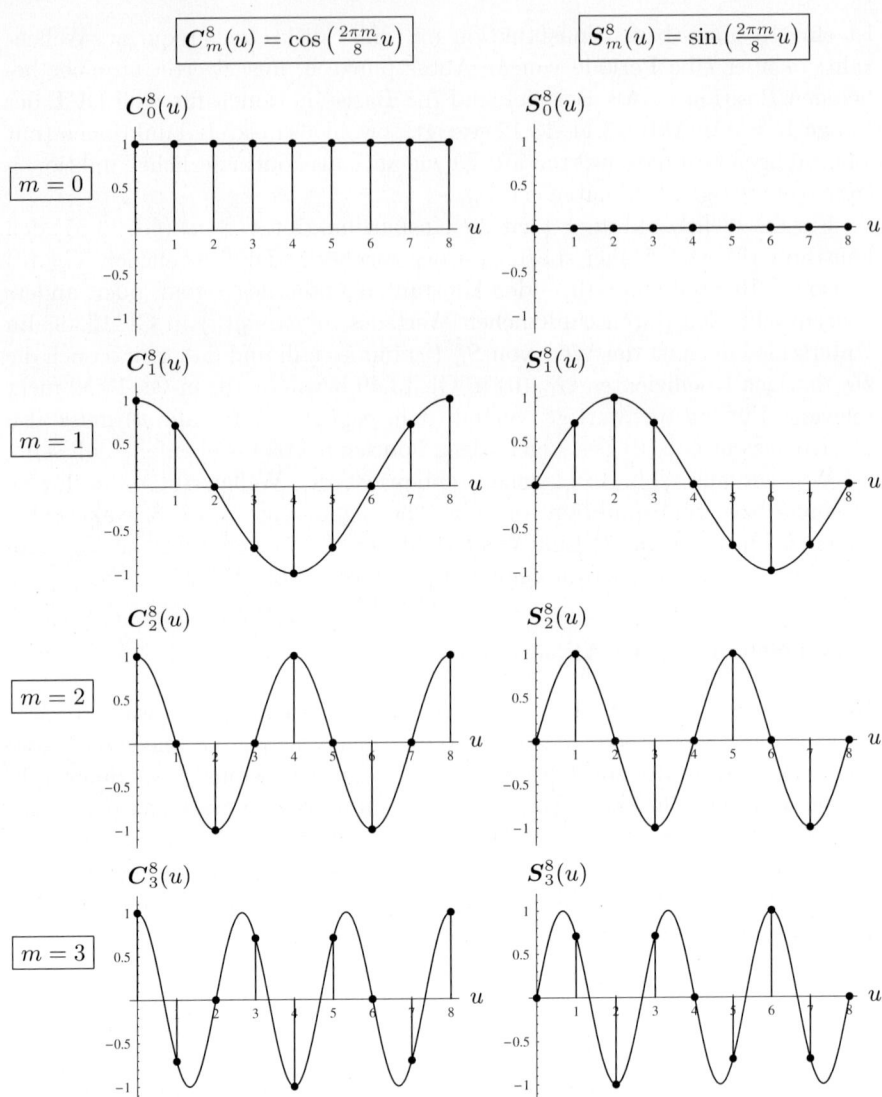

Abb. 13.11. Diskrete Basisfunktionen $C_m^M(u)$ und $S_m^M(u)$ für die Signallänge $M = 8$ und Wellenzahlen $m = 0 \ldots 3$. Jeder der Plots zeigt sowohl die diskreten Funktionswerte (als dunkle Punkte) wie auch die zugehörige kontinuierliche Funktion.

$$\boxed{C_m^8(u) = \cos\left(\tfrac{2\pi m}{8}u\right)} \qquad \boxed{S_m^8(u) = \sin\left(\tfrac{2\pi m}{8}u\right)}$$

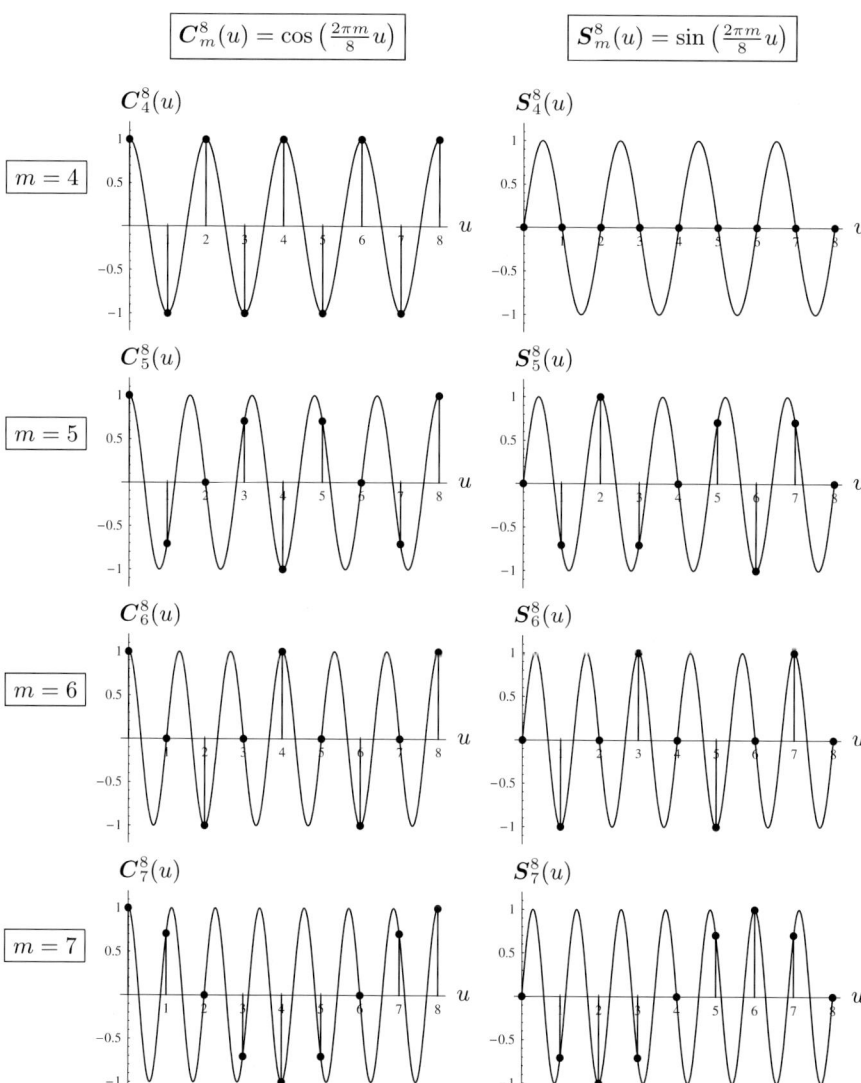

Abb. 13.12. Diskrete Basisfunktionen (Fortsetzung). Signallänge $M = 8$ und Wellenzahlen $m = 4 \ldots 7$. Man beachte, dass z.B. die diskreten Funktionen für $m = 5$ und $m = 3$ (Abb. 13.11) identisch sind, weil $m = 4$ die maximale Wellenzahl ist, die in einem diskreten Spektrum der Länge $M = 8$ dargestellt werden kann.

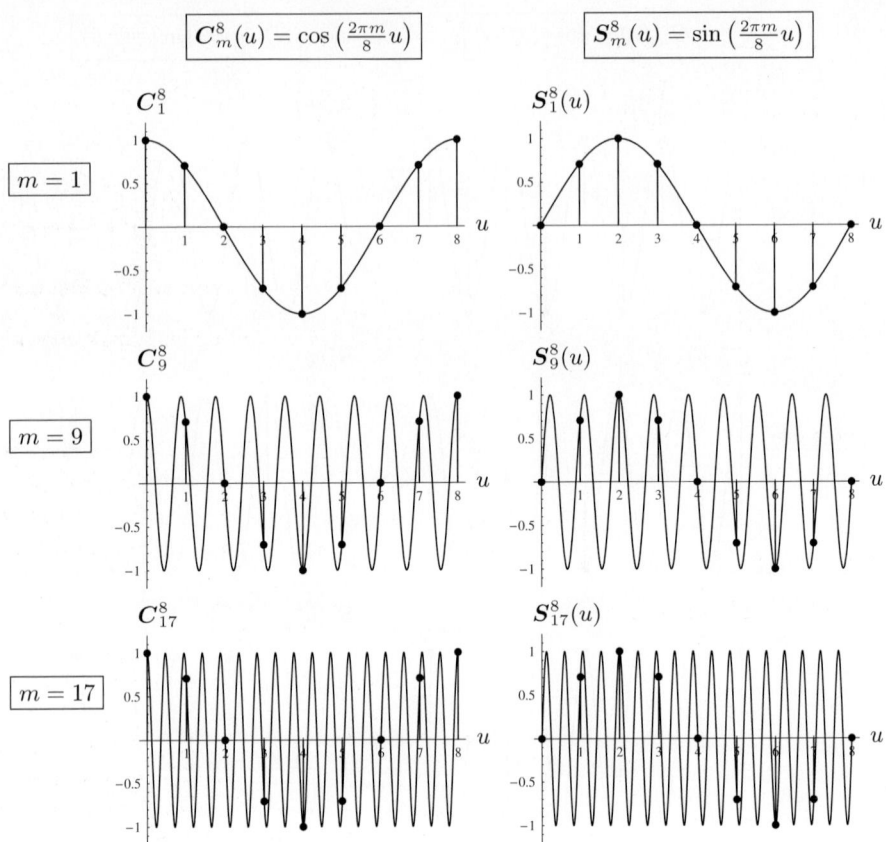

Abb. 13.13. Aliasing im Ortsraum. Für die Signallänge $M = 8$ sind die diskreten Kosinus- und Sinusfunktionen für die Wellenzahlen $m = 1, 9, 17, \ldots$ identisch. Die Abtastfrequenz selbst entspricht der Wellenzahl 8.

$$
\begin{aligned}
|G(m)| = |G(M-m)| \ &= |G(M+m)| \qquad\qquad (13.53) \\
&= |G(2M-m)| = |G(2M+m)| \\
&\quad\; \cdots \\
&= |G(kM-m)| = |G(kM+m)|
\end{aligned}
$$

für alle $k \in \mathbb{Z}$. Wenn also das ursprüngliche, kontinuierliche Signal Energie mit einer Frequenz

$$
\omega_m > \omega_{M/2},
$$

enthält, also Komponenten mit einer Wellenzahl $m > M/2$, dann überlagern (addieren) sich – entsprechend dem Abtasttheorem – die überlappenden Teile der replizierten Spektra im resultierenden, periodischen Spektrum des diskreten Signals.

13.3.4 Einheiten im Orts- und Spektralraum

Das Verhältnis zwischen den Einheiten im Orts- und Spektralraum sowie die Interpretation der Wellenzahl m sind häufig Anlass zu Missverständnissen. Jeder komplexwertige Spektralkoeffizient $G(m)$ entspricht einem Paar von Kosinus- und Sinusfunktionen mit einer bestimmten Frequenz im Ortsraum. Während sowohl das Signal wie auch das zugehörige Spektrum einfach Datenvektoren sind und zur Berechnung der DFT selbst keine Maßeinheiten benötigt werden, ist es dennoch wichtig, zu verstehen, in welchem Bezug die Koordinaten im Spektrum zu Größen in der realen Welt stehen.

Angenommen ein kontinuierliches Signal wird an M aufeinander folgenden Positionen im Abstand τ (eine Zeitspanne oder eine Distanz im Raum) abgetastet. Die Wellenzahl $m = 1$ entspricht also der Grundperiode des diskreten Signals (das als periodisch angenommen wird) mit der Periodenlänge $M\tau$ und damit einer Frequenz

$$f_1 = \frac{1}{M\tau} \,. \tag{13.54}$$

Im Allgemeinen entspricht die Wellenzahl m eines diskreten Spektrums der realen Frequenz

$$f_m = m\frac{1}{M\tau} = m \cdot f_1 \tag{13.55}$$

für $0 \le m < M$ oder – als Kreisfrequenz ausgedrückt –

$$\omega_m = 2\pi f_m = m\frac{2\pi}{M\tau} = m \cdot \omega_1. \tag{13.56}$$

Die Abtastfrequenz selbst, also $f_s = 1/\tau = M \cdot f_1$, entspricht offensichtlich der Wellenzahl $m_s = M$. Die maximale Wellenzahl, die im diskreten Spektrum ohne Aliasing dargestellt werden kann, ist

$$m_{\max} = \frac{M}{2} = \frac{m_s}{2} \,, \tag{13.57}$$

also wie erwartet die Hälfte der Wellenzahl der Abtastfrequenz m_s.

Beispiel 1: Zeitsignal

Nehmen wir beispielsweise an, $g(u)$ ist ein Zeitsignal (z. B. ein diskretes Tonsignal) bestehend aus $M = 500$ Abtastwerten im Intervall $\tau = 1\,\text{ms} = 10^{-3}\,\text{s}$. Die Abtastfrequenz ist daher $f_s = 1/\tau = 1000\,\text{Hertz}$ (Zyklen pro Sekunde) und die Gesamtdauer (Grundperiode) des Signals beträgt $M \cdot \tau = 0.5\,\text{s}$.

Aus Gl. 13.54 berechnen wir die Grundfrequenz des als periodisch angenommenen Signals als $f_1 = \frac{1}{500 \cdot 10^{-3}} = \frac{1}{0.5} = 2\,\text{Hertz}$. Die Wellenzahl $m = 2$ entspricht in diesem Fall einer realen Frequenz $f_2 = 2f_1 = 4\,\text{Hertz}$, $f_3 = 6\,\text{Hertz}$, usw. Die *maximale* Frequenz, die durch dieses diskrete Signal ohne Aliasing dargestellt werden kann, ist $f_{\max} = \frac{1}{2\tau} = 500\,\text{Hertz}$, also exakt die Hälfte der Abtastfrequenz f_s.

Beispiel 2: Signal im Ortsraum

Die gleichen Verhältnisse treffen auch für räumliche Signale zu, wenngleich mit anderen Maßeinheiten. Angenommen wir hätten ein eindimensionales Druckraster mit einer Auflösung (d. h. räumlichen Abtastfrequenz) von 120 Punkten pro cm, das entspricht etwa 300 *dots per inch* (dpi) und einer Signallänge von $M = 1800$ Abtastwerten.

Dies entspricht einem räumlichen Abtastintervall von $\tau = 1/120$ cm $\approx$ 83 μm und einer Gesamtstrecke des Signals von $1800/120 = 15$ cm. Die Grundfrequenz dieses (wiederum als periodisch angenommenen) Signals ist demnach $f_1 = \frac{1}{15}$, gemessen in Zyklen pro cm. Aus der Abtastfrequenz von $f_s = 120$ Zyklen pro cm ergibt sich eine maximale Signalfrequenz $f_{\max} = \frac{f_s}{2} = 60$ Zyklen pro cm und dies entspricht auch der feinsten Struktur, die mit diesem Druckraster aufgelöst werden kann.

13.3.5 Das Leistungsspektrum

Der Betrag des komplexwertigen Fourierspektrums

$$|G(m)| = \sqrt{G_{\mathrm{Re}}^2(m) + G_{\mathrm{Im}}^2(m)} \qquad (13.58)$$

wird als *Leistungsspektrum* („power spectrum") bezeichnet. Es beschreibt die Energie (Leistung), die die einzelnen Frequenzkomponenten des Spektrums zum Signal beitragen. Das Leistungsspektrum ist reellwertig und positiv und wird daher häufig zur grafischen Darstellung der Fouriertransformierten verwendet (s. auch Abschn. 14.2).

Da die Phaseninformation im Leistungsspektrum verloren geht, kann das ursprüngliche Signal aus dem Leistungsspektrum allein nicht rekonstruiert werden. Das Leistungsspektrum ist jedoch – genau *wegen* der fehlenden Phaseninformation – unbeeinflusst von *Verschiebungen* des zugehörigen Signals und eignet sich daher zum Vergleich von Signalen. Genauer gesagt ist das Leistungsspektrum eines zyklisch verschobenen Signals identisch zum Leistungsspektrum des ursprünglichen Signals, d. h., für ein diskretes, periodisches Signal $g_1(u)$ der Länge M und das um den Abstand $d \in \mathbb{Z}$ zyklisch verschobene Signal

$$g_2(u) = g_1(u-d) \qquad (13.59)$$

gilt für die zugehörigen Leistungsspektra

$$|G_2(m)| = |G_1(m)|, \qquad (13.60)$$

obwohl die komplexwertigen Fourierspektra $G_1(m)$ und $G_2(m)$ selbst i. Allg. verschieden sind. Aufgrund der Symmetrieeigenschaft des Leistungsspektrums (Gl. 13.53) gilt überdies

$$|G(m)| = |G(-m)| \qquad (13.61)$$

für reellwertige Signale $g(u) \in \mathbb{R}$.

13.4 Implementierung der DFT

13.4.1 Direkte Implementierung

Auf Basis der Definitionen in Gl. 13.47 und Gl. 13.48 kann die DFT auf direktem Weg implementiert werden, wie in Prog. 13.1 gezeigt. Die dort angeführte Methode DFT() transformiert einen Signalvektor von beliebiger Länge M (nicht notwendigerweise eine Potenz von 2) und benötigt dafür etwa M^2 Operationen, d. h., die Zeitkomplexität dieses DFT-Algorithmus beträgt $\mathcal{O}(M^2)$.

Eine Möglichkeit zur Verbesserung der Effizienz des DFT-Algorithmus ist die Verwendung von Lookup-Tabellen für die sin- und cos-Funktion (deren numerische Berechnung vergleichsweise aufwendig ist), da deren Ergebnisse ohnehin nur für M unterschiedliche Winkel φ_m benötigt werden. Für $m = 0 \ldots M{-}1$ sind die zugehörigen Winkel $\varphi_m = 2\pi\frac{m}{M}$ gleichförmig auf dem vollen 360°-Kreisbogen verteilt und jedes ganzzahlige Vielfache $\varphi_m \cdot u$ (für $u \in \mathbb{Z}$) kann wiederum auf nur einen dieser Winkel fallen, denn es gilt

$$\varphi_m \cdot u = 2\pi\tfrac{mu}{M} \;\equiv\; \tfrac{2\pi}{M}(\underbrace{mu \bmod M}_{0 \le k < M}) = 2\pi\tfrac{k}{M} = \varphi_k \tag{13.62}$$

(mod ist der „Modulo"-Operator[11]). Wir können also zwei konstante Tabellen (Gleitkomma-Arrays) $\mathbf{W}_C[k]$ und $\mathbf{W}_S[k]$ der Größe M einrichten mit den Werten

$$\mathbf{W}_C[k] \leftarrow \cos(\omega_k) = \cos\left(2\pi\tfrac{k}{M}\right) \tag{13.63}$$
$$\mathbf{W}_S[k] \leftarrow \sin(\omega_k) = \sin\left(2\pi\tfrac{k}{M}\right),$$

wobei $0 \le k < M$. Aus diesen Tabellen können die für die Berechnung der DFT notwendigen Kosinus- und Sinuswerte (Gl. 13.46) in der Form

$$C_k^M(u) = \cos\left(2\pi\tfrac{mu}{M}\right) = \mathbf{W}_C[mu \bmod M] \tag{13.64}$$
$$S_k^M(u) = \sin\left(2\pi\tfrac{mu}{M}\right) = \mathbf{W}_S[mu \bmod M] \tag{13.65}$$

ohne zusätzlichen Berechnungsvorgang für beliebige Werte von m und u ermittelt werden. Die entsprechende Modifikation der DFT()-Methode in Prog. 13.1 ist eine einfache Übung.

Trotz dieser deutlichen Verbesserung bleibt die direkte Implementierung der DFT rechenaufwendig. Tatsächlich war es lange Zeit unmöglich, die DFT in dieser Form auf gewöhnlichen Computern ausreichend schnell zu berechnen und dies gilt auch heute noch für viele konkrete Anwendungen.

13.4.2 Fast Fourier Transform (FFT)

Zur praktischen Berechnung der DFT existieren schnelle Algorithmen, in denen die Abfolge der Berechnungen so ausgelegt ist, dass gleichartige Zwischen-

---
[11] Siehe auch Anhang B.1.2.

```
1 class Complex {
2     double re, im;
3
4     Complex(double re, double im) { //constructor method
5         this.re = re;
6         this.im = im;
7     }
8 }
```

```
1     Complex[] DFT(Complex[] g, boolean forward) {
2         int M = g.length;
3         double s = 1 / Math.sqrt(M); //common scale factor
4         Complex[] G = new Complex[M];
5         for (int m = 0; m < M; m++) {
6             double sumRe = 0;
7             double sumIm = 0;
8             double phim = 2 * Math.PI * m / M;
9             for (int u = 0; u < M; u++) {
10                double gRe = g[u].re;
11                double gIm = g[u].im;
12                double cosw = Math.cos(phim * u);
13                double sinw = Math.sin(phim * u);
14                if (!forward) // inverse transform
15                    sinw = -sinw;
16                //complex mult: (gRe + i gIm) * (cosw + i sinw)
17                sumRe += gRe * cosw + gIm * sinw;
18                sumIm += gIm * cosw - gRe * sinw;
19            }
20            G[m] = new Complex(s * sumRe, s * sumIm);
21        }
22        return G;
23    }
```

Programm 13.1. Direkte Implementierung der DFT auf Basis der Definition in Gl. 13.47 und 13.48. Die Methode DFT() liefert einen komplexwertigen Ergebnisvektor der gleichen Länge wie der ebenfalls komplexwertige Input-Vektor g. Die Methode implementiert sowohl die Vorwärtstransformation wie auch die inverse Transformation, je nach Wert des Steuerparameters forward. Die Klasse Complex (oben) definiert die Struktur der komplexen Vektorelemente.

ergebnisse nur einmal berechnet und in optimaler Weise mehrfach wiederverwendet werden. Die sog. *Fast Fourier Transform*, von der es mehrere Varianten gibt, reduziert i. Allg. die Zeitkomplexität der Berechnung von $\mathcal{O}(M^2)$ auf $\mathcal{O}(N \log_2 N)$. Die Auswirkungen sind vor allem bei größeren Signallängen deutlich. Zum Beispiel bringt die FFT bei eine Signallänge $M = 10^3$ bereits eine Beschleunigung um den Faktor 100 und bei $M = 10^6$ um den Faktor 10.000, also ein eindrucksvoller Gewinn. Die FFT ist daher seit ihrer Erfindung ein unverzichtbares Werkzeug in praktisch jeder Anwendung der digitalen Spektralanalyse [11].

Die meisten FFT-Algorithmen, u. a. jener in der berühmten Publikation von Cooley und Tukey aus dem Jahr 1965 (ein historischer Überblick dazu findet sich in [28, S. 156]), sind auf Signallängen von $M = 2^k$, also Zweierpotenzen, optimiert. Spezielle FFT-Algorithmen wurden aber auch für andere Längen entwickelt, insbesondere für eine Reihe kleinerer Primzahlen [7].

Wichtig ist jedoch die Tatsache, dass DFT und FFT *dasselbe* Ergebnis berechnen und die FFT nur eine spezielle – wenn auch äußerst geschickte – Methode zur Implementierung der diskreten Fouriertransformation (Gl. 13.43) ist.

13.5 Aufgaben

Aufg. 13.1. Berechnen Sie die Werte der Kosinusfunktion $f(x) = \cos(\omega x)$ mit der Kreisfrequenz $\omega = 5$ für die Positionen $x = -3, -2, \ldots, 2, 3$. Welche Periodenlänge hat diese Funktion?

Aufg. 13.2. Ermitteln Sie den Phasenwinkel φ der Funktion $f(x) = A\cos(\omega x)$ $+ B\sin(\omega x)$ für $A = -1$ und $B = 2$.

Aufg. 13.3. Berechnen Sie Real- und Imaginärteil sowie den Betrag der komplexen Größe $z = 1.5 \cdot e^{-\mathrm{i}\,2.5}$.

Aufg. 13.4. Ein eindimensionaler, optischer Scanner zur Abtastung von Filmen soll Bildstrukturen mit einer Genauigkeit von 4.000 dpi (*dots per inch*) auflösen. In welchem räumlichen Abstand (in mm) müssen die Abtastwerte angeordnet sein, sodass kein *Aliasing* auftritt?

Aufg. 13.5. Modifizieren Sie die Implementierung der eindimensionalen DFT in Prog. 13.1 durch Verwendung von Lookup-Tabellen für die cos- und sin-Funktion, wie in Gl. 13.64 und 13.65 beschrieben.

14

Die diskrete Fouriertransformation in 2D

Die Fouriertransformation ist nicht nur für eindimensionale Signale definiert, sondern für Funktionen beliebiger Dimension, und daher sind auch zweidimensionale Bilder aus mathematischer Sicht nichts Besonderes.

14.1 Definition der 2D-DFT

Für eine zweidimensionale, periodische Funktion (also z. B. ein Intensitätsbild) $g(u,v)$ der Größe $M \times N$ ist die diskrete Fouriertransformation (2D-DFT) definiert als

$$G(m,n) = \frac{1}{\sqrt{MN}} \sum_{u=0}^{M-1} \sum_{v=0}^{N-1} g(u,v) \cdot e^{-\mathrm{i}2\pi \frac{mu}{M}} \cdot e^{-\mathrm{i}2\pi \frac{nv}{N}} \qquad (14.1)$$

$$= \frac{1}{\sqrt{MN}} \sum_{u=0}^{M-1} \sum_{v=0}^{N-1} g(u,v) \cdot e^{-\mathrm{i}2\pi \left(\frac{mu}{M} + \frac{nv}{N} \right)}$$

für die Spektralkoordinaten $m = 0 \ldots M-1$ und $n = 0 \ldots N-1$. Die resultierende Fouriertransformierte ist also ebenfalls wieder eine zweidimensionale Funktion mit derselben Größe ($M \times N$) wie das ursprüngliche Signal. Analog dazu ist die *inverse* 2D-DFT definiert als

$$g(u,v) = \frac{1}{\sqrt{MN}} \sum_{m=0}^{M-1} \sum_{n=0}^{N-1} G(m,n) \cdot e^{\mathrm{i}2\pi \frac{um}{M}} \cdot e^{\mathrm{i}2\pi \frac{vn}{N}} \qquad (14.2)$$

$$= \frac{1}{\sqrt{MN}} \sum_{m=0}^{M-1} \sum_{n=0}^{N-1} G(m,n) \cdot e^{\mathrm{i}2\pi \left(\frac{um}{M} + \frac{vn}{N} \right)}$$

für die Bildkoordinaten $u = 0 \ldots M-1$ und $v = 0 \ldots N-1$.

14.1.1 2D-Basisfunktionen

Gl. 14.2 zeigt, dass eine zweidimensionale Funktion $g(u, v)$ als Linearkombination (d. h. als gewichtete Summe) zweidimensionaler, komplexwertiger Funktionen der Form

$$e^{\mathrm{i}2\pi(\frac{um}{M}+\frac{vn}{N})} = \underbrace{\cos\left[2\pi\left(\frac{um}{M}+\frac{vn}{N}\right)\right]}_{\boldsymbol{C}_{m,n}^{M,N}(u,v)} + \mathrm{i}\cdot\underbrace{\sin\left[2\pi\left(\frac{um}{M}+\frac{vn}{N}\right)\right]}_{\boldsymbol{S}_{m,n}^{M,N}(u,v)} \quad (14.3)$$

dargestellt werden kann. Dabei sind $\boldsymbol{C}_{m,n}^{M,N}(u,v)$ und $\boldsymbol{S}_{m,n}^{M,N}(u,v)$ zweidimensionale Kosinus- bzw. Sinusfunktionen mit horizontaler Wellenzahl m und vertikaler Wellenzahl n:

$$\boldsymbol{C}_{m,n}^{M,N}(u,v) = \cos\left[2\pi\left(\frac{um}{M}+\frac{vn}{N}\right)\right] \quad (14.4)$$

$$\boldsymbol{S}_{m,n}^{M,N}(u,v) = \sin\left[2\pi\left(\frac{um}{M}+\frac{vn}{N}\right)\right] \quad (14.5)$$

Beispiele

Die Abbildungen 14.1–14.2 zeigen einen Satz von 2D-Kosinusfunktionen $\boldsymbol{C}_{m,n}^{M,N}$ der Größe $M = N = 16$ für verschiedene Kombinationen von Wellenzahlen $m, n = 0 \ldots 3$. Wie klar zu erkennen ist, entsteht in jedem Fall eine gerichtete, kosinusförmige Wellenform, deren Richtung durch die Wellenzahlen m und n bestimmt ist. Beispielsweise entspricht den Wellenzahlen $m = n = 2$ eine Kosinusfunktion $\boldsymbol{C}_{2,2}^{M,N}(u,v)$, die jeweils zwei volle Perioden in horizontaler und in vertikaler Richtung durchläuft und dadurch eine zweidimensionale Welle in diagonaler Richtung erzeugt. Gleiches gilt natürlich auch für die entsprechenden Sinusfunktionen.

14.1.2 Implementierung der zweidimensionalen DFT

Wie im eindimensionalen Fall könnte man auch die 2D-DFT direkt auf Basis der Definition in Gl. 14.1 implementieren, aber dies ist nicht notwendig. Durch geringfügige Umformung von Gl. 14.1 in der Form

$$G(m,n) = \frac{1}{\sqrt{N}}\sum_{v=0}^{N-1}\left[\underbrace{\frac{1}{\sqrt{M}}\sum_{u=0}^{M-1}g(u,v)\cdot e^{-\mathrm{i}2\pi\frac{um}{M}}}_{\text{1-dim. DFT der Zeile } g(\cdot,v)}\right]\cdot e^{-\mathrm{i}2\pi\frac{vn}{N}} \quad (14.6)$$

wird deutlich, dass sich im Kern wiederum eine *eindimensionale* DFT (s. Gl. 13.43) des v-ten Zeilenvektors $g(\cdot,v)$ befindet, die unabhängig ist von den „vertikalen" Größen v und N (die in Gl. 14.6 außerhalb der eckigen Klammern

---

Algorithmus 14.1 Implementierung der zweidimensionalen DFT als Folge von eindimensionalen DFTs über Zeilen- bzw. Spaltenvektoren.

1: SEPARABLE 2D-DFT $(g(u,v) \in \mathbb{C})$ $\triangleright$ $0 \leq u < M$, $0 \leq v < N$
2:     **for** $v \leftarrow 0 \ldots N{-}1$ **do**
3:        Let $g(\cdot, v)$ be the vth row vector of g:
            Replace $g(\cdot, v)$ by $\mathsf{DFT}[g(\cdot, v)]$.
4:     **for** $u \leftarrow 0 \ldots M{-}1$ **do**
5:        Let $g(u, \cdot)$ be the uth column vector of g:
            Replace $g(u, \cdot)$ by $\mathsf{DFT}[g(u, \cdot)]$.
6:     *Remark:* $g(u,v) = G(u,v) \in \mathbb{C}$ now contains the discrete 2D spectrum.

---

stehen). Wenn also im ersten Schritt jeder Zeilenvektor $g(\cdot, v)$ des ursprünglichen Bilds ersetzt wird durch seine (eindimensionale) Fouriertransformierte, d. h.

$$g'(\cdot, v) \leftarrow \mathsf{DFT}[g(\cdot, v)] \quad \text{für } 0 \leq v < N,$$

dann muss nachfolgend nur mehr die eindimensionale DFT für jeden (vertikalen) Spaltenvektor berechnet werden, also

$$g''(u, \cdot) \leftarrow \mathsf{DFT}[g'(u, \cdot)] \quad \text{für } 0 \leq u < M.$$

Das Resultat $g''(u,v)$ entspricht der zweidimensionalen Fouriertransformierten $G(m,n)$. Die *zwei*dimensionale DFT ist also, wie in Alg. 14.1 zusammengefasst, in zwei aufeinander folgende *ein*dimensionale DFTs über die Zeilenbzw. Spaltenvektoren *separierbar*. Das bedeutet einerseits einen Effizienzvorteil und andererseits, dass wir auch zur Realisierung mehrdimensionaler DFTs ausschließlich eindimensionale DFT-Implementierungen (bzw. die eindimensionale FFT) verwenden können.

Wie aus Gl. 14.6 abzulesen ist, könnte diese Operation genauso gut in umgekehrter Reihenfolge durchgeführt werden, also beginnend mit einer DFT über alle Spalten und dann erst über die Zeilen. Bemerkenswert ist überdies, dass alle Operationen in Alg. 14.1 „in place" ausgeführt werden können, d. h., das ursprüngliche Signal $g(u,v)$ wird destruktiv modifiziert und schrittweise durch seine Fouriertransformierte $G(m,n)$ derselben Größe ersetzt, ohne dass dabei zusätzlicher Speicherplatz angelegt werden müsste. Das ist durchaus erwünscht und üblich, zumal auch praktisch alle eindimensionalen FFT-Algorithmen – die man nach Möglichkeit zur Implementierung der DFT verwenden sollte – „in place" arbeiten.

14.2 Darstellung der Fouriertransformierten in 2D

Zur Darstellung von zweidimensionalen, komplexwertigen Funktionen, wie die Ergebnisse der 2D-DFT, gibt es leider keine einfache Methode. Man könnte die Real- und Imaginärteile als Intensitätsbild oder als Oberflächengrafik darstellen, üblicherweise betrachtet man jedoch den Betrag der komplexen Funktion,

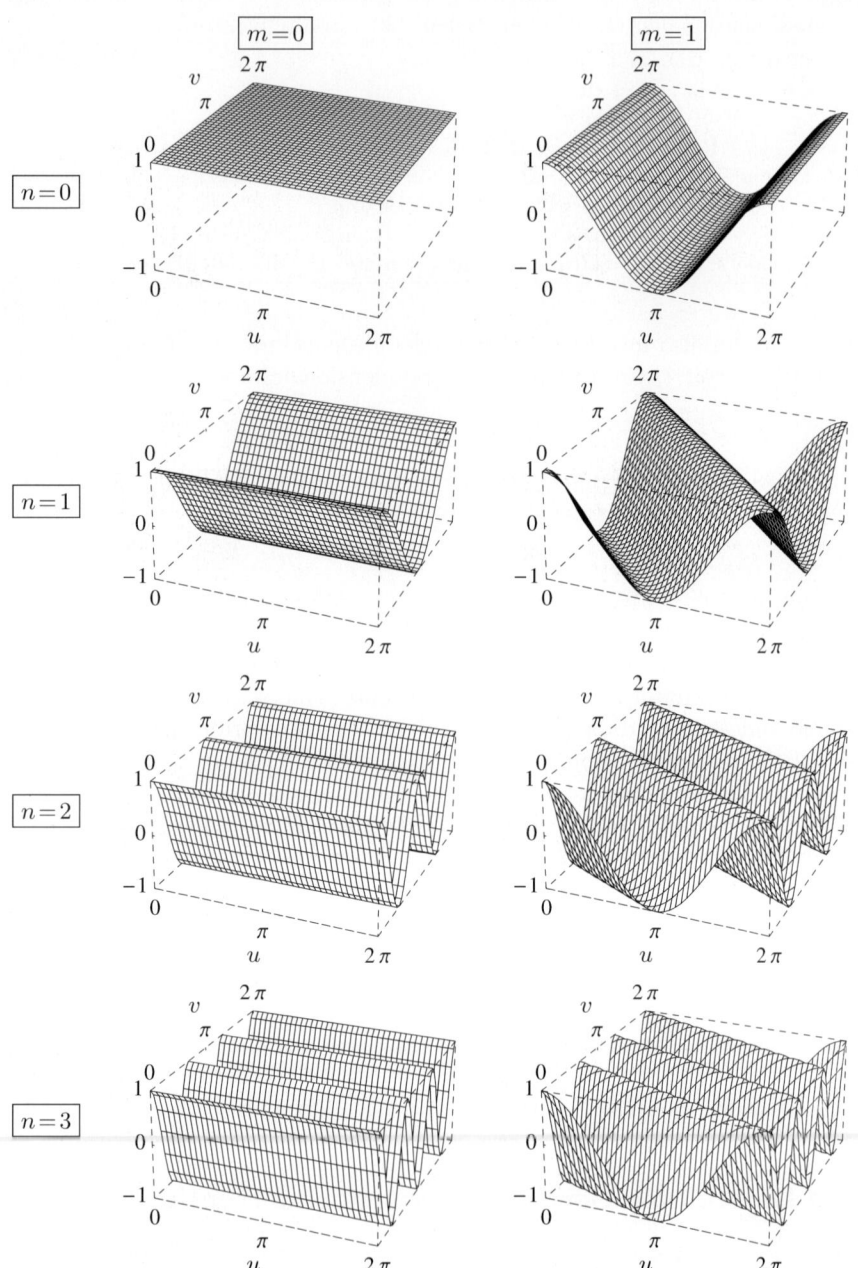

Abb. 14.1. Zweidimensionale Kosinusfunktionen. $\boldsymbol{C}_{m,n}^{M,N}(u,v) = \cos\left[2\pi\left(\frac{um}{M} + \frac{vn}{N}\right)\right]$
für $M = N = 16$ und $n = 0\ldots3$, $m = 0, 1$.

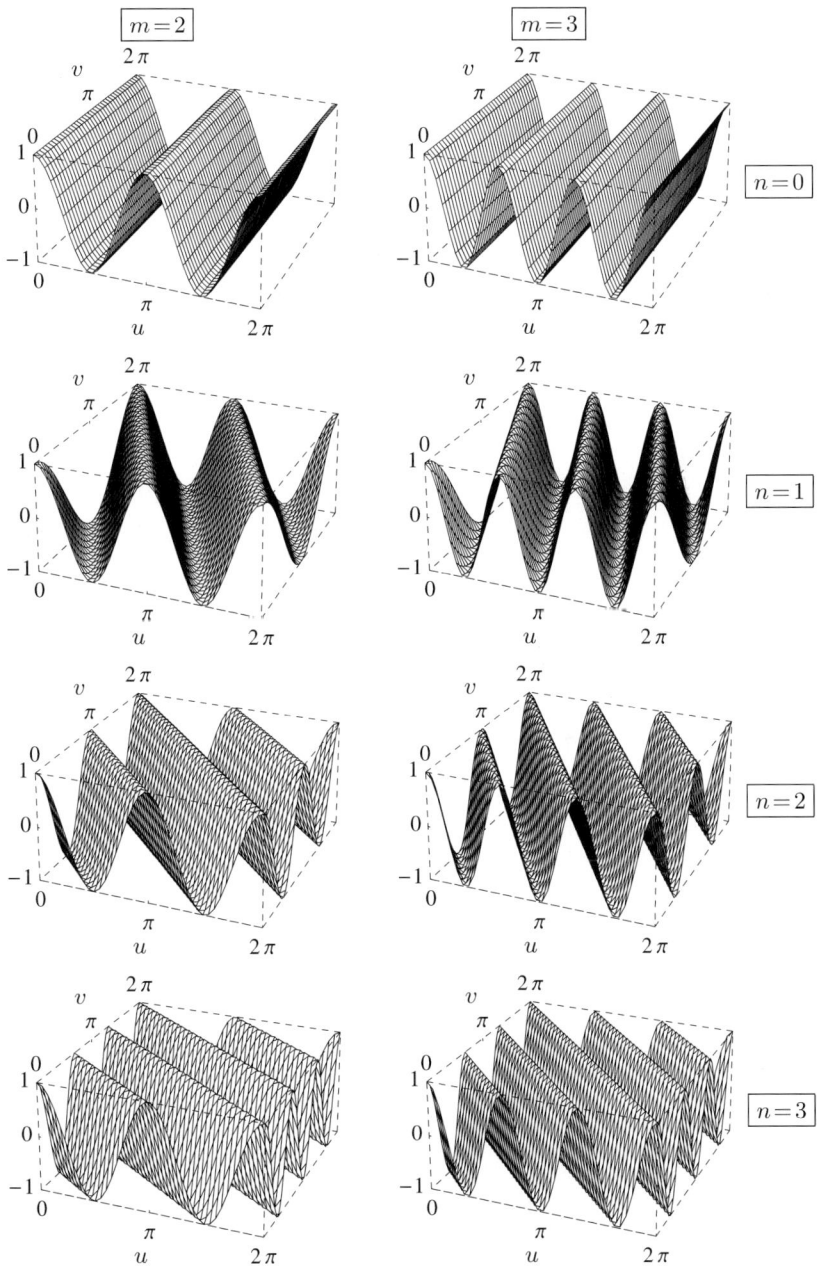

Abb. 14.2. Zweidimensionale Kosinusfunktionen (*Fortsetzung*). $\boldsymbol{C}_{m,n}^{M,N}(u,v) = \cos\left[2\pi\left(\frac{um}{M} + \frac{vn}{N}\right)\right]$ für $M = N = 16$ und $n = 0\ldots3$, $m = 2, 3$.

im Fall der Fouriertransformierten also das Leistungsspektrum $|G(m,n)|$ (s. Abschn. 13.3.5).

14.2.1 Wertebereich

In den meisten natürlichen Bildern konzentriert sich die „spektrale Energie" in den niedrigen Frequenzen mit einem deutlichen Maximum bei den Wellenzahlen $(0,0)$, also am Koordinatenursprung (s. auch Abschn. 14.4). Um den hohen Wertebereich innerhalb des Spektrums und insbesondere die kleineren Werte an der Peripherie des Spektrums sichtbar zu machen, wird häufig die Quadratwurzel $\sqrt{|G(m,n)|}$ oder der Logarithmus $\log |G(m,n)|$ des Leistungsspektrums für die Darstellung verwendet.

14.2.2 Zentrierte Darstellung

Wie im eindimensionalen Fall ist das diskrete 2D-Spektrum eine periodische Funktion, d. h.

$$G(m,n) = G(m + pM, n + qN) \tag{14.7}$$

für beliebige $p, q \in \mathbb{Z}$, und bei reellwertigen 2D-Signalen ist das Leistungsspektrum (vgl. Gl. 13.53) überdies um den Ursprung symmetrisch, also

$$|G(m,n)| = |G(-m,-n)|. \tag{14.8}$$

Es ist daher üblich, den Koordinatenursprung $(0,0)$ des Spektrums *zentriert* darzustellen, mit den Koordinaten m, n im Bereich

$$-\left\lfloor \frac{M}{2} \right\rfloor \le m \le \left\lfloor \frac{M-1}{2} \right\rfloor \quad \text{bzw.} \quad -\left\lfloor \frac{N}{2} \right\rfloor \le n \le \left\lfloor \frac{N-1}{2} \right\rfloor.$$

Wie in Abb. 14.3 gezeigt, kann dies durch einfaches Vertauschen der vier Quadranten der Fouriertransformierten durchgeführt werden. In der resultierenden Darstellung finden sich damit die Koeffizienten für die niedrigsten Wellenzahlen im Zentrum, und jene für die höchsten Wellenzahlen liegen an den Rändern. Abb. 14.4 zeigt die Darstellung des 2D-Leistungsspektrums als Intensitätsbild in der ursprünglichen und in der (üblichen) zentrierten Form, wobei die Intensität dem Logarithmus der Spektralwerte ($\log_{10} |G(m,n)|$) entspricht.

14.3 Frequenzen und Orientierung in 2D

Wie aus Abb. 14.1–14.2 hervorgeht, sind die Basisfunktionen gerichtete Kosinus- bzw. Sinusfunktionen, deren Orientierung und Frequenz durch die Wellenzahlen m und n (für die horizontale bzw. vertikale Richtung) bestimmt sind. Wenn wir uns entlang der Hauptrichtung einer solchen Basisfunktion bewegen (d. h. rechtwinklig zu den Wellenkämmen), erhalten wir eine eindimensionale Kosinus- bzw. Sinusfunktion mit einer bestimmten Frequenz $\hat{f}$, die wir als *gerichtete* oder *effektive* Frequenz der Wellenform bezeichnen (Abb. 14.5).

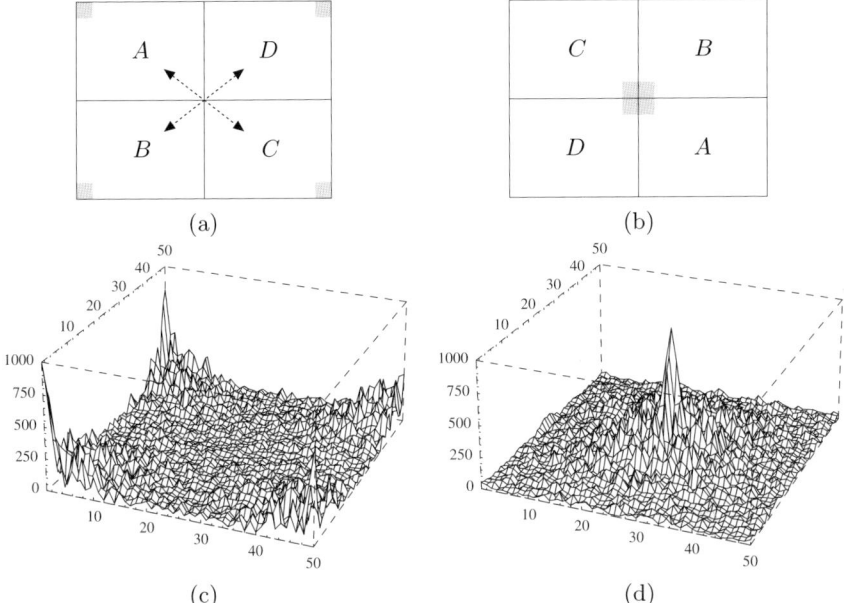

Abb. 14.3. Zentrierung der 2D-Fourierspektrums. Im ursprünglichen Ergebnis der 2D-DFT liegt der Koordinatenursprung (und damit der Bereich niedriger Frequenzen) links oben und – aufgrund der Periodizität des Spektrums – gleichzeitig auch an den übrigen Eckpunkten (a). Die Koeffizienten der höchsten Wellenzahlen liegen hingegen im Zentrum. Durch paarweises Vertauschen der vier Quadranten werden der Koordinatenursprung und die niedrigen Wellenzahlen ins Zentrum verschoben, umgekehrt kommen die hohen Wellenzahlen an den Rand (b). Konkretes 2D-Fourierspektrum in ursprünglicher Darstellung (c) und zentrierter Darstellung (d).

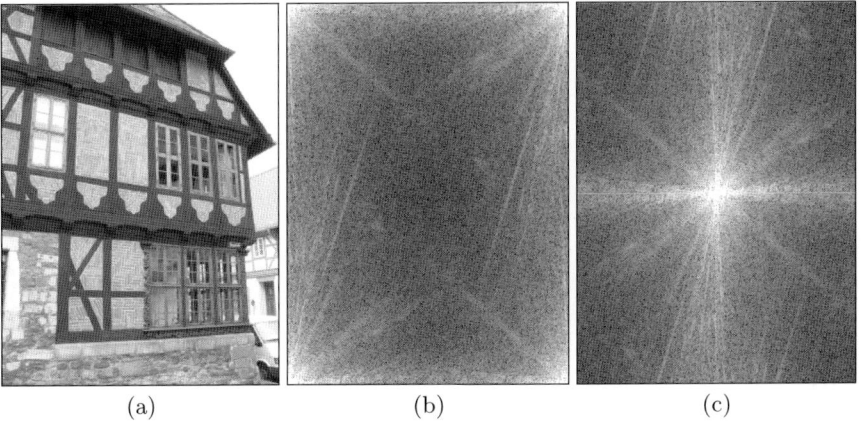

Abb. 14.4. Darstellung des 2D-Leistungsspektrums als Intensitätsbild. Originalbild (a), unzentriertes Spektrum (b) und zentrierte Darstellung (c).

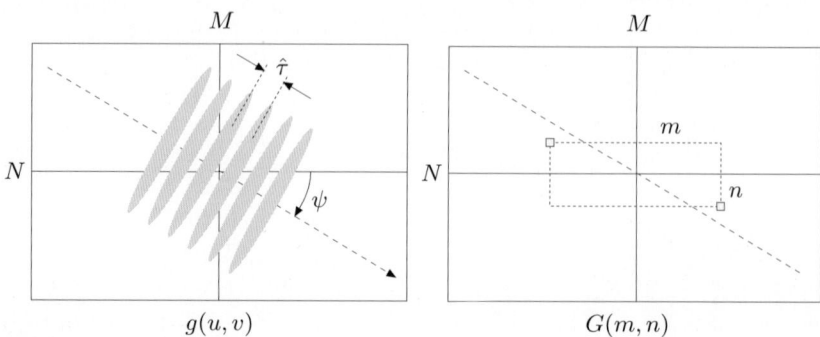

$$g(u, v) \qquad\qquad G(m, n)$$

Abb. 14.5. Frequenz und Orientierung im 2D-Spektrum. Das Bild (links) enthält ein periodisches Muster mit der effektiven Frequenz $\hat{f} = 1/\hat{\tau}$ mit der Richtung ψ. Der zu diesem Muster gehörende Koeffizient im Leistungsspektrum (rechts) befindet sich an der Position $(m, n) = \pm \hat{f} \cdot (M \cos \psi, N \sin \psi)$. Die Lage der Spektralkoordinaten (m, n) gegenüber dem Ursprung entspricht daher i. Allg. *nicht* der Richtung des Bildmusters.

14.3.1 Effektive Frequenz

Wir erinnern uns, dass die Wellenzahlen m, n definieren, wie viele volle Perioden die zugehörige 2D-Basisfunktion innerhalb von M Einheiten in horizontaler Richtung bzw. innerhalb von N Einheiten in vertikaler Richtung durchläuft. Die effektive Frequenz entlang der Wellenrichtung kann aus dem eindimensionalen Fall (Gl. 13.54) abgeleitet werden als

$$\hat{f}_{(m,n)} = \frac{1}{\tau} \sqrt{\left(\frac{m}{M}\right)^2 + \left(\frac{n}{N}\right)^2}, \tag{14.9}$$

wobei das gleiche räumliche Abtastintervall für die x- und y-Richtung angenommen wird, d. h. $\tau = \tau_x = \tau_y$. Die maximale Signalfrequenz entlang der x- und y-Achse beträgt daher

$$\hat{f}_{(\pm \frac{M}{2}, 0)} = \hat{f}_{(0, \pm \frac{N}{2})} = \frac{1}{\tau} \sqrt{\left(\frac{1}{2}\right)^2} = \frac{1}{2\tau} = \frac{1}{2} f_s, \tag{14.10}$$

wobei $f_s = \frac{1}{\tau}$ die Abtastfrequenz bezeichnet. Man beachte, dass die effektive Frequenz für die Eckpunkte des Spektrums, also

$$\hat{f}_{(\pm \frac{M}{2}, \pm \frac{N}{2})} = \frac{1}{\tau} \sqrt{\left(\frac{1}{2}\right)^2 + \left(\frac{1}{2}\right)^2} = \frac{1}{\sqrt{2} \cdot \tau} = \frac{1}{\sqrt{2}} f_s, \tag{14.11}$$

um den Faktor $\sqrt{2}$ *höher* ist als entlang der beiden Koordinatenachsen (Gl. 14.10).

14.3.2 Frequenzlimits und Aliasing in 2D

Abb. 14.6 illustriert den in Gl. 14.10 und 14.11 beschriebenen Zusammenhang. Die maximal zulässigen Signalfrequenzen in jeder Richtung liegen am Rand

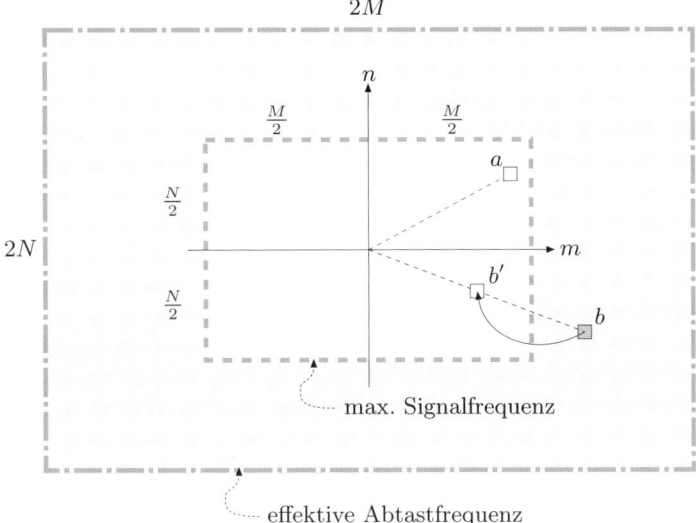

Abb. 14.6. Maximale Signalfrequenzen und Aliasing in 2D. Der Rand des $M \times N$ großen 2D-Spektrums (inneres Rechteck) markiert die maximal zulässigen Signalfrequenzen für jede Richtung. Das äußere Rechteck bezeichnet die Lage der effektiven Abtastfrequenz, das ist jeweils das Doppelte der maximalen Signalfrequenz für dieselbe Richtung. Die Signalkomponente mit der Spektralposition a liegt innerhalb des maximal darstellbaren Frequenzbereichs und verursacht daher kein *Aliasing*. Im Gegensatz dazu ist die Komponente b außerhalb des zulässigen Bereichs und wird daher an der Grenzlinie auf eine Position b' („Alias") mit niedrigeren Frequenzen gespiegelt.

des zentrierten, $M \times N$ großen 2D-Spektrums. Jedes Signal mit Komponenten ausschließlich innerhalb dieses Bereichs entspricht den Regeln des Abtasttheorems und kann ohne Aliasing rekonstruiert werden. Jede Spektralkomponente außerhalb dieser Grenze wird an dieser Grenze zum Ursprung hin in den inneren Bereich des Spektrums (also auf niedrigere Frequenzen) gespiegelt und verursacht daher sichtbares *Aliasing* im rekonstruierten Bild.

Offensichtlich ist die effektive Abtastfrequenz (Gl. 14.9) am niedrigsten in Richtung der beiden Koordinatenachsen des Abtastgitters. Um sicherzustellen, dass ein bestimmtes Bildmuster in jeder Lage (Rotation) ohne Aliasing abgebildet wird, muss die effektive Signalfrequenz $\hat{f}$ des Bildmusters in jeder Richtung auf $\frac{f_s}{2} = \frac{1}{2\tau}$ begrenzt sein, wiederum unter der Annahme, dass das Abtastintervall τ in beiden Achsenrichtungen identisch ist.

14.3.3 Orientierung

Die Richtung einer zweidimensionalen Kosinus- oder Sinuswelle mit den Spektralkoordinaten m, n ($0 \leq m < M$, $0 \leq n < N$) ist

$$\psi_{(m,n)} = \arctan_2\left(\tfrac{n}{N}, \tfrac{m}{M}\right) = \arctan_2\left(nM, mN\right), \qquad (14.12)$$

wobei $\psi_{(m,n)}$ für $m = n = 0$ natürlich unbestimmt ist.[1] Umgekehrt wird ein zweidimensionales Sinusoid mit effektiver Frequenz $\hat{f}$ und Richtung ψ durch die Spektralkoordinaten

$$(m,n) = \pm\hat{f}\cdot(M\cos\psi, N\sin\psi) \qquad (14.13)$$

repräsentiert, wie bereits in Abb. 14.5 dargestellt.

14.3.4 Geometrische Korrektur des 2D-Spektrums

Aus Gl. 14.13 ergibt sich, dass im speziellen Fall einer Sinus-/Kosinuswelle mit Orientierung $\psi = 45°$ die zugehörigen Spektralkoeffizienten an den Koordinaten

$$(m,n) = \pm(\lambda M, \lambda N) \quad \text{für } -\tfrac{1}{2} \le \lambda \le +\tfrac{1}{2} \qquad (14.14)$$

(s. Gl. 14.11) zu finden sind, d. h. auf der Diagonale des Spektrums. Sofern das Bild (und damit auch das Spektrum) nicht quadratisch ist (d. h. $M = N$), sind die Richtungswinkel im Bild und im Spektrum nicht identisch, fallen aber in Richtung der Koordinatenachsen jeweils zusammen. Dies bedeutet, dass bei der Rotation eines Bildmusters um einen Winkel α das Spektrum zwar in der gleichen Richtung gedreht wird, aber i. Allg. *nicht* um denselben Winkel α!

Um Orientierungen und Drehwinkel im Bild und im Spektrum identisch erscheinen zu lassen, genügt es, das Spektrum auf *quadratische* Form zu skalieren, sodass die spektrale Auflösung entlang beider Frequenzachsen die gleiche ist (wie in Abb. 14.7 gezeigt).

14.3.5 Auswirkungen der Periodizität

Bei der Interpretation der 2D-DFT von Bildern muss man sich der Tatsache bewusst sein, dass die Signalfunktion bei der diskreten Fouriertransformation implizit und in jeder Koordinatenrichtung als periodisch angenommen wird. Die Übergänge an den Bildrändern, also von einer Periode zur nächsten, gehören daher genauso zum Signal wie jedes Ereignis innerhalb des eigentlichen Bilds. Ist der Intensitätsunterschied zwischen gegenüberliegenden Randpunkten groß (wie z. B. zwischen dem oberen und dem unteren Rand einer Landschaftsaufnahme), dann führt dies zu abrupten Übergängen in dem als periodisch angenommenen Signal. Steile Diskontinuitäten sind aber von hoher Bandbreite, d. h., die zugehörige Signalenergie ist im Fourierspektrum über viele Frequenzen entlang der Koordinatenachsen des Abtastgitters verteilt (siehe Abb. 14.8). Diese breitbandige Energieverteilung entlang der Hauptachsen, die bei realen Bildern häufig zu beobachten ist, kann dazu führen, dass andere, signalrelevante Komponenten völlig überdeckt werden.

---

[1] $\arctan_2(y, x)$ in Gl. 14.12 steht für die inverse Tangensfunktion $\tan^{-1}(y/x)$ (s. auch Anhang B.1.6).

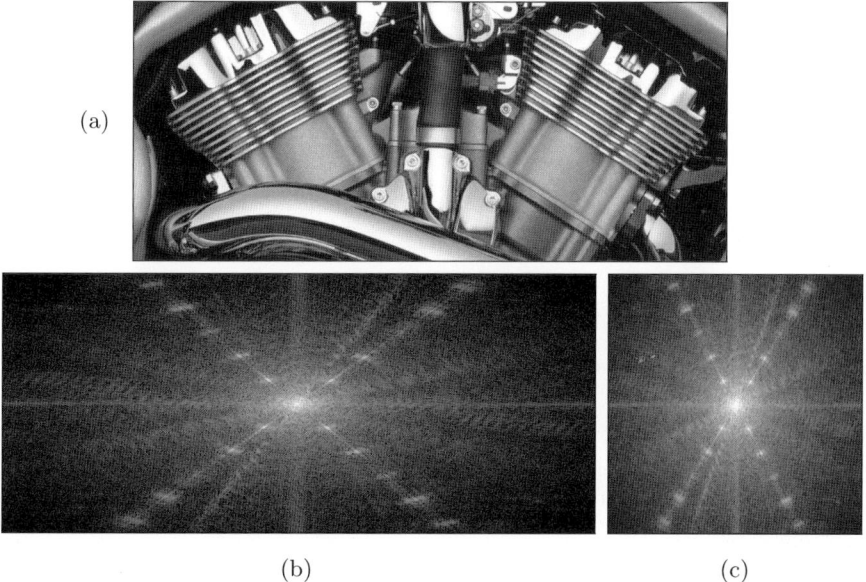

Abb. 14.7. Geometrische Korrektur des 2D-Spektrums. Ausgangsbild (a) mit dominanten, gerichteten Bildmustern, die im zugehörigen Spektrum (b) als deutliche Spitzen sichtbar werden. Weil Bild und Spektrum nicht quadratisch sind ($M \neq N$), stimmen die Orientierungen im Spektrum zunächst nicht mit denen im Bild überein. Erst wenn das Spektrum auf quadratische Form skaliert ist (c), wird deutlich, dass die Zylinder dieses Motors (*V-Rod Engine* von Harley-Davidson) tatsächlich im 60°-Abstand angeordnet sind.

14.3.6 *Windowing*

Eine Lösung dieses Problems besteht in der Multiplikation der Bildfunktion $g(u,v) = I(u,v)$ mit einer geeigneten Fensterfunktion (*windowing function*) $w(u,v)$ in der Form

$$\tilde{g}(u,v) = g(u,v) \cdot w(u,v),$$

für $0 \leq u < M$, $0 \leq v < N$, *vor* der Berechnung der DFT. Die Fensterfunktion $w(u,v)$ soll zu den Bildrändern hin möglichst kontinuierlich auf null abfallen und damit die Diskontinuitäten an den Übergängen zwischen einzelnen Perioden der Signalfunktion eliminieren. Die Multiplikation mit $w(u,v)$ hat jedoch weitere Auswirkungen auf das Fourierspektrum, denn entsprechend der Faltungseigenschaft entspricht – wie wir bereits (aus Gl. 13.26) wissen – die *Multiplikation* im Ortsraum einer *Faltung* der zugehörigen Spektra:

$$\tilde{G}(m,n) \leftarrow G(m,n) * W(m,n).$$

Um die Fouriertransformierte des Bilds möglichst wenig zu beeinträchtigen, wäre das Spektrum von $w(u,v)$ idealerweise eine Impulsfunktion, was aber

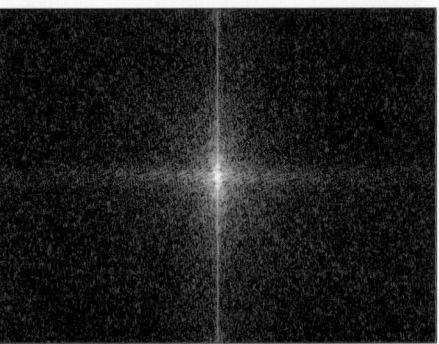

Abb. 14.8. Auswirkungen der Periodizität. Die Berechnung der 2D-DFT erfolgt unter der impliziten Annahme, dass das Bildsignal in beiden Dimensionen periodisch ist (oben). Größere Intensitätsunterschiede zwischen gegenüberliegenden Bildrändern – hier besonders deutlich in der vertikalen Richtung – führen zu breitbandigen Signalkomponenten, die hier im Spektrum (unten) als helle Linie entlang der vertikalen Achse sichtbar werden.

prinzipiell nicht möglich ist. Grundsätzlich gilt, dass je *breiter* das Spektrum der Fensterfunktion $w(u, v)$ ist, desto stärker wird das Spektrum der damit gewichteten Bildfunktion „verwischt" und umso schlechter können einzelne Spektralkomponenten identifiziert werden.[2]

Die Aufnahme eines Bilds entspricht der Entnahme eines endlichen Abschnitts aus einem eigentlich unendlichen Bildsignal, wobei die Beschneidung an den Bildrändern implizit der Multiplikation mit einer *Rechteckfunktion* mit der Breite M und der Höhe N entspricht. Im „Normalfall", d. h., solange wir keine explizite Fensterfunktion verwenden, wird also das Spektrum des (als periodisch angenommenen) Bildsignals mit dem Spektrum der Rechteckfunktion gefaltet. Das Problem dabei ist, dass das Spektrum der Rechteckfunktion (s. Abb. 14.9 (a)) extrem breitbandig ist, also von dem oben genannten Ideal einer möglichst schmalen Pulsfunktion weit entfernt ist.

14.3.7 Fensterfunktionen

Geeignete Fensterfunktionen müssen daher weiche Übergänge aufweisen und dafür gibt es viele Varianten, die in der digitalen Signalverarbeitung theoretisch und experimentell untersucht wurden (s. beispielsweise [11, Abschn. 9.3], [63, Kap. 10]). Tabelle 14.1 zeigt einige gängige Fensterfunktionen, die auch in Abb. 14.9–14.10 jeweils mit dem zugehörigen Spektrum dargestellt sind. Das Spektrum der Rechteckfunktion (Abb. 14.9 (a)), die alle Bildelemente gleich gewichtet, weist zwar eine relativ dünne Spitze („Hauptkeule") am Ursprung auf, die spektrale Energie fällt aber zu den höheren Frequenzen („Nebenkeulen") hin nur sehr langsam ab. Ähnliches gilt auch für die elliptische Fensterfunktion in Abb. 14.9 (b). Das Gauß-Fenster Abb. 14.9 (c) zeigt deutlich, dass durch eine schmälere Fensterfunktion $w(u, v)$ die Nebenkeulen effektiv eingedämmt werden können, allerdings auf Kosten einer deutlich erweiterten Hauptkeule.

Die Auswahl einer geeigneten Fensterfunktion ist daher ein Kompromiss, wobei trotz ähnlicher Form im Ortsraum große Unterschiede im Spektralverhalten möglich sind. Günstige Eigenschaften bieten z. B. das *Hanning*-Fenster (Abb. 14.10 (c)) und das *Parzen*-Fenster (Abb. 14.10 (d)), die einfach zu berechnen sind und daher in der Praxis auch häufig eingesetzt werden.

Abb. 14.11 zeigt die Auswirkungen einiger ausgewählter Fensterfunktionen auf das Spektrum eines Intensitätsbilds. Deutlich ist zu erkennen, dass mit zunehmender Verengung der Fensterfunktion zwar die durch die Periodizität des Signals verursachten Artefakte unterdrückt werden, jedoch auch die Auflösung im Spektrum abnimmt und dadurch einzelne Spektralkomponenten zwar deutlicher hervortreten, aber auch in der Breite zunehmen und damit schlechter zu lokalisieren sind.

---

[2] In der digitalen Signalverarbeitung wird dies auch als „Leckeffekt" bezeichnet.

Tabelle 14.1. 2D-Fensterfunktionen. Die Funktionen $w(u, v)$ sind in der Bildmitte zentriert, d. h. $w(M/2, N/2) = 1$, und beziehen sich auf die Radien r_u, r_v bzw. $r_{u,v}$, die folgendermaßen definiert sind:

$$r_u = \frac{u-M/2}{M/2} = \frac{2u}{M} - 1, \qquad r_v = \frac{v-N/2}{N/2} = \frac{2v}{N} - 1, \qquad r_{u,v} = \sqrt{r_u^2 + r_v^2}.$$

Elliptisches Fenster: $w(u, v) = \begin{cases} 1 & \text{für } 0 \leq r_{u,v} \leq 1 \\ 0 & \text{sonst} \end{cases}$

Gauß-Fenster: $w(u, v) = e^{\left(\frac{-r_{u,v}^2}{2\sigma^2}\right)}, \quad \sigma = 0.3 \ldots 0.4$

Supergauß-Fenster: $w(u, v) = e^{\left(\frac{-r_{u,v}^n}{\kappa}\right)}, \quad n = 6, \ \kappa = 0.3 \ldots 0.4$

Kosinus^2-Fenster: $w(u, v) = \begin{cases} \cos\left(\frac{\pi}{2} r_u\right) \cdot \cos\left(\frac{\pi}{2} r_v\right) & \text{für } 0 \leq r_u, r_v \leq 1 \\ 0 & \text{sonst} \end{cases}$

Bartlett-Fenster: $w(u, v) = \begin{cases} 1 - r_{u,v} & \text{für } 0 \leq r_{u,v} \leq 1 \\ 0 & \text{sonst} \end{cases}$

Hanning-Fenster: $w(u, v) = \begin{cases} 0.5 \cdot \cos(\pi r_{u,v} + 1) & \text{für } 0 \leq r_{u,v} \leq 1 \\ 0 & \text{sonst} \end{cases}$

Parzen-Fenster: $w(u, v) = \begin{cases} 1 - 6r_{u,v}^2 + 6r_{u,v}^3 & 0 \leq r_{u,v} < 0.5 \\ 2 \cdot (1 - r_{u,v})^3 & 0.5 \leq r_{u,v} < 1 \\ 0 & \text{sonst} \end{cases}$

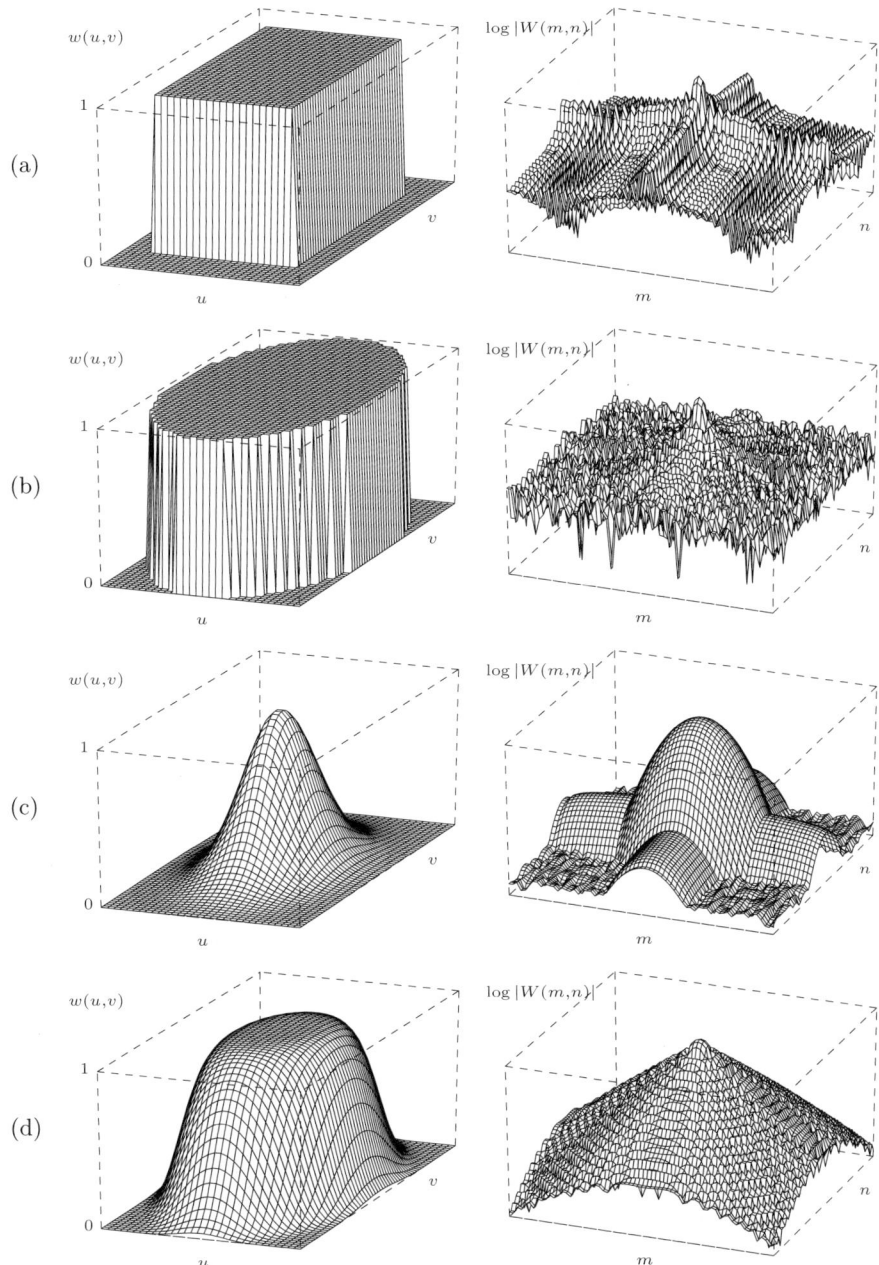

Abb. 14.9. Beispiele für Fensterfunktionen und deren logarithmisches Leistungs-spektrum. Rechteckfenster (a), elliptisches Fenster (b), Gauß-Fenster mit $\sigma = 0.3$ (c), Supergauß-Fenster der Ordnung $n = 6$ und $\kappa = 0.3$ (d). Die Größe der Fenster-funktion ist absichtlich *nicht* quadratisch gewählt $(M : N = 1 : 2)$.

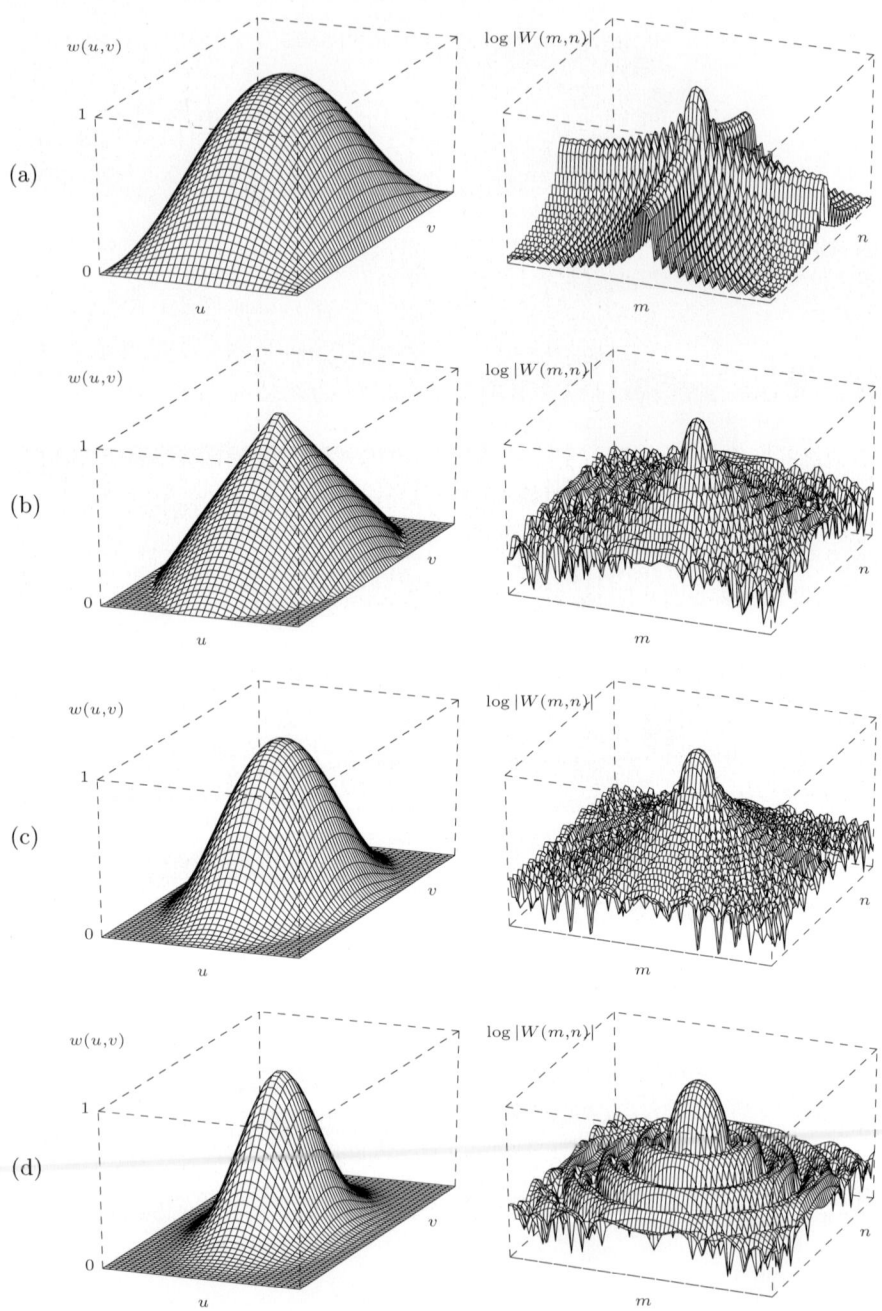

Abb. 14.10. Beispiele für Fensterfunktionen (*Fortsetzung*). Kosinus^2-Fenster (a), Bartlett-Fenster (b) Hanning-Fenster (c), Parzen-Fenster (d).

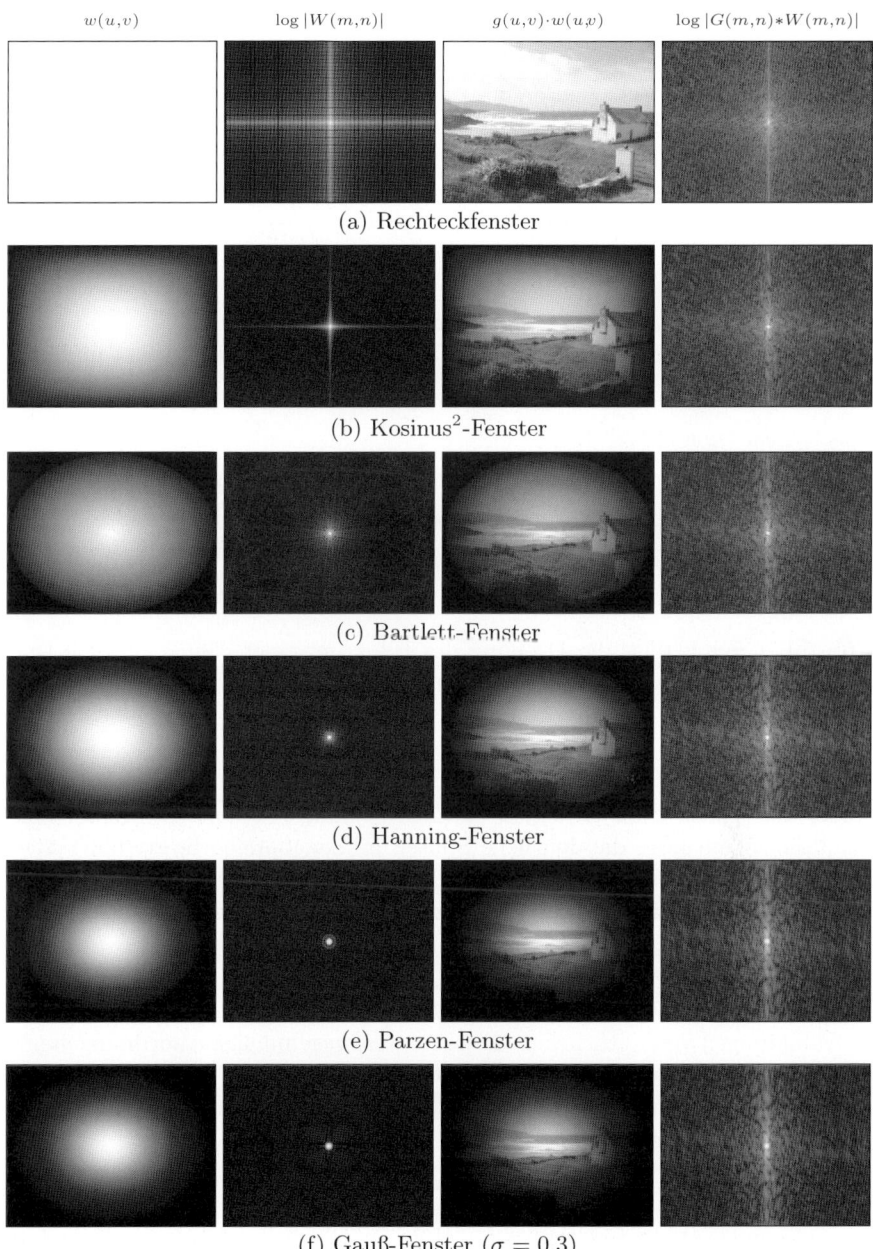

(a) Rechteckfenster

(b) Kosinus²-Fenster

(c) Bartlett-Fenster

(d) Hanning-Fenster

(e) Parzen-Fenster

(f) Gauß-Fenster ($\sigma = 0.3$)

Abb. 14.11. Anwendung von Fensterfunktionen auf Bilder. Gezeigt ist jeweils die Fensterfunktion $w(u,v)$, das Leistungsspektrum der Fensterfunktion $\log |W(m,n)|$, die gewichtete Bildfunktion $g(u,v) \cdot w(u,v)$ und das Leistungsspektrum des gewichteten Bilds $\log |G(m,n) * W(m,n)|$.

14.4 Beispiele für Fouriertransformierte in 2D

Die nachfolgenden Beispiele demonstrieren einige der grundlegenden Eigenschaften der zweidimensionalen DFT anhand konkreter Intensitätsbilder. Alle Beispiele in Abb. 14.12–14.18 zeigen ein zentriertes und auf quadratische Größe normalisiertes Spektrum, wobei eine logarithmische Skalierung der Intensitätswerte (s. Abschn. 14.2) verwendet wurde.

Skalierung

Abb. 14.12 zeigt, dass – genauso wie im eindimensionalen Fall (s. Abb. 13.4) – die Skalierung der Funktion im Bildraum den umgekehrten Effekt im Spektralraum hat.

Periodische Bildmuster

Die Bilder in Abb. 14.13 enthalten periodische, in unterschiedlichen Richtungen verlaufende Muster, die sich als isolierte Spitzen an den entsprechenden Positionen (s. Gl. 14.13) im zugehörigen Spektrum manifestieren.

Drehung

Abb. 14.14 zeigt, dass die Drehung des Bilds um einen Winkel α eine Drehung des (quadratischen) Spektrums in derselben Richtung und um denselben Winkel verursacht.

Gerichtete, längliche Strukturen

Bilder von künstlichen Objekten enthalten häufig regelmäßige Muster oder längliche Strukturen, die deutliche Spuren im zugehörigen Spektrum hinterlassen. Die Bilder in Abb. 14.15 enthalten mehrere längliche Strukturen, die im Spektrum als breite, rechtwinklig zur Orientierung im Bild ausgerichtete Streifen hervortreten.

Natürliche Bilder

In Abbildungen von natürlichen Objekten sind regelmäßige Anordnungen und gerade Strukturen weniger ausgeprägt als in künstlichen Szenen, daher sind auch die Auswirkungen im Spektrum weniger deutlich. Einige Beispiele dafür zeigen Abb. 14.16 und 14.17.

Druckraster

Das regelmäßige Muster, das beim üblichen Rasterdruckverfahren entsteht (Abb. 14.18), ist ein klassisches Beispiel für eine periodische, in mehreren Richtungen verlaufende Struktur, die in der Fouriertransformierten deutlich zu erkennen ist.

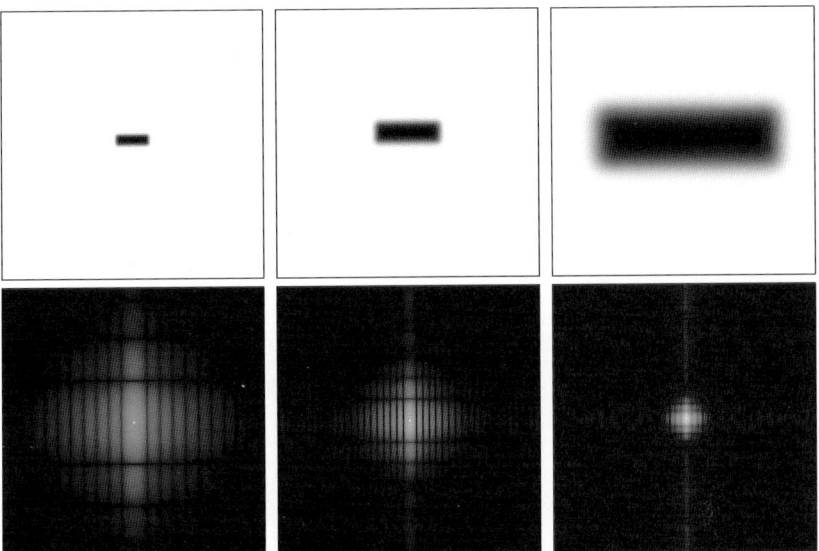

Abb. 14.12. DFT – Skalierung. Der Rechteckpuls in der Bildfunktion (oben) erzeugt, wie im eindimensionalen Fall, ein stark ausschwingendes Leistungsspektrum (unten). Eine Streckung im Bildraum führt zu einer entsprechenden Stauchung im Spektralraum und umgekehrt.

Abb. 14.13. DFT – gerichtete, periodische Bildmuster. Die Bildfunktion (oben) enthält Muster in drei dominanten Richtungen, die sich im zugehörigen Spektrum als Paare von Spitzenwerten mit der entsprechenden Orientierung wiederfinden. Eine Vergrößerung des Bildmusters führt zu einer Kontraktion des Spektrums.

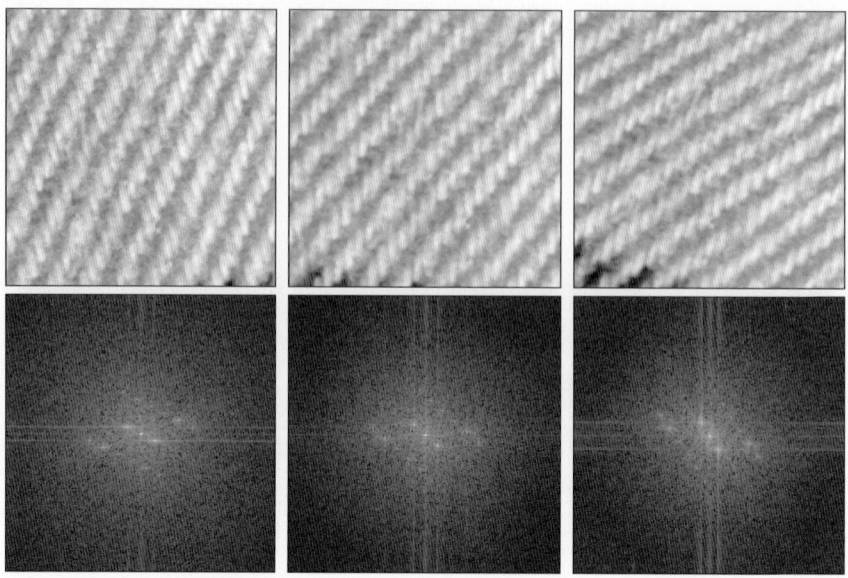

Abb. 14.14. DFT – Rotation. Das Originalbild wird im Uhrzeigersinn um 15° (Mitte) und 30° (rechts) gedreht. Das zugehörige (quadratische) Spektrum dreht sich dabei in der gleichen Richtung und um exakt denselben Winkel (unten).

Abb. 14.15. DFT – Überlagerung von Mustern. Dominante Orientierungen erscheinen unabhängig im zugehörigen Spektrum. Charakteristisch sind auch die markanten, breitbandigen Auswirkungen der geraden Strukturen, wie z. B. die dunklen Balken im Mauerwerk (Mitte).

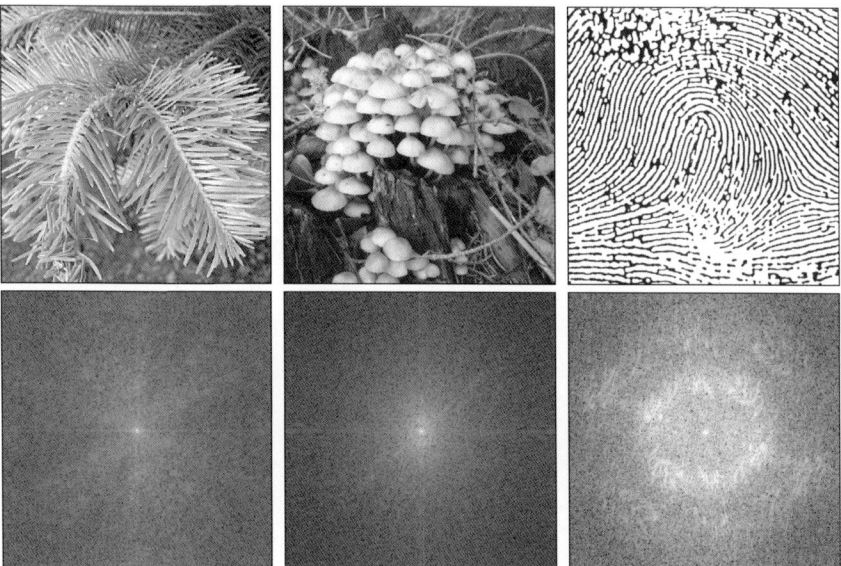

Abb. 14.16. DFT – natürliche Bildmuster. Beispiele für natürliche Bilder mit repetitiven Mustern, die auch im Spektrum sichtbar sind.

Abb. 14.17. DFT – natürliche Bildmuster ohne ausgeprägte Orientierung. Obwohl natürliche Bilder durchaus repetitive Strukturen enthalten können, sind sie oft nicht ausreichend regelmäßig oder einheitlich gerichtet, um im Fourierspektrum deutlich zutage zu treten.

(a)

(b)   (c)

Abb. 14.18. DFT eines Druckmusters. Das diagonal angeordnete, regelmäßige Druckraster im Originalbild (a,b) zeigt sich deutlich im zugehörigen Leistungsspektrum (c). Es ist möglich, derartige Muster zu entfernen, indem die entsprechenden Spitzen im Fourierspektrum gezielt gelöscht (geglättet) werden und das Bild nachfolgend aus dem geänderten Spektrum durch eine inverse Fouriertransformation wieder rekonstruiert wird.

14.5 Anwendungen der DFT

Die Fouriertransformation und speziell die DFT sind wichtige Werkzeuge in vielen Ingenieurstechniken. In der digitalen Signal- und Bildverarbeitung ist die DFT (und die FFT) ein unverzichtbares Arbeitspferd, mit Anwendungen u. a. im Bereich der Bildanalyse, Filterung und Bildrekonstruktion.

14.5.1 Lineare Filteroperationen im Spektralraum

Die Durchführung von Filteroperationen im Spektralraum ist besonders interessant, da sie die effiziente Anwendung von Filtern mit sehr großer räumlicher Ausdehnung ermöglicht. Grundlage dieser Idee ist die Faltungseigenschaft der Fouriertransformation, die besagt, dass einer linearen Faltung im Ortsraum eine punktweise Multiplikation im Spektralraum entspricht (Gl. 13.26). Die lineare Faltung $g * h \rightarrow g'$ zwischen einem Bild $g(u, v)$ und einer Filtermatrix $h(u, v)$ kann daher auf folgendem Weg durchgeführt werden:

$$
\begin{array}{ccccc}
\text{Ortsraum:} & g(u, v) & * & h(u, v) & = & g'(u, v) \\
& \downarrow & & \downarrow & & \uparrow \\
& \mathsf{DFT} & & \mathsf{DFT} & & \mathsf{DFT}^{-1} \\
& \downarrow & & \downarrow & & \uparrow \\
\text{Spektralraum:} & G(m, n) & \cdot & H(m, n) & \longrightarrow & G'(m, n)
\end{array}
\qquad (14.15)
$$

Zunächst werden das Bild g und die Filterfunktion h unabhängig mithilfe der DFT in den Spektralraum transformiert. Die resultierenden Spektra G und H werden punktweise multipliziert, das Ergebnis wird anschließend mit der inversen DFT in den Ortsraum zurücktransformiert und ergibt damit das gefilterte Bild g'.

Ein wesentlicher Vorteil dieses „Umwegs" liegt in der möglichen Effizienz. Die direkte Faltung erfordert für ein Bild der Größe $M \times M$ und eine $N \times N$ große Filtermatrix $\mathcal{O}(M^2 N^2)$ Operationen.[3] Die Zeitkomplexität wächst daher quadratisch mit der Filtergröße, was zwar für kleine Filter kein Problem darstellt, größere Filter aber schnell zu aufwendig werden lässt. So benötigt etwa ein Filter der Größe 50×50 bereits ca. 2.500 Multiplikationen und Additionen zur Berechnung jedes einzelnen Bildelements. Im Gegensatz dazu kann die Transformation in den Spektralraum und zurück mit der FFT in $\mathcal{O}(M \log_2 M)$ durchgeführt werden, unabhängig von der Größe des Filters (das Filter selbst braucht nur einmal in den Spektralraum transformiert zu werden), und die Multiplikation im Spektralraum erfordert nur M^2 Operationen.

Darüber hinaus können bestimmte Filter im Spektralraum leichter charakterisiert werden als im Ortsraum, wie etwa ein ideales Tiefpassfilter, das im Spektralraum sehr kompakt dargestellt werden kann. Weitere Details zu Filteroperationen im Spektralraum finden sich z. B. in [28, Abschn. 4.4].

14.5.2 Lineare Faltung und Korrelation

Wie bereits in Abschn. 6.3 erwähnt, ist die lineare *Korrelation* identisch zu einer linearen Faltung mit einer gespiegelten Filterfunktion. Die Korrelation kann daher, genauso wie die Faltung, mit der in Gl. 14.15 beschriebenen Methode im Spektralraum berechnet werden. Das ist vor allem beim Vergleich von Bildern mithilfe von Korrelationsmethoden (s. auch Abschn. 17.1.1) vorteilhaft, da in diesem Fall Bildmatrix und Filtermatrix ähnliche Dimensionen aufweisen, also meist für eine Realisierung im Ortsraum zu groß sind.

Auch in ImageJ sind daher einige dieser Operationen, wie *correlate, convolve, deconvolve* (s. unten), über die zweidimensionale DFT in der „Fourier Domain" (FD) implementiert (verfügbar über das Menü Process→FFT→FD Math...).

---

[3] Zur Notation $\mathcal{O}()$ s. Anhang A.3.

14.5.3 Inverse Filter

Die Möglichkeit des Filterns im Spektralraum eröffnet eine weitere interessante Perspektive: die Auswirkungen eines Filters wieder rückgängig zu machen, zumindest unter eingeschränkten Bedingungen. Im Folgenden beschreiben wir nur die grundlegende Idee.

Nehmen wir an, wir hätten ein Bild g_{blur}, das aus einem ursprünglichen Bild g_{orig} durch einen Filterprozess entstanden ist, z. B. durch eine Verwischung aufgrund einer Kamerabewegung während der Aufnahme. Nehmen wir außerdem an, diese Veränderung kann als lineares Filter mit der Filterfunktion h_{blur} ausreichend genau modelliert werden, sodass gilt

$$g_{\text{blur}} = g_{\text{orig}} * h_{\text{blur}}.$$

Da dies im Spektralraum einer Multiplikation der zugehörigen Spektren

$$G_{\text{blur}} = G_{\text{orig}} \cdot H_{\text{blur}}$$

entspricht, sollte es möglich sein, das Originalbild einfach durch die inverse Fouriertransformation des Ausdrucks

$$G_{\text{orig}}(m, n) = \frac{G_{\text{blur}}(m, n)}{H_{\text{blur}}(m, n)}$$

zu rekonstruieren. Leider funktioniert dieses inverse Filter nur dann, wenn die Spektralwerte von H_{blur} nicht null sind, denn in diesem Fall werden die resultierenden Koeffizienten unendlich. Aber auch kleine Werte von H_{blur}, wie sie vor allem bei höheren Frequenzen fast immer auftreten, führen zu entsprechend großen Ausschlägen im Ergebnis und damit zu Rauschproblemen.

Es ist ferner wichtig, dass die tatsächliche Filterfunktion sehr genau approximiert werden kann, weil sonst die Ergebnisse vom ursprünglichen Bild erheblich abweichen. Abb. 14.19 zeigt ein Beispiel anhand eines Bilds, das durch eine gleichförmige horizontale Verschiebung verwischt wurde. Wenn die Filterfunktion, die die Unschärfe verursacht hat, exakt bekannt ist, dann ist die Rekonstruktion problemlos möglich (Abb. 14.19 (b)). Sobald das inverse Filter sich jedoch nur geringfügig vom tatsächlichen Filter unterscheidet, entstehen große Abweichungen (Abb. 14.19 (c)) und die Methode wird rasch nutzlos.

Basierend auf dieser Idee, die häufig als *deconvolution* („Entfaltung") bezeichnet wird, gibt es allerdings verbesserte Methoden, wie z. B. das Wiener-Filter (s. beispielsweise [28, Abschn. 5.4], [47, Abschn. 8.3], [46, Abschn. 17.8], [15, Kap. 16]).

14.6 Aufgaben

Aufg. 14.1. Verwenden Sie die eindimensionale DFT zur Implementierung der 2D-DFT, wie in Abschn. 14 beschrieben. Wenden Sie die 2D-DFT auf

(a)   (b)   (c)

Abb. 14.19. Entfernung von Unschärfe durch ein inverses Filter. Durch horizontale Bewegung erzeugte Unschärfe (a), Rekonstruktion mithilfe der exakten (in diesem Fall bekannten) Filterfunktion (b), Ergebnis im Fall geringfügiger Abweichungen von der tatsächlichen Filterfunktion (c).

konkrete Intensitätsbilder beliebiger Größe an und stellen Sie das Ergebnis (durch Konvertierung in ein `float`-Bild) dar. Implementieren Sie auch die Rücktransformation und überzeugen Sie sich, dass dabei wiederum genau das Originalbild entsteht.

Aufg. 14.2. Das zweidimensionale DFT Spektrum eines Bilds mit der Größe 640×480 und einer Auflösung von 72 dpi weist einen markanten Spitzenwert an der Stelle $\pm(100, 100)$ auf. Berechnen Sie Richtung und effektive Frequenz (in Perioden pro cm) der zugehörigen Bildstruktur.

Aufg. 14.3. Ein Bild mit der Größe 800×600 enthält eine wellenförmige periodische Struktur mit einer effektiven Periodenlänge von 12 Pixel und einer Wellenrichtung von $30°$. An welcher Position im Spektrum wird sich diese Struktur im 2D-Spektrum widerspiegeln?

Aufg. 14.4. Verallgemeinern Sie Gl. 14.9 sowie Gl. 14.11–14.13 für den Fall, dass die Abtastintervalle in der x- und y-Richtung nicht identisch sind, also $\tau_x \neq \tau_y$.

Aufg. 14.5. Implementieren Sie die elliptische Fensterfunktion und das Supergauß-Fenster (Tabelle 14.1) als ImageJ-Plugin und beurteilen Sie die Auswirkungen auf das resultierende 2D-Spektrum. Vergleichen Sie das Ergebnis mit dem ungewichteten Fall (ohne Fensterfunktion).

Die diskrete Kosinustransformation (DCT)

Die Fouriertransformation und die DFT sind für die Verarbeitung komplexwertiger Signale ausgelegt und erzeugen immer ein komplexwertiges Spektrum, auch wenn das ursprüngliche Signal ausschließlich reelle Werte aufweist. Der Grund dafür ist, dass weder der reelle noch der imaginäre Teil des Spektrums allein ausreicht, um das Signal vollständig darstellen (d. h. rekonstruieren) zu können, da die entsprechenden Kosinus- bzw. Sinusfunktionen jeweils für sich kein vollständiges System von Basisfunktionen bilden.

Andererseits wissen wir (Gl. 13.21), dass ein reellwertiges Signal zu einem symmetrischen Spektrum führt, sodass also in diesem Fall das komplexwertige Spektrum redundant ist und wir eigentlich nur die Hälfte aller Spektralwerte berechnen müssten, ohne dass dabei irgendwelche Informationen aus dem Signal verloren gingen.

Es gibt eine Reihe von Spektraltransformationen, die bezüglich ihrer Eigenschaften der DFT durchaus ähnlich sind, aber nicht mit komplexen Funktionswerten arbeiten. Ein bekanntes Beispiel ist die diskrete Kosinustransformation (DCT), die vor allem im Bereich der Bild- und Videokompression breiten Einsatz findet und daher auch für uns interessant ist. Die DCT verwendet ausschließlich Kosinusfunktionen unterschiedlicher Wellenzahl als Basisfunktionen und beschränkt sich auf reellwertige Signale und Spektralkoeffizienten. Analog dazu existiert auch eine diskrete Sinustransformation (DST) basierend auf einem System von Sinusfunktionen [47].

15.1 Eindimensionale DCT

Die diskrete Kosinustransformation ist allerdings nicht, wie man vielleicht annehmen könnte, nur eine „halbseitige" Variante der diskreten Fouriertransformation. Die eindimensionale Vorwärts- und Rückwärtstransformation ist für ein Signal $g(u)$ der Länge M definiert als

$$G(m) = \sqrt{\frac{2}{M}} \sum_{u=0}^{M-1} g(u) \cdot c_m \cos\left(\pi \tfrac{m(2u+1)}{2M}\right) \quad \text{für } 0 \leq m < M \qquad (15.1)$$

$$g(u) = \sqrt{\frac{2}{M}} \sum_{m=0}^{M-1} G(m) \cdot c_m \cos\left(\pi \tfrac{m(2u+1)}{2M}\right) \quad \text{für } 0 \leq u < M \qquad (15.2)$$

$$\text{wobei } c_m = \begin{cases} \frac{1}{\sqrt{2}} & \text{für } m = 0 \\ 1 & \text{sonst} \end{cases} \qquad (15.3)$$

Man beachte, dass die Indexvariablen (u, m) in der Vorwärtstransformation (Gl. 15.1) bzw. der Rückwärtstransformation (Gl. 15.2) unterschiedlich verwendet werden, sodass die beiden Transformationen – im Unterschied zur DFT – *nicht* identisch sind.

15.1.1 Basisfunktionen der DCT

Man könnte sich fragen, wie es möglich ist, dass die DCT ohne Sinusfunktionen auskommt, während diese für die DFT unentbehrlich sind. Der Trick der DCT besteht in der Halbierung aller Frequenzen, wodurch diese enger beisammen liegen und damit die Auflösung im Spektralraum erhöht wird. Im Vergleich zwischen den Kosinusanteilen der DFT-Basisfunktionen (Gl. 13.46) und denen der DCT (Gl. 15.1), also

$$\text{DFT: } \boldsymbol{C}_m^M(u) = \cos\left(2\pi \tfrac{mu}{M}\right)$$
$$\text{DCT: } \boldsymbol{D}_m^M(u) = \cos\left(\pi \tfrac{m(2u+1)}{2M}\right) = \cos\left(2\pi \tfrac{m(u+0.5)}{2M}\right), \qquad (15.4)$$

wird klar, dass in der DCT die Periodenlänge der Basisfunktionen mit $2M/m$ (gegenüber M/m bei der DFT) verdoppelt ist und zudem die Funktionen um 0.5 Einheiten phasenverschoben sind.

Abb. 15.1 zeigt die DCT-Basisfunktionen $\boldsymbol{D}_m^M(u)$ für eine Signallänge $M = 8$ und Wellenzahlen $m = 0 \ldots 7$. So durchläuft etwa bei der Wellenzahl $m = 7$ die zugehörige Basisfunktion $\boldsymbol{D}_7^8(u)$ 7 volle Perioden über eine Distanz von $2M = 16$ Einheiten und hat damit eine Kreisfrequenz von $\omega = m/2 = 3.5$.

15.1.2 Implementierung der eindimensionalen DCT

Da bei der DCT keine komplexen Werte entstehen und die Vorwärtstransformation (Gl. 15.1) und die inverse Transformation (Gl. 15.2) nahezu identisch sind, ist die Implementierung in Java auf direktem Weg möglich, wie in Prog. 15.1 gezeigt. Zu beachten ist höchstens, dass der Faktor c_m in Gl. 15.1 unabhängig von der Laufvariablen u ist und daher außerhalb der inneren Summationsschleife (Prog. 15.1, Zeile 7) berechnet wird.

Natürlich existieren auch schnelle Algorithmen zur Berechnung der DCT und sie kann außerdem mithilfe der FFT in $\mathcal{O}(M \log_2 M)$ realisiert werden [47,

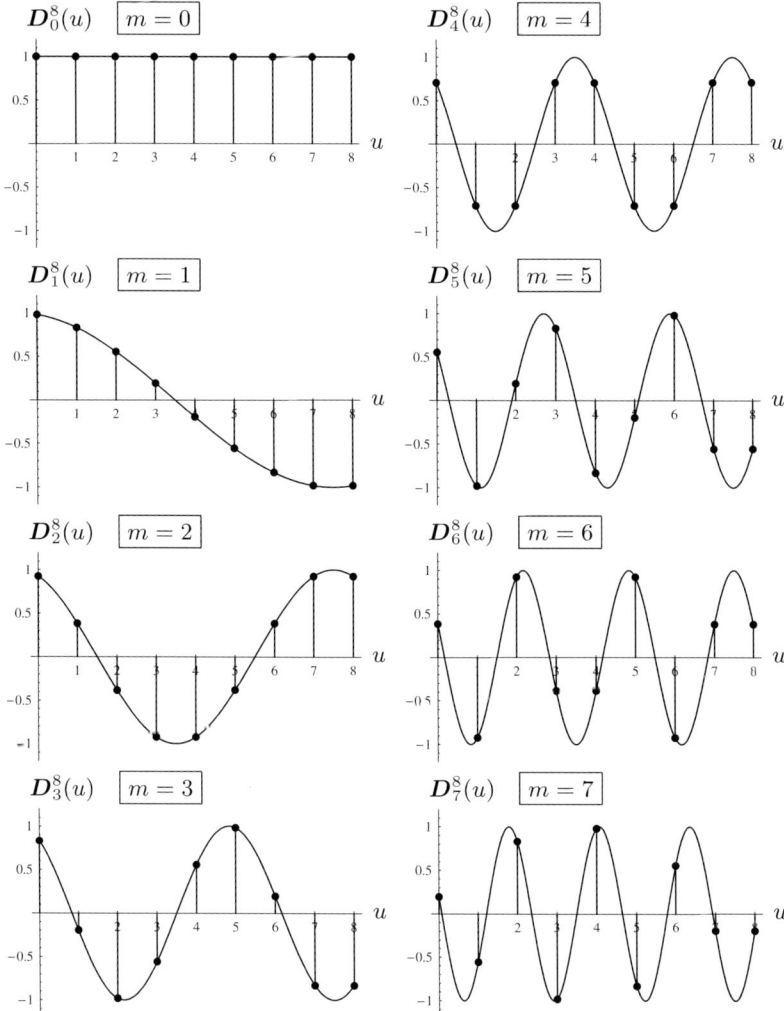

Abb. 15.1. DCT-Basisfunktionen $\boldsymbol{D}_0^M(u) \ldots \boldsymbol{D}_7^M(u)$ für $M = 8$. Jeder der Plots zeigt sowohl die diskreten Funktionswerte (als dunkle Punkte) wie auch die zugehörige kontinuierliche Funktion. Im Vergleich mit den Basisfunktionen der DFT (Abb. 13.11–13.12) ist zu erkennen, dass alle Frequenzen halbiert und die Funktionen um 0.5 Einheiten phasenverschoben sind. Alle Basisfunktionen sind also über die Distanz von $2M = 16$ (anstatt über M) Einheiten periodisch.

```
1    double[] DCT (double[] g) { // forward DCT on signal g[u]
2      int M = g.length;
3      double s = Math.sqrt(2.0 / M); //common scale factor
4      double[] G = new double[M];
5      for (int m = 0; m < M; m++) {
6        double cm = 1.0;
7        if (m == 0) cm = 1.0 / Math.sqrt(2);
8        double sum = 0;
9        for (int u = 0; u < M; u++) {
10         double Phi = (Math.PI * m * (2 * u + 1)) / (2.0 * M);
11         sum += g[u] * cm * Math.cos(Phi);
12       }
13       G[m] = s * sum;
14     }
15     return G;
16   }
```

```
17   double[] iDCT (double[] G) { // inverse DCT on spectrum G[m]
18     int M = G.length;
19     double s = Math.sqrt(2.0 / M); //common scale factor
20     double[] g = new double[M];
21     for (int u = 0; u < M; u++) {
22       double sum = 0;
23       for (int m = 0; m < M; m++) {
24         double cm = 1.0;
25         if (m == 0) cm = 1.0 / Math.sqrt(2);
26         double Phi = (Math.PI * (2 * u + 1) * m) / (2.0 * M);
27         double cosPhi = Math.cos(Phi);
28         sum += cm * G[m] * cosPhi;
29       }
30       g[u] = s * sum;
31     }
32     return g;
33   }
```

Programm 15.1. Eindimensionale DCT (Java-Implementierung). Die Methode DCT() berechnet die Vorwärtstransformation für einen reellwertigen Signalvektor g[] beliebiger Länge entsprechend der Definition in Gl. 15.1. Die Methode liefert einen neuen reellwertigen Vektor derselben Länge wie der Inputvektor g[u]. Die Rückwärtstransformation iDCT() berechnet die inverse DCT für ein reellwertiges Kosinusspektrum G[].

p. 152].[1] Die DCT wird häufig in der Bildkompression eingesetzt, insbesondere im JPEG-Verfahren, wobei die Größe der transformierten Teilbilder auf 8×8 fixiert ist und die Berechnung daher weitgehend optimiert werden kann.

15.2 Zweidimensionale DCT

Die zweidimensionale Form der DCT leitet sich direkt von der eindimensionalen Definition (Gl. 15.1, 15.2) ab, nämlich als Vorwärtstransformation

$$G(m,n) = \frac{2}{\sqrt{MN}} \sum_{u=0}^{M-1} \sum_{v=0}^{N-1} g(u,v) \cdot c_m \cos\left(\frac{\pi(2u+1)m}{2M}\right) \cdot c_n \cos\left(\frac{\pi(2v+1)n}{2N}\right)$$

$$= \frac{2 c_m c_n}{\sqrt{MN}} \sum_{u=0}^{M-1} \sum_{v=0}^{N-1} g(u,v) \cdot \boldsymbol{D}_m^M(u) \cdot \boldsymbol{D}_n^N(v) \tag{15.5}$$

für $0 \leq m < M$ und $0 \leq n < N$, bzw. als inverse Transformation

$$g(u,v) = \frac{2}{\sqrt{MN}} \sum_{m=0}^{M-1} \sum_{n=0}^{N-1} G(m,n) \cdot c_m \cos\left(\frac{\pi(2u+1)m}{2M}\right) \cdot c_n \cos\left(\frac{\pi(2v+1)n}{2N}\right)$$

$$= \frac{2}{\sqrt{MN}} \sum_{m=0}^{M-1} \sum_{n=0}^{N-1} G(m,n) \cdot c_m \boldsymbol{D}_m^M(u) \cdot c_n \boldsymbol{D}_n^N(v) \tag{15.6}$$

für $0 \leq u < M$ und $0 \leq v < N$. Die Faktoren c_m und c_n in Gl. 15.5 und 15.6 sind die gleichen wie im eindimensionalen Fall (Gl. 15.3). Man beachte, dass in der Vorwärtstransformation (und nur dort) beide Faktoren c_m, c_n unabhängig von den Laufvariablen u, v der Summation sind und daher (wie in Gl. 15.5 gezeigt) außerhalb stehen können.

15.2.1 Separierbarkeit

Wie die DFT (s. Gl. 14.6) kann auch die zweidimensionale DCT in zwei aufeinander folgende, eindimensionale Transformationen getrennt werden. Um dies deutlich zu machen, lässt sich beispielsweise die Vorwärtstransformation in folgender Form ausdrücken:

$$G(m,n) = \sqrt{\tfrac{2}{N}} \sum_{v=0}^{N-1} \underbrace{\left[\sqrt{\tfrac{2}{M}} \sum_{u=0}^{M-1} g(u,v) \cdot c_m \boldsymbol{D}_m^M(u) \right]}_{\text{eindimensionale DCT}[g(\cdot,v)]} \cdot c_n \boldsymbol{D}_n^N(v) \tag{15.7}$$

Der innere Ausdruck in Gl. 15.7 entspricht einer eindimensionalen DCT der v-ten Zeile $g(\cdot, v)$ der Signalfunktion. Man kann daher, wie bei der 2D-DFT,

---

[1] Zur Notation $\mathcal{O}()$ s. Anhang A.3.

zunächst eine eindimensionale DCT auf jede der Zeilen anwenden und anschließend eine DCT in jeder der Spalten. Natürlich könnte man genauso in umgekehrter Reihenfolge rechnen, also zuerst über die Spalten und dann über die Zeilen.

15.2.2 Beispiele

Die Ergebnisse der DFT und der DCT sind anhand eines Beispiels in Abb. 15.2 gegenübergestellt. Weil das DCT-Spektrum (im Unterschied zur DFT) nicht symmetrisch ist, verbleibt der Koordinatenursprung links oben und wird nicht ins Zentrum verschoben. Beim DCT-Spektrum ist der Absolutwert logarithmisch als Intensität dargestellt, bei der DFT wie üblich das zentrierte, logarithmische Leistungsspektrum. Man beachte, dass die DCT nicht einfach ein Teilausschnitt der DFT ist, sondern die Strukturen aus zwei gegenüberliegenden Quadranten des Spektrums kombiniert.

15.3 Andere Spektraltransformationen

Die diskrete Fouriertransformation ist also nicht die einzige Möglichkeit, um ein gegebenes Signal in einem Frequenzraum darzustellen. Es existieren zahlreiche ähnliche Transformationen, von denen einige, wie etwa die diskrete Kosinustransformation, ebenfalls sinusoide Funktionen als Basis verwenden, während andere wiederum – wie z. B. die Hadamard-Transformation (auch als Walsh-Transformation bekannt) – auf binären 0/1-Funktionen aufbauen [15, 46].

Alle diese Transformationen sind *globaler* Natur, d. h., die Größe jedes Spektralkoeffizienten wird in gleicher Weise von allen Signalwerten beeinflusst, unabhängig von ihrer räumlichen Position innerhalb des Signals. Eine Spitze im Spektrum kann daher aus einem lokal begrenzten Ereignis mit hoher Amplitude stammen, genauso gut aber auch aus einer breiten, gleichmäßigen Welle im Signal. Globale Transformationen sind daher für die Analyse von lokalen Erscheinungen von begrenztem Nutzen, denn sie sind nicht imstande, die räumliche Position und Ausdehnung von Signalereignissen darzustellen.

Eine Lösung besteht darin, anstelle einer fixen Gruppe von globalen, ortsunabhängigen Basisfunktionen kleinere, in ihrer Ausdehnung beschränkte Funktionen zu verwenden, so genannte „Wavelets". Die zugehörige *Wavelet-Transformation*, von der mehrere Versionen existieren, erlaubt die Lokalisierung von periodischen Signalkomponenten gleichzeitig im Ortsraum *und* im Frequenzraum [53].

15.4 Aufgaben

Aufg. 15.1. Implementieren Sie die zweidimensionale DCT (Abschn. 15.2) für Bilder beliebiger Größe als ImageJ-Plugin.

Original   DFT   DCT

Abb. 15.2. Vergleich zwischen zweidimensionaler DFT und DCT. Die Auflösung im Spektralraum ist bei der DCT (rechts) doppelt so hoch wie bei der DFT (Mitte), dafür liegen alle Koeffizienten der DCT in nur einem Quadranten des Spektrums. Die DFT ist zentriert dargestellt, der Ursprung des DCT-Spektrums ist links oben. Beide Transformationen machen die Bildstrukturen in ähnlicher Weise sichtbar. In beiden Fällen sind die logarithmischen Werte des Spektrums dargestellt.

Aufg. 15.2. Implementieren Sie eine effiziente Java-Methode für die eindimensionale DCT der Länge $M = 8$, die ohne Iteration auskommt und in der alle notwendigen Koeffizienten als vorausberechnete Konstanten angelegt sind.

Aufg. 15.3. Verifizieren Sie durch numerische Berechnung, dass die Basisfunktionen der DCT, $\boldsymbol{D}_m^M(u)$ für $0 \leq m, u < M$ (Gl. 15.4), paarweise orthogonal sind, d. h., dass das innere Produkt der Vektoren $\boldsymbol{D}_m^M \cdot \boldsymbol{D}_n^M$ für $m \neq n$ jeweils null ist.

16

Geometrische Bildoperationen

Allen bisher besprochenen Bildoperationen, also Punkt- und Filteroperationen, war gemeinsam, dass sie zwar die Intensitätsfunktion verändern, die Geometrie des Bilds jedoch unverändert bleibt. Durch geometrische Operationen werden Bilder *verformt*, d. h., Pixelwerte können ihre Position verändern. Typische Beispiele sind etwa eine Verschiebung oder Drehung des Bilds, Skalierungen oder Verformungen, wie in Abb. 16.1 gezeigt. Geometrische Operationen sind in der Praxis sehr häufig, insbesondere in modernen, grafischen Benutzerschnittstellen. So wird heute als selbstverständlich angenommen, dass Bilder in jeder grafischen Anwendung kontinuierlich gezoomt werden können oder die Größe eines Video-Players auf dem Bildschirm beliebig einzustellen ist. In der Computergrafik sind geometrische Operationen etwa auch für die Anwendung von Texturen wichtig, die ebenfalls Rasterbilder sind und – abhängig von der zugehörigen 3D-Oberfläche – für die Darstellung am Bildschirm verformt werden müssen, nach Möglichkeit in Echtzeit. Während man sich leicht vorstellen kann, wie man etwa ein Bild durch einfaches Replizieren jedes Pixels auf ein Vielfaches vergrößern würde, sind allgemeine geometrische Transformationen nicht trivial und erfordern für qualitativ gute Ergebnisse auch auf modernen Computern einen respektablen Teil der verfügbaren Rechenleistung.

Grundsätzlich erzeugt eine geometrische Bildoperation aus dem Ausgangsbild I ein neues Bild I' in der Form

$$I(x, y) \rightarrow I'(x', y'), \tag{16.1}$$

wobei also nicht die *Werte* der Bildelemente, sondern deren *Koordinaten* geändert werden. Dafür benötigen wir als Erstes eine Koordinatentransformation in Form einer *geometrischen Abbildungsfunktion*

$$T : \mathbb{R}^2 \rightarrow \mathbb{R}^2,$$

die für jede Ausgangskoordinate $\boldsymbol{x} = (x, y)$ des ursprünglichen Bilds I spezifiziert, an welcher Position $\boldsymbol{x}' = (x', y')$ diese im neuen Bild I' „landen" soll, d. h.

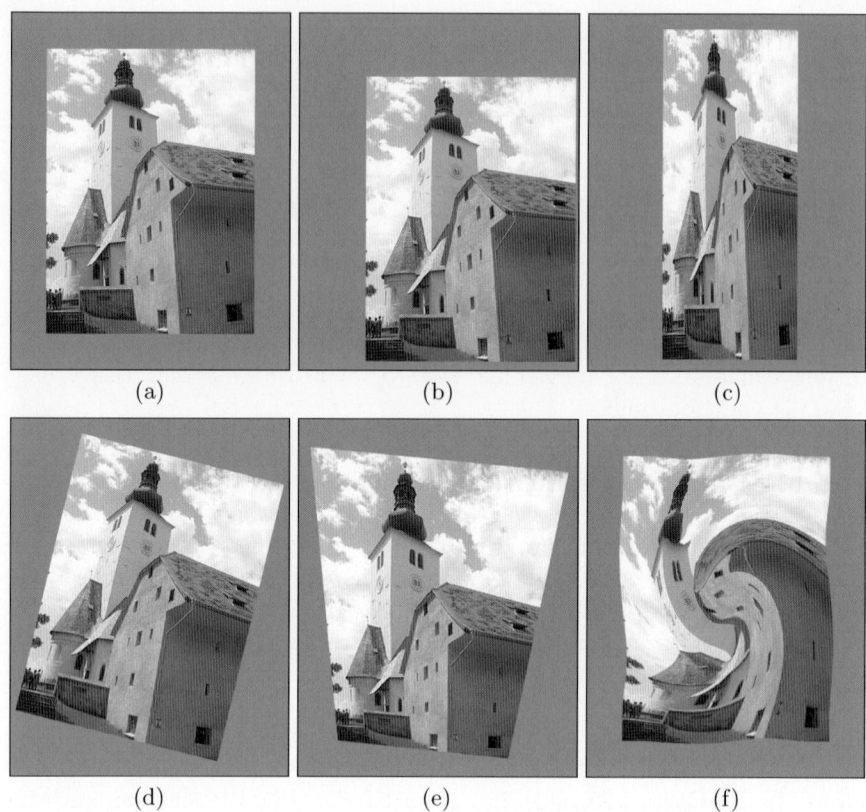

(a)   (b)   (c)

(d)   (e)   (f)

Abb. 16.1. Typische Beispiele für geometrische Bildoperationen. Ausgangsbild (a), Translation (b), Skalierung (Stauchung bzw. Streckung) in x- und y-Richtung (c), Rotation um den Mittelpunkt (d), projektive Abbildung (e) und nichtlineare Verzerrung (f).

$$\boldsymbol{x} \;\rightarrow\; \boldsymbol{x}' = T(\boldsymbol{x}). \tag{16.2}$$

Dabei behandeln wir die Bildkoordinaten (x, y) bzw. (x', y') zunächst bewusst als Punkte in der reellen Ebene $\mathbb{R} \times \mathbb{R}$, also als *kontinuierliche* Koordinaten. Das Hauptproblem bei der Transformation ist allerdings, dass die Werte von digitalen Bildern auf einem *diskreten* Raster $\mathbb{Z} \times \mathbb{Z}$ liegen, aber die zugehörige Abbildung $\boldsymbol{x}'$ auch bei ganzzahligen Ausgangskoordinaten $\boldsymbol{x}$ im Allgemeinen *nicht* auf einen Rasterpunkt trifft. Die Lösung dieses Problems besteht in der Berechnung von Zwischenwerten der transformierten Bildfunktion durch *Interpolation*, die damit ein wichtiger Bestandteil jeder geometrischen Operation ist.

16.1 Koordinatentransformation in 2D

Die Abbildungsfunktion $T()$ in Gl. 16.2 ist grundsätzlich eine beliebige, stetige Funktion, die man zweckmäßigerweise in zwei voneinander unabhängige Teilfunktionen

$$x' = T_x(x, y) \quad \text{und} \quad y' = T_y(x, y) \tag{16.3}$$

trennen kann.

16.1.1 Einfache Abbildungen

Zu den einfachen Abbildungsfunktionen gehören Verschiebung, Skalierung, Scherung und Rotation:

Verschiebung (Translation) um den Vektor (d_x, d_y):

$$\begin{array}{l} T_x : x' = x + d_x \\ T_y : y' = y + d_y \end{array} \quad \text{oder} \quad \begin{pmatrix} x' \\ y' \end{pmatrix} = \begin{pmatrix} x \\ y \end{pmatrix} + \begin{pmatrix} d_x \\ d_y \end{pmatrix} \tag{16.4}$$

Skalierung (Streckung oder Stauchung) in x- oder y-Richtung um den Faktor s_x bzw. s_y:

$$\begin{array}{l} T_x : x' = s_x \cdot x \\ T_y : y' = s_y \cdot y \end{array} \quad \text{oder} \quad \begin{pmatrix} x' \\ y' \end{pmatrix} = \begin{pmatrix} s_x & 0 \\ 0 & s_y \end{pmatrix} \cdot \begin{pmatrix} x \\ y \end{pmatrix} \tag{16.5}$$

Scherung in x- oder y-Richtung um den Faktor b_x bzw. b_y (bei einer Scherung in nur einer Richtung ist der jeweils andere Faktor null):

$$\begin{array}{l} T_x : x' = x + b_x \cdot y \\ T_y : y' = y + b_y \cdot x \end{array} \quad \text{oder} \quad \begin{pmatrix} x' \\ y' \end{pmatrix} = \begin{pmatrix} 1 & b_x \\ b_y & 1 \end{pmatrix} \cdot \begin{pmatrix} x \\ y \end{pmatrix} \tag{16.6}$$

Rotation (Drehung) um den Winkel α (mit dem Koordinatenursprung als Drehmittelpunkt):

$$\begin{array}{l} T_x : x' = x \cdot \cos\alpha + y \cdot \sin\alpha \\ T_y : y' = -x \cdot \sin\alpha + y \cdot \cos\alpha \end{array} \quad \text{oder} \tag{16.7}$$

$$\begin{pmatrix} x' \\ y' \end{pmatrix} = \begin{pmatrix} \cos\alpha & \sin\alpha \\ -\sin\alpha & \cos\alpha \end{pmatrix} \cdot \begin{pmatrix} x \\ y \end{pmatrix} \tag{16.8}$$

16.1.2 Homogene Koordinaten

Die Operationen in Gl. 16.4–16.8 bilden zusammen die wichtige Klasse der affinen Abbildungen (siehe Abschn. 16.1.3). Für die Verknüpfung durch Hintereinanderausführung ist es vorteilhaft, wenn alle Operationen jeweils als Matrixmultiplikation beschreibbar sind. Das ist bei der Translation (Gl. 16.4), die eine Vektoraddition ist, nicht der Fall. Eine mathematisch elegante Lösung dafür sind *homogene Koordinaten* [22, S. 204].

Bei homogenen Koordinaten wird jeder Vektor um eine zusätzliche Komponente (h) erweitert, d. h. für den zweidimensionalen Fall

$$\boldsymbol{x} = \begin{pmatrix} x \\ y \end{pmatrix} \quad \rightarrow \quad \hat{\boldsymbol{x}} = \begin{pmatrix} \hat{x} \\ \hat{y} \\ h \end{pmatrix} = \begin{pmatrix} h\,x \\ h\,y \\ h \end{pmatrix}. \tag{16.9}$$

Jedes gewöhnliche (kartesische) Koordinatenpaar $\boldsymbol{x} = (x, y)$ wird also durch den dreidimensionalen homogenen Koordinatenvektor $\hat{\boldsymbol{x}} = (\hat{x}, \hat{y}, h)$ dargestellt. Sofern die h-Komponente eines homogenen Vektors $\hat{\boldsymbol{x}}$ ungleich null ist, erhalten wir durch

$$x = \frac{\hat{x}}{h} \quad \text{und} \quad y = \frac{\hat{y}}{h} \tag{16.10}$$

wiederum die zugehörigen kartesischen Koordinaten (x, y). Es gibt also (durch unterschiedliche Werte für h) unendlich viele Möglichkeiten, einen bestimmten 2D-Punkt (x, y) in homogenen Koordinaten darzustellen. Insbesondere repräsentieren daher zwei homogene Koordinaten $\hat{\boldsymbol{x}}_1, \hat{\boldsymbol{x}}_2$ *denselben* Punkt in 2D, wenn sie Vielfache voneinander sind, d. h.

$$\boldsymbol{x}_1 = \boldsymbol{x}_2 \quad \Leftrightarrow \quad \hat{\boldsymbol{x}}_1 = s \cdot \hat{\boldsymbol{x}}_2 \quad \text{für } s \neq 0. \tag{16.11}$$

Beispielsweise sind die homogenen Koordinaten $\hat{\boldsymbol{x}}_1 = (3, 2, 1)$, $\hat{\boldsymbol{x}}_2 = (6, 4, 2)$ und $\hat{\boldsymbol{x}}_3 = (30, 20, 10)$ alle äquivalent und entsprechen dem kartesischen Punkt $(3, 2)$.

16.1.3 Affine Abbildung (Dreipunkt-Abbildung)

Mithilfe der homogenen Koordinaten lässt sich nun jede Kombination aus Translation, Skalierung und Rotation in der Form

$$\begin{pmatrix} \hat{x}' \\ \hat{y}' \\ h' \end{pmatrix} = \begin{pmatrix} x' \\ y' \\ 1 \end{pmatrix} = \begin{pmatrix} a_{11} & a_{12} & a_{13} \\ a_{21} & a_{22} & a_{23} \\ 0 & 0 & 1 \end{pmatrix} \cdot \begin{pmatrix} x \\ y \\ 1 \end{pmatrix} \tag{16.12}$$

darstellen. Man bezeichnet diese Transformation als „affine Abbildung" mit den 6 Freiheitsgraden, $a_{11} \ldots a_{23}$, wobei a_{13}, a_{23} (analog zu d_x, d_y in Gl. 16.4) die *Translation* und $a_{11}, a_{12}, a_{21}, a_{22}$ zusammen die *Rotation* und *Skalierung* definieren. Durch die affine Abbildung werden Geraden in Geraden, Dreiecke in Dreiecke und Rechtecke in Parallelogramme überführt (Abb. 16.2). Charakteristisch ist, dass das Abstandsverhältnis zwischen den auf einer Geraden liegenden Punkten durch die Abbildung unverändert bleibt.

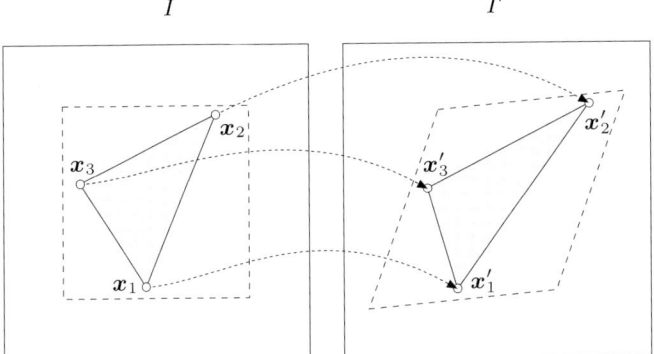

Abb. 16.2. Affine Abbildung. Durch die Spezifikation von drei korrespondierenden Punktpaaren ist eine affine Abbildung eindeutig bestimmt. Sie kann beliebige Dreiecke ineinander überführen und bildet Geraden in Geraden ab, parallele Geraden bleiben parallel und die Abstandsverhältnisse zwischen Punkten auf einer Geraden verändern sich nicht.

Ermittlung der Abbildungsparameter

Die Parameter der Abbildung in Gl. 16.12 werden durch Vorgabe von 3 korrespondierenden Punktpaaren $(\boldsymbol{x}_1, \boldsymbol{x}_1')$, $(\boldsymbol{x}_2, \boldsymbol{x}_2')$, $(\boldsymbol{x}_3, \boldsymbol{x}_3')$, mit jeweils einem Punkt $\boldsymbol{x}_i = (x_i, y_i)$ im Ausgangsbild und dem zugehörigen Punkt $\boldsymbol{x}_i' = (x_i', y_i')$ im Zielbild, eindeutig spezifiziert. Sie ergeben sich durch Lösung des linearen Gleichungssystems

$$
\begin{aligned}
x_1' &= a_{11} \cdot x_1 + a_{12} \cdot y_1 + a_{13} & y_1' &= a_{21} \cdot x_1 + a_{22} \cdot y_1 + a_{23} \\
x_2' &= a_{11} \cdot x_2 + a_{12} \cdot y_2 + a_{13} & y_2' &= a_{21} \cdot x_2 + a_{22} \cdot y_2 + a_{23} \\
x_3' &= a_{11} \cdot x_3 + a_{12} \cdot y_3 + a_{13} & y_3' &= a_{21} \cdot x_3 + a_{22} \cdot y_3 + a_{23}
\end{aligned} \tag{16.13}
$$

unter der Voraussetzung, dass die Bildpunkte $\boldsymbol{x}_1, \boldsymbol{x}_2, \boldsymbol{x}_3$ linear unabhängig sind (d. h., nicht auf einer gemeinsamen Geraden liegen), als

$$
\begin{aligned}
a_{11} &= \tfrac{1}{S} \cdot \big[y_1(x_2' - x_3') && + y_2(x_3' - x_1') && + y_3(x_1' - x_2') \big] \\
a_{12} &= \tfrac{1}{S} \cdot \big[x_1(x_3' - x_2') && + x_2(x_1' - x_3') && + x_3(x_2' - x_1') \big] \\
a_{21} &= \tfrac{1}{S} \cdot \big[y_1(y_2' - y_3') && + y_2(y_3' - y_1') && + y_3(y_1' - y_2') \big] \\
a_{22} &= \tfrac{1}{S} \cdot \big[x_1(y_3' - y_2') && + x_2(y_1' - y_3') && + x_3(y_2' - y_1') \big] \\
a_{13} &= \tfrac{1}{S} \cdot \big[x_1(y_3 x_2' - y_2 x_3') && + x_2(y_1 x_3' - y_3 x_1') && + x_3(y_2 x_1' - y_1 x_2') \big] \\
a_{23} &= \tfrac{1}{S} \cdot \big[x_1(y_3 y_2' - y_2 y_3') && + x_2(y_1 y_3' - y_3 y_1') && + x_3(y_2 y_1' - y_1 y_2') \big]
\end{aligned} \tag{16.14}
$$

mit $S = x_1(y_3 - y_2) + x_2(y_1 - y_3) + x_3(y_2 - y_1)$.

Inversion der affinen Abbildung

Die *Umkehrung* T^{-1} der affinen Abbildung, die in der Praxis häufig benötigt wird (siehe Abschn. 16.2.2), ergibt sich durch Inversion der Transformationsmatrix in Gl. 16.12 als

$$
\begin{pmatrix} x \\ y \\ 1 \end{pmatrix} = \begin{pmatrix} a_{11}\ a_{12}\ a_{13} \\ a_{21}\ a_{22}\ a_{23} \\ 0\quad 0\quad 1 \end{pmatrix}^{-1} \cdot \begin{pmatrix} x' \\ y' \\ 1 \end{pmatrix}
\tag{16.15}
$$

$$
= \frac{1}{a_{11}a_{22}-a_{12}a_{21}} \begin{pmatrix} a_{22} & -a_{12} & a_{12}a_{23}-a_{13}a_{22} \\ -a_{21} & a_{11} & a_{13}a_{21}-a_{11}a_{23} \\ 0 & 0 & a_{11}a_{22}-a_{12}a_{21} \end{pmatrix} \cdot \begin{pmatrix} x' \\ y' \\ 1 \end{pmatrix}
$$

Natürlich lässt sich die inverse Abbildung auch aus drei korrespondierenden Punktpaaren nach Gl. 16.13 und 16.14 durch Vertauschung von Ausgangs- und Zielbild berechnen.

16.1.4 Projektive Abbildung (Vierpunkt-Abbildung)

Die affine Abbildung ist zwar geeignet, beliebige Dreiecke ineinander über-zuführen, häufig benötigt man jedoch eine allgemeine Verformung von Vier-ecken, etwa bei der Transformationen auf Basis einer Mesh-Partitionierung (Abschn. 16.1.7). Um vier beliebig angeordnete 2D-Punktpaare ineinander überzuführen, erfordert die zugehörige Abbildung insgesamt acht Freiheits-grade. Die gegenüber der affinen Abbildung zusätzlichen zwei Freiheitsgrade ergeben sich in der so genannten *projektiven* Abbildung[1] durch die Koeffizi-enten a_{31}, a_{32}:

$$
\begin{pmatrix} \hat{x}' \\ \hat{y}' \\ h' \end{pmatrix} = \begin{pmatrix} h'x' \\ h'y' \\ h' \end{pmatrix} = \begin{pmatrix} a_{11}\ a_{12}\ a_{13} \\ a_{21}\ a_{22}\ a_{23} \\ a_{31}\ a_{32}\ 1 \end{pmatrix} \cdot \begin{pmatrix} x \\ y \\ 1 \end{pmatrix}
\tag{16.16}
$$

Diese in homogenen Koordinaten lineare Abbildung entspricht in kartesischen Koordinaten der nichtlinearen Transformation

$$
x' = \frac{1}{h'} \cdot (a_{11}\,x + a_{12}\,y + a_{13}) = \frac{a_{11}\,x + a_{12}\,y + a_{13}}{a_{31}\,x + a_{32}\,y + 1}
$$
$$
y' = \frac{1}{h'} \cdot (a_{21}\,x + a_{22}\,y + a_{23}) = \frac{a_{21}\,x + a_{22}\,y + a_{23}}{a_{31}\,x + a_{32}\,y + 1}
\tag{16.17}
$$

Geraden bleiben aber trotz dieser Nichtlinearität auch unter einer projektiven Abbildung erhalten. Tatsächlich ist dies die allgemeinste Transformation, die Geraden auf Geraden abbildet und algebraische Kurven n-ter Ordnung wieder in algebraische Kurven n-ter Ordnung überführt. Insbesondere werden etwa Kreise oder Ellipsen wieder als Kurven zweiter Ordnung (Kegelschnitte) abge-bildet. Im Unterschied zur affinen Abbildung müssen aber parallele Geraden nicht wieder auf parallele Geraden abgebildet werden und auch die Abstands-verhältnisse zwischen Punkten auf einer Geraden bleiben im Allgemeinen nicht erhalten (Abb. 16.3).

---

[1] Auch als *perspektivische* oder *pseudoperspektivische* Abbildung bezeichnet.

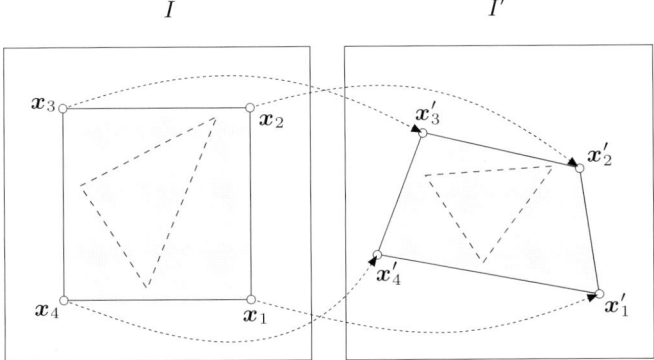

Abb. 16.3. Projektive Abbildung. Durch vier korrespondierende Punktpaare ist eine projektive Abbildung eindeutig spezifiziert. Geraden werden wieder in Geraden, Rechtecke in beliebige Vierecke abgebildet. Parallelen bleiben nicht erhalten und auch die Abstandsverhältnisse zwischen Punkten auf einer Geraden werden i. Allg. verändert.

Ermittlung der Abbildungsparameter

Bei Vorgabe von vier korrespondierenden 2D-Punktpaaren $(\boldsymbol{x}_1, \boldsymbol{x}'_1) \ldots (\boldsymbol{x}_4, \boldsymbol{x}'_4)$, mit jeweils einem Punkt $\boldsymbol{x}_i = (x_i, y_i)$ im Ausgangsbild und dem zugehörigen Punkt $\boldsymbol{x}'_i = (x'_i, y'_i)$ im Zielbild, können die acht unbekannten Parameter $a_{11} \ldots a_{32}$ der Abbildung durch Lösung des folgenden linearen Gleichungssystems berechnet werden, das sich durch Einsetzen der Punktkoordinaten in Gl. 16.17 ergibt:

$$\begin{aligned}
x'_i &= a_{11}\, x_i + a_{12}\, y_i + a_{13} - a_{31}\, x_i\, x'_i - a_{32}\, y_i\, x'_i \\
y'_i &= a_{21}\, x_i + a_{22}\, y_i + a_{23} - a_{31}\, x_i\, y'_i - a_{32}\, y_i\, y'_i
\end{aligned} \tag{16.18}$$

für $i = 1 \ldots 4$. Zusammengefasst ergeben diese acht Gleichungen in Matrixschreibweise

$$\begin{pmatrix} x'_1 \\ y'_1 \\ x'_2 \\ y'_2 \\ x'_3 \\ y'_3 \\ x'_4 \\ y'_4 \end{pmatrix} = \begin{pmatrix} x_1 & y_1 & 1 & 0 & 0 & 0 & -x_1 x'_1 & -y_1 x'_1 \\ 0 & 0 & 0 & x_1 & y_1 & 1 & -x_1 y'_1 & -y_1 y'_1 \\ x_2 & y_2 & 1 & 0 & 0 & 0 & -x_2 x'_2 & -y_2 x'_2 \\ 0 & 0 & 0 & x_2 & y_2 & 1 & -x_2 y'_2 & -y_2 y'_2 \\ x_3 & y_3 & 1 & 0 & 0 & 0 & -x_3 x'_3 & -y_3 x'_3 \\ 0 & 0 & 0 & x_3 & y_3 & 1 & -x_3 y'_3 & -y_3 y'_3 \\ x_4 & y_4 & 1 & 0 & 0 & 0 & -x_4 x'_4 & -y_4 x'_4 \\ 0 & 0 & 0 & x_4 & y_4 & 1 & -x_4 y'_4 & -y_4 y'_4 \end{pmatrix} \cdot \begin{pmatrix} a_{11} \\ a_{12} \\ a_{13} \\ a_{21} \\ a_{22} \\ a_{23} \\ a_{31} \\ a_{32} \end{pmatrix} \tag{16.19}$$

beziehungsweise

$$\boldsymbol{x}' = \boldsymbol{M} \cdot \boldsymbol{a}. \tag{16.20}$$

Der unbekannte Parametervektor $\boldsymbol{a} = (a_{11}, a_{12}, \ldots a_{32})$ kann durch Lösung dieses Gleichungssystems mithilfe eines der numerischen Standardverfahren (z. B. mit dem Gauß-Algorithmus [84, S. 1099]) berechnet werden.[2]

Inversion der projektiven Abbildung

Eine lineare Abbildung der Form $\boldsymbol{x}' = \boldsymbol{A} \cdot \boldsymbol{x}$ kann allgemein durch Invertieren der Matrix $\boldsymbol{A}$ umgekehrt werden, d. h. $\boldsymbol{x} = \boldsymbol{A}^{-1} \boldsymbol{x}'$, vorausgesetzt $\boldsymbol{A}$ ist regulär $(\text{Det}(\boldsymbol{A}) \neq 0)$. Für eine 3×3-Matrix $\boldsymbol{A}$ lässt sich die Inverse auf relativ einfache Weise durch die Beziehung

$$\boldsymbol{A}^{-1} = \frac{1}{\text{Det}(\boldsymbol{A})} \boldsymbol{A}_{\text{adj}} \qquad (16.21)$$

über die Determinante $\text{Det}(\boldsymbol{A})$ und die zugehörige *adjungierte* Matrix $\boldsymbol{A}_{\text{adj}}$ berechnen [12, S. 270], wobei im allgemeinen Fall

$$\boldsymbol{A} = \begin{pmatrix} a_{11} & a_{12} & a_{13} \\ a_{21} & a_{22} & a_{23} \\ a_{31} & a_{32} & a_{33} \end{pmatrix} \qquad \text{und}$$

$$\text{Det}(\boldsymbol{A}) = \begin{aligned} & a_{11} \, a_{22} \, a_{33} + a_{12} \, a_{23} \, a_{31} + a_{13} \, a_{21} \, a_{32} \\ & - a_{11} \, a_{23} \, a_{32} - a_{12} \, a_{21} \, a_{33} - a_{13} \, a_{22} \, a_{31} \end{aligned} \qquad (16.22)$$

$$\boldsymbol{A}_{\text{adj}} = \begin{pmatrix} a_{22}\,a_{33} - a_{23}\,a_{32} & a_{13}\,a_{32} - a_{12}\,a_{33} & a_{12}\,a_{23} - a_{13}\,a_{22} \\ a_{23}\,a_{31} - a_{21}\,a_{33} & a_{11}\,a_{33} - a_{13}\,a_{31} & a_{13}\,a_{21} - a_{11}\,a_{23} \\ a_{21}\,a_{32} - a_{22}\,a_{31} & a_{12}\,a_{31} - a_{11}\,a_{32} & a_{11}\,a_{22} - a_{12}\,a_{21} \end{pmatrix} \qquad (16.23)$$

Bei der projektiven Abbildung (Gl. 16.16) ist $a_{33} = 1$, was die Berechnung noch geringfügig vereinfacht. Da bei homogenen Koordinaten die Multiplikation eines Vektors mit einem Skalar wieder einen äquivalenten Vektor erzeugt (Gl. 16.11), ist die Einbeziehung der Determinante $\text{Det}(\boldsymbol{A})$ eigentlich überflüssig. Zur Umkehrung der Transformation genügt es daher, den homogenen Koordinatenvektor mit der adjungierten Matrix zu multiplizieren und den resultierenden Vektor anschließend (bei Bedarf) zu „homogenisieren", d. h.

$$\begin{pmatrix} x \\ y \\ h \end{pmatrix} \leftarrow \boldsymbol{A}_{\text{adj}} \cdot \begin{pmatrix} x' \\ y' \\ 1 \end{pmatrix} \qquad \text{und} \qquad \begin{pmatrix} x \\ y \end{pmatrix} \leftarrow \frac{1}{h} \begin{pmatrix} x \\ y \end{pmatrix}. \qquad (16.24)$$

Die in Gl. 16.15 ausgeführte Umkehrung der *affinen* Abbildung ist damit natürlich nur ein spezieller Fall dieser allgemeineren Methode für lineare Abbildungen, zumal auch die affine Abbildung selbst nur eine Unterklasse der projektiven Abbildungen ist.

---

[2] Dafür greift man am besten auf fertige Software zurück, wie z. B. *Jampack* (Java Matrix Package) von G. W. Stewart (ftp://math.nist.gov/pub/Jampack/ Jampack/AboutJampack.html).

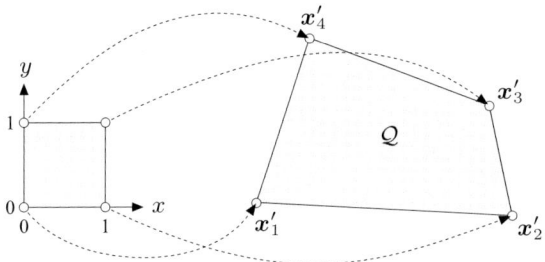

Abb. 16.4. Projektive Abbildung des Einheitsquadrats auf ein beliebiges Viereck $\mathcal{Q} = (\boldsymbol{x}'_1, \ldots \boldsymbol{x}'_4)$.

Projektive Abbildung über das Einheitsquadrat

Eine Alternative zur iterativen Lösung des linearen Gleichungssystems mit 8 Unbekannten in Gl. 16.19 ist die zweistufige Abbildung über das Einheitsquadrat. Bei der in Abb. 16.4 dargestellten projektiven Transformation des Einheitsquadrats in ein beliebiges Viereck mit den Punkten $\boldsymbol{x}'_1, \ldots \boldsymbol{x}'_4$, also

$$\begin{array}{ll} (0,0) \to \boldsymbol{x}'_1 & (1,1) \to \boldsymbol{x}'_3 \\ (1,0) \to \boldsymbol{x}'_2 & (0,1) \to \boldsymbol{x}'_4 \end{array}$$

reduziert sich das ursprüngliche Gleichungssystem aus Gl. 16.19 auf

$$\begin{aligned} x'_1 &= a_{13} \\ y'_1 &= a_{23} \\ x'_2 &= a_{11} + a_{13} - a_{31} \cdot x'_2 \\ y'_2 &= a_{21} + a_{23} - a_{31} \cdot y'_2 \\ x'_3 &= a_{11} + a_{12} + a_{13} - a_{31} \cdot x'_3 - a_{32} \cdot x'_3 \\ y'_3 &= a_{21} + a_{22} + a_{23} - a_{31} \cdot y'_3 - a_{32} \cdot y'_3 \\ x'_4 &= a_{12} + a_{13} - a_{32} \cdot x'_4 \\ y'_4 &= a_{22} + a_{23} - a_{32} \cdot y'_4 \end{aligned} \qquad (16.25)$$

und besitzt folgende Lösung für die Transformationsparameter $a_{11}, a_{12}, \ldots a_{32}$:

$$a_{31} = \frac{(x'_1 - x'_2 + x'_3 - x'_4) \cdot (y'_4 - y'_3) \; - \; (y'_1 - y'_2 + y'_3 - y'_4) \cdot (x'_4 - x'_3)}{(x'_2 - x'_3) \cdot (y'_4 - y'_3) \; - \; (x'_4 - x'_3) \cdot (y'_2 - y'_3)}$$

$$a_{32} = \frac{(y'_1 - y'_2 + y'_3 - y'_4) \cdot (x'_2 - x'_3) \; - \; (x'_1 - x'_2 + x'_3 - x'_4) \cdot (y'_2 - y'_3)}{(x'_2 - x'_3) \cdot (y'_4 - y'_3) \; - \; (x'_4 - x'_3) \cdot (y'_2 - y'_3)} \qquad (16.26)$$

$$\begin{array}{lll} a_{11} = x'_2 - x'_1 + a_{31} \, x'_2 & a_{12} = x'_4 - x'_1 + a_{32} \, x'_4 & a_{13} = x'_1 \\ a_{21} = y'_2 - y'_1 + a_{31} \, y'_2 & a_{22} = y'_4 - y'_1 + a_{32} \, y'_4 & a_{23} = y'_1 \end{array}$$

Durch Invertieren der zugehörigen Transformationsmatrix (Gl. 16.21) ist auf diese Weise natürlich auch die umgekehrte Abbildung, also von einem beliebigen Viereck in das Einheitsquadrat, möglich. Wie in Abb. 16.5 dargestellt,

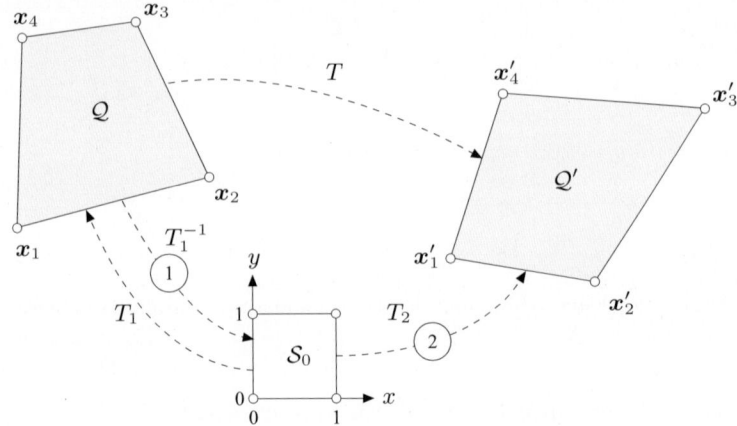

Abb. 16.5. Projektive Abbildung zwischen den beliebigen Vierecken Q und Q' durch zweistufige Transformation über das Einheitsquadrat S_0. In Schritt 1 wird das ursprüngliche Viereck Q über T_1^{-1} auf das Einheitsquadrat S_0 abgebildet. T_2 transformiert dann in Schritt 2 das Quadrat S_0 auf das Zielviereck Q'. Die Verkettung von T_1^{-1} und T_2 ergibt die Gesamttransformation T.

lässt sich so auch die Abbildung

$$Q \xrightarrow{T} Q'$$

eines beliebigen Vierecks $Q = (x_1, x_2, x_3, x_4)$ auf ein anderes, ebenfalls beliebiges Viereck $Q' = (x_1', x_2', x_3', x_4')$ als zweistufige Transformation über das Einheitsquadrat S_0 durchführen [83, S. 55], und zwar in der Form

$$Q \xrightarrow{T_1^{-1}} S_0 \xrightarrow{T_2} Q'. \tag{16.27}$$

Die Transformationen T_1 und T_2 zur Abbildung des Einheitsquadrats auf die beiden Vierecke erhalten wir durch Einsetzen der entsprechenden Rechteckspunkte x_i bzw. x_i' in Gl. 16.26, die inverse Transformation T_1^{-1} durch Invertieren der zugehörigen Abbildungsmatrix A_1 (Gl. 16.21–16.24). Die Gesamttransformation T ergibt sich schließlich durch Verkettung der Transformationen T_1^{-1} und T_2, d. h.

$$x' = T(x) = T_2(T_1^{-1}(x)) \tag{16.28}$$

beziehungsweise in Matrixschreibweise

$$x' = A \cdot x = A_2 \cdot A_1^{-1} \cdot x. \tag{16.29}$$

Die Abbildungsmatrix $A = A_2 \cdot A_1^{-1}$ muss für eine bestimmte Abbildung natürlich nur einmal berechnet werden und kann dann auf beliebig viele Bildpunkte x_i angewandt werden.

Beispiel

Das Ausgangsviereck Q und das Zielviereck Q' sind definiert durch folgende Koordinatenpunkte:

$$Q : \quad x_1 = (2,5) \quad\quad x_2 = (4,6) \quad\quad x_3 = (7,9) \quad\quad x_4 = (5,9)$$
$$Q' : \quad x_1' = (4,3) \quad\quad x_2' = (5,2) \quad\quad x_3' = (9,3) \quad\quad x_4' = (7,5)$$

Daraus ergeben sich in Bezug auf das Einheitsquadrat $\mathcal{S}_0$ die projektiven Abbildungen $A_1 : \mathcal{S}_0 \to Q$ und $A_2 : \mathcal{S}_0 \to Q'$ mit

$$A_1 = \begin{pmatrix} 3.3\dot{3} & 0.50 & 2.00 \\ 3.00 & -0.50 & 5.00 \\ 0.3\dot{3} & -0.50 & 1.00 \end{pmatrix} \quad\quad A_2 = \begin{pmatrix} 1.00 & -0.50 & 4.00 \\ -1.00 & -0.50 & 3.00 \\ 0.00 & -0.50 & 1.00 \end{pmatrix}$$

Durch Verkettung von A_2 mit der inversen Abbildung A_1^{-1} erhalten wir schließlich die Gesamttransformation $A = A_2 \cdot A_1^{-1}$, wobei

$$A_1^{-1} = \begin{pmatrix} 0.60 & -0.45 & 1.05 \\ -0.40 & 0.80 & -3.20 \\ -0.40 & 0.55 & -0.95 \end{pmatrix} \quad\quad A = \begin{pmatrix} -0.80 & 1.35 & -1.15 \\ -1.60 & 1.70 & -2.30 \\ -0.20 & 0.15 & 0.65 \end{pmatrix}$$

Die Java-Methode `makeMapping()` der Klasse `ProjectiveMapping` (S. 416) ist eine Implementierung dieser Berechnung.

16.1.5 Bilineare Abbildung

Die *bilineare* Abbildung

$$\begin{aligned} T_x : \quad & x' = a_1 x + a_2 y + a_3 xy + a_4 \\ T_y : \quad & y' = b_1 x + b_2 y + b_3 xy + b_4 \end{aligned} \tag{16.30}$$

weist wie die projektive Abbildung (Gl. 16.16) acht Parameter auf ($a_1 \ldots a_4$, $b_1 \ldots b_4$) und kann durch vier Punktpaare spezifiziert werden. Durch den gemischten Term xy ist die bilineare Transformation selbst im homogenen Koordinatensystem nicht als lineare Abbildung darzustellen. Im Unterschied zur projektiven Abbildung bleiben daher Geraden im Allgemeinen nicht erhalten, sondern gehen in quadratische Kurven über, auch Kreise werden nicht in Ellipsen abgebildet.

Eine bilineare Abbildung wird durch vier korrespondierende Punktpaare $(x_1, x_1') \ldots (x_4, x_4')$ eindeutig spezifiziert. Im allgemeinen Fall, also für die Abbildung zwischen beliebigen Vierecken, können die Koeffizienten $a_1 \ldots a_4$, $b_1 \ldots b_4$ als Lösung von zwei getrennten Gleichungssystemen mit jeweils vier Unbekannten bestimmt werden:

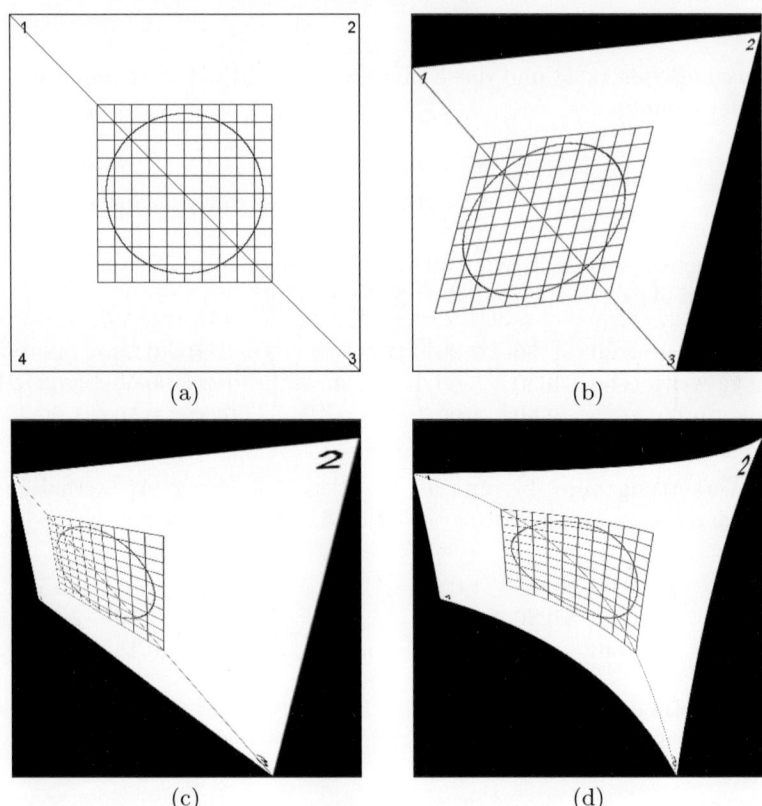

(a)   (b)

(c)   (d)

Abb. 16.6. Geometrische Abbildungen im Vergleich. Originalbild (a), affine Abbildung in Bezug auf das Dreieck 1-2-3 (b), projektive Abbildung (c), bilineare Abbildung (d).

$$\begin{pmatrix} x'_1 \\ x'_2 \\ x'_3 \\ x'_4 \end{pmatrix} = \begin{pmatrix} x_1 & y_1 & x_1y_1 & 1 \\ x_2 & y_2 & x_2y_2 & 1 \\ x_3 & y_3 & x_3y_3 & 1 \\ x_4 & y_4 & x_4y_4 & 1 \end{pmatrix} \cdot \begin{pmatrix} a_1 \\ a_2 \\ a_3 \\ a_4 \end{pmatrix} \qquad \text{bzw.} \quad X = M \cdot a \qquad (16.31)$$

$$\begin{pmatrix} y'_1 \\ y'_2 \\ y'_3 \\ y'_4 \end{pmatrix} = \begin{pmatrix} x_1 & y_1 & x_1y_1 & 1 \\ x_2 & y_2 & x_2y_2 & 1 \\ x_3 & y_3 & x_3y_3 & 1 \\ x_4 & y_4 & x_4y_4 & 1 \end{pmatrix} \cdot \begin{pmatrix} b_1 \\ b_2 \\ b_3 \\ b_4 \end{pmatrix} \qquad \text{bzw.} \quad Y = M \cdot b \qquad (16.32)$$

Eine konkrete Java-Implementierung dieser Berechnung dazu findet sich in der Methode `makeInverseMapping()` der Klasse `BilinearMapping` auf S. 417.

Für den speziellen Fall der Abbildung des *Einheitsquadrats* auf ein beliebiges Viereck $\mathcal{Q} = (x'_1, \dots x'_4)$ durch die bilineare Transformation ist die Lösung für die Parameter $a_1 \dots a_4$, $b_1 \dots b_4$

$$a_1 = x_2' - x_1' \qquad\qquad b_1 = y_2' - y_1'$$
$$a_2 = x_4' - x_1' \qquad\qquad b_2 = y_4' - y_1'$$
$$a_3 = x_1' - x_2' + x_3' - x_4' \qquad b_3 = y_1' - y_2' + y_3' - y_4'$$
$$a_4 = x_1' \qquad\qquad b_4 = y_1'$$

16.1.6 Weitere nichtlineare Bildverzerrungen

Die bilineare Transformation ist nur ein Beispiel für eine nichtlineare Abbildung im 2D-Raum, die nicht durch eine einfache Matrixmultiplikation in homogenen Koordinaten dargestellt werden kann. Darüber hinaus gibt es unzählige weitere nichtlineare Abbildungen, die in der Praxis etwa zur Realisierung diverser Verzerrungseffekte in der Bildgestaltung verwendet werden. Je nach Typ der Abbildung ist die Berechnung der inversen Abbildungsfunktion nicht immer einfach. In den folgenden drei Beispielen ist daher nur jeweils die Rückwärtstransformation

$$\boldsymbol{x} = T^{-1}(\boldsymbol{x}')$$

angegeben, sodass für die praktische Berechnung (durch *Target-to-Source Mapping*, siehe Abschn. 16.2.2) keine Inversion der Abbildungsfunktion erforderlich ist.

Twirl-Transformation

Die *Twirl*-Abbildung verursacht eine Drehung des Bilds um den vorgegebenen Mittelpunkt $\boldsymbol{x}_c = (x_c, y_c)$, wobei der Drehungswinkel im Zentrum einen vordefinierten Wert (α) aufweist und mit dem Abstand vom Zentrum proportional abnimmt. Außerhalb des Grenzradius $r_{\max}$ bleibt das Bild unverändert. Die zugehörige (inverse) Abbildungsfunktion ist folgendermaßen definiert:

$$T_x^{-1} : \quad x = \begin{cases} x_c + r \cdot \cos(\beta) & \text{für } r \leq r_{\max} \\ x' & \text{für } r > r_{\max} \end{cases} \qquad (16.33)$$

$$T_y^{-1} : \quad y = \begin{cases} y_c + r \cdot \sin(\beta) & \text{für } r \leq r_{\max} \\ y' & \text{für } r > r_{\max} \end{cases} \qquad (16.34)$$

wobei

$$d_x = x' - x_c \qquad\qquad r = \sqrt{d_x^2 + d_y^2}$$
$$d_y = y' - y_c \qquad\qquad \beta = \arctan_2(d_y, d_x) + \alpha \cdot \left(\tfrac{r_{\max} - r}{r_{\max}} \right)$$

Abb. 16.7 (a,d) zeigt eine typische Twirl-Abbildung mit dem Drehpunkt $\boldsymbol{x}_c$ im Zentrum des Bilds, einem Grenzradius $r_{\max}$ mit der halben Länge der Bilddiagonale und einem Drehwinkel $\alpha = 43°$.

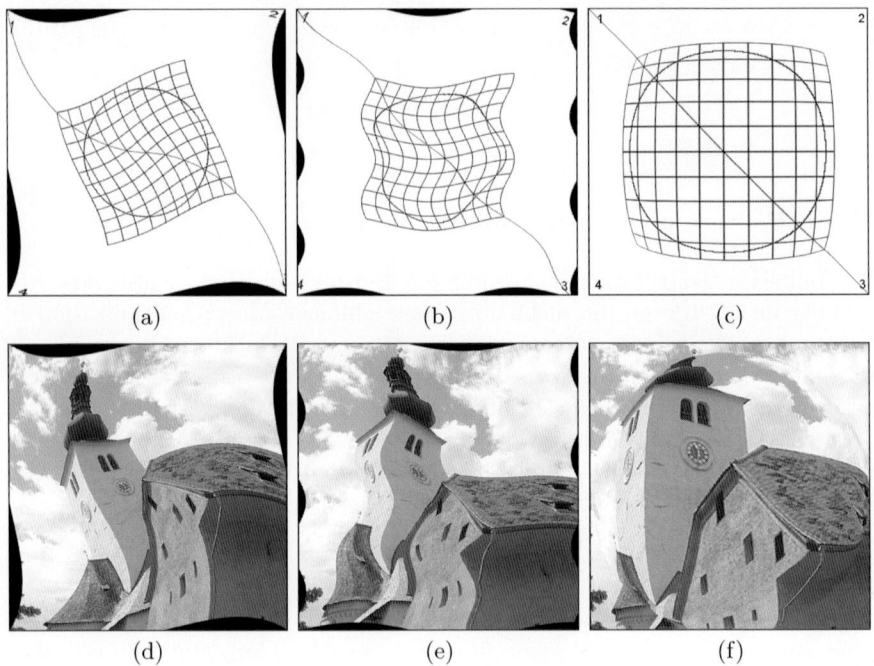

(a)   (b)   (c)

(d)   (e)   (f)

Abb. 16.7. Diverse nichtlineare Bildverzerrungen. *Twirl* (a,d), *Ripple* (b,e), *Sphere* (c,f). Die Größe des Originalbilds ist 400×400 Pixel.

Ripple-Transformation

Die *Ripple*-Transformation bewirkt eine lokale, wellenförmige Verschiebung der Bildinhalte in x- und y-Richtung. Die Parameter dieser Abbildung sind die Periodenlängen $\tau_x, \tau_y \neq 0$ (in Pixel) für die Verschiebungen in beiden Richtungen sowie die zugehörigen Amplituden a_x, a_y:

$$T_x^{-1}: \quad x = x' + a_x \cdot \sin\left(\tfrac{2\pi \cdot y'}{\tau_x}\right) \qquad (16.35)$$
$$T_y^{-1}: \quad y = y' + a_y \cdot \sin\left(\tfrac{2\pi \cdot x'}{\tau_y}\right)$$

Abb. 16.7 (b,e) zeigt als Beispiel eine Ripple-Transformation mit $\tau_x = 120$, $\tau_y = 250$, $a_x = 10$ und $a_y = 15$.

Sphärische Verzerrung

Die sphärische Verzerrung bildet den Effekt einer auf dem Bild liegenden, halbkugelförmigen Glaslinse nach. Die Parameter dieser Abbildung sind das Zentrum der Linse $\boldsymbol{x}_c = (x_c, y_c)$, deren Radius $r_{\max}$ sowie der Brechungsindex der Linse ρ. Die Abbildung ist folgendermaßen definiert:

$$T_x^{-1}: \quad x = x' - \begin{cases} z \cdot \tan(\beta_x) & \text{für } r \leq r_{\max} \\ 0 & \text{für } r > r_{\max} \end{cases} \tag{16.36}$$

$$T_y^{-1}: \quad y = y' - \begin{cases} z \cdot \tan(\beta_y) & \text{für } r \leq r_{\max} \\ 0 & \text{für } r > r_{\max} \end{cases}$$

wobei

$$d_x = x' - x_c, \quad r = \sqrt{d_x^2 + d_y^2}, \quad \beta_x = \left(1 - \tfrac{1}{\rho}\right) \cdot \sin^{-1}\left(\tfrac{d_x}{\sqrt{(d_x^2 + z^2)}}\right),$$

$$d_y = y' - y_c, \quad z = \sqrt{r_{\max}^2 - r^2}, \quad \beta_y = \left(1 - \tfrac{1}{\rho}\right) \cdot \sin^{-1}\left(\tfrac{d_y}{\sqrt{(d_y^2 + z^2)}}\right).$$

Abb. 16.7 (c,f) zeigt eine sphärische Abbildung, bei der die Linse einen Radius $r_{\max}$ mit der Hälfte der Bildbreite und einen Brechungsindex $\rho = 1.8$ aufweist und das Zentrum $\boldsymbol{x}_c$ im Abstand von 10 Pixel rechts der Bildmitte liegt.

16.1.7 Lokale Transformationen

Die bisher beschriebenen geometrischen Transformationen sind *globaler* Natur, d. h., auf alle Bildkoordinaten wird dieselbe Abbildungsfunktion angewandt. Häufig ist es notwendig, ein Bild so zu verzerren, dass eine größere Zahl von Bildpunkten $\boldsymbol{x}_1 \ldots \boldsymbol{x}_n$ exakt in vorgegebene neue Koordinatenpunkte $\boldsymbol{x}_1' \ldots \boldsymbol{x}_n'$ abgebildet wird. Für $n = 3$ ist dieses Problem mit einer affinen Abbildung (Abschn. 16.1.3) zu lösen bzw. mit einer projektiven oder bilinearen Abbildung für $n = 4$ abzubildende Punkte (Abschn. 16.1.4, 16.1.5). Für $n > 4$ ist auf Basis einer globalen Koordinatentransformation eine entsprechend komplizierte Funktion $T(\boldsymbol{x})$, z. B. ein Polynom höherer Ordnung, erforderlich.

Eine Alternative dazu sind *lokale* oder stückweise Abbildungen, bei denen die einzelnen Teile des Bilds mit unterschiedlichen, aber aufeinander abgestimmten Abbildungsfunktionen transformiert werden. In der Praxis sind vor allem netzförmige Partitionierungen des Bilds in der Form von Drei- oder Vierecksflächen üblich, wie in Abb. 16.8 dargestellt.

Bei der Partitionierung des Bilds in ein *Mesh* von Dreiecken $\mathcal{D}_i$ (Abb. 16.8 (a)) kann für die Transformation zwischen zugehörigen Paaren von Dreiecken $\mathcal{D}_i \rightarrow \mathcal{D}_i'$ eine affine Abbildung verwendet werden, die natürlich für jedes Paar von Dreiecken getrennt berechnet werden muss. Für den Fall einer Mesh-Partitionierung in Vierecke $\mathcal{Q}_i$ (Abb. 16.8 (b)) eignet sich hingegen die projektive Abbildung. In beiden Fällen ist durch die Erhaltung der Geradeneigenschaft bei der Transformation sichergestellt, dass zwischen aneinander liegenden Drei- bzw. Vierecken kontinuierliche Übergänge und keine Lücken entstehen.

Lokale Transformationen dieser Art werden beispielsweise zur Entzerrung und Registrierung von Luft- und Satellitenaufnahmen verwendet. Auch beim so genannten „Morphing" [83], das ist die schrittweise geometrische

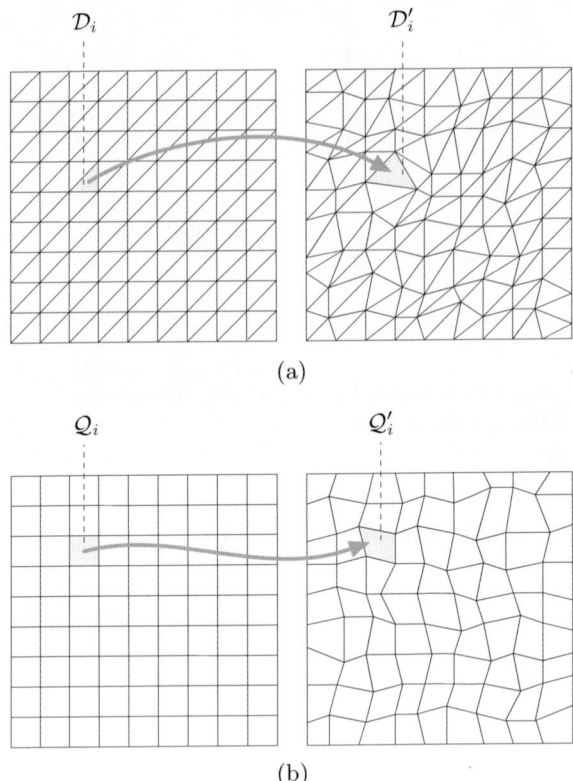

(a)

(b)

Abb. 16.8. Beispiele für *Mesh*-Partitionierungen. Durch Zerlegung der Bildfläche in nicht überlappende Dreiecke $\mathcal{D}_i, \mathcal{D}'_i$ (a) oder Vierecke $\mathcal{Q}_i, \mathcal{Q}'_i$ (b) können praktisch beliebige Verzerrungen durch einfache, lokale Transformationen realisiert werden. Jedes Mesh-Element wird separat transformiert, die entsprechenden Abbildungsparameter werden jeweils aus den korrespondierenden 3 bzw. 4 Punktpaaren berechnet.

Überführung eines Bilds in ein anderes Bild bei gleichzeitiger Überblendung, kommt dieses Verfahren häufig zum Einsatz.[3]

16.2 Resampling

Bei der Betrachtung der geometrischen Transformationen sind wir bisher davon ausgegangen, dass die Bildkoordinaten *kontinuierlich* (reellwertig) sind. Im Unterschied dazu liegen aber die Elemente digitaler Bilder auf *diskreten*, also ganzzahligen Koordinaten und ein nicht triviales Detailproblem bei geometrischen Transformationen ist die möglichst verlustfreie Überführung des

---

[3] Image Morphing ist z. B. als ImageJ-Plugin `iMorph` von Hajime Hirase implementiert (http://rsb.info.nih.gov/ij/plugins/morph.html).

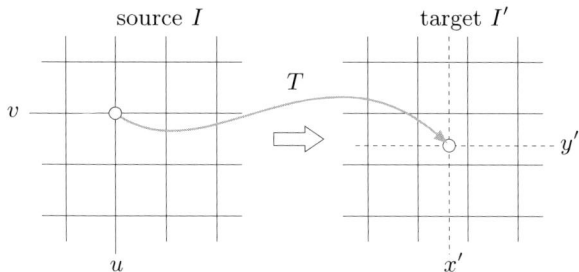

Abb. 16.9. *Source-to-Target Mapping.* Für jede diskrete Pixelposition (u, v) im Ausgangsbild (*source*) I wird die zugehörige transformierte Position $(x', y') = T(u, v)$ im Zielbild (*target*) I' berechnet, die i. Allg. nicht auf einem Rasterpunkt liegt. Der Pixelwert $I(u, v)$ wird in eines der Bildelemente (oder in mehrere Bildelemente) in I' übertragen.

diskret gerasterten Ausgangsbilds in ein neues, ebenfalls diskret gerastertes Zielbild.

Es ist also erforderlich, basierend auf einer geometrischen Abbildungsfunktion $T(x, y)$, aus einem bestehenden Bild $I(u, v)$ ein transformiertes Bild $I'(u', v')$ zu erzeugen, wobei alle Koordinaten diskret sind, d. h. $u, v \in \mathbb{Z}$ und $u', v' \in \mathbb{Z}$.[4] Dazu sind grundsätzlich folgende zwei Vorgangsweisen denkbar, die sich durch die Richtung der Abbildung unterscheiden: *Source-to-Target* bzw. *Target-to-Source Mapping.*

16.2.1 *Source-to-Target Mapping*

In diesem auf den ersten Blick plausiblen Ansatz wird für jedes Pixel (u, v) im Ausgangsbild I (*source*) die zugehörige transformierte Position

$$(x', y') = T(u, v)$$

im Zielbild I' (*target*) berechnet, die natürlich im Allgemeinen *nicht* auf einem Rasterpunkt liegt (Abb. 16.9). Anschließend ist zu entscheiden, in welches Bildelement in I' der zugehörige Intensitäts- oder Farbwert aus $I(u, v)$ gespeichert wird, oder ob der Wert eventuell sogar auf mehrere Pixel in I' verteilt werden soll.

Das eigentliche Problem dieses Verfahrens ist, dass – abhängig von der geometrischen Transformation T – einzelne Elemente im Zielbild I' möglicherweise überhaupt nicht getroffen werden, z. B. wenn das Bild vergrößert wird. In diesem Fall entstehen Lücken in der Intensitätsfunktion, die nachträglich nur mühsam zu schließen wären. Umgekehrt müsste man auch berücksichtigen, dass (z. B. bei einer Verkleinerung des Bilds) ein Bildelement im Target I'

---

[4] Anm. zur Notation: Ganzzahlige Koordinaten werden mit (u, v) bzw. (u', v') bezeichnet, reellwertige Koordinaten mit (x, y) bzw. (x', y').

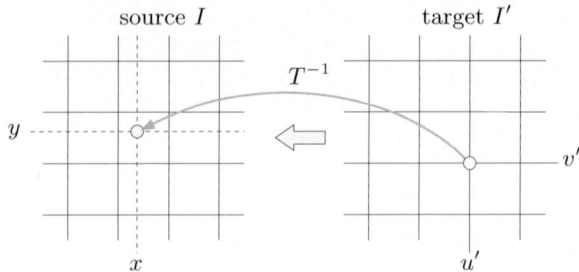

Abb. 16.10. *Target-to-Source Mapping.* Für jede diskrete Pixelposition (u', v') im Zielbild (*target*) I' wird über die inverse Abbildungsfunktion T^{-1} die zugehörige Position $(x, y) = T^{-1}(u', v')$ im Ausgangsbild (*source*) berechnet. Der neue Pixelwert für $I'(u', v')$ wird durch Interpolation der Werte des Ausgangsbilds I in der Umgebung von (x, y) berechnet.

durch *mehrere* Quellpixel hintereinander „getroffen" werden kann, und dabei eventuell Bildinformation verloren geht.

16.2.2 *Target-to-Source Mapping*

Dieses Verfahren geht genau umgekehrt vor, indem für jeden Rasterpunkt (u', v') im Zielbild zunächst die zugehörige Position

$$(x, y) = T^{-1}(u', v')$$

im Ausgangsbild berechnet wird. Natürlich liegt auch diese Position i. Allg. wiederum nicht auf einem Rasterpunkt (Abb. 16.10) und es ist zu entscheiden, aus welchem (oder aus welchen) der Pixel in I die entsprechenden Bildwerte entnommen werden sollen. Dieses Problem der *Interpolation* der Intensitätswerte betrachten wir anschließend (in Abschn. 16.3) noch ausführlicher.

Der Vorteil des *Target-to-Source*-Verfahrens ist jedenfalls, dass garantiert alle Pixel des neuen Bilds I' (und nur diese) berechnet werden und damit keine Lücken oder Mehrfachtreffer entstehen können. Es erfordert die Verfügbarkeit der *inversen* geometrischen Abbildung T^{-1}, was allerdings in den meisten Fällen kein Nachteil ist, da die Vorwärtstransformation T selbst dabei gar nicht benötigt wird. Durch die Einfachheit des Verfahrens, die auch in Alg. 16.1 deutlich wird, ist *Target-to-Source Mapping* die gängige Vorgangsweise bei der geometrischen Transformation von Bildern.

16.3 Interpolation

Als *Interpolation* bezeichnet man den Vorgang, die Werte einer diskreten Funktion für Positionen abseits ihrer Stützstellen zu schätzen. Bei geometrischen Bildoperationen ergibt sich diese Aufgabenstellung aus dem Umstand,

Algorithmus 16.1 Geometrische Bildtransformation mit *Target-to-Source Mapping*. Gegeben sind das Ausgangsbild I, das Zielbild I' und die Koordinatentransformation T. Die Funktion INTERPOLATEVALUE(I, x, y) berechnet den interpolierten Pixelwert an der Position (x, y) im Originalbild I.

1: TRANSFORMIMAGE (I, I', T)
2:     **for** all target image coordinates (u', v') **do**
3:         $(x, y) \leftarrow T^{-1}(u', v')$
4:         $I'(u', v') \leftarrow$ INTERPOLATEVALUE(I, x, y)

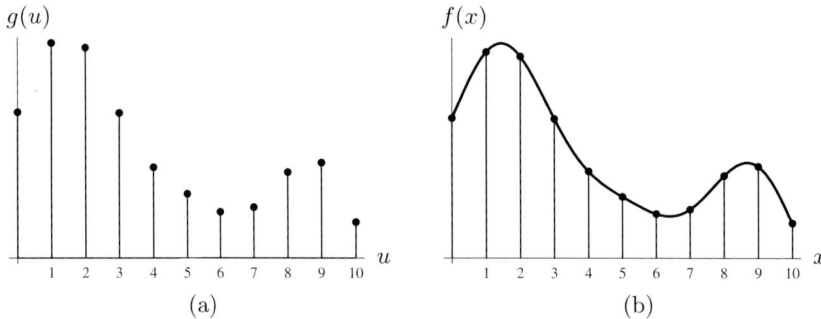

(a)   (b)

Abb. 16.11. Interpolation einer diskreten Funktion. Die Aufgabe besteht darin, aus den diskreten Werten der Funktion $g(u)$ (a) die Werte der ursprünglichen Funktion $f(x)$ an beliebigen Positionen $x \in \mathbb{R}$ zu schätzen (b).

dass durch die geometrische Abbildung T (bzw. T^{-1}) diskrete Rasterpunkte im Allgemeinen *nicht* auf diskrete Bildpositionen im jeweils anderen Bild transformiert werden (wie im vorherigen Abschnitt beschrieben). Konkretes Ziel ist daher eine möglichst gute Schätzung für den Wert der zweidimensionalen Bildfunktion $I()$ für beliebige Positionen (x, y), insbesondere zwischen den bekannten, diskreten Bildpunkten $I(u, v)$.

16.3.1 Einfache Interpolationsverfahren

Zur Illustration betrachten wir das Problem zunächst im eindimensionalen Fall (Abb. 16.11). Um die Werte einer diskreten Funktion $g(u)$, $u \in \mathbb{Z}$, an beliebigen Positionen $x \in \mathbb{R}$ zu interpolieren, gibt es verschiedene Ad-hoc-Ansätze. Am einfachsten ist es, die kontinuierliche Koordinate x auf den nächstliegenden ganzzahligen Wert u_0 zu runden und den zugehörigen Funktionswert $g(u_0)$ zu übernehmen, d. h.

$$\hat{g}(x) = g(u_0), \tag{16.37}$$

$$\text{wobei } u_0 = \text{Round}(x) = \lfloor x + 0.5 \rfloor. \tag{16.38}$$

Das Ergebnis dieser so genannten *Nearest-Neighbor*-Interpolation ist anhand eines Beispiels in Abb. 16.12 (a) gezeigt.

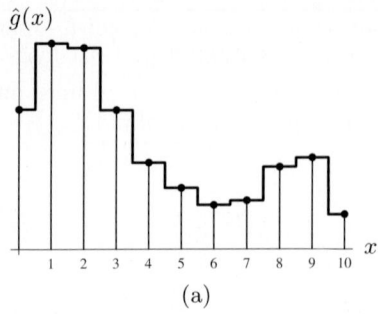
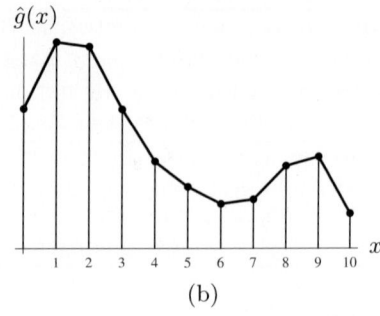

Abb. 16.12. Einfache Interpolationsverfahren. Bei der *Nearest-Neighbor-Interpolation* (a) wird für jede kontinuierliche Position x der jeweils nächstliegende, diskrete Funktionswert $g(u)$ übernommen. Bei der *linearen Interpolation* (b) liegen die geschätzten Zwischenwerte auf Geraden, die benachbarte Funktionswerte $g(u)$ und $g(u+1)$ verbinden.

Ein ähnlich einfaches Verfahren ist die *lineare Interpolation*, bei der die zu x links und rechts benachbarten Funktionsswerte $g(u_0)$ und $g(u_0+1)$, mit $u_0 = \lfloor x \rfloor$, proportional zum jeweiligen Abstand gewichtet werden:

$$\hat{g}(x) = g(u_0) + (x - u_0) \cdot \big(g(u_0 + 1) - g(u_0)\big) \qquad (16.39)$$
$$= g(u_0) \cdot \big(1 - (x - u_0)\big) + g(u_0 + 1) \cdot (x - u_0)$$

Wie in Abb. 16.12 (b) gezeigt, entspricht dies der stückweisen Verbindung der diskreten Funktionswerte durch Geradensegmente.

16.3.2 Ideale Interpolation

Offensichtlich sind aber die Ergebnisse dieser einfachen Interpolationsverfahren keine gute Annäherung an die ursprüngliche, kontinuierliche Funktion (Abb. 16.11). Man könnte sich fragen, wie es möglich wäre, die unbekannten Funktionswerte zwischen den diskreten Stützstellen noch besser anzunähern. Dies mag zunächst hoffnungslos erscheinen, denn schließlich könnte die diskrete Funktion $g(u)$ von unendlich vielen kontinuierlichen Funktionen stammen, deren Werte zwar an den diskreten Abtaststellen übereinstimmen, dazwischen jedoch beliebig sein können.

Die Antwort auf diese Frage ergibt sich (einmal mehr) aus der Betrachtung der Funktionen im Spektralbereich. Wenn bei der Diskretisierung des kontinuierlichen Signals $f(x)$ das *Abtasttheorem* (s. Abschn. 13.2.1) beachtet wurde, so bedeutet dies, dass $f(x)$ *bandbegrenzt* ist, also keine Frequenzkomponenten enthält, die über die Hälfte der Abtastfrequenz ω_s hinausgehen. Wenn aber im rekonstruierten Signal nur endlich viele Frequenzen auftreten können, dann ist damit auch dessen Form zwischen den diskreten Stützstellen entsprechend eingeschränkt.

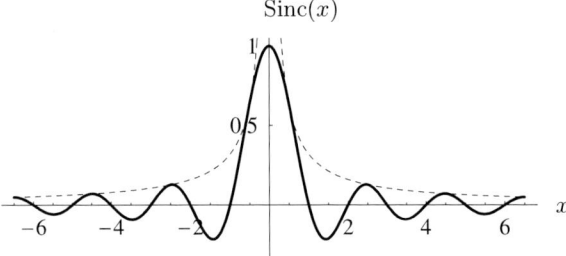

Abb. 16.13. Sinc-Funktion in 1D. Die Funktion Sinc(x) weist an allen ganzzahligen Positionen Nullstellen auf und hat am Ursprung den Wert 1. Die unterbrochene Linie markiert die mit $|\frac{1}{x}|$ abfallende Amplitude der Funktion.

Bei diesen Überlegungen sind absolute Größen nicht von Belang, da sich bei diskreten Signalen alle Frequenzwerte auf die Abtastfrequenz beziehen. Wenn wir also ein (dimensionsloses) Abtastintervall $\tau_s = 1$ annehmen, so ergibt sich daraus die Abtastfrequenz

$$\omega_s = 2\pi$$

und damit eine maximale Signalfrequenz $\omega_{\max} = \frac{\omega_s}{2} = \pi$. Um im zugehörigen (periodischen) Spektrum den Signalbereich $-\omega_{\max} \ldots \omega_{\max}$ zu isolieren, multiplizieren wir dieses Fourierspektrum (im Spektralraum) mit einer Rechteckfunktion der Breite $\pm\omega_{\max} = \pm\pi$. Im Ortsraum entspricht diese Operation einer linearen *Faltung* (Gl. 13.27, Tabelle 13.1) mit der zugehörigen Fouriertransformierten, das ist in diesem Fall die *Sinc*-Funktion

$$\mathrm{Sinc}(x) = \frac{\sin(\pi x)}{\pi x} \tag{16.40}$$

(Abb. 16.13). Dieser in Abschn. 13.1.6 beschriebene Zusammenhang zwischen dem Signalraum und dem Fourierspektrum ist in Abb. 16.14 nochmals übersichtlich dargestellt.

Theoretisch ist also Sinc(x) die ideale Interpolationsfunktion zur Rekonstruktion eines kontinuierlichen Signals. Um den interpolierten Wert der Funktion $g(u)$ für eine beliebige Position x_0 zu bestimmen, wird die Sinc-Funktion mit dem Ursprung an die Stelle x_0 verschoben und punktweise mit allen Werten von $g(u)$, mit $u \in \mathbb{Z}$, multipliziert. Der rekonstruierte Wert der kontinuierlichen Funktion an der Stelle x_0 ist daher

$$\hat{g}(x_0) = [\mathrm{Sinc} * g](x_0) = \sum_{u=-\infty}^{\infty} \mathrm{Sinc}(u - x_0) \cdot g(u) \tag{16.41}$$

($*$ ist der Faltungsoperator, s. Abschn. 6.3.1). Ist das diskrete Signal $g(u)$, wie in der Praxis meist der Fall, *endlich* mit der Länge N, so wird es als periodisch

Signal   Spektrum

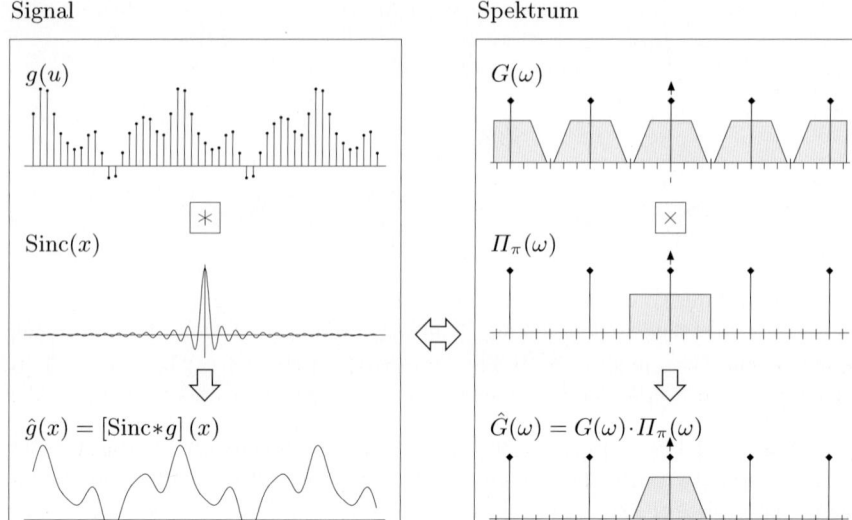

Abb. 16.14. Interpolation eines diskreten Signals – Zusammenhang zwischen Signalraum und Fourierspektrum. Dem diskreten Signal $g(u)$ im Ortsraum (links) entspricht das periodische Fourierspektrum $G(\omega)$ im Spektralraum (rechts). Das Spektrum $\hat{G}(\omega)$ des kontinuierlichen Signals wird aus $G(\omega)$ durch Multiplikation ($\times$) mit der Rechteckfunktion $\Pi_\pi(\omega)$ isoliert. Im Ortsraum entspricht diese Operation einer linearen Faltung ($*$) mit der Funktion Sinc(x).

angenommen, d. h., $g(u + kN) = g(u)$ für $k \in \mathbb{Z}$.[5] In diesem Fall ändert sich Gl. 16.41 zu

$$\hat{g}(x_0) = \sum_{u=-\infty}^{\infty} \text{Sinc}(u - x_0) \cdot g(u \bmod N) \qquad (16.42)$$

Dabei mag die Tatsache überraschen, dass zur idealen Interpolation einer diskreten Funktion $g(u)$ an einer Stelle x_0 offensichtlich nicht nur einige wenige benachbarte Stützstellen zu berücksichtigen sind, sondern im Allgemeinen *unendlich viele Werte* von $g(u)$, deren Gewichtung mit der Entfernung von x_0 stetig (mit $|\frac{1}{u-x_0}|$) abnimmt. Die Sinc-Funktion nimmt allerdings nur langsam ab und benötigt daher für eine ausreichend genaue Rekonstruktion eine unpraktikabel große Zahl von Abtastwerten. Abb. 16.15 zeigt als Beispiel die Interpolation der Funktion $g(u)$ für die Positionen $x_0 = 4.4$ und $x_0 = 5$. Wird an einer ganzzahlige Position wie beispielsweise $x_0 = 5$ interpoliert, dann wird der Funktionswert $g(x_0)$ mit 1 gewichtet, während alle anderen Funktionswerte für $u \neq u_0$ mit den Nullstellen der Sinc-Funktion zusammenfallen

---

[5] Diese Annahme ist u. a. dadurch begründet, dass einem diskreten Fourierspektrum implizit ein periodisches Signal entspricht (s. auch Abschn. 13.2.2).

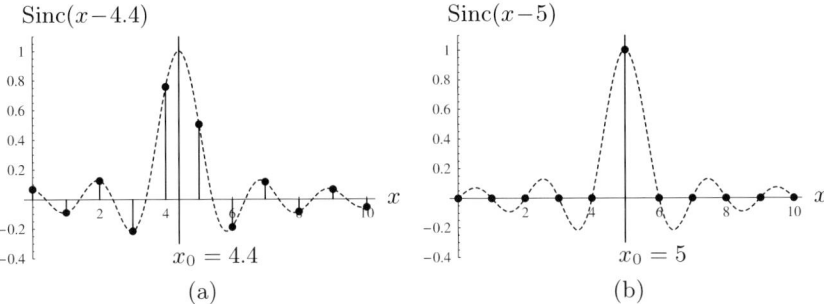

Abb. 16.15. Interpolation durch Faltung mit der Sinc-Funktion. Die Sinc-Funktion wird mit dem Ursprung an die Interpolationsstelle $x_0 = 4.4$ (a) bzw. $x_0 = 5$ (b) verschoben. Die Werte der Sinc-Funktion an den ganzzahligen Positionen bilden die Koeffizienten für die zugehörigen Werte der diskreten Funktion $g(u)$. Bei der Interpolation für $x_0 = 4.4$ (a) wird das Ergebnis aus (unendlich) vielen Koeffizienten berechnet. Bei der Interpolation an der ganzzahligen Position $x_0 = 5$ (b), wird nur der Funktionswert $g(5)$ – gewichtet mit dem Koeffizienten 1 – berücksichtigt, alle anderen Signalwerte fallen mit den Nullstellen der Sinc-Funktion zusammen und tragen daher nicht zum Ergebnis bei.

und damit unberücksichtigt bleiben. Dadurch stimmen an den ganzzahligen Positionen die interpolierten Werte mit den entsprechenden Werten der diskreten Funktion exakt überein.

16.3.3 Interpolation durch Faltung

Für die Interpolation mithilfe der linearen Faltung können neben der Sinc-Funktion auch andere Funktionen als „Interpolationskern" $w(x)$ verwendet werden. In allgemeinen Fall wird dann (analog zu Gl. 16.41) die Interpolation in der Form

$$\hat{g}(x_0) = [w * g](x_0) = \sum_{u=-\infty}^{\infty} w(u - x_0) \cdot g(u) \qquad (16.43)$$

berechnet. Beispielsweise kann die eindimensionale *Nearest-Neighbor*-Interpolation (Gl. 16.38, Abb. 16.12 (a)) durch eine Faltung mit dem Interpolationskern

$$w_{\mathrm{nn}}(x) = \begin{cases} 1 & \text{für } -0.5 \leq x < 0.5 \\ 0 & \text{sonst} \end{cases} \qquad (16.44)$$

dargestellt werden, bzw. die *lineare* Interpolation (Gl. 16.39, Abb. 16.12 (b)) mit dem Kern

$$w_{\mathrm{lin}}(x) = \begin{cases} 1 - x & \text{für } |x| < 1 \\ 0 & \text{für } |x| \geq 1 \end{cases} \qquad (16.45)$$

Beide Interpolationskerne sind in Abb. 16.16 dargestellt.

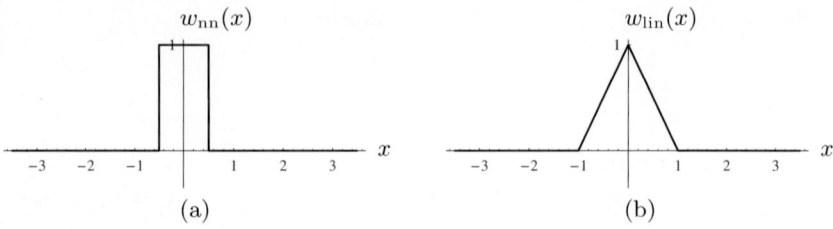

Abb. 16.16. Interpolationskerne für Nearest-Neighbor-Interpolation $w_{nn}(x)$ und lineare Interpolation $w_{lin}(x)$.

16.3.4 Kubische Interpolation

Aufgrund des unendlich großen Interpolationskerns ist die Interpolation durch Faltung mit der Sinc-Funktion in der Praxis nicht realisierbar. Man versucht daher, auch aus Effizienzgründen, die ideale Interpolation durch kompaktere Interpolationskerne anzunähern. Eine häufig verwendete Annäherung ist die so genannte „kubische" Interpolation, deren Interpolationskern durch stückweise, kubische Polynome folgendermaßen definiert ist:

$$w_{\text{cub}}(x, a) = \begin{cases} (a+2) \cdot |x|^3 - (a+3) \cdot |x|^2 + 1 & \text{für } 0 \leq |x| < 1 \\ a \cdot |x|^3 - 5a \cdot |x|^2 + 8a \cdot |x| - 4a & \text{für } 1 \leq |x| < 2 \quad (16.46) \\ 0 & \text{für } |x| \geq 2 \end{cases}$$

Dabei ist a ein Steuerparameter, mit dem die Steilheit der Funktion bestimmt werden kann (Abb. 16.17 (a)). Für den Standardwert $a = -1$ ergibt sich folgende, vereinfachte Definition:

$$w_{\text{cub}}(x) = \begin{cases} |x|^3 - 2 \cdot |x|^2 + 1 & \text{für } 0 \leq |x| < 1 \\ -|x|^3 + 5 \cdot |x|^2 - 8 \cdot |x| + 4 & \text{für } 1 \leq |x| < 2 \quad (16.47) \\ 0 & \text{für } |x| \geq 2 \end{cases}$$

Der Vergleich zwischen der Sinc-Funktion und der kubischen Funktion $w_{\text{cub}}(x)$ in Abb. 16.17 (b) zeigt, dass außerhalb von $x = \pm 2$ relativ große Koeffizienten unberücksichtigt bleiben, wodurch entsprechende Fehler zu erwarten sind. Allerdings ist die Interpolation wegen der Kompaktheit der kubischen Funktion sehr effizient zu berechnen. Da $w_{\text{cub}}(x) = 0$ für $|x| \geq 2$, sind bei der Berechnung der Faltungsoperation (Gl. 16.43) an jeder beliebigen Position $x_0 \in \mathbb{R}$ jeweils nur *vier* Werte der diskreten Funktion $g(u)$ zu berücksichtigen, nämlich

$$g(u_0 - 1), \ g(u_0), \ g(u_0 + 1), \ g(u_0 + 2), \quad \text{wobei} \ u_0 = \lfloor x_0 \rfloor.$$

Dadurch reduziert sich die eindimensionale kubische Interpolation auf die Berechnung des Ausdrucks

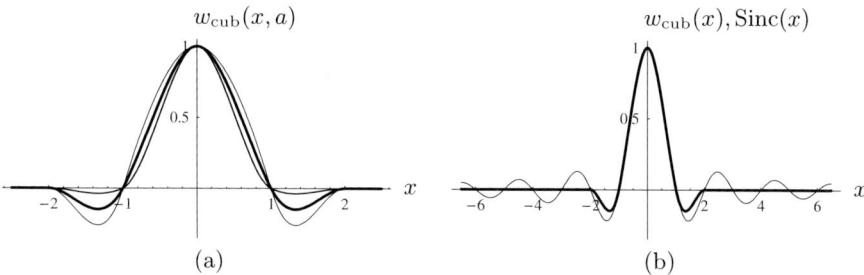

Abb. 16.17. Kubischer Interpolationskern. Funktion $w_{\mathrm{cub}}(x, a)$ für die Werte $a = -0.25$ (mittelstarke Kurve), $a = -1$ (dicke Kurve) und $a = -1.75$ (dünne Kurve) (a). Kubische Funktion $w_{\mathrm{cub}}(x)$ und Sinc-Funktion im Vergleich (b).

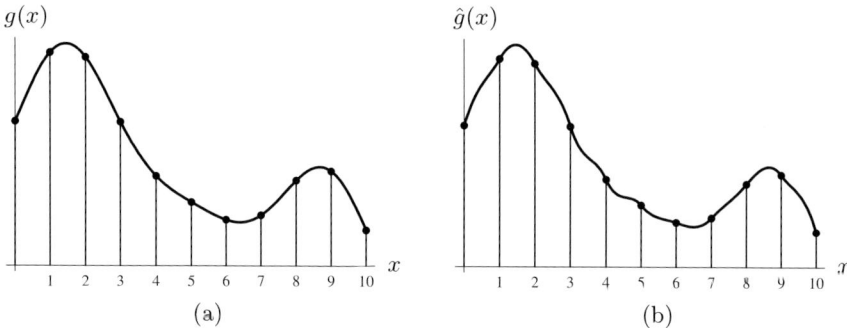

Abb. 16.18. Kubische Interpolation. Ursprüngliches Signal bzw. ideale Rekonstruktion mit der Sinc-Interpolation (a), Interpolation mit kubischem Faltungskern (b).

$$\hat{g}(x_0) = \sum_{u=\lfloor x_0 \rfloor - 1}^{\lfloor x_0 \rfloor + 2} w_{\mathrm{cub}}(u - x_0) \cdot g(u) \; . \tag{16.48}$$

16.3.5 Interpolation in 2D

In dem für die Interpolation von Bildfunktionen interessanten zweidimensionalen Fall sind die Verhältnisse naturgemäß ähnlich. Genau wie bei eindimensionalen Signalen besteht die ideale Interpolation aus einer linearen Faltung mit der zweidimensionalen Sinc-Funktion

$$\mathrm{Sinc}(x, y) = \mathrm{Sinc}(x) \cdot \mathrm{Sinc}(y) \tag{16.49}$$

(Abb. 16.19 (a)), die natürlich in der Praxis nicht realisierbar ist. Gängige Verfahren sind hingegen, neben der im Anschluss beschriebenen (jedoch selten verwendeten) *Nearest-Neighbor*-Interpolation, die *bilineare* und die *bikubische* Interpolation, die sich direkt von den eindimensionalen Varianten ableiten.

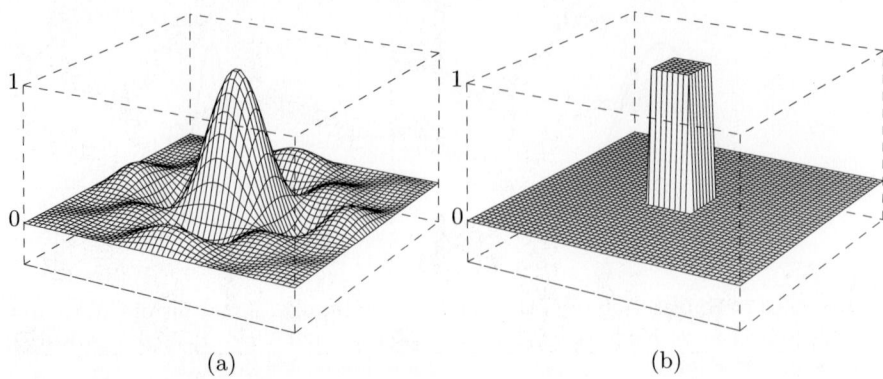

Abb. 16.19. Interpolationskerne in 2D. Idealer Interpolationskern Sinc(x, y) (a), Nearest-Neighbor-Interpolationskern (b) für $-3 \leq x, y \leq 3$.

Nearest-Neighbor-Interpolation in 2D

Zur Bestimmung der zu einem beliebigen Punkt (x_0, y_0) nächstliegenden Pixelkoordinate (u_0, v_0) genügt es, die x- und y-Komponenten unabhängig auf ganzzahlige Werte zu runden, d. h.

$$\hat{I}(x_0, y_0) = I(u_0, v_0), \quad \text{wobei} \quad \begin{cases} u_0 = \text{Round}(x_0) = \lfloor x_0 + 0.5 \rfloor \\ v_0 = \text{Round}(y_0) = \lfloor y_0 + 0.5 \rfloor \end{cases} \quad (16.50)$$

Der zugehörige 2D-Interpolationskern ist in Abb. 16.19 (b) dargestellt. In der Praxis wird diese Form der Interpolation nur in Ausnahmefällen verwendet, etwa wenn bei der Vergrößerung eines Bilds die Pixel absichtlich als Blöcke mit einheitlicher Intensität ohne weiche Übergänge erscheinen sollen (Abb. 16.20 (b)).

Bilineare Interpolation

Das Gegenstück zur linearen Interpolation im eindimensionalen Fall ist die so genannte *bilineare* Interpolation[6], deren Arbeitsweise in Abb. 16.21 dargestellt ist. Dabei werden zunächst die zur Koordinate (x_0, y_0) nächstliegenden vier Bildwerte A, B, C, D mit

$$\begin{aligned} A &= I(u_0, v_0) & B &= I(u_0+1, v_0) & (16.51) \\ C &= I(u_0, v_0+1) & D &= I(u_0+1, v_0+1) \end{aligned}$$

ermittelt, wobei $u_0 = \lfloor x_0 \rfloor$ und $v_0 = \lfloor y_0 \rfloor$, und anschließend jeweils in horizontaler und vertikaler Richtung linear interpoliert. Die Zwischenwerte E, F

---

[6] Nicht zu verwechseln mit der bilinearen *Abbildung* (Transformation) in Abschn. 16.1.5.

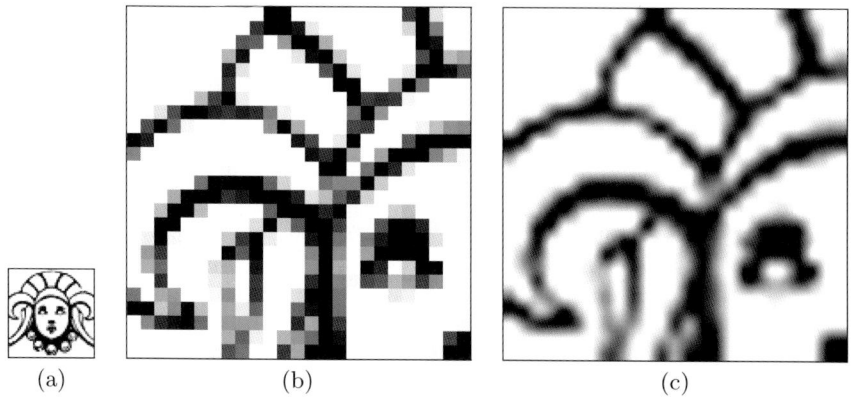

(a)   (b)   (c)

Abb. 16.20. Bildvergrößerung mit Nearest-Neighbor-Interpolation. Original (a), 8-fach vergrößerter Ausschnitt mit Nearest-Neighbor-Interpolation (b) und bikubischer Interpolation (c).

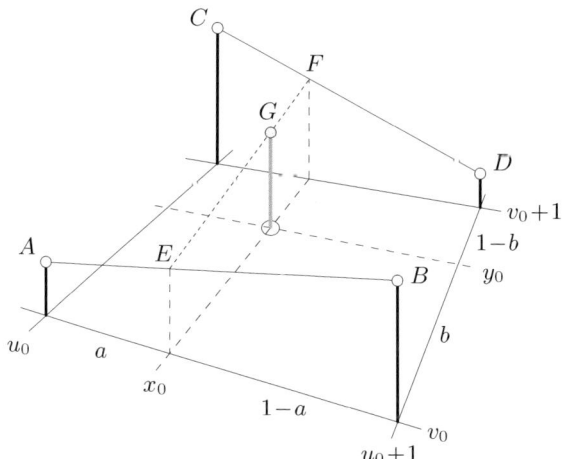

Abb. 16.21. Bilineare Interpolation. Der Interpolationswert G für die Position (x_0, y_0) wird in zwei Schritten aus den zu (x_0, y_0) nächstliegenden Bildwerten A, B, C, D ermittelt. Zunächst werden durch lineare Interpolation über den Abstand zum Bildraster $a = (x_0 - u_0)$ die Zwischenwerte E und F bestimmt. Anschließend erfolgt ein weiterer Interpolationsschritt in vertikaler Richtung zwischen den Werten E und F, abhängig von der Distanz $b = (y_0 - v_0)$.

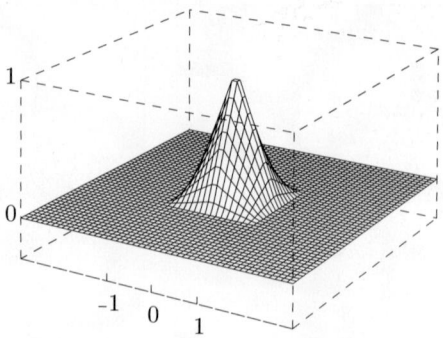

Abb. 16.22. Faltungskern der bilinearen Interpolation in 2D. $w_{\text{bilin}}(x,y)$ für $-3 \leq x, y \leq 3$.

ergeben sich aus dem Abstand $a = (x_0 - u_0)$ der gegebenen Interpolationsstelle (x_0, y_0) von der Rasterkoordinate u_0 als

$$E = A + (x_0 - u_0) \cdot (B - A) = A + a \cdot (B - A)$$
$$F = C + (x_0 - u_0) \cdot (D - C) = C + a \cdot (D - C)$$

und der finale Interpolationswert G aus dem Abstand $b = (y_0 - v_0)$ als

$$\hat{I}(x_0, y_0) = G = E + (y_0 - v_0) \cdot (F - E) = E + b \cdot (F - E)$$
$$= (a-1)(b-1)\, A + a(1-b)\, B + (1-a)\, b\, C + a\, b\, D\,. \qquad (16.52)$$

Als lineare Faltung formuliert ist der zugehörige Interpolationskern $w_{\text{bilin}}(x, y)$ das Produkt der eindimensionalen Kerne $w_{\text{lin}}(x)$ und $w_{\text{lin}}(y)$ (Gl. 16.45), d. h.

$$w_{\text{bilin}}(x, y) = w_{\text{lin}}(x) \cdot w_{\text{lin}}(y)$$
$$= \begin{cases} 1 - x - y + xy & \text{für } 0 \leq |x|, |y| < 1 \\ 0 & \text{sonst.} \end{cases} \qquad (16.53)$$

In dieser Funktion, die in Abb. 16.22 dargestellt ist, wird auch die „Bilinearform" deutlich, die der Interpolationsmethode den Namen gibt.

Bikubische Interpolation

Auch der Faltungskern für die zweidimensionale kubische Interpolation besteht aus dem Produkt der zugehörigen eindimensionalen Kerne (Gl. 16.47),

$$w_{\text{bic}}(x, y) = w_{\text{cub}}(x) \cdot w_{\text{cub}}(y). \qquad (16.54)$$

Diese Funktion ist in Abb. 16.23 dargestellt, wie auch die Differenz gegenüber dem idealen Interpolationskern $\text{Sinc}(x, y)$.

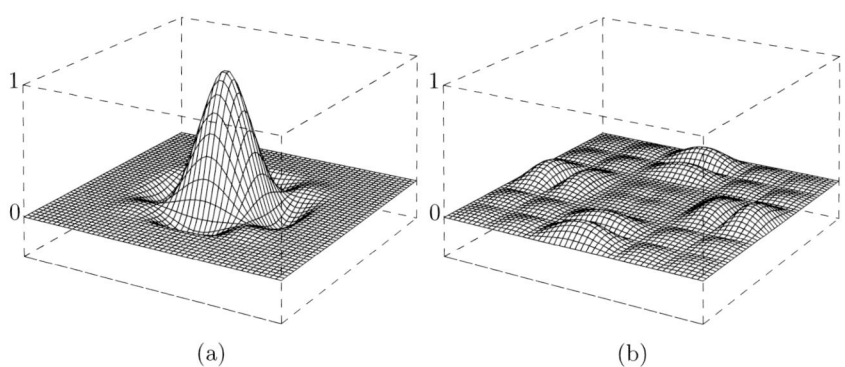

(a)   (b)

Abb. 16.23. 2D-Faltungskern für die bikubische Interpolation. Interpolationskern $w_{\mathrm{bic}}(x, y)$ (a) und Differenz zur Sinc-Funktion, d. h. $|\mathrm{Sinc}(x, y) - w_{\mathrm{bic}}(x, y)|$ (b), jeweils für $-3 \leq x, y \leq 3$.

Die Berechnung der zweidimensionalen Interpolation ist daher (wie auch die vorher gezeigten Verfahren) in x- und y-Richtung *separierbar* und lässt sich gem. Gl. 16.48 in folgender Form darstellen:

$$\tilde{I}(x_0, y_0) = \sum_{v=\lfloor y_0 \rfloor - 1}^{\lfloor y_0 \rfloor + 2} \left[\sum_{u=\lfloor x_0 \rfloor - 1}^{\lfloor x_0 \rfloor + 2} I(u, v) \cdot w_{\mathrm{bic}}(u - x_0, v - y_0) \right] \tag{16.55}$$

$$= \sum_{j=0}^{3} \left[w_{\mathrm{cub}}(v_j - y_0) \cdot \underbrace{\sum_{i=0}^{3} I(u_i, v_j) \cdot w_{\mathrm{cub}}(u_i - x_0)}_{p_j} \right], \tag{16.56}$$

wobei $u_i = \lfloor x_0 \rfloor - 1 + i$ und $v_j = \lfloor y_0 \rfloor - 1 + j$. Die nach Gl. 16.56 sehr einfache Berechnung der bikubischen Interpolation unter Verwendung des eindimensionalen Interpolationskerns $w_{\mathrm{cub}}(x)$ ist in Abb. 16.24 schematisch dargestellt und in Alg. 16.2 auch nochmals zusammengefasst.

Beispiele

Abb. 16.25 zeigt die drei gängigsten Interpolationsverfahren im Vergleich. Das Originalbild, bestehend aus dunklen Linien auf grauem Hintergrund, wurde einer Drehung um 15° unterzogen.

Das Ergebnis der *Nearest-Neighbor*-Interpolation (Abb. 16.25 (b)) zeigt die erwarteten blockförmigen Strukturen und enthält keine Pixelwerte, die nicht bereits im Originalbild enthalten sind. Die *bilineare* Interpolation (Abb. 16.25 (c)) bewirkt im Prinzip eine lokale Glättung über vier benachbarte, positiv gewichtete Bildwerte und daher kann kein Ergebniswert kleiner als die Pixelwerte in seiner Umgebung sein. Dies ist bei der *bikubischen* Interpolation (Abb. 16.25 (d)) nicht der Fall: Durch die teilweise negativen Gewichte

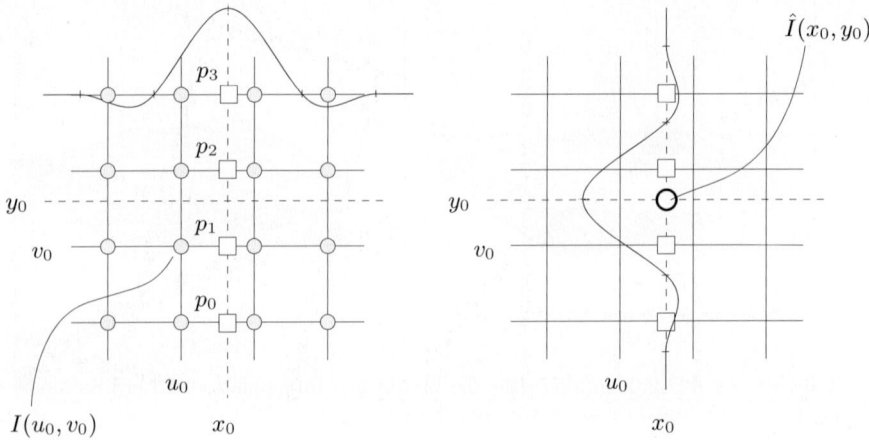

Abb. 16.24. Bikubische Interpolation in 2 Schritten. Das diskrete Bild I (Pixel sind mit $\bigcirc$ markiert) soll an der Stelle (x_0, y_0) interpoliert werden. In **Schritt 1** (links) wird mit $w_{\text{cub}}(\cdot)$ horizontal über jeweils 4 Pixel $I(u_i, v_j)$ interpoliert und für jede betroffene Zeile ein Zwischenergebnis p_j (mit $\square$ markiert) berechnet (Gl. 16.56). In **Schritt 2** (rechts) wird nur *einmal* vertikal über die Zwischenergebnisse $p_0 \ldots p_3$ interpoliert und damit das Ergebnis $\hat{I}(x_0, y_0)$ berechnet. Insgesamt sind somit $16 + 4 = 20$ Interpolationsschritte notwendig.

Algorithmus 16.2 Bikubische Interpolation des Bilds I an der Position (x_0, y_0). Die eindimensionale, kubische Interpolationsfunktion $w_{\text{cub}}(\cdot)$ wird für die separate Interpolation in der x- und y-Richtung verwendet (Gl. 16.46, 16.56), wobei eine Umgebung von 4×4 Bildpunkten berücksichtigt wird.

1:   BicubicInterpolation (I, x_0, y_0) $\triangleright x_0, y_0 \in \mathbb{R}$
2:     $q \leftarrow 0$
3:     **for** $j \leftarrow 0 \ldots 3$ **do**
4:         $v \leftarrow \lfloor y_0 \rfloor - 1 + j$
5:         $p \leftarrow 0$
6:         **for** $i \leftarrow 0 \ldots 3$ **do**
7:             $u \leftarrow \lfloor x_0 \rfloor - 1 + i$
8:             $p \leftarrow p + I(u, v) \cdot w_{\text{cub}}(u - x_0)$
9:         $q \leftarrow q + p \cdot w_{\text{cub}}(v - y_0)$
10:    **return** q

---

des kubischen Interpolationskerns entstehen zu beiden Seiten von Übergängen hellere bzw. dunklere Bildwerte, die sich auf dem grauen Hintergrund deutlich abheben und einen subjektiven Schärfungseffekt bewirken. Die bikubische Interpolation liefert bei ähnlichem Rechenaufwand deutlich bessere Ergebnisse als die bilineare Interpolation und gilt daher als Standardverfahren in praktisch allen gängigen Bildbearbeitungsprogrammen.

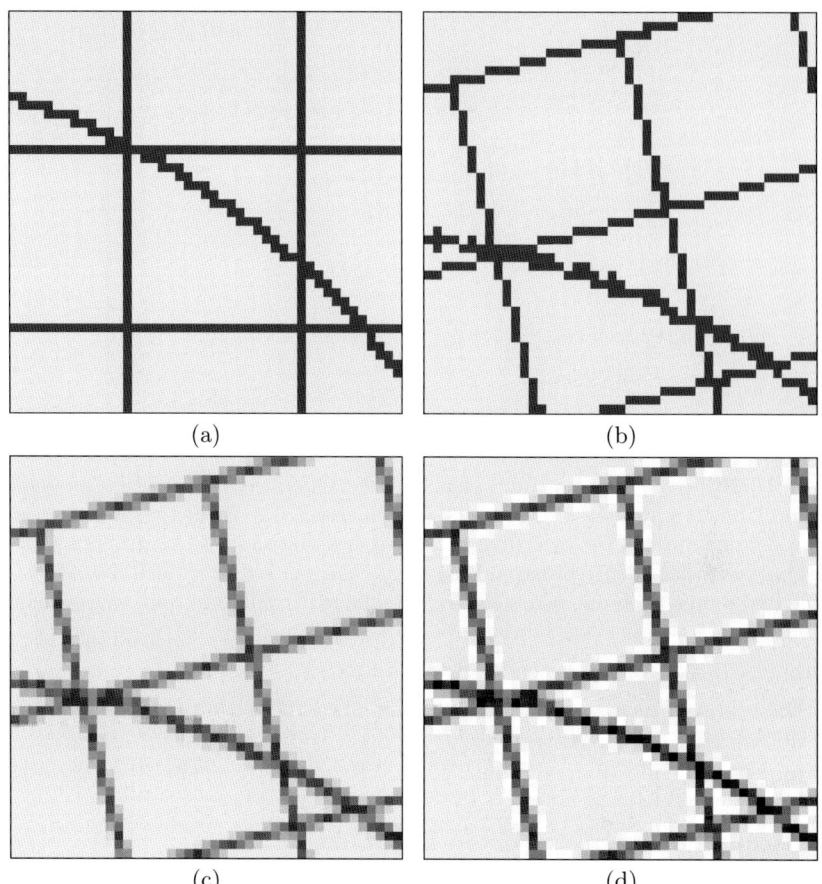

(a)   (b)

(c)   (d)

Abb. 16.25. Interpolationsverfahren im Vergleich. Ausschnitt aus dem Originalbild (a), das einer Drehung um 15° unterzogen wird. Nearest-Neighbor-Interpolation (b), bilineare Interpolation (c), bikubische Interpolation (d).

16.3.6 Aliasing

Wie im Hauptteil dieses Kapitels dargestellt, besteht die übliche Vorgangsweise bei der Realisierung von geometrischen Abbildungen im Wesentlichen aus drei Schritten (Abb. 16.26):

1. Alle diskreten Bildpunkte (u_0', v_0') des Zielbilds (*target*) werden durch die inverse geometrische Transformation T^{-1} auf Koordinaten (x_0, y_0) im Ausgangsbild projiziert.
2. Aus der diskreten Bildfunktion $I(u, v)$ des Ausgangsbilds wird durch Interpolation eine kontinuierliche Funktion $\hat{I}(x, y)$ rekonstruiert.

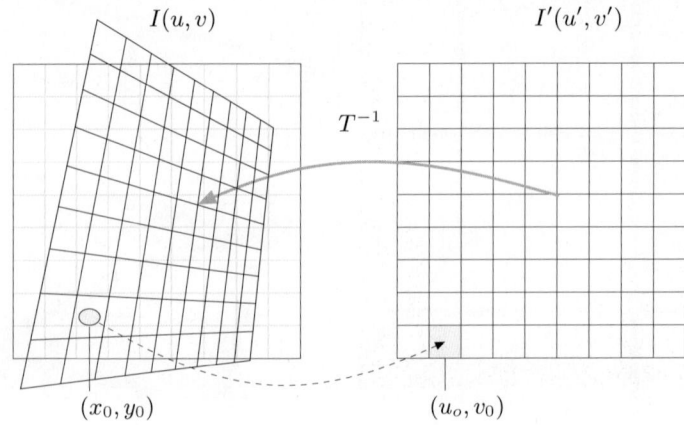

Abb. 16.26. Abtastfehler durch geometrische Operationen. Bewirkt die geometrische Transformation T eine lokale Verkleinerung des Bilds (ensprechend einer Vergrößerung durch T^{-1}, wie im linken Teil des Rasters), so vergrößern sich die Abstände zwischen den Abtastpunkten in I. Dadurch reduziert sich die Abtastfrequenz und damit auch die zulässige Grenzfrequenz der Bildfunktion, was schließlich zu Abtastfehlern (Aliasing) führt.

3. Die rekonstruierte Bildfunktion $\hat{I}$ wird an der Position (u_0', v_0') abgetastet und der zugehörige Abtastwert $\hat{I}(x_0, y_0)$ wird für das Targetpixel $I'(u_0', v_0')$ im Ergebnisbild übernommen.

Abtastung der rekonstruierten Bildfunktion

Ein Problem, das wir bisher nicht beachtet hatten, bezieht sich auf die Abtastung der rekonstruierten Bildfunktion im obigen Schritt 3. Für den Fall nämlich, dass durch die geometrische Transformation T in einem Teil des Bilds eine räumliche *Verkleinerung* erfolgt, vergrößern sich durch die inverse Transformation T^{-1} die Abstände zwischen den Abtastpunkten im Originalbild. Eine Vergrößerung dieser Abstände bedeutet jedoch eine Reduktion der Abtastrate und damit eine Reduktion der zulässigen Frequenzen in der kontinuierlichen (rekonstruierten) Bildfunktion $\hat{I}(x, y)$. Dies führt zu einer Verletzung des Abtastkriteriums und wird als „Aliasing" im generierten Bild sichtbar.

Das Beispiel in Abb. 16.27 demonstriert, dass dieser Effekt von der verwendeten Interpolationsmethode weitgehend unabhängig ist. Besonders deutlich ausgeprägt ist er natürlich bei der Nearest-Neighbor-Interpolation, bei der die dünnen Linien an manchen Stellen einfach nicht mehr „getroffen" werden und somit verschwinden. Dadurch geht wichtige Bildinformation verloren. Die bikubische Interpolation besitzt zwar den breitesten Interpolationskern, kann aber diesen Effekt ebenfalls nicht verhindern. Noch größere Maßstabsänderungen (z. B. bei eine Verkleinerung um den Faktor 8) wären ohne zusätzliche Maßnahmen überhaupt nicht zufriedenstellend durchführbar.

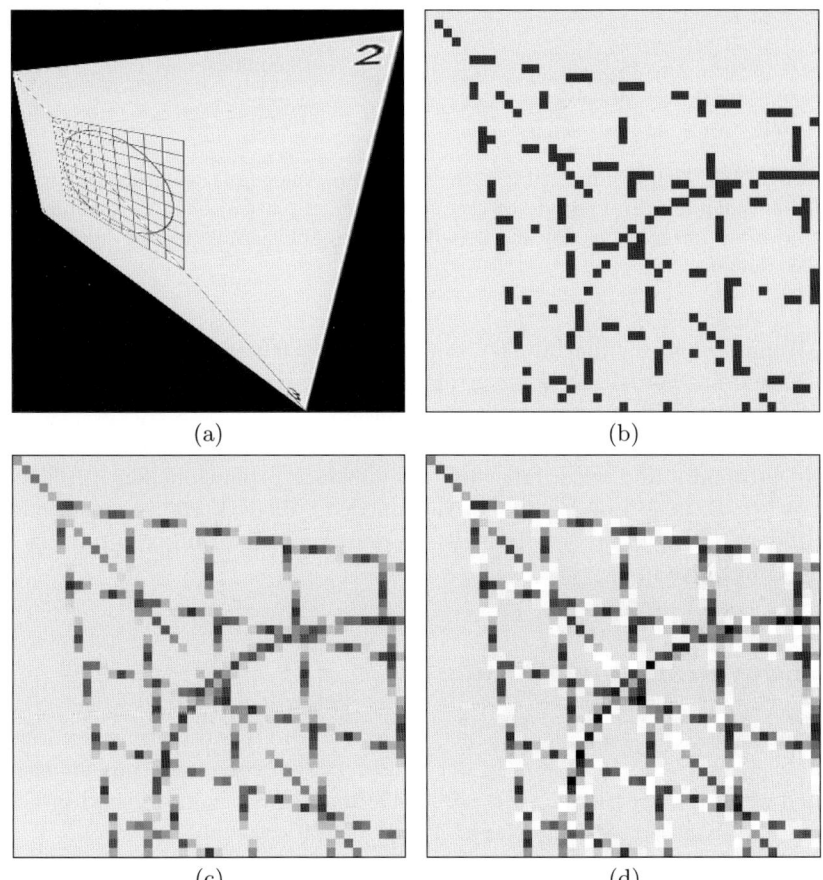

Abb. 16.27. Aliasing-Effekt durch lokale Bildverkleinerung. Der Effekt ist weitgehend unabhängig vom verwendeten Interpolationsverfahren: transformiertes Gesamtbild (a), Nearest-Neighbor-Interpolation (b), bilineare Interpolation (c), bikubische Interpolation (d).

Tiefpassfilter

Eine Lösung dieses Problems besteht darin, die für die Abtastung erforderliche Bandbegrenzung der rekonstruierten Bildfunktion sicherzustellen. Dazu wird auf die rekonstruierte Bildfunktion vor der Abtastung ein entsprechendes Tiefpassfilter angewandt (Abb. 16.28).

Am einfachsten ist dies bei einer Abbildung, bei der die Maßstabsänderung über das gesamte Bild gleichmäßig ist, wie z. B. bei einer globalen Skalierung oder einer affinen Transformation. Ist die Maßstabsänderung über das Bild jedoch ungleichmäßig, so ist ein Filter erforderlich, dessen Parameter von der geometrischen Abbildungsfunktion T und der aktuellen Bildposition abhängig

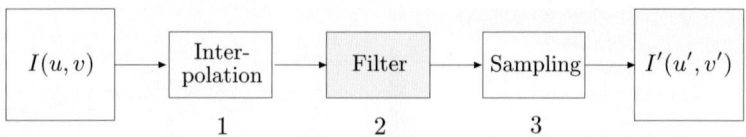

Abb. 16.28. Tiefpassfilter zur Vermeidung von Aliasing. Die interpolierte Bildfunktion (nach Schritt 1) wird vor der Abtastung (Schritt 3) einem ortsabhängigen Tiefpassfilter unterzogen, das die Bandbreite des Bildsignals auf die lokale Abtastrate anpasst.

ist. Wenn sowohl für die Interpolation und das Tiefpassfilter ein Faltungsfilter verwendet werden, so können diese in ein gemeinsames, ortsabhängiges Rekonstruktionsfilter zusammengefügt werden.

Die Anwendung derartiger ortsabhängiger (*space-variant*) Filter ist allerdings aufwendig und wird daher teilweise auch in professionellen Applikationen (wie z. B. in Adobe Photoshop) vermieden. Solche Verfahren sind jedoch u. a. bei der Projektion von Texturen in der Computergrafik von praktischer Bedeutung [22,83].

16.4 Java-Implementierung

In ImageJ sind nur wenige, einfache geometrischen Operationen, wie horizontale Spiegelung und Rotation, in der Klasse `ImageProcessor` implementiert. Einige weitere Operationen, wie z. B. die affine Transformation, sind in Form von Plugin-Klassen im `TransformJ`-Package verfügbar [55].

Im Folgenden zeigen wir eine rudimentäre Implementierung für geometrische Bildtransformationen in Java bzw. ImageJ, bestehend aus mehreren Klassen, deren Hierarchie in Abb. 16.29 zusammengefasst ist. Die Java-Klassen sind in zwei Gruppen geteilt: Die erste Gruppe betrifft die in Abschn. 16.1 dargestellten geometrischen Abbildungen,[7] die zweite Gruppe implementiert die wichtigsten der in Abschn. 16.3 beschriebenen Verfahren zur Pixel-Interpolation. Den Abschluss bildet ein Anwendungsbeispiel in Form eines einfachen ImageJ-Plugins.

16.4.1 Geometrische Abbildungen

Die folgenden Java-Klassen repräsentieren geometrische Abbildungen für zweidimensionale Koordinaten und stellen Methoden zur Berechnung der Abbildung aus vorgegebenen Punktpaaren zur Verfügung.

---

[7] In der Standardversion von Java ist derzeit nur die *affine Abbildung* als Klasse (java.awt.geom.AffineTransform) implementiert.

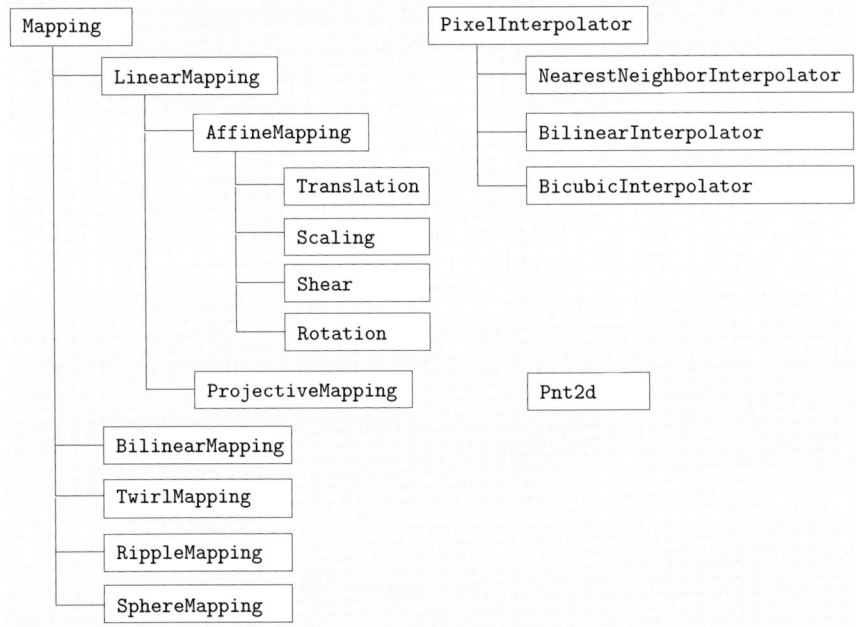

Abb. 16.29. Klassenstruktur für die Java-Implementierung von geometrischen Abbildungen und Pixel-Interpolation.

Pnt2d (Klasse)

Zweidimensionale Koordinatenpunkte $x = (x, y) \in \mathbb{R}^2$ werden durch Objekte der Klasse Pnt2d repräsentiert:

```
1 public class Pnt2d {
2    double x, y;
3
4    Pnt2d (double x, double y){
5       this.x = x; this.y = y;
6    }
7 }
```

Mapping (Klasse)

Die abstrakte Klasse Mapping ist die Überklasse für alle nachfolgenden Abbildungsklassen. Sie schreibt die Methode applyTo(Pnt2d pnt) vor, womit die geometrische Abbildung auf den Koordinatenpunkt pnt angewandt wird und deren konkrete Implementierung durch jede der Subklassen (Abbildungen) erfolgt.

Demgegenüber ist die Methode applyTo (ImageProcessor ip, Pixel-Interpolator intPol) in der Klasse Mapping selbst implementiert (Zeile 21) und für alle Abbildungen gleich. Durch sie wird diese Koordinatentransformation auf ein ganzes Bild angewandt, wobei das Objekt intPol für die Interpolation der Pixelwerte sorgt (Zeile 37).

Die eigentliche Bildtransformation arbeitet nach dem *Target-to-Source*-Verfahren und benötigt dazu die inverse Koordinatentransformation T^{-1}, die durch die Methode getInverse() erzeugt wird (Zeile 14, 25). Falls die Abbildung keine Rückwärtsabbildung ist (isInverse == false), wird die Abbildung invertiert. Diese Inversion ist nur für lineare Abbildungen (Klasse LinearMapping und deren Subklassen) implementiert, bei den anderen Abbildungsklassen wird bereits zu Beginn eine Rückwärtstransformation erzeugt.

```
1  import ij.process.ImageProcessor;
2
3  public abstract class Mapping implements Cloneable {
4    boolean isInverse = false;
5
6    // subclasses must implement this method:
7    abstract Pnt2d applyTo(Pnt2d pnt);
8
9    Mapping invert() {
10     throw new
11       IllegalArgumentException("cannot invert mapping");
12   }
13
14   Mapping getInverse() {
15     if (isInverse)
16       return this;
17     else
18       return invert(); // only linear mappings invert
19   }
20
21   void applyTo(ImageProcessor ip, PixelInterpolator intPol){
22     ImageProcessor targetIp = ip;
23     ImageProcessor sourceIp = ip.duplicate();
24
25     Mapping invMap = this.getInverse(); // get inverse mapping
26     intPol.setImageProcessor(sourceIp);
27
28     int w = sourceIp.getWidth();
29     int h = sourceIp.getHeight();
30
31     Pnt2d pt = new Pnt2d(0,0);
32     for (int v=0; v<h; v++){
33       for (int u=0; u<w; u++){
34         pt.x = u;
```

```
35        pt.y = v;
36        invMap.applyTo(pt);
37        int p = (int) Math.rint(intPol.getInterpolatedPixel(pt));
38        targetIp.putPixel(u,v,p);
39      }
40    }
41  }
42
43  Mapping duplicate() { //clones any mapping object
44    Mapping newMap = null;
45    try {
46      newMap = (Mapping) this.clone();
47    }
48    catch (CloneNotSupportedException e){};
49    return newMap;
50  }
51 }
```

LinearMapping (Klasse)

LinearMapping ist eine konkrete Subklasse von Mapping und realisiert eine
beliebige lineare Abbildung mit homogenen Koordinaten in 2D. Die Abbildungsparameter sind durch die 3×3-Matrix mit den Elementen $a_{11}, a_{12}, \ldots a_{33}$
repräsentiert. Diese Klasse wird gewöhnlich selbst nicht instantiiert, son-
dern liefert die allgemeine Funktionalität der linearen Abbildung, insbesondere die Anwendung auf Punktkoordinaten (applyTo(Pnt2d pnt)), Inversion (invert()) und Verküpfung mit einer zweiten linearen Abbildung
(concat(LinearMapping B)).

```
 1 public class LinearMapping extends Mapping {
 2   double
 3     a11 = 1, a12 = 0, a13 = 0, // transformation matrix
 4     a21 = 0, a22 = 1, a23 = 0,
 5     a31 = 0, a32 = 0, a33 = 1;
 6
 7   LinearMapping() {}
 8
 9   LinearMapping (    // constructor method
10       double a11, double a12, double a13,
11       double a21, double a22, double a23,
12       double a31, double a32, double a33,
13       boolean inv) {
14     this.a11 = a11; this.a12 = a12; this.a13 = a13;
15     this.a21 = a21; this.a22 = a22; this.a23 = a23;
16     this.a31 = a31; this.a32 = a32; this.a33 = a33;
17     isInverse = inv;
18   }
```

```
19
20    Pnt2d applyTo (Pnt2d pnt) {        // s. Gl. 16.16
21       double h = (a31*pnt.x + a32*pnt.y + a33);
22       double x = (a11*pnt.x + a12*pnt.y + a13) / h;
23       double y = (a21*pnt.x + a22*pnt.y + a23) / h;
24       pnt.x = x;
25       pnt.y = y;
26       return pnt;
27    }
28
29    Mapping invert() {                 // s. Gl. 16.21
30       LinearMapping lm = (LinearMapping) duplicate();
31       double det =
32          a11*a22*a33 + a12*a23*a31 + a13*a21*a32 -
33          a11*a23*a32 - a12*a21*a33 - a13*a22*a31;
34       lm.a11 = (a22*a33 - a23*a32) / det;
35       lm.a12 = (a13*a32 - a12*a33) / det;
36       lm.a13 = (a12*a23 - a13*a22) / det;
37       lm.a21 = (a23*a31 - a21*a33) / det;
38       lm.a22 = (a11*a33 - a13*a31) / det;
39       lm.a23 = (a13*a21 - a11*a23) / det;
40       lm.a31 = (a21*a32 - a22*a31) / det;
41       lm.a32 = (a12*a31 - a11*a32) / det;
42       lm.a33 = (a11*a22 - a12*a21) / det;
43       lm.isInverse = !isInverse;
44       return lm;
45    }
46
47    // concatenates THIS transform matrix A with B: C = B*A
48    LinearMapping concat(LinearMapping B) {
49       LinearMapping lm = (LinearMapping) duplicate();
50       lm.a11 = B.a11*a11 + B.a12*a21 + B.a13*a31;
51       lm.a12 = B.a11*a12 + B.a12*a22 + B.a13*a32;
52       lm.a13 = B.a11*a13 + B.a12*a23 + B.a13*a33;
53
54       lm.a21 = B.a21*a11 + B.a22*a21 + B.a23*a31;
55       lm.a22 = B.a21*a12 + B.a22*a22 + B.a23*a32;
56       lm.a23 = B.a21*a13 + B.a22*a23 + B.a23*a33;
57
58       lm.a31 = B.a31*a11 + B.a32*a21 + B.a33*a31;
59       lm.a32 = B.a31*a12 + B.a32*a22 + B.a33*a32;
60       lm.a33 = B.a31*a13 + B.a32*a23 + B.a33*a33;
61       return lm;
62    }
63 }
```

AffineMapping (Klasse)

AffineMapping erweitert die Klasse LinearMapping durch zwei zusätzliche Funktionen: erstens durch eine spezielle Konstruktor-Methode, in der die Elemente a_{31}, a_{32}, a_{33} der Abbildungsmatrix – wie für affine Abbildungen erforderlich (s. Gl. 16.12) – auf die Werte $0, 0, 1$ initialisiert werden; zweitens die Methode makeMapping(), mit der die affine Abbildung (Vorwärtstransformation T) für beliebige Paare von Dreiecken berechnet wird (Gl. 16.14):

```
 1  public class AffineMapping extends LinearMapping {
 2
 3    AffineMapping (
 4        double a11, double a12, double a13,
 5        double a21, double a22, double a23,
 6        boolean inv) {
 7      super(a11,a12,a13,a21,a22,a23,0,0,1,inv);
 8    }
 9
10    // create the affine transform between
11    // arbitrary triangles A1..A3 and B1..B3
12    static AffineMapping makeMapping (
13        Pnt2d A1, Pnt2d A2, Pnt2d A3,
14        Pnt2d B1, Pnt2d B2, Pnt2d B3) {
15
16      double ax1 = A1.x, ax2 = A2.x,  ax3 = A3.x;
17      double ay1 = A1.y, ay2 = A2.y,  ay3 = A3.y;
18      double bx1 = B1.x, bx2 = B2.x,  bx3 = B3.x;
19      double by1 = B1.y, by2 = B2.y,  by3 = B3.y;
20
21      double S = ax1*(ay3-ay2) + ax2*(ay1-ay3) + ax3*(ay2-ay1);
22      double a11 = (ay1*(bx2-bx3)+ay2*(bx3-bx1)+ay3*(bx1-bx2)) / S;
23      double a12 = (ax1*(bx3-bx2)+ax2*(bx1-bx3)+ax3*(bx2-bx1)) / S;
24      double a21 = (ay1*(by2-by3)+ay2*(by3-by1)+ay3*(by1-by2)) / S;
25      double a22 = (ax1*(by3-by2)+ax2*(by1-by3)+ax3*(by2-by1)) / S;
26      double a13 = (ax1*(ay3*bx2-ay2*bx3) + ax2*(ay1*bx3-ay3*bx1)
27              + ax3*(ay2*bx1-ay1*bx2)) / S;
28      double a23 = (ax1*(ay3*by2-ay2*by3) + ax2*(ay1*by3-ay3*by1)
29              + ax3*(ay2*by1-ay1*by2)) / S;
30
31      return new AffineMapping(a11,a12,a13,a21,a22,a23,false);
32    }
```

Translation, Scaling, Shear, Rotation (Klassen)

Die Abbildungen Translation, Scaling, Shear und Rotation sind Subklassen von AffineMapping. Die Definition dieser Klassen enthält jeweils nur die zugehörige Konstruktor-Methode, die übrige Funktionalität wird aus den Superklassen `AffineTransform` bzw. `LinearTransform` abgeleitet. Der Aufruf `super()` bezieht sich auf die Konstruktor-Methode der direkten Superklasse `AffineMapping`:

```
1 class Translation extends AffineMapping { // Verschiebung (Gl. 16.4)
2    Translation (double dx, double dy) {
3       super(
4          1, 0, dx,
5          0, 1, dy,
6          false );
7    }
8 }
```

```
1 class Scaling extends AffineMapping { // Skalierung (Gl. 16.5)
2    Scaling(double sx, double sy) {
3       super(
4          sx, 0, 0,
5          0, sy, 0,
6          false );
7    }
8 }
```

```
1 class Shear extends AffineMapping { // Scherung (Gl. 16.6)
2    Shear(double bx, double by) {
3       super(
4          1, bx, 0,
5          by, 1, 0,
6          false );
7 }
```

```
1 class Rotation extends AffineMapping { // Rotation (Gl. 16.8)
2    Rotation(double alpha) {
3       super(
4          Math.cos(alpha), Math.sin(alpha), 0,
5          -Math.sin(alpha), Math.cos(alpha), 0,
6          false);
7    }
8 }
```

ProjectiveMapping (Klasse)

Die Klasse `ProjectiveMapping` implementiert die projektive Abbildung (Gl. 16.16). Sie stellt neben einer Konstruktor-Methode für die Initilisierung der 8 Abbildungsparameter $a_{11}, a_{12}, \ldots a_{32}$ ($a_{33} = 1$) zwei Methoden zur Berechnung der Abbildung zwischen Vierecken zur Verfügung. Die erste `makeMapping()`-Methode (Zeile 12) erzeugt die projektive Abbildung zwischen dem Einheitsquadrat (S_0) und einem beliebigen Viereck, definiert durch die Koordinatenpunkte `P1..P4`. Die zweite `makeMapping()`-Methode (Zeile 36) erzeugt die projektive Abbildung zwischen zwei beliebigen Vierecken `A1..A4` und `B1..B4` in zwei Schritten über das Einheitsquadrat (s. Gl. 16.28). Diese Methode verwendet dafür u. a. die Methoden `invert()` und `concat()` aus der Klasse `LinearMapping`:

```
1  class ProjectiveMapping extends LinearMapping {
2
3    ProjectiveMapping(
4        double a11, double a12, double a13,
5        double a21, double a22, double a23,
6        double a31, double a32, boolean inv) {
7      super(a11,a12,a13,a21,a22,a23,a31,a32,1,inv);
8    }
9
10   // creates the projective mapping from the unit square S to
11   // the arbitrary quadrilateral Q given by points P1 ... P4:
12   static ProjectiveMapping makeMapping(
13       Pnt2d P1, Pnt2d P2, Pnt2d P3, Pnt2d P4) {
14     double x1 = P1.x, x2 = P2.x, x3 = P3.x, x4 = P4.x;
15     double y1 = P1.y, y2 = P2.y, y3 = P3.y, y4 = P4.y;
16     double S = (x2-x3)*(y4-y3) - (x4-x3)*(y2-y3);
17
18     double a31 = ((x1-x2+x3-x4)*(y4-y3)-(y1-y2+y3-y4)*(x4-x3))/S;
19     double a32 = ((y1-y2+y3-y4)*(x2-x3)-(x1-x2+x3-x4)*(y2-y3))/S;
20
21     double a11 = x2 - x1 + a31*x2;
22     double a12 = x4 - x1 + a32*x4;
23     double a13 = x1;
24
25     double a21 = y2 - y1 + a31*y2;
26     double a22 = y4 - y1 + a32*y4;
27     double a23 = y1;
28
29     return new
30        ProjectiveMapping(a11,a12,a13,a21,a22,a23,a31,a32,false);
31   }
```

```
32  // ProjectiveMapping (continued)
33
34     // creates the projective mapping between arbitrary
35     // quadrilaterals  Qa, Qb via the unit square S: Qa -> S -> Qb
36     static ProjectiveMapping makeMapping (
37        Pnt2d A1, Pnt2d A2, Pnt2d A3, Pnt2d A4,
38        Pnt2d B1, Pnt2d B2, Pnt2d B3, Pnt2d B4) {
39      ProjectiveMapping T1 = makeMapping(A1, A2, A3, A4);
40      ProjectiveMapping T2 = makeMapping(B1, B2, B3, B4);
41      LinearMapping T1i = (LinearMapping) T1.invert();
42      LinearMapping T = T1i.concat(T2);
43      T.isInverse = false;
44      return (ProjectiveMapping) T;
45    }
46  }
```

BilinearMapping (Klasse)

Diese Klasse implementiert die in Abschn. 16.1.5 beschriebene bilineare Abbildung. Diese nichtlineare Abbildung ist eine direkte Subklasse von Mapping, besitzt 8 Parameter (a1..b4) und – da sie keine lineare Abbildung ist – eine eigene applyTo(Pnt2d pnt)-Methode zur Koordinatentransformation (nach Gl. 16.30):

```
1  import Jampack.*;  // use Jampack linear algebra package
2
3  class BilinearMapping extends Mapping {
4    double a1, a2, a3, a4;
5    double b1, b2, b3, b4;
6
7    BilinearMapping( // constructor method
8        double a1, double a2, double a3, double a4,
9        double b1, double b2, double b3, double b4,
10       boolean inv) {
11     this.a1 = a1; this.a2 = a2; this.a3 = a3; this.a4 = a4;
12     this.b1 = b1; this.b2 = b2; this.b3 = b3; this.b4 = b4;
13     isInverse = inv;
14   }
15
16   Pnt2d applyTo (Pnt2d pnt){
17     double x = pnt.x;
18     double y = pnt.y;
19     pnt.x = a1 * x + a2 * y + a3 * x * y + a4;
20     pnt.y = b1 * x + b2 * y + b3 * x * y + b4;
21     return pnt;
22   }
```

Um die Inversion der Abbildung zu umgehen, wird in diesem Fall direkt die Rücktransformation mit der Methode `makeInverseMapping()` erzeugt. Die folgende Methode berechnet die bilineare Abbildung zwischen dem Viereck $\mathcal{P}$, definiert durch die Koordinatenpunkte P1..P4, und einem zweiten Viereck $\mathcal{Q}$ (Q1..Q4):

```
23   //map between arbitrary quadrilaterals (P1..P4) -> (Q1..Q4)
24   static BilinearMapping makeInverseMapping (
25       Pnt2d P1, Pnt2d P2, Pnt2d P3, Pnt2d P4, // source quad
26       Pnt2d Q1, Pnt2d Q2, Pnt2d Q3, Pnt2d Q4 // target quad
27       ) {
28       double[] X = new double[] {Q1.x, Q2.x, Q3.x, Q4.x};
29       double[] Y = new double[] {Q1.y, Q2.y, Q3.y, Q4.y};
30       Zmat zX = makeColumnVector(X);
31       Zmat zY = makeColumnVector(Y);
32
33       double[][] M = new double[][]
34          {{P1.x, P1.y, P1.x * P1.y, 1},
35           {P2.x, P2.y, P2.x * P2.y, 1},
36           {P3.x, P3.y, P3.x * P3.y, 1},
37           {P4.x, P4.y, P4.x * P4.y, 1}};
38       Zmat zM = new Zmat(M);
39
40       double a1, a2, a3, a4; a1 = a2 = a3 = a4 = 0;
41       double b1, b2, b3, b4; b1 = b2 = b3 = b4 = 0;
42
43       try {
44          Zmat Ax = Solve.aib(zM,zX); // solve X = M · a (Gl. 16.31)
45          Zmat By = Solve.aib(zM,zY); // solve Y = M · b (Gl. 16.32)
46          a1 = zA.get(1,1).re; a2 = zA.get(2,1).re;
47          a3 = zA.get(3,1).re; a4 = zA.get(4,1).re;
48          b1 = zB.get(1,1).re; b2 = zB.get(2,1).re;
49          b3 = zB.get(3,1).re; b4 = zB.get(4,1).re;
50       }
51       catch(JampackException e) {}
52
53       return new BilinearMapping(a1,a2,a3,a4,b1,b2,b3,b4,true);
54   }
```

In Zeile 44 und 45 der obigen Methode wird jeweils ein lineares 4×4-Gleichungssystem (s. Gl. 16.31, 16.32) mithilfe der statischen Methode `Solve.aib()` aus der Jampack-Bibliothek[8] gelöst, die grundsätzlich mit komplexwertigen Matrizen bzw. Vektoren arbeitet. Zur einfacheren Generierung der notwendigen Spaltenvektoren dient folgende Hilfsmethode:

---

[8] ftp://math.nist.gov/pub/Jampack/Jampack/AboutJampack.html

```
55   // utility method for Jampack linear algebra package
56   static Zmat makeColumnVector(double[] x){
57     int n = x.length;
58     Znum z = new Znum(0,0);
59     Zmat y = new Zmat(n,1);
60     for (int i=0; i<n; i++){
61       z.re = x[i];
62       y.put(i+1,1,z);
63     }
64     return y;
65   }
66 }
```

TwirlMapping (Klasse)

Diese Klasse implementiert als Beispiel für eine typische „Warp"-Abbildung
die *Twirl*-Transformation (Gl. 16.33, 16.34). Auch für diese Abbildung wird
mit makeInverseMapping() direkt die Rücktransformation erzeugt:

```
1 public class TwirlMapping extends Mapping {
2   double xc;
3   double yc;
4   double angle;
5   double rad;
6
7   TwirlMapping (
8       double xc, double yc, double angle, double rad, boolean inv)
9   {
10    this.xc = xc;
11    this.yc = yc;
12    this.angle = angle;
13    this.rad = rad;
14    this.isInverse = inv;
15  }
16
17  static TwirlMapping makeInverseMapping (
18      double xc, double yc, double angle, double rad)
19  {
20    return new TwirlMapping(xc, yc, angle, rad, true);
21  }
22
23  Pnt2d applyTo (Pnt2d pnt) {
24    double x = pnt.x;
25    double y = pnt.y;
26    double dx = x - xc;
27    double dy = y - yc;
```

```
28    double d = Math.sqrt(dx*dx + dy*dy);
29    if (d < rad) {
30      double a = Math.atan2(dy,dx) + angle * (rad-d) / rad;
31      pnt.x = xc + d*Math.cos(a);
32      pnt.y = yc + d*Math.sin(a);
33    }
34    return pnt;
35  }
36 }
```

16.4.2 Pixel-Interpolation

Die nachfolgenden Klassen implementieren die drei in Abschn. 16.3 beschriebenen Verfahren zur Interpolation der diskreten Bildfunktion an einer beliebigen Position (x_0, y_0). Die zugehörige Klassenhierarchie ist in Abb. 16.29 dargestellt.

PixelInterpolator (Klasse)

PixelInterpolator ist die (abstrakte) Überklasse für alle übrigen Interpolator-Klassen. Sie spezifiziert insbesondere die Methode getInterpolatedPixel (Pnt2d pnt), die in allen Subklassen implementiert werden muss und die von der Methode applyTo() in der Klasse Mapping (S. 411) aufgerufen wird:

```
1 import ij.process.ImageProcessor;
2
3 public abstract class PixelInterpolator {
4   ImageProcessor ip;
5
6   PixelInterpolator() {}
7
8   void setImageProcessor(ImageProcessor ip) {
9     this.ip = ip;
10  }
11
12  abstract double getInterpolatedPixel(Pnt2d pnt);
13 }
```

NearestNeighborInterpolator (Klasse)

Diese Klasse implementiert die Nearest-Neighbor-Interpolation (Gl. 16.50):

```
1 public class NearestNeighborInterpolator extends
     PixelInterpolator {
2
3   double getInterpolatedPixel(Pnt2d pnt) {
4     int u = (int) Math.rint(pnt.x);
5     int v = (int) Math.rint(pnt.y);
6     return ip.getPixel(u,v);
7   }
8 }
```

BilinearInterpolator (Klasse)

Diese Klasse implementiert die bilineare Interpolation (Gl. 16.52):

```
1 public class BilinearInterpolator extends PixelInterpolator {
2
3   double getInterpolatedPixel(Pnt2d pnt) {
4     int u = (int) Math.floor(pnt.x);
5     int v = (int) Math.floor(pnt.y);
6     double a = pnt.x - u;
7     double b = pnt.y - v;
8     int A = ip.getPixel(u,v);
9     int B = ip.getPixel(u+1,v);
10    int C = ip.getPixel(u,v+1);
11    int D = ip.getPixel(u+1,v+1);
12    double E = A + a*(B-A);
13    double F = C + a*(D-C);
14    double G = E + b*(F-E);
15    return G;
16   }
17 }
```

Die bilineare Interpolation ist übrigens auch in der ImageJ-Klasse Image-Processor in Form der Methode

```
double getInterpolatedPixel (double x, double y)
```

bereits verfügbar.

BicubicInterpolator (Klasse)

Diese Klasse implementiert die bikubische Interpolation nach Gl. 16.56 bzw. Alg. 16.2. Der Steuerfaktor a hat normalerweise den Wert -1, kann aber mithilfe der zweiten Konstruktor-Methode (Zeile 6) initialisiert werden. Die eindimensionale kubische Interpolation (Gl. 16.48) ist durch die Methode double cubic (double r) realisiert:

```
1 public class BicubicInterpolator extends PixelInterpolator {
2   double a = -1;
3
4   BicubicInterpolator() {}
5
6   BicubicInterpolator(double a){
7     this.a = a;
8   }
9
10  double getInterpolatedPixel(Pnt2d pnt) {
11    double x = pnt.x;
12    double y = pnt.y;
13    int x0 = (int) Math.floor(x); //floor to handle negative coordin.
14    int y0 = (int) Math.floor(y);
15
16    double q = 0;
17    for (int j = 0; j < 4; j++) {
18      int v = y0 - 1 + j;
19      double p = 0;
20      for (int i = 0; i < 4; i++) {
21        int u = x0 - 1 + i;
22        p = p + ip.getPixel(u,v) * cubic(u - x);
23      }
24      q = q + p * cubic(v - y);
25    }
26    return q;
27  }
28
29  double cubic(double r) {
30    if (r < 0) r = -r;
31    double w = 0;
32    if (r < 1)
33      w = (a+2)*r*r*r - (a+3)*r*r + 1;
34    else if (r < 2)
35      w = a*r*r*r - 5*a*r*r + 8*a*r - 4*a;
36    return w;
37  }
38 }
```

16.4.3 Anwendungsbeispiele

Die folgenden zwei ImageJ-Plugins zeigen einfache Beispiele für die Anwendung der oben beschriebenen Klassen für geometrische Abbildungen und Interpolation.

Rotation

Das erste Beispiel zeigt ein Plugin (`PluginRotation_`) für die Rotation des Bilds um 15°. Zunächst wird (in Zeile 14) das Transformationsobjekt (`map`) der Klasse `Rotation` erzeugt, die angegebenen Winkelgrade werden dafür in Radianten umgerechnet. Anschließend wird (in Zeile 15) das Interpolator-Objekt `ipol` angelegt. Die eigentliche Transformation des Bilds erfolgt in Zeile 16 durch Aufruf der Methode `applyTo()`:

```
 1  import ij.ImagePlus;
 2  import ij.plugin.filter.PlugInFilter;
 3  import ij.process.*;
 4
 5  public class PluginRotation_ implements PlugInFilter {
 6
 7    double angle = 15;  // rotation angle (in degrees)
 8
 9      public int setup(String arg, ImagePlus imp) {
10          return DOES_8G;
11      }
12
13      public void run(ImageProcessor ip) {
14      Rotation map = new Rotation((2 * Math.PI * angle) / 360);
15      PixelInterpolator ipol = new BicubicInterpolator();
16      map.applyTo(ip, ipol);
17      }
18  }
```

Projektive Transformation

Im zweiten Beispiel ist die Anwendung der projektiven Abbildung gezeigt. Die Abbildung T ist durch zwei Vierecke in Form der Punkte `p1..p4` bzw. `q1..q4` definiert. Diese Punkte würde man in einer konkreten Anwendung interaktiv bestimmen oder wären durch eine Mesh-Partitionierung vorgegeben.

Die Vorwärtstransformation T und das zugehörige Objekt `map` wird durch die Methode `ProjectiveMapping.makeMapping()` erzeugt (Zeile 22). In diesem Fall wird ein bilinearer Interpolator verwendet (Zeile 24), die Anwendung der Transformation erfolgt wie im vorherigen Beispiel:

```
1  import ij.ImagePlus;
2  import ij.plugin.filter.PlugInFilter;
3  import ij.process.*;
4
5  public class PluginProjectiveMapping_ implements PlugInFilter {
6
7      public int setup(String arg, ImagePlus imp) {
8          return DOES_8G;
9      }
10
11     public void run(ImageProcessor ip) {
12     Pnt2d p1 = new Pnt2d(0,0);
13     Pnt2d p2 = new Pnt2d(400,0);
14     Pnt2d p3 = new Pnt2d(400,400);
15     Pnt2d p4 = new Pnt2d(0,400);
16
17     Pnt2d q1 = new Pnt2d(0,60);
18     Pnt2d q2 = new Pnt2d(400,20);
19     Pnt2d q3 = new Pnt2d(300,400);
20     Pnt2d q4 = new Pnt2d(30,200);
21
22     ProjectiveMapping map =
23       ProjectiveMapping.makeMapping(p1,p2,p3,p4,q1,q2,q3,q4);
24     PixelInterpolator ipol = new BilinearInterpolator();
25     map.applyTo(ip, ipol);
26     }
27 }
```

Die korrespondierenden Punkte der Vierecke P1..P4 und Q1..Q4 würde man im praktischen Einsatz natürlich interaktiv spezifizieren.

16.5 Aufgaben

Aufg. 16.1. Zeigen Sie, dass eine Gerade $y = kx + d$ in 2D durch eine projektive Abbildung (Gl. 16.16) wiederum in eine Gerade abgebildet wird.

Aufg. 16.2. Zeigen Sie, dass die Parallelität von Geraden durch eine affine Abbildung (Gl. 16.12) erhalten bleibt.

Aufg. 16.3. Implementieren Sie die geometrischen Abbildungen Ripple-Mapping (Gl. 16.35) und SphereMapping (sphärische Verzerrung, Gl. 16.36) als Transformationsklassen. Verwenden Sie als Muster die Java-Klasse Twirl-Mapping (S. 418). Erzeugen Sie auch entsprechende ImageJ-Plugins, um diese Klassen zu verwenden.

Aufg. 16.4. Konzipieren Sie eine geometrische Abbildung ähnlich der Ripple-Transformation (Gl. 16.35), die anstatt der Sinusfunktion eine sägezahnförmige Funktion für die Verzerrung in horizontaler und vertikaler Richtung benutzt. Verwenden Sie zur Implementierung die Java-Klasse `TwirlMapping` (S. 418) als Muster.

Aufg. 16.5. Versuchen Sie, einen „idealen" Pixel-Interpolator auf Basis der Sinc-Funktion (Gl. 16.40) zu implementieren, bei dem die Bildfunktion in beiden Koordinatenrichtungen als periodisch angenommen wird. Ermitteln Sie (durch Abschneiden der Sinc-Funktion bei $\pm N$), wie viele Pixelwerte mindestens berücksichtigt werden müssen und wie weit sich das Ergebnis durch Einbeziehung zusätzlicher Pixel verbessern lässt. Verwenden Sie die Klasse `BicubicInterpolator` (S. 420) als Vorlage für die Implementierung.

17

Bildvergleich

Wenn wir Bilder miteinander vergleichen, stellt sich die grundlegende Frage: Wann sind zwei Bilder gleich oder wie kann man deren Ähnlichkeit messen? Natürlich könnte man einfach definieren, dass zwei Bilder I_1 und I_2 genau dann gleich sind, wenn alle ihre Bildwerte identisch sind bzw. wenn – zumindest für Intensitätsbilder – die Differenz $I_1 - I_2$ null ist. Die direkte Subtraktion von Bildern kann tatsächlich nützlich sein, z. B. zur Detektion von Veränderungen in aufeinander folgenden Bildern unter konstanten Beleuchtungs- und Aufnahmebedingungen. Darüber hinaus ist aber die numerische Differenz allein kein sehr zuverlässiges Mittel zur Bestimmung der Ähnlichkeit von Bildern. Eine leichte Erhöhung der Gesamthelligkeit, die Quantisierung der Intensitätswerte, eine Verschiebung des Bilds um nur ein Pixel oder eine geringfügige Rotation – all das würde zwar die Erscheinung des Bilds kaum verändern und möglicherweise für den menschlichen Betrachter überhaupt nicht feststellbar sein, aber dennoch große numerische Unterschiede gegenüber dem Ausgangsbild verursachen! Als Menschen empfinden wir oft Bilder aufgrund ihrer Struktur oder ihres Inhalts als ähnlich, obwohl im direkten Vergleich zwischen einzelnen Pixeln kaum eine Übereinstimmung besteht. Das Vergleichen von Bildern ist daher i. Allg. kein einfaches Problem und ist auch, etwa im Zusammenhang mit der ähnlichkeitsbasierten Suche in Bilddatenbanken oder im Internet, ein interessantes Forschungsthema.

Dieses Kapitel widmet sich einem Teilproblem des Bildvergleichs, nämlich der Lokalisierung eines bekannten Teilbilds – das oft als „template" bezeichnet wird – innerhalb eines größeren Bilds. Dieses Problem stellt sich häufig, z. B. beim Auffinden zusammengehöriger Bildpunkte in Stereobildern, bei der Lokalisierung eines bestimmtes Objekts in einer Szene oder bei der Verfolgung eines Objekts in einer Bildsequenz. Die grundlegende Idee des *Template Matching* ist einfach: Wir bewegen das gesuchte Bildmuster (Template) über das Bild und messen die Differenz gegenüber dem darunterliegenden Teilbild und markieren jene Stellen, an denen das Template mit dem Teilbild übereinstimmt oder ihm zumindest ausreichend ähnlich ist. Natürlich ist auch das nicht so einfach, wie es zunächst klingt, denn was ist ein brauchbares

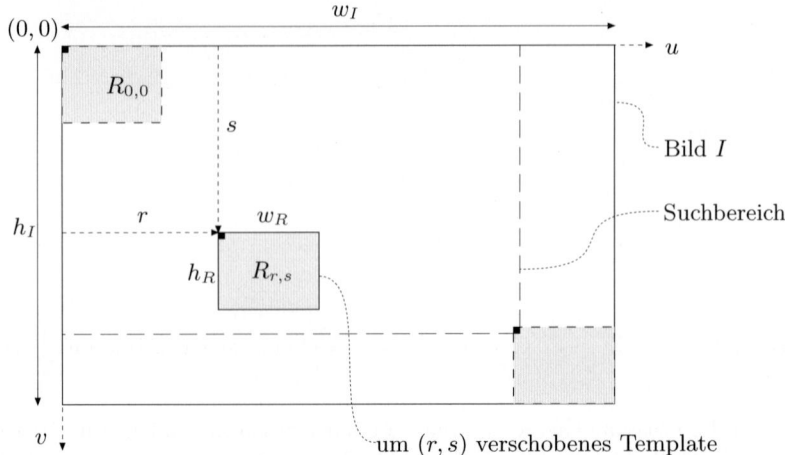

Abb. 17.1. Geometrie des Template Matching. Das Referenzbild R wird mit dem Offset (r, s) über dem Zielbild I verschoben, wobei der Koordinatenursprung als Referenzpunkt dient. Die Größe des Zielbilds ($w_I \times h_I$) und des Referenzbilds ($w_R \times h_R$) bestimmen den maximalen Suchbereich für den Vergleich.

Abstandsmaß, welche Distanz ist zulässig und was passiert, wenn Bilder zu-einander gedreht, skaliert oder verformt werden?

Wir hatten mit dem Thema Ähnlichkeit bereits im Zusammenhang mit den Eigenschaften von Regionen in segmentierten Binärbildern (Abschn. 11.4.2) zu tun. Im Folgenden beschreiben wir unterschiedliche Ansätze für das *Template Matching* in Intensitätsbildern und unsegmentierten Binärbildern.

17.1 *Template Matching* in Intensitätsbildern

Zunächst betrachten wir das Problem, ein gegebenes Referenzbild $R(i, j)$ in einem Intensitäts- oder Grauwertbild $I(u, v)$ zu lokalisieren. Die Aufgabe ist, jene Stelle(n) in $I(u, v)$ zu finden, an denen eine optimale Übereinstimmung der entsprechenden Bildinhalte besteht. Wenn wir $R_{r,s}(u, v) = R(u{-}r, v{-}s)$ als das um (r, s) in horizontaler bzw. vertikaler Richtung verschobene Refernzbild bezeichnen, dann können wir das Template-Matching-Problem in folgender Weise zusammenfassen (s. Abb. 17.1):

Gegeben sind ein Zielbild I und ein Referenzbild R. Finde den Offset (r, s), bei dem die Ähnlichkeit zwischen dem um (r, s) verschobenen Referenzbild $R_{r,s}$ und dem davon überdeckten Ausschnitt des Zielbilds maximal ist.

Noch zu klären sind dabei drei Punkte: *Erstens* benötigen wir ein geeignetes Maß für die „Ähnlichkeit" zwischen zwei Teilbildern, *zweitens* eine Suchstra-

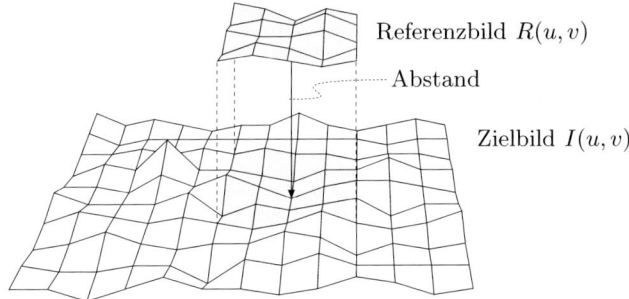

Referenzbild $R(u,v)$

Abstand

Zielbild $I(u,v)$

Abb. 17.2. Messung des Abstands zwischen zweidimensionalen Bildfunktionen.

tegie, um die optimale Verschiebung möglichst rasch zu finden, und *drittens* müssen wir entscheiden, welche minimale Ähnlichkeit für eine Übereinstimmung zulässig ist. Zunächst interessiert uns aber nur der erste Punkt.

17.1.1 Abstand zwischen Bildmustern

Als Maß für den Abstand zwischen zweidimensionalen Bildfunktionen $I(u,v)$ und $R(u,v)$ gibt es verschiedene gebräuchliche Definitionen, wobei folgende am gängigsten sind:

Summe der Differenzbeträge:

$$d_A(r,s) = \sum_{(i,j)\in R} |I(r+i,s+j) - R(i,j)| \tag{17.1}$$

Maximaler Differenzbetrag:

$$d_M(r,s) = \max_{(i,j)\in R} |I(r+i,s+j) - R(i,j)| \tag{17.2}$$

Summe der quadratischen Abstände (N-dimensionaler euklidischer Abstand):

$$d_E(r,s) = \left[\sum_{(i,j)\in R} \big(I(r+i,s+j) - R(i,j)\big)^2 \right]^{1/2} \tag{17.3}$$

Abstand und Korrelation

Der N-dimensionale euklidische Abstand (Gl. 17.3) ist von besonderer Bedeutung und wird wegen seiner formalen Qualitäten auch in der Statistik häufig verwendet. Um die beste Übereinstimmung zwischen dem Referenzbild $R(u, v)$ und dem Zielbild $I(u, v)$ zu finden, genügt es, das Quadrat von d_E (das in jedem Fall positiv ist) zu minimieren, welches in der Form

$$d_E^2(r, s) = \sum_{(i,j) \in R} \left(I(r+i, s+j) - R(i, j) \right)^2 \tag{17.4}$$

$$= \underbrace{\sum_{(i,j) \in R} \left(I(r+i, s+j) \right)^2}_{A(r, s)} + \underbrace{\sum_{(i,j) \in R} \left(R(i, j) \right)^2}_{B} - 2 \underbrace{\sum_{(i,j) \in R} I(r+i, s+j) \cdot R(i, j)}_{C(r, s)}$$

expandiert werden kann. Der Ausdruck B in Gl. 17.4 ist dabei die quadratische Summe aller Werte im Referenzbild R, also eine von r, s unabhängige Konstante, die ignoriert werden kann. Der Ausdruck $A(r, s)$ ist die quadratische Summe der Werte des entsprechenden Bildausschnitts in I beim aktuellen Offset (r, s), und $C(r, s)$ entspricht der so genannten *linearen Kreuzkorrelation* zwischen I und R. Diese ist für den allgemeinen Fall definiert als

$$(I \circledast R)(r, s) = \sum_{i=-\infty}^{\infty} \sum_{j=-\infty}^{\infty} I(r+i, s+j) \cdot R(i, j), \tag{17.5}$$

was – da R und I außerhalb ihrer Grenzen als null angenommen werden – wiederum äquivalent ist zu

$$\sum_{i=0}^{w_R-1} \sum_{j=0}^{h_R-1} I(r+i, s+j) \cdot R(i, j) = \sum_{(i,j) \in R} I(r+i, s+j) \cdot R(i, j) = C(r, s).$$

Die Korrelation ist damit im Grunde dieselbe Operation wie die lineare *Faltung* (Abschn. 6.3.1, Gl. 6.14), außer dass bei der Korrelation der Faltungskern (in diesem Fall $R(i, j)$) implizit gespiegelt ist.

Wenn nun $A(r, s)$ in Gl. 17.4 innerhalb des Bilds I weitgehend konstant ist – also die „Signalenergie" annähernd gleichförmig im Bild verteilt ist –, dann befindet sich an der Position des Maximalwerts der Korrelation $C(r, s)$ gleichzeitig auch die Stelle der höchsten Übereinstimmung zwischen R und I. In diesem Fall kann also der Minimalwert von $d_E^2(r, s)$ (Gl. 17.4) allein durch Berechnung des Maximalwerts der Korrelation $I \circledast R$ ermittelt werden. Das ist u. a. deshalb interessant, weil die Korrelation über die *Fouriertransformation* im Spektralraum sehr effizient berechnet werden kann (s. Abschn. 14.5).

Normalisierte Kreuzkorrelation

In der Praxis trifft leider die Annahme, dass $A(r, s)$ über das Bild hinweg konstant ist, meist nicht zu und das Ergebnis der Korrelation ist in der Folge stark von Intensitätsänderungen im Bild I abhängig. Die normalisierte Kreuzkorrelation $C_N(r, s)$ kompensiert diese Abhängigkeit, indem sie die Gesamtenergie im aktuellen Bildausschnitt berücksichtigt:

$$C_N(r,s) = \frac{C(r,s)}{\sqrt{A(r,s) \cdot B}} = \frac{C(r,s)}{\sqrt{A(r,s)} \cdot \sqrt{B}} \tag{17.6}$$

$$= \frac{\displaystyle\sum_{(i,j)\in R} I(r+i,s+j) \cdot R(i,j)}{\left[\displaystyle\sum_{(i,j)\in R} \big(I(r+i,s+j)\big)^2\right]^{1/2} \cdot \left[\displaystyle\sum_{(i,j)\in R} \big(R(i,j)\big)^2\right]^{1/2}}$$

Weisen Bild und Template ausschließlich positive Werte auf, dann ist das Ergebnis $C_N(r,s)$ immer im Bereich $0\ldots 1$, unabhängig von den übrigen Werten in I und R. Ein Wert $C_N(r,s) = 1$ zeigt dabei eine maximale Übereinstimmung zwischen R und dem aktuellen Bildausschnitt I bei einem Offset (r,s) an. Die normalisierte Korrelation hat daher den zusätzlichen Vorteil, dass sie auch ein standardisiertes Maß für den Grad der Übereinstimmung liefert, der direkt für die Entscheidung über die Akzeptanz der entsprechenden Position verwendet werden kann.

Die Formulierung in Gl. 17.6 gibt – im Unterschied zu Gl. 17.5 – zwar ein *lokales* Abstandsmaß an, ist aber immer noch mit dem Problem behaftet, dass die *absolute* Distanz zwischen dem Template und der Bildfunktion gemessen wird. Wird also beispielsweise die Gesamthelligkeit des Bilds I erhöht, so wird sich in der Regel auch das Ergebnis der normalisierten Korrelation $C_N(r,s)$ dramatisch verändern.

Korrelationskoeffizient

Eine Möglichkeit zur Vermeidung dieses Problems besteht darin, nicht die ursprünglichen Funktionswerte zu vergleichen, sondern die Differenz in Bezug auf die lokalen Durchschnittswerte in R einerseits und des zugehörigen Bildausschnitts von I andererseits. Gl. 17.6 ändert sich damit zu

$$C_L(r,s) = \tag{17.7}$$

$$\frac{\displaystyle\sum_{(i,j)\in R} \big(I(r+i,s+j)-\bar{I}(r,s)\big) \cdot \big(R(i,j)-\bar{R}\big)}{\left[\displaystyle\sum_{(i,j)\in R} \big(I(r+i,s+j)-\bar{I}(r,s)\big)^2\right]^{1/2} \cdot \underbrace{\left[\displaystyle\sum_{(i,j)\in R} \big(R(i,j)-\bar{R}\big)^2\right]^{1/2}}_{\sigma_R^2}} \, ,$$

wobei die Durchschnittswerte $\bar{I}(r,s)$ und $\bar{R}$ definiert sind als

$$\bar{I}(r,s) = \frac{1}{K} \sum_{(i,j)\in R} I(r+i,s+j) \,, \quad \bar{R} = \frac{1}{K} \sum_{(i,j)\in R} R(i,j) \tag{17.8}$$

und $K = |R|$, also die Anzahl der Elemente im Template R. Der Ausdruck in Gl. 17.7 wird in der Statistik als *Korrelationskoeffizient* bezeichnet. Im Unterschied zur üblichen Verwendung in der Statistik ist $C_L(r, s)$ aber keine *globale* Korrelation über sämtliche Daten, sondern eine *lokale*, stückweise Korrelation zwischen dem Template R und dem von diesem aktuell (d. h. bei einem Offset (r, s)) überdeckten Teilbild von I! Die Ergebniswerte von $C_L(r, s)$ liegen im Intervall $-1 \ldots 1$, wobei der Wert 1 wiederum der höchsten Übereinstimmung der verglichenen Bildmuster und -1 der maximalen Abweichung entspricht.

Der im Nenner von Gl. 17.7 enthaltene Ausdruck

$$\sigma_R^2 = \sum_{(i,j)\in R} \left(R(i,j) - \bar{R} \right)^2 = \sum_{(i,j)\in R} \left(R(i,j) \right)^2 - K \cdot \bar{R}^2 , \tag{17.9}$$

bezeichnet die *Varianz* der Werte im Template R, die konstant ist und daher nur einmal ermittelt werden muss. Durch entsprechende Ersetzung in Gl. 17.7 ergibt sich in der Form

$$C_L(r, s) = \frac{\sum_{(i,j)\in R} \left(I(r+i, s+j) \cdot R(i,j) \right) - K \cdot \bar{I}(r, s) \cdot \bar{R}}{\left[\sum_{(i,j)\in R} \left(I(r+i, s+j) \right)^2 - K \cdot \left(\bar{I}(r, s) \right)^2 \right]^{1/2} \cdot \sigma_R} \tag{17.10}$$

eine effiziente Möglichkeit zur Berechnung des lokalen Korrelationskoeffizienten. Da $\bar{R}$ und $\sigma_R = \sqrt{\sigma_R^2}$ nur einmal berechnet werden müssen und der lokale Durchschnittswert der Bildfunktion $\bar{I}(r, s)$ bei der Berechnung der Differenzen zunächst nicht benötigt wird, kann der gesamte Ausdruck in Gl. 17.10 in einer einzigen, gemeinsamen Iteration berechnet werden (s. Methode `getMatchValue()` in Prog. 17.2).

Der Korrelationskoeffizient in Gl. 17.10 besitzt als lokales Maß – im Gegensatz zur globalen linearen Korrelation (Gl. 17.5) – keine ähnlich einfache und effiziente Möglichkeit zur Realisierung im Spektralraum. Die Berechnung erfolgt daher im Ortsraum, wie die Java-Implementierung in Abschn. 17.1.3 zeigt.

Beispiele

Abb. 17.3 zeigt einen Vergleich zwischen den oben angeführten Distanzfunktionen anhand eines typischen Beispiels. Das Originalbild (Abb. 17.3 (a)) weist ein sich wiederholendes Muster auf, gleichzeitig aber auch eine ungleichmäßige Beleuchtung und dadurch deutliche Unterschiede in der Helligkeit. Ein charakteristisches Detail wurde als Template dem Bild entnommen (Abb. 17.3 (b)).

- Die *Summe der Differenzbeträge* (Gl. 17.1) in Abb. 17.3 (c) liefert einen deutlichen Spitzenwert an der Originalposition, ähnlich wie auch die *Summe der quadratischen Abstände* (Gl. 17.3) in Abb. 17.3 (e). Beide

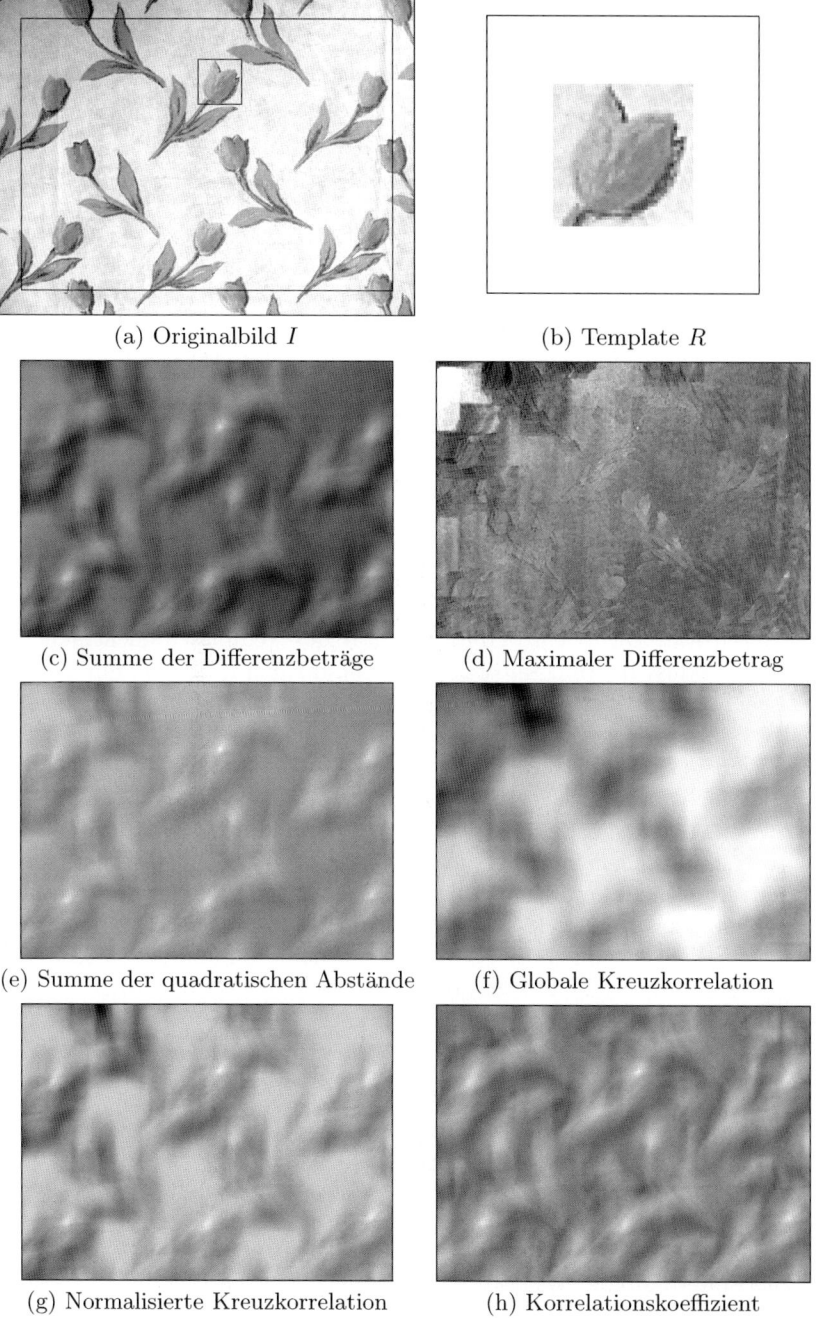

(a) Originalbild I

(b) Template R

(c) Summe der Differenzbeträge

(d) Maximaler Differenzbetrag

(e) Summe der quadratischen Abstände

(f) Globale Kreuzkorrelation

(g) Normalisierte Kreuzkorrelation

(h) Korrelationskoeffizient

Abb. 17.3. Vergleich unterschiedlicher Abstandsfunktionen. Das Template (b) wurde dem Originalbild an der in (a) markierten Stelle entnommen. Die Helligkeit der Ergebnisbilder entspricht dem berechneten Maß der Übereinstimmung.

Maße funktionieren zwar zufriedenstellend, werden aber von globalen Intensitätsänderungen stark beeinträchtigt, wie Abb. 17.4 und 17.5 deutlich zeigen.

- Der *maximale Differenzbetrag* (Gl. 17.2) in Abb. 17.3 (d) erweist sich als Distanzmaß als völlig nutzlos, zumal er stärker auf Beleuchtungsunterschiede als auf die Ähnlichkeit zwischen Bildmustern reagiert. Wie erwartet ist auch das Verhalten der *globalen Kreuzkorrelation* in Abb. 17.3 (f) nicht zufriedenstellend. Obwohl das Ergebnis an der ursprünglichen Template-Position ein (im Druck kaum sichtbares) lokales Maximum aufweist, wird dieses durch die großflächigen hohen Werte in den hellen Bildteilen völlig überdeckt.

- Das Ergebnis der *normalisierten Kreuzkorrelation* (Gl. 17.6) in Abb. 17.3 (g) ist naturgemäß sehr ähnlich zur Summe der quadratischen Abstände, denn es ist im Grunde dasselbe Maß. Der *Korrelationskoeffizient* (Gl. 17.7) in Abb. 17.3 (h) liefert wie erwartet das beste Ergebnis. In diesem Fall liegen die Werte im Bereich -1.0 (schwarz) und $+1.0$ (weiß), Nullwerte sind grau dargestellt.

Abb. 17.4 vergleicht das Verhalten der *Summe der quadratischen Abstände* einerseits und des *Korrelationskoeffizienten* andererseits bei Änderung der globalen Intensität. Dazu wurde die Intensität des Templates nachträglich um 50 erhöht, sodass im Bild selbst keine Stelle mehr mit einem zum Template identischen Bildmuster existiert. Wie deutlich zu erkennen ist, verschwinden bei der *Summe der quadratischen Abstände* die ursprünglich ausgeprägten Spitzenwerte (Abb. 17.4 (c)), während der *Korrelationskoeffizient* davon naturgemäß nicht beeinflusst wird (Abb. 17.4 (d)).

Zusammengefasst ist unter realistischen Abbildungsverhältnissen der lokale Korrelationskoeffizient als zuverlässiges Maß für den intensitätsbasierten Bildvergleich zu empfehlen. Diese Methode ist vergleichsweise robust gegenüber globalen Intensitäts- und Kontraständerungen sowie gegenüber geringfügigen Veränderungen der zu vergleichenden Bildmuster. Wie in Abb. 17.6 gezeigt, ist dabei die Lokalisierung der optimalen Match-Punkte oft durch eine einfache Schwellwertoperation möglich.

Geometrische Form der Template-Region

Die Template-Region R muss nicht, wie in den bisherigen Beispielen, von rechteckiger Form sein. Konkret werden häufig kreisförmige, elliptische oder auch nicht konvexe Templates verwendet, wie z. B. kreuz- oder ×-förmige Regionen.

Eine weitere Möglichkeit ist die individuelle Gewichtung der Elemente innerhalb des Templates, etwa um die Differenzen im Zentrum des Templates gegenüber den Rändern stärker zu betonen. Die Realisierung dieses „windowed matching" ist einfach und erfordert nur geringfügige Modifikationen.

Euklid. Abstand $d_{\mathrm{E}}(r,s)$ Korrelationskoeffizient $C_L(r,s)$

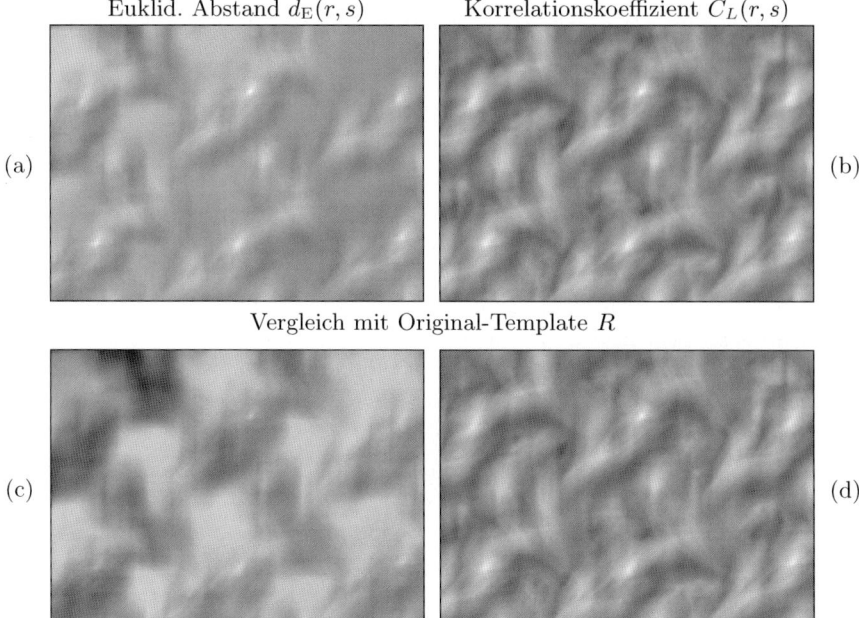

Vergleich mit Original-Template R

Vergleich mit modifiziertem Template $R' = R + 50$

Abb. 17.4. Auswirkung einer globalen Intensitätsänderung. Beim Vergleich mit dem Original-Template R zeigen sich sowohl beim *Euklidischen Abstand* (a) wie auch beim *Korrelationskoeffizienten* (b) deutliche Spitzenwerte an den Stellen höchster Übereinstimmung. Beim modifizierten Template R' verschwinden die Spitzenwerte beim *Euklidischen Abstand* (c), während der *Korrelationskoeffizient* (d) davon unbeeinflusst bleibt.

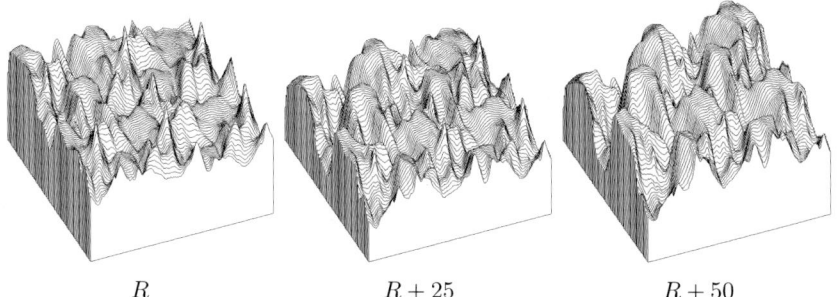

R $R + 25$ $R + 50$

Abb. 17.5. Euklidischer Abstand – Auswirkung globaler Intensitätsänderung. Matching mit dem Original-Template R (links) und Templates mit einer um 25 Einheiten (Mitte) bzw. 50 Einheiten (rechts) erhöhten Intensität. Man beachte, wie bei steigendem Gesamtabstand zwischen Template und Bildfunktion die lokalen Spitzenwerte verschwinden.

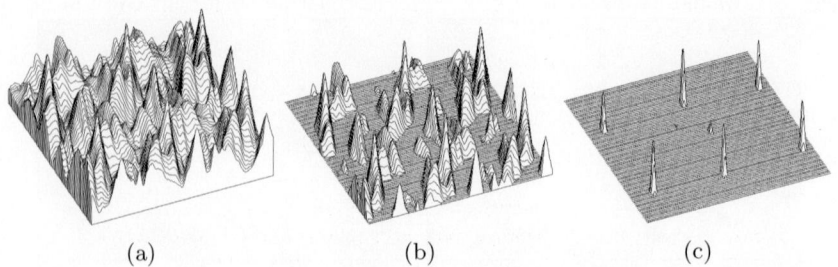

(a)   (b)   (c)

Abb. 17.6. Detektion der Match-Punkte durch einfache Schwellwertoperation. Lokaler Korrelationskoeffizient (a), nur positive Ergebniswerte (b), Werte größer als 0.5 (c). Die resultierenden Spitzen markieren die Positionen der 6 ähnlichen (aber nicht identischen) Tulpenmuster im Originalbild (Abb. 17.3 (a)).

17.1.2 Umgang mit Drehungen und Größenänderungen

Korrelationsbasierte Matching-Methoden sind im Allgemeinen nicht imstande, substantielle Verdrehungen oder Größenänderungen zwischen Bild und Template zu bewältigen. Eine Möglichkeit zur Berücksichtigung der Rotation ist, das Bild mit mehreren, unterschiedlich gedrehten Versionen des Templates zu vergleichen und dabei die optimale Übereinstimmung zu suchen. In ähnlicher Weise könnte man auch unterschiedlich skalierte Versionen eines Templates zum Vergleich heranziehen, zumindest innerhalb eines bestimmten Größenbereichs. Die Suche nach gedrehten *und* skalierten Bildmustern würde allerdings eine kombinatorische Vielfalt unterschiedlicher Templates und zugehöriger Matching-Durchläufe erfordern, was meistens nicht praktikabel ist.

17.1.3 Implementierung

Prog. 17.1–17.2 zeigt eine Java-Implementierung des Template Matching auf Basis des lokalen Korrelationskoeffizienten (Gl. 17.7). Für die Anwendung wird vorausgesetzt, dass Bild (`imageFp`) und Template (`templateFp`) bereits als Objekte vom Typ `FloatProcessor` vorliegen. Damit wird ein neues Objekt der Klasse `CorrCoeffMatcher` angelegt, wie in folgendem Beispiel:

```
1 FloatProcessor imageFp = ...      // image
2 FloatProcessor templateFp = ...   // template
3 CorrCoeffMatcher matcher =
4            new CorrCoeffMatcher(imageFp, templateFp);
5 FloatProcessor matchFp = matcher.computeMatch();
```

Das Match-Ergebnis wird durch die anschließende Anwendung der Methode `computeMatch()` in Form eines neuen Bilds (`matchFp`) vom Typ `FloatProcessor` ermittelt. Durch direkten Zugriff auf die Pixel-Arrays (anstelle der hier verwendeten Zugriffsmethoden `getPixelValue()` und `putPixelValue()`, s. auch Abschn. C.6) ist eine deutliche Steigerung der Effizienz möglich.

```
 1  class CorrCoeffMatcher {
 2    FloatProcessor I;   // image
 3    FloatProcessor R;   // template
 4    int wI, hI;         // width/height of image
 5    int wR, hR;         // width/height of template
 6
 7    float meanR;        // mean value of template (R̄)
 8    float sigmaR;       // square root of variance of template (σ_R)
```

```
 9    CorrCoeffMatcher (FloatProcessor img, FloatProcessor tmpl) {
10      I = img;
11      R = tmpl;
12      wI = I.getWidth();
13      hI = I.getHeight();
14      wR = R.getWidth();
15      hR = R.getHeight();
16      kR = wR * hR;
17
18      // compute mean and variance of template
19      float sumR = 0;              // ∑ R(i,j)
20      float sumR2 = 0;             // ∑(R(i,j))²
21      for (int j = 0; j < hR; j++) {
22        for (int i = 0; i < wR; i++) {
23          float valR = R.getPixelValue(i,j);
24          sumR += valR;
25          sumR2 += valR * valR;
26        }
27      }
28      meanR = sumR / kR;           // R̄ = (∑ R(i,j))/K
29      sigmaR =                     // σ_R = (∑(R(i,j))² − K · R̄²))^{1/2}
30          (float) Math.sqrt(sumR2 - kR * meanR * meanR);
31    }
```

The comment annotations in lines 19, 20, 28, 29 are:

Line 19: $\sum R(i,j)$
Line 20: $\sum (R(i,j))^2$
Line 28: $\bar{R} = (\sum R(i,j))/K$
Line 29: $\sigma_R = (\sum (R(i,j))^2 - K \cdot \bar{R}^2))^{1/2}$

Programm 17.1. Klasse `CorrCoeffMatcher`. Klassendefinition und zugehörige Konstruktor-Methode. Bei der Initialisierung durch die Konstruktor-Methode (Zeile 9–31) werden vorab der Durchschnittswert `meanR` ($\bar{R}$ in Gl. 17.8) und die Wurzel der Varianz `sigmaR` ($\sigma_T = \sqrt{\sigma_T^2}$ in Gl. 17.9) des Templates berechnet.

```
32    FloatProcessor computeMatch () {
33      FloatProcessor matchFp = new FloatProcessor(wI,hI);
34      int umax = wI-wR;
35      int vmax = hI-hR;
36      int rc = wR/2;              // center coordinate of template
37      int sc = hR/2;
38
39      for (int r=0; r<=umax; r++){
40        for (int s=0; s<=vmax; s++){
41          float q = getMatchValue(r,s);
42          matchFp.putPixelValue(r+rc,s+sc,q);
43        }
44      }
45      return matchFp;
46    }
```

```
47    float getMatchValue (int r, int s) {
48      float sumI = 0;                    // ∑ I(r+i, s+j)
49      float sumI2 = 0;                   // ∑ (I(r+i, s+j))²
50      float covIR = 0;                   // ∑ I(r+i, s+j) · R(i, j)
51      for (int j=0; j<hR; j++){
52        for (int i=0; i<wR; i++){
53          float valI = I.getPixelValue(r+i,s+j);
54          float valR = R.getPixelValue(i,j);
55          sumI += valI;
56          sumI2 += valI * valI;
57          covIR += valI * valR;
58        }
59      }
60      float meanI = sumI / kR;           // Ī(r, s) = (∑ I(r+i, s+j))/K
61      return (covIR - kR * meanI * meanR) /
62             ((float)Math.sqrt(sumI2 - kR*meanI*meanI) * sigmaR);
63    }
64  } // end of class CorrCoeffMatcher
```

Programm 17.2. Klasse `CorrCoeffMatcher` (Fortsetzung). Die Methode `computeMatch()` (Zeile 32–46) berechnet den Match-Wert zwischen dem Bild und dem Template für alle Positionen und erzeugt daraus ein neues Gleitkommabild `matchFp`. Der lokale Match-Wert ($C_L(r, s)$, s. Gl. 17.10) an der Position (r, s) wird durch die Methode `getMatchValue(r,s)` (Zeile 47–64) berechnet.

17.2 Vergleich von Binärbildern

Wie im vorigen Abschnitt deutlich wurde, ist das Vergleichen von Intensitätsbildern auf Basis der Korrelation zwar keine optimale Lösung, aber unter
eingeschränkten Bedingungen ausreichend zuverlässig und effizient. Im Prinzip könnte man diese Technik auch für Binärbilder anwenden. Wenn wir jedoch zwei übereinander liegende Binärbilder direkt vergleichen, dann wird die
Gesamtdifferenz zwischen beiden nur dann gering, wenn Pixel für Pixel weitgehend eine exakte Übereinstimmung besteht. Da es keine kontinuierlichen
Übergänge zwischen den Intensitätswerten gibt, zeigt die Abstandsfunktion
– abhängig von der relativen Verschiebung der Muster – im Allgemeinen ein
unangenehmes Verhalten und weist insbesondere viele lokale Spitzenwerte auf
(Abb. 17.7).

17.2.1 Direkter Vergleich von Binärbildern

Das Problem beim direkten Vergleich zwischen Binärbildern ist, dass selbst
kleinste Abweichungen zwischen den Bildmustern – etwa aufgrund einer geringfügigen Verschiebung, Drehung oder Verzerrung – zu starken Änderungen
des Abstands führen können. So kann etwa im Fall einer aus dünnen Linien
bestehenden Strichgrafik bereits eine Verschiebung um *ein* Pixel genügen, um
von maximaler Übereinstimmung zu völliger fehlender Überdeckung zu wech-
seln. Die Distanzfunktion weist daher sprunghafte Übergänge auf und liefert

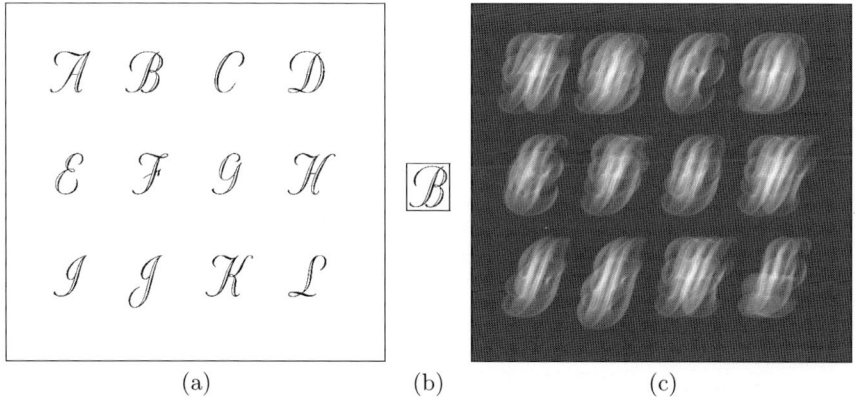

(a)   (b)   (c)

Abb. 17.7. Direkter Vergleich von Binärbildern. Gegeben ist ein binäres Originalbild (a) und ein binäres Template (b). Der lokale Ähnlichkeitswert an einer bestimmten Template-Position entspricht der Anzahl der übereinstimmenden (schwarzen) Vordergrundpixel. Im Ergebnis (c) sind hohe Ähnlichkeitswerte hell dargestellt.
Obwohl die Vergleichsfunktion naturgemäß den Maximalwert an der korrekten Position (im Zentrum des Buchstabens 'B') aufweist, ist die eindeutige Bestimmung
der korrekten Match-Position durch die vielen weiteren, lokalen Maxima schwierig.

damit keinen Anhaltspunkt über die Entfernung zu einer eventuell vorhandenen Übereinstimmung.

Die Frage ist, wie man den Vergleich von Binärbildern toleranter gegenüber kleineren Abweichungen der Bildmuster machen kann. Das Ziel besteht also darin, nicht nur jene Bildposition zu finden, an der die größte Zahl von Vordergrundpixel im Template und im Referenzbild übereinstimmen, sondern nach Möglichkeit auch ein Maß dafür zu erhalten, wie weit man von diesem Ziel geometrisch entfernt ist.

17.2.2 Die Distanztransformation

Eine mögliche Lösung dieses Problems besteht darin, zunächst für jede Bildposition zu bestimmen, wie weit sie geometrisch vom nächsten Vordergrundpixel entfernt ist. Damit erhalten wir ein Maß für die minimale Verschiebung, die notwendig wäre, um ein bestimmtes Pixel mit einem Vordergrundpixel zur Überlappung zu bringen. Ausgehend von einem Binärbild $I(r, s) = I(\boldsymbol{p})$ bezeichnen wir zunächst

$$FG(I) = \{\boldsymbol{p} \mid I(\boldsymbol{p}) = 1\} \tag{17.11}$$

$$BG(I) = \{\boldsymbol{p} \mid I(\boldsymbol{p}) = 0\} \tag{17.12}$$

als die Menge der Koordinaten aller Vordergrund- bzw. Hintergrundpixel. Die *Distanztransformation* von I, $D(\boldsymbol{p}) \in \mathbb{R}$, ist definiert als

$$D(\boldsymbol{p}) = \min_{\boldsymbol{p}' \in FG(I)} \mathrm{dist}(\boldsymbol{p}, \boldsymbol{p}') \tag{17.13}$$

für alle $\boldsymbol{p} = (r, s)$, wobei $r = 0 \ldots M - 1$, $s = 0 \ldots N - 1$ (Bildgröße $M \times N$). Falls ein Bildpunkt $\boldsymbol{p}$ selbst ein Vordergrundpixel ist (d. h. $\boldsymbol{p} \in FG$), dann ist $D(\boldsymbol{p}) = 0$, da keine Verschiebung notwendig ist, um diesen Punkt mit einem Vordergrundpixel zur Überdeckung zu bringen.

Die Funktion $\mathrm{dist}(\boldsymbol{p}, \boldsymbol{p}')$ in Gl. 17.13 misst den geometrischen Abstand zwischen zwei Koordinaten $\boldsymbol{p} = (r, s)$ und $\boldsymbol{p}' = (r', s')$. Beispiele für geeignete Distanzfunktionen sind die *euklidische* Distanz

$$\mathrm{d}_E(\boldsymbol{p}, \boldsymbol{p}') = \|\boldsymbol{p} - \boldsymbol{p}'\| = \sqrt{(r - r')^2 + (s - s')^2} \;\; \in \mathbb{R}^+ \tag{17.14}$$

oder die *Manhattan*-Distanz[1]

$$\mathrm{d}_M(\boldsymbol{p}, \boldsymbol{p}') = |r - r'| + |s - s'| \;\; \in \mathbb{N}_0. \tag{17.15}$$

Abb. 17.8 zeigt ein einfaches Beispiel für die Distanztransformation unter Verwendung der Manhattan-Distanz $\mathrm{d}_M()$.

Die direkte Berechnung der Distanztransformation aus der Definition in Gl. 17.13 wäre allerdings ein relativ aufwendiges Unterfangen, da man für jede Bildkoordinate $\boldsymbol{p}$ das nächstgelegene aller Vordergrundpixel finden müsste (außer $\boldsymbol{p}$ ist selbst bereits ein Vordergrundpixel).

---

[1] Auch „city block distance" genannt.

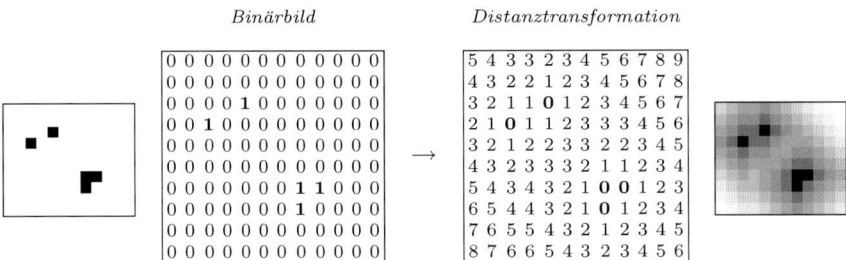

Binärbild   *Distanztransformation*

```
0 0 0 0 0 0 0 0 0 0 0 0        5 4 3 3 2 3 4 5 6 7 8 9
0 0 0 0 0 0 0 0 0 0 0 0        4 3 2 2 1 2 3 4 5 6 7 8
0 0 0 0 1 0 0 0 0 0 0 0        3 2 1 1 0 1 2 3 4 5 6 7
0 0 1 0 0 0 0 0 0 0 0 0   →    2 1 0 1 1 2 3 3 4 5 6
0 0 0 0 0 0 0 0 0 0 0 0        3 2 1 2 2 3 3 2 2 3 4 5
0 0 0 0 0 0 0 0 0 0 0 0        4 3 2 3 3 3 2 1 1 2 3 4
0 0 0 0 0 0 0 1 1 0 0 0        5 4 3 4 3 2 1 0 0 1 2 3
0 0 0 0 0 0 0 1 0 0 0 0        6 5 4 4 3 2 1 0 1 2 3 4
0 0 0 0 0 0 0 0 0 0 0 0        7 6 5 5 4 3 2 1 2 3 4 5
0 0 0 0 0 0 0 0 0 0 0 0        8 7 6 6 5 4 3 2 3 4 5 6
```

Abb. 17.8. Beispiel für die Distanztransformation eines Binärbilds mit der Manhattan-Distanz $d_M()$.

Der *Chamfer*-Algorithmus

Der so genannte *Chamfer*-Algorithmus [8] ist ein effizientes Verfahren zur Berechnung der Distanztransformation. Er verwendet, ähnlich wie das sequentielle Verfahren zur Regionenmarkierung (Abschn. 11.1.2), zwei aufeinander folgende Bilddurchläufe, in denen sich die berechneten Abstandswerte wellenförmig über das Bild fortpflanzen. Der erste Durchlauf startet an der linken oberen Bildecke und pflanzt die Abstandswerte in diagonaler Richtung nach unten fort, der zweite Durchlauf erfolgt in umgekehrter Richtung, jeweils unter Verwendung der „Distanzmasken"

$$M^L = \begin{bmatrix} m_2^L & m_3^L & m_4^L \\ m_1^L & \times & \cdot \\ \cdot & \cdot & \cdot \end{bmatrix} \quad \text{und} \quad M^R = \begin{bmatrix} \cdot & \cdot & \cdot \\ \cdot & \times & m_1^R \\ m_4^R & m_3^R & m_2^R \end{bmatrix} \quad (17.16)$$

für den ersten bzw. zweiten Durchlauf. Die Werte in M^L und M^R bezeichnen die geometrische Distanz zwischen dem aktuellen Bildpunkt (mit $\times$ markiert) und seinen relevanten Nachbarn. Sie sind abhängig von der gewählten Abstandsfunktion $\text{dist}(p, p')$. Alg. 17.1 beschreibt die Berechnung der Distanztransformation $D(u, v)$ für ein Binärbild $I(u, v)$ mithilfe dieser Distanzmasken.

Die Distanztransformation für die *Manhattan*-Distanz (Gl. 17.15) kann mit dem Chamfer-Algorithmus unter Verwendung der Masken

$$M_M^L = \begin{bmatrix} 2 & 1 & 2 \\ 1 & \times & \cdot \\ \cdot & \cdot & \cdot \end{bmatrix} \quad \text{und} \quad M_M^R = \begin{bmatrix} \cdot & \cdot & \cdot \\ \cdot & \times & 1 \\ 2 & 1 & 2 \end{bmatrix} \quad (17.17)$$

exakt berechnet werden. In ähnlicher Weise wird die *euklidische* Distanz (Gl. 17.14) mithilfe der Masken

$$M_E^L = \begin{bmatrix} \sqrt{2} & 1 & \sqrt{2} \\ 1 & \times & \cdot \\ \cdot & \cdot & \cdot \end{bmatrix} \quad \text{und} \quad M_E^R = \begin{bmatrix} \cdot & \cdot & \cdot \\ \cdot & \times & 1 \\ \sqrt{2} & 1 & \sqrt{2} \end{bmatrix} \quad (17.18)$$

Algorithmus 17.1 *Chamfer*-Algorithmus zur Berechnung der Distanztransformation. Aus einem Binärbild I wird unter Verwendung der Distanzmasken M^L und M^R (Gl. 17.16) die Distanztransformation D (Gl. 17.13) berechnet. Für die Bildränder ist eine gesonderte Behandlung vorzusehen.

1:	DistanceTransform (I) ▷ binary image $I(u,v)$ of size $M \times N$

       Step 1 – initialize:

2:         Set up a *distance map* $D(u,v) \in \mathbb{R}$ of size $M \times N$

3:         **for** all image coordinates (u,v) **do**

4:             **if** $I(u,v) = 1$ **then**

5:                 $D(u,v) \leftarrow 0$ ▷ foreground pixel (zero distance)

6:             **else**

7:                 $D(u,v) \leftarrow \infty$ ▷ background pixel (infinite distance)

       Step 2 – L→R pass (using distance mask $M^L = m_i^L$):

8:         **for** $v \leftarrow 1, 2, \ldots, N-1$ **do**   ▷ top → bottom

9:             **for** $u \leftarrow 1, 2, \ldots, M-2$ **do**   ▷ left → right

10:               **if** $D(u,v) > 0$ **then**

11:                  $d_1 \leftarrow m_1^L + D(u-1, v)$

12:                  $d_2 \leftarrow m_2^L + D(u-1, v-1)$

13:                  $d_3 \leftarrow m_3^L + D(u, v-1)$

14:                  $d_4 \leftarrow m_4^L + D(u+1, v-1)$

15:                  $D(u,v) \leftarrow \min(d_1, d_2, d_3, d_4)$

       Step 3 – R→L pass (using distance mask $M^R = m_i^R$):

16:        **for** $v \leftarrow N-2, \ldots, 1, 0$ **do**   ▷ bottom → top

17:            **for** $u \leftarrow M-2, \ldots, 2, 1$ **do**   ▷ right → left

18:               **if** $D(u,v) > 0$ **then**

19:                  $d_1 \leftarrow m_1^R + D(u+1, v)$

20:                  $d_2 \leftarrow m_2^R + D(u+1, v+1)$

21:                  $d_3 \leftarrow m_3^R + D(u, v+1)$

22:                  $d_4 \leftarrow m_4^R + D(u-1, v+1)$

23:                  $D(u,v) \leftarrow \min(d_1, d_2, d_3, d_4)$

24:       **return** D

realisiert, wobei jedoch über die Fortpflanzung der lokalen Distanzen nur eine *Approximation* des tatsächlichen Minimalabstands möglich ist. Diese ist allerdings immer noch genauer als die Schätzung auf Basis der Manhattan-Distanz. Wie in Abb. 17.9 dargestellt, werden in diesem Fall die Abstände in Richtung der Koordinatenachsen und der Diagonalen zwar exakt berechnet, für die dazwischenliegenden Richtungen sind die geschätzten Distanzwerte jedoch zu hoch. Eine genauere Approximation ist mithilfe größerer Distanzmasken (z. B. 5×5, siehe Aufg. 17.4) möglich, mit denen die exakten Abstände zu Bildpunkten in einer größeren Umgebung einbezogen werden [8]. Darüber hinaus kann man Gleitkommaoperationen durch Verwendung von skalierten, ganzzahligen Distanzmasken vermeiden, beispielsweise mit den Masken

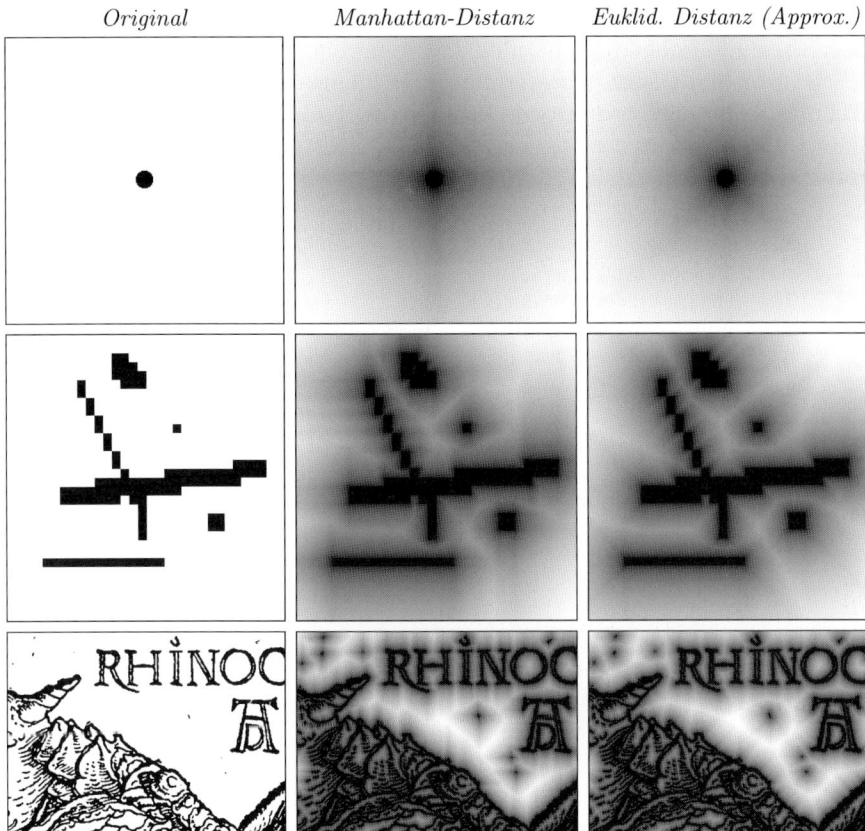

Abb. 17.9. Distanztransformation mit dem *Chamfer*-Algorithmus. Ursprüngliches Binärbild mit schwarzem Vordergrund (links). Ergebnis der Distanztransformation für die Manhattan-Distanz (Mitte) und die euklidische Distanz (rechts). Die Helligkeitswerte (skaliert auf vollen Kontrastumfang) entsprechen dem geschätzten Abstand zum nächstliegenden Vordergrundpixel (hell = großer Abstand).

$$M_{E'}^{L} = \begin{bmatrix} 4 & 3 & 4 \\ 3 & \times & \cdot \\ \cdot & \cdot & \cdot \end{bmatrix} \quad \text{und} \quad M_{E'}^{R} = \begin{bmatrix} \cdot & \cdot & \cdot \\ \cdot & \times & 3 \\ 4 & 3 & 4 \end{bmatrix} \tag{17.19}$$

für die euklidische Distanz, wobei sich gegenüber den Masken in Gl. 17.18 etwa die dreifachen Werte ergeben.

17.2.3 *Chamfer Matching*

Nachdem wir in der Lage sind, für jedes Binärbild in effizienter Weise die Distanztransformation zu berechnen, werden wir diese nun für den Bildvergleich einsetzen. *Chamfer Matching* (erstmals in [6] beschrieben) verwendet

Algorithmus 17.2 *Chamfer Matching* – Berechnung der Match-Funktion. Gegeben sind ein binäres Binärbild I und ein binäres Template R. Im ersten Schritt wird die Distanztransformation D für das Bild I berechnet (s. Alg. 17.1). Anschließend wird für jede Position des Templates R die entsprechende Summe der Werte in der Distanzverteilung ermittelt. Die Ergebnisse werden in der zweidimensionalen Match-Funktion Q abgelegt und zurückgegeben.

1: CHAMFERMATCH (I, R) ▷ binary image $I(u, v)$ of size $w_I \times h_I$
                                                     ▷ binary template $R(u, v)$ of size $w_R \times h_R$

2:      STEP 1 – INITIALIZE:

3:      $D \leftarrow$ DISTANCETRANSFORM(I) ▷ Alg. 17.1

4:      $K \leftarrow$ number of foreground pixels in R

5:      Set up a *match map* Q of size $(w_I - w_R + 1) \times (h_I - h_R + 1)$

6:      STEP 2 – COMPUTE MATCH FUNCTION:

7:      **for** $r \leftarrow 0 \dots (w_I - w_R)$ **do**   ▷ set origin of model to (r, s)

8:          **for** $s \leftarrow 0 \dots (h_I - h_R)$ **do**

9:              EVALUATE MATCH FOR TEMPLATE POSITIONED AT (r, s):

10:             $q \leftarrow 0$

11:             **for** $i \leftarrow 0 \dots (w_R - 1)$ **do**

12:                 **for** $j \leftarrow 0 \dots (h_R - 1)$ **do**

13:                     **if** $R(i, j) = 1$ **then**   ▷ foreground pixel in model

14:                         $q \leftarrow q + D(r+i, s+j)$

15:             $Q(r, s) \leftarrow q/K$

16:     **return** Q

die Distanzverteilung, um die maximale Übereinstimmung zwischen einem Binärbild I und einem (ebenfalls binären) Template R zu lokalisieren. Anstatt, wie beim direkten Vergleich (Abschn. 17.2.1), die überlappenden Vordergrundpixel zu zählen, verwendet Chamfer Matching die summierten Werte der Distanzverteilung als Maß Q für die Übereinstimmung. Das Template R wird über das Bild bewegt und für jedes Vordergrundpixel innerhalb des Templates, $(i, j) \in FG(R)$, wird der zugehörige Wert der Distanzverteilung D addiert, d. h.

$$Q(r, s) = \frac{1}{K} \sum_{(i,j) \in FG(R)} D(r + i, s + i) \,, \tag{17.20}$$

wobei $K = |FG(R)|$ die Anzahl der Vordergrundpixel im Template R bezeichnet.

Der gesamte Ablauf zur Berechnung der Match-Funktion Q ist in Alg. 17.2 zusammengefasst. Wenn an einer Position alle Vordergrundpixel des Templates R eine Entsprechung im Bild I finden, dann ist die Summe der Distanzwerte null und es liegt eine perfekte Übereinstimmung (*match*) vor. Je mehr Vordergrundpixel des Templates Distanzwerte in D „vorfinden", die größer als null sind, umso höher wird die Summe der Distanzen Q bzw. umso schlechter die Übereinstimmung. Die beste Übereinstimmung ergibt sich dort, wo Q ein Minimum aufweist, d. h.

Direkter Bildvergleich   *Chamfer Matching*

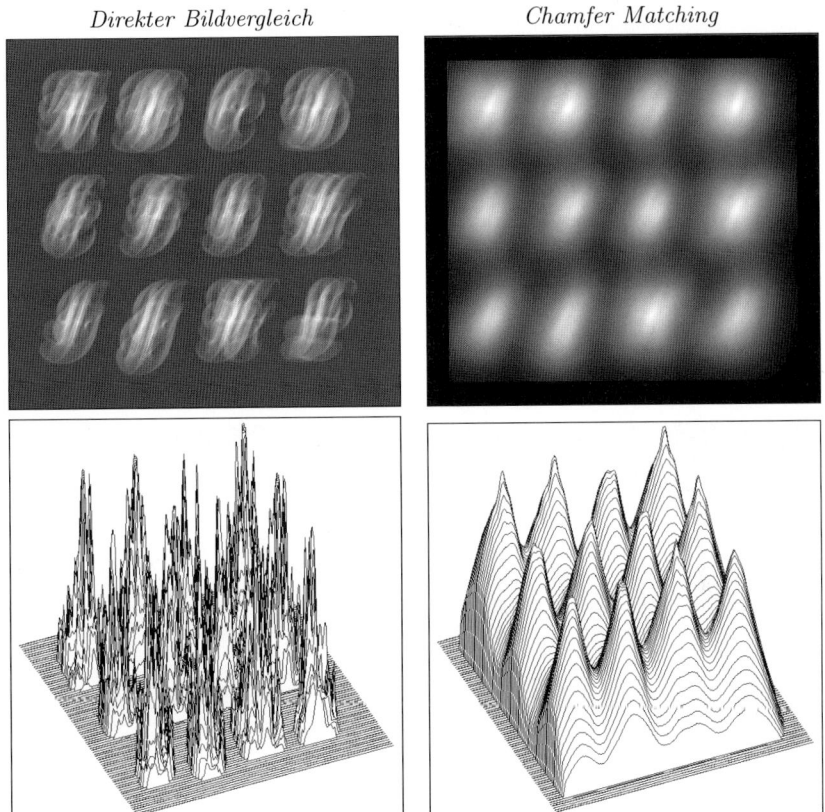

Abb. 17.10. Direkter Bildvergleich vs. Chamfer Matching (Originalbilder s. Abb. 17.7). Gegenüber dem Ergebnis des direkten Bildvergleichs (links) ist die Match-Funktion Q aus dem *Chamfer Matching* (rechts) wesentlich glatter. Sie weist an den Stellen hoher Übereinstimmung deutliche Spitzenwerte auf, die mit lokalen Suchmethoden leicht aufzufinden sind. Die Match-Funktion Q (rechts) ist zum besseren Vergleich invertiert.

$$\boldsymbol{p}_{\text{opt}} = (r_{\text{opt}}, s_{\text{opt}}) = \underset{(r,s)}{\arg\min}\, Q(r, s). \qquad (17.21)$$

Das Beispiel in Abb. 17.10 demonstriert den Unterschied zwischen dem direkten Bildvergleich und *Chamfer Matching* anhand des Binärbilds aus Abb. 17.7. Wie deutlich zu erkennen ist, erscheint die Match-Funktion des Chamfer-Verfahrens wesentlich glatter und weist nur wenige, klar ausgeprägte lokale Maxima auf. Dies ermöglicht das effektive Auffinden der Stellen optimaler Übereinstimmung mittels einfacher, lokaler Suchmethoden und ist damit ein wichtiger Vorteil. Abb. 17.11 zeigt ein weiteres Beispiel mit Kreisen und Quadraten, wobei die Kreise verschiedene Durchmesser aufweisen. Das verwendete Template besteht aus dem Kreis mittlerer Größe. Wie das Beispiel zeigt, tole-

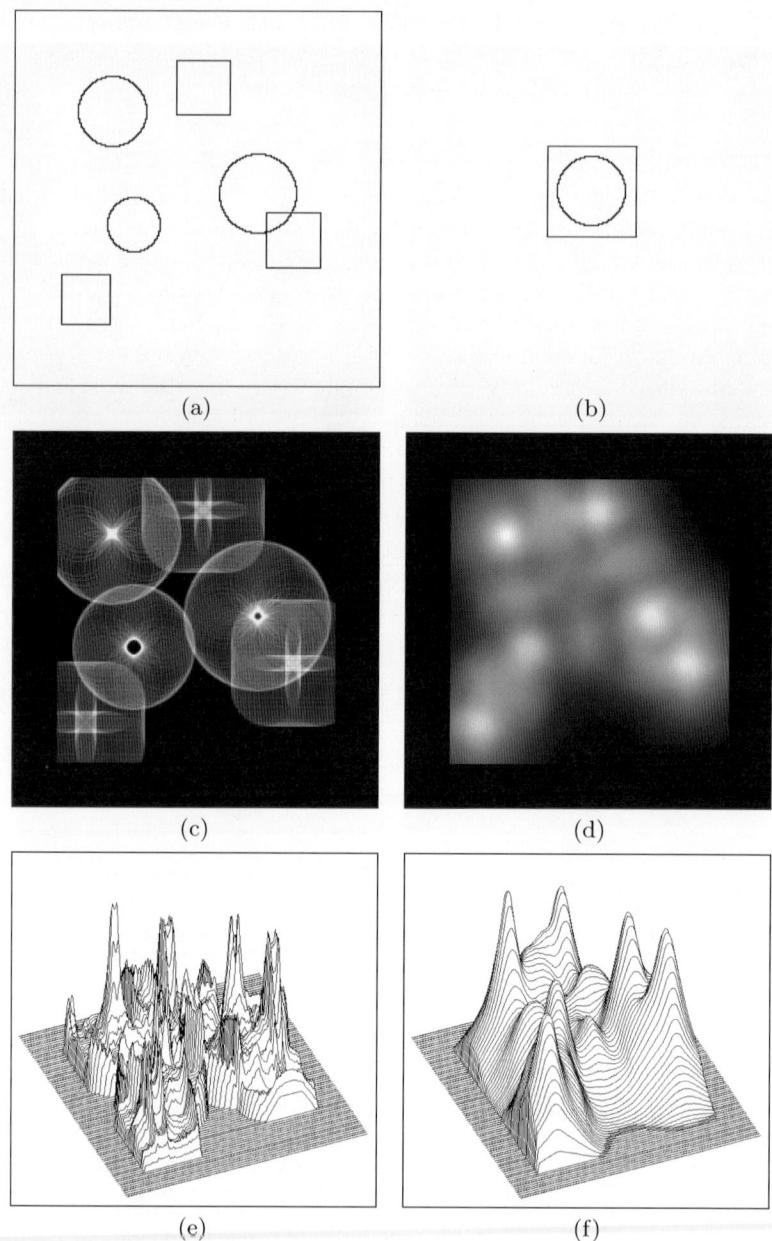

Abb. 17.11. Chamfer Matching bei Größenänderung. Binärbild mit geometrischen Formen unterschiedlicher Größe (a) und Template (b), das zum mittleren der drei Kreise identisch ist. Gegenüber dem direkten Bildvergleich (c,e) ergibt das Ergebnis des Chamfer-Verfahrens (d,f) eine glatte Funktion mit leicht zu lokalisierenden Spitzenwerten. Man beachte, dass sowohl die drei unterschiedlich großen Kreise wie auch die ähnlich großen Quadrate in (f) ausgeprägt hohe Match-Werte zeigen.

riert Chamfer Matching auch geringfügige Größenabweichungen zwischen dem Bild und dem Vergleichsmuster und erzeugt auch in diesem Fall eine relativ glatte Match-Funktion mit deutlichen Spitzenwerten.

Chamfer Matching ist zwar kein „silver bullet", funktioniert aber unter eingeschränkten Bedingungen und in passenden Anwendungen durchaus zufriedenstellend und effizient. Problematisch sind natürlich Unterschiede in Form, Lage und Größe der gesuchten Bildmuster, denn die Match-Funktion ist nicht invariant gegenüber Skalierung, Rotation oder Verformungen. Da die Methode auf der minimalen Distanz der Vordergrundpixel basiert, verschlechtert sich überdies das Ergebnis rasch, wenn die Bilder mit zufälligen Störungen (*clutter*) versehen sind oder großflächige Vordergrundregionen enthalten. Eine Möglichkeit zur Reduktion der Wahrscheinlichkeit falscher Match-Ergebnisse besteht darin, anstelle der einfachen (linearen) Summe (Gl. 17.20) den quadratischen Durchschnitt der Distanzwerte, also

$$Q_{rms}(r,s) = \sqrt{\frac{1}{K} \sum_{(i,j) \in FG(R)} \big(D(r+i, s+i)\big)^2} \qquad (17.22)$$

als Messwert für die Übereinstimmung zwischen dem aktuellen Bildausschnitt und dem Template R zu verwenden [8]. Auch hierarchische Versionen des Chamfer-Verfahrens wurden vorgeschlagen [9], insbesondere um die Robustheit zu verbessern und den Suchaufwand zu reduzieren.

17.3 Aufgaben

Aufg. 17.1. Adaptieren Sie das in Abschn. 17.1 beschriebene Template-Matching-Verfahren für den Vergleich von RGB-Farbbildern.

Aufg. 17.2. Implementieren Sie das *Chamfer*-Verfahren (Alg. 17.1) für Binärbilder mit der *euklidischen* Distanz und der *Manhattan*-Distanz.

Aufg. 17.3. Implementieren Sie die exakte euklidische Distanztransformation durch „brute-force"-Suche nach dem jeweils nächstgelegenen Vordergrundpixel (das könnte einiges an Rechenzeit benötigen). Vergleichen Sie das Ergebnis mit der Approximation durch das Chamfer-Verfahren (Alg. 17.1) und bestimmen Sie die maximale Abweichung (in %).

Aufg. 17.4. Modifizieren Sie den Chamfer-Algorithmus (Alg. 17.1) durch Verwendung folgender 5 × 5-Distanzmasken anstelle der Masken in Gl. 17.18 zur Schätzung der euklidischen Distanz:

$$M^L = \begin{bmatrix} \cdot & 2.236 & \cdot & 2.236 & \cdot \\ 2.236 & 1.414 & 1.000 & 1.414 & 2.236 \\ \cdot & 1.000 & \times & \cdot & \cdot \\ \cdot & \cdot & \cdot & \cdot & \cdot \\ \cdot & \cdot & \cdot & \cdot & \cdot \end{bmatrix}, \quad M^R = \begin{bmatrix} \cdot & \cdot & \cdot & \cdot & \cdot \\ \cdot & \cdot & \cdot & \cdot & \cdot \\ \cdot & \cdot & \times & 1.000 & \cdot \\ 2.236 & 1.414 & 1.000 & 1.414 & 2.236 \\ \cdot & 2.236 & \cdot & 2.236 & \cdot \end{bmatrix}.$$

Vergleichen Sie die Ergebnisse mit dem Standardverfahren (mit 3×3-Masken). Begründen Sie, warum zusätzliche Maskenelemente in Richtung der Hauptachsen und der Diagonalen überflüssig sind.

Aufg. 17.5. Implementieren Sie das Chamfer Matching unter Verwendung des linearen Durchschnitts (Gl. 17.20) und des quadratischen Durchschnitts (Gl. 17.22) für die Match-Funktion. Vergleichen Sie die beiden Varianten in Bezug auf Robustheit der Ergebnisse.

A

Mathematische Notation

A.1 Häufig verwendete Symbole

Die folgenden Symbole werden im Haupttext vorwiegend in der angegebenen Bedeutung verwendet, jedoch bei Bedarf auch in anderem Zusammenhang eingesetzt. Die Bedeutung sollte aber in jedem Fall eindeutig sein.

$I(u,v)$ .... Der Wert des Bilds I an der (ganzzahligen) Position (u,v).

M .... Anzahl der Spalten (Breite) eines Bilds ($0 \leq u < M$).

N .... Anzahl der Zeilen (Höhe) eines Bilds ($0 \leq v < N$).

K .... Anzahl der diskreten Pixelwerte eines Bilds.

p .... Pixelwert ($0 \leq p < K$).

$H(p)$ .... Histogramm eines Bilds für den Pixelwert p.

$\bar{H}(p)$ .... Kumulatives Histogramm für den Pixelwert p.

card{...} ..... Kardinalität (Mächtigkeit, Anzahl der Elemente) einer Menge, card$A = |A|$.

$g(x)$, $g(x,y)$ .. Ein- und zweidimensionale kontinuierliche Funktionen ($x,y \in \mathbb{R}$).

$g(u)$, $g(u,v)$ .. Ein- und zweidimensionale diskrete Funktionen ($u,v \in \mathbb{Z}$).

$G(m)$, $G(m,n)$ Ein- und zweidimensionale diskrete Spektra ($m,n \in \mathbb{Z}$).

$*$ .... Linearer Faltungsoperator.

$\mathcal{F}$ .... Kontinuierliche Fouriertransformation.

DFT .... Diskrete Fouriertransformation.

∂ .... Partieller Ableitungsoperator („del"-Operator).

∇I .... Gradientenvektor von I.

mod .... Modulo-Operator: $a \bmod b$ ist der Rest der ganzzahligen Division a/b.

$\lfloor x \rfloor$ .... „Floor" von x, das ist die nächste ganze Zahl z, die kleiner ist als x, d. h. $z = \lfloor x \rfloor \leq x$.

Round(x) .. Rundungsfunktion: $\mathrm{Round}(x) = \lfloor x + 0.5 \rfloor$.

$\arctan_2(y, x)$ Inverse Tangensfunktion $\tan^{-1}\left(\frac{y}{x}\right)$, entsprechend der Java-Methode `Math.atan2(y,x)` (siehe auch Anhang B.1.6).

A.2 Komplexe Zahlen $\mathbb{C}$

Definitionen:

$$z = a + \mathrm{i}b, \qquad z, \mathrm{i} \in \mathbb{C}, \; a, b \in \mathbb{R}, \; i^2 = -1 \tag{A.1}$$

$$z^* = a - \mathrm{i}b \qquad \text{(konjugiert-komplexe Zahl)} \tag{A.2}$$

$$sz = sa + \mathrm{i}sb, \qquad s \in \mathbb{R} \tag{A.3}$$

$$|z| = \sqrt{a^2 + b^2}, \quad |sz| = s|z| \tag{A.4}$$

$$z = a + \mathrm{i}b = |z| \cdot (\cos \psi + \mathrm{i} \sin \psi) \tag{A.5}$$
$$= |z| \cdot e^{\mathrm{i}\psi}, \text{ wobei } \psi = \tan^{-1}(b/a)$$

$$\mathrm{Re}\big(a + \mathrm{i}b\big) = a, \quad \mathrm{Re}\big(e^{\mathrm{i}\varphi}\big) = \cos \varphi \tag{A.6}$$

$$\mathrm{Im}\big(a + \mathrm{i}b\big) = b, \quad \mathrm{Im}\big(e^{\mathrm{i}\varphi}\big) = \sin \varphi \tag{A.7}$$

$$e^{\mathrm{i}\varphi} = \cos \varphi + \mathrm{i} \cdot \sin \varphi \tag{A.8}$$

$$e^{-\mathrm{i}\varphi} = \cos \varphi - \mathrm{i} \cdot \sin \varphi \tag{A.9}$$

$$\cos(\varphi) = \tfrac{1}{2} \cdot \big(e^{\mathrm{i}\varphi} + e^{-\mathrm{i}\varphi}\big) \tag{A.10}$$

$$\sin(\varphi) = \tfrac{1}{2i} \cdot \big(e^{\mathrm{i}\varphi} - e^{-\mathrm{i}\varphi}\big) \tag{A.11}$$

Rechenoperationen:

$$z_1 = (a_1 + \mathrm{i}b_1) = |z_1| \, e^{\mathrm{i}\varphi_1} \tag{A.12}$$
$$z_2 = (a_2 + \mathrm{i}b_2) = |z_2| \, e^{\mathrm{i}\varphi_2} \tag{A.13}$$

$$z_1 + z_2 = (a_1 + b_1) + \mathrm{i}(b_1 + b_2) \tag{A.14}$$

$$z_1 \cdot z_2 = (a_1 a_2 - b_1 b_2) + \mathrm{i}(a_1 b_2 + b_1 a_2) \tag{A.15}$$
$$= |z_1| \cdot |z_2| \cdot e^{\mathrm{i}(\varphi_1 + \varphi_2)}$$

$$\frac{z_1}{z_2} = \frac{a_1 a_2 + b_1 b_2}{a_2^2 + b_2^2} + \mathrm{i}\frac{a_2 b_1 - a_1 b_2}{a_2^2 + b_2^2} \tag{A.16}$$
$$= \frac{|z_1|}{|z_2|} \cdot e^{\mathrm{i}(\varphi_1 - \varphi_2)}$$

A.3 Algorithmische Komplexität und $\mathcal{O}$-Notation

Unter „Komplexität" versteht man den Aufwand, den ein Algorithmus zur Lösung eines Problems benötigt, in Abhängigkeit von der so genannten „Problemgröße" N. In der Bildverarbeitung ist dies üblicherweise die Bildgröße oder auch beispielsweise die Anzahl der Bildregionen. Man unterscheidet üblicherweise zwischen der *Speicher*komplexität und der *Zeit*komplexität, also dem Speicher- bzw. Zeitaufwand eines Verfahrens. Ausgedrückt wird die Komplexität in der Form $\mathcal{O}(N)$, was auch als „big Oh"-Notation bezeichnet wird.

Möchte man beispielsweise die Summe aller Pixelwerte eines Bilds der Größe $M \times N$ berechnen, so sind dafür i. Allg. $M \cdot N$ Schritte (Additionen) erforderlich, das Verfahren hat also eine Zeitkomplexität „der Ordnung MN", oder

$$\mathcal{O}(MN).$$

Da die Zahl der Bildzeilen und -spalten eine ähnliche Größenordung aufweist, werden sie üblicherweise als identisch (N) angenommen und die Komplexität beträgt in diesem Fall

$$\mathcal{O}(N^2).$$

Die direkte Berechnung der linearen *Faltung* (Abschn. 6.3.1) für ein Bild der Größe $N \times N$ und einer Filtermatrix der Größe $K \times K$ hätte beispielweise die Zeitkomplexität $\mathcal{O}(N^2 K^2)$. Die *Fast Fourier Transform* (FFT, s. Abschn. 13.4.2) berechnet das Spektrum eines Signalvektors der Länge $N = 2^k$ in der Zeit $\mathcal{O}(N \log_2 N)$.

Dabei wird eine konstante Anzahl zusätzlicher Schritte, etwa für die Initialisierung, nicht eingerechnet. Auch multiplikative Faktoren, beispielsweise wenn pro Pixel jeweils 5 Schritte erforderlich wären, werden in der $\mathcal{O}$-Notation nicht berücksichtigt. Mithilfe der $\mathcal{O}$-Notation können daher Algorithmen in Bezug auf ihre Effizienz klassifiziert und verglichen werden. Details dazu finden sich in jedem Buch über Computeralgorithmen, wie z. B. [2].

B

Java-Notizen

Als Text für den ersten Abschnitt einer technischen Studienrichtung setzt dieses Buch gewisse Grundkenntnisse in der Programmierung voraus. Anhand eines der vielen verfügbaren Java-Tutorials oder eines einführenden Buchs sollten alle Beispiele im Text leicht zu verstehen sein. Die Erfahrung zeigt allerdings, dass viele Studierende auch nach mehreren Semestern noch Schwierigkeiten mit einigen grundlegenden Konzepten in Java haben und einzelne Details sind regelmäßig Anlass für Komplikationen. Im folgenden Abschnitt sind daher einige typische Problempunkte zusammengefasst.

B.1 Arithmetik

Java ist eine Programmiersprache mit einem strengen Typenkonzept und ermöglicht insbesondere nicht, dass eine Variable dynamisch ihren Typ ändert. Auch ist das Ergebnis eines Ausdrucks im Allgemeinen durch die Typen der beteiligten Operanden bestimmt und – im Fall einer Wertzuweisung – *nicht* durch die „aufnehmende" Variable.

B.1.1 Ganzzahlige Division

Die Division von ganzzahligen Operanden ist eine häufige Fehlerquelle. Angenommen, a und b sind beide vom Typ int, dann folgt auch der Ausdruck (a / b) den Regeln der ganzzahligen Division und berechnet, wie oft b in a *enthalten* ist. Auch das Ergebnis ist daher wiederum vom Typ int. Zum Beispiel ist nach Ausführung der Anweisungen

```
int a = 2;
int b = 5;
double c = a / b;
```

der Wert von c *nicht* 0.4, sondern 0.0, weil der Ausdruck a / b auf der rechten Seite den int-Wert 0 ergibt, der bei der nachfolgenden Zuweisung auf c automatisch auf den double-Wert 0.0 konvertiert wird.

Wollten wir a / b als Gleitkommaoperation berechnen, so müssen wir zunächst mindestens einen der Operanden in einen Gleitkommawert umwandeln, beispielsweise durch einen expliziten *type cast* (double):

```
double c = (double) a / b;
```

Dabei ist zu beachten, dass (double) nur den unmittelbar nachfolgenden Wert a betrifft und nicht den gesamten Ausdruck a / b, dah, der Wert b behält den Typ int.

Beispiel

Nehmen wir z. B. an, wir möchten die Pixelwerte p_i eines Bilds so skalieren, dass der momentan größte Pixelwert p_{max} auf 255 abgebildet wird (s. auch Kap. 5). Mathematisch werden die Pixelwerte einfach in der Form

$$q \leftarrow \frac{p_i}{p_{max}} \cdot 255$$

skaliert und man ist leicht versucht, dies 1:1 in Java-Anweisungen umzusetzen, etwa so:

```
int p_max = ip.getMaxValue();
...
int p = ip.getPixel(u,v);
int q = (p / p_max) * 255;
...
```

Wie wir leicht vorhersagen können, bleibt das Bild schwarz, mit Ausnahme der Bildpunkte mit dem ursprünglichen Pixelwert p_max (was wird mit diesen?). Der Grund liegt wiederum in der Division (p / p_max) mit zwei int-Operanden, wobei der Divisor (p_max) in den meisten Fällen größer ist als der Dividend (p) und die Division daher null ergibt.

Natürlich könnte man die gesamte Operation auch (wie oben gezeigt) mit Gleitkommawerten durchführen, aber das ist in diesem Fall gar nicht notwendig. Wir können stattdessen die Reihenfolge der Operationen vertauschen und die Multiplikation zuerst durchführen:

```
int q = p * 255 / p_max;
```

Die Multiplikation p * 255 erzeugt zunächst große Zwischenwerte, die für die nachfolgende (ganzzahlige) Division nunmehr kein Problem darstellen. In Java werden übrigens arithmetische Ausdrücke auf der gleichen Ebene immer von links nach rechts berechnet, deshalb sind hier auch keine zusätzlichen Klammern notwendig (diese würden aber auch nicht schaden).

B.1.2 Modulo-Operator

Der *Modulo*-Operator $a \bmod b$ erzeugt der Rest der ganzzahligen Division a/b. mod ist in Java selbst nicht direkt verfügbar, für ganzzahlige, positive Operanden a, b liefert jedoch der *Rest*-Operator[1]

```
a % b
```

die richtigen Ergebnisse. Ist jedoch einer der Operanden negativ, so kann man sich mit folgender Methode behelfen, die der mathematischen Definition entspricht:

```
static int Mod(int m, int n) {
    int q = m / n;
    if (m * n >= 0)
        return m - n * q;
    else
        return m - n * q + n;
}
```

B.1.3 Unsigned Bytes

Die meisten Grauwert- und Indexbilder in Java und ImageJ bestehen aus Bildelementen vom Datentyp byte, wie auch die einzelnen Komponenten von Farbbildern. Ein einzelnes Byte hat acht Bit und kann daher $2^8 = 256$ verschiedene Bitmuster oder Werte darstellen, für Bildwerte idealerweise den Wertebereich $0 \ldots 255$. Leider gibt es in Java (etwa im Unterschied zu C/C++) keinen 8-Bit-Datentyp mit diesem Wertebereich, denn der Typ byte besitzt ein Vorzeichen und damit in Wirklichkeit den Wertebereich $-128 \ldots 127$.

Man kann die 8 Bits eines byte-Werts dennoch zur Darstellung der Werte von $0 \ldots 255$ nutzen, allerdings muss man zu Tricks greifen, wenn man mit diesen Werten *rechnen* möchte. Wenn wir beispielsweise die Anweisungen

```
int  p = 200;
byte b = (byte) p;
```

ausführen, dann weisen die Variablen p und b folgende Bitmuster auf:

```
p = 00000000000000000000000011001000
b = ......................11001000
```

Als byte (mit dem obersten Bit als Vorzeichen)[2] interpretiert, hat die Variable b aus Sicht von Java den Dezimalwert -56. Daher hat etwa nach der Anweisung

```
int  p1 = b;              // p1 == -56
```

---

[1] Für das Ergebnis c = a % b gilt: (a / b) * b + c = a.

[2] Die Darstellung von negativen Zahlen erfolgt in Java wie üblich durch 2er-Komplement.

Tabelle B.1. Methoden und Konstanten der Math-Klassse in Java.

`double abs(double a)`	`double max(double a, double b)`
`int    abs(int a)`	`float  max(float a, float b)`
`float  abs(float a)`	`int    max(int a, int b)`
`long   abs(long a)`	`long   max(long a, long b)`
`double ceil(double a)`	`double min(double a, double b)`
`double floor(double a)`	`float  min(float a, float b)`
`double rint(double a)`	`int    min(int a, int b)`
`long   round(double a)`	`long   min(long a, long b)`
`int    round(float a)`	`double random()`
`double toDegrees(double angrad)`	`double toRadians(double angdeg)`
`double sin(double a)`	`double asin(double a)`
`double cos(double a)`	`double acos(double a)`
`double tan(double a)`	`double atan(double a)`
`double atan2(double y, double x)`	
`double log(double a)`	`double exp(double a)`
`double sqrt(double a)`	`double pow(double a, double b)`
`double E`	`double PI`

die Variable p1 ebenfalls den Wert -56! Um dennoch mit dem vollen 8-Bit-Wert in b rechnen zu können, müssen wir Javas Arithmetik umgehen, indem wir den Inhalt von b als *Bitmuster* verkleiden in der Form

```
int  p2 = (0xff & b);      // p2 == 200
```

Nun weist p2 tatsächlich den gewünschten Wert 200 auf und wir haben damit einen Weg, Daten vom Typ `byte` auch in Java als `unsigned byte` zu verwenden. Praktisch alle Zugriffe auf einzelne Pixel sind in ImageJ selbst in dieser Form implementiert und damit wesentlich schneller als bei Verwendung der `getPixel()`-Zugriffsmethoden.

B.1.4 Mathematische Funktionen (Math-Klasse)

In Java sind die wichtigsten mathematischen Funktionen als statische Methoden in der Klasse `Math` verfügbar (Tabelle B.1). `Math` ist Teil des `java.lang`-Package und muss daher nicht explizit importiert werden. Die meisten `Math`-Methoden arbeiten mit Argumenten vom Typ `double` und erzeugen auch Rückgabewerte vom Typ `double`. Zum Beispiel wird die Kosinusfunktion $y = \cos(x)$ folgendermaßen aufgerufen:

```
double x;
double y = Math.cos(x);
```

Numerische Konstanten, wie beispielsweise π, erhält man in der Form

```
double x = Math.PI;
```

B.1.5 Runden

Für das *Runden* von Gleitkommwerten stellt `Math` (verwirrenderweise) gleich *drei* Methoden zur Verfügung:

```
double  rint(double a)
long    round(double a)
int     round(float a)
```

Um beispielsweise einen `double`-Wert x auf `int` zu runden, gibt es daher folgende Möglichkeiten:

```
double x; int k;
k = (int) Math.rint(x);
k = (int) Math.round(x);
k = Math.round((float)x);
```

B.1.6 Inverse Tangensfunktion

Die inverse Tangensfunktion $\varphi = \tan^{-1}(a)$ bzw. $\varphi = \arctan(a)$ findet sich im Text an mehreren Stellen und kann in dieser Form mit der Methode `atan(double a)` aus der `Math`-Klasse direkt berechnet werden (Tabelle B.1). Der damit berechnete Winkel ist allerdings auf zwei Quadranten beschränkt und daher ohne zusätzliche Bedingungen mehrdeutig. Häufig ist jedoch a ohnehin durch das Seitenverhältnis zweier Katheten angegeben, also in der Form

$$\varphi = \arctan\left(\tfrac{y}{x}\right),$$

wofür wir im Text die (selbst definierte) Funktion

$$\varphi = \arctan_2(y, x)$$

verwenden. Die Funktion $\arctan_2(y, x)$ entspricht der Methode `atan2(y,x)` in der `Math`-Klasse und liefert einen Winkel φ im Intervall $-\pi \ldots \pi$, also über den vollen Kreisbogen.[3]

B.1.7 `Float` und `Double` (Klassen)

Java verwendet intern eine Gleitkommadarstellung nach IEEE-Standard. Es gibt daher für die Typen `float` und `double` auch folgende Werte:

---

[3] Die Funktion `atan2(y,x)` ist in den meisten Programmiersprachen (u. a. in C/ C++) verfügbar.

```
POSITIVE_INFINITY
NEGATIVE_INFINITY
NaN („not a number")
```

Diese Werte sind in den zugehörigen Wrapper-Klassen `Float` bzw. `Double` als Konstanten definiert. Falls ein solcher Wert auftritt (beispielsweise `POSITIVE_INFINITY` bei einer Division durch 0^4), rechnet Java ohne Fehlermeldung mit dem Ergebnis weiter.

B.2 Arrays in Java

B.2.1 Arrays erzeugen

Im Unterschied zu den meisten traditionellen Programmiersprachen (wie FORTRAN oder C) können in Java Arrays *dynamisch* angelegt werden, d. h., die Größe eines Arrays kann durch eine Variable oder einen arithmetischen Ausdruck spezifiziert werden, zum Beispiel:

```
int N = 20;
int[] A = new int[N];
int[] B = new int[N*N];
```

Einmal angelegt, ist aber auch in Java die Größe eines Arrays fix und kann nachträglich nicht mehr geändert werden. Java stellte allerdings eine Reihe sehr flexibler *Container*-Klassen (z. B. die Klasse `Vector`) für verschiedenste Anwendungszwecke zur Verfügung. Einer Array-Variablen kann nach ihrer Definition jederzeit ein anderes Array geeigneten Typs (oder der Wert `null`) zugewiesen werden:

```
A = B;      // A now points to B's data
B = null;
```

Die obige Anweisung `A = B` führt übrigens dazu, dass das usprünglich an `A` gebundene Array nicht mehr zugreifbar ist und daher zu *garbage* wird. Im Unterschied zu C und C++ ist jedoch die explizite Freigabe von Speicherplatz in Java nicht erforderlich – dies erledigt der eingebaute „Garbage Collector".

Angenehmerweise ist in Java auch sichergestellt, dass neu angelegte Arrays mit numerischen Datentypen (`int`, `float`, `double` etc.) automatisch auf null initalisiert werden.

B.2.2 Größe von Arrays

Da ein Array dynamisch erzeugt werden kann, ist es wichtig, dass seine Größe auch zu Laufzeit festgestellt werden kann. Dies geschieht durch Zugriff auf das `length`-Attribut des Arrays:[5]

---

[4] Das gilt nur für die Division mit Gleitkommawerten. Die Division durch einen ganzzahligen Wert 0 führt auch in Java zu einem Fehler (*exception*).

[5] Man beachte, dass `length` keine Methode ist!

```
int k = A.length;   // number of elements in A (may be 0!)
```

Es mag dabei überraschen, dass in Java die Anzahl der Elemente eines Array-Objekts auch 0 (nicht `null`) sein kann! Ist ein Array mehrdimensional, so muss die Größe jeder Dimension einzeln abgefragt werden (s. unten). Die Größe ist eine Eigenschaft des Arrays selbst und kann daher auch von Array-Argumenten innerhalb einer Methode abgefragt werden. Anders als etwa in C ist es daher nicht notwendig, die Größe eines Arrays als zusätzliches Funktionsargument zu übergeben.

B.2.3 Zugriff auf Array-Elemente

In Java ist der Index des ersten Elements in einem Array immer 0 und das letzte Element liegt an der Stelle $N-1$ für ein Array mit N Elementen. Um ein eindimensionales Array A beliebiger Größe zu durchlaufen, würde man typischerweise folgendes Konstrukt verwenden:

```
for (int i = 0; i < A.length; i++) {
    // do something with A[i]
}
```

B.2.4 Zweidimensionale Arrays

Mehrdimensionale Arrays sind eine häufige Ursache von Missverständnissen. In Java sind eigentlich alle Arrays *ein*dimensional und mehrdimensionale Arrays werden als Arrays von Arrays realisiert. Wenn wir beispielsweise die 3×3-Filtermatrix

$$H(i,j) = \begin{bmatrix} 1 & 2 & 3 \\ 4 & 5 & 6 \\ 7 & 8 & 9 \end{bmatrix}$$

als zweidimensionales Array

```
double[][] h1 = {{1,2,3},
                 {4,5,6},
                 {7,8,9}};
```

darstellen, dann ist `h1` tatsächlich ein eindimensionales Array mit drei Elementen, die selbst wiederum eindimensionale Arrays vom Typ `double` sind.

Zeilenweise Anordnung

Die übliche Annahme ist, dass Array-Elemente zeilenweise angeordnet sind (Abb. B.1(a)). Der erste Index entspricht der Zeilennummer j, der zweite Index der Spaltennummer i, sodass

$$H(i,j) \equiv \text{h1[j][i]}.$$

In diesem Fall erscheint die Initialisierung der Matrix genau in der richtigen Anordnung, anderseits ist die Reihenfolge der Indizes beim Array-Zugriff vertauscht.

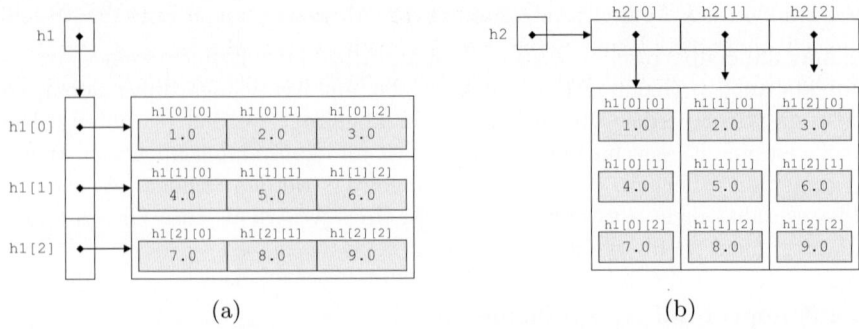

(a)   (b)

Abb. B.1. Zweidimensionale Arrays. In Java werden mehrdimensionale Arrays als eindimensionale Arrays implementiert, deren Elemente wiederum eindimensionale Arrays sind. Ein zweidimensionales Array kann entweder als Folge von *Zeilen*vektoren (links) oder *Spalten*vektoren (rechts) interpretiert werden.

Spaltenweise Anordung

Alternativ kann man sich die Anordnung der Array-Elemente spaltenweise vorstellen (Abb. B.1 (b)). In diesem Fall werden bei der Initialisierung Spaltenvektoren angegeben, d. h. für die obenstehende Matrix

```
double[][] h2 = {{1,4,7},{2,5,8},{3,6,9}};
```

Der Zugriff auf die Elemente erfolgt nun allerdings Indizes in der natürlichen Reihenfolge:

$$H(i,j) \quad \equiv \quad \texttt{h2[i][j]}$$

Beide Varianten sind grundsätzlich äquivalent und die Anordnung eine Frage der Konvention. Große Arrays (z. B. Bilder) sollten allerdings aus Effizienzgründen möglichst entlang aufeinander folgender Speicheradressen bearbeitet werden. In Java sind die Elemente eines mehrdimensionalen Arrays immer in der Reihenfolge des *letzten* Index im Speicher abgelegt, d. h., das Element `Arr[][]...[k]` liegt im Speicher neben dem Element `Arr[][]...[k+1]`.

Größe mehrdimensionaler Arrays

Die Größe eines mehrdimensionalen Arrays kann dynamisch durch Abfrage der Größe seiner Sub-Arrays bestimmt werden. Zum Beispiel werden für folgendes dreidimensionale Array mit der Dimension $P \times Q \times R$

```
int A[][][] = new int[P][Q][R];
```

die einzelnen Größen ermittelt durch:

```
int p = A.length;          // = P
int q = A[0].length;       // = Q
int r = A[0][0].length;    // = R
```

Dies gilt zumindest für „rechteckige" Arrays, bei denen alle Sub-Arrays auf einer Ebene gleiche Länge aufweisen. Andernfalls muss die Länge jedes Sub-Arrays einzeln bestimmt werden, was aus Sicherheitsgründen aber ohnehin zu empfehlen ist.

C

ImageJ-Kurzreferenz

C.1 Installation und Setup

Alle aktuellen Informationen zum Download und zur Installation finden sich auf der ImageJ-Homepage

http://rsb.info.nih.gov/ij/

Derzeit sind dort fertige Installationspakete für Linux (x86), Macintosh, Macintosh OS9/OSX und Windows verfügbar. Die nachfolgenden Informationen beziehen sich überwiegend auf die Windows-Installation (Version 1.33), die Installation ist aber für alle anderen Umgebungen ähnlich.

ImageJ kann in einem beliebigen Dateiordner (wir bezeichnen ihn mit <ij>) installiert werden und ist ohne Installation weiterer Software funktionsfähig. Abb. C.1 (a) zeigt den Inhalt des Installationsordners unter Windows, dessen wichtigste Inhalte folgende sind:

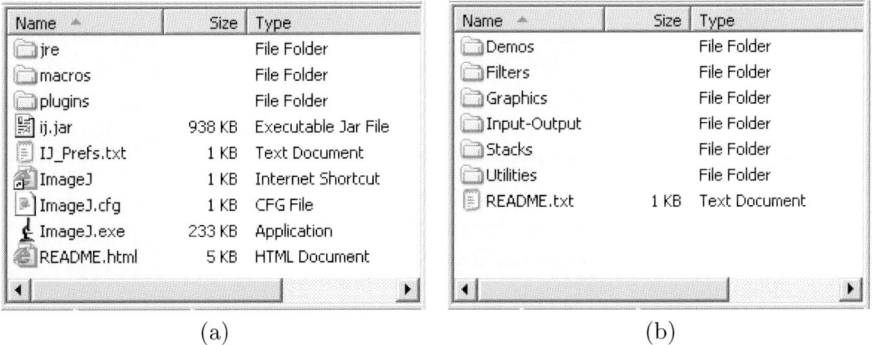

(a)   (b)

Abb. C.1. ImageJ-Installation unter Windows. Inhalt des Installationsordners <ij> (a) und des Unterordners plugins (b).

`jre` . . . . Die vollständige Java-Laufzeitumgebung (Java Runtime Environment), also die „Java Virtual Machine" (JVM). Diese ist
für die eigentliche Ausführung von Java-Programmen erforderlich.

`macros` . . . . Unterordner für ImageJ-Makros (sind hier nicht behandelt).

`plugins` . . . . . . In diesem Ordner werden die eigenen ImageJ-Plugins gespeichert. Er enthält bereits einige andere Unterordner mit
Beispiel-Plugins (Abb. C.1 (b)). Eigene Plugins dürfen nicht
tiefer als eine Verzeichnisebene unter diesem Ordner liegen,
da sie ansonsten von ImageJ nicht akzeptiert werden.

`ij.jar` . . . . Eine „Java Archive"-Datei, in der die gesamte Basisfunktionalität von ImageJ enthalten ist. Bei einem Update auf eine
neuere Version von ImageJ muss i. Allg. nur diese eine Datei ersetzt werden. JAR-Dateien enthalten Sammlungen von
binären Java-Files (`.class`) und können wie ZIP-Files geöffnet werden.

`IJpreff.txt` . . Eine Textdatei, in der diverse Optionen für ImageJ eingestellt
werden können.

`ImageJ.cfg` . . . Enthält die Startparameter für die Java-Laufzeitumgebung,
im Normalfall die Zeile
`"jre\bin\javaw.exe -Xmx300m -cp ij.jar ij.ImageJ"`.
Die Option `-Xmx300m` bestimmt dabei, dass anfangs 300 MB
Speicherplatz für Java angefordert werden. Diese Größe ist
für manche Anwendungen zu klein und kann an dieser Stelle
modifiziert werden.

`ImageJ.exe` . . . Ein kleines Launch-Programm, das über Windows wie andere
Programme gestartet wird und das anschließend selbst Java
und ImageJ startet.

Um eigene Plugin-Programme zu erstellen, ist außerdem ein Texteditor zum
Editieren der Java-Files und ein Java-Compiler erforderlich. Das in ImageJ
verwendete Java Runtime Environment enthält beides, also auch bereits einen
Compiler, sodass grundsätzlich keine weitere Software notwendig ist. Die so
verfügbare Programmierumgebung ist aber selbst für kleinere Experimente
unzureichend und es empfiehlt sich die Verwendung einer zusätzlichen Java-
Programmierumgebung, wie beispielsweise *Eclipse*[1] oder *Borland JBuilder*[2].
Damit ist insbesondere bei umfangreicheren Plugin-Projekten eine saube Pro-
jektverwaltung und Programmanalyse möglich, mit der viele Programmier-
fehler bereits im Vorfeld zu vermeiden sind, die andernfalls erst während der
Programmausführung auftreten.

---

[1] www.eclipse.org.
[2] www.borland.com/jbuilder.

C.2 ImageJ-API

Für das ImageJ-API[3] ist die vollständige Dokumentation und der gesamte Quellcode von ImageJ unter

> http://rsb.info.nih.gov/ij/developer/

online bzw. zum Download verfügbar. Beide Quellen sind bei der Entwicklung eigener ImageJ-Plugins äußerst hilfreich, wie auch das ImageJ-Plugin-Tutorial von Werner Bailer [3].[4] Zusätzlich empfiehlt sich die Verwendung der Standard-Java-Dokumentation in der jeweils aktuellen Version, die man auf der Java-Homepage von Sun findet.[5] Nachfolgend ein Auszug mit den wichtigsten Packages und zugehörigen Klassen des ImageJ-API.

C.2.1 Bilder (Package ij)

ImagePlus (Klasse)
> Eine erweiterte Variante der Standard-Java-Klasse java.awt.Image zur Repräsentation von Bildern. Ein Objekt der Klasse ImagePlus enthält ein Objekt der Klasse ImageProcessor, das die Funktionalität für die Verarbeitung des Bilds zur Verfügung stellt.

ImageStack (Klasse)
> Ein erweiterbarer „Stapel" von Bildern.

C.2.2 Bildprozessoren (Package ij.process)

ImageProcessor (Klasse)
> Die (abstrakte) Überklasse für die vier in ImageJ verfügbaren Bildprozessor-Klassen ByteProcessor, ShortProcessor, FloatProcesor und ColorProcessor. Bei der Programmierung von Plugins hat man es meistens mit Bildern in der Form von Objekten der Klasse Image-Processor bzw. deren Subklassen zu tun. ImagePlus-Objekte (s. oben) benötigt man vorwiegend zu Darstellung von Bildern.

ByteProcessor (Klasse)
> Prozessor für 8-Bit-Grauwert- und Indexfarbbilder. Die davon abgeleitete Subklasse BinaryProcessor implementiert Binärbilder, die nur die Werte 0 und 255 enthalten.

ShortProcessor (Klasse)
> Prozessor für 16-Bit-Grauwertbilder.

FloatProcessor (Klasse)
> Prozessor für Bilder mit 32-Bit-Gleitkommawerten.

ColorProcessor (Klasse)
> Prozessor für 32-Bit-RGB-Farbbilder.

---

[3] Application Programming Interface.
[4] www.fh-hagenberg.at/mtd/depot/imaging/imagej/
[5] http://java.sun.com/reference/api/

C.2.3 Plugins (Packages `ij.plugin`, `ij.plugin.filter`)

`PlugIn` (Interface)
> Interface-Definition für Plugins, die Bilder importieren oder darstellen, jedoch nicht verarbeiten, oder für Plugins, die überhaupt keine Bilder verwenden.

`PlugInFilter` (Interface)
> Interface-Definition für Plugins, die Bilder verarbeiten.

C.2.4 GUI-Klassen (Package `ij.gui`)

Die GUI[6]-Klassen von ImageJ stellen die Funktionalität zur Bildschirmdarstellung von Bildern und zu Interaktion zur Verfügung.

`ColorChooser` (Klasse)
> Repräsentiert ein Dialogfeld zur interaktiven Farbauswahl.

`NewImage` (Klasse)
> Stellt die Funktionalität zur Erzeugung neuer Bilder zur Verfügung (interaktiv und durch statische Methoden).

`GenericDialog` (Klasse)
> Stellt Interaktionsboxen mit frei spezifizierbaren Dialogfeldern zur Verfügung.

`ImageCanvas` (Klasse)
> `ImageCanvas` ist eine Subklasse der AWT-Klasse `Canvas` und beschreibt die Bildschirmfläche zur Darstellung von Bildern innerhalb eines Bildschirmfensters.

`ImageWindow` (Klasse)
> `ImageWindow` ist eine Subklasse der AWT-Klasse `Frame` und beschreibt ein Bildschirmfenster zur Darstellung von Bildern der Klasse `ImagePlus`. Ein `ImageWindow` enthält wiederum ein Objekt der Klasse `ImageCanvas` (s. oben) zur eigentlichen Darstellung des Bilds.

`Roi` (Klasse)
> Definiert eine rechteckige „Region of Interest" (ROI) und bildet die Überklasse für die übrigen ROI-Klassen `Line`, `OvalRoi`, `PolygonRoi` (mit Subklasse `FreehandRoi`) und `TextRoi`.

C.2.5 Window-Management (Package `ij`)

`WindowManager` (Klasse)
> Diese Klasse stellt statische Methoden zur Verwaltung von ImageJs Bildschirmfenstern zur Verfügung.

---

[6] Graphical User Interface.

C.2.6 Utility-Klassen (Package `ij`)

IJ (Klasse)
Diese Klasse stellt statische Utility-Methoden in ImageJ zur Verfügung.

C.2.7 Input-Output (Package `ij.io`)

Das `ij.io`-Package enthält Klassen zum Öffnen (Laden) und Schreiben von Bildern von bzw. auf Dateien in verschiedenen Bildformaten.

C.3 Bilder und Bildfolgen erzeugen

C.3.1 `ImagePlus` (Klasse)

Zur Erzeugung von Bildobjekten bietet die Klasse `ImagePlus` folgende Konstruktor-Methoden:

`ImagePlus ()`
Konstruktor-Methode: Erzeugt ein neues `ImagePlus`-Objekt ohne Initialisierung.

`ImagePlus (String pathOrURL)`
Konstruktor-Methode: Öffnet die mit `pathOrURL` angegebene Bilddatei (TIFF, BMP, DICOM, FITS, PGM, GIF oder JPRG) oder URL (TIFF, DICOM, GIF oder JPEG) und erzeugt dafür ein neues `ImagePlus`-Objekt.

`ImagePlus (String title, Image img)`
Konstruktor-Methode: Erzeugt ein neues `ImagePlus`-Objekt aus einem bestehenden Bild `img` vom Standard-Java-Typ `java.awt.Image`.

`ImagePlus (String title, ImageProcessor ip)`
Konstruktor-Methode: Erzeugt ein neues `ImagePlus`-Objekt aus einem bestehenden `ImageProcessor`-Objekt `ip` mit dem Titel `title`.

`ImagePlus (String title, ImageStack stack)`
Konstruktor-Methode: Erzeugt ein neues `ImagePlus`-Objekt für ein bestehendes `ImageStack`-Objekt `stack` mit dem Titel `title`.

`ImageStack createEmptyStack ()`
Erzeugt einen leeren Stack mit derselben Breite, Höhe und Farbtabelle wie das aktuelle Bild (`this`).

C.3.2 `ImageStack` (Klasse)

Zur Erzeugung von Bildfolgen (Image-Stacks) bietet die Klasse `ImageStack` folgende Konstruktor-Methoden:

`ImageStack (int width, int height)`
Konstruktor-Methode: Erzeugt ein leeres `ImageStack`-Objekt mit der Bildgröße `width` × `height`.

`ImageStack (int width, int height, ColorModel cm)`
  Konstruktor-Methode: Erzeugt ein leeres `ImageStack`-Objekt mit der
  Bildgröße `width` × `height` und dem Farbmodell `cm` vom Typ `java.awt.`
  `image.ColorModel`.

C.3.3 NewImage (Klasse)

Die Klasse `NewImage` bietet einige statische Methoden zur Erzeugung von
Bildobjekten vom Typ `ImagePlus` und Image-Stacks:

`static ImagePlus createByteImage (String title,`
  `int width, int height, int slices, int fill)`
  Erzeugt ein Bild oder eine Bildfolge (wenn `slices` > 1) der Dimension
  `width` × `height` und dem Titel `title`. Zulässige Füllwerte (`fill`) sind
  `NewImage.FILL_BLACK`, `NewImage.FILL_WHITE` und `NewImage.FILL_`
  `RAMP`.

`static ImagePlus createShortImage (String title,`
  `int width, int height, int slices, int fill)`
  Erzeugt ein 16-Bit- Grauwertbild. Sonst wie oben.

`static ImagePlus createFloatImage (String title,`
  `int width, int height, int slices, int fill)`
  Erzeugt ein 32-Bit-Float-Bild. Sonst wie oben.

`static ImagePlus createRGBImage (String title,`
  `int width, int height, int slices, int fill)`
  Erzeugt ein 32-Bit-RGB-Bild. Sonst wie oben.

C.3.4 ImageProcessor (Klasse)

`Image createImage ()`
  Erzeugt eine Kopie des Bilds (`ImageProcessor`) als gewöhnliches Java-
  AWT-Image.

C.4 Bildprozessoren erzeugen

C.4.1 ImageProcessor (Klasse)

`ImageProcessor createProcessor (int width, int height)`
  Erzeugt ein neues `ImageProcessor`-Objekt der angegebenen Größe vom
  gleichen Typ wie das aktuelle Bild (`this`). Diese Methode ist für alle
  Subklassen von `ImageProcessor` definiert.

`ImageProcessor duplicate ()`
  Erzeugt eine Kopie des bestehenden `ImageProcessor`-Objekts (`this`).
  Diese Methode ist für alle Subklassen von `ImageProcessor` definiert.

C.4.2 `ByteProcessor` (Klasse)

`ByteProcessor (Image img)`
Konstruktor-Methode: Erzeugt ein neues `ByteProcessor`-Objekt aus einem bestehenden Bild vom Typ `java.awt.Image`.

`ByteProcessor (int width, int height)`
Konstruktor-Methode: Erzeugt ein neues `ByteProcessor`-Objekt mit der Größe `width` × `height`.

`ByteProcessor (int width, int height, byte[] pixels, ColorModel cm)`
Konstruktor-Methode: Erzeugt ein neues `ByteProcessor`-Objekt mit der Größe `width` × `height` aus einem eindimensionalen `byte`-Array (mit Pixelwerten) und dem Farbmodell `cm` vom Typ `java.awt.image.ColorModel`.

C.4.3 `ColorProcessor` (Klasse)

`ColorProcessor (Image img)`
Konstruktor-Methode: Erzeugt ein neues `ColorProcessor`-Objekt aus einem bestehenden Bild vom Typ `java.awt.Image`.

`ColorProcessor (int width, int height)`
Konstruktor-Methode: Erzeugt ein neues `ColorProcessor`-Objekt mit der Größe `width` × `height`.

`ColorProcessor (int width, int height, int[] pixels)`
Konstruktor-Methode: Erzeugt ein neues `ColorProcessor`-Objekt mit der Größe `width` × `height` aus einem eindimensionalen `int`-Array (mit RGB-Pixelwerten).

C.4.4 `FloatProcessor` (Klasse)

`FLoatProcessor (int width, int height)`
Konstruktor-Methode: Erzeugt ein neues `FloatProcessor`-Objekt mit der Größe `width` × `height`.

`FloatProcessor (int width, int height, double[] pixels, ColorModel cm)`
Konstruktor-Methode: Erzeugt ein neues `FloatProcessor`-Objekt mit der Größe `width` × `height` aus einem eindimensionalen `double`-Array (mit Pixelwerten).

`FloatProcessor (int width, int height, float[] pixels, ColorModel cm)`
Konstruktor-Methode: Erzeugt ein neues `FloatProcessor`-Objekt mit der Größe `width` × `height` aus einem eindimensionalen `float`-Array (mit Pixelwerten) und dem Farbmodell `cm` vom Typ `java.awt.image.ColorModel`.

FloatProcessor (int width, int height, int[] pixels)
>   Konstruktor-Methode: Erzeugt ein neues FloatProcessor-Objekt mit
>   der Größe width × height aus einem eindimensionalen int-Array (mit
>   Pixelwerten).

C.4.5 ShortProcessor (Klasse)

ShortProcessor (int width, int height)
>   Konstruktor-Methode: Erzeugt ein neues ShortProcessor-Objekt mit
>   der Größe width × height. Das Bild verwendet die Standard-Lookup-
>   Tabelle für Grauwerte, die den Pixelwert 0 auf Schwarz abbildet.

ShortProcessor (int width, int height, short[] pixels,
ColorModel cm)
>   Konstruktor-Methode: Erzeugt ein neues ShortProcessor-Objekt mit
>   der Größe width × height aus einem eindimensionalen short-Array
>   (mit Pixelwerten) und dem Farbmodell cm vom Typ java.awt.image.
>   ColorModel.

C.5 Bildparameter

C.5.1 ImageProcessor (Klasse)

int getHeight ()
>   Liefert die Höhe (Anzahl der Zeilen) des Bilds.

int getWidth ()
>   Liefert die Breite (Anzahl der Spalten) des Bilds.

java.awt.image.ColorModel getColorModel ()
>   Liefert das Farbmodell dieses Bilds (z. B. IndexColorModel für Grau-
>   wert- und Indexfarbbilder, DirectColorModel für Vollfarbbilder).

C.6 Zugriff auf Pixel

C.6.1 ImageProcessor (Klasse)

Methoden zum Lesen von Pixelwerten

int getPixel (int x, int y)
>   Liefert den Wert des Pixels an der Position (x, y) bzw. den Wert 0 für
>   alle Positionen außerhalb des Bildbereichs. Für Koordinaten außerhalb
>   des Bildbereichs wird der Wert 0 retourniert (kein Fehler). Angewandt
>   auf ByteProcessor oder ShortProcessor entspricht der Rückgabe-
>   wert dem numerischen Pixelwert.

Für `ColorProcessor` sind die RGB-Farbwerte in der Standardform als `int` angeordnet. Für `FloatProcessor` enthält der 32-Bit-`int`-Rückgabewert das Bitmuster des entsprechenden `float`-Werts. Die Umwandlung in einen `float`-Wert erfolgt in diesem Fall mit der Methode `Float.intBitsToFloat()`.

`int[] getPixel (int x, int y, int[] iArray)`
Liefert den Wert des Pixels an der Position (x, y) als `int`-Array mit *einem* Element bzw. mit *drei* Elementen für `ColorProcessor` (RGB-Pixelwerte). Ist `iArray` ein entsprechendes Array (ungleich `null`), dann werden die Komponentenwerte darin abgelegt und `iArray` wird zurückgegeben. Ansonsten wird ein neues Array erzeugt.

`float getPixelValue (int x, int y)`
Liefert den Inhalt des Pixels an der Position (x, y) als `float`-Wert. Für Bilder vom Typ `ByteProcessor` und `ShortProcessor` wird ein kalibrierter Wert erzeugt, der durch die optionale Kalibrierungstabelle des Prozessors bestimmt wird. Für `FloatProcessor` wird der tatsächliche Pixelwert, für `ColorProzessor` der Luminanzwert des RGB-Pixels geliefert.

`double getInterpolatedPixel (double x, double y)`
Liefert den durch bilineare Interpolation geschätzten Wert an der (kontinuierlichen) Bildposition (x, y).

`Object getPixels ()`
Liefert einen Verweis auf das Pixel-Array des `ImageProcessor`-Objekts (keine Kopie). Der Elementtyp des zugehörigen Arrays ist vom Typ des Prozessors abhängig:

> `ByteProcessor` → `byte[]`
> `ShortProcessor` → `short[]`
> `FloatProcessor` → `float[]`
> `ColorProcessor` → `int[]`

Der Rückgabewert dieser Methode ist allerdings vom generischen Typ `Object`, daher ist ein entsprechender Typecast erforderlich, z. B.

```
ByteProcessor ip = new ByteProcessor(200,300);
byte[] pixels = (byte[]) ip.getPixels();
```

`Object getPixelsCopy ()`
Liefert einen Verweis auf das *Snapshot*-Array (UNDO-Kopie) des `Image-Processor`-Objekts falls vorhanden, ansonsten eine neue Kopie des Bildinhalts als Pixel-Array. Das Ergebnis ist gleich wie bei `getPixels()` zu behandeln.

`void getRow (int x, int y, int[] data, int length)`
Liefert `length` Pixelwerte aus der Zeile y, beginnend an der Stelle (x, y) im Array `data`.

void getColumn (int x, int y, int[] data, int length)
> Liefert length Pixelwerte aus der Spalte x, beginnend an der Stelle (x, y) im Array data.

double[] getLine (double x1, double y1, double x2, double y2)
> Liefert ein eindimensionales Array von Pixelwerten entlang der Geraden zwischen dem Startpunkt (x1, y1) und dem Endpunkt (x2, y2).

Methoden zum Schreiben von Pixelwerten

void putPixel (int x, int y, int value)
> Setzt den Wert des Pixels an der Position (x, y) auf value. Koordinaten außerhalb des Bildbereichs werden ignoriert (kein Fehler). Bei Bildern vom Typ ByteProcessor (8-Bit-Pixelwerte) und ShortProcessor (16-Bit-Pixelwerte) wird value durch Clamping auf den zulässigen Wertebereich beschränkt. Für ColorProcessor sind die RGB-Farbwerte in value in der Standardform angeordnet. Für FloatProcessor enthält value das Bitmuster des entsprechenden float-Werts. Die Umwandlung aus einem float-Wert erfolgt in diesem Fall mit der Methode Float.floatToIntBits().

void putPixel (int x, int y, int[] iArray)
> Setzt den Wert des Pixels an der Position (x, y) auf den durch das Array iArray spezifizierten Wert. iArray besteht aus *einem* Element bzw. aus *drei* Elementen für ColorProcessor (RGB-Pixelwerte).

void putPixelValue (int x, int y, double value)
> Setzt den Wert des Pixels an der Position (x, y) auf value.

void setPixels (Object pixels)
> Ersetzt das bestehende Pixel-Array des Prozessors durch pixels. Typ und Größe des eindimensionalen Arrays pixels müssen der Spezifikation des Prozessors entsprechen (s. getpixels()). Das *Snapshot*-Array des Prozessors wird zurückgesetzt.

void putRow (int x, int y, int[] data, int length)
> Ersetzt length Pixelwerte in Zeile y, beginnend an der Stelle (x, y) mit den Werten des Arrays data.

void putColumn (int x, int y, int[] data, int length)
> Ersetzt length Pixelwerte in Spalte x, beginnend an der Stelle (x, y) mit den Werten des Arrays data.

void insert (ImageProcessor ip, int xloc, int yloc)
> Setzt das Bild ip im Prozessorbild an der Position (xloc, yloc) ein.

Direkter Zugriff auf Pixel-Arrays

Die Verwendung von Methoden für den Zugriff auf Pixelwerte ist mit einem relativ hohen Zeitaufwand verbunden. Schneller ist der direkte Zugriff auf die Zellen des Pixel-Arrays des `ImageProcessor`-Objekts. Dabei ist zu beachten, dass Pixel-Arrays von Bildern in Java bzw. ImageJ *eindimensional* und zeilenweise angeordnet sind (Abb. B.1 (a)).

Eine Referenz auf das eindimensionale Pixel-Array *pixels* erhält man mithilfe der Methode `getPixels()`. Für jedes Pixel an der Position (u, v) muss der eindimensionale Index i innerhalb des Arrays berechnet werden, wobei die Breite w (Länge der Zeilen) des Bilds bekannt sein muss:

$$I(u, v) \equiv pixels[v \cdot w + u]$$

Folgendes Beispiel zeigt den direkten Pixel-Zugriff für ein Bild vom Typ `ByteProcessor` in der `run`-Methode eines ImageJ-Plugins:

```
1    public void run (ImageProcessor ip) {
2      int w = ip.getWidth();
3      int h = ip.getHeight();
4      byte[] pixels = (byte[]) ip.getPixels();
5
6      for (int v = 0; v < h; v++) {
7        for (int u = 0; u < w; u++) {
8          int p = 0xFF & pixels[v * w + u];
9          p = p + 1;
10         pixels[v * w + u] = (byte) (0xFF & p);
11       }
12     }
13   }
```

Die bitweise Maskierung `"0xFF & pixels[]"` (Zeile 8) bzw. `"0xFF & p"` (Zeile 10) ist notwendig, um den Bytewert des Pixels ohne Vorzeichen (im Bereich $0 \ldots 255$) zu erhalten (s. auch Abschn. B.1.3). Dasselbe gilt auch für 16-Bit-Bilder vom Typ `ShortProcessor`, wobei in diesem Fall eine Bitmaske mit dem Wert `0xFFFF` und der Typecast `(short)` zu verwenden ist.

Falls (wie in obigem Beispiel) die Koordinatenwerte (u, v) für die Berechnung nicht benötigt werden und die Reihenfolge des Zugriffs auf die Pixelwerte irrelevant ist, kann man natürlich auch mit nur einer Schleife über alle Elemente des eindimensionalen Pixel-Arrays (der Länge $w \cdot h$) iterieren. Diese Möglichkeit wird beispielsweise in Prog. 12.1 (S. 243) für die Iteration über alle Pixelwerte eines Farbbilds genutzt.

C.7 Konvertieren von Bildern

C.7.1 `ImageProcessor` (Klasse)

Die Klasse `ImageProcessor` stellt folgende Methoden zur Konvertierung zwischen Prozessor-Objekten zur Verfügung, die jeweils eine *Kopie* des bestehenden Prozessors erzeugen, der selbst unverändert bleibt. Falls der bestehende Prozessor bereits vom gewünschten Zieltyp ist, wird nur eine Kopie angelegt.

ImageProcessor convertToByte (boolean doScaling)
> Kopiert den Inhalt des bestehenden Prozessors (this) in ein neues Objekt vom Typ ByteProcessor.

ImageProcessor convertToShort (boolean doScaling)
> Kopiert den Inhalt des bestehenden Prozessors (this) in ein neues Objekt vom Typ ShortProcessor.

ImageProcessor convertToFloat ()
> Kopiert den Inhalt des bestehenden Prozessors (this) in ein neues Objekt vom Typ FloatProcessor.

ImageProcessor convertToRGB ()
> Kopiert den Inhalt des bestehenden Prozessors (this) in ein neues Objekt vom Typ RGBProcessor.

C.7.2 ImagePlus, ImageConverter (Klassen)

Zur Konvertierung von Bildern der Klasse ImagePlus ist die Klasse ImageConverter vorgesehen. Um ein ImagePlus-Bild imp zu konvertieren, erzeugt man zunächst ein Objekt der Klasse ImageConverter durch

```
ImageConverter iConv = new ImageConverter(imp);
```

Auf das ImageConverter-Objekt iConv können folgende Methoden angewandt werden:

void convertToGray8 ()
> Konvertiert das Bild in ein 8-Bit-Grauwertbild.

void convertToGray16 ()
> Konvertiert das Bild in ein 16-Bit-Grauwertbild.

void convertToGray32 ()
> Konvertiert das Bild in ein 32-Bit-Grauwertbild.

void convertToRGB ()
> Konvertiert das Bild in ein RGB-Farbbild.

void convertToHSB ()
> Konvertiert das bestehende RGB-Bild in einen HSV-Image-Stack.[7]

void convertHSBToRGB ()
> Konvertiert einen HSB-Image-Stack nach RGB.

void convertRGBStackToRGB ()
> Konvertiert einen 8-Bit-Image-Stack in ein RGB-Bild.

void convertToRGBStack ()
> Konvertiert das bestehende RGB-Farbbild in einen Image-Stack, bestehend aus 3 Einzelbildern.

void convertRGBtoIndexedColor (int nColors)
> Konvertiert ein RGB-Bild in ein Indexfarbbild mit nColors Farben.

---

[7] HSB ist identisch zum HSV-Farbraum (s. Abschn. 12.2.3).

void setDoScaling (boolean scaleConversions)
> Wenn scaleConversions = *true*, dann werden erzeugte 8-Bit-Bilder auf $0 \ldots 255$ skaliert und 16-Bit-Bilder auf $0 \ldots 65535$. Ansonsten erfolgt keine Skalierung.

C.8 Histogramme und Bildstatistiken

C.8.1 ImageProcessor (Klasse)

int[] getHistogram ()
> Berechnet das Histogramm des gesamten Bilds bzw. der ausgewählten *Region of Interest* (ROI).

Weitere Bildstatistiken können über die Klasse ImageStatistics und die daraus abgeleiteten Klassen ByteStatistics, ShortStatistics etc. berechnet werden.

C.9 Punktoperationen

C.9.1 ImageProcessor (Klasse)

Die nachfolgenden Methoden für die Klasse ImageProcessor dienen zur arithmetischen oder bitweisen Verknüpfungen eines Bilds mit einem *skalaren* Wert. Die Operationen werden jeweils auf alle Pixel des Bilds bzw. auf alle Pixel innerhalb der *Region of Interest* (ROI) angewandt.

void add (int value)
> Addiert value zu jedem Pixel.

void add (double value)
> Addiert value zu jedem Pixel.

void and (int value)
> Binäre AND-Operation der Pixelwerte mit value.

void applyTable (int[] lut)
> Anwendung der Abbildung Lookup-Table lut auf alle Pixel des Bilds bzw. innerhalb der ausgewählten ROI.

void autoThreshold ()
> Schwellwertoperation mit einem automatisch aus dem Histogramm bestimmten Schwellwert p_{th}.

void gamma (double value)
> Gammakorrektur mit dem Gammawert value.

void log ()
> Logarithmus (Basis 10).

void max (double value)
> Pixel mit Wert größer als value werden auf den Wert value gesetzt.

void min (double value)
Pixel mit Wert kleiner als `value` werden auf den Wert `value` gesetzt.

void multiply (double value)
Pixel werden mit `value` multipliziert.

void noise (double range)
Zu jedem Pixel wird ein normalverteilter Zufallswert im Bereich $\pm$`range` addiert.

void or (int value)
Binäre OR-Operation der Pixelwerte mit `value`.

void sqr ()
Pixel werden durch den Wert ihres Quadrats ersetzt.

void sqrt ()
Pixel werden durch den Wert ihrer Quadratwurzel ersetzt.

void threshold (int level)
Schwellwertoperation mit $p_{\text{th}}=$`level`, Ergebnis ist 0 oder 255.

void xor (int value)
Binäre EXCLUSIVE-OR-Operation der Pixelwerte mit `value`.

Die Klasse `ImageProcessor` stellt folgende Methode zur Verknüpfung von *zwei* Bildern zur Verfügung:

void copyBits (ImageProcessor src, int x, int y, int mode)
Kopiert das Bild `src` in das aktuelle Bild (`this`) an die Position (`x`, `y`) mit dem Kopiermodus `mode`. Konstanten für `mode` sind in `Blitter` (s. unten) definiert. Für ein Beispiel s. auch Abschn. 5.4.3.

C.9.2 `Blitter` (Interface)

Folgende `mode`-Werte für die Methode `copyBits()` sind als Konstanten in `Blitter` definiert (A bezeichnet das Zielbild, B das Quellbild):

ADD (Konstante)
$$A(u,v) \leftarrow A(u,v) + B(u,v)$$

AND (Konstante)
$$A(u,v) \leftarrow A(u,v) \wedge B(u,v) \text{ (bitweise UND-Operation)}$$

AVERAGE (Konstante)
$$A(u,v) \leftarrow (A(u,v) + B(u,v))/2$$

COPY (Konstante)
$$A(u,v) \leftarrow B(u,v)$$

COPY_INVERTED (Konstante)
$$A(u,v) \leftarrow 255 - B(u,v) \text{ (nur für 8-Bit-Grauwert- und RGB-Bilder)}$$

DIFFERENCE (Konstante)
$$A(u,v) \leftarrow |A(u,v) - B(u,v)|$$

DIVIDE (Konstante)
$$A(u,v) \leftarrow A(u,v)/B(u,v)$$

MAX (Konstante)
$$A(u,v) \leftarrow \max(A(u,v), B(u,v))$$
MIN (Konstante)
$$A(u,v) \leftarrow \min(A(u,v), B(u,v))$$
MULTIPLY (Konstante)
$$A(u,v) \leftarrow A(u,v) \cdot B(u,v)$$
OR (Konstante)
$$A(u,v) \leftarrow A(u,v) \vee B(u,v) \quad \text{(bitweise OR-Operation)}$$
SUBTRACT (Konstante)
$$A(u,v) \leftarrow A(u,v) - B(u,v)$$
XOR (Konstante)
$$A(u,v) \leftarrow A(u,v) \text{ xor } B(u,v) \quad \text{(bitweise XOR-Operation)}$$

C.10 Filter

C.10.1 ImageProcessor (Klasse)

void convolve (float[] kernel,
   int kernelWidth, int kernelHeight)
   Lineare Faltung mit dem angegebenen Filterkern beliebiger Größe.

void convolve3x3 (int[] kernel)
   Lineare Faltung mit einem beliebigen Filterkern der Größe 3×3.

void dilate ()
   Dilation durch ein 3×3-Minimum-Filter.

void erode ()
   Erosion durch ein 3×3-Maximum-Filter.

void findEdges ()
   3×3-Kantenfilter (Sobel-Operator).

void medianFilter ()
   3×3-Medianfilter.

void smooth ()
   3×3-Boxfilter (Glättungsfilter).

void sharpen ()
   Schärft das Bild mit einem einfachen 3×3-Laplace-Filter.

C.11 Geometrische Operationen

C.11.1 ImageProcessor (Klasse)

ImageProcessor crop ()
   Erzeugt ein neues ImageProcessor-Objekt aus dem Inhalt der aktuellen *Region of Interest* (ROI).

`ImageProcessor flipHorizontal ()`
Spiegelt das Bild in horizontaler Richtung.

`ImageProcessor flipVertical ()`
Spiegelt das Bild in vertikaler Richtung.

`ImageProcessor resize (int dstWidth, int dstHeight)`
Erzeugt ein neues `ImageProcessor`-Objekt, das auf die angegebene Größe skaliert ist.

`ImageProcessor rotateLeft ()`
Erzeugt ein neues, um 90° im Uhrzeigersinn gedrehtes Bild.

`ImageProcessor rotateRight ()`
Erzeugt ein neues, um 90° gegen den Uhrzeigersinn gedrehtes Bild.

`void scale (double xScale, double yScale)`
Skaliert das Bild in x- und y-Richtung mit den angegebenen Faktoren.

`void setInterpolate (boolean doInterpolate)`
Wenn `doInterpolate`=*true*, dann wird bei den geometrischen Operationen `scale()`, `resize()` und `rotate()` die bilineare Interpolation verwendet, ansonsten die Nearest-Neighbor-Interpolation.

C.12 Grafische Operationen in Bildern

C.12.1 ImageProcessor (Klasse)

`void drawDot (int xcenter, int ycenter)`
Zeichnet einen Punkt mit der aktuellen Strichbreite und dem aktuellen Farbwert.

`void drawLine (int x1, int y1, int x2, int y2)`
Zeichnet eine Gerade von (x1, y1) nach (x2, y2).

`void drawPixel (int x, int y)`
Setzt das Pixel an der Position (x, y) auf den aktuellen Farbwert.

`void drawRect (int x, int y, int width, int height)`
Zeichnet ein achsenparalleles Rechteck an der Position (x, y) mit der Breite `width` und der Höhe `height`.

`void drawString (String s)`
Fügt den Text s an der aktuellen Position ein.

`void drawString (String s, int x, int y)`
Fügt den Text s an der Position (x, y) ein.

`void fill ()`
Füllt das gesamte Bild bzw. die *Region of Interest* (ROI) mit dem aktuellen Farbwert.

`void fill (int[] mask)`
Füllt alle Pixel innerhalb der *Region of Interest* (ROI), wenn die zugehörige Position im Array `mask` den Wert `ImageProcessor.BLACK` enthält. Das Array `mask` muss exakt gleich groß sein wie die ROI.

void getStringWidth (String s)
: Liefert die Breite des Texts s in Pixel.

void insert (ImageProcessor src, int xloc, int yloc)
: Setzt den Inhalt des Bilds src im aktuellen Bild (this) an der Position (xloc, yloc) ein.

void lineTo (int x2, int y2)
: Zeichnet eine Gerade von der aktuellen Position nach (x2, y2). Die aktuelle Position wird danach auf (x2, y2) gesetzt.

void moveTo (int x, int y)
: Die aktuelle Position wird auf (x, y) gesetzt.

void setAntialiasedText (boolean antialiasedText)
: Spezifiziert, ob beim Rendern von Text Anti-Aliasing verwendet wird oder nicht.

void setClipRect (Rectangle clipRect)
: Setzt den Zeichenbereich (*clipping rectangle*) für die Methoden lineTo(), drawLine(), drawDot() und drawPixel().

void setColor (java.awt.Color color)
: Spezifiziert den Farbwert für nachfolgende Zeichenoperationen. Dabei wird (abhängig vom Bildtyp) der dem angegebenen Farbwert ähnlichste Pixelwert gesucht.

void setFont (java.awt.Font font)
: Das Font-Objekt font spezifiziert die Schriftart für die Methode draw-String().

void setJustification (int justification)
: Spezifiziert die Art der Textausrichtung für die Methode drawString(). Zulässige Werte für justification sind CENTER_JUSTIFY, RIGHT_JUS-TIFY und LEFT_JUSTIFY (Konstanten in der Klasse ImageProcessor).

void setLineWidth (int width)
: Spezifiziert die Strichbreite für die Methoden lineTo() und drawDot().

void setValue (double value)
: Spezifiziert den Farbwert für nachfolgende Zeichenoperationen. Der double-Wert value wird je nach Bildtyp unterschiedlich interpretiert.

C.13 Bilder darstellen

C.13.1 ImagePlus (Klasse)

String getShortTitle ()
: Liefert den Titeltext in verkürzter Form für dieses Bild.

String getTitle ()
: Liefert den Titeltext für dieses Bild.

void hide ()
> Schließt das Fenster für dieses `ImagePlus`-Bild, sofern eines vorhanden ist.

void show ()
> Öffnet ein Fenster zur Anzeige dieses `ImagePlus`-Bilds und löscht die Statusanzeige des ImageJ-Hauptfensters.

void show (String statusMessage)
> Öffnet ein neues Fenster zur Anzeige dieses `ImagePlus`-Bilds und zeigt den Text `statusMessage` in der Statusanzeige des ImageJ-Hauptfensters.

void setTitle (String title)
> Ersetzt den Titeltext für dieses Bild.

void updateAndDraw ()
> Aktualisiert dieses Bild aus den Pixeldaten des zugehörigen `Image-Processor`-Objekts und erneuert die Anzeige des Bildinhalts.

void updateAndRepaintWindow ()
> Verwendet `updateAndDraw()` und zeichnet anschließend das gesamte Bildschirmfenster neu, um auch Informationen außerhalb des Bildbereichs (wie Dimension, Typ und Größe) zu aktualisieren.

C.14 Operationen auf Bildfolgen (Stacks)

C.14.1 ImagePlus (Klasse)

ImageStack getStack ()
> Erzeugt ein `ImageStack`-Objekt für dieses Bild.

int getStackSize ()
> Liefert die Anzahl der Bilder (Slices) des Stacks oder 1, wenn es sich um ein Einzelbild handelt.

C.14.2 ImageStack (Klasse)

Zur Erzeugung von Stacks siehe die Konstruktor-Methoden in Abschn. C.3.2.

void addSlice (String sliceLabel, ImageProcessor ip)
> Fügt das Bild `ip` mit dem Bezeichnungstext `sliceLabel` am Ende dieses Stacks ein.

void addSlice (String sliceLabel, ImageProcessor ip, int n)
> Fügt das Bild `ip` mit dem Bezeichnungstext `sliceLabel` nach dem n-ten Bild ein bzw. am Anfang des Stacks, wenn n=0.

void addSlice (String sliceLabel, Object pixels)
> Fügt das als Pixel-Array `pixels` übergebene Bild am Ende dieses Stacks ein.

`void deleteLastSlice ()`
Löscht das letzte Bild des Stacks.

`void deleteSlice (int n)`
Löscht das n-te Bild des Stacks, mit $1 \leq n \leq$ `getsize()`.

`int getHeight ()`
Liefert die Höhe der Bilder im Stack.

`Object[] getImageArray ()`
Erzeugt ein eindimensionales Array mit den Bildern des Stacks.

`Object getPixels (int n)`
Liefert das (eindimensionale) Pixel-Array des n-ten Bilds im Stack, mit $1 \leq n \leq$ `getsize()`.

`ImageProcessor getProcessor (int n)`
Liefert das `ImageProcessor`-Objekt des n-ten Bilds im Stack, mit $1 \leq n \leq$ `getsize()`.

`int getSize ()`
Liefert die Anzahl der Bilder (Slices) im Stack.

`String getSliceLabel (int n)`
Liefert den Bezeichnungstext des n-ten Bilds im Stack mit $1 \leq n \leq$ `getsize()`.

`int getWidth ()`
Liefert die Breite der Bilder im Stack.

`void setPixels (Object pixels, int n)`
Ersetzt das Pixel-Array des n-ten Bilds im Stack, mit $1 \leq n \leq$ `getsize()`.

`void setSliceLabel (String label, int n)`
Ersetzt den Bezeichnungstext des n-ten Bilds im Stack, mit $1 \leq n \leq$ `getsize()`.

C.14.3 Stack-Beispiel

Prog. C.1–C.2 zeigt ein Beispiel für den Umgang mit Image-Stacks, in dem ein Bild durch *Alpha Blending* in ein zweites Bild überblendet wird (analog zu Prog. 5.4–5.5 in Abschn. 5.4.4).

Das Hintergrundbild (`bgIp`) ist das aktuelle Bild, das bei der Ausführung des Plugin an die `run()`-Methode übergeben wird. Das Vordergrundbild wird über eine Dialogbox (`GenericDialog`) ausgewählt, ebenso die Länge (Anzahl der *Slices*) der zu erzeugenden Bildfolge (Prog. C.1).

In Prog. C.2 wird zunächst mit `NewImage.createByteImage()` ein Stack mit der erforderlichen Zahl von Bildern erzeugt. Anschließend wird in einer Schleife für jedes Bild im Stack der Transparenzwert α (s. Gl. 5.26) berechnet und das zugehörige Bild durch eine gewichtete Summe der beiden Ausgangsbilder ersetzt. Man beachte, dass in einer Folge von N Bildern – im Unterschied zur sonst üblichen Nummerierung – der Frame-Index von $1 \ldots N$ läuft (getProcessor() in Zeile 70). Das entspechende Ergebnis und die Dialogbox sind in Abb. C.2 dargestellt.

C.15 *Region of Interest* (ROI)

Die *Region of Interest* dient zur Selektion eines Bildbereichs für die nachfolgende Bearbeitung. Sie wird üblicherweise interaktiv durch den Benutzer spezifiziert. ImageJ unterstützt mehrere Formen von ROIs:

- Rechteckige ROIs (Klasse Roi)
- Elliptische ROIs (Klasse OvalRoi)
- Geradenförmige ROIs (Klasse Line)
- Polygonale ROIs (Klasse PolygonRoi und Subklasse FreehandRoi)
- Text-ROIs (Klasse TextRoi)

Die zugehörigen Klassen sind im Package ij.gui definiert. ROI-Objekte dieser Form sind nur über Objekte der Klasse ImagePlus zugänglich (s. Abschn. C.15.3).

C.15.1 ImageProcessor (Klasse)

Bei der Bearbeitung von Bildern der Klasse ImageProcessor manifestiert sich die ROI nur durch ihr begrenzendes Rechteck (Bounding Box), im Fall einer nichtrechteckigen ROI durch eine zusätzliche Bitmaske (eindimensionales int-Array) in der Größe des ROI-Rechtecks.

Rectangle getRoi ()
> Liefert das Rechteck (vom Typ java.awt.Rectangle) der aktuellen *Region of Interest* (ROI) dieses Bilds.

void setRoi (Rectangle roi)
> Ersetzt die *Region of Interest* (ROI) dieses Bilds mit dem angegebenen Rechteck und löscht die zugehörige Bitmaske (mask), falls die Größe von roi sich gegenüber der vorherigen ROI ändert.

void setRoi (int x, int y, int rwidth, int rheight)
> Ersetzt die *Region of Interest* (ROI) dieses Bilds mit dem angegebenen Rechteck und löscht die zugehörige Bitmaske (mask), falls die Größe von roi sich gegenüber der vorherigen ROI ändert.

int[] getMask ()
> Liefert die Bitmaske einer nichtrechteckigen ROI bzw. null, wenn die ROI rechteckig ist.

void setMask (int[] mask)
> Ersetzt die Bitmaske zur Spezifikation einer nichtrechteckigen ROI. Die Anzahl der Elemente in mask muss der Größe des ROI-Rechtecks entsprechen.

```
1  import ij.IJ;
2  import ij.ImagePlus;
3  import ij.ImageStack;
4  import ij.WindowManager;
5  import ij.gui.*;
6  import ij.plugin.filter.PlugInFilter;
7  import ij.process.*;
8
9  public class AlphaBlendStack_ implements PlugInFilter {
10   static int nFrames = 10;
11   ImagePlus fgIm;   // fgIm = foreground image
12
13   public int setup(String arg, ImagePlus imp) {
14     return DOES_8G;}
15
16   boolean runDialog() {
17     // get list of open images
18     int[] windowList = WindowManager.getIDList();
19     if(windowList==null){
20       IJ.noImage();
21       return false;
22     }
23     String[] windowTitles = new String[windowList.length];
24     for (int i = 0; i < windowList.length; i++) {
25       ImagePlus imp = WindowManager.getImage(windowList[i]);
26       if (imp != null)
27         windowTitles[i] = imp.getShortTitle();
28       else
29         windowTitles[i] = "untitled";
30     }
31     GenericDialog gd = new GenericDialog("Alpha Blending");
32     gd.addChoice("Foreground image:",
33         windowTitles, windowTitles[0]);
34     gd.addNumericField("Frames:", nFrames, 0);
35     gd.showDialog();
36     if (gd.wasCanceled())
37       return false;
38     else {
39       int img2Index = gd.getNextChoiceIndex();
40       fgIm = WindowManager.getImage(windowList[img2Index]);
41       nFrames = (int) gd.getNextNumber();
42       if (nFrames < 2)
43         nFrames = 2;
44       return true;
45     }
46   } // continued ...
```

Programm C.1. Alpha Blending Stack (Teil 1).

```
47    // class AlphaBlendStack_ (continued)
48
49    public void run(ImageProcessor bgIp) {
50      // bgIp = background image
51
52      if(runDialog()) { // open dialog box (returns false if cancelled)
53        int w = bgIp.getWidth();
54        int h = bgIp.getHeight();
55
56        // prepare foreground image
57        ImageProcessor fgIp =
58            fgIm.getProcessor().convertToByte(false);
59        ImageProcessor fgTmpIp = bgIp.duplicate();
60
61        // create image stack
62        ImagePlus movie =
63          NewImage.createByteImage("Movie",w,h,nFrames,0);
64        ImageStack stack = movie.getStack();
65
66        // loop over stack frames
67        for (int i=0; i<nFrames; i++) {
68          // transparency of foreground image
69          double iAlpha = 1.0 - (double)i/(nFrames-1);
70          ImageProcessor iFrame = stack.getProcessor(i+1);
71
72          // copy background image to frame i
73          iFrame.insert(bgIp,0,0);
74          iFrame.multiply(iAlpha);
75
76          // copy foreground image and make transparent
77          fgTmpIp.insert(fgIp,0,0);
78          fgTmpIp.multiply(1-iAlpha);
79
80          // add foreground image frame i
81          ByteBlitter blitter =
82              new ByteBlitter((ByteProcessor)iFrame);
83          blitter.copyBits(fgTmpIp,0,0,Blitter.ADD);
84        }
85
86        // display movie
87        movie.show();
88      }
89    }
90 }
```

Programm C.2. Alpha Blending (Teil 2).

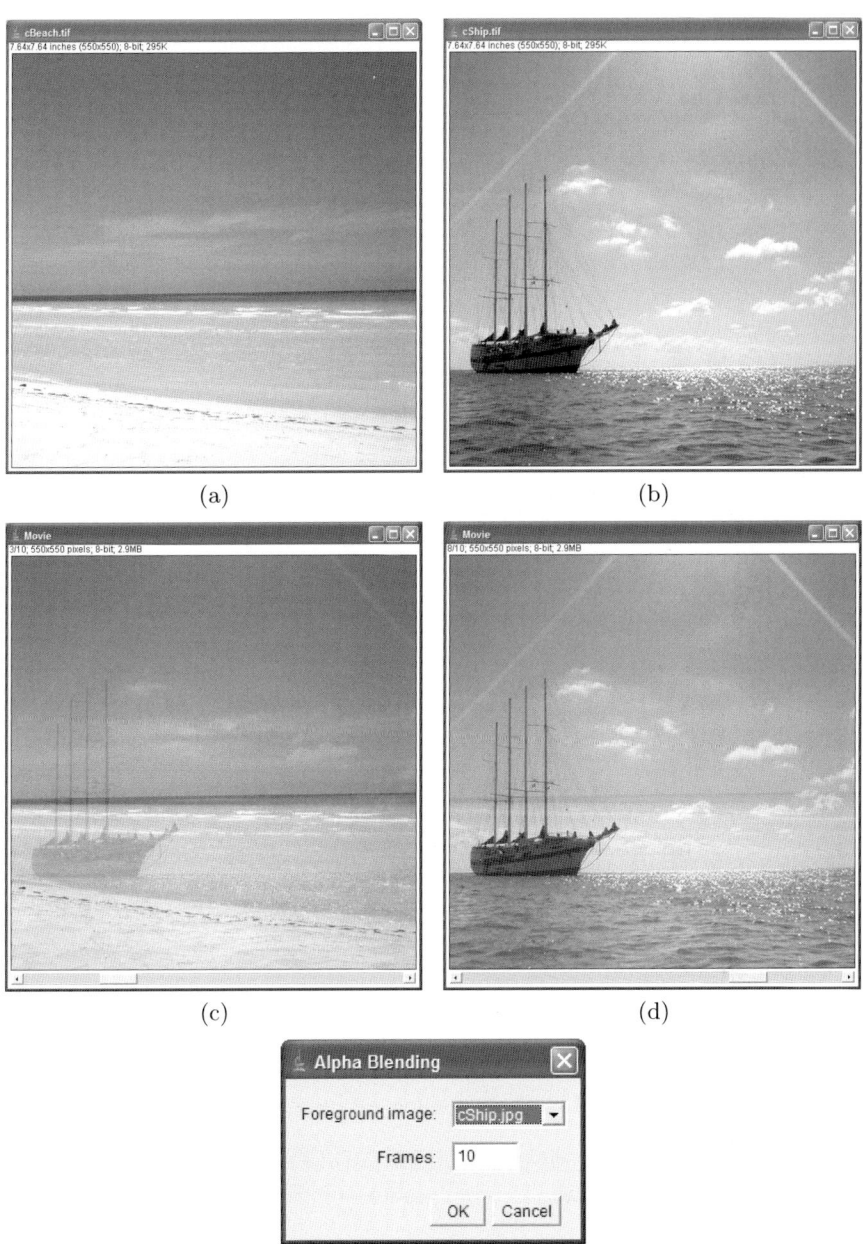

Abb. C.2. Alpha Blending in eine Bildfolge (Ergebnis zu Prog. C.1–C.2). Ausgangsbilder: Hintergrundbild (a) und Vordergrundbild (b). Anzeige des erzeugten Stacks (horizontaler „Slider" am unteren Rand des Fensters) in zwei verschiedenen Positionen für Frame 3 (c) und Frame 8 (d). Dialogfenster zur Auswahl des Vordergrundbilds und der Stackgröße (unten).

C.15.2 ImageStack (Klasse)

Rectangle getRoi ()
> Liefert das Rechteck (vom Typ java.awt.Rectangle) der aktuellen *Region of Interest* (ROI) des Stacks.

void setRoi (Rectangle roi)
> Setzt die *Region of Interest* (ROI) für den gesamten Stack. roi ist vom Typ java.awt.Rectangle, das beispielsweise durch
> > new Rectangle(x, y, rwidth, rheight)
>
> erzeugt werden kann.

C.15.3 ImagePlus (Klasse)

Roi getRoi ()
> Liefert das ROI-Objekt (vom Typ ij.gui.Roi bzw. einer der Subklassen Line, OvalRoi, PolygonRoi, TextRoi) der aktuellen *Region of Interest* (ROI) für dieses Bild.

void killRoi ()
> Löscht die aktuelle *Region of Interest* (ROI).

void setRoi (Rectangle roi)
> Ersetzt die *Region of Interest* (ROI) dieses Bilds mit dem angegebenen Rechteck.

void setRoi (int x, int y, int rwidth, int rheight)
> Ersetzt die *Region of Interest* (ROI) dieses Bilds mit dem angegebenen Rechteck.

void setRoi (Roi roi)
> Ersetzt die *Region of Interest* (ROI) mit dem angegebenen Objekt der Klasse Roi (bzw. einer Subklasse).

int[] getMask ()
> Liefert die Bitmaske einer nichtrechteckigen ROI bzw. null, wenn die ROI rechteckig ist.

C.15.4 Roi, Line, OvalRoi, PolygonRoi (Klassen)

Roi (int x, int y, int width, int height)
> Konstruktor-Methode: Erzeugt ein Roi-Objekt für eine rechteckige *Region of Interest*.

Line (int x1, int y1, int x2, int y2)
> Konstruktor-Methode: Erzeugt ein Line-Objekt für eine geradenförmige *Region of Interest*.

OvalRoi (int x, int y, int width, int height)
> Konstruktor-Methode: Erzeugt ein OvalRoi-Objekt für eine ellipsenförmige *Region of Interest*.

PolygonRoi (int[] xPnts, int[] yPnts, int nPnts, int type)
   Konstruktor-Methode: Erzeugt aus den Koordinatenwerten xPnts und
   yPnts ein PolygonRoi-Objekt für eine polygonale *Region of Interest* (zulässige Werte für type sind Roi.POLYGON, Roi.FREEROI, Roi.
   TRACED_ROI, Roi.POLYLINE, Roi.FREELINE und Roi.ANGLE).

boolean contains (int x, int y)
   Liefert *true*, wenn (x, y) innerhalb dieser ROI liegt.

C.16 *Image Properties*

Manchmal ist es notwendig, die Ergebnisse eines Plugins an ein weiteres
Plugin zu übergeben. Die run()-Methode eines ImageJ-Plugins sieht jedoch
keinen Rückgabewert vor. Eine Möglichkeit besteht darin, Ergebnisse aus einem Plugin als *property* im zugehörigen Bild abzulegen. Properties sind paarweise Einträge eines Schlüssels (*key*) und eines zugehörigen Werts (*value*), der
ein beliebiges Java-Objekt sein kann. ImageJ unterstützt diesen Mechanismus,
der auf Basis einer Hash-Tabelle implementiert ist, mit folgenden Methoden:

C.16.1 ImagePlus (**Klasse**)

java.util.Properties getProperties ()
   Liefert das Properties-Objekt (eine Hash-Tabelle) mit allen Property-
   Einträgen für dieses Bild oder null.

Object getProperty (String key)
   Liefert die zum Schlüssel key gehörige Property dieses Bilds bzw. null,
   wenn diese nicht definiert ist.

void setProperty (String key, Object value)
   Trägt das Paar (key, value) in die Property-Tabelle dieses Bilds ein.
   Falls bereits eine Property für key definiert war, wird diese durch value
   ersetzt.

Beispiel

Prog. C.3 zeigt ein einfaches Beispiel zur Verwendung von Properties, bestehend aus zwei getrennten ImageJ-Plugins. Im ersten Plugin (Plugin1_)
wird das Histogramm des Bilds berechnet und das Ergebnis als Property mit
dem Schlüssel "Plugin1" eingefügt (Zeile 16). Das zweite Plugin (Plugin2_)
holt das Ergebnis des Histogramms aus den Properties des übergebenen Bilds
(Zeile 33) und könnte es anschließend weiter verarbeiten. Der dafür erforderliche Schlüssel wird hier über die statischen Variable KEY der Klasse Plugin1_
ermittelt (Zeile 32).

File Plugin1_.java:

```
 1 import ij.ImagePlus;
 2 import ij.plugin.filter.PlugInFilter;
 3 import ij.process.ImageProcessor;
 4
 5 public class Plugin1_ implements PlugInFilter {
 6   ImagePlus imp;
 7   public static final String KEY = "Plugin1";
 8
 9   public int setup(String arg, ImagePlus imp) {
10     this.imp = imp;
11     return DOES_ALL + NO_CHANGES;}
12
13   public void run(ImageProcessor ip) {
14     int[] hist = ip.getHistogram();
15     // add histogram to image properties:
16     imp.setProperty(KEY,hist);
17   }
18 }
```

File Plugin2_.java:

```
19 import ij.IJ;
20 import ij.ImagePlus;
21 import ij.plugin.filter.PlugInFilter;
22 import ij.process.ImageProcessor;
23
24 public class Plugin2_ implements PlugInFilter {
25   ImagePlus imp;
26
27   public int setup(String arg, ImagePlus imp) {
28     this.imp = imp;
29     return DOES_ALL;}
30
31   public void run(ImageProcessor ip) {
32     String key = Plugin1_.KEY;
33     int[] hist = (int[]) imp.getProperty(key);
34     if (hist == null){
35       IJ.error("This image has no histogram");
36     }
37     else {
38     // process histogram ...
39     }
40   }
41 }
```

Programm C.3. Beispiel zur Verwendung von *Image Properties*. Im ersten Plugin (Plugin1_) wird in der run()-Methode das Histogramm berechnet und als Property an das zweite Plugin (Plugin2_) übergeben.

C.17 Interaktion

C.17.1 IJ (Klasse)

`static void beep ()`
Erzeugt ein Tonsignal.

`static void error (String s)`
Zeigt die Fehlermeldung s in einer Dialogbox mit dem Titel „ImageJ".

`static ImagePlus getImage ()`
Liefert das aktuelle (vom Benutzer ausgewählte) Bild vom Typ Image-Plus.

`static double getNumber (String prompt, double defaultValue)`
Ermöglicht die Eingabe eines numerischen Werts durch den Benutzer.

`static String getString (String prompt, String defaultString)`
Ermöglicht die Eingabe einer Textzeile durch den Benutzer.

`static void log (String s)`
Schreibt den Text s in das „Log"-Fenster von ImageJ.

`void showMessage (String msg)`
Zeigt den Text msg in einer Dialogbox mit dem Titel „Message".

`void showMessage (String title, String msg)`
Zeigt den Text msg in einer Dialogbox mit dem Titel title.

`boolean showMessageWithCancel (String title, String msg)`
Zeigt den Text msg in einer Dialogbox mit dem Titel title mit der Möglichkeit zum Abbruch des Vorgangs.

`void showStatus (String s)`
Zeigt den Text s im Statusbalken von ImageJ.

`static void write (String s)`
Schreibt den Text s auf ein Konsolenfenster.

C.17.2 ImageProcessor (Klasse)

`void showProgress (double percentDone)`
Setzt die Balkenanzeige für den Bearbeitungsfortschritt auf den Wert percentDone.

`void hideProgress ()`
Blendet die Balkenanzeige für den Bearbeitungsfortschritt aus.

C.17.3 GenericDialog (Klasse)

Die Klasse GenericDialog bietet eine einfache Möglichkeit zur Erstellung von Dialogfenstern mit mehreren Feldern unterschiedlichen Typs. Das Layout des Dialogfensters wird automatisch erstellt. Ein Anwendungsbeispiel und das zugehörige Ergebnis ist in Prog. C.4 gezeigt (s. auch Abschn. 5.4.4 und C.14.3), weitere Details finden sich in der ImageJ-Online-Dokumentation und in [3].

```
 1  import ij.ImagePlus;
 2  import ij.gui.GenericDialog;
 3  import ij.gui.NewImage;
 4  import ij.plugin.PlugIn;
 5
 6  public class GenericDialogExample implements PlugIn {
 7    static String title = "New Image";
 8    static int width = 512;
 9    static int height = 512;
10
11    public void run(String arg) {
12      GenericDialog gd = new GenericDialog("New Image");
13      gd.addStringField("Title:", title);
14      gd.addNumericField("Width:", width, 0);
15      gd.addNumericField("Height:", height, 0);
16      gd.showDialog();
17      if (gd.wasCanceled())
18        return;
19      title = gd.getNextString();
20      width = (int) gd.getNextNumber();
21      height = (int) gd.getNextNumber();
22
23      ImagePlus imp = NewImage.createByteImage(
24        title, width, height, 1, NewImage.FILL_WHITE);
25      imp.show();
26    }
27  }
```

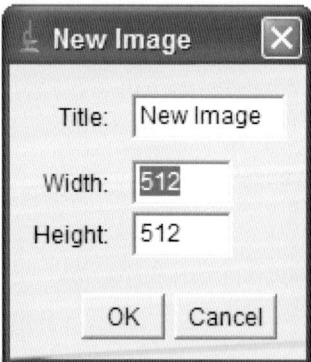

Programm C.4. Beispiel für die Verwendung der Klasse GenericDialog (oben) und zugehöriges Dialogfenster (links).

C.18 Plugins

ImageJ-Plugins gibt es in zwei unterschiedlichen Formen, die jeweils als Java-Interface implementiert sind:

- `PlugIn`: arbeitet unabhängig von bestehenden Bildern.
- `PlugInFilter`: wird auf ein bestehendes Bild angewandt.

C.18.1 `PlugIn` (Interface)

Das `PlugIn`-Interface schreibt nur die Implementierung der **run**-Methode vor:

`void run (String arg)`
> Startet das Plugin. Das Argument `arg` kann auch eine leere Zeichenkette sein.

C.18.2 `PlugInFilter` (Interface)

Das `PlugInFilter`-Interface schreibt die Implementierung folgender Methoden vor:

`void run (ImageProcessor ip)`
> Startet das Plugin. Das übergebene `ImageProcessor`-Objekt `ip` ist das aktuelle Ausgangsbild.

`int setup (String arg, ImagePlus imp)`
> Wird bei der Ausführung eines Plugins durch ImageJ *vor* der **run()**-Methode aufgerufen. Das übergebene `ImagePlus`-Objekt `imp` ist das aktuelle Ausgangsbild (nicht der Bildprozessor). Falls das aktuelle `ImagePlus`-Objekt in der nachfolgend ausgeführten **run**-Methode benötigt wird, kann man es in der **setup()**-Methode an eine statische Variable der Plugin-Klasse binden oder mit `IJ.getImage()` ermitteln. Rückgabewert der **setup()**-Methode ist ein kodiertes `int`-Bitmuster, das die Möglichkeiten des Plugins beschreibt und aus einer Kombination der untenstehenden Konstanten gebildet wird. Ist der Rückgabewert `DONE`, dann wird die **run()**-Methode des Plugin nicht ausgeführt.

Konstanten für Rückgabewerte der **setup()**-Methode der Klasse `PlugInFilter` (alle vom Typ `int`):

`DOES_8G` (Konstante)
> Das Plugin akzeptiert 8-Bit Grauwertbilder.

`DOES_8C` (Konstante)
> Das Plugin akzeptiert 8-Bit Indexfarbbilder.

`DOES_16` (Konstante)
> Das Plugin akzeptiert 16-Bit Grauwertbilder.

`DOES_32` (Konstante)
> Das Plugin akzeptiert 32-Bit `float`-Bilder.

DOES_RGB (Konstante)
Das Plugin akzeptiert $3 times 8$-Bit Vollfarbbilder.

DOES_ALL (Konstante)
Das Plugin akzeptiert alle Arten von ImageJ-Bildern.

DOES_STACKS (Konstante)
Die run-Methode des Plugin soll für alle Bilder eines Stacks ausgeführt werden.

DONE (Konstante)
Die run-Methode des Plugin soll nicht ausgeführt werden.

NO_CHANGES (Konstante)
Das Plugin modifiziert die Pixeldaten des übergebenen Bilds nicht.

NO_IMAGE_REQUIRED (Konstante)
Das Plugin benötigt kein Bild zur Durchführung. In diesem Fall hat ip in der run-Methode den Wert null.

NO_UNDO (Konstante)
Das Plugin erfordert keine UNDO-Möglichkeit.

ROI_REQUIRED (Konstante)
Das Plugin erfodet ein Bild, in dem die *Region of Interest* (ROI) explizit spezifiziert ist.

STACK_REQUIRED (Konstante)
Das Plugin erfordert eine Bildfolge (Stack).

SUPPORTS_MASKING (Konstante)
Dies vereinfacht die Bearbeitung nichtrechteckiger ROIs. ImageJ soll nach der Anwendung jene Pixel, die nicht außerhalb der ROI, jedoch innerhalb ihrer Bounding Box liegen, wiederherstellen.

Beispielsweise wäre für ein Plugin, das 8- und 16-Bit Grauwertbilder bearbeiten kann und diese Bilder nicht verändert, der Rückgabewert der setup()-Methode

```
DOES_8G + DOES_16G + NO_CHANGES
```

C.18.3 Plugins ausführen – IJ (Klasse)

Object runPlugIn (String className, String arg)
Erzeugt ein Plugin-Objekt der Klasse className und führt die run-Methode mit dem Argument arg aus. Ist className vom Typ PlugIn-Filter, dann wird das Plugin auf das aktuelle Bild angewandt und zuvor die setup()-Methode ausgeführt. Rückgabewert ist das Plugin-Objekt.

C.19 Window-Management

C.19.1 WindowManager (Klasse)

Diese Klasse stellt statische Methoden zur Manipulation der Bildschirmfenster in ImageJ zur Verfügung.

static boolean closeAllWindows ()
Schließt alle offenen Fenster.

static ImagePlus getCurrentImage ()
Liefert das aktuell angezeigte Bildobjekt vom Typ ImagePlus.

static ImageWindow getCurrentWindow ()
Liefert das aktuelle Fenster vom Typ ImageWindow.

static int[] getIDList ()
Liefert ein Array mit den ID-Nummern der angezeigten Bilder bzw. null, wenn kein Bild angezeigt wird. Die Indizes sind ganzzahlige, negative Werte.

static ImagePlus getImage (int imageID)
Liefert eine Referenz auf ein Bildobjekt vom Typ ImagePlus, wobei folgende Fälle zu unterscheiden sind:
Für imageID < 0 wird das Bild mit der angegebenen ID-Nummer geliefert. Für imageID > 0 wird jenes Bild geliefert, dass im Ergebnis (Array) von getIDList() an der Stelle imageID liegt. Für imageID = 0 oder wenn keine Bilder geöffnet sind ist das Ergebnis null.

static int getWindowCount ()
Liefert die Anzahl der geöffneten Bilder.

static void putBehind ()
Schiebt die Bildschirmanzeige des aktuellen Bilds nach hinten und zeigt das nächste Bild in der Liste (zyklisch) als aktuelles Bild.

static void setTempCurrentImage (ImagePlus imp)
Macht das angegebene Bild imp vorübergehend zum aktuellen Bild und erlaubt damit die Bearbeitung von Bildern, die nicht in einem Fenster angezeigt werden. Durch erneuten Aufruf mit dem Argument null wird zum vorherigen aktuellen Bild zurückgekehrt.

C.20 Weitere Funktionen

C.20.1 ImagePlus (Klasse)

boolean lock ()
Sperrt dieses Bild für den Zugriff durch andere Threads. Liefert *true*, wenn das Bild erfolgreich gesperrt wurde, und *false*, wenn das Bild bereits gesperrt war.

`boolean lockSilently ()`
Wie `lock()`, jedoch ohne Tonsignal.

`void unlock ()`
Hebt die Sperrung dieses Bild auf.

`FileInfo getOriginalFileInfo ()`
Liefert Informationen über die Datei, aus der das Bild geöffnet wurde.
Das resultierende Objekt (vom Typ `ij.io.FileInfo`) enthält u. a. Felder wie `fileName` (`String`), `directory` (`String`) und `description`
(`String`).

`ImageProcessor getProcessor ()`
Liefert eine Referenz auf das zugehörige `ImageProcessor`-Objekt.

`void setProcessor (String title, ImageProcessor ip)`
Macht `ip` zum neuen `ImageProcessor`-Objekt dieses Bilds.

C.20.2 `IJ` (Klasse)

`static String freeMemory ()`
Liefert eine Zeichenkette mit der Angabe des freien Speicherplatzes.

`static ImagePlus getImage ()`
Liefert das akutelle (vom Benutzer ausgewählte) Bild vom Typ `Image-`
`Plus` bzw. `null`, wenn kein Bild geöffnet ist.

`static boolean isMacintosh ()`
Liefert *true*, wenn ImageJ gerade auf einem *Macintosh*-Computer läuft.

`static boolean isMacOSX ()`
Liefert *true*, wenn ImageJ gerade auf einem *Macintosh*-Computer unter
OS X läuft.

`static boolean isWindows ()`
Liefert *true*, wenn ImageJ gerade auf einem *Windows*-Rechner läuft.

`static void register (Class c)`
„Registriert" die angegebene Klasse (ein Objekt vom Typ java.lang.
Class), sodass sie von Javas Garbage Collector nicht enfernt wird, da
dieser die Werte der statischen Klassenvariablen jeweils neu initialisiert.

Beispiel: Im Plugin in Prog. C.5 soll der Wert der statischen Variable `memorize` (Zeile 8) von einer Ausführung des Plugin zur nächsten
erhalten bleiben. Dazu wird die Methode `IJ.register()` innerhalb eines `static`-Blocks der Plugin-Klasse aufgerufen (Zeile 6). Dieser Block
wird nur einmal beim Laden des zugehörigen `class`-Files ausgeführt.
Innerhalb der `run()`-Methode wird – *nur* als Test – Javas Garbage
Collector mit `System.gc()` angestoßen (Prog. C.5, Zeile 13):

`static void wait (int msecs)`
Hält das Programm (d. h. den aktuellen *Thread*) für `msec` Millisekunden
an.

```
1  import ij.IJ;
2  import ij.plugin.PlugIn;
3
4  public class TestRegister_ implements PlugIn {
5    static {
6      IJ.register(TestRegister_.class);
7    }
8    static int memorize = 0;
9
10   public void run(String arg) {
11     memorize =
12       (int) IJ.getNumber("Enter a number", memorize);
13     System.gc(); // call Java's garbage collector
14   }
15 }
```

Programm C.5. Beispiel für die Registrierung eines Plugin mit `IJ.register()`.

D

Source Code

D.1 Harris Corner Detector

D.2 Kombinierte Regionenmarkierung-Konturverfolgung

D.1 Harris Corner Detector

Vollständiger Quellcode als Ergänzung zur Beschreibung in Kap. 8.

D.1.1 File Corner.java

```
 1 import ij.process.ByteProcessor;
 2
 3 class Corner implements Comparable{
 4   int u;
 5   int v;
 6   float q;
 7
 8   Corner (int u, int v, float q){
 9     this.u = u;
10     this.v = v;
11     this.q = q;
12   }
13
14   public int compareTo (Object obj) {
15     Corner c2 = (Corner) obj;
16     if (this.q > c2.q) return -1;
17     if (this.q < c2.q) return 1;
18     else return 0;
19   }
20
21   double dist2 (Corner c2){
22     int dx = this.u - c2.u;
23     int dy = this.v - c2.v;
24     return (dx*dx)+(dy*dy);
25   }
26
27   void draw(ByteProcessor ip){
28     //draw this corner as a black cross
29     int paintvalue = 0; //black
30     int size = 2;
31     ip.setValue(paintvalue);
32     ip.drawLine(u-size,v,u+size,v);
33     ip.drawLine(u,v-size,u,v+size);
34   }
35 }
```

D.1.2 File `HarrisCornerDetector.java`

```
 1 import ij.IJ;
 2 import ij.ImagePlus;
 3 import ij.plugin.filter.Convolver;
 4 import ij.process.Blitter;
 5 import ij.process.ByteProcessor;
 6 import ij.process.FloatProcessor;
 7 import ij.process.ImageProcessor;
 8
 9 import java.util.Arrays;
10 import java.util.Collections;
11 import java.util.Iterator;
12 import java.util.Vector;
13
14 public class HarrisCornerDetector {
15   public static final float DEFAULT_ALPHA = 0.050f;
16   public static final int DEFAULT_THRESHOLD = 20000;
17
18   float alpha = DEFAULT_ALPHA;
19   int threshold = DEFAULT_THRESHOLD;
20   double dmin = 10;
21
22   final int border = 20;
23
24   // filter  kernels (one−dim. part of separable 2D filters )
25   final float[] pfilt = {0.223755f,0.552490f,0.223755f};
26   final float[] dfilt = {0.453014f,0.0f,-0.453014f};
27   final float[] bfilt
28     = {0.01563f,0.09375f,0.234375f,0.3125f,0.234375f,0.09375f
          ,0.01563f};
29     // = {1,6,15,20,15,6,1}/64
30
31   ImageProcessor ipOrig;
32   FloatProcessor A;
33   FloatProcessor B;
34   FloatProcessor C;
35   FloatProcessor Q;
36   Vector corners;
37
38   HarrisCornerDetector(ImageProcessor ip){
39     this.ipOrig = ip;
40   }
41
42   HarrisCornerDetector(ImageProcessor ip, float alpha, int
          threshold){
43     this.ipOrig = ip;
44     this.alpha = alpha;
45     this.threshold = threshold;
```

```
46    }
47
48    void findCorners(){
49      makeDerivatives();
50      makeCrf(); //corner response function (CRF)
51      corners = collectCorners(border);
52      corners = cleanupCorners(corners);
53    }
54
55    void makeDerivatives(){
56      FloatProcessor Ix = (FloatProcessor) ipOrig.convertToFloat();
57      FloatProcessor Iy = (FloatProcessor) ipOrig.convertToFloat();
58
59      Ix = convolve1h(convolve1h(Ix,pfilt),dfilt);
60      Iy = convolve1v(convolve1v(Iy,pfilt),dfilt);
61
62      A = sqr((FloatProcessor) Ix.duplicate());
63      A = convolve2(A,bfilt);
64
65      B = sqr((FloatProcessor) Iy.duplicate());
66      B = convolve2(B,bfilt);
67
68      C = mult((FloatProcessor)Ix.duplicate(),Iy);
69      C = convolve2(C,bfilt);
70    }
71
72    void makeCrf() { //corner response function (CRF)
73      int w = ipOrig.getWidth();
74      int h = ipOrig.getHeight();
75      Q = new FloatProcessor(w,h);
76      float[] Apix = (float[]) A.getPixels();
77      float[] Bpix = (float[]) B.getPixels();
78      float[] Cpix = (float[]) C.getPixels();
79      float[] Qpix = (float[]) Q.getPixels();
80      for (int v=0; v<h; v++) {
81        for (int u=0; u<w; u++) {
82          int i = v*w+u;
83          float a = Apix[i], b = Bpix[i], c = Cpix[i];
84          float det = a*b-c*c;
85          float trace = a+b;
86          Qpix[i] = det - alpha * (trace * trace);
87        }
88      }
89    }
90
91    Vector collectCorners(int border) {
92      Vector cornerList = new Vector(1000);
93      int w = Q.getWidth();
94      int h = Q.getHeight();
```

```
 95      float[] Qpix = (float[]) Q.getPixels();
 96      for (int v=border; v<h-border; v++){
 97        for (int u=border; u<w-border; u++) {
 98          float q = Qpix[v*w+u];
 99          if (q>threshold && isLocalMax(Q,u,v)) {
100            Corner c = new Corner(u,v,q);
101            cornerList.add(c);
102          }
103        }
104      }
105      Collections.sort(cornerList);
106      return cornerList;
107    }
108
109    Vector cleanupCorners(Vector corners){
110      double dmin2 = dmin*dmin;
111      Object[] cornerArray = corners.toArray();
112      Vector goodCorners = new Vector(corners.size());
113      for (int i=0; i<cornerArray.length; i++){
114        if (cornerArray[i] != null){
115          Corner c1 = (Corner) cornerArray[i];
116          goodCorners.add(c1);
117          //delete all remaining corners close to c
118          for (int j=i+1; j<cornerArray.length; j++){
119            if (cornerArray[j] != null){
120              Corner c2 = (Corner) cornerArray[j],
121              if (c1.dist2(c2)<dmin2)
122                cornerArray[j] = null; //delete corner
123            }
124          }
125        }
126      }
127      return goodCorners;
128    }
129
130    void printCornerPoints(Vector crf){
131      Iterator it = crf.iterator();
132      for (int i=0; it.hasNext(); i++){
133        Corner ipt = (Corner) it.next();
134        IJ.write(i + ": " + (int)ipt.q + " " + ipt.u + " " + ipt.v);
135      }
136    }
137
138    ImageProcessor showCornerPoints(ImageProcessor ip){
139      ByteProcessor ipResult = (ByteProcessor)ip.duplicate();
140      //change background image contrast and brightness
141      int[] lookupTable = new int[256];
142      for (int i=0; i<256; i++){
143        lookupTable[i] = 128 + (i/2);
```

```
144      }
145      ipResult.applyTable(lookupTable);
146
147      Iterator it = corners.iterator();
148      for (int i=0; it.hasNext(); i++){
149        Corner c = (Corner) it.next();
150        c.draw(ipResult);
151      }
152      return ipResult;
153    }
154
155    void showProcessor(ImageProcessor ip, String title){
156      //ImageProcessor bip = ip.convertToByte(false);
157      ImagePlus win = new ImagePlus(title,ip);
158      win.show();
159    }
160
161    void dummy(){
162      Corner[] cornerArray = new Corner[100];
163      cornerArray[0] = new Corner(10,20,0.7f);
164      cornerArray[2] = new Corner(10,20,1.7f);
165      Arrays.sort(cornerArray);
166    }
167
168  //   utility  methods  for  float  processors
169
170    static FloatProcessor convolve1h(FloatProcessor p, float[] h){
171      Convolver conv = new Convolver();
172      conv.setNormalize(false);
173      conv.convolve(p, h, 1, h.length);
174      return p;
175    }
176
177    static FloatProcessor convolve1v(FloatProcessor p, float[] h){
178      Convolver conv = new Convolver();
179      conv.setNormalize(false);
180      conv.convolve(p, h, h.length, 1);
181      return p;
182    }
183
184    static FloatProcessor convolve2(FloatProcessor p, float[] h){
185      convolve1h(p,h);
186      convolve1v(p,h);
187      return p;
188    }
189
190
191    static FloatProcessor sqr (FloatProcessor fp1) {
192      fp1.sqr();
```

```
193      return fp1;
194    }
195
196    static FloatProcessor mult(FloatProcessor fp1, FloatProcessor
           fp2) {
197      int mode = Blitter.MULTIPLY;
198      fp1.copyBits(fp2, 0, 0, mode);
199      return fp1;
200    }
201
202    static boolean isLocalMax (FloatProcessor fp, int u, int v) {
203      int w = fp.getWidth();
204      int h = fp.getHeight();
205      if (u<=0 || u>=w-1 || v<=0 || v>=h-1)
206        return false;
207      else {
208        float[] pix = (float[]) fp.getPixels();
209        int i0 = (v-1)*w+u, i1 = v*w+u, i2 = (v+1)*w+u;
210        float cp = pix[i1];
211        return
212          cp > pix[i0-1] && cp > pix[i0] && cp > pix[i0+1] &&
213          cp > pix[i1-1] &&                 cp > pix[i1+1] &&
214          cp > pix[i2-1] && cp > pix[i2] && cp > pix[i2+1] ;
215      }
216    }
217  }
```

D.1.3 File `HarrisCornerPlugin_.java`

```
 1 import ij.IJ;
 2 import ij.ImagePlus;
 3 import ij.gui.GenericDialog;
 4 import ij.plugin.filter.PlugInFilter;
 5 import ij.process.ImageProcessor;
 6
 7 public class HarrisCornerPlugin_ implements PlugInFilter {
 8   ImagePlus imp;
 9   static float alpha = HarrisCornerDet.DEFAULT_ALPHA;
10   static int threshold = HarrisCornerDet.DEFAULT_THRESHOLD;
11   static int nmax = 0; //points to show
12
13     public int setup(String arg, ImagePlus imp) {
14     IJ.register(HarrisCornerPlugin_.class);
15       this.imp = imp;
16         if (arg.equals("about")) {
17             showAbout();
18             return DONE;
19         }
20         return DOES_8G + NO_CHANGES;
21     }
22
23     public void run(ImageProcessor ip) {
24     if (!showDialog()) return; //dialog was cancelled or error occured
25     HarrisCornerDet hcd = new HarrisCornerDet(ip,alpha,threshold);
26     hcd.findCorners();
27     ImageProcessor result = hcd.showCornerPoints(ip);
28     ImagePlus win = new ImagePlus("Corners from " + imp.getTitle()
           ,result);
29     win.show();
30     }
31
32     void showAbout() {
33         String cn = getClass().getName();
34         IJ.showMessage("About "+cn+" ...",
35             "Harris Corner Detector"
36         );
37     }
38
39   private boolean showDialog() {
40     // display dialog , return false if cancelled or on error.
41     GenericDialog dlg =
42       new GenericDialog("Harris Corner Detector", IJ.getInstance()
           );
43     float def_alpha = HarrisCornerDet.DEFAULT_ALPHA;
44     dlg.addNumericField("Alpha (default: "+def_alpha+")", alpha
           , 3);
```

```
45    int def_threshold = HarrisCornerDet.DEFAULT_THRESHOLD;
46    dlg.addNumericField("Threshold (default: "+def_threshold+")",
          threshold, 0);
47    dlg.addNumericField("Max. points (0 = show all)", nmax, 0);
48    dlg.showDialog();
49    if(dlg.wasCanceled())
50      return false;
51    if(dlg.invalidNumber()) {
52      IJ.showMessage("Error", "Invalid input number");
53      return false;
54    }
55    alpha = (float) dlg.getNextNumber();
56    threshold = (int) dlg.getNextNumber();
57    nmax = (int) dlg.getNextNumber();
58    return true;
59  }
60 }
```

D.2 Kombinierte Regionenmarkierung-Konturverfolgung

Vollständiger Quellcode als Ergänzung zur Beschreibung in Abschn. 11.2.

D.2.1 File ContourTracingPlugin_.java

```
 1  import ij.IJ;
 2  import ij.ImagePlus;
 3  import ij.gui.ImageWindow;
 4  import ij.plugin.filter.PlugInFilter;
 5  import ij.process.ImageProcessor;
 6
 7  // Uses the ContourTracer class to create an ordered list of points
 8  // representing the internal and external contours of each region in
 9  // the binary image. Instead of drawing directly into the image,
10  // we make use of ImageJ's ImageCanvas to draw the contours in a layer
11  // ontop of the image.  Illustrates how to use the Java2D api to draw
12  // the polygons and scale and transform them to match ImageJ's zooming.
13
14  public class ContourTracingPlugin_ implements PlugInFilter {
15
16    public int setup(String arg, ImagePlus imp) {
17      return DOES_8G + NO_CHANGES;
18    }
19
20    public void run(ImageProcessor ip) {
21      ImageProcessor ip2 = ip.duplicate();
22      // trace the contours and get the ArrayList
23      ContourTracer tracer = new ContourTracer(ip2);
24      ContourSet cs = tracer.getContours();
25      //contours.print();
26
27      // change lookup-table to show gray regions
28      ip2.setMinAndMax(0,512);
29
30      ImagePlus imp =
31        new ImagePlus("Contours of " + IJ.getImage().getTitle(), ip2
            );
32
33      ContourOverlay cc = new ContourOverlay(imp, cs);
34      new ImageWindow(imp, cc);
35    }
36  }
```

D.2.2 File Node.java

```
 1 public class Node {
 2   int x;
 3   int y;
 4
 5   Node(int x, int y) {
 6     this.x = x;
 7     this.y = y;
 8   }
 9
10   void moveBy (int dx, int dy) {
11     x = x + dx;
12     y = y + dy;
13   }
14 }
```

D.2.3 File Contour.java

```
 1 import ij.IJ;
 2
 3 import java.awt.Polygon;
 4 import java.awt.Shape;
 5 import java.awt.geom.Ellipse2D;
 6 import java.util.ArrayList;
 7 import java.util.Iterator;
 8
 9 abstract class Contour { // generic contour, never instantiated
10   int label;
11   ArrayList nodes;
12
13   Contour (int label, int initialSize) {
14     this.label = label;
15     nodes = new ArrayList(initialSize);
16   }
17
18   void addNode (Node n){
19     nodes.add(n);
20   }
21
22   Shape makePolygon() {
23     int m = nodes.size();
24     if (m>1){
25       int[] xPoints = new int[m];
26       int[] yPoints = new int[m];
27       int k = 0;
```

```
28          Iterator itr = nodes.iterator();
29          while (itr.hasNext() && k < m) {
30            Node cn = (Node) itr.next();
31            xPoints[k] = cn.x;
32            yPoints[k] = cn.y;
33            k = k + 1;
34          }
35          return new Polygon(xPoints, yPoints, m);
36        }
37        else { // use circles for isolated pixels
38          Node cn = (Node) nodes.get(0);
39          return new Ellipse2D.Double(cn.x-0.1, cn.y-0.1, 0.2, 0.2);
40        }
41      }
42
43      void moveBy (int dx, int dy) {
44        Iterator itr;
45        itr = nodes.iterator();
46        while (itr.hasNext()) {
47          Node cn = (Node) itr.next();
48          cn.moveBy(dx,dy);
49        }
50      }
51
52      // debug methods:
53
54      abstract void print();
55
56      void printNodes (){
57        Iterator itr = nodes.iterator();
58        while (itr.hasNext()) {
59          Node n = (Node) itr.next();
60          IJ.write(" Node " + n.x + "/" + n.y);
61        }
62      }
63    }
```

D.2.4 File OuterContour.java

```
1  import ij.IJ;
2
3  class OuterContour extends Contour {
4
5    OuterContour (int label, int initialSize) {
6      super(label, initialSize);
7    }
8
```

```
 9   void print() {
10     IJ.write("Outer Contour: " + nodes.size());
11     printNodes();
12   }
13 }
```

D.2.5 File InnerContour.java

```
 1 import ij.IJ;
 2
 3 class InnerContour extends Contour {
 4
 5   InnerContour (int label, int initialSize) {
 6     super(label, initialSize);
 7   }
 8
 9   void print() {
10     IJ.write("Inner Contour: " + nodes.size());
11     printNodes();
12   }
13 }
```

D.2.6 File ContourSet.java

```
 1 import java.awt.Shape;
 2 import java.util.ArrayList;
 3 import java.util.Iterator;
 4
 5 class ContourSet {
 6   ArrayList outerContours;
 7   ArrayList innerContours;
 8
 9   ContourSet (int initialSize){
10     outerContours = new ArrayList(initialSize);
11     innerContours = new ArrayList(initialSize);
12   }
13
14   void addContour(OuterContour oc) {
15     outerContours.add(oc);
16   }
17
18   void addContour(InnerContour ic) {
19     innerContours.add(ic);
20   }
21
```

```
22    Shape[] getOuterPolygons () {
23      return makePolygons(outerContours);
24    }
25
26    Shape[] getInnerPolygons () {
27      return makePolygons(innerContours);
28    }
29
30    Shape[] makePolygons (ArrayList nodes) {
31      if (nodes == null)
32        return null;
33      else {
34        Shape[] pa = new Shape[nodes.size()];
35        int i = 0;
36        Iterator itr = nodes.iterator();
37        while (itr.hasNext()) {
38          Contour c = (Contour) itr.next();
39          pa[i] = c.makePolygon();
40          i = i + 1;
41        }
42        return pa;
43      }
44    }
45
46    void moveBy (int dx, int dy) {
47      Iterator itr;
48      itr = outerContours.iterator();
49      while (itr.hasNext()) {
50        Contour c = (Contour) itr.next();
51        c.moveBy(dx,dy);
52      }
53      itr = innerContours.iterator();
54      while (itr.hasNext()) {
55        Contour c = (Contour) itr.next();
56        c.moveBy(dx,dy);
57      }
58    }
59
60    // utility  methods:
61
62    void print() {
63      printContours(outerContours);
64      printContours(innerContours);
65    }
66
67    void printContours (ArrayList ctrs) {
68      Iterator itr = ctrs.iterator();
69      while (itr.hasNext()) {
70        Contour c = (Contour) itr.next();
```

```
71        c.print();
72      }
73    }
74  }
```

D.2.7 File ContourTracer.java

```
 1  import ij.process.ImageProcessor;
 2
 3  public class ContourTracer {
 4    static final byte FOREGROUND = 1;
 5    static final byte BACKGROUND = 0;
 6
 7    ImageProcessor ip;
 8    byte[][] pixelMap;
 9    int[][] labelMap;
10    // label values in labelMap can be:
11    //   0 ... unlabeled
12    //  -1 ... previously visited background pixel
13    //  >0 ... valid label
14
15    public ContourTracer (ImageProcessor ip) {
16      this.ip = ip;
17      int h = ip.getHeight();
18      int w = ip.getWidth();
19      pixelMap = new byte[h+2][w+2];
20      labelMap = new int[h+2][w+2];
21
22      // create auxil. arrays
23      for (int v = 0; v < h+2; v++) {
24        for (int u = 0; u < w+2; u++) {
25          if (ip.getPixel(u-1,v-1) == 0)
26            pixelMap[v][u] = BACKGROUND;
27          else
28            pixelMap[v][u] = FOREGROUND;
29        }
30      }
31    }
32
33    OuterContour traceOuterContour (int cx, int cy, int label) {
34      OuterContour cont = new OuterContour(label, 50);
35      traceContour(cx, cy, label, 0, cont);
36      return cont;
37    }
38
39    InnerContour traceInnerContour(int cx, int cy, int label) {
40      InnerContour cont = new InnerContour(label, 50);
```

```
41      traceContour(cx, cy, label, 1, cont);
42      return cont;
43    }
44
45    // trace one contour starting at (xS,yS) in direction trDir
46    Contour traceContour (int xS, int yS, int label, int dir,
            Contour cont) {
47      int xT, yT; // T = successor of starting point S
48      int xP, yP; // P = "previous" contour point
49      int xC, yC; // C = "current" contour point
50      boolean done;
51
52      Node n = new Node(xS, yS);
53      dir = findNextNode(n, dir);
54      cont.addNode(n); // add node T (may be the ident. to S)
55
56      xP = xS;
57      yP = yS;
58      xC = xT = n.x;
59      yC = yT = n.y;
60      done = (xS==xT && yS==yT); // isolated pixel
61
62      while (!done) {
63        labelMap[yC][xC] = label;
64        n = new Node(xC, yC);
65        dir = findNextNode(n, (dir + 6) % 8);
66        xP = xC; yP = yC; //set "previous" (P)
67        xC = n.x; yC = n.y; //set "current" (C)
68        // back to the starting position?
69        done = (xP==xS && yP==yS && xC==xT && yC==yT);
70        if (!done) {
71          cont.addNode(n);
72        }
73      }
74      return cont;
75    }
76
77    int findNextNode (Node Xc, int dir) {
78      // starts at Node nc in direction trdir
79      // returns the final tracing direction
80      final int[][] delta = {
81        { 1,0}, { 1, 1}, {0, 1}, {-1, 1},
82        {-1,0}, {-1,-1}, {0,-1}, { 1,-1}};
83      for (int i = 0; i < 7; i++) {
84        int x = Xc.x + delta[dir][0];
85        int y = Xc.y + delta[dir][1];
86        if (pixelMap[y][x] == BACKGROUND) {
87          labelMap[y][x] = -1; // mark surrounding background pixels
88          dir = (dir + 1) % 8;
```

```
89        }
90        else {              // found non-background pixel
91          Xc.x = x; Xc.y = y;
92          break;
93        }
94      }
95      return dir;
96    }
97
98    ContourSet getContours() {
99      ContourSet contours = new ContourSet(50);
100     int region = 0;   // region counter
101     int label = 0;    // current label
102
103     // scan top to bottom, left to right
104     for (int v = 1; v < pixelMap.length-1; v++) {
105       label = 0; // no label
106       for (int u = 1; u < pixelMap[v].length-1; u++) {
107
108         if (pixelMap[v][u] == FOREGROUND) {
109           if (label != 0) { // keep using same label
110             labelMap[v][u] = label;
111           }
112           else {
113             label = labelMap[v][u];
114             if (label == 0) { // unlabeled - new outer contour
115               region = region + 1;
116               label = region;
117               OuterContour co = traceOuterContour(u, v, label);
118               contours.addContour(co);
119               labelMap[v][u] = label;
120             }
121           }
122         }
123         else { // BACKGROUND pixel
124           if (label != 0) {
125             if (labelMap[v][u] == 0) { // unlabeled - new inner
                        contour
126               InnerContour ci = traceInnerContour(u-1, v, label);
127               contours.addContour(ci);
128             }
129             label = 0;
130           }
131         }
132       }
133     }
134     contours.moveBy(-1,-1); // shift back to original coordinates
135     return (contours);
136   }
```

```
137 }
```

D.2.8 File ContourOverlay.java

```
 1 import ij.ImagePlus;
 2 import ij.gui.ImageCanvas;
 3
 4 import java.awt.BasicStroke;
 5 import java.awt.Color;
 6 import java.awt.Graphics;
 7 import java.awt.Graphics2D;
 8 import java.awt.Polygon;
 9 import java.awt.RenderingHints;
10 import java.awt.Shape;
11 import java.awt.Stroke;
12
13 class ContourOverlay extends ImageCanvas {
14   static float strokeWidth = 0.5f; //0.2f;
15   static int capsstyle = BasicStroke.CAP_ROUND;
16   static int joinstyle = BasicStroke.JOIN_ROUND;
17   static Color outerColor = Color.black;
18   static Color innerColor = Color.white;
19   static float[] outerDashing = {strokeWidth * 2.0f, strokeWidth
         * 2.5f};
20   static float[] innerDashing = {strokeWidth * 0.5f, strokeWidth
         * 2.5f};
21   static boolean DRAW_CONTOURS = true;
22
23   Shape[] outerContourShapes;
24   Shape[] innerContourShapes;
25
26   ContourOverlay(ImagePlus imp, ContourSet contours) {
27     super(imp);
28     outerContourShapes = contours.getOuterPolygons();
29     innerContourShapes = contours.getInnerPolygons();
30   }
31
32   public void paint(Graphics g) {
33     super.paint(g);
34     drawContours(g);
35   }
36
37   private void drawContours(Graphics g) {
38     Graphics2D g2d = (Graphics2D) g;
39     g2d.setRenderingHint(RenderingHints.KEY_ANTIALIASING,
           RenderingHints.VALUE_ANTIALIAS_ON);
40
```

```
41    // scale and move overlay to the pixel centers
42    g2d.scale(this.getMagnification(), this.getMagnification());
43    g2d.translate(0.5-this.srcRect.x, 0.5-this.srcRect.y);
44
45    if (DRAW_CONTOURS) {
46      Stroke solidStroke =
47        new BasicStroke(strokeWidth, capsstyle, joinstyle);
48      Stroke dashedStrokeOuter =
49        new BasicStroke(strokeWidth, capsstyle, joinstyle, 1.0f,
50            outerDashing, 0.0f);
50      Stroke dashedStrokeInner =
51        new BasicStroke(strokeWidth, capsstyle, joinstyle, 1.0f,
             innerDashing, 0.0f);
52
53      drawShapes(outerContourShapes, g2d, solidStroke,
             dashedStrokeOuter, outerColor);
54      drawShapes(innerContourShapes, g2d, solidStroke,
             dashedStrokeInner, innerColor);
55    }
56  }
57
58  void drawShapes(Shape[] shapes, Graphics2D g2d, Stroke
         solidStrk, Stroke dashedStrk, Color col) {
59    g2d.setRenderingHint(RenderingHints.KEY_ANTIALIASING,
           RenderingHints.VALUE_ANTIALIAS_ON);
60    g2d.setColor(col);
61    for (int i = 0; i < shapes.length; i++) {
62      Shape s = shapes[i];
63      if (s instanceof Polygon)
64        g2d.setStroke(dashedStrk);
65      else
66        g2d.setStroke(solidStrk);
67      g2d.draw(shapes[i]);
68    }
69  }
70 }
```

Literaturverzeichnis

1. ADOBE SYSTEMS, http://www.adobe.com/support/downloads/main.html: *Adobe RGB Color Space Specification (Draft)*, 2004.
2. AHO, A. V., J. E. HOPCROFT und J. D. ULLMAN: *The Design and Analysis of Computer Algorithms*. Addison-Wesley, 1974.
3. BAILER, W.: *Writing ImageJ Plugins – A Tutorial*. http://www.fh-hagenberg.at/mtd/depot/imaging/imagej/, 2003.
4. BALLARD, D. H. und C. M. BROWN: *Computer Vision*. Prentice-Hall, 1982.
5. BARBER, C. B., D. P. DOBKIN und H. HUHDANPAA: *The quickhull algorithm for convex hulls*. ACM Trans. Math. Softw., 22(4), S. 469–483, 1996.
6. BARROW, H. G., J. M. TENENBAUM, R. C. BOLLES und H. C. WOLF: *Parametric correspondence and chamfer matching: two new techniques for image matching*. In: *Proc. International Joint Conf. on Artificial Intelligence*, S. 659–663, Cambridge, MA, 1977.
7. BLAHUT, R. E.: *Fast Algorithms for Digital Signal Processing*. Addison-Wesley, 1985.
8. BORGEFORS, G.: *Distance transformations in digital images*. Computer Vision, Graphics and Image Processing, 34, S. 344–371, 1986.
9. BORGEFORS, G.: *Hierarchical chamfer matching: a parametric edge matching algorithm*. IEEE Trans. Pattern Analysis and Machine Intelligence, 10(6), S. 849–865, 1988.
10. BRESENHAM, J. E.: *A Linear Algorithm for Incremental Digital Display of Circular Arcs*. Communications of the ACM, 20(2), S. 100–106, 1977.
11. BRIGHAM, E. O.: *The Fast Fourier Transform and Its Applications*. Prentice-Hall, 1988.
12. BRONSTEIN, I. N., K. A. SEMENDJAJEW, G. MUSIOL und H. MÜHLIG: *Taschenbuch der Mathematik*. Verlag Harri Deutsch, 5. Aufl., 2000.
13. BURT, P. J. und E. H. ADELSON: *The Laplacian pyramid as a compact image code*. IEEE Trans. Communications, 31(4), S. 532–540, 1983.
14. CANNY, J. F.: *A computational approach to edge detection*. IEEE Trans. on Pattern Analysis and Machine Intelligence, 8(6), S. 679–698, 1986.
15. CASTLEMAN, K. R.: *Digital Image Processing*. Pearson Education, 1995.
16. CHANG, F. und C. CHUN-JEN: *A Component-Labeling Algorithm Using Contour Tracing Technique*. In: *icdar*, S. 741–745. IEEE Computer Society, 2003.

17. COHEN, P. R. und E. A. FEIGENBAUM: *The Handbook of Artificial Intelligence*. William Kaufmann, Inc., 1982.

18. CORMAN, T. H., C. E. LEISERSON, R. L. RIVEST und C. STEIN: *Introduction to Algorithms*. MIT Press, 2. Aufl., 2001.

19. DAVIS, L. S.: *A Survey of Edge Detection Techniques*. Computer Graphics and Image Processing, 4, S. 248–270, 1975.

20. DUDA, R. O., P. E. HART und D. G. STORK: *Pattern Classification*. Wiley, 2001.

21. EFFORD, N.: *Digital Image Processing – A Practical Introduction Using Java*. Pearson Education, 2000.

22. FOLEY, J. D., A. VAN DAM, S. K. FEINER und J. F. HUGHES: *Computer Graphics: Principles and Practice*. Addison-Wesley, 2. Aufl., 1996.

23. FORD, A. und A. ROBERTS: *Colour Space Conversions*. http://find-this-url, 1998.

24. FÖRSTNER, W. und E. GÜLCH: *A fast operator for detection and precise location of distinct points, corners and centres of circular features*. In: *ISPRS Intercommission Workshop*, S. 149–155, Interlaken, June 1987.

25. FREEMAN, H.: *Computer Processing of Line Drawing Images*. ACM Computing Surveys, 6(1), S. 57–97, March 1974.

26. GERVAUTZ, M. und W. PURGATHOFER: *A simple method for color quantization: octree quantization*. In: GLASSNER, A. (Hrsg.): *Graphics Gems I*, S. 287–293. Academic Press, 1990.

27. GLASSNER, A. S.: *Principles of Digital Image Synthesis*. Morgan Kaufmann Publishers, Inc., 1995.

28. GONZALEZ, R. C. und R. E. WOODS: *Digital Image Processing*. Addison-Wesley, 1992.

29. GREEN, P.: *Colorimetry and colour differences*. In: GREEN, P. und L. MAC-DONALD (Hrsg.): *Colour Engineering*, Kap. 3, S. 40–77. Wiley, 2002.

30. GÜTING, R. H. und S. DIEKER: *Datenstrukturen und Algorithmen*. Teubner, 2. Aufl., 2003.

31. HALL, E. L.: *Computer Image Processing and Recognition*. Academic Press, 1979.

32. HARRIS, C. G. und M. STEPHENS: *A combined corner and edge detector*. In: *4th Alvey Vision Conference*, S. 147–151, 1988.

33. HECKBERT, P.: *Color Image Quantization for Frame Buffer Display*. ACM Transactions on Computer Graphics (SIGGRAPH), S. 297–307, 1982.

34. HOLM, J., I. TASTL, L. HANLON und P. HUBEL: *Color processing for digital photography*. In: GREEN, P. und L. MACDONALD (Hrsg.): *Colour Engineering*, Kap. 9, S. 179–220. Wiley, 2002.

35. HORN, B. K. P.: *Robot Vision*. MIT-Press, 1982.

36. HOUGH, P. V. C.: *Method and means for recognizing complex patterns*. US-Patent 3,069,654, 1962.

37. HU, M. K.: *Visual Pattern Recognition by Moment Invariants*. IEEE Trans. Information Theory, 8, S. 179–187, 1962.

38. HUNT, R. W. G.: *The Reproduction of Colour*. Wiley, 6. Aufl., 2004.

39. IEC 61966-2-1: *Multimedia systems and equipment – Colour measurement and management – Part 2-1: Colour management – Default RGB colour space – sRGB*, 1999. http://www.iec.ch.

40. ILLINGWORTH, J. und J. KITTLER: *A Survey of the Hough Transform*. Computer Vision, Graphics and Image Processing, 44, S. 87–116, 1988.

41. INTERNATIONAL TELECOMMUNICATIONS UNION: *ITU-R Recommendation BT.709-3: Basic Parameter Values for the HDTV Standard for the Studio and for International Programme Exchange*, 1998.

42. INTERNATIONAL TELECOMMUNICATIONS UNION: *ITU-R Recommendation BT.601-5: Studio encoding parameters of digital television for standard 4:3 and wide-screen 16:9 aspect ratios*, 1999.

43. ISO 12655: *Graphic technology – spectral measurement and colorimetric computation for graphic arts images*, 1996.

44. JACK, K.: *Video Demystified – A Handbook for the Digital Engineer*. LLH Technology Publishing, 2001.

45. JÄHNE, B.: *Practical Handbook on Image Processing for Scientific Applications*. CRC Press, 1997.

46. JÄHNE, B.: *Digitale Bildverarbeitung*. Springer-Verlag, 5. Aufl., 2002.

47. JAIN, A. K.: *Fundamentals of Digital Image Processing*. Prentice-Hall, 1989.

48. JIANG, X. Y. und H. BUNKE: *Simple and fast computation of moments*. Pattern Recogn., 24(8), S. 801–806, 1991. http://wwwmath.uni-muenster.de/u/xjiang/papers/PR1991.ps.gz.

49. KING, J.: *Engineering color at Adobe*. In: GREEN, P. und L. MACDONALD (Hrsg.): *Colour Engineering*, Kap. 15, S. 341–369. Wiley, 2002.

50. KIRSCH, R. A.: *Computer determination of the constituent structure of biological images*. Computers in Biomedical Research, 4, S. 315–328, 1971.

51. KITCHEN, L. und A. ROSENFELD: *Gray-level corner detection*. Pattern Recognition Letters, 1, S. 95–102, 1982.

52. LUCAS, B. und T. KANADE: *An iterative image registration technique with an application to stereo vision*. In: *Proc. International Joint Conf. on Artificial Intelligence*, S. 674–679, Vancouver, 1981.

53. MALLAT, S.: *A Wavelet Tour of Signal Processing*. Academic Press, 1999.

54. MARR, D. und E. HILDRETH: *Theory of edge detection*. Proc. R. Soc. London, Ser. B, 207, S. 187–217, 1980.

55. MEIJERING, E. H. W., W. J. NIESSEN und M. A. VIERGEVER: *Quantitative Evaluation of Convolution-Based Methods Medical Image Interpolation*. Medical Image Analysis, 5(2), S. 111–126, 2001. http://imagescience.bigr.nl//meijering/software/transformj/.

56. MIANO, J.: *Compressed Image File Formats*. ACM Press, Addison-Wesley, 1999.

57. MLSNA, P. A. und J. J. RODRIGUEZ: *Gradient and Laplacian-Type Edge Detection*. In: BOVIK, A. (Hrsg.): *Handbook of Image and Video Processing*, S. 415–431. Academic Press, 2000.

58. MÖSSENBÖCK, H.: *Sprechen Sie Java*. dpunkt.verlag, 2002.

59. MURRAY, J. D. und W. VANRYPER: *Encyclopedia of Graphics File Formats*. O'Reilly, 2. Aufl., 1996.

60. NADLER, M. und E. P. SMITH: *Pattern Recognition Engineering*. Wiley, 1993.

61. PAVLIDIS, T.: *Algorithms for Graphics and Image Processing*. Computer Science Press / Springer-Verlag, 1982.

62. POYNTON, C.: *Digital Video and HDTV Algorithms and Interfaces*. Morgan Kaufmann Publishers Inc., 2003.

63. REID, C. E. und T. B. PASSIN: *Signal Processing in C*. Wiley, 1992.

64. RICH, D.: *Instruments and Methods for Colour Measurement*. In: GREEN, P. und L. MACDONALD (Hrsg.): *Colour Engineering*, Kap. 2, S. 19–48. Wiley, 2002.

65. RICHARDSON, I. E. G.: *H.264 and MPEG-4 Video Compression*. Wiley, 2003.

66. ROBERTS, L. G.: *Machine perception of three-dimensional solids*. In: TIPPET, J. T. (Hrsg.): *Optical and Electro-Optical Information Processing*, S. 159–197. MIT Press, Cambridge, MA, 1965.

67. ROSENFELD, A. und P. PFALTZ: *Sequential Operations in Digital Picture Processing*. Journal of the ACM, 12, S. 471–494, 1966.

68. RUSS, J. C.: *The Image Processing Handbook*. CRC Press, 3. Aufl., 1998.

69. SCHMID, C., R. MOHR und C. BAUCKHAGE: *Evaluation of Interest Point Detectors*. International Journal of Computer Vision, S. 151–172, 2000.

70. SCHWARZER, Y. (Hrsg.): *Die Farbenlehre Goethes*. Westerweide Verlag, 2004.

71. SEUL, M., L. O'GORRMAN und M. J. SAMMON: *Practical Algorithms for Image Analysis*. Cambridge University Press, 2000.

72. SHAPIRO, L. G. und G. C. STOCKMAN: *Computer Vision*. Prentice-Hall, 2001.

73. SILVESTRINI, N. und E. P. FISCHER: *Farbsysteme in Kunst und Wissenschaft*. DuMont, 1998.

74. SIRISATHITKUL, Y., S. AUWATANAMONGKOL und B. UYYANONVARA: *Color image quantization using distances between adjacent colors along the color axis with highest color variance*. Pattern Recognition Letters, 25, S. 1025–1043, 2004.

75. SMITH, S. M. und J. M. BRADY: *SUSAN – A New Approach to Low Level Image Processing*. International Journal of Computer Vision, 23(1), S. 45–78, 1997.

76. SONKA, M., V. HLAVAC und R. BOYLE: *Image Processing, Analysis and Machine Vision*. PWS Publishing, 2. Aufl., 1999.

77. STOKES, M. und M. ANDERSON: *A Standard Default Color Space for the Internet – sRGB*. Hewlett-Packard, Microsoft, www.w3.org/Graphics/Color/sRGB.html, 1996.

78. SÜSSTRUNK, S.: *Managing color in digital image libraries*. In: GREEN, P. und L. MACDONALD (Hrsg.): *Colour Engineering*, Kap. 17, S. 385–419. Wiley, 2002.

79. THEODORIDIS, S. und K. KOUTROUMBAS: *Pattern Recognition*. Academic Press, 1999.

80. WALLNER, D.: *Color management and Transformation through ICC profiles*. In: GREEN, P. und L. MACDONALD (Hrsg.): *Colour Engineering*, Kap. 11, S. 247–261. Wiley, 2002.

81. WATT, A.: *3D-Computergrafik*. Addison-Wesley, 3. Aufl., 2002.

82. WATT, A. und F. POLICARPO: *The Computer Image*. Addison-Wesley, 1999.

83. WOLBERG, G.: *Digital Image Warping*. IEEE Computer Society Press, 1990.

84. ZEIDLER, E. (Hrsg.): *Teubner-Taschenbuch der Mathematik*. B. G. Teubner Verlag, 2. Aufl., 2002.

85. ZHANG, T. Y. und C. Y. SUEN: *A Fast Parallel Algorithm for Thinning Digital Patterns*. Communications of the ACM, 27(3), S. 236–239, 1984.

Sachverzeichnis

Über die Autoren

Wilhelm Burger absolvierte ein MSc-Studium in *Computer Science* an der University of Utah (Salt Lake City) und erwarb sein Doktorat für Systemwissenschaften an der Johannes Kepler Universität in Linz. Als Postgraduate Researcher arbeitete er am Honeywell Systems & Research Center in Minneapolis und an der University of California in Riverside, vorwiegend in den Bereichen Visual Motion Analysis und autonome Navigation. Er leitete im Rahmen des nationalen Forschungsschwerpunkts „Digitale Bildverarbeitung" ein Projekt zum Thema „Generische Objekterkennung" und ist seit 1996 Leiter der Fachhochschul-Studiengänge *Medientechnik und -design* bzw. *Digitale Medien* in Hagenberg. Privat schätzt der Autor großvolumige Fahrzeuge, Devotionalien und einen trockenen Veltliner.

Mark J. Burge erwarb einen Abschluss als BA an der Ohio Wesleyan University, ein MSc in Computer Science an der Ohio State University und sein Doktorat an der Johannes Kepler Universität in Linz. Er verbrachte mehrere Jahre als Forscher im Bereich Computer Vision an der ETH Zürich, wo er an einem Projekt zur automatischen Interpretation von Katastralkarten arbeitete. Als *Postdoc* an der Ohio State University war er am „Image Understanding and Interpretation Project" des NASA Commercial Space Center beteiligt. Derzeit ist der Autor Associate Professor in *Computer Science* an der Armstrong Atlantic State University in Savannah, Georgia und beschäftigt sich u. a. mit biometrischen Verfahren, Software für Mobiltelefone und maschinellem Lernen. Privat ist Mark Burge Experte für klassische, italienische Espressomaschinen.

Über dieses Buch

Das vollständige Manuskript zu diesem Buch wurde von den Autoren druckfertig in LaTeX unter Verwendung von Donald Knuths Schriftfamilie *Computer Modern* erstellt. Besonders hilfreich waren dabei die Packages algorithmicx (von Szász János) zur Darstellung der Algorithmen, listings (von Carsten Heinz) für die Auflistung des Programmcodes und psfrag (von Michael C. Grant und David Carlisle) zur Textsetzung in Grafiken. Die meisten Illustrationen wurden mit *Macromedia Freehand* erstellt, mathematische Funktionen mit *Mathematica* und die Bilder mit *ImageJ* oder *Abobe Photoshop*. Alle Abbildungen des Buchs, Testbilder in Farbe und voller Auflösung sowie der Quellcode zu den Beispielen sind für Lehrzwecke auf der zugehörigen Website (www.imagingbook.com) verfügbar.